MASSIVE DATA
PROCESSING AND
BIG DATA TECHNOLOGY PRACTICE

海量数据
处理与
大数据
技术实战

冰 河 ◎ 编 著

北京大学出版社
PEKING UNIVERSITY PRESS

内 容 简 介

《海量数据处理与大数据技术实战》是大数据开发领域中以实战案例为主旨的经典之作。本书全面阐述了大数据开发领域中常用的技术原理和框架，以及框架对应的实战案例。全书共分为四大篇章：大数据基础篇、大数据离线批处理技术篇、大数据在线实时处理技术篇、大数据处理实战案例篇。大数据基础篇主要介绍了大数据的基础知识、Hadoop和Storm的基础知识以及发展现状和应用前景；大数据离线批处理技术篇主要介绍了Hadoop、Hive和Sqoop的基本原理、环境搭建和项目案例；大数据在线实时处理技术篇主要介绍了Flume、Kafka、Storm的基本原理、环境搭建和项目案例；大数据处理实战案例篇详细介绍了基于海量日志数据的分析统计系统的实现过程，期间对各种大数据框架进行了整合，此案例项目稍加修改，便可应用于实际开发项目中。

本书内容由浅入深、从原理到实战，适合在校大学生、专业培训机构的学员、想转行从事大数据开发的人员、需要系统学习大数据技术的开发人员、大数据从业者、大数据运维工程师、希望提高大数据开发实战水平的人员、大数据开发经理、大数据架构师、需要时常查阅大数据常用框架技术和开发案例的人员阅读。

图书在版编目(CIP)数据

海量数据处理与大数据技术实战 / 冰河编著. —北京：北京大学出版社，2020.9
ISBN 978-7-301-31339-8

Ⅰ.①海… Ⅱ.①冰… Ⅲ.①数据处理 Ⅳ.①TP274

中国版本图书馆CIP数据核字(2020)第104456号

书　　　名	海量数据处理与大数据技术实战	
	HAILIANG SHUJU CHULI YU DASHUJU JISHU SHIZHAN	
著作责任者	冰　河　编著	
责 任 编 辑	张云静	
标 准 书 号	ISBN 978-7-301-31339-8	
出 版 发 行	北京大学出版社	
地　　　址	北京市海淀区成府路205 号　　100871	
网　　　址	http://www.pup.cn　　新浪微博:@北京大学出版社	
电 子 信 箱	pup7@pup.cn	
电　　　话	邮购部 010-62752015　发行部 010-62750672　编辑部 010-62570390	
印 刷 者	河北滦县鑫华书刊印刷厂	
经 销 者	新华书店	
	787毫米×1092毫米　16开本　38.5印张　913千字	
	2020年9月第1版　2020年9月第1次印刷	
印　　　数	1-4000册	
定　　　价	128.00元	

前 言

INTRODUCTION

为什么要写这本书?

随着大数据技术和云计算技术的发展,Hadoop 大数据生态系统中的各项技术越来越流行,已然成为大数据开发领域的事实标准。特别是 Hadoop 大数据生态系统中各项技术的开源特性,使得其核心技术和各种解决方案得到了广泛的应用。程序员要想进入大数据开发领域,除了需要有扎实的编程基础外,还要融会贯通各种大数据框架,最好还要熟悉大数据领域中有典型意义和实用价值的各类开发案例,这样才能在竞争日益激烈的大数据市场环境中具备较强的竞争力。

目前,图书市场上关于大数据技术的图书很多,但是真正从实战应用出发,同时深入剖析大数据离线批处理计算领域和在线实时计算领域常用的大数据框架技术原理和编程案例的图书却很少。本书以实战案例为主旨,通过详细介绍大数据开发中常用的多种技术框架和其对应的大量开发案例,并在大数据处理实战案例篇整合多种大数据技术框架,来实现基于海量日志数据的分析统计系统(涵盖大数据离线批处理计算技术和大数据在线实时计算技术),让读者更加全面、深入、透彻地理解大数据开发领域中各种热门技术和主流框架的使用,提高读者对各种大数据框架的整合能力,进而提高大数据开发水平和项目实战能力。

本书有何特色?

1. 大量图解和开发案例

为了方便读者的理解,本书在介绍每种技术框架时都配有大量的框架架构图和执行流程图,并为相关的技术框架配有详细的开发案例。这些框架架构图和执行流程图的 Viso 文件原件和案例开发源码收录于随书资料中。

2. 涵盖大数据开发领域的常用热门技术和主流框架及各框架的整合使用

本书涵盖 Hadoop、Zookeeper、Hive、Sqoop、Flume、Kafka 和 Storm 等热门大数据开源技术框架,以及 Hadoop+Zookeeper、Hadoop+Zookeeper+Hive、Hadoop+Zookeeper+Hive+MySQL、Hadoop+Zookeeper+Sqoop+MySQL、Hadoop+Zookeeper+Hive+Sqoop+MySQL、Flume+Hadoop、Flume+Hive、Flume+Kafka、Kafka+Zookeeper、Storm+Zookeeper 和 Flume+Kafka+Storm+Zookeeper+ActiveMQ+Redis+MySQL 等大数据技术框架和数据库的整合使用。

3. 对大数据框架做了基本的原理分析

本书每讲解一个大数据框架时,都会先对框架的基本原理和环境搭建做基本介绍,以便读

者更加深入地理解框架的项目案例。

4. 案例应用性强

本书对每种技术框架都配有相关的案例，都是相关框架常用的典型案例，具有较强的实用性。每个案例项目都是独立的，方面读者随时查阅和参考。

5. 实战项目具有较高的应用价值

本书中大数据处理实战案例篇的基于海量日志数据的分析统计系统来源于笔者所开发的实际项目，本书对其进行了一定的简化，具有很高的实际应用价值和参考价值。另外，案例系统分别采用离线批处理计算技术和在线实时计算技术实现，几乎整合了本书中所涉及的所有大数据框架，便于读者融会贯通地理解本书中所介绍的大数据框架技术。对此系统案例稍加修改，便可用于实际的项目开发中。

本书内容及知识体系

第1篇　大数据基础篇（第1～3章）

本篇主要对大数据的基础知识、Hadoop 和 Storm 的基础知识和基本技术，以及应用现状和发展趋势进行简单介绍。

第2篇　大数据离线批处理技术篇（第4～11章）

本篇主要介绍的是大数据离线批处理计算领域所涉及的技术和框架，包括 Hadoop、Hive 和 Sqoop。分别介绍每种框架的基本原理和使用案例，包括安装 CentOS 6.8 虚拟机环境、搭建每种框架的运行环境、分别以命令行和 API 方式实现 HDFS 的数据操作、以 Java 语言和 Python 语言实现多个 Hadoop MapReduce 开发案例、使用 HiveQL 操作 Hive 中的数据库和数据表，以及自定义 Hive 函数、使用 Sqoop 实现 HDFS 与 MySQL 之间的数据导入／导出。

第3篇　大数据在线实时处理技术篇（第12～17章）

本篇主要介绍大数据在线实时计算领域所涉及的技术和框架，包括 Flume、Kafka 和 Storm。分别介绍每种框架的基本原理和使用案例，包括搭建每种框架的运行环境，Flume 基于内存、文件和目录的 Channel，Flume 写数据到 HDFS 和 Kafka，Flume 采集 Nginx 日志到 Hive，Flume 采集 Nginx 日志到多个目标系统，自定义 Flume 的 Agent，Flume 监控，分别使用 Java 语言和 Python 语言实现 Kafka 客户端编程，使用 Storm 实现单词计数、追加字符串、聚合多种数据流、分组聚合、事务处理、监控等。

第4篇　大数据处理实战案例篇（第18～22章）

本篇主要介绍基于海量日志数据的分析统计系统的开发过程，以及系统的项目背景。在实现上将系统分为离线批处理计算子系统和在线实时计算子系统，分别介绍两个子系统的需求、架构设计、功能设计、存储选型、技术选型、环境搭建和具体的系统实现过程。

随书资料内容介绍

为了方便读者阅读本书，本书附带随书资料，内容如下。

❑　书中所有案例项目源码。

❑　书中所有的插图 Viso 文件。

可通过扫描下方二维码关注微信公众号，根据相应提示获取。

适合阅读本书的读者

❑　在校大学生。

❑　专业培训机构的学员。

❑　想转行从事大数据开发的人员。

❑　需要系统学习大数据技术的开发人员。

❑　大数据从业者。

❑　大数据运维工程师。

❑　希望提高大数据开发实战水平的人员。

❑　大数据开发经理。

❑　大数据架构师。

❑　需要时常查阅大数据常用框架技术和开发案例的人员。

阅读本书的建议

❑　没有大数据开发基础的读者，建议按照顺序从第 1 章开始阅读，并实现每一个案例。

❑　有一定大数据开发基础的读者，可以根据自身实际情况，选择性地阅读各个大数据框架的项目案例。

❑　对于本书涉及的每个大数据框架项目案例，读者可以先自行思考实现方式，再阅读相关的项目案例，可达到事半功倍的学习效果。

❑　读者可以先阅读本书涉及的大数据框架项目案例，再阅读各框架对应的原理细节，这样理解起来会更加深刻。

勘误和支持

尽管笔者对技术有着很高的追求，但是由于大数据领域中的各种技术和框架涉及的知识点众多，因此一本书籍很难涵盖所有的知识点和功能点。如果笔者有书写不妥的地方，恳请读者能够及时批评和指正。如果读者对本书有好的建议或者想法，也可以联系笔者。笔者的联系方式如下。

邮箱：1028386804@qq.com。

微信：sun_shine_lyz。

致谢

感谢国内知名开源分布式数据库中间件 Mycat 创始人 Leader-us、阿里巴巴技术专家涯海、蚂蚁金服工程师黄小邪和 LINUXPROBE 刘遄（排名不分先后）对我的支持和帮助，以及对本书的大力推荐。

感谢我的团队以及许许多多一起合作过和交流过的朋友们，感谢 CSDN 博客的粉丝和那些在我的博客和公众号鼓励过我的朋友。

感谢我的家人，他们都在以自己的方式在我写作期间默默地给予支持与鼓励。

感谢出版社的各位编辑的辛勤劳作，没有他们的辛勤付出，就不会有本书的出版。

CONTENTS

第 2 篇 大数据离线批处理技术篇

11 第 11 章 数据导入 / 导出利器——Sqoop ········ 289

第3篇 大数据在线实时处理技术篇

12 第12章 海量数据采集利器——Flume ………… 303

13 第13章 海量数据传输利器——Kafka ………… 351

14 第14章 Storm 基础知识 ···················· 388

第4篇　大数据处理实战案例篇

18　第 18 章　基于海量日志数据的分析统计系统 ········ 472

19　第 19 章　系统架构设计 ·· 476

22 第 22 章　在线实时计算子系统的实现 ················ 554

第 1 章
大数据处理概论

大数据（Big Data）也称海量数据（Massive Data），是随着计算机技术及互联网技术的高速发展而产生的数据现象。2013 年被称为大数据元年，标志着全球正式步入了大数据时代。

本章主要涉及的知识点如下。

- 大数据的定义和结构类型。
- 大数据处理平台的基础架构。
- 大数据处理中的存储技术。
- 大数据处理中的计算技术。
- 大数据处理中的容错性。
- 大数据处理中的安全性。
- 大数据行业应用案例。

1.1 大数据的定义

目前，学术研究领域和产业界对大数据并没有一个严格的定义，也没有一个严格的界限。通常来说，数据只要超过了单台服务器或者少数几台服务器的存储和处理能力，或者超出了常规软件的存储和处理能力，都可以称为大数据或海量数据。

掌握大数据的关键不仅是拥有大量的数据，还要能基于这些数据做出进一步的挖掘和分析，从海量的数据中挖掘出对人类有价值的信息，提供更加友好的服务和体验。

现实生活中，大数据的来源有很多种渠道：网页数据、客户端调用接口产生的数据、访问日志数据、金融系统交易产生的数据、服务器内部系统之间互联产生的数据等。

从以上描述中可以看出，大数据并不是一个能够简单描述清楚的概念，下面从数据量（Volumn）、数据的速度（Velocity）、数据的多样性（Variety）、低价值密度（Value）和真实性（Veracity）5 个维度对大数据进行分析。

1. 数据量 —— 大容量

全球的数据体量正在飞速增长，从计算机诞生之初的 kB 存储，到现在单台计算机存储容量达到 TB 级别，仅仅用了几十年的时间。然而，TB 级别的存储已经远远不能满足现在数据存储的需求。

这里列举几个在 1 分钟内会产生的数据量的例子。

（1）Email：全球所有电子邮件用户发出了 2.04 亿封电子邮件。

（2）搜索：全球最大的搜索引擎 Google 处理了 200 万次搜索请求。

（3）图片：图片分享网站 Flickr 的用户上传了 3125 张新照片，2000 万张照片被浏览。

（4）社交网站：Facebook 网站的用户分享了 684478 篇文章，超过 600 万个页面被点击。

为了更加直观地理解这些数据，再来看一组换算公式：

```
1 Byte =8 bit
1 KB = 1,024 Bytes = 8192 bit
1 MB = 1,024 KB = 1,048,576 Bytes
1 GB = 1,024 MB = 1,048,576 KB
1 TB = 1,024 GB = 1,048,576 MB
1 PB = 1,024 TB = 1,048,576 GB
1 EB = 1,024 PB = 1,048,576 TB
1 ZB = 1,024 EB = 1,048,576 PB
1 YB = 1,024 ZB = 1,048,576 EB
1 BB = 1,024 YB = 1,048,576 ZB
1 NB = 1,024 BB = 1,048,576 YB
1 DB = 1,024 NB = 1,048,576 BB
```

现在单台计算机的存储容量在 TB 级别，但是大多数个人计算机的存储容量仍然处于 GB 级别。

2. 数据的速度 —— 高时效

这也是大数据区分于传统数据挖掘的最显著的特征，传统数据挖掘都是根据过去的一段时间，如一周、一个月、一个季度、半年、一年等维度对历史数据进行分析，产生报表数据，供公司或组织进行决策。而在大数据时代，信息瞬息万变，对历史数据的分析和挖掘往往不能满足现有的需求，对数据的时效性要求越来越高，这就要求大数据具有高时效性。

3. 数据的多样性 —— 多类型

大数据不仅体现在数据的体量很大，还体现在数据的类型是多种多样的，有以关系型数据库中的数据为代表的结构化数据，也有以日志型数据为代表的非结构化数据，同时也包含以音频和视频等为代表的多媒体等非结构化数据，这就决定了大数据的存储类型是多种多样的。

4. 低价值密度 —— 低密度

大数据的体量虽然庞大，但是往往价值密度很低，需要在海量的数据中分析某个人或事物在特定的一小段时间范围内（如一分钟、一小时、一天等时间维度）的具体行为特征，这就需要从海量数据中精确定位到某个人或事物在这一小段时间范围内的数据，进一步进行分析处理。

5. 真实性 —— 信息有效

大数据的产生往往都是真实有效的，这些数据是大量用户实践的结果。例如，金融交易系统中的交易数据都是用户使用系统进行金融交易累积的结果，这些信息都是真实并且有效的。

1.2 大数据的结构类型

大数据包括结构化、半结构化、准结构化和非结构化数据，非结构化数据越来越成为大数据的主要部分。同时，不是结构化的数据（包括半结构化、准结构化和非结构化数据）所占的比例会越来越大。

图 1-1 所示为大数据包含的数据结构类型。

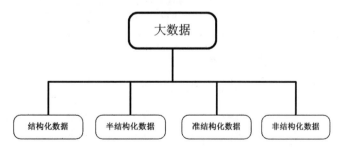

图 1-1 大数据包含的数据结构类型

1. 结构化数据

结构化数据，最典型的案例就是以关系型数据库为代表的二维表格数据，通过行和列来划分数据，可以在数据表中建立索引来快速获取相应的数据。同时，这种数据的格式也是固定的，可以通过固有键值获取相应信息。这种数据被用于多种网站和系统的后台数据库中。

2. 半结构化数据

半结构化数据是介于以二维表格数据为典型案例的结构化数据和以日志型纯文本数据为代表的非结构化数据之间的一种数据类型。这种类型的数据不遵守严格的关系型数据库规范，而且具有一定的结构性，往往用于描述多种不同类型数据库之间的数据。

3. 准结构化数据

准结构化数据可以理解为具有一定的结构类型，但是不会通过行和列来划分数据。典型的准结构化数据包括 XML、HTML 和 JSON 等。

4. 非结构化数据

非结构化数据是与结构化数据相对的，不适合用数据库二维表格来展现，不具有特定的存储格式，包括所有格式的办公文档、XML、HTML、各类报表、图片信息、音频信息、视频信息、服务器日志数据、纯文本数据等。这种非结构化数据在所有类型的数据中所占的比例会越来越大。

1.3 大数据处理平台的基础架构

大数据处理平台的基础架构包含 6 个基本能力组件：数据聚合、文件存储、数据存储、API（Application Programming Interface，应用程序接口）、数据分析与计算、平台管理与监控，如图 1-2 所示。

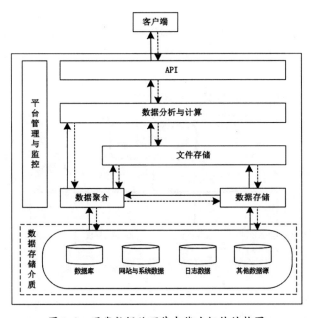

图 1-2 现代数据处理基本能力组件结构图

1. 文件存储

文件存储组件是数据处理架构中进行数据存储的基础，提供快速、可靠的文件访问能力，以满足大数据量计算的需求。大数据的数据量由 TB 级别迈向 ZB 级别，同时还存在类型多样的数据文件。对文件存储的要求如下。

（1）文件存储必须可靠。

（2）能够提供快速高效的文件访问和管理机制。

2. 数据存储

数据存储组件是数据处理架构中进行数据存储的关键组件，数据存储能够按照特定的数据模型组织起来形成相应的数据集合，同时能够提供数据增加、删除、修改能力。对数据存储的要求如下。

（1）能够适应海量存储数据的快速增长。

（2）能够保证数据的可靠性。

（3）能够支持复杂查询。

3. 数据聚合

数据聚合组件是将不同来源、不同格式、不同性质的数据集中组合在一起，以支持多种多样的数据源。对数据聚合的要求如下。

（1）能够实现快速、可靠的数据导入和数据导出。

（2）能够快速适应数据类型的多样性。

4. 数据分析与计算

数据分析与计算组件是整个架构的核心组件，其功能是利用处理平台的分析与计算资源解决特定数据的计算问题，支持用户从复杂的数据模型中抽取并分析相应数据的内在联系和规律，并将分析结果展示给用户。对数据分析与计算的要求如下。

（1）能够满足大数据的高时效性。

（2）能够适应数据的快速增长。

（3）能够保证可靠性及稳定性。

（4）能够快速、高效地将结果数据展示给用户。

（5）能够快速适应不同维度的计算结果的多样性。

5. API

API 组件是客户端与大数据处理平台交互的接口。对 API 组件的要求如下。

（1）保证稳定。

（2）具有容错性。

（3）具备高可靠性。

6. 平台管理与监控

平台管理与监控是数据处理架构中的管理组件，保障数据处理平台的稳定运行。对平台管理与监控组件的要求如下。

（1）保证稳定、可靠。

（2）出现故障时能够快速、精准地定位故障。

（3）能够对资源进行动态管理。

（4）能够展示整个平台的运行情况。

1.4 大数据处理中的存储技术

数据存储是大数据处理工作的基石，随着数据量的不断增长，对大数据的存储要求也不断提高。大数据增长带来的不仅是存储容量的压力，还给数据的管理、数据吞吐性能和存储的可扩展性带来了新的挑战。

1.4.1 提升大数据存储的容量

提升系统存储容量有两种方式：一种是提升单磁盘的容量，另一种是提升多磁盘环境下系统的整体存储容量。单个磁盘的容量已经从 MB、GB 跨入了 TB 时代，本小节重点探讨提升多磁盘环境下系统的整体存储容量。

目前，提升数据存储容量的普遍方式是将单一的存储节点扩展为分布式的数据存储节点。在关系型数据库领域，由于单数据库实例存在瓶颈问题，因此人们投入了大量的成本来研发分布式数据库或提供相应的中间件来扩展关系型数据库的存储容量，使其实现分布式存储。

在大数据领域，单节点的存储数据已完全不能满足需求，这就要求利用多磁盘的环境来满足整体存储容量的要求。但是，要对多个磁盘中的数据进行读/写操作，还需要解决更多的问题。

（1）硬件故障问题。

（2）大多数分析任务需要以某种方式结合大部分数据源来共同完成分析的问题。

（3）网络通信问题。

（4）各数据节点之间数据的同步问题。

（5）各数据节点统一管理的问题。

1.4.2 提升大数据存储的吞吐量

对于单个磁盘，提升吞吐量的主要方法是提高硬盘的转速、改进磁盘接口形式或增加读/写缓存等。但是单个磁盘存储已经无法满足大数据的存储要求，所以，只是提升单个磁盘的吞吐量和吞吐性能是不够的，这就要求从多磁盘角度来思考如何提升大数据存储的吞吐量。可以从以下几个方面入手。

1. 分布式缓存

提升吞吐量和吞吐性能的一种方式就是使用缓存，在大数据环境中，单台机器的缓存往往不足以支撑整个环境的缓存需求，这就要求缓存是分布式的。

如图 1-3 所示，在数据接口和数据存储之间接入分布式缓存技术，将频繁访问的一些数据放入分布式缓存，就不用每次从数据存储中读取数据了，而是直接从分布式缓存中读取。这大大提高了数据读取的性能，在一定程度上提升了大数据存储的吞吐量和吞吐性能。

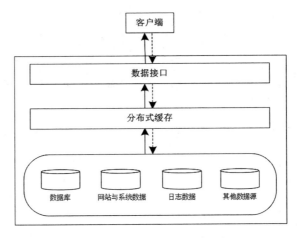

图 1-3 接入分布式缓存的基础架构

2. 数据存储本地化

大数据往往是存储在多台物理机上的，这就说明了数据存储不但在逻辑上是分布式的，而且在物理上也是分布式的。可以将必要的数据在本地物理机上存储一份，以避免频繁地从其他物理机上获取自身计算或其他任务所需要的数据，然后将本地计算的结果再传输到其他机器上供其他机器上的任务使用，具体如图 1-4 所示。

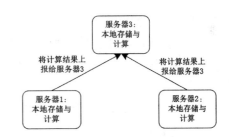

图 1-4 数据存储本地化

可以看到，服务器 1 和服务器 2 都将自身计算任务所需要的数据保存到本地服务器上，不需要从其他服务器上获取计算所需要的数据资源，大大节省了服务器与服务器之间通信的带宽和网络传输的数据量。服务器 1 和服务器 2 将计算结果上报给服务器 3，同时服务器 3 将结果存储到本地服务器上，也无须再从服务器 1 和服务器 2 上获取计算任务所需要的数据资源，大大提高了整体系统的数据存储吞吐量和吞吐性能。

3. 数据存储分布式

单台机器的存储容量有限，不能满足大数据的存储需求，这就要求大数据存储在分布式系统之上，同时要求数据的存储符合分布式存储的要求，能够提供副本冗余机制，也能够在最短时间内找到符合要求的最近的数据节点并获取相关数据。还要能够提供数据切分机制，根据相应的规则将大文件切分成一个个小数据块，并存储到不同的服务器之中。

从分布式系统中读取数据时，可以并行地从多台服务器上读取数据，同时利用多台服务器的性能和带宽来传输数据，如图 1-5 所示。

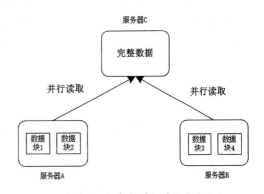

图 1-5 分布式并行读取数据

可以看到，原本一份完整的数据存储到服务器 A 和服务器 B 上，然后被切分为数据块 1、数据块 2、数据块 3 和数据块 4，数据块 1 和 2 存储在服务器 A 上，数据块 3 和 4 存储在服务器 B 上。此时，服务器 C 需要读取数据，可以利用并行技术同时从服务器 A 和服务器 B 上读取相应的数据块到服务器 C，然后在服务器 C 上组合成完整的数据，比只从单一服务器上读取完整数据的效率和性能要高很多。

4. 提升分布式存储的带宽

分布式存储将数据存储在多台物理机上，机器与机器之间的通信是通过网络带宽进行的，提升网络带宽可以提高机器与机器之间的通信效率和性能。

例如，服务器 A 和服务器 B 之间的网络带宽是 1Mbit/s，服务器 C 和服务器 D 之间的网络带宽是 2Mbit/s，那么，服务器 C 和服务器 D 之间的数据传输性能要远远高于服务器 A 和服务器 B 之间的数据传输性能。这说明提高分布式存储的带宽能够从整体上提升大数据存储的吞吐量和吞吐性能。

5. 提升分布式存储的 I/O 性能

提升分布式存储的 I/O 性能可以从两个角度考虑，即硬件角度和软件角度。

（1）硬件角度。对于单个磁盘，提升吞吐量的主要方法是提高硬盘的转速、改进磁盘接口形式等，从而改善硬件的吞吐量和吞吐性能。

（2）软件角度。在软件上，使用 NI/O、AI/O 等技术来代替 BI/O 技术，采用异步操作机制来代替阻塞的同步操作机制，以提高整个系统的快速响应能力，从而提升大数据存储的吞吐量和吞吐性能。

6. 提升分布式存储的并发

充分利用服务器的线程池和线程调度机制来提高服务器的并发能力，最大限度地提升服务器同时进行数据读 / 写的能力，从整体上提升大数据存储的吞吐量和吞吐性能。

1.4.3 提升大数据存储的扩展

由于大数据自身的特性决定了无法准确预估这些数据未来的体量，因此人们往往只能根据现有的数据量和数据增长情况来预估近期的近似数据量，但这些预估往往都是不准确的。一旦超过了之前的预估数据量，就要有相应的措施来扩展大数据的存储。这就要求大数据的存储必须具有扩展性，能够通过简单地增加机器和简单的配置来实现大数据存储的扩展。从大数据存储系统设计之初就需要考虑如何提升大数据存储的扩展。

1.5 大数据处理中的计算技术

大数据处理中的两大核心技术是存储和计算。1.4 节介绍了大数据处理中的存储技术，本节开始介绍大数据处理中的计算技术。

1.5.1　多处理技术

随着技术的不断发展，原来单核 CPU 能够解决的问题现在已经解决不了了。同时，单纯地提升 CPU 主频的性能也行不通了，人们便开始研发多核 CPU 技术。多核 CPU 技术在处理大量并行数据的场合，可以采用"分而治之"的方式将任务分解为多个并行子任务，并分配给多个内核执行，能够极大地提高工作效率，因此自提出后就得到了广泛的应用。

同时，多核 CPU 架构可以做到所有的处理器完全对等，操作系统可以将任务按照需要分配到任意一个处理器中，所有的处理器都可以访问内存资源、I/O 资源和外部资源等，工作负载被均匀地分配到全部处理器上，极大地提高了整个系统的处理能力。

1.5.2　并行计算

并行计算，顾名思义，就是将一个计算任务分解成多个并行子任务，分配给不同的处理器，各个处理器之间相互协调，同时对相应的数据进行计算，达到并行计算的目的。并行计算技术得益于多处理技术。

并行计算不仅仅是字面意义上的同时计算，它还要求各计算子任务之间要相互协调，共同完成对某一整体计算任务的要求，同时还要保证计算结果的准确性和可靠性。

1.5.3　高并发计算

并发计算和并行计算既有联系，又有着本质的区别。

二者的联系就是都是为完成计算任务而产生的相关技术，在多核计算中，常常将并行计算和并发计算结合在一起，获得更高的计算性能。

二者也有着本质的区别。

（1）并行计算是将一个较大的计算任务分解为多个较小的计算子任务，然后同时处理这些子任务。归根结底，并行计算是在完成一项计算任务。

（2）并发计算由多个顺序不依赖或者局部顺序依赖的计算任务组成，可以同时执行多个不同的计算任务，无论以何种顺序执行或者计算，最终结果都是一样的。另外，并发计算是快速完成计算任务的关键所在。

1.5.4　离线批处理计算

在大数据场景中，有些数据计算比较耗时。例如，在大量历史数据中生成相关的报表数据、统计某个用户或某个事物在过去很长一段时间的行为或特征，如果无法做到对数据的实时分析与计算，那么就将这些数据进行离线批处理计算，通过在后台以定时任务的方式来分析统计数据，并在查询数据前，将分析的结果数据保存到数据库。当需要查询数据时，只需要查询计算好的结果数据即可。

离线批处理计算的特点如下。

（1）计算的数据量巨大。

（2）数据保存的时间比较长。

（3）数据在计算之前已经成型，不再发生变化。

（4）能够查询计算结果。

（5）计算过程消耗的时间比较长。

离线批处理的典型技术就是 Hadoop。

1.5.5　在线实时计算

随着大数据的不断发展，离线批处理计算已经无法满足人们对数据实时性的要求，往往刚刚发生的事件就要马上反映出结果，这就要求大数据能够提供在线实时计算的能力。同时，转瞬即逝的商机也已无法通过历史数据来分析和统计，同样要求大数据具有在线实时计算的能力，能够瞬间洞察数据分析计算结果背后所隐藏的巨大商机。

在线实时计算的特点如下。

（1）每次计算的数据量不大。

（2）缓存中间结果数据。

（3）单个复杂计算任务会被分解为多个简单的计算子任务。

（4）数据产生后便会被分析和统计。

（5）能够查询计算结果。

（6）单个计算过程消耗的时间比较短。

在线实时计算典型的技术就是 Storm。

1.6　大数据处理中的容错性

大数据处理中有很多不确定的因素，其中任何一个环节出错，都有可能导致整个大数据的存储或者计算出现问题。这些不确定的因素包括服务器断电、服务器节点宕机、服务器节点发生故障、服务器断网、服务进程挂掉、系统崩溃等。这就要求大数据处理中的存储和计算必须具有一定的容错性。

1.6.1　数据存储的容错性

数据存储容错是指当系统因为某种原因发生故障，导致数据文件损坏或者丢失时，系统能够自动将这些损坏或者丢失的文件恢复到故障发生前的状态。提高数据存储的容错性主要包括以下几个方面。

1. 提高服务器磁盘的容错性

这种提升数据存储的容错性的方式是从硬件角度来考虑的，提高服务器磁盘的容错性的方式主要有磁盘镜像和磁盘双工、基于 RAID（Redundant Arrays of Independent Disks，冗余磁盘阵列）的容错。

当向服务器写入数据时，磁盘镜像可以将数据同时写入两个硬盘，当其中一个硬盘损坏时，可以从另一个硬盘上获取数据，以保证系统的正常运行。但是在磁盘镜像中，关键是要靠磁盘控制器进行控制操作，一旦磁盘控制器发生故障，则服务器无法使用任何一个磁盘上的数据，这会导致磁盘容错功能完全失效。磁盘双工技术解决了这一致命问题，其采用两个独立的磁盘控制器分别控制两个磁盘，避免了磁盘控制器的单点故障问题。

RAID 能够将多块廉价的磁盘组合成一个容量巨大的磁盘阵列，配合数据分散存储的设计，提升数据存储的容错性。双 RAID 卡控制系统可以保证一个 RAID 控制卡出现故障时，另一个 RAID 控制卡会自动接管任务并进行工作。

2. 提高基于冗余的数据容错性

这种数据容错的典型应用场景就是集群，也称基于集群的数据容错。就是将同一份数据放在集群中的不同节点中进行数据的冗余，当其中一个数据节点发生故障导致不可用时，另一个数据节点能够提供数据而不会导致整个系统发生故障。

一个很典型的应用场景就是数据库集群。通常在数据库集群中会将数据库配置为主备（Master-Slave）模式，正常情况下，主数据库（Master）进行数据写操作和读操作，备数据库（Slave）对主数据库的数据进行热备，只负责读操作，主数据库的数据会实时写入备数据库中。一旦主数据库挂掉或者宕机，则备数据库会自动提升为主数据库进行数据的读 / 写操作，以保证整个系统的正常运行，具体如图 1-6 和图 1-7 所示。

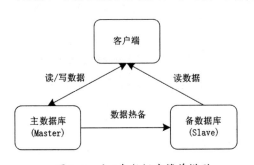

图 1-6 主 / 备数据库简单模型

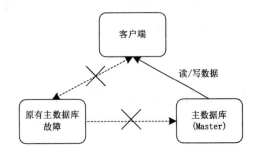

图 1-7 原有主库数据故障，备数据库自动
提升为主数据库

3. 提高基于数据镜像的数据容错性

这种数据容错方式就是定期将数据备份下来形成数据镜像，当数据存储发生故障时，找出距离故障时间最近的数据镜像进行数据的还原即可。这种方式需要保证每次备份的数据镜像能够完整无误地还原到数据存储中。

1.6.2　数据计算的容错性

数据计算的容错性就是要保证在大数据环境下，部分节点发生故障时，正在运行的计算任务能够正常执行。需要从失效节点检测、计算任务迁移和数据获取三个方面提升数据计算的容错性。

1. 失效节点检测

失效节点检测主要是提供心跳机制进行失效节点的检测，如果在指定的时间内没有收到节点的心跳信息，则认为节点处于失效状态，这时就要启动相应的模块来进行后续的处理。

Hadoop 中广泛使用了心跳机制来检测数据节点的状态，当某个数据节点发生故障时，Hadoop 会自动将相应的数据传输到另一个数据节点上，以达到对数据冗余副本数的要求。

2. 计算任务迁移

计算任务迁移就是将计算任务从一个节点迁移到另一个节点。其包含两种含义：一种是将一个正常节点上的计算任务迁移到另一个正常节点；另一种是将一个故障节点上的计算任务迁移到一个正常节点。

（1）将一个正常节点上的计算任务迁移到另一个正常节点。这种从正常工作的节点上进行的任务迁移，主要的使用场景就是集群中实现的负载均衡。例如 Nginx 的负载均衡，Nginx 会根据访问请求和服务器资源情况，以及配置的权重等信息，进行综合计算，将请求分发给不同的服务器处理。

（2）将一个故障节点上的计算任务迁移到一个正常节点。这种在故障节点上进行的任务迁移，主要是为了提升系统的整体容错性。当某个计算节点失效后，集群需要根据任务属性和系统其他节点的状态综合测评并挑选适合接管任务的计算节点，将计算任务所需要的信息发送到挑选的新任务节点，并在收到任务接管确认后更新任务信息。同时，新的任务节点接管相应的任务并完成后续的计算任务。

3. 数据获取

在集群中，往往采取数据冗余机制来保证数据存储的容错性，即相同的数据会在集群中的多个数据节点进行冗余备份，因此单个数据节点发生故障不会影响相应的计算任务。但是，这就要求当数据节点发生故障时，计算任务能够快速定位与获取所需的数据。这一工作通常由一个存储了全局信息的节点完成，根据已经保存的节点的信息和元数据，快速并准确地定位到其他正常的数据节点，供计算任务节点进行数据定位与获取。

1.7　大数据处理中的安全性

大数据处理过程中，不仅要求容错性，还有很重要的一点是要保证大数据处理中的安全性。在现有的大数据背景下，数据在收集的过程中可能会触碰到用户的各种隐私数据，因此需要加强数据的安全性研究，进而确保数据应用的安全性。

1.7.1　数据存储的安全性

数据存储的安全性需要保证存储的数据是安全的，不易丢失和损坏，同时不易被外界非法获取到。

1. 不易丢失和损坏

可以通过数据冗余和数据镜像来保证数据是可靠的，即使数据丢失或损坏，也能通过冗余的数据和备份的数据镜像进行恢复。同时，也需要从硬件层面提供冗余机制来保证硬盘的可靠性和稳定性。

2. 不易被外界非法获取到

不易被外界非法获取到有两层含义：一是数据存储不易被攻破，二是非法获得数据后无法正常查看。

（1）数据存储不易被攻破。数据存储是非常牢固和安全的，有绝对的把握不会被外界攻破。但是，从理论上来说，没有 100% 的安全，也没有 100% 牢不可破的系统。

（2）非法获得数据后无法正常查看。既然没有 100% 的安全，也没有 100% 牢不可破的系统，这就要求对数据存储中的数据采取一定的措施，即使数据被外界非法获取到，也无法正常查看和使用。例如，对数据存储中的数据进行加密，将加密后的密文拆分到多个数据节点进行存储；对数据节点的信息和元数据进行加密存储，这样即使数据被外界非法获取到，也无法正常查看和使用。

1.7.2　数据计算的安全性

数据计算的安全性包括计算过程的安全性和计算结果的安全性。

1. 计算过程的安全性

计算过程主要注重的是算法的安全性，所采用的算法必须不易被攻破，或者说攻破算法所付出的代价要远远大于所获得的收益，这样的算法就是安全的。同时，计算过程中的中间结果数据也必须是安全的，不易被外界非法获取到，即使获取到也无法正常查看和使用。

2. 计算结果的安全性

计算结果是安全的，包含计算结果的存储是安全的和计算结果本身是安全的两个方面。

（1）计算结果的存储是安全的，可以参见 1.7.1 小节。

（2）计算结果本身是安全的，即无法通过计算结果逆推出结果的原始数据，这也从另一个角度说明了原始数据的安全性。

1.8　大数据行业应用案例

大数据已经深入人们生活的方方面面，正在悄无声息地改变着人们的生活方式。同时，

越来越多的企业和组织开始进入大数据行业，希望借助大数据和云计算来为用户提供更好的服务体验。

1.8.1 淘宝的千人千面系统

淘宝对大家来说并不陌生，它颠覆了传统的销售模式，并带动了数以千万计的就业岗位。淘宝系统中所储存的数据量也是巨大的，如何利用这些数据为数亿用户提供更好的购物体验呢？

时下，淘宝的千人千面系统满足了不同用户在淘宝上购物时的不同喜好，它将用户进行画像和分类，以精准的人群标签来区分每一个用户，并为这些用户推荐符合其喜好的商品，极大地提升了用户的购物体验。

正是靠着大数据的魔力，淘宝才能开发出千人千面系统，为用户提供更好的购物体验。

1.8.2 滴滴出行的车辆调度系统

滴滴出行颠覆了人们的出行方式，之前只能在路边等公交车或出租车，现在只要打开滴滴 APP 呼叫车辆，就会有相关车辆过来接送。试想，滴滴后台数据库中拥有数千万的车辆信息，如何为用户提供更好的乘车体验呢？

滴滴的车辆调度系统满足了这个需求，它从海量的车辆信息中快速定位出距离用户位置最近的车辆，同时结合周边路况和路程的远近筛选出最优的车辆。此时，被筛选出的滴滴司机端就可以看到订单需求，然后快速接单并抵达用户所在位置，大大缩短了用户出行等车的时间，提升了乘车体验。

也正是有了用户、司机、车辆信息、周边路况和路程等大数据的基础，滴滴才能为用户提供更好的乘车体验。

基于大数据应用的行业实例数不胜数，远远不止淘宝和滴滴出行两家公司，大数据为各个行业带来了可观的效益，也在慢慢地改变着人们的生活方式，甚至颠覆着某些行业。

1.9 本章总结

本章主要介绍了大数据的定义和结构类型，大数据处理平台的基础架构包含 6 个基本能力组件：数据聚合、文件存储、数据存储、API、数据分析与计算、平台管理与监控。简单介绍了大数据中的存储技术和计算技术，同时分别从数据存储和数据计算的角度简单介绍了大数据处理中对容错性和安全性的要求，最后列举了大数据行业中最具代表性的两个案例：淘宝的千人千面系统和滴滴出行的车辆调度系统。第 2 章就开始正式对离线批处理技术——Hadoop 进行相关介绍。

第 2 章
离线批处理技术——Hadoop

在大数据环境下，数据无时无刻不在产生着，每天处理的数据量已经远远超出了单台计算机所能存储和计算的数据量。如何对这些数据进行存储和处理，成为大数据领域的两大难题。Hadoop 解决了这两大难题，其主要提供两大核心技术：Hadoop 分布式文件系统（Hadoop Distributed File System，HDFS）和 MapReduce 并行计算。

本章主要涉及的知识点如下。

- MapReduce 编程模型、分布式文件系统（Google File System，GFS）和分布式结构化数据存储 BigTable 三大核心技术。
- Hadoop 的核心组件、生态圈、物理架构、原理和运行机制。
- Hadoop 相关技术及其局限性。

2.1 Google 核心云计算技术

Google 作为全球搜索引擎服务器提供商，每天抓取和存储的网页数据量是巨大的。除此之外，Google 涉及的业务还有地图、邮箱服务、视频等，每天产生的数据量可想而知。那么，如此巨大的数据量就带来了两大难题：如何高效地存储和处理抓取的海量网页信息；如何将用户的搜索结果按照一定的算法实时返回。

解决这两大难题时，还必须保证系统能在廉价的服务器上运行，并具有良好的可扩展性，以适应数据量快速增长的需要。在这样的背景下，Google 研发了支撑其海量数据存储的三大核心技术：MapReduce 编程模型、分布式文件系统（GFS）和分布式结构化数据存储BigTable。

2.1.1 MapReduce 编程模型

MapReduce 编程模型借鉴了"分而治之"的思想，以键值对的形式来进行数据的输入和输出，它将待处理的数据集分解为多个小的键值对来处理。MapReduce 编程模型将复杂的并行计算过程高度抽象到 map() 函数和 reduce() 函数中。

MapReduce 编程模型将一个大的计算问题分解成多个小的计算问题，由多个 map() 函数对这些分解后的小问题进行并行计算，输出中间计算结果，然后由 reduce() 函数对 map()函数的输出结果进行进一步合并，得出最终的计算结果，具体如图 2-1 所示。

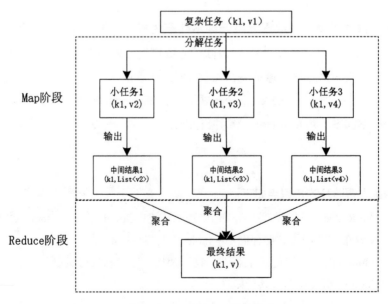

图 2-1　MapReduce 简单模型

如图 2-1 所示，Map 阶段将一个复杂的任务分解为多个简单的小任务，这些小任务会在多个 map() 函数中进行并行处理，然后每个 map() 函数将处理的中间结果输出。Reduce

阶段将对这些中间结果根据键做聚合处理，最终输出聚合后的结果数据。下面用 Java 伪代码描述 Map 阶段和 Reduce 阶段。

Map 阶段的伪代码如下所示：

```
void map(String key, String value){    //key——字符串偏移量,value—— 一行字符串
                                        // 内容
    words = split(value);   // 将字符串分割成单词
    for(String word : words){
        write(word, "1");
    }
}
```

Reduce 阶段的伪代码如下所示。

```
void reduce(String key, Iterable values){ //key——某个具体的单词,values——该
                                          // 单词出现的次数列表
    int result = 0;
    for(String value : values){
        result += int(value); // 将 value 强制转为 int 类型后，累加到 result 中
    }

    write(key, string(result)); // 输出结果数据
}
```

2.1.2　分布式文件系统

为了满足 Google 快速增长的数据处理需求，Google 的工程师们开发出了分布式文件系统，简称 GFS。GFS 与很多传统的分布式文件系统有着一些共同的目标，如系统的可靠性、可伸缩性、可用性及性能等。但是 GFS 又有着自己的一些运行要求，如下所示。

（1）需要运行在廉价的服务器上。

（2）必须保证系统的容错性。

（3）能够大文件和小文件并存。

1. 运行在廉价的服务器上

Google 每天所产生的数据量是巨大的，如果将这些数据全部存储到价格昂贵的服务器上，那对于 Google 来说，海量数据的存储成本是不可接受的。所以，GFS 在设计之初就提出必须能够运行在成千上万台廉价的服务器之上，以节约数据存储的成本。GFS 能够将一个巨大的文件切分成多个文件块存储到不同的服务器上，同时能够对这些文件进行自动备份。

2. 保证系统的容错性

存储这些数据必然需要用到服务器集群，而且服务器集群中的机器是廉价的，这不可避免地会出现服务器集群节点故障，这些故障包括服务器意外断电、服务器系统崩溃、服务器进程退出、服务器磁盘损坏、人为失误、断网等情况造成的服务器节点不可用。某台服务器或少数服务器出现故障不得影响整个 GFS 的运行，这就要求 GFS 具有高度的容错性。

GFS 的容错又包括 Master 容错和 Chunk 服务器容错。

（1）Master 容错。Master 实际上是 GFS 的中心服务器，它保存了 GFS 的 3 种元数据信息，这 3 种元数据信息分别为命名空间（Namespace，即整个文件系统的目录结构）、Chunk 与文件名的映射表、Chunk 副本的位置信息。

对于单台 Master 来说，GFS 对每种元数据的容错机制是不一样的。对于命名空间和 Chunk 与文件名的映射表这两种元数据来说，GFS 是通过操作日志来提供容错的。而对于 Chunk 副本的位置信息来说，GFS 则是通过将其直接保存在各个 Chunk 服务器上来提供容错的，同时每一个 Chunk 默认有 3 个副本。

GFS 还提供整个 Master 服务器的实时备份机制，以防止当前 Master 服务器出现故障无法工作而导致整个系统不可用。当 Master 服务器由于某种原因出现故障不可用时，备用 Master 服务器能够迅速接管故障 Master 服务器的工作，对整个 GFS 提供服务，如图 2-2 所示。

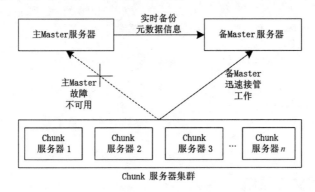

图 2-2　GFS 多 Master 服务器容错机制

由图 2-2 可以看出，当主 Master 服务器正常工作时，备 Master 服务器会实时备份主 Master 服务器上的元数据信息。当主 Master 服务器出现故障不可用时，备 Master 服务器能够迅速接管其工作，对 GFS 提供服务。

（2）Chunk 服务器容错。GFS 采用副本机制保证 Chunk 服务器的容错机制，默认情况下，每一个 Chunk 有 3 个副本，可以根据配置进行调节，这些副本分布在不同的 Chunk 服务器上。对于 Chunk 服务器上的每一个 Chunk 来说，必须所有的副本全部写入成功，才视为写入成功。

当某台 Chunk 服务器发生故障或者相关的副本出现丢失或损坏而导致 Chunk 不可用时，Master 会自动将相关的 Chunk 副本复制到其他正常的 Chunk 服务器上，从而确保副本保持一定的个数，如图 2-3 所示。

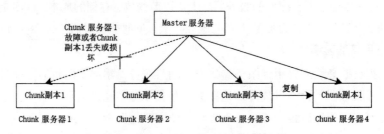

图 2-3　GFS Chunk 服务器容错机制

如图 2-3 所示，正常情况下 Chunk 服务器 1、Chunk 服务器 2 和 Chunk 服务器 3 上分别保存着一个 Chunk 副本，当 Chunk 服务器 1 发生故障不可用，或者 Chunk 服务器 1 上存放的 Chunk 副本丢失或者损坏导致 Chunk 副本不可用时，Master 服务器会协调其中一台保存有相同 Chunk 副本的 Chunk 服务器（这里是 Chunk 服务器 3），将对应的 Chunk 副本复制到集群中其他正常的 Chunk 服务器上（这里是 Chunk 服务器 4）。

GFS 中对 Master 服务器和 Chunk 服务器提供的容错机制，有效地保证了整个 GFS 的容错性。

3. 大文件和小文件共存

Google 存储的海量数据中，既有小到几 KB 的小文件，也有大到 GB 级别的大文件，这就要求 GFS 能够同时存储这些小文件和大文件，并能够使这些小文件和大文件在同一个 GFS 中共存。

GFS 存储一个大文件时，会将这个大文件切分成一个个小的 Chunk 块，保存到不同的 Chunk 服务器上。当客户端读取数据时，首先向 Master 服务器询问它应该联系的 Chunk 服务器，Master 服务器会将其应该联系的 Chunk 服务器的一些元数据信息（命名空间、Chunk 与文件名的映射表、Chunk 副本的位置信息）返回给客户端，客户端获取到这些元数据信息后会将其缓存一段时间，后续将直接和 Chunk 服务器进行数据读 / 写操作，如图 2-4 所示。

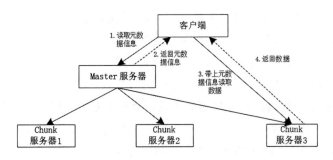

图 2-4　GFS 读数据简单流程

由图 2-4 可以看出以下信息。

（1）客户端向 Master 服务器发出请求，读取元数据信息。

（2）Master 服务器将客户端请求的元数据信息（元数据信息中包含 Chunk 服务器 3 的信息）返回给客户端，客户端将 Master 服务器返回的元数据信息缓存到本地一段时间。

（3）客户端带上 Master 服务器返回的元数据信息读取 Chunk 服务器 3 上的数据。

（4）Chunk 服务器 3 返回客户端读取的数据。

GFS 上的写数据流程比读数据流程要稍微复杂一些，因为需要将数据存储到多个 Chunk 服务器上，这就涉及多个 Chunk 服务器写数据的问题。Master 服务器需要在多个 Chunk 服务器中选出一个主 Chunk 服务器，由主 Chunk 服务器通知其他 Chunk 服务器写入数据。整个写文件的流程如图 2-5 所示。

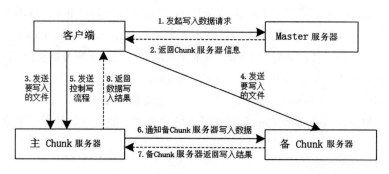

图 2-5　GFS 写数据简单流程

由图 2-5 可以看出以下信息。

（1）客户端向 Master 服务器发起写入数据请求。

（2）Master 服务器选定要写入的 Chunk 服务器，由于默认每份数据保存到 3 个不同的 Chunk 服务器上，因此要选定 3 个不同的 Chunk 服务器。Master 服务器创建虚拟 Chunk 文件，映射存储文件与 Chunk 的映射关系、Chunk 文件与 Chunk 服务器的映射关系，同时要选定主 Chunk 服务器。Master 服务器完成这一系列流程后，向客户端返回 Chunk 服务器的信息，这些信息都是包含在元数据中的。

（3）客户端向主 Chunk 服务器发送要写入的文件，主 Chunk 服务器缓存要写入的文件。

（4）客户端向备 Chunk 服务器发送要写入的文件，备 Chunk 服务器缓存要写入的文件。

（5）客户端向主 Chunk 服务器发送控制写流程。

（6）主 Chunk 服务器收到客户端发送的控制写流程后，开始向自身服务器写入相应的数据，同时会通知备 Chunk 服务器写入数据。

（7）备 Chunk 服务器执行完写数据操作后，会向主 Chunk 服务器返回写入结果。主 Chunk 服务器最少一个副本写入成功，则视为数据写入成功，否则视为数据写入失败。

（8）主 Chunk 服务器向客户端返回最终的数据写入结果。

2.1.3　分布式结构化数据存储 BigTable

BigTable 是 Google 为了管理其结构化数据而设计的大规模结构化的分布式存储系统。BigTable 可以支持的集群范围为几台服务器到上千台服务器，能够支撑 PB 级别的海量数据存储。Google 中很多核心项目和应用都部署在 BigTable 上，这些项目和应用对 BigTable 提出了不同的需求和挑战，如不同的项目和应用对数据规模的要求不同，对数据延迟和访问性能的要求也不同。

但是 BigTable 能够满足这些不同的要求，为 Google 不同的项目和应用提供灵活的、可扩展的、高性能的存储方案。

BigTable 以字符串的形式来存储数据，并不会解析所要存储的数据。也就是说，BigTable 不会对数据做任何解析操作，而是交由客户端动态控制数据的布局和存储格式，将结构化和非结构化的数据串行化再存入 BigTable，如图 2-6 所示。

BigTable 本质上是一个键值（key-value）映射，键包括 3 个维度，分别是行键（row key）、列键（column key）和时间戳（timestamp），行键和列键都是字节串，时间戳是 64 位整型；值是一个字节串。可以用 "(row:string, column: string, time:int64)->string" 来表示一条键值对记录。

BigTable 的存储结构采用一个类似于 B+ 树的存储结构，如图 2-7 所示。

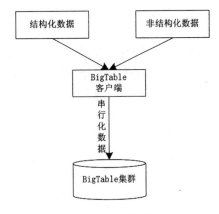

图 2-6　BigTable 保存串行化数据

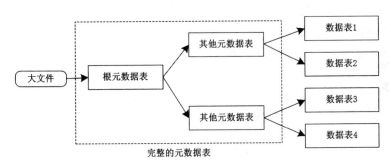

图 2-7　BigTable 存储结构

如图 2-7 所示，BigTable 存储结构的第一层是一个很大的文件，它保存着根元数据表的位置。其实这个文件是 Google 的分布式锁服务——Chubby 的一部分，一旦这个文件丢失或者损坏，就丢失了根元数据表的位置，整个 BigTable 就变得不可用了。

第二层是根元数据表，从本质上来说，根元数据表其实是整个元数据表的第一个分片，保存着其他元数据表的位置。

第三层是其他元数据表，这些元数据表和根元数据表一起组成了完整的元数据表，每个元数据表都包含许多用户数据表的位置信息。

以上就是对 Google 三大核心云计算技术——MapReduce 编程模型、GFS 和分布式结构化数据存储 BigTable 的简要介绍，接下来就正式步入 Hadoop 的世界。

2.2　Hadoop 云计算技术

Google 的大数据论文促成了 Hadoop 的诞生，随着大数据产业的不断发展，Hadoop 已经不只是一个大数据框架，它逐渐演化成为 Hadoop 生态系统。Hadoop 生态系统中涵盖了各种各样的大数据处理技术，包括 Hadoop、Storm、Spark、Hive、Zookeeper、Flume、Kafka 等一系列技术和框架，已然成为大数据处理的事实标准。

2.2.1　Hadoop 概述

目前，Hadoop 分为很多个版本，这些不同的版本由不同的开源组织或公司进行开发和维护，本节介绍的 Hadoop 主要是 Apache Hadoop。

Hadoop 是一个开源分布式系统基础架构，包含两大核心组件——HDFS 和分布式计算框架 MapReduce，这两大核心组件是 Hadoop 进行大数据处理的基础。此外，Hadoop 的重要组件还包括 Hadoop Common 和 YARN（Yet Another Resource Negotiator，另一种资源协调者）框架。Hadoop 目前主要由 Apache 软件基金会进行开发和维护。

用户在使用 Hadoop 的过程中，不需要了解分布式系统底层的细节，在开发 Hadoop 分布式程序时，只需要简单地编写 map() 函数和 reduce() 函数即可完成 Hadoop 程序的开发，并且能够充分利用 Hadoop 集群的大规模存储和高并行计算来完成复杂的大数据处理业务。

同时，HDFS 的高容错性、高可扩展性等优点使 Hadoop 可以部署在廉价的服务器集群上，能够大大节约海量数据的存储成本。MapReduce 的高容错性保证了系统计算结果的准确性，从整体上解决了大数据存储和处理的可靠性。

2.2.2　Hadoop 核心组件

Hadoop 的核心组件包括 HDFS 和分布式计算框架 MapReduce，以及 YARN 框架。除此之外，Hadoop 的重要组件还包括 Common 工具等，如图 2-8 所示。

1. 分布式计算框架 MapReduce

分布式计算框架 MapReduce 是 Hadoop 用于并行处理大数据集的系统，可以在不需要关心底层实现细节的情况下轻松编写应用程序。MapReduce 框架将复杂的大数据处理过程抽象为 map() 函数和 reduce() 函数，分别执行大数据

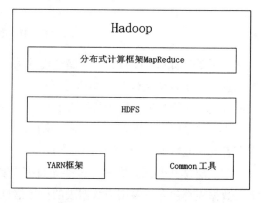

图 2-8　Hadoop 组件

处理中的 Map 任务和 Reduce 任务，用户只需要简单地编写 map() 函数和 reduce() 函数即可开发出一个分布式的 Hadoop 程序，这些 Hadoop 程序会以可靠、容错的方式运行在大规模服务器集群上并行处理海量数据。

2. HDFS

HDFS 是 Hadoop 存储海量数据的基石，能够提供对应用程序数据的高吞吐量访问。HDFS 是用于在大规模集群上部署并运行的分布式文件系统，其使用 Master/Slave 架构模式。Hadoop 从 Hadoop 2.0 开始支持 NameNode HA，整个集群中只能同时有一个 NameNode 处于工作状态，并且有多个 DataNode，如图 2-9 所示。

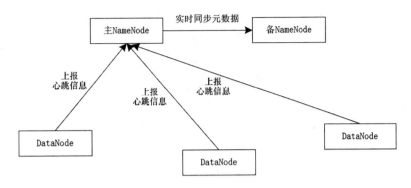

图 2-9　HDFS 中的 NameNode 和 DataNode

如图 2-9 所示，正常情况下，主 NameNode 中的元数据信息会实时同步到备 NameNode，同时各个 DataNode 向主 NameNode 上报心跳信息。

当主 NameNode 由于某种原因发生故障而不可用时，备 NameNode 会迅速接管主 NameNode 的工作，同时各 DataNode 会向备 NameNode 上报心跳信息，如图 2-10 所示。

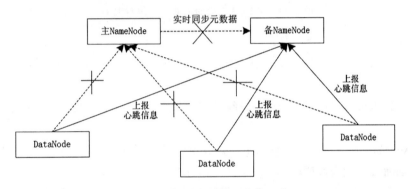

图 2-10　备 NameNode 接管工作

如图 2-10 所示，当主 NameNode 发生故障不可用时，备 NameNode 能够接替发生故障的主 NameNode 进行工作，且各个 DataNode 会切换成向接管工作的备 NameNode 上报心跳信息；同时，主备 NameNode 之间不再同步元数据信息。

3. YARN 框架

YARN 是 Hadoop 框架用于作业调度和集群资源管理的框架，为运行于 Hadoop 上的程序提供服务器运算资源。YARN 框架是从 Hadoop 2.0 版本引入的，它的出现弥补了 Hadoop 1.x 版本中 MapReduce 框架的不足，解决了 Hadoop 1.x 中 JobTracker 单点故障的问题，同时能够支持多种分布式运算框架，如 Storm、Spark 等可以在 YARN 上运行。

YARN 框架将 Hadoop 1.x 版本中的 JobTracker 拆分成为 ResourceManager（一个全局的资源管理器）和 ApplicationMaster（每个应用程序特有）。ResourceManager 负责整个系统的资源管理和分配，ApplicationMaster 负责单个应用程序的管理。整个 YARN 框架的简易执行流程架构如图 2-11 所示。

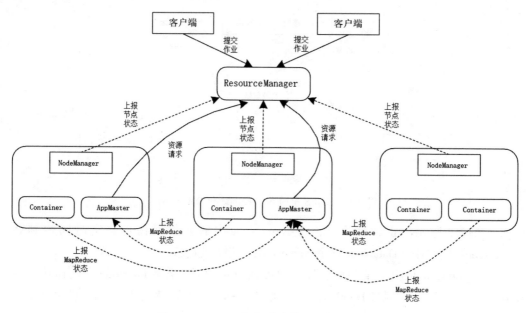

图 2-11　YRAN 框架的简易执行流程架构

由图 2-11 可以看出以下信息。

（1）客户端向 ResourceManager 提交作业，而 ResourceManager 负责全局资源管理和任务调度。

（2）NodeManager 负责单个节点的资源管理和监控，会定时向 ResourceManager 上报节点状态。

（3）AppMaster（ApplicationMaster）负责单个作业的资源管理和任务监控，会向 ResourceManager 发起资源请求。

（4）Container 为资源申请和任务运行的容器，会向 AppMaster 上报 MapReduce 状态。

4. Common 工具

Hadoop 的 Common 工作理解起来比较简单，就是封装了一些常用的底层工具，供其他 Hadoop 模块使用。其主要包括配置工具 Configuration、远程过程调用（Remote Procedure Call，RPC）、序列化工具和 Hadoop 的抽象文件系统工具 FileSystem 等，为其他 Hadoop 模块的运行提供基本服务，并为开发 Hadoop 程序提供了必要的 API。

2.2.3　Hadoop 生态圈

现如今的 Hadoop 不仅仅是一个大数据处理框架，它代表的是一个 Hadoop 生态系统，或者称为 Hadoop 生态圈，其涵盖了多种大数据处理框架和技术，如图 2-12 所示。

也可以从核心组件、数据存储、数据处理和协调组件 4 个角度对 Hadoop 生态圈中的技术进行分类，如图 2-13 所示。

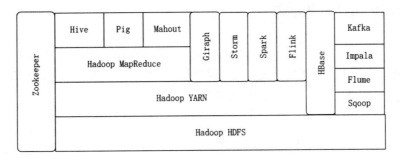

图 2-12　Hadoop 生态圈

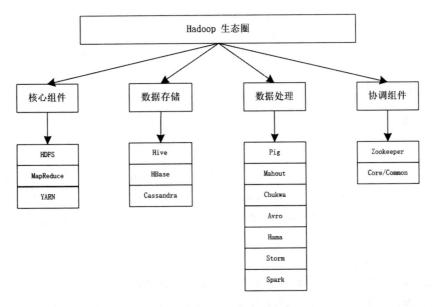

图 2-13　Hadoop 生态圈分类

如图 2-13 所示，可以将 Hadoop 中包含的一部分技术分为 4 部分，分别为核心组件、数据存储、数据处理和协调组件。

（1）**核心组件**：包括 HDFS、MapReduce 编程模型和 YARN 资源调度框架。

（2）**数据存储**：包括 Hive 数据仓库架构、HBase 分布式数据存储和 Cassandra 混合型 NoSQL。

（3）**数据处理**：包括 Pig 数据分析平台、Mahout 数据检索和分析、Chukwa 数据收集系统、Avro 数据序列化系统、Hama 大规模并行计算框架、在线实时流处理技术 Storm、在线实时批处理框架 Spark。

（4）**协调组件**：包括分布式应用协调服务 Zookeeper 和 Core/Commnon（为其他子项目提供支持）。

2.2.4 Hadoop 物理架构

Hadoop 架构不仅在逻辑上支持分布式部署，而且在物理上也是分布式的。可以将 Hadoop 部署在由上千台物理机组成的大规模分布式集群上，并且 Hadoop 能够运行在由大规模廉价服务器组成的集群上。Hadoop 物理架构如图 2-14 所示。

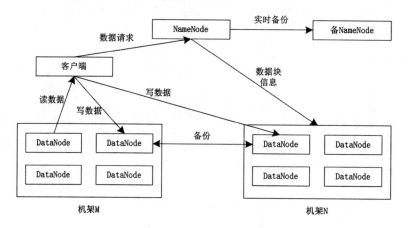

图 2-14 Hadoop 物理架构

Hadoop 在物理架构上会采用 Master/Slave 模式。NameNode 服务器存放集群的元数据信息，负责整个数据集群的管理。DataNode 分布在不同的物理机架上，保存具体的数据块，并定期向 NameNode 发送存储的数据块信息，以心跳的方式告知 NameNode。客户端与 Hadoop 交互时，首先要向 NameNode 获取元数据信息，根据 NameNode 返回的元数据信息，到具体的 DataNode 服务器上获取数据或写入数据。

Hadoop 提供了默认的副本存放策略，每个 DataNode 默认保存了 3 个副本，其中 2 个副本会保存在同一个机架的不同节点行，另一个副本会保存在不同机架的节点上。

Hadoop 物理架构的另一种表现形式如图 2-15 所示。

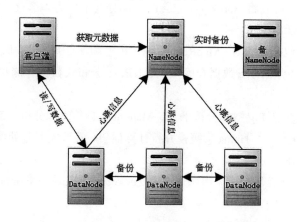

图 2-15 Hadoop 物理架构的另一种表现形式

2.2.5　Hadoop 的原理和运行机制

本小节简单介绍 HDFS、MapReduce 和 YARN 的运行流程。

1. HDFS

Hadoop 会将一个大文件切分为 N 个小文件数据块，分别存储到不同的 DataNode 上，如图 2-16 所示。

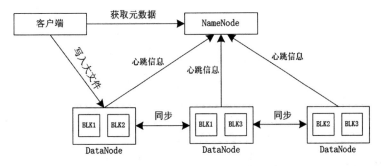

图 2-16　大文件被切分为小数据块

如图 2-16 所示，当向 Hadoop 写入一个大文件时，客户端首先从 NameNode 服务器获取元数据信息，得到元数据信息后，向相应的 DataNode 写入大文件。Hadoop 框架会比较文件的大小与数据块的大小，如果文件的大小小于数据块的大小，则文件不再切分，直接保存到相应的数据块中。如果文件的大小大于数据块的大小，则 Hadoop 框架会将原来的大文件进行切分，形成若干个数据块文件，将这些数据块文件存储到相应的数据块中；同时，默认每个数据块保存 3 个副本到不同的 DataNode 中。

由于 Hadoop 中的 NameNode 保存着整个数据集群的元数据信息，负责整个集群的数据管理工作，因此在读 / 写数据上与其他传统分布式文件系统有些许不同之处。

Hadoop 读数据的简易流程如图 2-17 所示。

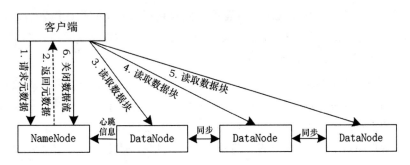

图 2-17　Hadoop 读取数据的简易流程

（1）客户端发出读数据请求，请求 NameNode 的元数据。

（2）NameNode 将元数据信息返回给客户端。

（3）客户端根据 NameNode 返回的元数据信息，到对应的 DataNode 中读取块数据，如果读取的文件比较大，则会被 Hadoop 切分为多个数据块，保存到不同的 DataNode 中。

（4）读取完 3 的数据块后，如果数据未读取完，则接着读取数据。

（5）读取完 4 的数据块后，如果数据未读取完，则接着读取数据。

（6）读完所有数据之后，通知 NameNode 关闭数据流。

Hadoop 写数据的简易流程如图 2-18 所示。

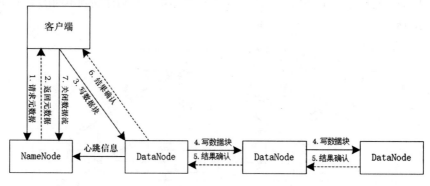

图 2-18　Hadoop 写数据的简易流程

（1）客户端向 NameNode 发起元数据请求，指定文件上传的路径。此时，NameNode 内部会进行一系列操作，如验证客户端指定的路径是否合法、客户端是否具有写权限等。验证通过后，NameNode 会为文件分配块存储信息。

（2）NameNode 向客户端返回元数据信息，并给客户端返回一个输出流。

（3）客户端获取到元数据和输出流之后，开始向第一个 DataNode 写数据块。

（4）第一个 DataNode 将数据块发送给第二个 DataNode，第二个 DataNode 将数据块发送给第三个 DataNode，以此类推，写完所有的数据块。

（5）每个 DataNode 会向上游的 DataNode 发送结果确认信息，以保证写入数据的完整性。

（6）DataNode 向客户端发送结果确认信息，保证数据写入成功。

（7）当所有的数据块都写完，并且客户端接收到写入成功的确认信息后，客户端会向 NameNode 发送关闭数据流请求，NameNode 会将之前创建的输出流关闭。

2. 分布式计算框架 MapReduce

Hadoop 的分布式计算框架 MapReduce 会将一个大的、复杂的计算任务分解为一个个小的、简单的计算任务，这些分解后的计算任务会在 MapReduce 框架中并行执行，然后将计算的中间结果根据键进行排序、聚合等操作，输出最终的计算结果。

整个 MapReduce 过程可以分为数据输入阶段、Map 阶段、中间结果处理阶段（包括 Combiner 阶段和 Shuffle 阶段）、Reduce 阶段及数据输出阶段。

（1）数据输入阶段：将待处理的数据输入 MapReduce 系统。

（2）Map 阶段：map() 函数中的参数会以键值对的形式进行输入，经过 map() 函数的一系列并行处理后，将产生的中间结果输出到本地磁盘。

（3）中间结果处理阶段：这个阶段又包含 Combiner 阶段和 Shuffle 阶段，对 map() 函数输出的中间结果按照键进行排序和聚合等一系列操作，并将键相同的数据输入相同的 reduce() 函数中进行处理（也可以根据实际情况指定数据的分发规则）。

（4）Reduce 阶段：reduce() 函数的输入参数是以键和对应值的集合形式输入的，经过 reduce() 函数处理后，产生一系列键值对形式的最终结果数据，并输出到 HDFS 中。

（5）数据输出阶段：数据从 MapReduce 系统输出到 HDFS。

MapReduce 简要执行过程如图 2-19 所示。

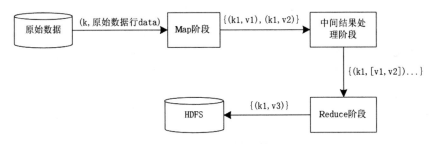

图 2-19　MapReduce 简要执行过程

由图 2-19 可以看出，原始数据以"(k, 原始数据行 data)"的形式输入 Map 阶段；经过 Map 阶段的 map() 函数的一系列并行处理后，将中间结果数据以"{(k1, v1), (k1, v2)}"的形式输出到本地；然后经过 MapReduce 框架的中间结果处理阶段的处理（中间结果处理阶段会根据键对数据进行排序和聚合处理，将键相同的数据发送到同一个 reduce() 函数处理）；接下来就进入 Reduce 阶段，Reduce 阶段接收到的数据都是以"{k1,[v1, v2]...}"形式存在的数据，这些数据经过 Reduce 阶段的处理之后，最终得出"{(k1,v3)}"格式的键值对结果数据，并将最终结果数据输出到 HDFS。

3. YARN 资源调度系统

YARN 框架主要负责 Hadoop 的资源分配和调度工作，其工作流程可以简化为图 2-20。

（1）客户端向 ResourceManager 发出运行应用程序的请求。

（2）ResourceManager 接收到客户端发出的运行应用程序的请求后，为应用程序分配资源。

（3）ResourceManager 到 NodeManager 上启动 AppMaster。

（4）AppMaster 向 ResourceManager 注册，使 ResourceManager 能够随时获得运行任务的进程状态信息；同时，ResourceManager 会为 AppMaster 分配资源，并将分配资源的信息发送给 AppMaster。

（5）AppMaster 获得分配的资源信息后，启动相应节点上的 Container，执行具体的 Task 任务。

（6）Container 时刻与 AppMaster 进行通信，向 AppMaster 汇报任务执行情况。

（7）当所有的任务运行完成之后，AppMaster 向 ResourceManager 发出请求，注销自己。

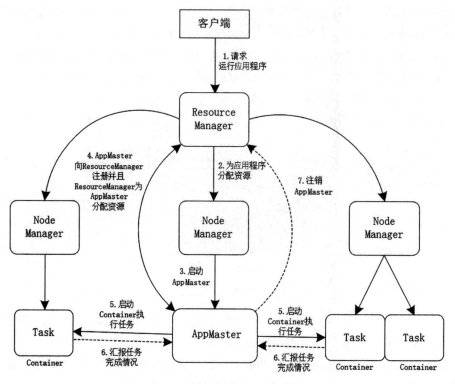

图 2-20　YARN 简要工作流程

2.2.6　Hadoop 相关技术与概述

Hadoop 不仅是一个大数据处理框架，如今还成为大数据开发领域的事实标准，成为一个大数据生态系统，包含许多大数据处理中的技术。下面简要介绍几款与 Hadoop 体系相关的工具。

1. Hive

Hive 是一个基于 Hadoop 的数据仓库架构，能够将 Hadoop HDFS 中的文件映射为一张数据库表，并能够将 SQL（Structured Query Language，结构化查询语言）语句转化为 Hadoop 中的 MapReduce 程序并执行。

Hive 在 Apache 的官方网址为 http://hive.apache.org。

2. Pig

Pig 是一款支持大数据并行化处理的工具。

Pig 在 Apache 的官方网址为 http://pig.apache.org。

3. Flume

Flume 是一款日志收集工具，能够实时监听并收集服务器上的日志信息，并可以根据配置将日志信息发送到 HDFS 或其他框架进行处理。

Flume 在 Apache 的官方网址为 http://flume.apache.org。

4. Kafka

Kafka 是一个消息队列系统，支持消息日志的持久化，通常会和 Flume 结合使用。

Kafka 在 Apache 的官方网址为 http://kafka.apache.org。

5. Sqoop

Sqoop 是一个数据导入 / 导出工具，可以将 Hadoop HDFS 中的数据导出到关系型数据库中，也可以将关系型数据库中的数据导入 Hadoop HDFS 中。

Sqoop 在 Apache 的官方地址为 http://sqoop.apache.org。

6. Storm

Storm 是一个在线实时流处理框架，能够实时处理线上的业务数据流，并提供高度的容错性，保证每个消息都能被处理，并且提供完善的 Ack 机制，保证每个消息被执行一次。

Storm 在 Apache 的官方地址为 http://storm.apache.org。

7. Spark

Spark 是一个使用 Scala 语言编写的通用内存并行计算框架，基于 RDD（Resilient Distributed Dataset，弹性分布式数据集）计算模型，提供了 Spark RDD、Spark SQL、Spark Streaming、Spark MLlib、Spark GraphX 等技术组件。

Spark 在 Apache 的官方网址为 http://spark.apache.org。

8. Mahout

Mahout 是一个算法库，提供了一些机器学习领域的经典算法实现，包括频繁挖掘模式、聚类、分类、推荐引擎（协同过滤）、频繁子项挖掘 5 个部分。

Mahout 在 Apache 的官方网址为 http://mahout.apache.org。

2.2.7　Hadoop 的局限性

Hadoop 的 HDFS 能够存储海量数据，分布式计算框架 MapReduce 极大地简化了开发 Hadoop 程序的复杂性。同时，Hadoop 能够运行在廉价的服务器集群上，极大地降低了部署成本，其提供的扩展性和高容错性为数据的存储和计算提供了强有力的保障。但是 Hadoop 自身也存在着一定的局限性。

1. 时效性低

Hadoop 是高吞吐量的系统，不适合低延时的交互式数据访问，如实时返回结果数据就是 Hadoop 目前不能做到的。

2. 不适合存储大量的小文件

Hadoop 适合存储大文件，而不适合存储大量的小文件。因为 NameNode 会将元数据信息存储在内存中，Hadoop 存储大量的小文件会大量占用 NameNode 的内存，导致 Hadoop 的存储受限于 NameNode 的内存大小，极大地限制了 Hadoop 的存储空间。

3. 不支持任意修改文件

Hadoop 不支持对文件的任意修改，但是可以对文件进行追加操作，适合一次写入，多次读取。

4. 不支持多人同时进行写操作

Hadoop 不支持多人同时进行写操作，在某一时刻，只能有一个人对 Hadoop 执行写操作。

2.3 本章总结

本章简单介绍了 Google 核心云计算技术，分别对 MapReduce 编程模型、GFS 和分布式结构化数据存储 BigTable 进行了简要介绍。接着对 Hadoop 的核心组件、生态圈进行了简单说明，随后介绍了 Hadoop 的物理架构、原理和运行流程，以及与 Hadoop 相关的技术。最后介绍了 Hadoop 技术的发展、使用案例及 Hadoop 的局限性。第 3 章将简单介绍大数据处理中的在线实时处理技术 ——Storm。

第 3 章

在线实时处理技术——Storm

Hadoop 是离线批处理领域的"王者",但是其在实时性上的不足使其不能很好地应用于在线实时处理领域。为满足大数据实时处理领域的需求,业界开始不断探索和尝试。Storm 在这样的背景下诞生,其从基础架构上就实现了实时计算和数据处理功能。

本章主要涉及的知识点如下。

- Storm 的定义。
- Storm 的诞生和发展。
- Storm 的基本组件。
- 其他流式处理框架。
- Storm 的应用现状和发展趋势。

3.1 Storm 的定义

Storm 是一个开源的分布式大数据实时流处理框架，能够实时处理源源不断的大数据流。Storm 为实时计算提供了一些简单高效的原语，处理速度非常高效：每个节点每秒可以处理多达 100 万个元组。Storm 具有高度的可伸缩性、容错性，保证每条数据都能被处理，同时，其拓扑结构在计算的每个阶段都能够重新分区数据流。

总之，Storm 是一个主要使用 Clojure 与 Java 语言编写的免费开源的分布式实时计算系统，被广泛应用于大数据在线实时计算领域。

3.2 Storm 的诞生

Storm 的诞生为大数据实时流计算领域奠定了基础，它能够实时分析线上的各项数据指标，为企业或组织的快速决策提供强有力的数据保证。

3.2.1 诞生背景

Storm 最早用于 Twitter，随着网络社交的飞速发展，Twitter 需要实时分析其网站上的数据。同时，Twitter 上的数亿用户在不同时段通过手机、平板电脑、PC 等发布大量的信息，而且用户还需要实时关注和搜索其关心的话题并转发和评论。这些都需要实时对最新的数据进行分析和计算。显然，基于离线批处理计算的 Hadoop 框架无法满足其需求。

3.2.2 Twitter 使用 Storm

在 Storm 出现之前，搭建分布式实时计算环境往往需要使用 MQ（Message Queue，消息队列）结合业务处理，业务处理方会收到 MQ 发送过来的消息，然后对消息数据进行处理，将处理结果更新到数据库。但是这种方式使开发人员大部分时间都在调试消息的发送和接收是否可靠，而不能将主要精力用于处理具体的业务逻辑；系统的容错性极低，一旦业务处理失败，很难回滚数据，甚至会造成数据的丢失；扩展性差，当集群规模无法满足需求，增加处理节点时，需要进行大量的配置和调试，仍无法完全实现系统的可靠性。

Storm 能够完全解决上述问题，其最初由 BackType 公司开发。BackType 公司提供的主要业务是：分析一个组织在 Twitter 上发布信息的重要程度和其具有的影响力，并且分析统计 Twitter 上的消息被其他人重复转发的次数和频率。2011 年 7 月 6 日，Twitter 正式收购了 BackType 公司，将 Storm 用于其在线实时处理业务。2011 年 8 月 4 日，Storm 正式开源，随后，大量公司使用 Storm 处理其在线实时计算业务。

3.3 Storm 的发展

Storm 开源之后受到了广泛的关注,很多开源项目爱好者主动参与 Storm 的开发和维护,再加上 Storm 原项目组的大力开发和支持,Storm 得到了飞速的发展。同时,很多开源项目爱好者成立了很多网站,用以帮助学习 Storm 的开发人员和爱好者。

Twitter 收购 BackType 公司后开源了 Storm,并在 2011 年 9 月 19 日发布了 Storm 的第一个 Release 版本 Storm 0.5.0,被托管在 GitHub 上。

2013 年 9 月,Storm 开始在 Apache 进行孵化。经过 1 年多的孵化,Storm 于 2014 年 9 月 17 日正式成为 Apache 顶级开源项目。

Storm 成为 Apache 顶级开源项目之后,更多的开源爱好者向 Storm 提交贡献代码,加之 Apache 开源软件基金会的强大影响力,Storm 被更多的公司所知晓,并被运用到更多的领域当中,包括医疗保健、天气、新闻、分析、拍卖、广告、旅游、报警、金融、电商、实时监控等。

Storm 在 Apache 的官方网址为 http://www.apache.org。

3.4 Storm 的基本组件

Storm 上运行的是 Topology,其与 Hadoop 的区别是,Hadoop 运行的 MapReduce 作业会终止,而 Storm 上运行的 Topology 不会终止。只要有数据发送过来,Storm 就会处理这些数据,除非手动终止 Storm 上运行的 Topology。

3.4.1 Storm 核心组件

Storm 的核心组件主要包括 Topology、Worker、Executor、Task、Spout、Bolt、Tuple、Stream 和 Stream grouping(Stream 分组),如图 3-1 所示。

各组件说明如下。

(1)Topology:一个完整的运行任务被称为一个 Topology,Topology 会一直运行,除非手动将其进程结束。

(2)Worker:进行具体业务逻辑处理的组件。在分布上,Worker 组件节点的进程由一个物理的 JVM(Java Virtual Machine,

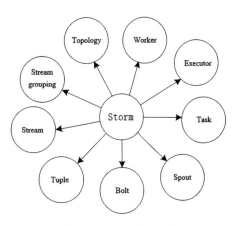

图 3-1　Storm 核心组件

Java 虚拟机）和部分 Topology 组成。

（3）Executor：Worker 进程中处理具体业务逻辑的线程。一个 Executor 只能运行同一个 Spout 或 Bolt 下的任务。

（4）Task：执行任务的基本单元。在 Storm 0.8 之后，Task 不再与物理线程对应。

（5）Spout：拓扑的消息源。在 Topology 中产生源数据流，这些源数据流一般是从外部数据源中读取的数据转化来的。

（6）Bolt：接收并处理数据的组件。数据流在 Bolt 组件中经过处理后会得出最终的结果数据。

（7）Tuple：消息传递的基本单元组件。数据在各个组件之间的传输是以 Tuple 元组的形式进行的。

（8）Stream：很多个 Tuple 元组数据不断地在多个 Storm 组件之间传输，就组成了 Stream。

（9）Stream grouping：Stream 按照一定的分组规则进行分组就形成了 Stream grouping。

3.4.2　Storm 集群组成

Storm 集群主要由两种节点组成：Nimbus 节点和 Supervisor 节点。Nimbus 节点是集群中的主节点，主要负责代码分发、为执行的任务分配计算机资源并监控任务的运行状态；Supervisor 节点是集群中的工作节点，负责监听 Nimbus 节点分配的任务，根据执行任务的需要启动或者关闭 Worker 进程，进行具体任务的执行。

Nimbus 节点和 Supervisor 节点之间的数据通信和协调可以依靠 Zookeeper 框架完成，Storm 被设计成无状态的，Nimbus 节点和 Supervisor 节点中不会保存任何状态信息，所有的状态信息会被保存在 Zookeeper 或者磁盘中。这样，当 Nimbus 节点或者 Supervisor 节点宕机，或者直接使用 kill-9 命令杀死 Nimbus 进程和 Supervisor 进程时，重启就可以继续工作，使 Storm 具有高度的稳定性和可靠性。

Storm 架构如图 3-2 所示。

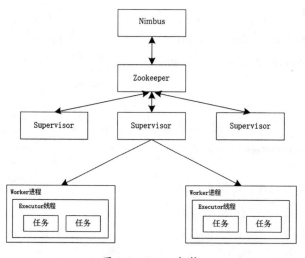

图 3-2　Storm 架构

3.4.3　Storm 分组策略

Storm 支持 8 种分组策略，其中内置的分组策略有 7 种，也可以使用 CustomStream Grouping 接口实现自定义分组策略。下面就分别介绍 Storm 支持的分组策略。

（1）Shuffle Grouping：随机分组，Task 中的数据随机分配，可以实现在同一级 Bolt 上获得处理的 Tuple 数量大体一致，即同一级 Bolt 的数据负载均衡。代码如下所示：

```
TopologyBuilder buider = new TopologyBuilder();
builder.setSpout("mySpout",new MySpout(),1);
builder.setBolt("myBolt",new myBolt(),2)
        .shuffleGrouping("mySpout");
```

（2）Fields Grouping：按 Tuple 中的字段分组，相同字段的 Tuple 会被分发到同一个 Task 中，这样便于数据的跟踪和处理。代码如下所示：

```
TopologyBuilder buider = new TopologyBuilder();
builder.setSpout("mySpout",new MySpout(),1);
builder.setBolt("myBolt",new MyBolt(),2)
    .fieldsGrouping("mySpout",new Fields("myField"));// 按照 myField 字段进行分区
    .fieldsGrouping(ConstData.CACHE_BOLT, ConstData.PROCESSOR_STREAM, new
Fields(AlarmAttrName.ME));
```

（3）All Grouping：所有的 Tuple 都会被广播发送到所有的 Bolt，常被用于向 Bolt 发送信号。代码如下所示：

```
TopologyBuilder buider = new TopologyBuilder();
builder.setSpout("mySpout",new MySpout(),1);
builder.setBolt("myBolt",new MyBolt(),2).allGrouping("mySpout");
```

（4）Global Grouping：全局分组，Storm 上所有的 Tuple 都会发送到指定 Bolt 上的一个 Task 中，常用于全局汇总计数。代码如下所示：

```
TopologyBuilder builder = new TopologyBuilder();
// 拓扑名、数据源、并行度
builder.setSpout("mySpout", new MySpout(), 1);
builder.setBolt("bolt", new MyBolt(), 2).globalGrouping("mySpout");
```

（5）None Grouping：不关心 Storm 如何做分组处理，目前效果与 Shuffle Grouping 一致。代码如下所示：

```
TopologyBuilder builder = new TopologyBuilder();
// 拓扑名、数据源、并行度
builder.setSpout("mySpout", new MySpout(), 1);
// 等于 shuffleGrouping
builder.setBolt("myBolt", new MyBolt(), 2).noneGrouping("mySpout");
```

（6）Direct Grouping：直接分组，这种分组策略由数据发送者指定 Tuple 被数据接收者 Bolt 的哪些 Task 处理，需要使用 OutputCollector 类的 emitDirect() 方法实现直接分组策略。代码如下所示：

```
TopologyBuilder builder = new TopologyBuilder();
// 设置 Spout
builder.setSpout("mySpout", new MySpout()).setNumTasks(2);
// 设置 creator-Bolt
builder.setBolt("myBolt", new MyBolt(),2).directGrouping("mySpout").
setNumTasks(2);
```

（7）Local Or Shuffle Grouping：本地或随机分组，这种分组策略中，如果接收数据处理的 Bolt 中有一个或者多个 Task 与发送数据的 Bolt 的 Task 在同一个工作进程内，则 Tuple 将会被随机发送给同进程内的 Task，否则使用 Shuffle Grouping，即随机分组策略分发数据。代码如下所示：

```
TopologyBuilder buider = new TopologyBuilder();
builder.setSpout("mySpout",new MySpout(),1);
builder.setBolt("myBolt",new myBolt(),2)
        . localOrShuffleGrouping ("mySpout");
```

（8）Custom Grouping：自定义分组策略，当 Storm 内置的 7 种分组策略无法满足需求时，可以使用自定义分组策略，实现自定义分组策略需要实现 CustomStreamGrouping 接口。自定义分组策略类 MyCustomGrouping 的代码如下所示：

```
public class MyCustomGrouping implements CustomStreamGrouping{
    @Override
    public void prepare(WorkerTopologyContext context, GlobalStreamId stream,
      List<Integer> targetTasks){
        ......
    }
    @Override
    public List<Integer> chooseTasks(int taskId, List<Object> values){
        ......
    }
}
```

使用示例代码如下所示：

```
TopologyBuilder builder = new TopologyBuilder();
// 拓扑名、数据源、并行度
builder.setSpout("mySpout", new MySpout(), 1);
builder.setBolt("myBolt", new MyBolt(), 2)
.customGrouping("mySpout", new MyCustomGrouping());
```

注意： 前 4 种分组策略比较常用，后 4 种不太常用。

3.5 Storm 的可靠性

Storm 能够保证每条数据消息都能被完全处理，并提供了相关的接口让用户决定是否使用可靠性机制。如果涉及的数据分析业务对可靠性要求不高，可以选择不使用 Storm 的可靠性机制。

注意：消息被完全处理，指的是一条消息数据会经过不同 Bolt 类的处理，当经过的每个 Bolt 类的处理都成功时，数据才会被完全处理；如果经过的某个节点上的 Bolt 类处理失败或者超时，则数据的处理就是失败的。

Storm 的源代码中提供了很多以 RichBolt 和 BasicBolt 结尾的 Bolt 类。其中以 RichBolt 结尾的 Bolt 类没有提供可靠性机制，用户使用这些类时，需要手动在代码中调用 collector. ack() 方法或 collector.fail() 方法来确认当前 Bolt 是否执行成功。以 BasicBolt 结尾的 Bolt 类封装了可靠性机制，用户在使用这些类时，会在内部自动加入 Tuple 进行锚定，不需要再手动调用 collector.ack() 方法或者 collector.fail() 方法，只需要专注于分析逻辑，系统会默认调用 ack() 方法或者 fail() 方法。

注意：如果使用以 BasicBolt 结尾的类，需要指定一个唯一的 ID，Storm 使用这个 ID 来确定执行成功或者失败，如 "collector.emit(tuple, tupleId);"。

Storm Ack 机制的简易流程如图 3-3 所示。

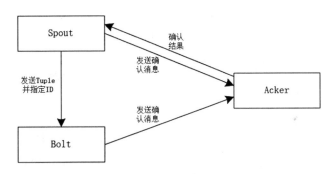

图 3-3　Storm Ack 机制的简易流程

（1）Spout 进行初始化，会产生一个全局唯一的 taskId。

（2）Spout 创建一个 Tuple，并为 Tuple 指定一个 tupleId，在各个组件之间进行数据传输。

（3）Spout 将创建的 Tuple 发送出去，并根据指定的 tupleId 开启跟踪，同时将消息发送到 Acker，Acker 对消息进行跟踪。

（4）Spout 发送的 Tuple 会经过一系列 Bolt 的处理，产生一个 Tuple 跟踪列表。

（5）Bolt 调用 collector.ack() 方法进行一系列的异或操作，如果得出的最终结果是 0，则表示成功；如果得出的最终结果不是 0，则表示失败。

（6）根据第（1）步生成的 taskId，回调 Spout 中的 ack() 方法或者 fail() 方法。

注意：ack()、fail() 和 nextTuple() 方法都是在同一个线程中执行的，不能在 Spout 中调用 Thread.sleep() 或者 object.wait() 等方法。如果需要缓解 Spout 接收外界数据的压力，可以使用一个 MQ 向 Spout 按照一定的频率发送数据，或者再开启一个异步线程来读取数据到队列，再由 Spout 获取队列中的数据，进行后续处理。

海量数据处理与
大数据技术实战

用户如果不关心可靠性的问题，可以使用如下方式进行设置。

（1）在定义 Topology 时设置 Acker 的数量为 0。代码如下所示：

```
conf.setNumAckers(0);
```

（2）在 Spout 发送 Tuple 时不指定 messageId，Storm 不会开启跟踪，这样就不会开启 Acker 确认机制。

（3）在 Bolt 中使用以 RichBolt 结尾的 Bolt 类，不手动调用 collector.ack() 方法和 collector.fail() 方法，即不进行数据锚定，来发送新的 Tuple 数据。

3.6 Storm 的特性

Storm 框架有多种值得称赞的优点，具有低延迟、高性能、可扩展、高度容错、高度可靠等特性，可以保证消息不丢失、每条消息都能被处理，同时能够保证消息处理的严格有序性。Storm 的特性如下。

（1）编程模型简单，主要通过 Tuple 元组在各个组件之间传递数据。

（2）API 简单。用户在编写 Storm 程序时，只需要编写简单的业务逻辑，调用 Storm 的 API 就可完成一个简单的基于 Storm 的实时分析功能。

（3）高度可扩展性。在 Storm 集群中主要有 3 个实体运行 Topology，分别是工作进程、工作线程和工作任务，它们之间的关系如图 3-4 所示。

图 3-4　Storm 中工作进程、工作线程和
工作任务的关系

由图 3-4 可知，在 Storm 中，一个工作进程可以包含多个工作线程，而一个工作线程中又可以包含多个工作任务，工作任务真正执行数据处理。计算任务能够在多个进程和线程之间进行并行计算，同时支持水平扩展。

（4）高度可靠性。Storm 提供了 Ack 机制，能够保证每条消息都能被完全处理。同时，Storm 支持事务性拓扑，能够保证每条消息只被处理一次。

（5）高度容错性。如果 Storm 集群中的某个节点出现异常，Storm 会将数据重新发送给正常的节点进行处理。Storm 能够保证进程持续不间断地运行，除非手动结束进程。另外，Storm 中不保存任何数据状态，数据状态都保存在 Zookeeper 中或者磁盘上，当 Storm 的 Nimbus 节点或者 Supervisor 节点宕机，或者进程被强制结束（使用 kill-9 命令）时，只需重启进程即可继续运行。

40

（6）高效性。Storm 能够保证消息被快速、高效地处理。

（7）支持多种编程语言。Storm 支持多语言协议，可以使用 Java 实现 Storm 中的 Spout 和 Bolt。除此之外，还可以使用任何其他的编程语言来实现相应的数据处理业务，只需要实现 Storm 的多语言协议即可。

（8）本地模式。Storm 支持本地模式，可以在本地进程中模拟整个 Storm 集群的环境，极大地简化了开发过程中的调试和测试的复杂度。

（9）集成多种技术。Storm 中集成了多种 MQ 中间件和数据库技术，如 Kestrel、RabbitMQ、Kafka、JMS 等，简化了集成和数据库的复杂度。

3.7　其他流式处理框架

其他比较流行的流式处理框架主要有 Apache S4 和 Spark Streaming。本节简单介绍这两个流式处理框架。

3.7.1　Apache S4

Apache S4 的 Apache 官方网址为 http://incubator.apache.org/projects/s4.html。Apache S4 最初是由雅虎开源的一个多用途、分布式的实时数据流计算平台，其在雅虎内部得到了大规模应用。

Apache S4 在可靠性和容错性上稍微差一些，不完全保证数据的可靠性，也不完全保证不丢失数据。

3.7.2　Spark Streaming

Spark Streaming 是 Spark 核心 API 的重要组成部分，能够实现流式计算，具有高吞吐量、容错机制，还可以进行实时流数据的处理。它能够从多种外界数据源获取数据，如 Flume、Kafka、HDFS、MQ、JMS 等，经过一系列复杂的计算过程之后，能够将最终得出的结果数据存储到磁盘、文件系统或者数据库中。

Spark Streaming 在一个很短的时间周期内一次性处理多条事件流，能够在每个小批次的批处理过程中保证每条记录仅被处理一次。

Storm 每次处理一个 Tuple 元组数据，而 Spark Streaming 每次处理的则是一个短时间周期内的多个事件流。所以相较于 Storm，Spark Streaming 的延迟相对高一些。

Spark Streaming 的 Apache 官方网址为 http://spark.apache.org/streaming。

3.8 Storm 的应用现状和发展趋势

Storm 一经开源就受到了业内人士的广泛关注，随着 Storm 的不断完善与发展，其在大数据在线实时分析领域得到了充分的验证和应用。

3.8.1 Storm 的应用现状

1. 应用领域

目前 Storm 主要应用于数据实时分析、在线机器学习、持续计算、分布式 RPC 等领域。

2. 应用企业

（1）Twitter 开源 Storm。Twitter 是最早使用 Storm 的公司，其使用 Storm 来实时分析公司的各项业务数据。也正因为 Twitter 将 Storm 开源，使得大数据在实时分析领域跨入了一个新的时代。

（2）阿里巴巴改善 Storm。阿里巴巴是国内最早采用 Storm 技术的公司，其也为 Storm 的发展做出了突出贡献。阿里巴巴旗下包含很多业务，如阿里巴巴贸易市场、淘宝网、天猫、支付宝等。现有 Storm 无法满足阿里巴巴各项业务数据的实时分析需求，如现有 Storm 无法定制化调度规则、无法平衡分配任务、RPC 调用存在内存泄露等问题。所以，阿里巴巴基于 Storm 开发出了自己的实时计算引擎——JStorm。

JStorm 解决了 Storm 中现有的一些问题，增强了其稳定性、调度能力和性能，并支持资源隔离、类空间隔离、任务内部异步化等技术。

（3）阿里妈妈实时用户画像。为了更好地为用户提供服务，阿里妈妈背后强大的计算引擎需要维护每个用户的兴趣点，对用户进行画像。通过对用户的历史行为（包括历史浏览轨迹、搜索痕迹、地理位置、点击事件等）和实时浏览行为（包括实时查看网页信息、实时点击、实时查询、实时地理位置等）进行分析，对不同用户进行特定的广告投放。而这些强大的计算引擎背后都有着 Storm 的设计思想。

3. Storm 相关的项目

（1）Storm 项目，GitHub 链接地址为 https://github.com/apache/storm。

（2）storm-website 项目，GitHub 链接地址为 https://github.com/apache/storm-site。

（3）storm-starter 项目，GitHub 链接地址为 https://github.com/nathanmarz/storm-starter。

　　storm-starter 项目中包含大量 Storm 实例，最主要的是如下 3 个实例。

① ExclamationTopology：由 Java 编写的 Topology。

② WordCountTopology：使用 Python 实现。

③ ReachTopology：以分析帖子转发人数为例的一个复杂的分布式 RPC 示例。

（4）storm-deploy 项目，GitHub 链接地址为 https://github.com/nathanmarz/storm-deploy。

（5）storm-contrib 项目，GitHub 链接地址为 https://github.com/nathanmarz/storm-contrib。

（6）storm-mesos 项目，GitHub 链接地址为 https://github.com/nathanmarz/storm-mesos。

（7）storm-yarn 项目，GitHub 链接地址为 https://github.com/yahoo/storm-yarn。

注意： 读者可分别进入各个项目的链接地址查看项目的具体信息，这里不再赘述。

3.8.2　Storm 的发展趋势

Storm 的应用场景众多，比较有代表性的有如下几个。

（1）日志分析：在线实时分析业务系统或网站产生的日志数据。

（2）管道传输：能够使数据在不同系统之间进行传输。

（3）统计分析：实时获取日志或消息，对特定的字段进行统计计数或累加计算。

从 Storm 开源以来，Storm 的使用者数量每年都在上升，使用的领域也在不断拓展。同时，更多的公司、组织及开源爱好者也在尽力为 Storm 提交贡献代码，为社区的建设与发展贡献力量。

Storm 在性能和实现上不断优化，集成了很多优秀的开源产品，如 Disruptor、Curator 等框架，相信 Storm 在未来的发展道路上会越来越好。

3.9　本章总结

本章主要对 Storm 技术进行了简单介绍，不涉及对技术细节的讨论，介绍了 Storm 的定义、诞生和发展，对 Storm 的基本组件、可靠性和特性做了简要的说明，同时介绍了 Apache S4 和 Spark Streaming 两个流式处理框架，最后对 Storm 的应用现状和发展趋势进行了概述。从第 4 章开始，将进入大数据离线批处理技术篇，将先对搭建 Hadoop 环境需要的准备工作进行详细说明。

第2篇　大数据离线批处理技术篇

第4章
Hadoop 环境准备

　　前面的章节介绍了 Google 核心云计算技术和 Hadoop 云计算技术，从本章开始，正式对大数据离线批处理技术进行探讨。在开始学习Hadoop之前，需要准备一个良好的学习环境。因此，本章就先来探讨搭建 Hadoop 环境需要做哪些准备。

本章主要涉及的知识点如下。

- Hadoop 发行版本的选择。
- Hadoop HDFS 原理、Hadoop MapReduce 原理和 Hadoop YARN 原理。
- Hadoop HDFS 架构、Hadoop MapReduce 架构和 Hadoop YARN 架构。
- 安装 CentOS 虚拟机。

4.1 Hadoop 发行版本的选择

安装 Hadoop 的第一步,就是要根据实际情况选择最适合业务场景的 Hadoop 版本。目前由于 Hadoop 的飞速发展,功能不断更新和完善,因此 Hadoop 的版本非常多,同时也显得有些杂乱。对于刚刚步入大数据行业的 Hadoop 初学者来说,选择一个合适的 Hadoop 版本进行学习就显得非常重要。本章旨在梳理各个 Hadoop 版本之间的联系和不同。

4.1.1 Apache Hadoop

Hadoop 目前是 Apache 软件基金会的顶级项目,由 Apache 软件基金会负责开发和推广。可以直接从 Apache 官方网站下载 Apache 版本的 Hadoop,网址为 https://hadoop.apache.org/releases.html。

4.1.2 CDH

CDH 是 Cloudera 公司基于 Apache 软件许可,免费为个人和商业使用而发行的 Hadoop 版本。该版本的 Hadoop 完全开源,比 Apache Hadoop 在兼容性、安全性和稳定性上都有所增强。

CDH 还包含许多 Hadoop 生态圈中的技术,主要包括 Hadoop、HBase、Hive、Pig、Sqoop、Flume、Zookeeper、Oozie、Mahout 和 Hue 等,涵盖了大部分 Hadoop 生态圈当中的技术。使用同一版本的 CDH 几乎不会存在技术兼容性的问题。

CDH 版本的 Hadoop 可以在其官网进行下载,其官网提供了多种安装形式,主要包括 yum、apt、zypper 等。

4.1.3 Hadoop 版本

Apache 管理项目的代码有一个特点,它们会把代码结构划分为 trunk、brunch 和 release 三个分支,而 trunk 又称为主代码线或者主分支。Apache 版本的 Hadoop 的代码管理同样遵循该代码结构,关于 Hadoop 的所有基础特性和基础功能都被添加到 trunk 分支中。

当有其他重要的特性或功能需要开发时,会从 trunk 分支拆分出一个 brunch 子分支,在 brunch 子分支中开发相应的特性或功能。同时,此分支版本专注于开发此特性或功能,不再添加其他新的特性。

当功能稳定后,则会对外发布相应的 release 版本,同时会将新增的特性或功能合并到 trunk 分支当中。这就会导致一个在 Apache 的项目发布中很常见的现象:版本高的分支可能先于版本低的分支发布。

Hadoop 的不同版本之间的差异比较大,每次版本的更新和迭代都会引入一些新的特

性，下面对 Hadoop 2.0 和 Hadoop 3.0 之间的不同特性进行简单介绍。

1. Hadoop 2.0 的关键特性

（1）YARN：它是 Hadoop 2.0 引入的一个全新的通用资源管理系统，完全代替了 Hadoop 1.0 中的 JobTracker，在 MRv1 中的 JobTracker 资源管理和作业跟踪的功能被抽象为 ResourceManager 和 AppMaster 两个组件。YRAN 还支持多种应用程序和框架，提供统一的资源调配和管理功能。

（2）NameNode 单点故障得以解决：Hadoop 2.2.0 同时解决了 NameNode 单点故障问题和内存受限问题，并提供了 NFS、QJM 和 Zookeeper 三种可选的共享存储系统。

（3）HDFS 快照：指 HDFS（或者子系统）在某一时刻的只读镜像，该只读镜像对于防止数据误删、丢失等是非常重要的。例如，管理员可定时为重要文件或目录做快照，当发生了数据误删或者丢失现象时，管理员可以这个数据快照作为恢复数据的依据。

（4）支持 Windows 操作系统：Hadoop 2.2.0 版本的一个重大改进就是开始支持 Windows 操作系统。

（5）Append：新版本的 Hadoop 引入了对文件的追加操作。

同时，新版本的 Hadoop 对 HDFS 做了两个非常重要的增强。

（1）支持异构的存储层次：HDFS 对异构存储层次的支持，能够在同一个 Hadoop 集群上使用不同的存储类型。

（2）通过数据节点为存储在 HDFS 中的数据提供内存缓存功能：MapReduce、Hive、Pig 等类似的应用程序能够申请内存进行缓存，然后直接从数据节点的地址空间中读取内容，避免了大量的磁盘操作，从而大大提高了数据读取的效率。

相比 Hadoop 2.0，Hadoop 3.0 是直接基于 JDK 1.8 发布的一个新版本。同时，Hadoop 3.0 引入了一些重要的功能和特性。

2. Hadoop 3.0 的关键特性

（1）HDFS 可擦除编码：这项技术使 HDFS 在不降低可靠性的前提下节省了很大一部分存储空间。

（2）多 NameNode 支持：在 Hadoop 3.0 中，新增了对多 NameNode 的支持。当然，处于 Active 状态的 NameNode 实例必须只有一个。也就是说，从 Hadoop 3.0 开始，在同一个集群中，支持一个 Active NameNode 和多个 Standby NameNode 的部署方式。

（3）MR Native Task 优化：Hadoop 3.0 中，MapReduce 增加了 C/C++ 的 map output collector 实现，大大提高了 Map 阶段的梳理效率，尤其对于 shuffle 密集型应用效果尤为明显。

（4）YARN 基于 cgroup 的内存和磁盘 I/O 隔离：关于这一点，读者可以参考 https://issues.apache.org/jira/browse/YARN-2619。

（5）YARN container resizing：关于这一点，读者可以参考 https://issues.apache.org/jira/browse/YARN-1197。

限于篇幅，这里不再列举 Hadoop 的其他关键特性，读者可以到 Apache 官网查看每个版本的 Hadoop 的相关特性。Apache Hadoop 的文档地址为 https://hadoop.apache.org/docs。

4.1.4　如何选择 Hadoop 版本

前面介绍了 Hadoop 的版本和每个版本的新特性，接下来面临的问题就是，在实际项目中要选择哪个版本的 Hadoop。

当决定是否将某个软件用于开源环境时，通常需要考虑以下几个因素。

（1）是否为开源软件，可以通过源代码来调试出现的问题。

（2）是否有稳定版，这个软件官网一般会给出说明。

（3）是否经过实践验证，即是否有其他公司，最好是大型公司使用过，这能为选择 Hadoop 版本提供有力的实践依据。

（4）是否有强大的社区支持，当出现一个问题时，能够通过社区、论坛等网络资源快速获取解决方法。

Hadoop 版本的选择具备多样性，理论上选择哪个版本都可以，但是具体还需要根据实际的业务需求结合每个 Hadoop 版本的特性进行选择。这里，笔者就如何选择 Hadoop 版本给出一些参考依据。大部分情况下，可以选择以下 3 个版本。

1. Apache 社区版本

Apache 社区版本完全开源、免费，是非商业版本。Apache 社区的 Hadoop 版本分支较多，而且部分 Hadoop 存在 Bug。在选择 Hadoop、HBase、Hive 等时，需要考虑兼容性。同时，这个版本的 Hadoop 的部署对 Hadoop 开发人员或运维人员的技术要求比较高。

2. Cloudera 版本

Cloudera 版本开源、免费，有商业和非商业版本，是在 Apache 社区版本的 Hadoop 基础上，选择相对稳定版本的 Hadoop，进行开发和维护的 Hadoop 版本。由于此版本的 Hadoop 在开发过程中对其他框架的集成进行了大量的兼容性测试，因此使用者不必考虑 Hadoop、HBase、Hive 等在使用过程中版本的兼容性问题，大大节省了使用者在调试兼容性方面的时间成本。

3. Hortonworks 版本

Hortonworks 版本的 Hadoop 开源、免费，有商业和非商业版本，其在 Apache 的基础上修改，对相关的组件或功能进行了二次开发，其中商业版本的功能是最强大、最齐全的。

综上所述，本书采用 Apache Hadoop 3.2.0 版本为全书 Hadoop 实战演练的版本。

4.2　Hadoop 原理

Hadoop 的核心由 3 个部分组成：Hadoop HDFS、MapReduce 和 YARN。

HDFS 由早期的 NDFS 演化而来，是一个分布式文件系统，适合部署在廉价的机器上，具有低成本、高可靠性、高吞吐量的特点，适合那些需要处理海量数据集的应用程序。HDFS 提供了一套特有的、基于 Hadoop 抽象文件系统的 API，支持以流的形式访问文件系统中的数据。

MapReduce 是 Google 公司提出的一个编程模型。MapReduce 由两个阶段组成：Map 阶

段和 Reduce 阶段。用户只需编写 map() 和 reduce() 两个函数，即可完成简单的 MapReduce 程序设计。

map() 函数以 key/value 对作为输入参数，产生另外一系列 key/value 对作为中间输出写入本地磁盘，MapReduce 框架会自动将这些中间数据按照 Key 值进行聚集，且 Key 值相同的数据被统一交给 reduce() 函数处理。

reduce() 函数以 key 及对应的 value 列表作为输入，经合并 key 相同的 value 值后，产生另外一系列 key/value 对作为最终输出写入 HDFS。其流程可用如下代码表示：

```
{K1,V1} -> {K1, List<V1>} -> {K1, V2}
```

在新版本的 Hadoop 中，将资源管理和作业控制（包括作业监控、容错、重试机制等）拆分成两个独立的进程，这两个进程各司其职。

1. 资源管理进程

资源管理进程与具体应用程序无关，它负责整个集群的资源（内存、CPU、磁盘等）管理。

2. 作业控制进程

作业控制进程是直接与应用程序相关的模块，且每个作业控制进程只负责管理一个作业。

通过将原有 JobTracker 中与应用程序相关和无关的模块分开，将其抽象为一个统一的资源管理平台，这个统一的资源管理平台就是 YARN。这也使 Hadoop 可以整合多种计算框架，且对这些框架进行统一管理和调度。

4.2.1 HDFS 原理

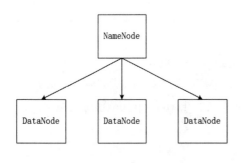

图 4-1 HDFS 的简单模型

HDFS 被设计成适合运行在通用、廉价硬件上的分布式文件系统，是一个具有高度容错性的系统，能够提供高吞吐量的数据访问，非常适合应用于大规模数据集。在实现上，一个 HDFS 由一台运行了 NameNode 的服务器和 N 台运行了 DataNode 的服务器组成。

图 4-1 所示为 HDFS 的简单模型。可以看出，HDFS 集群模型可以简单地分为一台 NameNode 服务器和多台 DataNode 服务器。

接下来探讨 HDFS 中存储文件的模型，如图 4-2 所示。

由图 4-2 可以看出以下信息。

（1）HDFS 客户端与服务端进行交互，将文件存储在 HDFS 集群中。

（2）HDFS 服务端将客户端传来的文件根据参数进行切换、复制，并将这些块存储在 HDFS 的 DataNode 中。

（3）HDFS 的 NameNode 记录某个文件的元数据信息（元数据信息包含文件大小、文件路径、文件块存储的位置、副本信息等）。

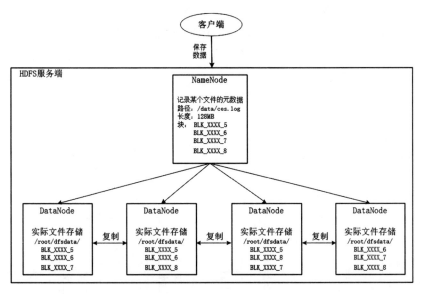

图 4-2　存储文件的模型

注意：　对于客户端来说，访问的文件系统路径为 /data/ces.log。客户端并不关心底层文件被切分为多少个块，每个块存储的具体位置在哪，同样也不需要关心 ces.log 文件在服务端有多少个副本。对于客户端来说，只要能正确访问到 /data/ces.log 文件就可以了。

同样，客户端读取服务端的数据需要一系列的步骤或流程来满足相关的需求。HDFS读取数据的流程如图 4-3 所示。

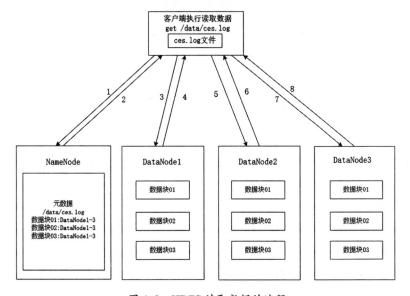

图 4-3　HDFS 读取数据的流程

由图 4-3 可以看出，HDFS 读取数据的流程如下。

（1）HDFS 客户端请求读取数据 get /data/ces.log。

（2）NameNode 收到消息，返回对应文件的元数据信息。

（3）根据对应的元数据信息，向指定的 DataNode 请求读取文件块。

（4）DataNode 向客户端响应文件块数据流，客户端接收到文件块数据流，然后通过本地文本输出流将数据写入 ces.log 文件块。

（5）重复步骤（3）和步骤（4），最终得到完整的文件。

（6）重复步骤（3）和步骤（4），最终得到完整的文件。

（7）重复步骤（3）和步骤（4），最终得到完整的文件。

（8）重复步骤（3）和步骤（4），最终得到完整的文件。

HDFS 写文件的流程比读文件要稍微复杂一些，如图 4-4 所示。

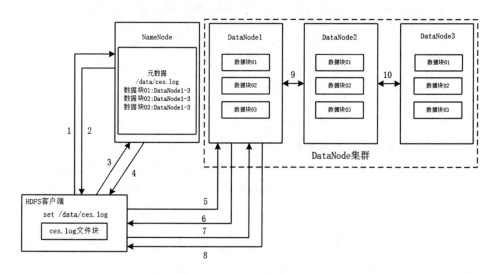

图 4-4　HDFS 写文件的流程

由图 4-4 可以看出，HDFS 写文件的流程如下。

（1）HDFS 客户端向 NameNode 发送写文件请求。

（2）NameNode 向客户端响应可以写文件的信息。

（3）HDFS 客户端向 NameNode 请求要写入的 DataNode。

（4）NameNode 返回可以写 DataNode 的节点主机列表，主机列表中主机的数量由配置的文件副本数决定。

（5）客户端选择 HDFS 集群中的某个 DataNode，请求建立数据连接，准备写入数据。

（6）DataNode 向 HDFS 客户端响应可以写数据。

（7）客户端向 DataNode 写数据。

（8）DataNode 向客户端响应写数据的结果信息。

（9）DataNode 之间复制数据。

（10）DataNode 之间复制数据。

（11）重复步骤（3）到步骤（10），进行剩余文件块的写入。

（12）写完数据后通知 NameNode，由 NameNode 确认并记录元数据。

4.2.2　Hadoop MapReduce 原理

MapReduce 是基于批处理的分布式计算框架，也是基于 Google 的 MapReduce 论文实现的大规模分布式并行处理框架。MapReduce 将一个数据处理过程拆分为主要的 Map（映射）和 Reduce（化简）两步。

用户无须关注分布式计算框架的内部运行机制，只要能正确地编写 map() 函数和 reduce() 函数，就能轻松地使问题的计算实现分布式，并在 Hadoop 上运行。MapReduce 的编程具有以下特点。

1. 开发简单

用户无须考虑复杂的进程间通信、套接字编程，只需要编写 map() 函数和 reduce() 函数来实现一些非常简单的逻辑，其他的交由 MapReduce 计算框架去完成，大大降低了分布式编程的编写难度和入门门槛。

2. 扩展性强

同 HDFS 一样，当集群资源不能满足计算需求时，只需要通过简单的增加节点和相关的配置就可以达到线性扩展集群的目的。

3. 容错性强

当出现节点故障导致作业失败时，MapReduce 计算框架会自动将失败的作业安排到健康节点重新执行，直到任务完成，而用户则完全不必关心这些实现的内部处理细节。

用表达式表示 MapReduce 的过程，如下所示。

```
{K1, V1} -> {K1, List<V1>} -> {K1,V2}
```

在上述过程中，作业的输入和输出都会被存储在文件系统中。整个框架负责任务的调度和监控，以及重新执行已经失败的任务。

综上所述，可以得出一个结论：用 MapReduce 来处理数据集（或任务）需要满足一个基本要求，即待处理的数据集可以被分解成许多基于键值对的小数据集，而且每一个小数据集都可以完全并行地进行处理，利用 Hadoop 可以对这些基于键值对的小数据集进行高度并行的分布式计算。

4.2.3　Hadoop YARN 原理

Hadoop 1.0 中的 MapReduce 通常也被称为 MRv1，这个版本的 MapReduce 存在很多的局限性，如扩展性差、可靠性差、资源利用率低等，具体的局限性如下。

1. 扩展性差

在 MRv1 中，JobTracker 兼备了资源管理和作业控制两个功能，大量的功能堆积在 JobTracker 上。同时，JobTracker 还存在单点故障的问题，严重制约了 Hadoop 集群的扩展性。

2. 可靠性差

MRv1 虽然采用了 Master/Slave 结构，但其中 Master 存在单点故障问题，一旦 Master 宕机，整个集群将不可用，不得不人为干扰集群来重启 Master。

3. 资源利用率低

在 MRv1 中，一个任务在整个执行过程中独占一个任务槽，这个任务往往不会用完槽对应的资源，并且其他任务也无法使用这些空闲资源。同时，很多任务槽之间的资源也不是共享的，这就会导致出现一种槽位资源紧张而另一种却闲置的现象，这极大地浪费了相关的计算资源。

4. 无法支持多种计算框架

MRv1 只支持 MapReduce 这一种离线批处理计算框架，对于其他的内存式计算和流式计算等无法提供很好的支持方案。

为了克服 MRv1 的缺点，Hadoop 的开发者们开始对 Hadoop 进行升级，于是 MapReduce 计算框架 MRv2 诞生了。正是由于 MRv2 将资源管理功能抽象成了一个独立的通用系统 YARN，因此直接导致下一代 MapReduce 的核心从单一的计算框架 MapReduce 升级为通用的资源管理系统框架 YARN。YARN 框架主要包括 ResourceManager、AppMaster、NodeManager。其中 ResourceManager 代替集群管理器，AppMaster 代替一个专用并且短暂的 JobTracker，NodeManager 代替 TaskTracker。

YARN 框架包含的模块和对应的功能如图 4-5 所示。

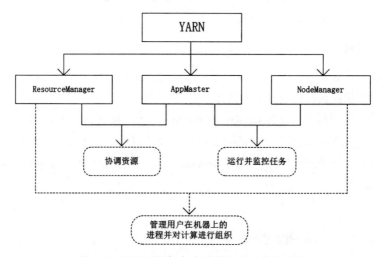

图 4-5　YARN 框架包含的模块和对应的功能

从图 4-5 中可以得出如下结论。

（1）YARN 框架主要由 ResouceManager、AppMaster、NodeManager 组成。

（2）AppMaster 同 ResourceManager 一起实现资源的协调功能。

（3）AppMaster 同 NodeManager 一起实现任务的运行并监控任务的运行状态。

（4）ResourceManager 同 NodeManager 一起管理用户在机器上的进程并对计算进行组织。

YARN 实际上是一个弹性计算平台，它的目标已经不再局限于支持 MapReduce 一种计算框架，而是支持多种计算框架并存。多种框架并存的共享集群模式相比 MRv1 来说，有着很明显的优势。

1. 资源利用率高

共享集群模式通过多种框架共享资源，使集群中的资源得到更加充分的利用，这就避免了一种槽位资源紧张而另一种却闲置的情况。

2. 运维成本低

共享集群模式不再需要大量的运维人员共同完成服务器的运维工作，只需要少量的运维人员即可，大大降低了运维的成本。

3. 数据共享

共享集群模式可以让不同的框架共享硬件资源和数据资源，减少了不同框架之间数据的移动操作，这也从侧面提高了数据的处理性能。

4.3 Hadoop 架构

前面的章节已经介绍了 Hadoop 的核心由 HDFS、MapReduce 和 YARN 组成。正如前文所述，HDFS 主要用于海量数据的存储；而 MapReduce 则是基于此分布式文件系统对存储在分布式文件系统中的数据进行分布式计算；YARN 最核心的思想就是将 JobTracker 的两个主要功能分离成单独的组件，这两个功能是资源管理和任务调度 / 监控。

同时，YARN 框架已经不再局限于支持 MapReduce 这一种计算框架，而是支持多种计算框架并存。那么，本节就一起对 Hadoop 架构做一番探讨，让读者对 Hadoop 架构有一个清楚的了解，为后面的安装和学习打下良好的基础。

4.3.1 HDFS 架构

HDFS 是一个具有高度容错性的分布式文件系统，适合部署在廉价的机器上。HDFS 能提供高吞吐量的数据访问，非常适合应用于大规模数据集。

HDFS 架构总体上采用了 Master/Slave 架构，主要由以下几个组件组成：客户端 NameNode、SecondaryNameNode 和 DataNode，总体架构如图 4-6 所示。

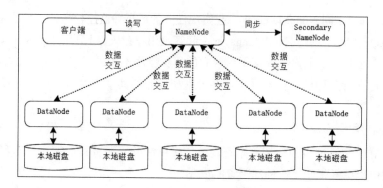

图 4-6　HDFS 总体架构

（1）NameNode：主 NameNode（有且只有一个处于活跃状态的 NameNode）负责保存并管理元数据信息，处理客户端的请求，管理 DataNode 集群。

（2）SecondaryNameNode：定期合并 fsimage 和 edits log 日志，并推送给 NameNode。

（3）DataNode：实际存储数据的节点，并在节点上执行数据的分析和计算。

（4）客户端：访问 HDFS 并进行数据交互。

Apache HDFS 官方架构如图 4-7 所示。

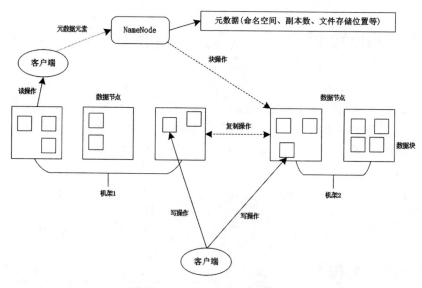

图 4-7　Apache HDFS 官方架构

HDFS 数据上传原理可以参考图 4-7，数据上传过程可以简单概括如下。

（1）客户端发送一个添加文件到 HDFS 的请求给 NameNode。

（2）NameNode 告诉客户端如何分发数据块及分发的位置。

（3）客户端把数据分为块（block），然后把这些块分发到 DataNode 中。

（4）DataNode 在 NameNode 的指导下复制这些块，保持冗余。

4.3.2 Hadoop MapReduce 架构

之前的章节介绍了 MapReduce 的基本原理，为了支持这一基本原理的执行，Hadoop 项目实现了计算任务的分发、调度、运行、容错等机制。本小节将对整个 Hadoop MapReduce 架构进行深入介绍。

一个 MapReduce 作业（job）通常会把输入的数据集切分成若干个独立的数据块，由 Map 任务（Task）以完全并行的方式处理它们。框架会对 Map 的输出先进行排序，然后把结果输入给 Reduce 任务。

通常，作业的输入和输出都会被存储在文件系统中。整个框架负责任务的调度和监控，以及重新执行已经失败的任务。

Hadoop MapReduce 主要经历了 Hadoop 1.x MapReduce 和 Hadoop 2.x MapReduce 两个大的架构变化，先来看 Hadoop 1.x MapReduce 架构，如图 4-8 所示。

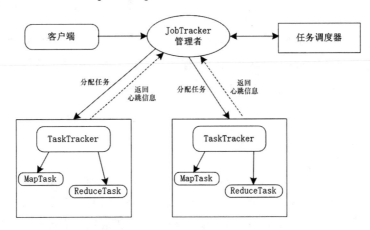

图 4-8　Hadoop 1.x MapReduce 架构

Hadoop 1.x MapReduce 采用 Master/Slave 架构，其中各个组件的作用如下。

（1）JobTracker：全局唯一，主要负责集群资源监控和作业调度。JobTracker 负责监控执行的任务和对失败的任务进行转移。但是 JobTracker 存在单点故障的问题，一旦 JobTracker 所在的机器宕机，集群将无法正常工作。

（2）TaskTracker：通常部署在 DataNode 上，负责具体的作业执行工作。TaskTracker 需要周期性地向 JobTracker 汇报本节点的心跳信息，包括自身运行情况、作业执行情况等，并根据 JobTracker 发送过来的指令进行相关的数据操作。

（3）客户端：提供 API 供用户编程调用，将用户编写的 MapReduce 程序提交到 JobTracker 中。

（4）Task：在 Hadoop 中，Task 通常分为 MapTask 和 ReduceTask 两种，分别执行 Map 任务和 Reduce 任务。MapReduce 的输入被切分为多个数据分片，每个数据分片由一个 MapTask 执行，这也说明了输入数据分片的数量决定了 Map 任务的数量。

由 Hadoop 1.x MapReduce 的架构可以看出，Hadoop 1.x MapReduce 存在以下缺陷。

1. 可扩展性

（1）JobTracker 内存中保存用户作业的信息，一旦节点宕机，用户的数据就会丢失。

（2）JobTracker 使用的是粗粒度的锁，不利于大规模的高并行计算。

2. 可靠性和可用性

JobTracker 失效会导致整个集群不可用，需手动重新提交和恢复 MapReduce 作业。

3. 对不同编程模型的支持

受到其本身框架的局限，Hadoop 1.0 MapReduce 不支持大规模的高并行计算，而 Hadoop 2.x MapReduce 解决了上述问题。Hadoop 2.x MapReduce 架构如图 4-9 所示。

由图 4-9 可以看出以下信息。

（1）Hadoop 2.x MapReduce 资源管理进程与具体应用程序无关，主要负责整个集群的资源（内存、CPU、磁盘等）管理。

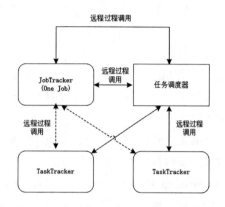

图 4-9　Hadoop 2.x MapReduce 架构

（2）作业控制进程则是直接与应用程序相关的模块，且每个作业控制进程只负责管理一个作业。通过将原有 JobTracker 中与应用程序相关和无关的模块进行抽象并分离开，不仅大大简化了 JobTracker 负载，也使 Hadoop 可以支持更多的计算框架。

4.3.3　Hadoop YRAN 架构

再来说一下 Hadoop 1.0 MapReduce 的缺点：在 Hadoop 1.0 MapReduce 中，JobTracker 由资源管理和作业控制两部分组成，由于 Hadoop 1.0 MapReduce 对 JobTracker 赋予的功能过多而造成负载过重，导致 Hadoop 1.0 MapReduce 在可扩展性、资源利用率和多计算框架支持等方面存在不足。另外，Hadoop 1.0 MapReduce 中资源管理相关的功能与应用程序相关的功能耦合度过高，造成 Hadoop 难以支持多种计算框架并存。

正是由于 Hadoop 1.0 MapReduce 中存在这些缺陷，因此在 Hadoop 2.0 MapReduce 中，YARN 框架诞生了。Hadoop YARN 架构如图 4-10 所示。

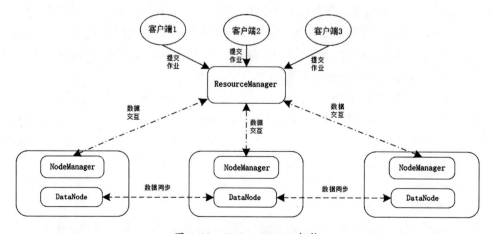

图 4-10　Hadoop YARN 架构

YARN 将 MapReduce 1.0 中的 JobTracker 拆分成了以下两个独立的组件。

（1）ResourceManager：全局资源管理器，全局唯一，负责整个集群的资源管理和分配工作；同时，与 NodeManager 一起实现管理用户在机器上的进程并对计算进行组织。

（2）NodeManager：集群中的每个节点都运行一个 NodeManager 进程，负责管理 Hadoop 集群中的单个计算节点；同时，NodeManager 向 ResourceManager 汇报本节点的各种信息，并且接受来自 AppMaster 的作业分配信息，还会监控 Container 的内存、CPU 等资源的使用情况。

4.4 安装 CentOS 虚拟机

从本节开始进入 Hadoop 实战章节。首先，为了让读者更好地了解如何搭建 Hadoop 环境，本节先安装 CentOS 虚拟机，作为运行 Hadoop 的基础服务器环境。

4.4.1 安装 VMWare 虚拟机

本书将 VMWare 作为运行 CentOS 虚拟机的环境，所以要先安装 VMWare 虚拟机。安装 VMWare 虚拟机的具体步骤如下。

（1）进入 VMware 官网首页（https://www.vmware.com/cn.html），如图 4-11 所示。

图 4-11　VMWare 官网首页

（2）单击导航栏中的"下载"按钮，进入下载页面，单击 Workstation Pro 超链接，如图 4-12 所示。

图 4-12　单击 Workstation Pro 超链接

（3）进入 VMWare 下载页面，如图 4-13 所示。

图 4-13　VMWare 下载页面

（4）下载 Windows 版本的 VMWare，如图 4-14 所示。

图 4-14　下载 Windows 版本的 VMWare

（5）将 Vmware 下载到本地，双击安装包进行安装，具体安装过程如图 4-15～图 4-20
所示。

图 4-15　VMWare 欢迎界面

图 4-16　最终用户许可协议

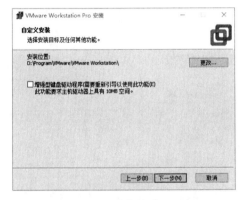

图 4-17　选择安装位置

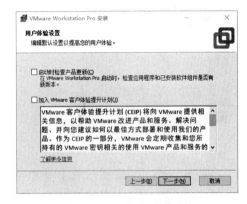

图 4-18　用户体验设置

图 4-19　设置快捷方式

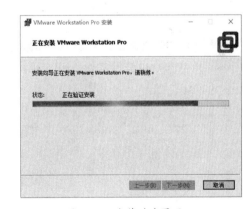

图 4-20　安装进度界面

4.4.2　安装 CentOS 虚拟机

这里选用的是 CentOS-6.8-x86_64-minimal 版本，该版本可以到 CentOS 官网（https://www.centos.org）下载。

下载 CentOS 6.8 系统安装文件之后，就可以安装 CentOS 6.8 虚拟机了，具体安装步骤如下。

（1）打开 VMWare 虚拟机，如图 4-21 所示。

（2）选择"文件"→"新建虚拟机"选项，新建虚拟机，如图 4-22 所示。

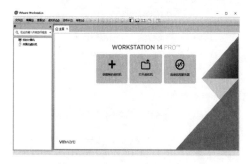

图 4-21　打开 VMWare 虚拟机

图 4-22　新建虚拟机

（3）打开新建虚拟机向导，如图 4-23 所示，这里选中"自定义（高级）"单选按钮。

（4）设置虚拟机硬件兼容性，如图 4-24 所示，这里保持默认的"Workstation 15.x"即可。

图 4-23　新建虚拟机向导

图 4-24　设置虚拟机硬件兼容性

（5）选择安装来源，如图 4-25 所示，这里选中"稍后安装操作系统"单选按钮。

（6）选择客户机操作系统，如图 4-26 所示，这里选中"Linux"单选按钮，版本选择"CentOS 6 64 位"。

图 4-25　选择安装来源

图 4-26　选择客户机操作系统

（7）设置虚拟机名称和安装位置，如图 4-27 所示，这里可以根据实际情况进行设置。

（8）设置处理器数量，如图 4-28 所示，这里根据实际情况进行设置。

图 4-27　设置虚拟机名称和安装位置

图 4-28　设置处理器数量

（9）设置虚拟机内存，如图 4-29 所示，同样根据实际情况进行设置。

（10）设置网络类型，如图 4-30 所示，选中"使用网络地址转换（NAT）"单选按钮。

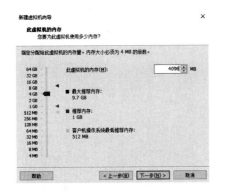

图 4-29　设置虚拟机内存

图 4-30　设置网络类型

（11）选择 I/O 控制器类型，如图 4-31 所示，这里选中"LSI Logic"单选按钮。

（12）选择磁盘类型，如图 4-32 所示，选中"SCSI"单选按钮。

图 4-31　选择 I/O 控制器类型

图 4-32　选择磁盘类型

（13）选择磁盘，如图 4-33 所示。由于这里是新创建的虚拟机，因此选中"创建新虚拟磁盘"单选按钮。

（14）指定磁盘容量，如图 4-34 所示，这里根据实际情况进行设置。

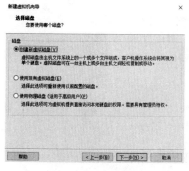

图 4-33　选择磁盘

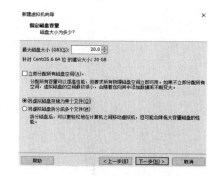

图 4-34　指定磁盘容量

（15）指定磁盘文件，如图 4-35 所示，这里保持默认。

（16）已准备好创建虚拟机，如图 4-36 所示。至此，安装 CentOS 虚拟机的环境基本上就设置好了，单击"完成"按钮。

图 4-35　指定磁盘文件

图 4-36　已准备好创建虚拟机

（17）设置完成，具体如图 4-37 所示。

由于在步骤（5）中设置的是"稍后安装操作系统"，因此到目前为止还没有选择要真正安装的操作系统路径，故需要先选择要真正安装的操作系统路径。这里单击"编辑虚拟机设置"按钮，打开"虚拟机设置"窗口。

（18）"虚拟机设置"窗口如图 4-38 所示。

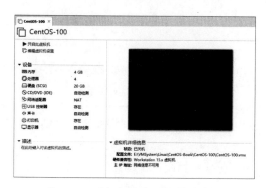

图 4-37　虚拟机安装设置完成界面

图 4-38　虚拟机设置

选择"硬件"选项卡中的"CD/DVD (IDE)"选项，同时，在右侧选中"使用 ISO 映像文件"单选按钮，然后设置 CentOS 操作系统的安装目录，如图 4-39 所示。

单击"确定"按钮，返回虚拟机安装设置完成界面。此时，单击"开启此虚拟机"按钮，即开始了 CentOS 虚拟机的安装。

（19）选择安装方式，如图 4-40 所示。这里选择"Install or upgrade an existing system"选项，将鼠标指针移动到虚拟机中并单击，则鼠标指针会进入虚拟机，此时按 Enter 键，即开始安装。

图 4-39　设置操作系统的安装目录

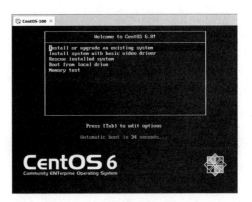

图 4-40　选择安装方式

注意：　按 Ctrl+Alt 组合键，即可将鼠标指针退出虚拟机。

（20）开始安装后，首先出现的界面就是检测多媒体设备。在实际环境中，根据具体的安装要求进行检测，本书中安装的是虚拟机环境，所以单击"Skip"按钮跳过检测，如图 4-41 所示。

（21）开始安装，如图 4-42 所示。

图 4-41　检测多媒体设备

图 4-42　开始安装

（22）选择安装语言，如图 4-43 所示。可以根据实际情况设置，笔者选择的是英语。

（23）选择键盘类型，如图 4-44 所示，选择美式键盘"U.S.English"选项。

海量数据处理与
大数据技术实战

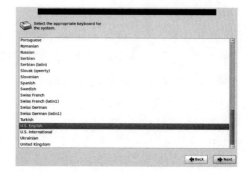

图 4-43　选择安装语言　　　　　　　　图 4-44　选择键盘类型

（24）选择设备类型，如图 4-45 所示，这里选中"Basic Storage Devices"单选按钮。

（25）清空数据，如图 4-46 所示，单击"Yes, discard any data"按钮。

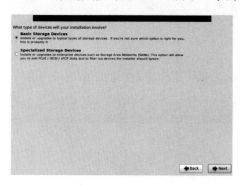

图 4-45　选择设备类型　　　　　　　　图 4-46　清空数据

（26）设置网络，如图 4-47 所示。按照图 4-47 所示的步骤进行设置即可。

（27）设置时区，如图 4-48 所示，选择上海的时区，同时取消选中"System clock uses UTC"单选按钮。

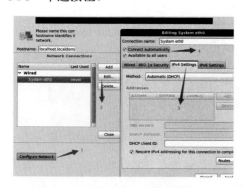

图 4-47　设置网络　　　　　　　　图 4-48　设置时区

（28）设置 root 密码，如图 4-49 所示。这里设置的是 root 用户的登录密码，根据实际情况进行设置即可。

（29）选择安装类型，如图 4-50 所示，选中"Use All Space"单选按钮。

图 4-49　设置 root 密码

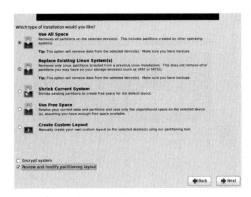

图 4-50　选择安装类型

（30）分区，如图 4-51 所示。这里保持默认即可，读者也可以自行进行磁盘分区操作。

（31）如图 4-52 所示，单击"Format"按钮，进行虚拟磁盘的格式化操作。

图 4-51　分区

图 4-52　格式化虚拟磁盘

（32）将更改写入磁盘，如图 4-53 所示。单击"Write changes to disk"按钮，将对虚拟机的设置写入磁盘。

（33）引导程序安装位置，如图 4-54 所示。

图 4-53　将更改写入磁盘

图 4-54　引导程序安装位置

（34）安装系统程序包，如图 4-55 所示。根据前面一系列的设置，此步骤正式自动安装 CentOS 6.8 虚拟机，并安装系统自带的软件包和必要的设置项。

（35）重启系统，如图4-56所示。单击"Reboot"按钮并重启系统，完成对系统的设置。

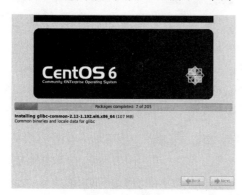

图 4-55　安装系统程序包

图 4-56　重启系统

（36）安装完成之后，界面会出现如下代码：

```
CentOS release 6.8 (Final)
Kernel 2.6.32-642.el6.x86_64 on an x86_64
binghe login:
```

说明 CentOS 虚拟机安装完成。接下来，对安装的 CentOS 虚拟机进行相应的配置。

4.4.3　修改主机名

安装完 CentOS 6.8 虚拟机后，需要输入用户名 root 和相应的密码登录服务器，代码如
下所示：

```
CentOS release 6.8 (Final)
Kernel 2.6.32-642.el6.x86_64 on an x86_64
binghe login:root
Password:_
```

输入正确的用户名和密码，登录成功后会显示如下所示的代码：

```
CentOS release 6.8 (Final)
Kernel 2.6.32-642.el6.x86_64 on an x86_64
binghe login:root
Password:
[root@binghe ~]#
```

CentOS 6.8 服务器自带 Vi 编辑器，但是笔者推荐使用 Vim 编辑器。首先，在服务器命
令行输入如下代码下载安装 Vim 编辑器：

```
yum search vim
yum install -y vim*
```

在 CentOS 6.8 中，主机名是在文件 /etc/sysconfig/network 中进行配置的。通过输入如下
代码来打开 /etc/sysconfig/network 文件：

```
vim /etc/sysconfig/network
```

这里，笔者将 HOSTNAME 设置为 binghe100，代码如下所示：

```
NETWORKING=yes
HOSTNAME=binghe100
```

其中，为了便于区分服务器，主机名中的 100 是笔者这台服务器最后的 3 位 IP 地址。读者可根据实际情况进行配置。

此时，只是修改了系统的主机名，当前登录的会话主机名并没有被修改。查看当前会话的主机名，代码如下所示：

```
[root@binghe ~]# hostname
binghe.localdomain
```

可以看到，当前会话的主机名还是 binghe.localdomain。此时，可以通过重启服务器，或者通过如下代码修改当前会话的主机名：

```
hostname binghe100
```

接下来，再查看当前会话的主机名，代码如下所示：

```
[root@binghe ~]# hostname
binghe100
```

可以看到输出的主机名是 binghe100，说明已经正确地修改了主机名。

4.4.4　配置静态 IP 地址

配置静态 IP 地址之前先来看虚拟机自动分配的 IP 地址。在 CentOS 6.8 虚拟机命令行输入如下代码：

```
[root@binghe100 ~]# ifconfig
eth0      Link encap:Ethernet  HWaddr 00:0C:29:6A:FA:62
          inet addr:192.168.175.201  Bcast:192.168.175.255  Mask:255.255.255.0
          inet6 addr: fe80::20c:29ff:fe6a:fa62/64 Scope:Link
          UP BROADCAST RUNNING MULTICAST  MTU:1500  Metric:1
          RX packets:264228 errors:0 dropped:0 overruns:0 frame:0
          TX packets:64887 errors:0 dropped:0 overruns:0 carrier:0
          collisions:0 txqueuelen:1000
          RX bytes:360959888 (344.2 MiB)  TX bytes:6186852 (5.9 MiB)
lo        Link encap:Local Loopback
          inet addr:127.0.0.1  Mask:255.0.0.0
          inet6 addr: ::1/128 Scope:Host
          UP LOOPBACK RUNNING  MTU:65536  Metric:1
          RX packets:0 errors:0 dropped:0 overruns:0 frame:0
          TX packets:0 errors:0 dropped:0 overruns:0 carrier:0
          collisions:0 txqueuelen:0
          RX bytes:0 (0.0 b)  TX bytes:0 (0.0 b)
```

可以看到自动分配的 IP 地址是 192.168.175.201，这里将 IP 地址设置为静态 IP 192.168.175.100。

CentOS 6.8 上的 IP 地址是直接在一个文件中配置的，在 CentOS 6.8 中，这个文件的路径为 /etc/sysconfig/network-scripts/ifcfg-eth0。

打开 ifcfg-eth0，代码如下所示：

```
vim /etc/sysconfig/network-scripts/ifcfg-eth0
```

在 Vim 编辑器中修改 ifcfg-eth0 文件来配置静态 IP 地址。修改后的 ifcfg-eth0 文件如下所示：

```
DEVICE=eth0
TYPE=Ethernet
UUID=f03a97d8-ff27-41c1-b826-8c3084221511
ONBOOT=yes
NM_CONTROLLED=yes
BOOTPROTO=static
IPADDR=192.168.175.100
NETMASK=255.255.255.0
BROADCAST=192.168.175.255
GATEWAY=192.168.175.2
DNS1=114.114.114.114
DNS2=8.8.8.8
DEFROUTE=yes
IPV4_FAILURE_FATAL=yes
IPV6INIT=no
NAME="System eth0"
HWADDR=00:0C:29:6A:FA:62
PEERDNS=yes
PEERROUTES=yes
LAST_CONNECT=1560953416
```

注意： 修改静态 IP 时，如果需要将虚拟机自动分配的 IP 地址修改为其他固定的 IP 地址，则修改后的静态 IP 地址需要和修改前的 IP 地址在同一个网段内。例如，本节安装虚拟机后自动分配的 IP 地址为 192.168.175.201，将静态 IP 设置为 192.168.175.100，就是为了保证修改后的 IP 地址和修改前的 IP 地址在同一个网段内。

接下来，输入如下代码重启网络：

```
service network restart
```

重启后，通过如下代码查看 IP 地址：

```
[root@binghe ~]# ifconfig
eth0      Link encap:Ethernet  HWaddr 00:0C:29:6A:FA:62
          inet addr:192.168.175.100  Bcast:192.168.175.255  Mask:255.255.255.0
```

```
            inet6 addr: fe80::20c:29ff:fe6a:fa62/64 Scope:Link
            UP BROADCAST RUNNING MULTICAST  MTU:1500  Metric:1
            RX packets:23525 errors:0 dropped:0 overruns:0 frame:0
            TX packets:9942 errors:0 dropped:0 overruns:0 carrier:0
            collisions:0 txqueuelen:1000
            RX bytes:33007262 (31.4 MiB)  TX bytes:625775 (611.1 KiB)
lo          Link encap:Local Loopback
            inet addr:127.0.0.1  Mask:255.0.0.0
            inet6 addr: ::1/128 Scope:Host
            UP LOOPBACK RUNNING  MTU:65536  Metric:1
            RX packets:0 errors:0 dropped:0 overruns:0 frame:0
            TX packets:0 errors:0 dropped:0 overruns:0 carrier:0
            collisions:0 txqueuelen:0
            RX bytes:0 (0.0 b)  TX bytes:0 (0.0 b)
```

可以看到，IP 地址为 192.168.175.100，说明静态 IP 已经配置成功了。

4.4.5 配置主机名和 IP 地址的映射关系

CentOS 6.8 中，服务器主机名和 IP 地址的映射关系是在文件 /etc/hosts 中配置的。通过如下代码打开 /etc/hosts 文件：

```
vim /etc/hosts
```

添加主机名和 IP 地址的对应关系，代码如下所示：

```
127.0.0.1    localhost localhost.localdomain localhost4 localhost4.localdomain4
::1          localhost localhost.localdomain localhost6 localhost6.localdomain6
192.168.175.100 binghe100
```

其中，"192.168.175.100 binghe100" 是配置项，192.168.175.100 是服务器的 IP 地址，binghe100 是服务器的主机名。也就是说，配置主机名和 IP 地址的映射关系，只需要在 /etc/hosts 文件中添加配置项 "IP 主机名" 即可。

接下来，通过 ping 主机名的形式来测试主机名和 IP 地址的映射关系是否已经配置好，代码如下：

```
[root@binghe ~]# ping binghe100
PING binghe100 (192.168.175.100) 56(84) bytes of data.
64 bytes from binghe100 (192.168.175.100): icmp_seq=1 ttl=64 time=0.053 ms
64 bytes from binghe100 (192.168.175.100): icmp_seq=2 ttl=64 time=0.028 ms
64 bytes from binghe100 (192.168.175.100): icmp_seq=3 ttl=64 time=0.024 ms
64 bytes from binghe100 (192.168.175.100): icmp_seq=4 ttl=64 time=0.024 ms
```

可以看到，通过 ping 主机名的形式能够正确 ping 通数据，说明主机名和 IP 地址的映射关系已经配置好了。

4.4.6 关闭防火墙

关闭防火墙的操作比较简单（注意：由于 Hadoop 进程之前的通信涉及的端口比较多，这里为了方便直接关闭防火墙，但在实际环境中读者需要根据具体业务需求来操作），只需要在 CentOS 6.8 服务器命令行输入如下代码：

```
# 查看防火墙状态
service iptables status
# 关闭防火墙
service iptables stop
# 关闭防火墙开机启动
chkconfig iptables off
# 查看防火墙状态
service iptables status
```

执行如下代码：

```
[root@binghe ~]# service iptables status
Table: filter
Chain INPUT (policy ACCEPT)
num  target     prot opt source               destination
1    ACCEPT     all  -- 0.0.0.0/0            0.0.0.0/0           state
RELATED,ESTABLISHED
2    ACCEPT     icmp -- 0.0.0.0/0            0.0.0.0/0
3    ACCEPT     all  -- 0.0.0.0/0            0.0.0.0/0
4    ACCEPT     tcp  -- 0.0.0.0/0            0.0.0.0/0           state NEW
tcp dpt:22
5    REJECT     all  -- 0.0.0.0/0            0.0.0.0/0           reject-with
icmp-host-prohibited
Chain FORWARD (policy ACCEPT)
num  target     prot opt source               destination
1    REJECT     all  -- 0.0.0.0/0            0.0.0.0/0           reject-with
icmp-host-prohibited
Chain OUTPUT (policy ACCEPT)
num  target     prot opt source               destination
 [root@binghe ~]# service iptables stop
iptables: Setting chains to policy ACCEPT: filter        [  OK  ]
iptables: Flushing firewall rules:                       [  OK  ]
iptables: Unloading modules:                             [  OK  ]
[root@binghe ~]# chkconfig iptables off
[root@binghe ~]# service iptables status
iptables: Firewall is not running.
```

可以看到，执行完这些代码之后，已经正确地关闭了防火墙。

4.4.7 配置 SSH 免密码登录

Hadoop 的启动和运行过程中涉及远程过程调用，以及登录远程服务器执行相关的命令和功能。为了使 Hadoop 能够自主完成启动并运行 MapReduce 等程序，需要配置服务器的 SSH 免密码登录。

在单台服务器上配置 SSH 免密登录的过程比较简单，只需要在命令行执行如下命令：

```
ssh-keygen -t rsa
cp ~/.ssh/id_rsa.pub ~/.ssh/authorized_keys
```

具体执行过程如下所示：

```
[root@binghe ~]# ssh-keygen -t rsa
Generating public/private rsa key pair.
Enter file in which to save the key (/root/.ssh/id_rsa):
Created directory '/root/.ssh'.
Enter passphrase (empty for no passphrase):
Enter same passphrase again:
Your identification has been saved in /root/.ssh/id_rsa.
Your public key has been saved in /root/.ssh/id_rsa.pub.
The key fingerprint is:
b8:b6:a8:76:27:cd:9e:60:91:9d:53:a9:f3:94:77:23 root@binghe100
The key's randomart image is:
+--[ RSA 2048]----+
|                 |
|        .        |
|       o         |
|     o = .       |
|     o B S E o   |
|    . * . o .    |
|    ooo .        |
|  ..o++o         |
|  ..o.++         |
+-----------------+
[root@binghe ~]# cp ~/.ssh/id_rsa.pub ~/.ssh/authorized_keys
```

输入 ssh-keygen -t rsa 命令后一直按 Enter 键即可。

验证服务器的免密码登录也比较简单，验证方式就是在命令行输入"ssh 主机名"，不用输入密码就可以登录相应的服务器即可，代码如下所示：

```
[root@binghe100 ~]# ssh binghe100
The authenticity of host 'binghe100 (192.168.175.100)' can't be established.
RSA key fingerprint is 75:93:36:b2:55:f7:d7:62:e8:82:1a:1e:ac:06:14:e6.
Are you sure you want to continue connecting (yes/no)? yes
Warning: Permanently added 'binghe100,192.168.175.100' (RSA) to the list of known hosts.
Last login: Wed Jun 19 16:05:17 2019 from 192.168.175.1
[root@binghe100 ~]#
```

注意： 首次配置好 SSH 免密码登录后，运行"ssh 主机名"登录服务器时，期间会提示"Are you sure you want to continue connecting (yes/no)?"，直接输入"yes"即可。以后再通过"ssh 主机名"登录服务器时，就没有这个提示了。退出通过 SSH 登录的服务器，再次通过"ssh 主机名"登录服务器的过程如下所示：

```
[root@binghe100 ~]# exit
logout
Connection to binghe100 closed.
[root@binghe ~]# ssh binghe100
Last login: Wed Jun 19 17:11:46 2019 from binghe100
[root@binghe100 ~]#
```

可以看到，已经能够通过"ssh 主机名"正确登录服务器，说明 SSH 免密码登录配置成功了。

目前，Hadoop 环境的准备工作就已经完成了，第 5 章开始安装并配置 Hadoop 环境。

4.5 本章总结

工欲善其事，必先利其器，本章为 Hadoop 的安装、部署及后续的 Hadoop 实战做了相应的准备工作。本章主要介绍了 Hadoop 发行版本的选择、原理和架构，并详细地介绍了 VMWare 的安装、CentOS 虚拟机的安装和配置。第 5 章开始安装并配置 Hadoop 环境。

第 5 章

安装配置 Hadoop

前面的章节介绍了 Hadoop 的发展和基础知识，并为搭建 Hadoop 环境做了相应的准备工作。本章将深入讨论如何安装配置 Hadoop 环境。

本章主要涉及的知识点如下。

- Hadoop 用户的添加与配置。
- Hadoop 的安装模式。
- JDK 的安装和配置。
- Hadoop 的本地模式、伪集群模式和集群模式的安装与配置。
- Hadoop 的目录结构说明。
- Hadoop 集群动态增加和删除节点。
- Hadoop 的启动问题和解决方案。

注意： 本书中 Hadoop 的安装配置版本为 Apache Hadoop 3.2.0，并以 Hadoop 用户的身份安装配置 Hadoop 环境，读者也可以自行新建其他用户用于 Hadoop 的安装和配置。

5.1 添加 Hadoop 用户身份

本书中以 Hadoop 用户的身份来安装并运行 Hadoop 程序，所以要先添加 Hadoop 用户。在 CentOS 6.8 中添加 Hadoop 用户比较简单，只需要添加 Hadoop 用户组和用户，并为此用户赋予 sudo 权限即可。

5.1.1 添加 Hadoop 用户组和用户

以 root 用户登录 CentOS 6.8 虚拟机，执行如下命令：

```
groupadd hadoop
useradd -r -g hadoop hadoop
```

Hadoop 用户组和用户添加完成。

5.1.2 赋予 Hadoop 用户目录权限

本书中为了安装方便，将 /usr/local 目录权限赋予 Hadoop 用户。命令如下所示：

```
chown -R hadoop.hadoop /usr/local/
chown -R hadoop.hadoop /tmp/
chown -R hadoop.hadoop /home/
```

5.1.3 赋予 Hadoop 用户 sodu 权限

赋予 Hadoop 用户 sodu 权限的过程为：在 root 用户下，用 Vim 编辑器编辑 /etc/sudoers 文件，找到"root ALL=(ALL) ALL"一行，在此行下面添加代码"hadoop ALL=(ALL) ALL"，退出 Vim 编辑器。

具体操作如下所示：

```
vim /etc/sudoers
```

找到：

```
root    ALL=(ALL)        ALL
```

在此行代码下面添加如下代码：

```
hadoop  ALL=(ALL)        ALL
```

注意：由于 /etc/sudoers 是只读文件，因此保存并退出 /etc/sudoers 文件使用的是"wq!"。

5.1.4　赋予 Hadoop 用户登录密码

赋予 Hadoop 用户登录密码的操作比较简单。在 root 命令行下执行如下命令即可：

```
[root@binghe100 ~]# passwd hadoop
Changing password for user hadoop.
New password: 输入新密码
Retype new password: 确认新密码
passwd: all authentication tokens updated successfully.
```

5.1.5　配置 Hadoop 用户 SSH 免密码登录

由于在之前的章节中配置的是基于 root 用户的 SSH 免密码登录，Hadoop 用户是不能用的，因此在 Hadoop 用户下，同样需要配置 SSH 免密码登录。

先以 Hadoop 用户登录 CentOS 6.8 虚拟机，然后执行如下命令即可：

```
ssh-keygen -t rsa
cat /home/hadoop/.ssh/id_rsa.pub >> /home/hadoop/.ssh/authorized_keys
chmod 700 /home/hadoop/
chmod 700 /home/hadoop/.ssh
chmod 644 /home/hadoop/.ssh/authorized_keys
chmod 600 /home/hadoop/.ssh/id_rsa
ssh-copy-id -i /home/hadoop/.ssh/id_rsa.pub   主机名 (IP 地址 )
```

输入 "ssh-keygen -t rsa" 命令后，根据提示一直按 Enter 键即可。

在接下来的案例中，就可以使用 Hadoop 用户进行操作了。

5.2　Hadoop 的安装模式

为方便开发人员的开发和测试，Hadoop 提供了 3 种不同的安装模式，分别为本地模式、伪集群模式和集群模式。

5.2.1　本地模式

本地模式能够方便开发人员在开发 Hadoop 程序时进行调试、跟踪、排查问题，而且这种安装模式是 3 种安装模式中最简单的，只需要在 Hadoop 的 hadoop-env.sh 文件中配置 JAVA_HOME 即可。

本地模式以 Hadoop Jar 命令运行 Hadoop 程序，并将运行结果直接输出到本地磁盘。

5.2.2　伪集群模式

伪集群模式的大部分场景是应用于测试环境的,它能够在逻辑上提供与集群模式一样的运行环境(在物理上伪集群模式部署在单台服务器上;而集群模式需要部署在多台服务器上,以实现物理上的完全集群分布)。

伪集群模式能够模拟集群模式的环境,其优点在于节省服务器的部署成本,但是整个物理服务器只有一台,所有 Hadoop 都运行在这台物理服务器上,这就造成了单点故障问题。一旦某个进程挂掉,将导致整个 Hadoop 运行环境出现故障而不可用。这也是伪集群模式不能应用于生产环境的一个重要原因。

伪集群模式的安装和部署比本地安装模式复杂,除了需要在 Hadoop 的 hadoop-env.sh 文件中配置 JAVA_HOME 外,还要配置 Hadoop 所使用的文件系统、HDFS 的副本数量和 YARN 地址,以及服务器的 SSH 免密码登录等。

伪集群模式以 Hadoop Jar 命令运行 Hadoop 程序,并将运行结果输出到 HDFS 中。

5.2.3　集群模式

集群模式也称完全集群模式,它与伪集群模式有着本质的区别:集群模式是在物理服务器上实现的完全分布式集群,部署在多台物理服务器上;而伪集群模式在逻辑上是集群模式,但它是部署在单台物理服务器上的。

对于生产环境,要求 Hadoop 环境的高可靠性和高可用性,往往某个节点故障就会导致整个集群不可用;同时,要求生产环境的数据必须可靠,某个数据节点出现故障或者数据发生丢失后,数据必须可恢复。这就要求生产环境上必须部署 Hadoop 的集群模式,以应对生产环境的各种要求。

集群模式的部署是 3 种安装模式中最复杂的,它需要部署在多台物理服务器上,要提前将服务器环境规划好,除了要配置 Hadoop 所使用的文件系统、HDFS 的副本数量和 YARN 地址外,还要配置各台服务器之间的 SSH 免密码登录、各 Hadoop 节点之间的 RPC 通信、NameNode 失败自动切换机制、HA 高可用等。另外,还需要安装配置分布式应用协调服务 ——Zookeeper。

集群模式以 Hadoop Jar 命令运行 Hadoop 程序,并将运行结果输出到 HDFS 中。

5.3　JDK 的安装和配置

Hadoop 是基于 Java 语言开发的,要想在服务器上安装、配置 Hadoop 环境,并运行 Hadoop MapReduce 应用程序,则要先在服务器上安装配置 Java JDK 坏境。

5.3.1 下载 JDK

先到 Oracle 官网下载 JDK（Java JDK 是由 Sun 公司开发的，2010 年 Oracle 公司收购了 Sun 公司）。本书中使用的 JDK 版本是 JDK 1.8，JDK 1.8 的下载地址为 https://www.oracle.com/technetwork/java/javase/downloads/jdk8-downloads-2133151.html。

注意： 这里下载的 JDK 安装包版本为 jdk-8u212-linux-x64.tar.gz。

5.3.2 上传 JDK 到 CentOS 虚拟机

将 JDK 下载到本地之后，要将其上传到 CentOS 6.8 虚拟机中。这里上传 JDK 到 CentOS 6.8 虚拟机使用的工具是 WinSCP（WinSCP 是一款安装在 Windows 操作系统中的软件，能够远程连接 Linux 服务器，并能够将本地 Windows 操作系统中的文件上传到远程 Linux 操作系统中，同时也能够将远程 Linux 操作系统中的文件下载到本地 Windows 操作系统中，使用起来非常方便），WinSCP 官方下载地址为 https://winscp.net/eng/download.php。

打开 WinSCP，使用 Hadoop 用户身份登录 CentOS 6.8 虚拟机，将下载的 JDK 安装文件 jdk-8u212-linux-x64.tar.gz 上传到 CentOS 6.8 虚拟机的 /usr/local/src 目录下，如图 5-1 所示。

图 5-1　上传 JDK

登录 CentOS 6.8 虚拟机，在命令行中将目录切换到 /usr/local/src 下，如下所示：

```
-bash-4.1$ cd /usr/local/src
-bash-4.1$ pwd
/usr/local/src
```

cd /usr/local/src 表示将目录切换到 /usr/local/src 下，Linux 操作系统中的根目录为 /。

pwd 表示查看当前所在的目录，这里输出的结果为 /usr/local/src，说明已经成功将当前目录切换到 /usr/local/src 下了。

在 /usr/local/src 目录下执行 ll 命令或者 ls 命令，如下所示：

```
-bash-4.1$ ll
total 190444
-rw-r--r--. 1 hadoop hadoop 195013152 Jun 22 17:22 jdk-8u212-linux-x64.tar.gz
-bash-4.1$ ls
jdk-8u212-linux-x64.tar.gz
```

可以看到，无论是 ll 命令还是 ls 命令，都输出了 jdk-8u212-linux-x64.tar.gz 文件（ll 命令比 ls 命令输出的信息要详细些），说明 jdk-8u212-linux-x64.tar.gz 文件已经正确地上传到了 CentOS 6.8 虚拟机中。接下来，安装并配置 JDK。

5.3.3 安装并配置 JDK

本节中下载的 JDK 版本为 jdk-8u212-linux-x64.tar.gz，即以 .tar.gz 结尾的文件，这种文件不需要进行特别的安装，只需要解压并进行相应的配置即可。

1. 安装 JDK

安装 JDK 本质上就是解压 JDK，在 CentOS 命令行中切换当前目录到 /usr/local/src 下，如下所示：

```
-bash-4.1$ cd /usr/local/src/
-bash-4.1$ pwd
/usr/local/src
```

输入如下命令解压 jdk-8u212-linux-x64.tar.gz 文件：

```
tar -zxvf jdk-8u212-linux-x64.tar.gz
```

输入 ls 命令查看是否解压成功，如下所示：

```
-bash-4.1$ ls
jdk1.8.0_212   jdk-8u212-linux-x64.tar.gz
```

可以看到，/usr/local/src 目录下多了一个 jdk1.8.0_212 目录，说明解压成功。接着，将 jdk1.8.0_212 目录移动到 /usr/local 目录下，执行如下命令：

```
mv jdk1.8.0_212/ /usr/local/
```

由于 /usr/local 目录是 /usr/local/src 目录的父目录，即要将 jdk1.8.0_212 目录移动到当前所在目录的父目录，也可以执行如下命令：

```
mv jdk1.8.0_212/ ../
```

接下来，将当前目录切换到 /usr/local/ 目录下，同样可以执行如下命令：

```
cd /usr/local/
```

也可以执行如下命令：

```
cd ../
```

输入命令 ls，查看 jdk1.8.0_212 目录是否移动成功，如下所示：

```
-bash-4.1$ ls
bin  etc  games  include  jdk1.8.0_212  lib  lib64  libexec  sbin  share  src
```

可以看到，/usr/local 目录下存在 jdk1.8.0_212 目录，说明 jdk1.8.0_212 目录移动成功。接下来就要配置 JDK 环境变量了。

2. 配置 JDK 环境变量

在 CentOS 6.8 操作系统中，系统环境变量是在 /etc/profile 文件中配置的，所以配置 JDK 系统环境变量也需要在 /etc/profil 配置文件中进行配置，具体步骤如下。

（1）打开 /etc/profile 文件，输入如下命令：

```
sudo vim /etc/profile
```

在 Vim 编辑器中打开 /etc/profile 文件。

（2）配置 JDK 系统环境变量，在 Vim 编辑器中按 i 键进入编辑模式，并在 etc/profile 文件的最后追加如下内容：

```
JAVA_HOME=/usr/local/jdk1.8.0_212
CLASS_PATH=.:$JAVA_HOME/lib
PATH=$JAVA_HOME/bin:$PATH
export PATH CLASS_PATH JAVA_HOME
```

保存并退出即可。

3. 使环境变量生效

使 JDK 系统环境变量生效有两种方式，一种是重启 CentOS 6.8 虚拟机；另一种就是通过输入如下命令：

```
sudo source /etc/profile
```

这里选择第二种方式，操作如下所示：

```
-bash-4.1$ sudo source /etc/profile
-bash-4.1$
```

4. 检验 JDK 是否安装并配置成功

在命令行输入如下命令验证 JDK 是否安装并配置成功：

```
-bash-4.1$ java -version
java version "1.8.0_212"
Java(TM) SE Runtime Environment (build 1.8.0_212-b10)
Java HotSpot(TM) 64-Bit Server VM (build 25.212-b10, mixed mode)
```

可以看到，命令行输出了"java version "1.8.0_212""字样，说明 JDK 已安装并配置成功。5.4 节开始进行 Hadoop 的本地模式安装和配置。

5.4 Hadoop 的本地模式安装和配置

如前所述，Hadoop 本地模式是 3 种安装模式中最简单的一种，只需要在 Hadoop 的 hadoop-env.sh 文件中配置 JAVA_HOME 即可。

5.4.1 下载 Hadoop 安装包

（1）到 Apache 官网下载 Hadoop 安装包，网址为 https://hadoop.apache.org/releases. html。本书中下载的 Apache Hadoop 版本为 3.2.0，如图 5-2 所示。

Download

Hadoop is released as source code tarballs with corresponding binary tarballs for convenience. The downloads are distributed via mirror sites and should be checked for tampering using GPG or SHA-256.

Version	Release date	Source download	Binary download	Release notes
3.1.2	2019 Feb 6	source (checksum signature)	binary (checksum signature)	Announcement
3.2.0	2019 Jan 16	source (checksum signature)	binary (checksum signature)	Announcement
2.9.2	2018 Nov 19	source (checksum signature)	binary (checksum signature)	Announcement
2.8.5	2018 Sep 15	source (checksum signature)	binary (checksum signature)	Announcement
2.7.7	2018 May 31	source (checksum signature)	binary (checksum signature)	Announcement

图 5-2　选择 Apache Hadoop 3.2.0 版本

（2）下载 Apache Hadoop 3.2.0 binary 版本（编译好的二进制版本）到本地磁盘，然后利用 WinSCP 将下载的 Hadoop 安装包上传到 CentOS 6.8 虚拟机的 /usr/local/src 目录下，如图 5-3 所示。

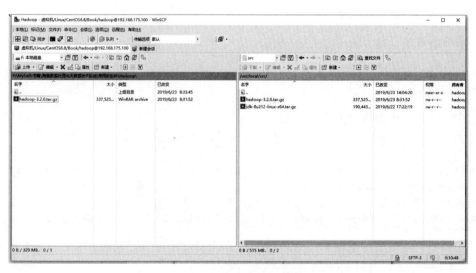

图 5-3　上传 Hadoop-3.2.0.tar.gz 到 CentOS 6.8 虚拟机

5.4.2　安装并配置 Hadoop 环境

Hadoop 的安装和 JDK 一样，无须特殊的安装操作，只需要解压即可。

1. 安装 Hadoop

登录 CentOS 6.8 虚拟机，将目录切换到 /usr/local/src，查看当前目录下的文件，命令操作如下：

```
-bash-4.1$ ls
hadoop-3.2.0.tar.gz   jdk-8u212-linux-x64.tar.gz
```

可以看到，当前目录下存在 hadoop-3.2.0.tar.gz 文件，说明 Hadoop 安装包成功上传到了 CentOS 6.8 虚拟机中。

接下来，输入如下命令解压 hadoop-3.2.0.tar.gz 文件：

```
tar -zxvf hadoop-3.2.0.tar.gz
```

查看 tar -zxvf hadoop-3.2.0.tar.gz 文件是否解压成功，命令如下。

```
-bash-4.1$ ls
hadoop-3.2.0  hadoop-3.2.0.tar.gz  jdk-8u212-linux-x64.tar.gz
```

可以看到，当前目录多了一个 hadoop-3.2.0 文件夹，说明解压成功。

将 hadoop-3.2.0 目录移动到 /usr/local/ 目录下，命令如下：

```
-bash-4.1$ mv hadoop-3.2.0 ../
-bash-4.1$
```

接下来配置 Hadoop 系统环境变量。

2. 配置 Hadoop 系统环境变量

Hadoop 系统环境变量同样是在 /etc/profile 文件中配置。在 /etc/profile 文件中追加如下内容：

```
HADOOP_HOME=/usr/local/hadoop-3.2.0
PATH=$HADOOP_HOME/bin:$HADOOP_HOME/sbin:$PATH
export PATH HADOOP_HOME
```

由于之前安装配置了 JDK 系统环境变量，因此完整的追加内容如下所示：

```
JAVA_HOME=/usr/local/jdk1.8.0_212
CLASS_PATH=.:$JAVA_HOME/lib
HADOOP_HOME=/usr/local/hadoop-3.2.0
PATH=$JAVA_HOME/bin:$HADOOP_HOME/bin:$HADOOP_HOME/sbin:$PATH
export PATH CLASS_PATH JAVA_HOME HADOOP_HOME
```

接着在命令行输入如下命令：

```
sudo source /etc/profile
```

使 Hadoop 系统环境变量生效。

3. 验证 Hadoop 是否安装成功

要验证 Hadoop 是否安装成功，只需要在命令行输入如下命令即可：

```
hadoop version
```

操作如下所示：

```
-bash-4.1$ hadoop version
Hadoop 3.2.0
Source code repository https://github.com/apache/hadoop.git -r e97acb3bd8f3be
fd27418996fa5d4b50bf2e17bf
Compiled by sunilg on 2019-01-08T06:08Z
Compiled with protoc 2.5.0
From source with checksum d3f0795ed0d9dc378e2c785d3668f39
This command was run using /usr/local/hadoop-3.2.0/share/hadoop/common/hadoop-
common-3.2.0.jar
```

可以看到，结果输出了"Hadoop 3.2.0"，说明 Hadoop 环境安装并配置成功。

5.4.3　以本地模式配置 Hadoop

以本地模式配置 Hadoop，只需要在配置文件 hadoop-env.sh 中配置 JDK 安装目录即可。hadoop-env.sh 文件在 $HADOOP_HOME/etc/hadoop 目录下，即 Hadoop 安装目录下的 etc/hadoop 目录下。这里将 Hadoop 安装在了目录 /usr/local/hadoop-3.2.0 下，所以 hadoop-env.sh 在 /usr/local/hadoop-3.2.0/etc/hadoop 目录下，操作如下所示：

```
cd /usr/local/hadoop-3.2.0/etc/hadoop/
vim hadoop-env.sh
```

找到如下信息：

```
# export JAVA_HOME=
```

打开注释，将 JAVA JDK 的安装目录填写到 "=" 后面，如下所示：

```
export JAVA_HOME=/usr/local/jdk1.8.0_212
```

保存并退出 Vim 编辑器即可。

5.4.4　验证 Hadoop 本地模式是否安装成功

验证本地模式是否安装成功的方式就是运行 Hadoop 自带的一个统计单词计数的 MapReduce 示例程序，将本地写有英文单词的数据文件输入 MapReduce 程序，经过 MapReduce 程序的处理，最终将结果文件输出到本地即可。

1. 准备数据文件

创建目录 /home/hadoop/input，具体命令如下所示：

```
mkdir -p /home/hadoop/input
```

进入 /home/hadoop/input 目录，创建 data.input 文件，如下所示：

```
cd /home/hadoop/input/
vim data.input
```

data.input 文件的内容如下所示：

```
hadoop mapreduce hive flume
hbase spark storm flume
sqoop hadoop hive kafka
spark hadoop storm
```

2. 运行 Hadoop 自带的 MapReduce 程序

Hadoop 自带的 MapReduce 程序在 $HADOOP_HOME/share/hadoop/mapreduce 目录下以 Jar 包的形式存在，具体的 Jar 包为 hadoop-mapreduce-examples-3.2.0.jar。

注意： 这里安装的 $HADOOP_HOME 目录为 /usr/local/hadoop-3.2.0，所以 Hadoop 自带的 MapReduce 示例程序在 /usr/local/hadoop-3.2.0/share/hadoop/mapreduce 目录的 hadoop-mapreduce-examples-3.2.0.jar 文件中。

接下来运行 Hadoop 自带的 MapReduce 示例程序，统计 data.input 文件中的单词计数。执行如下命令：

```
hadoop jar /usr/local/hadoop-3.2.0/share/hadoop/mapreduce/hadoop-mapreduce-
examples-3.2.0.jar wordcount /home/hadoop/input/data.input /home/hadoop/output
```

通用格式说明如下。

（1）hadoop jar：以 Hadoop 命令行的形式运行 MapReduce 程序。

（2）/usr/local/hadoop-3.2.0/share/hadoop/mapreduce/hadoop-mapreduce-examples-3.2.0.jar：Hadoop 自带的 MapReduce 程序所在 Jar 包的完整路径。

（3）wordcount：标识使用的是单词计数的 MapReduce 程序，因为 hadoop-mapreduce-examples-3.2.0.jar 文件中存在多个 MapReduce 程序。

参数说明如下。

（1）/home/hadoop/input/data.input：输入 data.input 文件所在的本地完整路径名称。

（2）/home/hadoop/output：本地结果数据输出目录。

若执行成功，会输出如下信息：

```
2019-07-04 09:54:11,996 INFO mapreduce.Job:  map 100% reduce 100%
2019-07-04 09:54:13,016 INFO mapreduce.Job: Job job_1562205027030_0002
completed successfully
```

3. 查看执行结果

由于将 wordcount 执行结果输出到了 /home/hadoop/output 目录下，因此先查看此目录下是否生成了结果文件，操作如下所示：

```
-bash-4.1$ cd /home/hadoop/output/
-bash-4.1$ ls
part-r-00000   _SUCCESS
-bash-4.1$
```

可以看到，/home/hadoop/output 目录下生成了 part-r-00000 和 _SUCCESS 文件。其中，执行结果存放在 part-r-00000 文件中。

接下来查看 part-r-00000 文件中的内容，如下所示：

```
-bash-4.1$ cat part-r-00000
flume     2
hadoop    3
hbase     1
hive      2
kafka     1
mapreduce         1
spark     2
sqoop     1
storm     2
```

这里使用的命令是 cat part-r-00000。可以看到，part-r-00000 文件中存放了每个单词及该单词对应的数量，正确地输出了 MapReduce 执行结果。

至此，本地模式的 Hadoop 环境搭建完成并验证成功。

5.5 Hadoop 的伪集群模式安装和配置

Hadoop 伪集群模式的安装和配置比本地模式要复杂些，除了需要在 Hadoop 的 hadoop-env.sh 文件中配置 JAVA_HOME 外，还要配置 Hadoop 所使用的文件系统、HDFS 的副本数量和 YARN 地址，以及服务器的 SSH 免密码登录等。

由于 Hadoop 伪集群模式同样需要在 hadoop-env.sh 文件中配置 JAVA_HOME 目录，因此本节基于 5.4 节继续进行 Hadoop 伪集群模式的配置。

5.5.1 以伪集群模式配置 Hadoop

对于 Hadoop 伪集群模式的配置，除了需要配置 hadoop-env.sh 文件外，还需要配置以下 4 个文件：core-site.xml、hdfs-site.xml、mapred-site.xml 和 yarn-site.xml，每个文件与 hadoop-env.sh 文件在同一目录下。各个文件的作用如下。

（1）core-site.xml：指定 NameNode 的位置，hadoop.tmp.dir 是 Hadoop 文件系统依赖的基础配置，很多路径都依赖它。如果 hdfs-site.xml 中不配置 Namenode 和 DataNode 的存放位置，则默认就放在这个路径中。

（2）hdfs-site.xml：配置 NameNode 和 DataNode 存放文件的具体路径，配置副本的数量。

（3）mapred-site.xml：在之前版本的 Hadoop 中是没有此文件的，需要将 mapred-site.xml.template 重命名；配置 MapReduce 作业是提交到 YARN 集群还是使用本地作业执行器在本地执行。

（4）yarn-site.xml：配置 ResourceManager 所在节点的主机名；配置辅助服务列表，这些服务由 NodeManager 执行。

1. 配置 core-site.xml 文件

配置 core-site.xml 文件，代码如下所示：

```
<configuration>
    <property>
        <name>fs.defaultFS</name>
        <value>hdfs://binghe100:9000</value>
    </property>
    <property>
        <name>hadoop.tmp.dir</name>
        <value>/usr/local/hadoop-3.2.0/tmp</value>
    </property>
</configuration>
```

2. 配置 hdfs-site.xml 文件

配置 hdfs-site.xml 文件，代码如下所示：

```
<configuration>
    <property>
        <name>dfs.replication</name>
        <value>1</value>
    </property>
</configuration>
```

注意： 由于配置的是 Hadoop 的伪集群模式，因此这里将文件的副本数量配置为 1。在集群模式下，此值至少需要配置为 3。

3. 配置 mapred-site.xml 文件

配置 mapred-site.xml 文件，代码如下所示：

```
<configuration>
    <property>
        <name>mapreduce.framework.name</name>
        <value>yarn</value>
    </property>
    <property>
      <name>yarn.app.mapreduce.am.env</name>
      <value>HADOOP_MAPRED_HOME=${HADOOP_HOME}</value>
    </property>
    <property>
      <name>mapreduce.map.env</name>
```

```
                <value>HADOOP_MAPRED_HOME=${HADOOP_HOME}</value>
        </property>
        <property>
            <name>mapreduce.reduce.env</name>
            <value>HADOOP_MAPRED_HOME=${HADOOP_HOME}</value>
        </property>
</configuration>
```

4. 配置 yarn-site.xml 文件

配置 yarn-site.xml 文件，代码如下所示：

```
<configuration>
    <property>
        <name>yarn.resourcemanager.hostname</name>
        <value>binghe100</value>
    </property>
    <property>
        <name>yarn.nodemanager.aux-services</name>
        <value>mapreduce_shuffle</value>
    </property>
</configuration>
```

注意： 4 个配置文件中的 binghe100 是在安装配置 CentOS 6.8 虚拟机时配置的虚拟机主机名，之前配置了主机名和 IP 地址的映射关系，配置主机名后可通过主机名映射到 IP 地址进行通信。

至此，Hadoop 伪集群模式的配置完成。接下来需要格式化 NameNode，启动 Hadoop，并验证 wordcount 程序。

5.5.2 格式化 NameNode

格式化 NameNode 的操作很简单，只需要在命令行执行如下命令即可：

```
hdfs namenode -format
```

当输出结果中有如下信息时，说明格式化 NameNode 成功：

```
2019-07-04 10:05:12,307 INFO common.Storage: Storage directory /usr/local/
hadoop-3.2.0/tmp/dfs/name has been successfully formatted.
```

将目录切换到 Hadoop 的安装目录下并查看当前目录下的信息，如下所示：

```
-bash-4.1$ cd /usr/local/hadoop-3.2.0/
-bash-4.1$ ls
bin  etc  include  lib  libexec  LICENSE.txt  logs  NOTICE.txt  README.txt
sbin  share  tmp
```

可以看到，Hadoop 的安装目录下多了一个 tmp 文件夹，这也说明 NameNode 已格式化成功。

5.5.3 启动 Hadoop

格式化 NameNode 成功之后，就需要启动 Hadoop。启动 Hadoop 分为两步，如下所示。

1. 启动 HDFS

在命令行输入如下命令启动 HDFS：

```
-bash-4.1$ start-dfs.sh
Starting namenodes on [binghe100]
Starting datanodes
Starting secondary namenodes [binghe100]
```

根据输出信息，得知运行 start-dfs.sh 命令启动了 NameNode、DataNode 和 Secondary NameNode 三个进程。查看启动的进程，操作如下所示：

```
-bash-4.1$ jps
7313 Jps
7170 SecondaryNameNode
6964 DataNode
6855 NameNode
```

可以看到，确实启动了 NameNode、DataNode 和 Secondary NameNode 这三个进程。

2. 启动 YARN

在命令行输入如下命令启动 YARN：

```
-bash-4.1$ start-yarn.sh
Starting resourcemanager
Starting nodemanagers
```

根据输出信息，得知启动了 ResourceManager 和 NodeManager 两个进程。

查看启动的进程，操作如下所示：

```
-bash-4.1$ jps
7170 SecondaryNameNode
6964 DataNode
7813 Jps
7557 NodeManager
6855 NameNode
7451 ResourceManager
```

可以看到，通过 start-yarn.sh 命令启动 YARN 后，启动了 ResourceManager 和 NodeManager 两个进程。

5.5.4 以浏览器方式验证环境搭建是否成功

验证 Hadoop 伪集群模式是否安装并启动成功有两种方式：一种是在浏览器中输入相应的地址查看 NameNode 的状态是否为 "活跃状态"，另一种是执行 MapReduce 程序来验证

是否安装并启动成功。

在浏览器中输入地址 http://192.168.175.100:9870，登录界面如图 5-4 所示。

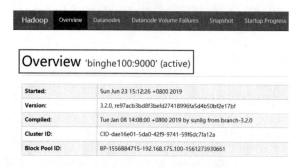

图 5-4　Hadoop NameNode 页面

可以看到"Overview 'binghe100:9000' (active)"，说明当前 NameNode 处于"活跃"状态。

注意：│ Hadoop 3.x 版本相比之前的版本，在端口的设置上发生了一些变化，现就常用的
　　　│ 端口变化总结如下：

```
Namenode ports: 50470 --> 9871, 50070 --> 9870, 8020 --> 9820
Secondary NN ports: 50091 --> 9869, 50090 --> 9868
Datanode ports: 50020 --> 9867, 50010 --> 9866, 50475 --> 9865, 50075 --> 9864
```

说明：箭头之前的端口号为 Hadoop 3.x 之前版本的端口号，箭头之后的端口号为 Hadoop 3.x 版本所使用的端口号。

5.5.5　运行 MapReduce 程序验证环境搭建是否成功

验证过程为：在 CentOS 6.8 虚拟机上新建测试数据文件，并将文件上传到 Hadoop 的 HDFS 中，执行 Hadoop 自带的 MapReduce 程序，查看执行结果。其操作步骤如下。

1. 准备数据文件

此处准备数据文件的步骤与 5.4.4 小节中准备数据文件的步骤相同，不再赘述。

2. 在 HDFS 上创建输入文件目录

在 HDFS 上新建 /data/input 目录，具体操作如下所示：

```
-bash-4.1$ hadoop fs -mkdir /data
-bash-4.1$ hadoop fs -mkdir /data/input
```

查看 /data/input 目录是否创建成功，如下所示：

```
-bash-4.1$ hadoop fs -ls /data/
Found 1 items
drwxr-xr-x - hadoop supergroup 0 2019-06-23 15:53 /data/input
```

可以看到，/data/input 目录创建成功了。

3. 上传数据文件到 HDFS 中

上传数据到 HDFS 中比较简单，只需要执行如下命令即可。

```
-bash-4.1$ hadoop fs -put /home/hadoop/input/data.input /data/input
```

注意：   Hadoop 的具体命令用法会在第 6 章进行详细讲解，这里先用该命令将文件上传到 HDFS 中。

接下来查看文件是否上传成功，输入如下命令：

```
-bash-4.1$ hadoop fs -ls /data/input
Found 1 items
-rw-r--r-- 1 hadoop supergroup 96 2019-06-23 15:58 /data/input/data.input
```

4. 执行 MapReduce 程序

这里同样运行 Hadoop 自带的 wordcount 计数程序，具体命令如下所示：

```
hadoop jar /usr/local/hadoop-3.2.0/share/hadoop/mapreduce/hadoop-mapreduce-
examples-3.2.0.jar wordcount /data/input/data.input /data/output
```

通用格式说明见 5.4.4 小节步骤 2 中对 hadoop jar 命令的通用格式说明。参数说明如下。

（1）/data/input/data.input：输入 data.input 文件所在的 HDFS 上的完整路径名称。

（2）/data/output：HDFS 结果数据输出目录。

执行成功后会输出如下信息：

```
2019-07-04 10:10:52,091 INFO mapreduce.Job:  map 100% reduce 100%
2019-07-04 10:10:52,102 INFO mapreduce.Job: Job job_1562206128106_0001
completed successfully
```

5. 查看执行结果

查看执行结果也比较简单，先查看 HDFS 上是否创建了 /data/output 目录，命令如下所示：

```
-bash-4.1$ hadoop fs -ls /data
Found 2 items
drwxr-xr-x - hadoop supergroup 0 2019-07-04 10:09 /data/input
drwxr-xr-x - hadoop supergroup 0 2019-07-04 10:10 /data/output
```

可以看到，在 wordcount 程序执行的过程中，自动创建了 /data/output 目录。

接下来查看 /data/output 目录下的信息，如下所示：

```
-bash-4.1$ hadoop fs -ls /data/output
Found 2 items
-rw-r--r-- 1 hadoop supergroup 0 2019-07-04 10:10 /data/output/_SUCCESS
-rw-r--r-- 1 hadoop supergroup 76 2019-07-04 10:10 /data/output/part-r-00000
```

结果信息存放到了 part-r-00000 文件中，输入如下命令查看文件中的内容：

```
-bash-4.1$ hadoop fs -cat  /data/output/part-r-00000
flume    2
```

```
hadoop      3
hbase       1
hive        2
kafka       1
mapreduce        1
spark       2
sqoop       1
storm       2
```

可以看到，part-r-00000 文件中正确地输出了每个单词及该单词在测试数据文件中的数量，说明 Hadoop 的伪集群模式正确地将 MapReduce 的结果输出到了 HDFS 中。

5.6 Hadoop 集群模式的安装和配置（完全生产环境）

本节的 Hadoop 集群环境完全是按照实际生产服务器的要求来搭建的，总共需要 7 台服务器。在实际工作中，可以将 Hadoop 集群搭建在 7 台物理机上，也可以搭建在 7 台虚拟机上，但是如果搭建在虚拟机上，需要保证虚拟机的可靠性和稳定性。本节将 Hadoop 集群搭建在 7 台 CentOS 6.8 虚拟机上。

5.6.1 服务器规划

本节的 Hadoop 集群主要由 7 台 CentOS 6.8 虚拟机构成，具体规划如表 5-1 所示。

表 5-1 集群模式的 Hadoop 服务器规划

主机名	IP	安装的软件	运行的进程
binghe101	192.168.175.101	JDK Hadoop	NameNode DFSZKFailoverController(zkfc)
binghe102	192.168.175.102	JDK Hadoop	NameNode DFSZKFailoverController(zkfc)
binghe103	192.168.175.103	JDK Hadoop	ResourceManager
binghe104	192.168.175.104	JDK Hadoop	ResourceManager
binghe105	192.168.175.105	JDK Hadoop Zookeeper	DataNode NodeManager JournalNode QuorumPeerMain
binghe106	192.168.175.106	JDK Hadoop Zookeeper	DataNode NodeManager JournalNode QuorumPeerMain

续表

主机名	IP	安装的软件	运行的进程
binghe107	192.168.175.107	JDK Hadoop Zookeeper	DataNode NodeManager JournalNode QuorumPeerMain

读者可按照表 5-1 安装相应的虚拟机，具体安装方法参见第 4 章。这里假设读者已经按照表 5-1 所示的规划安装好了虚拟机，下面为搭建 Hadoop 集群做相关的准备工作。

5.6.2 Hadoop 集群环境的准备

Hadoop 集群环境是 Hadoop 三种安装模式中最复杂的一种，有些准备工作需要在安装 Hadoop 集群之前完成。本小节统一处理 Hadoop 集群搭建的准备工作。

1. 添加 Hadoop 用户身份

以 root 身份登录每台虚拟机服务器，然后分别执行 5.1 节中的内容。

2. 关闭防火墙

以 root 身份登录每台虚拟机服务器，分别执行如下命令：

```
# 查看防火墙状态
service iptables status
# 关闭防火墙
service iptables stop
# 关闭防火墙开机启动
chkconfig iptables off
# 查看防火墙状态
service iptables status
```

3. 设置静态 IP

为每台服务器设置静态 IP，这里以服务器 binghe101（192.168.175.101）为例，修改配置文件 /etc/sysconfig/network-scripts/ifcfg-eth0，将如下内容：

```
BOOTPROTO=dhcp
```

修改为

```
BOOTPROTO=static
```

然后添加如下内容：

```
IPADDR=192.168.175.101
NETMASK=255.255.255.0
BROADCAST=192.168.175.255
GATEWAY=192.168.175.2
DNS1=114.114.114.114
DNS2=8.8.8.8
```

注意： 如果修改后的静态 IP 地址与修改前 DHCP（Dynamic Host Configuration Protocol，
静态主机配置协议）动态分配的 IP 地址不是同一个，则需要将静态 IP 地址设
置为与 DHCP 动态分配的 IP 地址在同一个网段内，即如果修改前 DHCP 动态
分配的 IP 为 192.168.175 网段，则修改后的静态 IP 地址也需要在 192.168.175 网
段内。

其他服务器设置静态 IP 地址的过程与 binghe101 服务器相同，只是将 IP 地址的配置项
IPADDR 设置为各自服务器对应的 IP 地址即可，读者可根据表 5-1 进行设置。

设置完静态 IP 之后，在每台服务器上执行如下命令重启网络：

```
service network restart
```

4. 设置主机名

以 binghe101 服务器为例，设置主机名可以分为如下两步。

（1）修改当前会话的主机名，在命令行中输入如下命令：

```
hostname binghe101
```

（2）修改配置文件，在配置文件 /etc/sysconfig/network 的末尾添加如下代码：

```
HOSTNAME=binghe101
```

其他服务器与 binghe101 服务器的设置方式相同，修改为对应的主机名即可，读者可根
据表 5-1 进行设置。

5. 设置主机名与 IP 地址的映射关系

在每台服务器上修改 /etc/hosts 文件，添加如下配置：

```
192.168.175.101    binghe101
192.168.175.102    binghe102
192.168.175.103    binghe103
192.168.175.104    binghe104
192.168.175.105    binghe105
192.168.175.106    binghe106
192.168.175.107    binghe107
```

6. 集群环境下配置 SSH 免密码登录

注意： 配置 SSH 免密码登录，需使用 Hadoop 身份登录虚拟机服务器，进行相关的操作。

（1）生成 SSH 免密码登录公钥和私钥。在每台虚拟机服务器上执行如下命令，在每台
服务器上分别生成 SSH 免密码登录的公钥和私钥：

```
ssh-keygen -t rsa
cat /home/hadoop/.ssh/id_rsa.pub >> /home/hadoop/.ssh/authorized_keys
```

（2）设置目录和文件权限。在每台虚拟机服务器上执行如下命令，设置相应的目录和
文件权限：

```
chmod 700 /home/hadoop/
chmod 700 /home/hadoop/.ssh
chmod 644 /home/hadoop/.ssh/authorized_keys
chmod 600 /home/hadoop/.ssh/id_rsa
```

（3）将公钥复制到每台服务器上。在每台虚拟机服务器上执行如下命令，将生成的公钥复制到每台虚拟机服务器上：

```
ssh-copy-id -i /home/hadoop/.ssh/id_rsa.pub  binghe101
ssh-copy-id -i /home/hadoop/.ssh/id_rsa.pub  binghe102
ssh-copy-id -i /home/hadoop/.ssh/id_rsa.pub  binghe103
ssh-copy-id -i /home/hadoop/.ssh/id_rsa.pub  binghe104
ssh-copy-id -i /home/hadoop/.ssh/id_rsa.pub  binghe105
ssh-copy-id -i /home/hadoop/.ssh/id_rsa.pub  binghe106
ssh-copy-id -i /home/hadoop/.ssh/id_rsa.pub  binghe107
```

执行完上面的命令之后，每台服务器之间都可以通过"ssh 服务器主机名"进行免密码登录。

注意： 执行每条命令时，都会提示类似如下信息：

```
Are you sure you want to continue connecting (yes/no)? yes
Warning: Permanently added 'binghe101,192.168.175.101' (RSA) to the list of
known hosts.
hadoop@binghe101's password:
```

在"是否确认继续连接"的地方输入"yes"，在提示输入密码的地方输入相应服务器的登录密码即可，后续使用"ssh 主机名"登录相应服务器就不用再输入密码了。

5.6.3　安装并配置集群环境下的 JDK

集群环境下的 JDK 安装和配置的总体思路是：首先在集群中的某台服务器上安装和配置 JDK 环境，然后将这台服务器上安装的 JDK 和配置的系统环境变量复制到其他服务器上，最后使配置的 JDK 系统环境变量生效即可。

1. 在单台服务器上安装配置 JDK 环境

在主机名为 binghe101 的服务器上安装 JDK，具体安装步骤可以参考 5.3 节。

2. 将 JDK 和配置的系统环境变量同步到其他各台服务器

（1）同步 JDK 安装文件。在主机名为 binghe101 的服务器上执行如下命令，将 JDK 的安装文件同步到其他各台服务器的相应目录下：

```
scp -r /usr/local/jdk1.8.0_212/ binghe102:/usr/local/
scp -r /usr/local/jdk1.8.0_212/ binghe103:/usr/local/
scp -r /usr/local/jdk1.8.0_212/ binghe104:/usr/local/
scp -r /usr/local/jdk1.8.0_212/ binghe105:/usr/local/
scp -r /usr/local/jdk1.8.0_212/ binghe106:/usr/local/
scp -r /usr/local/jdk1.8.0_212/ binghe107:/usr/local/
```

注意：之前在各台服务器之间都配置了SSH免密码登录，所以这里只需要输入上述命令进行复制即可，中途不需要再输入密码。

（2）同步JDK系统环境变量。在主机名为binghe101的服务器上执行如下命令，将/etc/profile文件同步到其他各台服务器的/etc目录下：

```
sudo scp /etc/profile binghe102:/etc/
sudo scp /etc/profile binghe103:/etc/
sudo scp /etc/profile binghe104:/etc/
sudo scp /etc/profile binghe105:/etc/
sudo scp /etc/profile binghe106:/etc/
sudo scp /etc/profile binghe107:/etc/
```

注意：这里需要输入密码，根据提示输入指定的密码即可。

（3）使JDK环境变量生效。在每台服务器上执行如下命令，使JDK系统环境变量生效，并验证JDK系统环境变量是否配置成功：

```
source /etc/profile
java -version
java version "1.8.0_212"
Java(TM) SE Runtime Environment (build 1.8.0_212-b10)
Java HotSpot(TM) 64-Bit Server VM (build 25.212-b10, mixed mode)
```

可以看到，每台服务器上的JDK都安装配置成功了。

5.6.4 搭建并配置 Zookeeper 集群

安装配置完JDK后，就需要搭建Zookeeper集群了。根据对服务器的规划，现将Zookeeper集群搭建在主机名为binghe105、binghe106、binghe107的三台服务器上。

注意：本书中选择的Zookeeper版本为zookeeper-3.5.5。

1. 下载 Zookeeper

到 Apache 官网下载 Zookeeper 的安装包，Zookeeper 的安装包下载地址为 https://mirrors.tuna.tsinghua.edu.cn/apache/zookeeper，如图 5-5 所示。

也可以在 binghe105 服务器上执行如下命令直接下载 zookeeper-3.5.5：

图 5-5　下载 Zookeeper

```
wget https://mirrors.tuna.tsinghua.edu.cn/apache/zookeeper/zookeeper-3.5.5/
apache-zookeeper-3.5.5-bin.tar.gz
```

执行上述命令就可以直接把 apache-zookeeper-3.5.5-bin.tar.gz 安装包下载到 binghe105

服务器上。

2. 安装并配置 Zookeeper

注意：第（1）~（3）步都是在 binghe105 服务器上执行的。

（1）解压 Zookeeper 安装包。在 binghe105 服务器上执行如下命令，将 Zookeeper 解压到 /usr/local 目录下，并将 Zookeeper 目录修改为 zookeeper-3.5.5：

```
tar -zxvf apache-zookeeper-3.5.5-bin.tar.gz
mv apache-zookeeper-3.5.5-bin zookeeper-3.5.5
```

（2）配置 Zookeeper 系统环境变量。同样，需要在 /etc/profile 文件中配置 Zookeeper 系统环境变量，如下所示：

```
ZOOKEEPER_HOME=/usr/local/zookeeper-3.5.5
PATH=$ZOOKEEPER_HOME/bin:$PATH
export ZOOKEEPER_HOME PATH
```

结合之前配置的 JDK 系统环境变量，总体配置如下所示：

```
JAVA_HOME=/usr/local/jdk1.8.0_212
ZOOKEEPER_HOME=/usr/local/zookeeper-3.5.5
CLASS_PATH=.:$JAVA_HOME/lib
PATH=$JAVA_HOME/bin:$ZOOKEEPER_HOME/bin:$PATH
export JAVA_HOME ZOOKEEPER_HOME CLASS_PATH PATH
```

（3）配置 Zookeeper。首先，需要将 $ZOOKEEPER_HOME/conf（$ZOOKEEPER_HOME 为 Zookeeper 的安装目录）目录下的 zoo_sample.cfg 文件修改为 zoo.cfg 文件，具体命令如下所示：

```
cd /usr/local/zookeeper-3.5.5/conf/
mv zoo_sample.cfg zoo.cfg
```

接下来修改 zoo.cfg 文件，修改后的具体内容如下：

```
tickTime=2000
initLimit=10
syncLimit=5
dataDir=/usr/local/zookeeper-3.5.5/data
dataLogDir=/usr/local/zookeeper-3.5.5/dataLog
clientPort=2181
server.1=binghe105:2888:3888
server.2=binghe106:2888:3888
server.3=binghe107:2888:3888
```

在 Zookeeper 的安装目录下创建 data 和 dataLog 两个文件夹，如下所示：

```
mkdir -p /usr/local/zookeeper-3.5.5/data
mkdir -p /usr/local/zookeeper-3.5.5/dataLog
```

切换到新建的 data 目录下，创建 myid 文件，具体内容为数字 1，如下所示：

```
cd /usr/local/zookeeper-3.5.5/data
vim myid
```

将数字 1 写入 myid 文件。

3. 将 Zookeeper 和系统环境变量文件复制到其他服务器

注意： 以下操作是在 binghe105 服务器上执行的。

（1）复制 Zookeeper 到其他服务器。根据对服务器的规划，现将 Zookeeper 复制到 binghe106 和 binghe107 服务器，具体操作如下所示：

```
scp -r /usr/local/zookeeper-3.5.5/ binghe106:/usr/local/
scp -r /usr/local/zookeeper-3.5.5/ binghe107:/usr/local/
```

（2）复制系统环境变量文件到其他服务器。根据对服务器的规划，现将系统环境变量文件 /etc/profile 复制到 binghe106、binghe107 服务器，具体操作如下所示：

```
sudo scp /etc/profile binghe106:/etc/
sudo scp /etc/profile binghe107:/etc/
```

上述操作可能会要求输入密码，根据提示输入密码即可。

4. 修改其他服务器上的 myid 文件

修改 binghe106 服务器上 Zookeeper 的 myid 文件内容为数字 2，同时修改 binghe107 服务器上 Zookeeper 的 myid 文件内容为数字 3。

在 binghe106 服务器上执行如下操作：

```
echo "2" > /usr/local/zookeeper-3.5.5/data/myid
cat /usr/local/zookeeper-3.5.5/data/myid
2
```

在 binghe107 服务器上执行如下操作：

```
echo "3" > /usr/local/zookeeper-3.5.5/data/myid
cat /usr/local/zookeeper-3.5.5/data/myid
3
```

5. 使环境变量生效

分别在 binghe105、binghe106 和 binghe107 服务器上执行如下操作，使系统环境变量生效：

```
source /etc/profile
```

5.6.5　搭建并配置 Hadoop 集群

本小节正式开始搭建生产环境上的 Hadoop 集群环境，根据对服务器的规划，操作步骤如下。

注意： 第 1 ～ 5 步是在 binghe101 服务器上执行的。

1. 下载 Hadoop

在 binghe101 服务器上执行如下命令下载 Hadoop：

```
wget mirrors.tuna.tsinghua.edu.cn/apache/hadoop/common/hadoop-3.2.0/hadoop-
3.2.0.tar.gz
```

2. 解压并配置系统环境变量

（1）输入如下命令解压 Hadoop：

```
tar -zxvf hadoop-3.2.0.tar.gz
```

（2）打开 /etc/profile 文件，配置 Hadoop 系统环境变量，如下所示：

```
sudo vim /etc/profile
```

上述命令可能要求输入密码，根据提示输入密码即可。在 /etc/profile 文件中添加如下配置：

```
HADOOP_HOME=/usr/local/hadoop-3.2.0
PATH=$HADOOP_HOME/bin:$HADOOP_HOME/sbin:$PATH
export HADOOP_HOME PATH
export HADOOP_CONF_DIR=$HADOOP_HOME/etc/hadoop
export HADOOP_COMMON_HOME=$HADOOP_HOME
export HADOOP_HDFS_HOME=$HADOOP_HOME
export HADOOP_MAPRED_HOME=$HADOOP_HOME
export HADOOP_YARN_HOME=$HADOOP_HOME
export HADOOP_OPTS="-Djava.library.path=$HADOOP_HOME/lib/native"
export HADOOP_COMMON_LIB_NATIVE_DIR=$HADOOP_HOME/lib/native
```

结合之前配置的 JDK 系统环境变量，整体配置信息如下所示：

```
JAVA_HOME=/usr/local/jdk1.8.0_212
HADOOP_HOME=/usr/local/hadoop-3.2.0
CLASS_PATH=.:$JAVA_HOME/lib
PATH=$JAVA_HOME/bin:$HADOOP_HOME/bin:$HADOOP_HOME/sbin:$PATH
export JAVA_HOME HADOOP_HOME CLASS_PATH PATH
export HADOOP_CONF_DIR=$HADOOP_HOME/etc/hadoop
export HADOOP_COMMON_HOME=$HADOOP_HOME
export HADOOP_HDFS_HOME=$HADOOP_HOME
export HADOOP_MAPRED_HOME=$HADOOP_HOME
export HADOOP_YARN_HOME=$HADOOP_HOME
export HADOOP_OPTS="-Djava.library.path=$HADOOP_HOME/lib/native"
export HADOOP_COMMON_LIB_NATIVE_DIR=$HADOOP_HOME/lib/native
```

（3）使系统环境变量生效，如下所示：

```
source /etc/profile
```

（4）验证 Hadoop 系统环境变量是否配置成功，验证方式如下所示：

```
hadoop version
Hadoop 3.2.0
```

```
Source code repository https://github.com/apache/hadoop.git -r e97acb3bd8f3be
fd27418996fa5d4b50bf2e17bf
Compiled by sunilg on 2019-01-08T06:08Z
Compiled with protoc 2.5.0
From source with checksum d3f0795ed0d9dc378e2c785d3668f39
This command was run using /usr/local/hadoop-3.2.0/share/hadoop/common/hadoop-
common-3.2.0.jar
```

即在命令行输入 hadoop version 命令，可以看到输出了 Hadoop 的版本号 Hadoop 3.2.0，
说明 Hadoop 系统环境变量配置成功。

3. 修改 Hadoop 配置文件

Hadoop 集群环境的搭建流程基本和 Zookeeper 集群环境的搭建流程相同，除了要解压
安装包和配置系统环境变量外，还需要对自身框架进行相关的配置。

（1）配置 hadoop-env.sh，在 hadoop-env.sh 文件中指定 JAVA_HOME 的安装目录，如
下所示：

```
cd /usr/local/hadoop-3.2.0/etc/hadoop/
vim hadoop-env.sh
export JAVA_HOME=/usr/local/jdk1.8.0_212
```

（2）配置 core-site.xml 文件，配置信息如下所示：

```xml
<configuration>
    <property>
        <name>fs.defaultFS</name>
        <value>hdfs://ns/</value>
    </property>
    <property>
        <name>hadoop.tmp.dir</name>
        <value>/usr/local/hadoop-3.2.0/tmp</value>
    </property>
    <property>
        <name>ha.zookeeper.quorum</name>
        <value>binghe105:2181,binghe106:2181,binghe107:2181</value>
    </property>
</configuration>
```

（3）配置 hdfs-site.xml 文件，配置信息如下所示：

```xml
<configuration>
    <property>
        <name>dfs.nameservices</name>
        <value>ns</value>
    </property>
    <property>
        <name>dfs.ha.namenodes.ns</name>
        <value>nn1,nn2</value>
    </property>
    <property>
```

```
            <name>dfs.namenode.rpc-address.ns.nn1</name>
            <value>binghe101:9000</value>
    </property>
    <property>
            <name>dfs.namenode.http-address.ns.nn1</name>
            <value>binghe101:9870</value>
    </property>
    <property>
            <name>dfs.namenode.rpc-address.ns.nn2</name>
            <value>binghe102:9000</value>
    </property>
    <property>
            <name>dfs.namenode.http-address.ns.nn2</name>
            <value>binghe102:9870</value>
    </property>
    <property>
            <name>dfs.namenode.shared.edits.dir</name>
            <value>qjournal://binghe105:8485;binghe106:8485;binghe107:8485/ns</value>
    </property>
    <property>
            <name>dfs.journalnode.edits.dir</name>
            <value>/usr/local/hadoop-3.2.0/journaldata</value>
    </property>
    <property>
            <name>dfs.ha.automatic-failover.enabled</name>
            <value>true</value>
    </property>
    <property>
            <name>dfs.client.failover.proxy.provider.ns</name>
            <value>org.apache.hadoop.hdfs.server.namenode.ha.ConfiguredFailoverPro
xyProvider</value>
    </property>
    <property>
            <name>dfs.ha.fencing.methods</name>
            <value>
                sshfence
                shell(/bin/true)
            </value>
    </property>
    <property>
            <name>dfs.ha.fencing.ssh.private-key-files</name>
            <value>/home/hadoop/.ssh/id_rsa</value>
    </property>
    <property>
            <name>dfs.ha.fencing.ssh.connect-timeout</name>
            <value>30000</value>
    </property>
</configuration>
```

（4）配置 mapred-site.xml 文件，配置信息如下所示：

```
<configuration>
    <property>
        <name>mapreduce.framework.name</name>
        <value>yarn</value>
    </property>
    <property>
      <name>yarn.app.mapreduce.am.env</name>
      <value>HADOOP_MAPRED_HOME=${HADOOP_HOME}</value>
    </property>
    <property>
      <name>mapreduce.map.env</name>
      <value>HADOOP_MAPRED_HOME=${HADOOP_HOME}</value>
    </property>
    <property>
      <name>mapreduce.reduce.env</name>
      <value>HADOOP_MAPRED_HOME=${HADOOP_HOME}</value>
    </property>
</configuration>
```

（5）配置 yarn-site.xml 文件，配置信息如下所示：

```
<configuration>
    <property>
        <name>yarn.resourcemanager.ha.enabled</name>
        <value>true</value>
    </property>
    <property>
        <name>yarn.resourcemanager.cluster-id</name>
        <value>yrc</value>
    </property>
    <property>
        <name>yarn.resourcemanager.ha.rm-ids</name>
        <value>rm1,rm2</value>
    </property>
    <property>
        <name>yarn.resourcemanager.hostname.rm1</name>
        <value>binghe103</value>
    </property>
    <property>
        <name>yarn.resourcemanager.hostname.rm2</name>
        <value>binghe104</value>
    </property>
    <property>
        <name>yarn.resourcemanager.zk-address</name>
        <value>binghe105:2181,binghe106:2181,binghe107:2181</value>
    </property>
    <property>
        <name>yarn.nodemanager.aux-services</name>
        <value>mapreduce_shuffle</value>
    </property>
```

```xml
    <property>
        <name>yarn.resourcemanager.address.rm1</name>
        <value>binghe103:8032</value>
    </property>
    <property>
        <name>yarn.resourcemanager.scheduler.address.rm1</name>
        <value>binghe103:8030</value>
    </property>
    <property>
        <name>yarn.resourcemanager.webapp.address.rm1</name>
        <value>binghe103:8088</value>
    </property>
    <property>
        <name>yarn.resourcemanager.resource-tracker.address.rm1</name>
        <value>binghe103:8031</value>
    </property>
    <property>
        <name>yarn.resourcemanager.admin.address.rm1</name>
        <value>binghe103:8033</value>
    </property>
    <property>
        <name>yarn.resourcemanager.ha.admin.address.rm1</name>
        <value>binghe103:23142</value>
    </property>

    <property>
        <name>yarn.resourcemanager.address.rm2</name>
        <value>binghe104:8032</value>
    </property>
    <property>
        <name>yarn.resourcemanager.scheduler.address.rm2</name>
        <value>binghe104:8030</value>
    </property>
    <property>
        <name>yarn.resourcemanager.webapp.address.rm2</name>
        <value>binghe104:8088</value>
    </property>
    <property>
        <name>yarn.resourcemanager.resource-tracker.address.rm2</name>
        <value>binghe104:8031</value>
    </property>
    <property>
        <name>yarn.resourcemanager.admin.address.rm2</name>
        <value>binghe104:8033</value>
    </property>
    <property>
        <name>yarn.resourcemanager.ha.admin.address.rm2</name>
        <value>binghe104:23142</value>
    </property>
</configuration>
```

（6）修改 workers 文件，该文件用来存放 DataNode。在 Hadoop 3.0 之前的版本中，该文件称为 slaves。其配置信息如下所示：

```
binghe105
binghe106
binghe107
```

4. 将配置好的 Hadoop 复制到其他节点

将在 binghe101 上安装并配置好的 Hadoop 复制到其他服务器上，操作如下所示：

```
scp -r /usr/local/hadoop-3.2.0/ binghe102:/usr/local/
scp -r /usr/local/hadoop-3.2.0/ binghe103:/usr/local/
scp -r /usr/local/hadoop-3.2.0/ binghe104:/usr/local/
scp -r /usr/local/hadoop-3.2.0/ binghe105:/usr/local/
scp -r /usr/local/hadoop-3.2.0/ binghe106:/usr/local/
scp -r /usr/local/hadoop-3.2.0/ binghe107:/usr/local/
```

5. 复制 binghe101 上的系统环境变量

由于 binghe105、binghe106、binghe107 三台服务器配置了 Zookeeper 系统环境变量，因此这里只把 binghe101 服务器的系统环境变量复制到 binghe102、binghe103、binghe104 三台服务器上，如下所示：

```
sudo scp /etc/profile binghe102:/etc/
sudo scp /etc/profile binghe103:/etc/
sudo scp /etc/profile binghe104:/etc/
```

如果要求输入密码，则根据提示输入密码即可。

6. 修改 binghe105 系统环境变量

这里主要是在系统环境变量配置文件 /etc/profile 中添加 Hadoop 系统环境变量，执行如下命令：

```
sudo vim /etc/profile
```

如果要求输入密码，则根据提示输入密码即可。/etc/profile 文件修改后的内容如下所示：

```
JAVA_HOME=/usr/local/jdk1.8.0_212
HADOOP_HOME=/usr/local/hadoop-3.2.0
ZOOKEEPER_HOME=/usr/local/zookeeper-3.5.5
CLASS_PATH=.:$JAVA_HOME/lib
PATH=$JAVA_HOME/bin:$HADOOP_HOME/bin:$HADOOP_HOME/sbin:$ZOOKEEPER_HOME/
bin:$PATH
export JAVA_HOME HADOOP_HOME ZOOKEEPER_HOME CLASS_PATH PATH
export HADOOP_CONF_DIR=$HADOOP_HOME/etc/hadoop
export HADOOP_COMMON_HOME=$HADOOP_HOME
export HADOOP_HDFS_HOME=$HADOOP_HOME
export HADOOP_MAPRED_HOME=$HADOOP_HOME
export HADOOP_YARN_HOME=$HADOOP_HOME
export HADOOP_OPTS="-Djava.library.path=$HADOOP_HOME/lib/native"
export HADOOP_COMMON_LIB_NATIVE_DIR=$HADOOP_HOME/lib/native
```

7. 复制 binghe105 上的系统环境变量

这里将 binghe105 上的系统环境变量复制到 binghe106、binghe107 服务器上，命令如下所示：

```
sudo scp /etc/profile binghe106:/etc/
sudo scp /etc/profile binghe107:/etc/
```

同样地，如果需要输入密码，则根据提示输入密码即可。

8. 使系统环境变量生效

在所有服务器上执行如下命令，使系统环境变量生效，并验证 Hadoop 系统环境变量是否配置成功：

```
source /etc/profile
hadoop version
```

可以看到，输入 hadoop version 命令之后，命令行输出了如下信息：

```
Hadoop 3.2.0
Source code repository https://github.com/apache/hadoop.git -r e97acb3bd8f3be
fd27418996fa5d4b50bf2e17bf
Compiled by sunilg on 2019-01-08T06:08Z
Compiled with protoc 2.5.0
From source with checksum d3f0795ed0d9dc378e2c785d3668f39
This command was run using /usr/local/hadoop-3.2.0/share/hadoop/common/hadoop-
common-3.2.0.jar
```

Hadoop 系统环境变量配置成功。

5.6.6　启动 Zookeeper 集群

在 binghe105、binghe106 和 binghe107 三台服务器上分别启动 Zookeeper 服务器并查看 Zookeeper 运行状态。

1. 启动 Zookeeper 进程

在 binghe105、binghe106 和 binghe107 三台服务器上分别执行如下命令，启动 Zookeeper 进程：

```
zkServer.sh start
```

2. 查看 Zookeeper 进程是否启动

在 binghe105、binghe106 和 binghe107 三台服务器上分别执行 jps 命令，查看 Java 进程。binghe105 服务器：

```
-bash-4.1$ jps
1505 Jps
1466 QuorumPeerMain
```

binghe106 服务器：

```
-bash-4.1$ jps
1501 Jps
1455 QuorumPeerMain
```

binghe107 服务器：

```
-bash-4.1$ jps
1460 QuorumPeerMain
1499 Jps
```

可以看到，三台服务器上都运行了 QuorumPeerMain 进程，说明 Zookeeper 进程启动成功。

3. 查看 Zookeeper 运行状态

在 binghe105、binghe106 和 binghe107 三台服务器上分别执行 zkServer.sh status 命令，查看 Zookeeper 状态。

binghe105 服务器：

```
-bash-4.1$ zkServer.sh status
ZooKeeper JMX enabled by default
Using config: /usr/local/zookeeper-3.5.5/bin/../conf/zoo.cfg
Client port found: 2181. Client address: localhost.
Mode: follower
```

说明 binghe105 服务器上 Zookeeper 的运行状态是 follower。

binghe106 服务器：

```
-bash-4.1$ zkServer.sh status
ZooKeeper JMX enabled by default
Using config: /usr/local/zookeeper-3.5.5/bin/../conf/zoo.cfg
Client port found: 2181. Client address: localhost.
Mode: leader
```

说明 binghe106 服务器上 Zookeeper 的运行状态是 leader。

binghe107 服务器：

```
-bash-4.1$ zkServer.sh status
ZooKeeper JMX enabled by default
Using config: /usr/local/zookeeper-3.5.5/bin/../conf/zoo.cfg
Client port found: 2181. Client address: localhost.
Mode: follower
```

说明 binghe107 服务器上 Zookeeper 的运行状态是 follower。

5.6.7 启动 Hadoop 集群（1）

启动 Hadoop 集群的过程相对来说比较复杂，要启动并验证 journalnode 进程、格式化 HDFS、格式化 ZKFC 等，具体操作步骤如下（注意：需要严格按照以下步骤启动 Hadoop 集群）。

1. 启动并验证 journalnode 进程

（1）启动 journalnode 进程。在 binghe105 服务器上执行如下命令，启动 journalnode 进程：

```
hdfs --workers --daemon start journalnode
```

（2）验证 journalnode 进程是否启动成功。在 binghe105、binghe106 和 binghe107 三台服务器上分别执行 jps 命令，查看是否存在 journalnode 进程，以此确认 journalnode 进程是否启动成功。

binghe105 服务器：

```
-bash-4.1$ jps
1603 JournalNode
1652 Jps
1466 QuorumPeerMain
```

binghe106 服务器：

```
-bash-4.1$ jps
1638 Jps
1455 QuorumPeerMain
1599 JournalNode
```

binghe107 服务器：

```
-bash-4.1$ jps
1460 QuorumPeerMain
1578 JournalNode
1627 Jps
```

可以看到，三台服务器均启动了 journalnode 进程，说明 journalnode 进程启动成功。

2. 格式化 HDFS

在 binghe101 服务器上执行如下命令，格式化 HDFS：

```
hdfs namenode -format
```

执行后，命令行会输出如下信息：

```
common.Storage: Storage directory /usr/local/hadoop-3.2.0/tmp/dfs/name has
been successfully formatted.
```

说明格式化 HDFS 成功。

3. 格式化 ZKFC

在 binghe101 服务器上执行如下命令，格式化 ZKFC：

```
hdfs zkfc -formatZK
```

执行后，命令行会输出如下信息：

```
ha.ActiveStandbyElector: Successfully created /hadoop-ha/ns in ZK.
```

说明格式化 ZKFC 成功。

4. 启动并验证 NameNode 进程

（1）启动 NameNode 进程。在 binghe101 服务器上执行如下命令，启动 NameNode 进程：

```
hdfs --daemon start namenode
```

（2）验证 NameNode 进程是否启动成功。在 binghe101 服务器上输入 jps 命令，查看是否存在 NameNode 进程，以此确认 NameNode 进程是否启动成功，代码如下：

```
-bash-4.1$ jps
1686 Jps
1655 NameNode
```

从输出结果可以看出存在 NameNode 进程，说明 NameNode 进程启动成功。

5. 同步元数据信息

在 binghe102 服务器上执行如下命令，进行元数据信息的同步操作：

```
hdfs namenode -bootstrapStandby
```

执行后，命令行会输出如下信息：

```
common.Storage: Storage directory /usr/local/hadoop-3.2.0/tmp/dfs/name has
been successfully formatted.
```

说明元数据信息同步成功。

6. 启动并验证备用 NameNode 进程

（1）在 binghe102 服务器上执行如下命令，启动备用 NameNode 进程：

```
hdfs --daemon start namenode
```

（2）验证备用 NameNode 进程是否启动成功。在 binghe102 服务器上输入 jps 命令，查看是否存在 NameNode 进程，以此确认备用 NameNode 进程是否启动成功，如下所示：

```
-bash-4.1$ jps
1639 NameNode
1673 Jps
```

从输出结果可以看出存在 NameNode 进程，说明备用 NameNode 进程启动成功。

7. 启动并验证 DataNode 进程

（1）在 binghe101 服务器上执行如下命令，启动 DataNode 进程：

```
hdfs --workers --daemon start datanode
```

（2）验证 DataNode 进程是否启动成功。在 binghe105、binghe106 和 binghe107 三台服务器上分别输入 jps 命令，查看是否存在 DataNode 进程，以此确认 DataNode 进程是否启动成功。

binghe105 服务器：

```
-bash-4.1$ jps
1857 Jps
```

```
1603 JournalNode
1466 QuorumPeerMain
1790 DataNode
```

binghe106 服务器：

```
-bash-4.1$ jps
1841 Jps
1772 DataNode
1455 QuorumPeerMain
1599 JournalNode
```

binghe107 服务器：

```
-bash-4.1$ jps
1824 Jps
1460 QuorumPeerMain
1578 JournalNode
1755 DataNode
```

由输出结果可以看出，三台服务器中均启动了 DataNode 进程，说明 DataNode 进程启动成功。

8. 启动并验证 YARN

（1）在 binghe103 服务器上执行如下命令，启动 YARN：

```
start-yarn.sh
```

（2）在 binghe103~binghe107 上分别执行 jps 命令，验证 YARN 是否启动成功。

binghe103 服务器：

```
-bash-4.1$ jps
2064 Jps
1753 ResourceManager
```

binghe104 服务器：

```
-bash-4.1$ jps
1568 Jps
1522 ResourceManager
```

binghe105 服务器：

```
-bash-4.1$ jps
1920 NodeManager
1603 JournalNode
2037 Jps
1466 QuorumPeerMain
1790 DataNode
```

binghe106 服务器：

```
-bash-4.1$ jps
```

```
1904 NodeManager
2024 Jps
1772 DataNode
1455 QuorumPeerMain
1599 JournalNode
```

binghe107 服务器：

```
-bash-4.1$ jps
1888 NodeManager
1460 QuorumPeerMain
2004 Jps
1578 JournalNode
1755 DataNode
```

由输出结果可以看出，ResourceManager 进程存在于 binghe103 和 binghe104 服务器上，NodeManager 进程存在于 binghe105、binghe106 和 binghe107 服务器上，说明 YARN 启动成功。

9. 启动并验证 ZKFC

（1）在 binghe101 服务器上执行如下命令，启动 ZKFC：

```
hdfs --workers --daemon start zkfc
```

（2）验证 ZKFC 是否启动成功。在 binghe101 和 binghe102 服务器上分别执行 jps 命令，查看是否存在 DFSZKFailoverController 进程。

binghe101 服务器：

```
-bash-4.1$ jps
3122 NameNode
3427 DFSZKFailoverController
3576 Jps
```

binghe102 服务器：

```
-bash-4.1$ jps
2405 DFSZKFailoverController
2300 NameNode
2509 Jps
```

由输出结果可以看出，两台服务器均启动了 DFSZKFailoverController 进程，说明 ZKFC 启动成功。

10. 查看每台服务器上运行的进程信息

binghe101 服务器：

```
-bash-4.1$ jps
3122 NameNode
3427 DFSZKFailoverController
3658 Jps
```

binghe102 服务器：

```
-bash-4.1$ jps
2405 DFSZKFailoverController
2537 Jps
2300 NameNode
```

binghe103 服务器：

```
-bash-4.1$ jps
1753 ResourceManager
2234 Jps
```

binghe104 服务器：

```
-bash-4.1$ jps
1522 ResourceManager
1623 Jps
```

binghe105 服务器：

```
-bash-4.1$ jps
1920 NodeManager
2577 Jps
2485 JournalNode
2393 DataNode
1466 QuorumPeerMain
```

binghe106 服务器：

```
-bash-4.1$ jps
1904 NodeManager
2468 JournalNode
2376 DataNode
1455 QuorumPeerMain
2559 Jps
```

binghe107 服务器：

```
-bash-4.1$ jps
1888 NodeManager
1460 QuorumPeerMain
2550 Jps
2458 JournalNode
2366 DataNode
```

由每台服务器输出的运行进程信息可以看出，搭建的 Hadoop 集群完全符合 5.6.1 小节中对服务器规划的要求。

5.6.8 启动 Hadoop 集群（2）

这种方式要比每次启动单个进程并进行验证方便得多，只需要进行如下操作即可。

1. 格式化 HDFS

在 binghe101 服务器上格式化 HDFS，如下所示。

```
hdfs namenode -format
```

2. 复制元数据信息

将 binghe101 服务器上的 /usr/local/hadoop-3.2.0/tmp/ 目录复制到 binghe102 服务器上的 /usr/local/hadoop-3.2.0 目录下。在 binghe101 服务器上执行如下命令：

```
scp -r /usr/local/hadoop-3.2.0/tmp/ binghe102:/usr/local/hadoop-3.2.0/
```

3. 格式化 ZKFC

在 binghe101 服务器上格式化 ZKFC，如下所示。

```
hdfs zkfc -formatZK
```

4. 启动 HDFS

在 binghe101 服务器上启动 HDFS，如下所示。

```
start-dfs.sh
```

5. 启动 YARN

在 binghe103 服务器上启动 YARN，如下所示。

```
start-yarn.sh
```

6. 查看每台服务器上运行的进程信息

binghe101 服务器：

```
-bash-4.1$ jps
1850 Jps
1517 NameNode
1823 DFSZKFailoverController
```

binghe102 服务器：

```
-bash-4.1$ jps
1410 NameNode
1509 Jps
1470 DFSZKFailoverController
```

binghe103 服务器：

```
-bash-4.1$ jps
1744 Jps
1639 ResourceManager
```

binghe104 服务器：

```
-bash-4.1$ jps
1418 ResourceManager
```

```
1435 Jps
```

binghe105 服务器：

```
-bash-4.1$ jps
1873 Jps
1747 NodeManager
1606 JournalNode
1389 QuorumPeerMain
1549 DataNode
```

binghe106 服务器：

```
-bash-4.1$ jps
1875 Jps
1747 NodeManager
1607 JournalNode
1550 DataNode
1391 QuorumPeerMain
```

binghe107 服务器：

```
-bash-4.1$ jps
1600 JournalNode
1393 QuorumPeerMain
1543 DataNode
1869 Jps
1741 NodeManager
```

根据每台服务器上运行的进程信息可以看出，通过这种方式启动 Hadoop 集群，也符合 5.6.1 小节中对服务器规划的要求。

5.6.9 测试 Hadoop HA 的高可用性

本小节主要使用两种方式来测试 Hadoop HA 的高可用性，分别是浏览器方式和程序方式。

1. 浏览器方式

之前介绍的 Hadoop 集群的两种启动方式中，分别在 binghe101 和 binghe102 服务器上启动了 NameNode 进程，所以要测试 Hadoop HA 的高可用性，可以在浏览器中访问 binghe101 服务器和 binghe102 服务器有关 Hadoop NameNode 的信息。

（1）浏览器访问 NameNode 进程。访问 binghe101 服务器上的 NameNode 进程。在浏览器地址栏中输入地址 http://192.168.175.101：9870 进行访问，如图 5-6 所示。

可以看出，当前 binghe101 服务器上的 NameNode 进程处于 active 状态。

接下来访问 binghe102 服务器上的 NameNode 进程。在浏览器地址栏中输入地址 http://192.168.175.102：9870 进行访问，如图 5-7 所示。

图 5-6　binghe101 服务器上的 NameNode
进程处于 active 状态

图 5-7　binghe102 服务器上的 NameNode
进程处于 standby 状态

可以看出，当前 binghe102 服务器上的 NameNode 进程处于 standby 状态。

（2）关闭 binghe101 上的 NameNode 进程后访问 NameNode 进程。在 binghe101 服务器上执行如下命令，关闭 NameNode 进程：

```
hdfs --daemon stop namenode
```

接下来访问 binghe101 上的 NameNode 进程，在浏览器地址栏中输入地址 http://192.168.175.101：9870，如图 5-8 所示。

可以看出，停止 binghe101 服务器上的 NameNode 进程之后，浏览器已经访问不到 binghe101 服务器上的 NameNode 进程了。

接着访问 binghe102 上的 NameNode 进程，在浏览器地址栏中输入地址 http://192.168.175.102：9870，如图 5-9 所示。

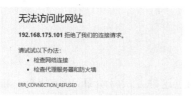

图 5-8　binghe101 服务器上的 NameNode
进程无法访问

图 5-9　binghe102 服务器上的 NameNode
进程处于 active 状态

可以看出，binghe102 服务器上的 NameNode 进程处于 active 状态。

（3）重启 binghe101 上的 NameNode 进程并访问 NameNode 进程。在 binghe101 服务器上启动 NameNode 进程，如下所示。

```
hdfs --daemon start namenode
```

在浏览器地址栏中输入地址 http://192.168.175.101：9870，访问 binghe101 服务器上的 NameNode 进程，如图 5-10 所示。

图 5-10　binghe101 服务器上的 NameNode
进程处于 standby 状态

说明：当 binghe101 服务器上的 NameNode 进程停止后，binghe102 服务器上的 NameNode 进程将由 standby 状态自动切换成 active 状态；而重启 binghe101 服务器上的 NameNode 进程之后，可以看到 binghe101 服务器上的 NameNode 进程变成了 standby 状态，说明 Hadoop 的 HA 高可用性配置成功。

2. 程序方式

以程序方式测试，同样运行 Hadoop 自带的 wordcount 程序，对文件中的单词进行计数，并输出统计结果。

（1）准备数据文件，参见 5.4.4 小节中准备数据文件的步骤。

（2）上传数据文件到 HDFS。先在 HDFS 上创建 /data /input 目录，然后在 binghe101 服务器上执行如下命令：

```
hadoop fs -mkdir -p /data/input
```

执行如下命令，将 data.input 文件上传到 HDFS 中的 /data/hadoop/input 目录下：

```
hadoop fs -put data.input /data/input
```

接下来查看 data.input 文件是否上传成功，命令如下所示：

```
-bash-4.1$ hadoop fs -ls /data/input
Found 1 items
-rw-r--r-- 3 hadoop supergroup 96 2019-06-26 12:54 /data/hadoop/input/data.input
```

可以看到，data.input 文件已经成功上传到 HDFS 的 /data/hadoop/input 目录下。

（3）运行 Hadoop MapReduce 程序，执行如下命令：

```
hadoop jar /usr/local/hadoop-3.2.0/share/hadoop/mapreduce/hadoop-mapreduce-
examples-3.2.0.jar wordcount /data/input/data.input /data/output101
```

注意：这里的输出目录是 HDFS 上的 /data/output101 目录。

（4）查看执行结果。利用如下命令查看 HDFS 中是否产生了执行结果：

```
-bash-4.1$ hadoop fs -ls /data/output101
Found 2 items
-rw-r--r-- 3 hadoop supergroup 0 2019-06-26 16:21 /data/output101/_SUCCESS
-rw-r--r-- 3 hadoop supergroup 76 2019-06-26 16:21 /data/output101/
part-r-00000
```

可以看到，在 HDFS 的 /data/output101 目录下产生了执行结果。

接下来查看 part-r-00000 文件中的内容，如下所示：

```
-bash-4.1$ hadoop fs -cat /data/output101/part-r-00000
flume     2
hadoop    3
hbase     1
hive      2
kafka     1
mapreduce        1
spark     2
sqoop     1
storm     2
```

可以看到，结果正确地输出了每个单词和单词对应的数量。

（5）停止 binghe101 服务器上的 NameNode 进程，如下所示：

```
hdfs --daemon stop namenode
```

（6）再次运行 MapReduce 程序，如下所示：

```
hadoop jar /usr/local/hadoop-3.2.0/share/hadoop/mapreduce/hadoop-mapreduce-
examples-3.2.0.jar wordcount /data/input/data.input /data/output102
```

注意：　这里的输出目录是 HDFS 上的 /data/output102 目录。

（7）再次查看执行结果。执行如下命令，查看 HDFS 中是否产生了执行结果：

```
-bash-4.1$ hadoop fs -ls /data/output102
Found 2 items
-rw-r--r-- 3 hadoop supergroup 0 2019-06-26 17:31 /data/output102/_SUCCESS
-rw-r--r-- 3 hadoop supergroup 76 2019-06-26 17:31 /data/output102/
part-r-00000
```

可以看到，在 HDFS 的 /data/output102 目录下产生了执行结果。

接下来查看 part-r-00000 文件中的内容，如下所示：

```
-bash-4.1$ hadoop fs -cat /data/output102/part-r-00000
flume     2
hadoop    3
hbase     1
hive      2
kafka     1
mapreduce        1
spark     2
sqoop     1
storm     2
```

可以看到，结果同样正确地输出了每个单词和单词对应的数量，以程序方式同样验证了 Hadoop HA 的高可用性配置成功。

5.7　Hadoop 集群模式的安装和配置（精简版）

考虑到读者搭建 Hadoop 集群的服务器数量有限，大部分读者的计算机性能有限，无法安装 7 台 CentOS 虚拟机进行 Hadoop 集群环境的搭建，因此本节给出了一个基于 3 台虚拟机搭建 Hadoop 集群的示例。

5.7.1　服务器规划

本节主要介绍基于 3 台 CentOS 服务器搭建 Hadoop 集群，具体规划如表 5-2 所示。

表 5-2　精简版 Hadoop 集群搭建服务器规划

主机名	IP	安装的软件	运行的进程
binghe201	192.168.175.201	JDK Hadoop Zookeeper	NameNode DataNode JournalNode NodeManager QuorumPeerMain DFSZKFailoverController
binghe202	192.168.175.202	JDK Hadoop Zookeeper	NameNode DataNode JournalNode NodeManager QuorumPeerMain DFSZKFailoverController
binghe203	192.168.175.203	JDK Hadoop Zookeeper	QuorumPeerMain NodeManager DataNode JournalNode ResourceManager

读者可按照表 5-2 安装相应的虚拟机环境，具体安装操作可以参见第 4 章相关章节。同样，在搭建 Hadoop 集群之前，先要做一些准备工作。

5.7.2　搭建并测试 Hadoop 集群环境

Hadoop 环境的准备、搭建过程及集群的启动和测试流程基本与 5.6 节相同，对比表 5-1 和表 5-2，两种不同规模 Hadoop 集群中的相同角色的节点主机映射关系如下所示：

```
7 台服务器                    3 台服务器
binghe101 --------------> binghe201
binghe102 --------------> binghe202
binghe103 --------------> binghe203
binghe104 --------------> binghe203
binghe105 --------------> binghe201
binghe106 --------------> binghe202
binghe107 --------------> binghe203
```

在搭建和测试 Hadoop 集群环境时，若涉及主机名的配置和在指定的主机名上进行操作，按照上述主机映射关系将"7 台服务器"中的主机名修改为"3 台服务器"中对应的主机名即可。

另外，本小节中的 Hadoop 集群环境没有搭建 ResourceManager 的 HA，所以除了在

搭建环境过程中对应好主机名之外，还需要将 yarn-site.xml 文件中的配置信息修改为如下内容：

```
<configuration>
    <property>
        <name>yarn.nodemanager.aux-services</name>
        <value>mapreduce_shuffle</value>
    </property>
    <property>
        <name>yarn.resourcemanager.hostname</name>
        <value>binghe203</value>
    </property>
</configuration>
```

5.8 搭建 Hadoop 环境遇到的问题及解决方案

在搭建 Hadoop 环境时通常会遇到一些问题，本节就一些经常遇到的问题做出总结，避免读者在搭建 Hadoop 环境时走弯路。

注意：| 本书以 Apache Hadoop 3.2.0 作为安装和配置 Hadoop 的版本，这里遇到的问题和解决方案主要针对 Apache Hadoop 3.x 版本，对于其他版本的 Hadoop 不确定是否存在下述问题。

5.8.1 以 root 用户启动 Hadoop 的问题

读者如果以 root 身份安装和配置 Apache Hadoop 3.x 版本，可能会遇到如下问题：

```
Starting namenodes on [master]
ERROR: Attempting to operate on hdfs namenode as root
ERROR: but there is no HDFS_NAMENODE_USER defined. Aborting operation.
Starting datanodes
ERROR: Attempting to operate on hdfs datanode as root
ERROR: but there is no HDFS_DATANODE_USER defined. Aborting operation.
Starting secondary namenodes [slave1]
ERROR: Attempting to operate on hdfs secondarynamenode as root
ERROR: but there is no HDFS_SECONDARYNAMENODE_USER defined. Aborting operation.
```

解决方案：在 $HADOOP_HOME/sbin 路径下，在 start-dfs.sh、stop-dfs.sh 两个文件顶部添加以下配置参数：

```
HDFS_DATANODE_USER=root
HADOOP_SECURE_DN_USER=hdfs
```

```
HDFS_NAMENODE_USER=root
HDFS_SECONDARYNAMENODE_USER=root
```

同时，需要在 start-yarn.sh、stop-yarn.sh 文件顶部添加以下配置参数：

```
YARN_RESOURCEMANAGER_USER=root
HADOOP_SECURE_DN_USER=yarn
YARN_NODEMANAGER_USER=root
```

实际上，最好也最安全的解决方案就是以非 root 用户身份安装、配置 Hadoop 环境并启动 Hadoop 进程。例如，本书中就是以 Hadoop 用户身份安装、配置 Hadoop 环境并启动 Hadoop 进程的，并未出现此问题。

5.8.2　权限被拒绝

报错关键信息为 Permission denied (publickey,gssapi-keyex,gssapi-with-mic,password)，错误信息如下所示：

```
WARNING: HADOOP_SECURE_DN_USER has been replaced by HDFS_DATANODE_SECURE_USER.
Using value of HADOOP_SECURE_DN_USER.
Starting namenodes on [binghe100]
binghe100: Permission denied (publickey,gssapi-keyex,gssapi-with-mic,password).
Starting datanodes
localhost: Permission denied (publickey,gssapi-keyex,gssapi-with-mic,password).
Starting secondary namenodes [binghe100]
binghe100: Permission denied (publickey,gssapi-keyex,gssapi-with-mic,password).
2019-06-23 16:32:18,082 WARN util.NativeCodeLoader: Unable to load native-
hadoop library for your platform... using builtin-java classes where applicable
Starting resourcemanager
Starting nodemanagers
localhost: Permission denied (publickey,gssapi-keyex,gssapi-with-mic,password).
```

这是由于没有配置 SSH 免密码登录导致的，解决方案就是配置 SSH 免密码登录，具体如下所示：

```
ssh-keygen -t rsa
ssh-copy-id -i ~/.ssh/id_rsa.pub
ssh-copy-id -i ~/.ssh/id_rsa.pub  主机名 (IP)
```

5.8.3　sudo 命令异常

执行 sudo 命令，系统提示 cuser is not in the sudoers file，错误信息如下所示：

```
-bash-4.1$ sudo vim /etc/profile
We trust you have received the usual lecture from the local System
Administrator. It usually boils down to these three things:
```

```
#1) Respect the privacy of others.
#2) Think before you type.
#3) With great power comes great responsibility.
[sudo] password for hadoop:
hadoop is not in the sudoers file.  This incident will be reported.
```

这是由于当前用户没有 sudo 权限造成的。

这里假设用户名是 hadoop，解决方案如下。

（1）切换到 root 用户：$ su。

（2）打开 /etc/sudoers 文件：$vim /etc/sudoers。

（3）修改文件内容。

（4）找到 "root ALL=(ALL) ALL" 一行，在下面插入 "hadoop ALL=(ALL) ALL"。

（5）在 Vim 编辑器中输入命令 "wq!"，保存并退出。

注意： /etc/sudoers 文件是只读的，不加 "!" 保存会失败。

（6）退出 root 用户：$ exit。

5.8.4　Hadoop 3.x 端口变动

本小节就 Hadoop 3.x 的端口变动总结如下：

```
Namenode ports: 50470 --> 9871, 50070 --> 9870, 8020 --> 9820
Secondary NN ports: 50091 --> 9869, 50090 --> 9868
Datanode ports: 50020 --> 9867, 50010 --> 9866, 50475 --> 9865, 50075 --> 9864
```

说明：箭头之前的端口号是 Hadoop 3.x 之前的版本所使用的端口号，箭头之后的端口号是 Hadoop 3.x 版本所使用的端口号。

5.8.5　Hadoop 3.x 未能找到或加载 MRAppMaster 类

关键报错信息为 hadoop 3.x Could not find or load main class org.apache.hadoop.mapreduce. v2.app.MRAppMaster。在 Hadoop 3.x 上执行 MapReduce 程序时，报出如下错误：

```
[2019-06-23 16:10:35.016]Container exited with a non-zero exit code 1. Error
file: prelaunch.err.
Last 4096 bytes of prelaunch.err :
Last 4096 bytes of stderr :
Error: Could not find or load main class org.apache.hadoop.mapreduce.v2.app.
MRAppMaster
Please check whether your etc/hadoop/mapred-site.xml contains the below configuration:
<property>
  <name>yarn.app.mapreduce.am.env</name>
  <value>HADOOP_MAPRED_HOME=${full path of your hadoop distribution directory}
</value>
```

```
</property>
<property>
   <name>mapreduce.map.env</name>
   <value>HADOOP_MAPRED_HOME=${full path of your hadoop distribution directory}
</value>
</property>
<property>
   <name>mapreduce.reduce.env</name>
   <value>HADOOP_MAPRED_HOME=${full path of your hadoop distribution directory}
</value>
</property>
   [2019-06-23 16:10:35.017]Container exited with a non-zero exit code 1. Error
file: prelaunch.err.
Last 4096 bytes of prelaunch.err :
Last 4096 bytes of stderr :
Error: Could not find or load main class org.apache.hadoop.mapreduce.v2.app.
MRAppMaster
Please check whether your etc/hadoop/mapred-site.xml contains the below
configuration:
<property>
   <name>yarn.app.mapreduce.am.env</name>
   <value>HADOOP_MAPRED_HOME=${full path of your hadoop distribution directory}
</value>
</property>
<property>
   <name>mapreduce.map.env</name>
   <value>HADOOP_MAPRED_HOME=${full path of your hadoop distribution directory}
</value>
</property>
<property>
   <name>mapreduce.reduce.env</name>
   <value>HADOOP_MAPRED_HOME=${full path of your hadoop distribution directory}
</value>
</property>
For more detailed output, check the application tracking page: http://binghe100:
8088/cluster/app/application_1561274330607_0001 Then click on links to logs of
each attempt.
. Failing the application.
2019-06-23 16:10:37,526 INFO mapreduce.Job: Counters: 0
```

解决方案：找到 $HADOOP_HOME/etc/hadoop/mapred-site.xml 文件，增加以下配置：

```
<property>
   <name>yarn.app.mapreduce.am.env</name>
   <value>HADOOP_MAPRED_HOME=${HADOOP_HOME}</value>
</property>
<property>
   <name>mapreduce.map.env</name>
   <value>HADOOP_MAPRED_HOME=${HADOOP_HOME}</value>
</property>
<property>
```

```
<name>mapreduce.reduce.env</name>
<value>HADOOP_MAPRED_HOME=${HADOOP_HOME}</value>
</property>
```

注意: 前提是配置了 Hadoop 系统环境变量。

5.8.6 未能加载 native-hadoop library 的警告

有时，配置完 Hadoop 启动时会报出如下警告信息：

```
WARN util.NativeCodeLoader: Unable to load native-hadoop library for your
platform... using builtin-java classes where applicable
```

解决方案：在 $HADOOP_HOME /etc/hadoop/log4j.properties 文件末尾添加如下配置即可：

```
log4j.logger.org.apache.hadoop.util.NativeCodeLoader=ERROR
```

5.8.7 Hadoop 3.x 运行自带的 wordcount 报错

笔者曾以完全生产环境（基于 7 台服务器）搭建 Hadoop 集群环境后，在运行 Hadoop 3.2.0 自带的 wordcount 程序时出错，具体报错信息如下所示：

```
2019-06-26 16:08:50,513 INFO mapreduce.Job: Job job_1561536344763_0001 failed
with state FAILED due to: Application application_1561536344763_0001 failed 2
times due to AM Container for appattempt_1561536344763_0001_000002 exited with
exitCode: 1
Failing this attempt.Diagnostics: [2019-06-26 16:08:48.218]Exception from
container-launch.
Container id: container_1561536344763_0001_02_000001
Exit code: 1
  [2019-06-26 16:08:48.287]Container exited with a non-zero exit code 1. Error
file: prelaunch.err.
Last 4096 bytes of prelaunch.err :
Last 4096 bytes of stderr :
log4j:WARN No appenders could be found for logger (org.apache.hadoop.
mapreduce.v2.app.MRAppMaster).
log4j:WARN Please initialize the log4j system properly.
log4j:WARN See http://logging.apache.org/log4j/1.2/faq.html#noconfig for more info.
  [2019-06-26 16:08:48.288]Container exited with a non-zero exit code 1. Error
file: prelaunch.err.
Last 4096 bytes of prelaunch.err :
Last 4096 bytes of stderr :
log4j:WARN No appenders could be found for logger (org.apache.hadoop.
mapreduce.v2.app.MRAppMaster).
```

```
log4j:WARN Please initialize the log4j system properly.
log4j:WARN See http://logging.apache.org/log4j/1.2/faq.html#noconfig for more info.
For more detailed output, check the application tracking page: http://binghe104:
8088/cluster/app/application_1561536344763_0001 Then click on links to logs of
each attempt.
. Failing the application.
```

解决方案如下。

（1）补全 Hadoop 系统环境变量。首先需要补全 Hadoop 的系统环境变量，具体操作如下所示：

```
sudo vim /etc/profile
```

补充如下内容：

```
export HADOOP_CONF_DIR=$HADOOP_HOME/etc/hadoop
export HADOOP_COMMON_HOME=$HADOOP_HOME
export HADOOP_HDFS_HOME=$HADOOP_HOME
export HADOOP_MAPRED_HOME=$HADOOP_HOME
export HADOOP_YARN_HOME=$HADOOP_HOME
export HADOOP_OPTS="-Djava.library.path=$HADOOP_HOME/lib/native"
export HADOOP_COMMON_LIB_NATIVE_DIR=$HADOOP_HOME/lib/native
```

然后使系统环境变量生效，如下所示：

```
source /etc/profile
```

（2）修改 yarn-site.xml 文件，打开 yarn-site.xml 文件，增加如下配置：

```
<property>
    <name>yarn.resourcemanager.address.rm1</name>
    <value>binghe103:8032</value>
</property>
<property>
    <name>yarn.resourcemanager.scheduler.address.rm1</name>
    <value>binghe103:8030</value>
</property>
<property>
    <name>yarn.resourcemanager.webapp.address.rm1</name>
    <value>binghe103:8088</value>
</property>
<property>
    <name>yarn.resourcemanager.resource-tracker.address.rm1</name>
    <value>binghe103:8031</value>
</property>
<property>
    <name>yarn.resourcemanager.admin.address.rm1</name>
    <value>binghe103:8033</value>
</property>
<property>
    <name>yarn.resourcemanager.ha.admin.address.rm1</name>
```

```
        <value>binghe103:23142</value>
    </property>

    <property>
        <name>yarn.resourcemanager.address.rm2</name>
        <value>binghe104:8032</value>
    </property>
    <property>
        <name>yarn.resourcemanager.scheduler.address.rm2</name>
        <value>binghe104:8030</value>
    </property>
    <property>
        <name>yarn.resourcemanager.webapp.address.rm2</name>
        <value>binghe104:8088</value>
    </property>
    <property>
        <name>yarn.resourcemanager.resource-tracker.address.rm2</name>
        <value>binghe104:8031</value>
    </property>
    <property>
        <name>yarn.resourcemanager.admin.address.rm2</name>
        <value>binghe104:8033</value>
    </property>
    <property>
        <name>yarn.resourcemanager.ha.admin.address.rm2</name>
        <value>binghe104:23142</value>
    </property>
```

本案例中，笔者是将 Yarn ResourceManager 的 HA 部署在主机名为 binghe103 和 binghe104 两台服务器上，具体可以参见 5.6 节。在 yarn-site.xml 文件中添加上述配置项后，将 yarn-site.xml 文件上传到集群中的每台服务器相应的目录下，重启 Hadoop 集群，之后重新运行 Hadoop 自带的 wordcount 程序即可。

5.8.8 Hadoop 命令变动

Hadoop 3.0 之后的命令有一些变动，一些常用的命令如下所示：

Hadoop 3.0 之前版本的命令	Hadoop 3.0 之后版本的命令
启动进程：hadoop-daemons.sh start 进程名 ——>	hdfs --workers --daemon start 进程名
启动进程：hadoop-daemon.sh start 进程名 ——>	hdfs --daemon start 进程名
停止进程：hadoop-daemon.sh stop 进程名 ——>	hdfs --daemon stop 进程名

限于篇幅的关系，关于搭建 Hadoop 环境时遇到的问题就总结到这里。在实际学习和工作的过程中，读者也要多多地总结遇到的问题和解决方案。

5.9 Hadoop 集群动态增加和删除节点

本节在 Hadoop 集群的基础上实现动态增加和删除 DataNode 与 NodeManager，这就要求在添加和删除 DataNode 与 NodeManager 时，Hadoop 集群不能停止或重启。这里以搭建的精简版（3 台服务器）Hadoop 集群为例（精简版 Hadoop 集群的搭建和配置参见 5.7 节），在原有 Hadoop 集群的基础上动态增加并删除 binghe204 服务器上的 DataNode 与 NodeManager。

5.9.1　准备工作

Hadoop 集群动态增加和删除节点的主要准备工作如下。

（1）安装主机名为 binghe204 的虚拟机，并设置虚拟机静态 IP，关闭防火墙，添加 Hadoop 用户，设置主机名，设置主机名与 IP 地址的关系，配置 SSH 免密码登录。

注意: | 此步骤可参见之前的章节。

（2）将新安装的 binghe204 虚拟机的主机名与 IP 地址的对应关系和 SSH 免密码登录同步到其他服务器，使其他服务器与 binghe204 服务器互通，操作如下。

配置主机名与 IP 地址的对应关系，在 binghe204 服务器上执行如下操作:

```
vim /etc/hosts
```

在 /etc/hosts 文件中添加如下内容:

```
192.168.175.201   binghe201
192.168.175.202   binghe202
192.168.175.203   binghe203
192.168.175.204   binghe204
```

将 /etc/profile 文件同步到其他 3 台服务器上，具体操作如下所示:

```
sudo scp /etc/hosts binghe201:/etc/
sudo scp /etc/hosts binghe202:/etc/
sudo scp /etc/hosts binghe203:/etc/
```

配置 SSH 免密码登录并与其他服务器互通，在 binghe204 服务器上执行如下操作:

```
ssh-keygen -t rsa
cat /home/hadoop/.ssh/id_rsa.pub >> /home/hadoop/.ssh/authorized_keys
chmod 700 /home/hadoop/
chmod 700 /home/hadoop/.ssh
chmod 644 /home/hadoop/.ssh/authorized_keys
chmod 600 /home/hadoop/.ssh/id_rsa
ssh-copy-id -i /home/hadoop/.ssh/id_rsa.pub  binghe201
ssh-copy-id -i /home/hadoop/.ssh/id_rsa.pub  binghe202
ssh-copy-id -i /home/hadoop/.ssh/id_rsa.pub  binghe203
ssh-copy-id -i /home/hadoop/.ssh/id_rsa.pub  binghe204
```

在 binghe201、binghe202 和 binghe203 服务器上分别执行如下操作：

```
ssh-copy-id -i /home/hadoop/.ssh/id_rsa.pub  binghe204
```

此时，已经在binghe204服务器上设置了SSH免密码登录并与其他服务器完成了互通操作。

（3）复制 binghe201 服务器上的 JDK 和 Hadoop 到 binghe204 服务器的对应目录下，同时复制 binghe201 服务器的 /etc/profile 系统环境变量到 binghe204 服务器上。

在 binghe201 上执行如下操作：

```
scp -r /usr/local/jdk1.8.0_212/ binghe204:/usr/local/
scp -r /usr/local/hadoop-3.2.0/ binghe204:/usr/local/
sudo scp /etc/profile binghe204:/etc/
```

（4）修改 binghe204 服务器上的 /etc/profile 文件。在 binghe204 服务器上删除 /etc/profile 文件中有关 Zookeeper 的配置，在 /etc/profile 文件中添加的配置如下所示：

```
JAVA_HOME=/usr/local/jdk1.8.0_212
HADOOP_HOME=/usr/local/hadoop-3.2.0
CLASS_PATH=.:$JAVA_HOME/lib
PATH=$JAVA_HOME/bin:$HADOOP_HOME/bin:$HADOOP_HOME/sbin:$PATH
export JAVA_HOME ZOOKEEPER_HOME HADOOP_HOME CLASS_PATH PATH
export HADOOP_CONF_DIR=$HADOOP_HOME/etc/hadoop
export HADOOP_COMMON_HOME=$HADOOP_HOME
export HADOOP_HDFS_HOME=$HADOOP_HOME
export HADOOP_MAPRED_HOME=$HADOOP_HOME
export HADOOP_YARN_HOME=$HADOOP_HOME
export HADOOP_OPTS="-Djava.library.path=$HADOOP_HOME/lib/native"
export HADOOP_COMMON_LIB_NATIVE_DIR=$HADOOP_HOME/lib/native
```

至此，在 Hadoop 集群中动态添加和删除 DataNode 与 NodeManager 的准备工作就完成了。

5.9.2　动态添加 DataNode 和 NodeManager

1. 查看集群的状态

（1）查看 HDFS 各节点状态，如下所示：

```
-bash-4.1$ hdfs dfsadmin -report
    此处省略部分信息…
Live datanodes (3):
Name: 192.168.175.201:9866 (binghe201)
Hostname: binghe201
Decommission Status : Normal
Configured Capacity: 18435350528 (17.17 GB)
DFS Used: 589824 (576 KB)
Non DFS Used: 3619266560 (3.37 GB)
DFS Remaining: 13872197632 (12.92 GB)
DFS Used%: 0.00%
DFS Remaining%: 75.25%
```

```
Configured Cache Capacity: 0 (0 B)
Cache Used: 0 (0 B)
Cache Remaining: 0 (0 B)
Cache Used%: 100.00%
Cache Remaining%: 0.00%
Xceivers: 1
Last contact: Sat Jun 29 12:45:07 CST 2019
Last Block Report: Sat Jun 29 12:28:51 CST 2019
Num of Blocks: 9
Name: 192.168.175.202:9866 (binghe202)
Hostname: binghe202
Decommission Status : Normal
Configured Capacity: 18435350528 (17.17 GB)
DFS Used: 589824 (576 KB)
Non DFS Used: 2144464896 (2.00 GB)
DFS Remaining: 15346999296 (14.29 GB)
DFS Used%: 0.00%
DFS Remaining%: 83.25%
Configured Cache Capacity: 0 (0 B)
Cache Used: 0 (0 B)
Cache Remaining: 0 (0 B)
Cache Used%: 100.00%
Cache Remaining%: 0.00%
Xceivers: 1
Last contact: Sat Jun 29 12:45:05 CST 2019
Last Block Report: Sat Jun 29 10:41:47 CST 2019
Num of Blocks: 9
Name: 192.168.175.203:9866 (binghe203)
Hostname: binghe203
Decommission Status : Normal
Configured Capacity: 18435350528 (17.17 GB)
DFS Used: 589824 (576 KB)
Non DFS Used: 2138099712 (1.99 GB)
DFS Remaining: 15353364480 (14.30 GB)
DFS Used%: 0.00%
DFS Remaining%: 83.28%
Configured Cache Capacity: 0 (0 B)
Cache Used: 0 (0 B)
Cache Remaining: 0 (0 B)
Cache Used%: 100.00%
Cache Remaining%: 0.00%
Xceivers: 1
Last contact: Sat Jun 29 12:45:06 CST 2019
Last Block Report: Sat Jun 29 10:41:46 CST 2019
Num of Blocks: 9
```

可以看到，添加 DataNode 之前，DataNode 总共有 3 个，分别在 binghe201、binghe202 和 binghe203 服务器上。

（2）查看 YARN 各节点的状态，如下所示：

```
-bash-4.1$ yarn node -list
2019-06-29 13:36:46,792 INFO client.RMProxy: Connecting to ResourceManager at
binghe203/192.168.175.203:8032
Total Nodes:3
    Node-Id        Node-State  Node-Http-Address  Number-of-Running-Containers
  binghe202:53949    RUNNING    binghe202:8042                    0
  binghe203:52092    RUNNING    binghe203:8042                    0
  binghe201:39060    RUNNING    binghe201:8042                    0
```

可以看到，添加 NodeManager 之前，NodeManager 进程运行在 binghe201、binghe202
和 binghe203 服务器上。

2. 添加 DataNode 和 NodeManager

（1）在 workers 文件中新增 binghe204。在所有服务器的 Hadoop workers 文件中添加
binghe204 节点，如下所示：

```
-bash-4.1$ vim /usr/local/hadoop-3.2.0/etc/hadoop/workers
binghe201
binghe202
binghe203
binghe204
```

（2）启动 binghe204 服务器上的 DataNode 和 NodeManager，如下所示：

```
hdfs --daemon start datanode
yarn --daemon start nodemanager
```

（3）刷新节点。在 binghe201 服务器上执行如下命令，刷新 Hadoop 集群节点：

```
hdfs dfsadmin -refreshNodes
start-balancer.sh
```

3. 再次查看集群的状态

（1）查看 HDFS 各节点的状态，如下所示：

```
hdfs dfsadmin -report

Name: 192.168.175.204:9866 (binghe204)
Hostname: binghe204
Decommission Status : Normal
Configured Capacity: 18435350528 (17.17 GB)
DFS Used: 589864 (576.04 KB)
Non DFS Used: 2227109848 (2.07 GB)
DFS Remaining: 15264354304 (14.22 GB)
DFS Used%: 0.00%
DFS Remaining%: 82.80%
Configured Cache Capacity: 0 (0 B)
Cache Used: 0 (0 B)
Cache Remaining: 0 (0 B)
Cache Used%: 100.00%
Cache Remaining%: 0.00%
```

```
Xceivers: 1
Last contact: Sat Jun 29 14:04:55 CST 2019
Last Block Report: Sat Jun 29 14:04:55 CST 2019
Num of Blocks: 9
```

可以看到，添加 DataNode 后，输出的结果中存在 binghe204 服务器上的 DataNode，说明添加 DataNode 成功。

（2）查看 YARN 各节点的状态，如下所示：

```
-bash-4.1$ yarn node -list
2019-06-29 14:07:59,295 INFO client.RMProxy: Connecting to ResourceManager at
binghe203/192.168.175.203:8032
Total Nodes:4
    Node-Id        Node-State   Node-Http-Address    Number-of-Running-Containers
 binghe204:51723   RUNNING      binghe204:8042                0
 binghe202:53949   RUNNING      binghe202:8042                0
 binghe203:52092   RUNNING      binghe203:8042                0
 binghe201:39060   RUNNING      binghe201:8042                0
```

可以看到，binghe204 服务器上存在 NodeManager，说明 NodeManager 添加成功。

5.9.3　动态删除 DataNode 与 NodeManager（1）

删除 5.9.2 小节添加的 DataNode 和 NodeManager。

1. 删除 DataNode 与 NodeManager

（1）停止 DataNode 和 NodeManager 进程。在 binghe204 节点上停止 DataNode 和 NodeManager 进程，在 binghe204 服务器上执行如下操作：

```
hdfs --daemon stop datanode
yarn --daemon stop nodemanager
```

（2）删除每台服务器上 Hadoop 的 workers 文件中的 binghe204，删除后的文件内容如下所示：

```
-bash-4.1$ vim /usr/local/hadoop-3.2.0/etc/hadoop/workers
binghe201
binghe202
binghe203
```

（3）刷新节点。在 binghe201 服务器上执行如下命令，刷新 Hadoop 集群节点：

```
hdfs dfsadmin -refreshNodes
start-balancer.sh
```

2. 查看集群状态

（1）查看 HDFS 各节点的状态，如下所示：

```
-bash-4.1$ hdfs dfsadmin -report
    此处省略部分信息…
Live datanodes (3):
Name: 192.168.175.201:9866 (binghe201)
Hostname: binghe201
Decommission Status : Normal
Configured Capacity: 18435350528 (17.17 GB)
DFS Used: 598016 (584 KB)
Non DFS Used: 3624497152 (3.38 GB)
DFS Remaining: 13866958848 (12.91 GB)
DFS Used%: 0.00%
DFS Remaining%: 75.22%
Configured Cache Capacity: 0 (0 B)
Cache Used: 0 (0 B)
Cache Remaining: 0 (0 B)
Cache Used%: 100.00%
Cache Remaining%: 0.00%
Xceivers: 1
Last contact: Sat Jun 29 14:39:08 CST 2019
Last Block Report: Sat Jun 29 14:34:41 CST 2019
Num of Blocks: 9
Name: 192.168.175.202:9866 (binghe202)
Hostname: binghe202
Decommission Status : Normal
Configured Capacity: 18435350528 (17.17 GB)
DFS Used: 589824 (576 KB)
Non DFS Used: 2145116160 (2.00 GB)
DFS Remaining: 15346348032 (14.29 GB)
DFS Used%: 0.00%
DFS Remaining%: 83.24%
Configured Cache Capacity: 0 (0 B)
Cache Used: 0 (0 B)
Cache Remaining: 0 (0 B)
Cache Used%: 100.00%
Cache Remaining%: 0.00%
Xceivers: 1
Last contact: Sat Jun 29 14:39:08 CST 2019
Last Block Report: Sat Jun 29 10:41:47 CST 2019
Num of Blocks: 9
Name: 192.168.175.203:9866 (binghe203)
Hostname: binghe203
Decommission Status : Normal
Configured Capacity: 18435350528 (17.17 GB)
DFS Used: 589824 (576 KB)
Non DFS Used: 2138394624 (1.99 GB)
DFS Remaining: 15353069568 (14.30 GB)
DFS Used%: 0.00%
DFS Remaining%: 83.28%
Configured Cache Capacity: 0 (0 B)
Cache Used: 0 (0 B)
```

```
Cache Remaining: 0 (0 B)
Cache Used%: 100.00%
Cache Remaining%: 0.00%
Xceivers: 1
Last contact: Sat Jun 29 14:39:10 CST 2019
Last Block Report: Sat Jun 29 13:53:06 CST 2019
Num of Blocks: 9
```

可以看到，在输出的信息中没有 binghe204 服务器上的 DataNode，说明 binghe204 服务器上的 DataNode 删除成功。

（2）查看 YARN 各节点的状态，如下所示：

```
-bash-4.1$ yarn node -list
2019-06-29 14:45:52,980 INFO client.RMProxy: Connecting to ResourceManager at
binghe203/192.168.175.203:8032
Total Nodes:3
    Node-Id         Node-State Node-Http-Address   Number-of-Running-Containers
  binghe202:53949   RUNNING    binghe202:8042              0
  binghe203:52092   RUNNING    binghe203:8042              0
  binghe201:39060   RUNNING    binghe201:8042              0
```

可以看到，在输出的信息中没有 binghe204 服务器上的 NodeManager，说明 binghe204 服务器上的 NodeManager 删除成功。

5.9.4　动态删除 DataNode 与 NodeManager（2）

这种方式不需要删除 workers 文件中现有的 binghe204 服务器配置，需要按照如下方式进行配置。

1. 配置 NameNode 的 hdfs-site.xml 文件

适当减少 dfs.replication 副本数，增加 dfs.hosts.exclude，配置如下所示：

```
<property>
    <name>dfs.hosts.exclude</name>
    <value>/usr/local/hadoop-3.2.0/etc/hadoop/excludes</value>
  </property>
```

2. 创建 excludes 文件

在 binghe201 服务器上的 /usr/local/hadoop-3.2.0/etc/hadoop/ 目录下创建 excludes 文件，将要删除的 binghe204 服务器节点的主机名或 IP 地址配置到这个文件中，如下所示：

```
vim /usr/local/hadoop-3.2.0/etc/hadoop/excludes
binghe204
```

3. 刷新节点

在 binghe201 服务器上执行如下命令，刷新 Hadoop 集群节点：

```
hdfs dfsadmin -refreshNodes
start-balancer.sh
```

这种方式也可以实现动态删除 DataNode 和 NodeManager。

5.10 Hadoop 目录结构说明

使用命令 ls 查看 Hadoop 3.2.0 下面的目录，如下所示：

```
-bash-4.1$ ls
bin  etc  include  lib  libexec  LICENSE.txt  NOTICE.txt  README.txt  sbin
share
```

每个目录的作用如下。

（1）bin：Hadoop 中最基本的管理脚本和使用脚本所在的目录，这些脚本是 sbin 目录下管理脚本的基础实现，用户可以直接使用这些脚本管理和使用 Hadoop。

（2）etc：Hadoop 配置文件所在的目录，包括 core-site.xml、hdfs-site.xml、mapred-site.xml 和 yarn-site.xml 等配置文件。

（3）include：对外提供的编程库头文件（具体的动态库和静态库在 lib 目录中），这些文件都是用 C++ 定义的，通常用于 C++ 程序访问 HDFS 或者编写 MapReduce 程序。

（4）lib：包含 Hadoop 对外提供的编程动态库和静态库，与 include 目录中的头文件结合使用。

（5）libexec：各个服务对应的 shell 配置文件所在的目录，可用于配置日志输出目录、启动参数（如 JVM 参数）等基本信息。

（6）sbin：Hadoop 管理脚本所在目录，主要包含 HDFS 和 YARN 中各类服务启动 / 关闭的脚本。

（7）share：Hadoop 各个模块编译后的 Jar 包所在目录，这个目录中也包含 Hadoop 文档。

5.11 本章总结

本章内容主要是安装与配置 Hadoop，主要介绍了 Hadoop 用户的添加、Hadoop 的安装模式、JDK 的安装和配置，这些都是为搭建 Hadoop 环境做的准备；之后详细演示了 Hadoop 的本地模式安装、伪集群模式安装和集群模式安装，其中实现了完全生产模式和精简版的 Hadoop 集群模式安装与配置，对搭建 Hadoop 环境中经常遇到的问题做了相关的总结，实现了 Hadoop 集群中动态增加和删除 DataNode 与 NodeManager；最后对 Hadoop 的目录结构做了简单的说明。第 6 章会详细介绍 Hadoop 的 HDFS。

第 6 章

承载海量数据存储的 Hadoop HDFS

第 5 章详细介绍了 Hadoop 的安装和配置，本章将详细说明 Hadoop 的 HDFS。HDFS 是 Hadoop 中存储数据的基石，存储着所有的数据，具有高可靠性、高容错性、高可扩展性、高吞吐量等特征，能够部署在大规模廉价的服务器集群上，极大地降低了部署成本。

本章主要涉及的知识点如下。

- HDFS 架构和容错。
- HDFS 的块分布。
- HDFS 数据读取与写入。
- HDFS 中的数据完整性。
- 命令行和 API 管理文件。
- 重新格式化 HDFS。

6.1 Hadoop HDFS 架构和容错

HDFS 是 Hadoop 中的核心组件之一，是分布式计算中数据存储与管理的基础，其良好的架构特征使其能够存储海量的数据。那么，本节就系统介绍 Hadoop HDFS 的架构。

6.1.1 HDFS 架构

HDFS 采用 Master/Slave 架构存储数据，且支持 NameNode 的 HA。HDFS 架构主要包含客户端、NameNode、SecondaryNameNode 和 DataNode 四个重要组成部分，如图 6-1 所示。

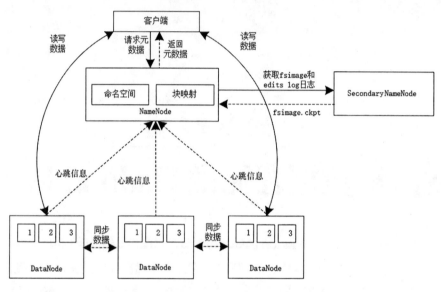

图 6-1　HDFS 架构

（1）客户端向 NameNode 发起请求，获取元数据信息，这些元数据信息包括命名空间、块映射信息及 DataNode 的位置信息等。

（2）NameNode 将元数据信息返回给客户端。

（3）客户端获取到元数据信息后，到相应的 DataNode 上读 / 写数据。

（4）相关联的 DataNode 之间会相互复制数据，以达到 DataNode 副本数的要求。

（5）DataNode 会定期向 NameNode 发送心跳信息，将自身节点的状态信息报告给 NameNode。

（6）SecondaryNameNode 并不是 NameNode 的备份。SecondaryNameNode 会定期获取 NameNode 上的 fsimage 和 edits log 日志，并将二者进行合并，产生 fsimage.ckpt 推送给 NameNode。

1．NameNode

NameNode 是整个 Hadoop 集群中至关重要的组件，它维护着整个 HDFS 树，以及文件系统树中所有的文件和文件路径的元数据信息。这些元数据信息包括文件名、命名空间、

132

文件属性（文件生成的时间、文件的副本数、文件的权限）、文件数据块、文件数据块与所在 DataNode 之间的映射关系等。

一旦 NameNode 宕机或 NameNode 上的元数据信息损坏或丢失，基本上就会丢失 Hadoop 集群中存储的所有数据，整个 Hadoop 集群也会随之瘫痪。

在 Hadoop 运行过程中，NameNode 的主要功能如图 6-2 所示。

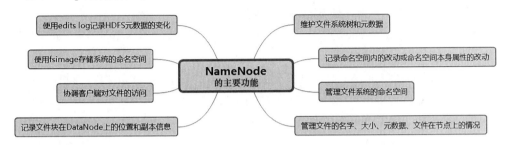

图 6-2　NameNode 的主要功能

2. SecondaryNameNode

SecondaryNameNode 并不是 NameNode 的备份，在 NameNode 发生故障时也不能立刻接管 NameNode 的工作。SecondaryNameNode 在 Hadoop 运行的过程中具有两个作用：一个是备份数据镜像，另一个是定期合并日志与镜像，因此可以称其为 Hadoop 的检查点（checkpoint）。SecondaryNameNode 定期合并 NameNode 中的 fsimage 和 edits log，能够防止 NameNode 故障重启时把整个 fsimage 镜像文件加载到内存，耗费过长的启动时间。

SecondaryNameNode 的工作流程如图 6-3 所示。

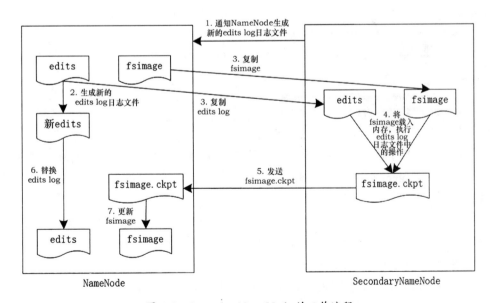

图 6-3　SecondaryNameNode 的工作流程

如图 6-3 所示，SecondaryNameNode 的工作流程如下。

（1）SecondaryNameNode 会通知 NameNode 生成新的 edits log 日志文件。

（2）NameNode 生成新的 edits log 日志文件，然后将新的日志信息写到新生成的 edits log 日志文件中。

（3）SecondaryNameNode 复制 NameNode 上的 fsimage 镜像和 edits log 日志文件，此时使用的是 http get 方式。

（4）SecondaryNameNode 将 fsimage 镜像文件加载到内存中，然后执行 edits log 日志文件中的操作，生成新的镜像文件 fsimage.ckpt。

（5）SecondaryNameNode 将新生成的 fsimage.ckpt 文件发送给 NameNode，此时使用的是 http post 方式。

（6）NameNode 将 edits log 日志文件替换成新生成的 edits.log 日志文件，同时将 fsimage 文件替换成 SecondaryNameNode 发送过来的新的 fsimage 文件。

（7）NameNode 更新 fstime 文件，将此次执行 checkpoint 的时间写入 fstime 文件中。

经过 SecondaryNameNode 对 fsimage 镜像文件和 edits log 日志文件的复制和合并操作之后，NameNode 中的 fsimage 镜像文件就保存了最新的 checkpoint 的元数据信息，edits log 日志文件也会重新写入数据，两个文件中的数据不会变得很大。因此，当重启 NameNode 时，不会耗费太长的启动时间。

SecondaryNameNode 周期性地进行 checkpoint 操作需要满足一定的前提条件，这些条件如下。

（1）edits log 日志文件的大小达到了一定的阈值，此时会对其进行合并操作。

（2）每隔一段时间进行 checkpoint 操作。

这些条件可以在 core-site.xml 文件中进行配置和调整，代码如下所示：

```
<property>
    <name>fs.checkpoint.period</name>
    <value>3600</value>
</property>
<property>
    <name>fs.checkpoint.size</name>
    <value>67108864</value>
</property>
```

上述代码配置了 checkpoint 发生的时间周期和 edits log 日志文件的大小阈值，说明如下。

（1）fs.checkpoint.period：表示触发 checkpoint 发生的时间周期，这里配置的时间周期为 1 h。

（2）fs.checkpoint.size：表示 edits log 日志文件大小达到多大的阈值时会发生 checkpoint 操作，这里配置的 edits log 大小阈值为 64MB。

上述代码中配置的 checkpoint 操作发生的情况如下。

（1）如果 edits log 日志文件经过 1 h 未能达到 64MB，但是满足了 checkpoint 发生的周期为 1 h 的条件，也会发生 checkpoint 操作。

（2）如果 edits log 日志文件大小在 1 h 之内达到了 64MB，满足了 checkpoint 发生的 edits log 日志文件大小阈值的条件，则会发生 checkpoint 操作。

注意： 如果 NameNode 发生故障或 NameNode 上的元数据信息丢失或损坏导致 NameNode 无法启动，此时就需要人工干预，将 NameNode 中的元数据状态恢复到 SecondaryNameNode 中的元数据状态。此时，如果 SecondaryNameNode 上的元数据信息与 NameNode 宕机时的元数据信息不同步，则或多或少地会导致 Hadoop 集群中丢失一部分数据。出于此原因，应尽量避免将 NameNode 和 SecondaryNameNode 部署在同一台服务器上。

3. DataNode

DataNode 是真正存储数据的节点，这些数据以数据块的形式存储在 DataNode 上。一个数据块包含两个文件：一个是存储数据本身的文件，另一个是存储元数据的文件（这些元数据主要包括数据块长度、数据块的校验和、时间戳）。

DataNode 运行时的工作机制如图 6-4 所示。

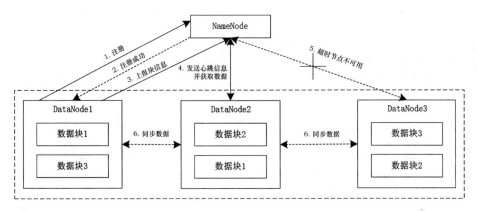

图 6-4　DataNode 运行时的工作机制

如图 6-4 所示，DataNode 运行时的工作机制如下。

（1）DataNode 启动之后，向 NameNode 注册。

（2）NameNode 返回注册成功的信息给 DataNode。

（3）DataNode 收到 NameNode 返回的注册成功的信息之后，会周期性地向 NameNode 上报当前 DataNode 的所有块信息，默认发送所有数据块的时间周期是 1 h。

（4）DataNode 周期性地向 NameNode 发送心跳信息；NameNode 收到 DataNode 发来的心跳信息后，会将 DataNode 需要执行的命令放入心跳信息的返回数据中，返回给 DataNode。DataNode 向 NameNode 发送心跳信息的默认时间周期是 3 s。

（5）NameNode 超过一定的时间没有收到 DataNode 发来的心跳信息，则 NameNode 会认为对应的 DataNode 不可用。默认的超时时间是 10 min。

（6）在存储上相互关联的 DataNode 会同步数据块，以达到数据副本数的要求。

当 DataNode 发生故障导致 DataNode 无法与 NameNode 通信时，NameNode 不会立即认为 DataNode 已经"死亡"，要经过一段短暂的超时时长后才会认为 DataNode 已经"死亡"。HDFS 中默认的超时时长为 10 min + 30 s，可以用如下公式来表示这个超时时长：

```
timeout  = 2 × dfs.namenode.heartbeat.recheck-interval + 10 * dfs.heartbeat.interval
```

其中，各参数的含义如下。

（1）timeout：超时时长。

（2）dfs.namenode.heartbeat.recheck-interval：检查过期 DataNode 的时间间隔，与 dfs.heartbeat.interval 结合使用，默认的单位是 ms，默认时间是 5 min。

（3）dfs.heartbeat.interval：检测数据节点的时间间隔，默认的单位为 s，默认的时间是 3 s。

所以，可以得出 DataNode 的默认超时时长为 630 s，如下所示：

```
timeout = 2 × 5 × 60 + 10 * 3 = 630 s
```

DataNode 的超时时长也可以在 hdfs-site.xml 文件中进行配置，代码如下所示：

```
<property>
    <name>dfs.namenode.heartbeat.recheck-interval</name>
    <value>3000</value>
</property>
<property>
    <name>dfs.heartbeat.interval</name>
    <value>2</value>
</property>
```

根据上面的公式可以得出，在配置文件中配置的超时时长为：

```
timeout= 2 × 3000 / 1000 + 10 × 2 = 26 s
```

当 DataNode 被 NameNode 判定为"死亡"时，HDFS 就会马上自动进行数据块的容错复制。此时，当被 NameNode 判定为"死亡"的 DataNode 重新加入集群中时，如果其存储的数据块并没有损坏，就会造成 HDFS 上某些数据块的备份数超过系统配置的备份数目。

HDFS 上删除多余的数据块需要的时间长短和数据块报告的时间间隔有关。该参数可以在 hdfs-site.xml 文件中进行配置，代码如下所示：

```
<property>
    <name>dfs.blockreport.intervalMsec</name>
    <value>21600000</value>
    <description>Determines block reporting interval in milliseconds.</
description>
</property>
```

数据块报告的时间间隔默认为 21600000 ms，即 6 h，可以通过调整此参数的大小来调整数据块报告的时间间隔。

6.1.2　HDFS 容错

HDFS 的容错机制大体上可以分为两个方面：文件系统的容错和 Hadoop 自身的容错。

1. 文件系统的容错

文件系统的容错可以通过 NameNode 高可用、SecondaryNameNode 机制、数据块副本机制和心跳机制来实现。

注意： 当以本地模式或者伪集群模式部署 Hadoop 时，会存在 SecondaryNameNode；当以集群模式部署 Hadoop 时，如果配置了 NameNode 的 HA 机制，则不会存在 SecondaryNameNode，此时会存在备 NameNode。

这里重点说明集群模式下 HDFS 的容错，有关 SecondaryNameNode 机制可参见 6.1.1 小节有关 SecondaryNameNode 的说明。

HDFS 的容错机制如图 6-5 所示。

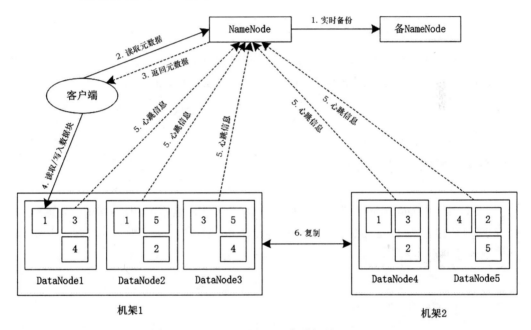

图 6-5　HDFS 的容错机制

（1）备 NameNode 实时备份主 NameNode 上的元数据信息，一旦主 NameNode 发生故障不可用，则备 NameNode 迅速接管主 NameNode 的工作。

（2）客户端向 NameNode 读取元数据信息。

（3）NameNode 向客户端返回元数据信息。

（4）客户端向 DataNode 读取 / 写入数据，此时会分为读取数据和写入数据两种情况。

①读取数据：HDFS 会检测文件块的完整性，确认文件块的校验和是否一致，如果不一致，则从其他的 DataNode 上获取相应的副本。

②写入数据：HDFS 会检测文件块的完整性，同时记录新创建的文件的所有文件块的校验和。

（5）DataNode 会定期向 NameNode 发送心跳信息，将自身节点的状态告知 NameNode；NameNode 会将 DataNode 需要执行的命令放入心跳信息的返回结果中，返回给 DataNode 执行。

当 DataNode 发生故障没有正常发送心跳信息时，NameNode 会检测文件块的副本数是否小于系统设置值，如果小于设置值，则自动复制新的副本并分发到其他的 DataNode 上。

（6）集群中有数据关联的 DataNode 之间会复制数据副本。

当集群中的 DataNode 发生故障而失效，或者在集群中添加新的 DataNode 时，可能会导致数据分布不均匀。当某个 DataNode 上的空闲空间资源大于系统设置的临界值时，HDFS 就会从其他的 DataNode 上将数据迁移过来。相对地，如果某个 DataNode 上的资源出现超负荷运载，HDFS 就会根据一定的规则寻找有空闲资源的 DataNode，将数据迁移过去。

还有一种从侧面说明 HDFS 支持容错的机制，即当从 HDFS 中删除数据时，数据并不是马上就会从 HDFS 中被删除，而是会将这些数据放到"回收站"目录中，随时可以恢复，直到超过了一定的时间才会真正删除这些数据。

2. Hadoop 自身的容错

Hadoop 自身的容错理解起来比较简单，当升级 Hadoop 系统时，如果出现 Hadoop 版本不兼容的问题，可以通过回滚 Hadoop 版本的方式来实现自身的容错。

6.2 Hadoop HDFS 文件管理

在 HDFS 中，NameNode 作为整个集群的管理中心，保存着整个 HDFS 中的元数据信息，而真正保存数据的是 DataNode。那么，Hadoop HDFS 是如何管理这些文件的呢？本节就这一问题进行相关介绍。

6.2.1 HDFS 的块分布

HDFS 会将数据文件切分成一个个小的数据块进行存储，同时会将这些数据块的副本保存多份，分别保存到不同的 DataNode 上。HDFS 中数据块的副本数由 hdfs-site.xml 文件中的 dfs.replication 属性决定，配置代码如下所示：

```
<property>
    <name>dfs.replication</name>
    <value>3</value>
</property>
```

Hadoop 默认的副本数为 3，并且在机架的存放上也有一定的策略。Hadoop 的默认布局策略，即默认的副本存放策略如下。

（1）第 1 个副本存放在 HDFS 客户端所在的节点上。

（2）第 2 个副本放在与第 1 个副本不同的机架上，并且是随机选择的节点。

（3）第 3 个副本放在与第 2 个副本相同的机架上，并且是不同的节点。

6.2.2　数据读取

HDFS 中的数据读取过程需要客户端先访问 NameNode，获取元数据信息，然后到具体的 DataNode 上读取数据，如图 6-6 所示。

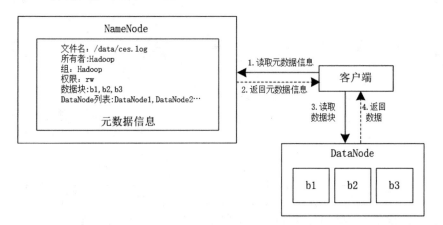

图 6-6　HDFS 读取数据流程

（1）客户端向 NameNode 发起请求，读取元数据信息。NameNode 上存储着整个 HDFS 集群的元数据信息，这些元数据信息包括文件名、所有者、所在组、权限、数据块和 DataNode 列表等。

这个过程中还要对客户端的身份信息进行验证，同时检测是否存在要读取的文件，并且需要验证客户端的身份是否具有访问权限。

（2）NameNode 将相关的元数据信息返回给客户端。

（3）客户端到指定的 DataNode 上读取相应的数据块。

（4）DataNode 返回相应的数据块信息。

第（3）和（4）步会持续进行，一直到文件的所有数据块都读取完毕或者 HDFS 客户端主动关闭了文件流为止。

6.2.3　数据写入

HDFS 中的数据写入过程同样需要客户端先访问 NameNode，获取元数据信息，然后到具体的 DataNode 上写入数据，如图 6-7 所示。

（1）客户端请求 NameNode 获取元数据信息。这个过程中，NameNode 要对客户端的身份信息进行验证，同时需要验证客户端的身份是否具有写权限。

（2）NameNode 返回相应的元数据信息给客户端。

（3）客户端向第一个 DataNode 写数据。

（4）第 1 个 DataNode 向第 2 个 DataNode 写数据。

（5）第 2 个 DataNode 向第 3 个 DataNode 写数据。

（6）第 3 个 DataNode 向第 2 个 DataNode 返回确认结果信息。

（7）第 2 个 DataNode 向第 1 个 DataNode 返回确认结果信息。

（8）第 1 个 DataNode 向客户端返回确认结果信息。

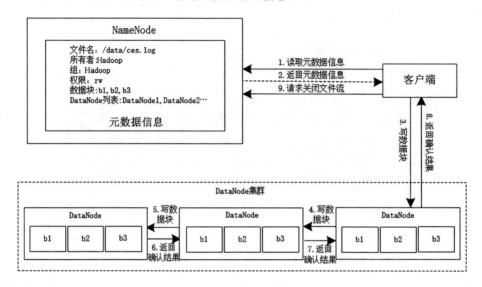

图 6-7 HDFS 写入数据流程

其中，第（4）和（5）步是异步执行的，当 HDFS 中的多个 DataNode 发生故障或者发生错误时，只要正确写入了满足最少数目要求的数据副本数，HDFS 客户端就可以从数据块的副本中恢复数据。

最少数目要求的数据副本数由 hdfs-site.xml 文件中的 dfs.namenode.replication.min 属性决定，代码如下所示：

```
<property>
    <name>dfs.namenode.replication.min</name>
    <value>1</value>
</property>
```

最少数目要求的数据副本数默认为 1，即只要正确写入了数据的一个副本，客户端就可以从数据副本中恢复数据。

6.2.4 数据完整性

通常，在校验数据是否损坏时可以用如下方式。

（1）当数据第一次引入时，计算校验和。

（2）当数据经过一系列的传输或者复制时，再次计算校验和。

（3）对比第（1）和（2）步的校验和是否一致，如果两次数据的校验和不一致，则证明数据已经被损坏。

注意: 这种使用校验和来验证数据的技术只能检测数据是否被损坏，并不能修复数据。

HDFS 中校验数据是否损坏使用的也是校验和技术，无论是进行数据的写入还是进行数据的读取，都会验证数据的校验和。校验和的字节数由 core-site.xml 文件中的 io.bytes.per.checksum 属性指定，默认的字节长度为 512B，代码如下所示：

```
<property>
    <name>io.bytes.per.checksum</name>
    <value>512</value>
</property>
```

当 HDFS 写数据时，HDFS 客户端会将要写入的数据及对应数据的校验和发送到 DataNode 组成的复制管道中，其中最后一个 DataNode 负责验证数据的校验和是否一致。如果检测到校验和与 HDFS 客户端发送的校验和不一致，则 HDFS 客户端会收到校验和异常的信息，可以在程序中捕获到这个异常，进行相应的处理，如重新写入数据或者用其他方式处理。

HDFS 读数据时也会验证校验和，此时会将它们与 DataNode 中存储的校验和进行比较。如果其与 DataNode 中存储的校验和不一致，则说明数据已经损坏，需要重新从其他 DataNode 读取数据。其中，每个 DataNode 都会保存一个校验和日志，客户端成功验证一个数据块之后，DataNode 会更新该校验和日志。

除此之外，每个 DataNode 也会在后台运行一个扫描器（DataBlockScanner），定期验证存储在这个 DataNode 上的所有数据块。

由于 HDFS 提供的数据块副本机制，当一个数据块损坏时，HDFS 能够自动复制其他完好的数据块来修复损坏的数据块，得到一个新的、完好的数据块，以达到系统设置的副本数要求，因此在某些数据块出现损坏时，保证了数据的完整性。

6.2.5　通过命令行管理文件

Hadoop 提供了命令行接口，对 HDFS 中的文件进行管理操作，如读取文件、新建目录、移动文件、复制文件、删除目录、上传文件、下载文件、列出目录等。本小节就来详细介绍 Hadoop 的命令行接口。

HDFS 命令行的格式如下所示：

```
Hadoop fs -cmd <args>
```

其中，cmd 是要执行的具体命令；<args> 是要执行命令的参数，但不限于一个参数。

要查看命令行接口的帮助信息，只需在命令行中输入如下命令：

```
hadoop fs
```

即不添加任务具体的执行命令，Hadoop 就会列出命令行接口的帮助信息，如下所示：

```
-bash-4.1$ hadoop fs
Usage: hadoop fs [generic options]
        [-appendToFile <localsrc> ... <dst>]
```

```
        [-cat [-ignoreCrc] <src> ...]
        [-checksum <src> ...]
        [-chgrp [-R] GROUP PATH...]
        [-chmod [-R] <MODE[,MODE]... | OCTALMODE> PATH...]
        [-chown [-R] [OWNER][:[GROUP]] PATH...]
        [-copyFromLocal [-f] [-p] [-l] [-d] [-t <thread count>] <localsrc> ... <dst>]
        [-copyToLocal [-f] [-p] [-ignoreCrc] [-crc] <src> ... <localdst>]
        [-count [-q] [-h] [-v] [-t [<storage type>]] [-u] [-x] [-e] <path> ...]
        [-cp [-f] [-p | -p[topax]] [-d] <src> ... <dst>]
        [-createSnapshot <snapshotDir> [<snapshotName>]]
        [-deleteSnapshot <snapshotDir> <snapshotName>]
        [-df [-h] [<path> ...]]
        [-du [-s] [-h] [-v] [-x] <path> ...]
        [-expunge]
        [-find <path> ... <expression> ...]
        [-get [-f] [-p] [-ignoreCrc] [-crc] <src> ... <localdst>]
        [-getfacl [-R] <path>]
        [-getfattr [-R] {-n name | -d} [-e en] <path>]
        [-getmerge [-nl] [-skip-empty-file] <src> <localdst>]
        [-head <file>]
        [-help [cmd ...]]
        [-ls [-C] [-d] [-h] [-q] [-R] [-t] [-S] [-r] [-u] [-e] [<path> ...]]
        [-mkdir [-p] <path> ...]
        [-moveFromLocal <localsrc> ... <dst>]
        [-moveToLocal <src> <localdst>]
        [-mv <src> ... <dst>]
        [-put [-f] [-p] [-l] [-d] <localsrc> ... <dst>]
        [-renameSnapshot <snapshotDir> <oldName> <newName>]
        [-rm [-f] [-r|-R] [-skipTrash] [-safely] <src> ...]
        [-rmdir [--ignore-fail-on-non-empty] <dir> ...]
        [-setfacl [-R] [{-b|-k} {-m|-x <acl_spec>} <path>]|[--set <acl_spec> <path>]]
        [-setfattr {-n name [-v value] | -x name} <path>]
        [-setrep [-R] [-w] <rep> <path> ...]
        [-stat [format] <path> ...]
        [-tail [-f] <file>]
        [-test -[defsz] <path>]
        [-text [-ignoreCrc] <src> ...]
        [-touch [-a] [-m] [-t TIMESTAMP ] [-c] <path> ...]
        [-touchz <path> ...]
        [-truncate [-w] <length> <path> ...]
        [-usage [cmd ...]]

Generic options supported are:
-conf <configuration file>         specify an application configuration file
-D <property=value>                define a value for a given property
-fs <file:///|hdfs://namenode:port> specify default filesystem URL to use,
overrides 'fs.defaultFS' property from configurations.
-jt <local|resourcemanager:port>   specify a ResourceManager
-files <file1,...>                 specify a comma-separated list of files to be
copied to the map reduce cluster
-libjars <jar1,...>                specify a comma-separated list of jar files
```

```
to be included in the classpath
-archives <archive1,...>           specify a comma-separated list of archives
to be unarchived on the compute machines

The general command line syntax is:
command [genericOptions] [commandOptions]
```

1. 文件准备

在服务器本地创建 data.txt 文件用于测试，文件的内容如下所示：

```
hello hadoop
```

2. -appendToFile

将服务器本地的文件追加到 HDFS 指定的文件中，如果多次运行相同的参数，则会在 HDFS 的文件中追加多行相同的内容。实例代码如下所示：

```
hadoop fs -appendToFile data.txt /data/data.txt
```

3. -cat

主要用来查看 HDFS 中的非压缩文件的内容。实例代码如下所示：

```
-bash-4.1$ hadoop fs -cat /data/data.txt
hello hadoop
hello hadoop
```

4. -checksum

查看 HDFS 中文件的校验和。实例代码如下所示：

```
-bash-4.1$ hadoop fs -checksum /data/data.txt
/data/data.txt MD5-of-0MD5-of-512CRC32C 000002000000000000000000c8e21d30c9ed5
817cd5ff40768a34389
```

5. -chgrp

改变 HDFS 中文件或目录的所属组，-R 选项可以改变目录下所有子目录的所属组，执行此命令的用户必须是文件或目录的所有者或超级用户。实例代码如下所示：

```
hadoop fs -chgrp hadoop /data/data.txt
```

6. -chmod

修改 HDFS 中文件或目录的访问权限，-R 选项可以修改目录下所有子目录的访问权限，执行此命令的用户必须是文件或目录的所有者或超级用户。实例代码如下所示：

```
hadoop fs -chmod 700 /data/data.txt
```

此时，data.txt 文件当前的访问权限已经被修改为"-rwx------"。

7. -chown

修改文件或目录的所有者，-R 选项可以修改目录下所有子目录的所有者，此命令的用户必须是超级用户。实例代码如下所示：

```
hadoop fs -chown binghe:binghe /data/data.txt
```

修改 data.txt 文件的所有者为 binghe，所在组为 binghe。

8. -copyFromLocal

将本地服务器上的文件复制到 HDFS 中。实例代码如下所示：

```
hadoop fs -copyFromLocal data.input /data
```

9. -copyToLocal

将 HDFS 中的文件复制到服务器本地。实例代码如下所示：

```
hadoop fs -copyToLocal /data/data.txt /home/hadoop/input
```

10. -count

显示目录下的子目录数、文件数、占用字节数、所有文件和目录名，-q 选项显示目录和空间配额信息。实例代码如下所示：

```
-bash-4.1$ hadoop fs -count /data
           1              2                  122 /data
```

11. -cp

复制文件或目录，如果源文件或目录有多个，则目标必须为目录。实例代码如下所示：

```
hadoop fs -cp /data/data.txt /data/data.tmp
```

12. -createSnapshot

为 HDFS 中的文件创建快照。实例代码如下。

首先在 HDFS 中创建目录 /sn，并将 /sn 目录设置为可快照，如下所示：

```
-bash-4.1$ hadoop fs -mkdir /sn
-bash-4.1$ hdfs dfsadmin -allowSnapshot /sn
Allowing snapshot on /sn succeeded
```

接下来执行创建快照操作，如下所示：

```
-bash-4.1$ hadoop fs -createSnapshot /sn sn1
Created snapshot /sn/.snapshot/sn1
```

说明创建快照成功。

13. -deleteSnapshot

删除 HDFS 中的文件快照。实例代码如下所示：

```
hadoop fs -deleteSnapshot /sn sn1
```

删除 /sn 目录的快照 sn1。

14. -df

查看 HDFS 中目录空间的使用情况。实例代码如下所示：

```
-bash-4.1$ hadoop fs -df -h /data
```

```
Filesystem Size Used Available Use%
hdfs://binghe100:9000  17.1 G  304 K    13.3 G    0%
```

15. -du

查看 HDFS 或目录中的文件大小。实例代码如下所示：

```
-bash-4.1$ hadoop fs -du -h -s -v -x /data
SIZE  DISK_SPACE_CONSUMED_WITH_ALL_REPLICAS  FULL_PATH_NAME
26    26                                     /data
```

16. -expunge

清空 HDFS 中的回收站。实例代码如下所示：

```
hadoop fs -expunge
```

17. -find

查找 HDFS 中指定目录下的文件。实例代码如下所示：

```
-bash-4.1$ hadoop fs -find /data /data/data.txt
/data
/data/data.txt
/data/data.txt
```

18. -get

将 HDFS 中的文件复制到本地服务器。实例代码如下所示：

```
hadoop fs -get /data/data.txt /home/hadoop/input
```

19. -getfacl

查看 HDFS 中指定目录下的文件的访问控制列表，-R 选项可以查看所有子目录下的文件访问控制列表。实例代码如下所示：

```
-bash-4.1$ hadoop fs -getfacl /data
# file: /data
# owner: hadoop
# group: supergroup
user::rwx
group::r-x
other::r-x
```

20. -getfattr

查看 HDFS 上的文件扩展属性信息，-R 选项可以查看当前目录下所有子目录中的文件扩展属性信息或子目录下文件的扩展属性信息。实例代码如下所示：

```
-bash-4.1$ hadoop fs -getfattr -R -d /data
# file: /data
# file: /data/data.txt
```

21. -getmerge

将 HDFS 中的多个文件合并为一个文件，复制到本地服务器。实例代码如下所示：

```
hadoop fs -getmerge /data/data.sn /data/data.txt /home/hadoop/input/data.local
```

22. –head

以 head 方式查看 HDFS 中的文件，此命令后面的文件只能为文件，不能为目录。实例代码如下所示：

```
-bash-4.1$ hadoop fs -head /data/data.txt
hello hadoop
hello hadoop
```

23. –help

查看 Hadoop 具体命令的帮助信息。实例代码如下所示：

```
-bash-4.1$ hadoop fs -help cat
-cat [-ignoreCrc] <src> ... :
  Fetch all files that match the file pattern <src> and display their content on
  stdout
```

24. –ls

列出 HDFS 中指定目录下的信息。实例代码如下所示：

```
-bash-4.1$ hadoop fs -ls  /data
Found 2 items
-rw-r--r--    1 hadoop supergroup       26 2019-07-07 12:34 /data/data.sn
-rwx------    1 hadoop supergroup       26 2019-07-06 19:38 /data/data.txt
```

25. –mkdir

在 HDFS 上创建目录。实例代码如下所示：

```
hadoop fs -mkdir -p /test/data
```

26. –moveFromLocal

移动本地服务器上的某个文件到 HDFS 中。实例代码如下所示：

```
hadoop fs -moveFromLocal /home/hadoop/input/data.local /data/
```

27. –moveToLoca

移动 HDFS 中的文件到本地服务器的某个目录下。

注意: 此命令在 Hadoop 3.2.0 版本中尚未实现。

28. –mv

移动 HDFS 中的目录到 HDFS 中的另一个目录下。实例代码如下所示：

```
hadoop fs -mv /data/data.local /test
```

29. –put

复制本地文件到 HDFS 中的某个目录下。实例代码如下所示：

```
hadoop fs -put /home/hadoop/input/data.local /data
```

30. –renameSnapshot

重命名 HDFS 上的文件快照。实例代码如下。

首先在 HDFS 中创建目录 /sn，并将 /sn 目录设置为可快照，如下所示：

```
-bash-4.1$ hadoop fs -mkdir /sn
-bash-4.1$ hdfs dfsadmin -allowSnapshot /sn
Allowing snapshot on /sn succeeded
```

执行创建快照操作，如下所示：

```
-bash-4.1$ hadoop fs -createSnapshot /sn sn1
Created snapshot /sn/.snapshot/sn1
```

说明创建快照成功。

接下来将 /sn 目录的快照名称 sn1 重命名为 sn2，如下所示：

```
hadoop fs -renameSnapshot /sn sn1 sn2
```

31. –rm

删除文件或目录。实例代码如下所示：

```
-bash-4.1$ hadoop fs -rm /data/data.local
Deleted /data/data.local
```

32. –rmdir

删除 HDFS 上的目录，此目录必须是空目录。实例代码如下所示：

```
hadoop fs -rmdir /test
```

33. –setfacl

设置文件或目录的访问控制列表。实例代码如下。

首先查看 HDFS 中 /data 目录下的 data.sn 文件访问控制列表，如下所示：

```
-bash-4.1$ hadoop fs -getfacl /data/data.sn
# file: /data/data.sn
# owner: hadoop
# group: supergroup
user::rw-
group::r--
other::r--
```

设置 HDFS 中 /data 目录下的 data.sn 文件访问控制列表，如下所示：

```
hadoop fs -setfacl -m user::rw-,user:hadoop:rw-,group::r--,other::r-- /data/
data.sn
```

再次查看 HDFS 中 /data 目录下的 data.sn 文件访问控制列表，如下所示：

```
-bash-4.1$ hadoop fs -getfacl /data/data.sn
# file: /data/data.sn
# owner: hadoop
```

```
# group: supergroup
user::rw-
user:hadoop:rw-
group::r--
mask::rw-
other::r--
```

34. –setfattr

设置文件扩展属性的名称和值。实例代码如下。

首先查看 HDFS 中 /data 目录下的 data.sn 文件的扩展属性信息，如下所示：

```
-bash-4.1$ hadoop fs -getfattr -d /data/data.sn
# file: /data/data.sn
```

执行设置文件扩展属性的名称和值的操作，为 data.sn 文件设置扩展属性名为 user.web，值为 www.binghe.com，具体如下所示：

```
hadoop fs -setfattr -n user.web -v www.binghe.com /data/data.sn
```

再次查看 HDFS 中 /data 目录下的 data.sn 文件的扩展属性信息，如下所示：

```
-bash-4.1$ hadoop fs -getfattr -d /data/data.sn
# file: /data/data.sn
user.web="www.binghe.com"
```

说明已经成功为 data.sn 文件设置了扩展属性名称和值。

接下来执行如下命令删除新设置的扩展属性名称和值：

```
hadoop fs -setfattr -x user.web /data/data.sn
```

再次查看 HDFS 中 /data 目录下的 data.sn 文件的扩展属性信息，如下所示：

```
-bash-4.1$ hadoop fs -getfattr -d /data/data.sn
# file: /data/data.sn
```

说明成功删除了新设置的扩展属性的名称和值。

35. –setrep

设置 HDFS 上的文件的目标副本数量，-R 选项可以对子目录逐级进行相同操作，-w 选项等待副本达到设定值。实例代码如下所示：

```
hadoop fs -setrep 5 /data/data.txt
```

36. –stat

查看 HDFS 上文件或目录的统计信息，以 format 的格式列出。可选的 format 格式如下。

（1）%b：文件所占的块数。

（2）%g：文件所属的用户组。

（3）%n：文件名。

（4）%o：文件块大小。

（5）%r：备份数。

（6）%u：文件所属用户。

（7）%y：文件修改时间。

实例代码如下所示：

```
-bash-4.1$ hadoop fs -stat %b,%g,%n,%o,%r,%u,%y /data
0,supergroup,data,0,0,hadoop,2019-07-07 06:48:45
```

37. -tail

显示一个文件的末尾数据，通常是显示文件最后 1KB 的数据。-f 选项可以监听文件的变化，当有内容追加到文件中时，-f 选项能够实时显示追加的内容。实例代码如下所示：

```
-bash-4.1$ hadoop fs -tail /data/data.txt
hello hadoop
hello hadoop
```

38. -test

检测文件的信息。参数选项如下。

（1）-d：如果路径为目录则返回 0。

（2）-e：如果路径存在则返回 0。

（3）-f：如果路径为文件则返回 0。

（4）-s：如果路径中的文件大于 0 字节则返回 0。

（5）-w：如果路径存在并且具有写权限则返回 0。

（6）-r：如果路径存在并且具有读权限则返回 0。

（7）-z：如果路径中的文件为 0 字节则返回 0，否则返回 1。

实例代码如下所示：

```
hadoop fs -test -d /data
```

39. -text

查看文件内容。text 命令除了能够查看非压缩的文本文件内容之外，也能查看压缩后的文本文件内容；cat 命令只能查看非压缩的文本文件内容。实例代码如下所示：

```
-bash-4.1$ hadoop fs -text /data/data.txt
hello hadoop
hello hadoop
```

40. -touch

在 HDFS 上创建文件，如果文件存在则不报错。实例代码如下所示：

```
hadoop fs -touch /data/data.touch
```

41. -touchz

在 HDFS 上创建文件，如果文件存在且文件中有内容则报错。实例代码如下所示：

```
hadoop fs -touchz /data/data.touchz
```

42. -truncate

切断 HDFS 上的文件。实例代码如下所示：

```
-bash-4.1$ hadoop fs -truncate 26 /data/data.txt
Truncated /data/data.txt to length: 26
```

43. -usage

列出指定命令的使用格式。实例代码如下所示：

```
-bash-4.1$ hadoop fs -usage cat
Usage: hadoop fs [generic options] -cat [-ignoreCrc] <src> ...
```

6.2.6 通过 API 管理文件

6.2.5 小节详细介绍了通过命令行的方式来管理 HDFS 中的文件，其实访问 HDFS 最主要的方式还是通过 HDFS 提供的 Java API。以 Java API 的方式访问 HDFS 时，最重要的一个类就是 FileSystem，它也是命令行 hadoop fs 的实现，其他访问方式都建立在这些 API 基础之上。所以，本小节就来详细介绍如何通过 API 来管理 HDFS 上的文件。

1. 创建 Maven 项目

为了更好地管理项目，这里在 IDEA 中创建的是一个 Maven 项目，项目的名字为 mykit-book-hadoop，以后与 Hadoop 相关的 Java 代码就放到这个项目中。读者可以根据自己的实际情况命名项目。笔者引入的 Maven 依赖环境如下所示：

```
<properties>
    <hadoop.version>3.2.0</hadoop.version>
    <slf4j.version>1.7.2</slf4j.version>
</properties>
<dependencies>
    <dependency>
        <groupId>org.apache.hadoop</groupId>
        <artifactId>hadoop-hdfs</artifactId>
        <version>${hadoop.version}</version>
    </dependency>
    <dependency>
        <groupId>org.apache.hadoop</groupId>
        <artifactId>hadoop-client</artifactId>
        <version>${hadoop.version}</version>
    </dependency>
    <dependency>
        <groupId>org.apache.hadoop</groupId>
        <artifactId>hadoop-common</artifactId>
        <version>${hadoop.version}</version>
    </dependency>
    <dependency>
        <groupId>org.slf4j</groupId>
```

```
            <artifactId>slf4j-log4j12</artifactId>
            <version>${slf4j.version}</version>
        </dependency>
    </dependencies>
```

在项目的 src/main/resources 目录下创建 log4j.properties 文件，内容如下所示：

```
log4j.rootLogger=INFO, stdout
log4j.appender.stdout=org.apache.log4j.ConsoleAppender
log4j.appender.stdout.layout=org.apache.log4j.PatternLayout
log4j.appender.stdout.layout.ConversionPattern=%d %p [%c] - %m%n
log4j.appender.logfile=org.apache.log4j.FileAppender
log4j.appender.logfile.File=/home/logs/mykit-book-hadoop.log
log4j.appender.logfile.layout=org.apache.log4j.PatternLayout
log4j.appender.logfile.layout.ConversionPattern=%d %p [%c] - %m%n
log4j.logger.org.apache.hadoop.util.NativeCodeLoader=ERROR
```

接下来，创建 Java 包 io.binghe.book.chapt06 作为本小节代码存放的 Java 包目录。

注意：本小节的代码中省略了 Java 类所在的包名和引入的类名，读者按照本小节书写代码时，需要将省略的包名和引入的类名补齐。

2. 以 java.net.URL 方式查看文件

（1）以 java.net.URL 的方式来查看 HDFS 上的文件内容，在 io.binghe.book.chapt06 包下新建 Java 类 VisitHdfsByUrl，代码如下所示：

```java
public class VisitHdfsByUrl {
    static {
        URL.setURLStreamHandlerFactory(new FsUrlStreamHandlerFactory());
    }
    public static void main(String[] args) throws IOException {
        InputStream in = null;
        try{
            // 获取第一个命令行参数作为需要访问的路径，并打开文件流
            in = new URL(args[0]).openStream();
            // 将读取到的文件内容输出到命令行
            IOUtils.copyBytes(in, System.out, 4096, false);
        }finally {
            // 关闭文件输入流
            IOUtils.closeStream(in);
        }
    }
}
```

（2）编译项目并上传 jar 文件，使用 Maven 环境编译上述代码，导出为 mykit-book-hadoop-1.0.0-SNAPSHOT.jar 文件，并将 mykit-book-hadoop-1.0.0-SNAPSHOT.jar 文件上传到服务器的 /home/hadoop 目录下。

（3）执行 hadoop jar 命令，如下所示：

```
hadoop jar /home/hadoop/mykit-book-hadoop-1.0.0-SNAPSHOT.jar io.binghe.book.
chapt06.VisitHdfsByUrl hdfs://binghe100:9000/data/data.txt
```

这里以 java.net.URL 方式查看 HDFS 中 /data 目录下的 data.txt 文件的内容，具体执行
情况如下所示：

```
-bash-4.1$ hadoop jar /home/hadoop/mykit-book-hadoop-1.0.0-SNAPSHOT.jar
io.binghe.book.chapt06.VisitHdfsByUrl hdfs://binghe100:9000/data/data.txt
hello hadoop
hello hadoop
```

可见，以 java.net.URL 方式已经正确获取到 HDFS 中 /data 目录下 data.txt 文件的内容。

3. 以 FileSystem 方式查看文件

之前以 java.net.URL 方式正确地输出了 HDFS 上文件的内容，但是在实际开发过程中，
最常用的还是 FileSystem 类。接下来就以 FileSystem 类的方式来查看 HDFS 中的文件。

（1）在 io.binghe.book.chapt06 包下新建 Java 类 VisitHdfsByFileSystem，代码如下所示：

```
public class VisitHdfsByFileSystem {

    public static void main(String[] args) throws IOException {
        Configuration conf = new Configuration();
        FileSystem fs = FileSystem.get(conf);
        InputStream in = null;
        try{
            // 使用 FileSystem 类打开一个文件输入流
            in = fs.open(new Path(args[0]));
            // 将获取到的文件输入流复制到命令行输出流中，将文件的内容在命令行输出
            IOUtils.copyBytes(in, System.out, 4096, false);
        }finally {
            // 关闭文件输入流
            IOUtils.closeStream(in);
        }
    }
}
```

（2）重新编译项目，将 mykit-book-hadoop-1.0.0-SNAPSHOT.jar 文件上传到服务器的
/home/hadoop 目录下。

（3）执行如下命令，查看 HDFS 中 /data 目录下 data.txt 文件的内容：

```
hadoop jar /home/hadoop/mykit-book-hadoop-1.0.0-SNAPSHOT.jar io.binghe.book.
chapt06.VisitHdfsByFileSystem hdfs://binghe100:9000/data/data.txt
```

执行情况如下所示：

```
-bash-4.1$ hadoop jar /home/hadoop/mykit-book-hadoop-1.0.0-SNAPSHOT.jar io.binghe.
book.chapt06.VisitHdfsByFileSystem hdfs://binghe100:9000/data/data.txt
hello hadoop
hello hadoop
```

可见，以 FileSystem 类的方式同样正确地获取到了 HDFS 中 /data 目录下的 data.txt 文

件的内容。

4. 上传文件

将本地服务器 /home/hadoop/input 目录下的 data.txt 文件上传到 HDFS 中的 /data 目录下。

（1）查看 HDFS 中的 /data 目录下的文件，命令如下所示：

```
-bash-4.1$ hadoop fs -ls /data/
-bash-4.1$
```

此时，HDFS 中的 /data 目录为空，没有任何文件。

（2）在 io.binghe.book.chapt06 包下新建 Java 类 UploadFileToHdfs，代码如下所示：

```
public class UploadFileToHdfs {
    private static final Logger LOGGER = LoggerFactory.
getLogger(UploadFileToHdfs.class);
    public static void main(String[] args) throws IOException {
        Configuration conf = new Configuration();
        FileSystem fs = FileSystem.get(conf);
        fs.copyFromLocalFile(new Path(args[0]), new Path(args[1]));
        fs.close();
        LOGGER.info(" 执行完毕 ");
    }
}
```

（3）重新编译项目，将编译出的 mykit-book-hadoop-1.0.0-SNAPSHOT.jar 文件上传到服务器的 /home/hadoop 目录下。

（4）执行如下命令，将本地服务器上的 data.txt 文件上传到 HDFS 的 /data 目录下：

```
hadoopjar/home/hadoop/mykit-book-hadoop-1.0.0-SNAPSHOT.jario.binghe.book.
chapt06.UploadFileToHdfs /home/hadoop/input/data.txthdfs://binghe100:9000/
data/data.txt
```

UploadFileToHdfs 类中的第一个参数 /home/hadoop/input/data.txt 为 data.txt 文件在本地服务器的路径，第二个参数 hdfs://binghe100：9000/data/data.txt 为上传的服务器的路径。

执行情况如下所示：

```
-bash-4.1$ hadoop jar /home/hadoop/mykit-book-hadoop-1.0.0-SNAPSHOT.jar
io.binghe.book.chapt06.UploadFileToHdfs /home/hadoop/input/data.txt  hdfs://
binghe100:9000/data/data.txt
2019-07-07 19:19:18,768 INFO chapt06. UploadFileToHdfs: 执行完毕
-bash-4.1$
```

无任何异常信息，说明上传成功。

（5）验证文件是否上传成功，查看 HDFS 中的 /data 目录下的文件，命令如下所示：

```
-bash-4.1$ hadoop fs -ls /data
Found 1 items
-rw-r--r--   1 hadoop supergroup 26 2019-07-07 19:27 /data/data.txt
```

可以看到，本地服务器上的 data.txt 文件已经被成功上传到 HDFS 中的 /data 目录下。

5. 下载文件

将 HDFS 中的 /data 目录下的 data.txt 文件下载到本地服务器的 /home/hadoop/input 目录下。

（1）查看本地服务器的 /home/hadoop/input 目录下的文件，如下所示：

```
-bash-4.1$ pwd
/home/hadoop/input
-bash-4.1$ ls
-bash-4.1$
```

可以看到，本地服务器中的 /home/hadoop/input 目录为空。

（2）在 io.binghe.book.chapt06 包下新建 Java 类 DownloadFileFromHdfs，代码如下所示：

```
public class DownloadFileFromHdfs {
    private static final Logger LOGGER = LoggerFactory.
getLogger(DownloadFileFromHdfs.class);
    public static void main(String[] args) throws IOException {
        Configuration conf = new Configuration();
        FileSystem fs = FileSystem.get(conf);
        fs.copyToLocalFile(new Path(args[0]), new Path(args[1]));
        fs.close();
        LOGGER.info(" 执行完毕 ");
    }
}
```

（3）重新编译项目，并将 jar 文件上传到服务器中的 /home/hadoop 目录下。

（4）执行如下命令，将 HDFS 中的 /data 目录下的 data.txt 文件下载到本地服务器的 /home/hadoop/input 目录下：

```
hadoop jar /home/hadoop/mykit-book-hadoop-1.0.0-SNAPSHOT.jar io.binghe.book.
chapt06.DownloadFileFromHdfs /data/data.txt /home/hadoop/input
```

（5）验证文件是否下载成功，如下所示：

```
-bash-4.1$ pwd
/home/hadoop/input
-bash-4.1$ ls
data.txt
```

可以看到，HDFS 中 /data 目录下的 data.txt 文件已经被成功下载到本地服务器的 /home/hadoop/input 目录下。

6. 创建目录

在 HDFS 中创建 /test 目录。

（1）查看 HDFS 根目录下的文件，如下所示：

```
-bash-4.1$ hadoop fs -ls /
Found 3 items
drwxr-xr-x - hadoop supergroup 0 2019-07-07 19:27 /data
drwxr-xr-x - hadoop supergroup 0 2019-07-07 15:16 /sn
drwx------ - hadoop supergroup 0 2019-07-04 10:10 /tmp
```

可以看到，并没有 /test 目录。

（2）在 io.binghe.book.chapt06 包下新建 Java 类 CreateDirOnHdfs，代码如下所示：

```java
public class CreateDirOnHdfs {
    private static final Logger LOGGER = LoggerFactory.
getLogger(CreateDirOnHdfs.class);
    public static void main(String[] args) throws IOException {
        Configuration conf = new Configuration();
        FileSystem fs = FileSystem.get(conf);
        fs.mkdirs(new Path(args[0]));
        fs.close();
        LOGGER.info(" 执行完毕 ");
    }
}
```

（3）重新编译项目并上传 jar 文件到服务器的 /home/hadoop 目录下。

（4）执行 hadoop jar 命令，执行情况如下所示：

```
-bash-4.1$ hadoop jar /home/hadoop/mykit-book-hadoop-1.0.0-SNAPSHOT.jar
io.binghe.book.chapt06.CreateDirOnHdfs /test
2019-07-07 21:19:18,768 INFO chapt06. CreateDirOnHdfs: 执行完毕
```

（5）验证目录是否创建成功，代码如下所示：

```
-bash-4.1$ hadoop fs -ls /
Found 4 items
drwxr-xr-x - hadoop supergroup 0 2019-07-07 19:27 /data
drwxr-xr-x - hadoop supergroup 0 2019-07-07 15:16 /sn
drwxr-xr-x - hadoop supergroup 0 2019-07-07 21:19 /test
drwx------ - hadoop supergroup 0 2019-07-04 10:10 /tmp
```

可以看到，在 HDFS 上成功创建了 /test 目录。

7. 删除 HDFS 上的文件或目录

（1）查看 HDFS 上是否有 /test 目录，以及 /data 目录下是否有 data.local 文件，代码如下所示：

```
-bash-4.1$ hadoop fs -ls /
Found 4 items
drwxr-xr-x - hadoop supergroup 0 2019-07-07 21:37 /data
drwxr-xr-x - hadoop supergroup 0 2019-07-07 15:16 /sn
drwxr-xr-x - hadoop supergroup 0 2019-07-07 21:19 /test
drwx------ - hadoop supergroup 0 2019-07-04 10:10 /tmp
-bash-4.1$ hadoop fs -ls /data
Found 2 items
-rw-r--r-- 1 hadoop supergroup 26 2019-07-07 21:37 /data/data.local
-rw-r--r-- 1 hadoop supergroup 26 2019-07-07 19:27 /data/data.txt
```

可以看到，HDFS 上有 /test 目录，且 /data 目录下有 data.local 文件。

（2）在 io.binghe.book.chapt06 包下新建 Java 类 DeleteFileOrDirFromHdfs，代码如下所示：

```java
public class DeleteFileOrDirFromHdfs {
    private static final Logger LOGGER = LoggerFactory.getLogger(DeleteFileOrD
```

```
irFromHdfs.class);
    public static void main(String[] args) throws IOException {
        Configuration conf = new Configuration();
        FileSystem fs = FileSystem.get(conf);
        Path path = new Path(args[0]);
        boolean result = fs.delete(path, true);
        if(result){
            LOGGER.info(" 删除成功 ");
        }else{
            LOGGER.info(" 删除失败 ");
        }
        fs.close();
    }
}
```

（3）重新编译项目并上传 jar 文件到服务器的 /home/hadoop 目录下。

（4）执行 hadoop jar 命令，先删除 HDFS 中的 /test 目录，如下所示：

```
-bash-4.1$ hadoop jar /home/hadoop/mykit-book-hadoop-1.0.0-SNAPSHOT.jar
io.binghe.book.chapt06.DeleteFileOrDirFromHdfs /test
2019-07-07 21:50:49,667 INFO chapt06.DeleteFileOrDirFromHdfs: 删除成功
```

再删除 /data 目录下的 data.local 文件，如下所示：

```
-bash-4.1$ hadoop jar /home/hadoop/mykit-book-hadoop-1.0.0-SNAPSHOT.jar
io.binghe.book.chapt06.DeleteFileOrDirFromHdfs /data/data.local
2019-07-07 21:51:59,053 INFO chapt06.DeleteFileOrDirFromHdfs: 删除成功
```

（5）验证文件或目录是否删除成功。查看 HDFS 上是否有 /test 目录，以及 /data 目录下是否有 data.local 文件，代码如下所示：

```
-bash-4.1$ hadoop fs -ls /
Found 3 items
drwxr-xr-x - hadoop supergroup 0 2019-07-07 21:51 /data
drwxr-xr-x - hadoop supergroup 0 2019-07-07 15:16 /sn
drwx------ - hadoop supergroup 0 2019-07-04 10:10 /tmp
-bash-4.1$ hadoop fs -ls /data
Found 1 items
-rw-r--r-- 1 hadoop supergroup 26 2019-07-07 19:27 /data/data.txt
```

可以看到，HDFS 的根目录下已经没有了 /test 目录，且 HDFS 的 /data 目录下已经没有了 data.local 文件，说明文件或目录删除成功。

8. 验证文件是否存在

验证 HDFS 的 /data 目录下的 data.txt 文件是否存在。

（1）在命令行执行如下命令，查看 HDFS 的 /data 目录下的 data.txt 文件是否存在：

```
-bash-4.1$ hadoop fs -ls /data
Found 1 items
-rw-r--r--    1 hadoop supergroup         26 2019-07-07 19:27 /data/data.txt
```

可以看到，HDFS 的 /data 目录下存在 data.txt 文件。

（2）在 io.binghe.book.chapt06 包下新建 Java 类 CheckFileIsExistOnHdfs，代码如下所示：

```java
public class CheckFileIsExistOnHdfs {
    private static final Logger LOGGER = LoggerFactory.getLogger(CheckFileIsEx
istOnHdfs.class);
    public static void main(String[] args) throws IOException {
        Configuration conf = new Configuration();
        FileSystem fs = FileSystem.get(conf);
        boolean result = fs.exists(new Path(args[0]));
        String message = result ? " 文件存在 " : " 文件不存在 ";
        LOGGER.info(message);
        fs.close();
    }
}
```

（3）重新编译项目并上传 jar 文件到服务器的 /home/hadoop 目录下。

（4）执行如下命令，验证 HDFS 中 /data 目录下的 data.txt 文件是否存在：

```
-bash-4.1$ hadoop jar /home/hadoop/mykit-book-hadoop-1.0.0-SNAPSHOT.jar
io.binghe.book.chapt06.CheckFileIsExistOnHdfs /data/data.txt
2019-07-07 22:08:08,568 INFO chapt06.CheckFileIsExistOnHdfs: 文件存在
```

输出"文件存在"，说明程序运行成功。

9. 列出 HDFS 根目录下的文件或目录

（1）在 io.binghe.book.chapt06 包下新建 Java 类 ListFileOrDirOnHdfs，代码如下所示：

```java
public class ListFileOrDirOnHdfs {
    private static final Logger LOGGER = LoggerFactory.
getLogger(ListFileOrDirOnHdfs.class);
    public static void main(String[] args) throws IOException {
        Configuration conf = new Configuration();
        FileSystem fs = FileSystem.get(conf);
        FileStatus[] fileStatuses = fs.listStatus(new Path(args[0]));
        if(fileStatuses != null && fileStatuses.length > 0){
            for(int i = 0; i < fileStatuses.length; i++){
                FileStatus fileStatus =  fileStatuses[i];
                listFileStatus(fs, fileStatus);
            }
        }else{
            LOGGER.info(" 目录: 【"+args[0]+"】为空 ");
        }
        fs.close();
    }

    /**
     *
     * 递归列举文件或目录
     * @param fileStatus FileStatus 对象
```

```
     */
    private static void listFileStatus(FileSystem fs, FileStatus fileStatus)
throws IOException {
        if(fileStatus.isFile()){
            LOGGER.info("文件: " + fileStatus.getPath().toString());
        }else if(fileStatus.isDirectory()){
            Path path = fileStatus.getPath();
            LOGGER.info("目录: " + path.toString());
            FileStatus[] fileStatuses = fs.listStatus(path);
            if(fileStatuses != null && fileStatuses.length > 0){
                for(int i = 0 ; i < fileStatuses.length; i++){
                    listFileStatus(fs, fileStatuses[i]);
                }
            }
        }
    }
}
```

（2）重新编译项目并上传 jar 文件到服务器的 /home/hadoop 目录下。

（3）执行如下命令，列出 HDFS 根目录下的文件或目录：

```
-bash-4.1$ hadoop jar /home/hadoop/mykit-book-hadoop-1.0.0-SNAPSHOT.jar
io.binghe.book.chapt06.ListFileOrDirOnHdfs /
2019-07-07 22:31:52,056 INFO chapt06.ListFileOrDirOnHdfs: 目录:
hdfs://binghe100:9000/data
2019-07-07 22:31:52,070 INFO chapt06.ListFileOrDirOnHdfs: 文件:
hdfs://binghe100:9000/data/data.txt
2019-07-07 22:31:52,070 INFO chapt06.ListFileOrDirOnHdfs: 目录:
hdfs://binghe100:9000/sn
2019-07-07 22:31:52,071 INFO chapt06.ListFileOrDirOnHdfs: 目录:
hdfs://binghe100:9000/tmp
2019-07-07 22:31:52,074 INFO chapt06.ListFileOrDirOnHdfs: 目录:
hdfs://binghe100:9000/tmp/hadoop-yarn
2019-07-07 22:31:52,075 INFO chapt06.ListFileOrDirOnHdfs: 目录:
hdfs://binghe100:9000/tmp/hadoop-yarn/staging
2019-07-07 22:31:52,078 INFO chapt06.ListFileOrDirOnHdfs: 目录:
hdfs://binghe100:9000/tmp/hadoop-yarn/staging/hadoop
2019-07-07 22:31:52,079 INFO chapt06.ListFileOrDirOnHdfs: 目录:
hdfs://binghe100:9000/tmp/hadoop-yarn/staging/hadoop/.staging
2019-07-07 22:31:52,082 INFO chapt06.ListFileOrDirOnHdfs: 目录:
hdfs://binghe100:9000/tmp/hadoop-yarn/staging/history
2019-07-07 22:31:52,084 INFO chapt06.ListFileOrDirOnHdfs: 目录:
hdfs://binghe100:9000/tmp/hadoop-yarn/staging/history/done_intermediate
2019-07-07 22:31:52,086 INFO chapt06.ListFileOrDirOnHdfs: 目录:
hdfs://binghe100:9000/tmp/hadoop-yarn/staging/history/done_intermediate/hadoop
2019-07-07 22:31:52,089 INFO chapt06.ListFileOrDirOnHdfs: 文件:
hdfs://binghe100:9000/tmp/hadoop-yarn/staging/history/done_intermediate/
hadoop/job_1562206128106_0001-1562206233580-hadoop-word+count-1562206250536-
1-1-SUCCEEDED-default-1562206240334.jhist
2019-07-07 22:31:52,089 INFO chapt06.ListFileOrDirOnHdfs: 文件:
hdfs://binghe100:9000/tmp/hadoop-yarn/staging/history/done_intermediate/
```

```
hadoop/job_1562206128106_0001.summary
2019-07-07 22:31:52,090 INFO chapt06.ListFileOrDirOnHdfs: 文件:
hdfs://binghe100:9000/tmp/hadoop-yarn/staging/history/done_intermediate/
hadoop/job_1562206128106_0001_conf.xml
```

可见，列出了 HDFS 根目录下的所有文件和目录。

10. 列出文件信息

（1）在 io.binghe.book.chapt06 包下新建 Java 类 ListFileFromHdfs，代码如下所示：

```java
public class ListFileFromHdfs {
    private static final Logger LOGGER = LoggerFactory.
getLogger(ListFileFromHdfs.class);
    public static void main(String[] args) throws IOException {
        Configuration conf = new Configuration();
        FileSystem fs = FileSystem.get(conf);
        RemoteIterator<LocatedFileStatus> listFiles = fs.listFiles(new
Path(args[0]), true);
        if(listFiles != null){
            while (listFiles.hasNext()){
                LocatedFileStatus fileStatus = listFiles.next();
                if(fileStatus.isDirectory()){
                    LOGGER.info("目录: " + fileStatus.getPath().toString());
                }else if(fileStatus.isFile()){
                    LOGGER.info("文件: " + fileStatus.getPath().toString());
                }
            }
        }else{
            LOGGER.info("目录: 【"+args[0]+"】为空");
        }
        fs.close();
    }
}
```

（2）重新编译项目并上传 jar 文件到服务器的 /home/hadoop 目录下。

（3）执行如下命令，列出 HDFS 根目录下的文件信息：

```
-bash-4.1$ hadoop jar /home/hadoop/mykit-book-hadoop-1.0.0-SNAPSHOT.jar
io.binghe.book.chapt06.ListFileFromHdfs /
2019-07-07 22:49:43,801 INFO chapt06.ListFileFromHdfs: 文件:
hdfs://binghe100:9000/data/data.txt
2019-07-07 22:49:43,822 INFO chapt06.ListFileFromHdfs: 文件:
hdfs://binghe100:9000/tmp/hadoop-yarn/staging/history/done_intermediate/
hadoop/job_1562206128106_0001-1562206233580-hadoop-word+count-1562206250536-
1-1-SUCCEEDED-default-1562206240334.jhist
2019-07-07 22:49:43,822 INFO chapt06.ListFileFromHdfs: 文件:
hdfs://binghe100:9000/tmp/hadoop-yarn/staging/history/done_intermediate/
hadoop/job_1562206128106_0001.summary
2019-07-07 22:49:43,823 INFO chapt06.ListFileFromHdfs: 文件:
hdfs://binghe100:9000/tmp/hadoop-yarn/staging/history/done_intermediate/
hadoop/job_1562206128106_0001_conf.xml
```

可以看到，运行上述代码，只列出了 HDFS 根目录下的所有文件信息，并没有列出目录信息。

11. 获取文件存储的位置信息

获取 HDFS 中 /data 目录下的 data.txt 文件存储的位置信息。

（1）在 io.binghe.book.chapt06 包下新建 Java 类 LocationFileFromHdfs，代码如下所示：

```
public class LocationFileFromHdfs {
    private static final Logger LOGGER = LoggerFactory.
getLogger(LocationFileFromHdfs.class);

    public static void main(String[] args) throws IOException {
        Configuration conf = new Configuration();
        FileSystem fs = get(conf);
        FileStatus fileStatus = fs.getFileStatus(new Path(args[0]));
        BlockLocation[] fileBlockLocations = fs.getFileBlockLocations(fileStat
us, 0, fileStatus.getLen());
        int len = fileBlockLocations.length;
        for(int i = 0; i < len; i++){
            String[] hosts = fileBlockLocations[i].getHosts();
            LOGGER.info("block_" + i + "_location: " + hosts[0]);
        }
        fs.close();
    }
}
```

（2）重新编译项目并上传 jar 文件到服务器的 /home/hadoop 目录下。

（3）执行如下命令，获取 HDFS 中 /data 目录下 data.txt 文件存储的位置信息：

```
-bash-4.1$ hadoop jar /home/hadoop/mykit-book-hadoop-1.0.0-SNAPSHOT.jar
io.binghe.book.chapt06.LocationFileFromHdfs /data/data.txt
2019-07-07 23:05:45,878 INFO chapt06.LocationFileFromHdfs: block_0_location:
binghe100
```

可见，程序列出了 HDFS 中 /data 目录下 data.txt 文件存储的位置信息，即 data.txt 文件存储在主机名为 binghe100 的服务器上。

12. 创建 SequenceFile 文件

SequenceFile 文件是 Hadoop 提供的一种二进制文件，它将 <key, value> 键值对数据直接序列化到文件中。SequenceFile 文件是不能直接查看的，可以通过 hadoop fs -text 命令查看。这里在 HDFS 中的 /data 目录下创建 SequenceFile 文件 data.seq。

（1）在 io.binghe.book.chapt06 包下新建 Java 类 CreateSequenceFileOnHdfs，代码如下所示：

```
public class CreateSequenceFileOnHdfs {
    private static final Logger LOGGER = LoggerFactory.getLogger(CreateSequenc
eFileOnHdfs.class);

    public static void main(String[] args) throws IOException {
```

```
        Configuration conf = new Configuration();
        FileSystem fs = null;
        SequenceFile.Writer writer = null;
        try{
            fs = FileSystem.get(conf);
            IntWritable key = new IntWritable();
            Text value = new Text();
            writer = SequenceFile.createWriter(fs, conf, new Path(args[0]),
key.getClass(), value.getClass());
            key.set(100);
            value.set(new Text(" 冰河 "));
            writer.append(key, value);
        }finally {
            IOUtils.closeStream(writer);
            fs.close();
        }
        LOGGER.info(" 创建 SequenceFile 文件完毕 ");
    }
}
```

（2）重新编译项目并上传 jar 文件到服务器的 /home/hadoop 目录下。

（3）执行如下命令，在 HDFS 中的 /data 目录下创建 SequenceFile 文件 data.seq：

```
-bash-4.1$ hadoop jar /home/hadoop/mykit-book-hadoop-1.0.0-SNAPSHOT.jar
io.binghe.book.chapt06.CreateSequenceFileOnHdfs /data/data.seq
2019-07-07 23:30:53,689 INFO compress.CodecPool: Got brand-new compressor
[.deflate]
2019-07-07 23:30:53,936 INFO chapt06.CreateSequenceFileOnHdfs: 创建
SequenceFile 文件完毕
```

由输出日志可知，成功创建了 SequenceFile 文件。

（4）查看文件。首先查看 HDFS 中 /data 目录下是否存在 data.seq 文件，代码如下所示：

```
-bash-4.1$ hadoop fs -ls /data
Found 2 items
-rw-r--r-- 1 hadoop supergroup 155 2019-07-07 23:30 /data/data.seq
-rw-r--r-- 1 hadoop supergroup 26 2019-07-07 19:27 /data/data.txt
```

接下来使用 text 命令查看 data.seq 文件，代码如下所示：

```
-bash-4.1$ hadoop fs -text /data/data.seq
2019-07-07 23:35:12,120 INFO compress.CodecPool: Got brand-new decompressor
[.deflate]
100     冰河
```

可见，使用 text 命令正确输出了 data.seq 文件的内容，同时也说明 data.seq 文件创建成功。

13. 读取 SequenceFile 文件

读取 HDFS 中 /data 目录下的 data.seq 文件的内容。

（1）在 io.binghe.book.chapt06 包下新建 Java 类 ReadSequenceFileFromHdfs，代码如下所示：

```
public class ReadSequenceFileFromHdfs {
    private static final Logger LOGGER = LoggerFactory.getLogger(ReadSequenceF
ileFromHdfs.class);

    public static void main(String[] args) throws IOException {
        Configuration conf = new Configuration();
        FileSystem fs = null;
        SequenceFile.Reader reader = null;
        try{
            fs = FileSystem.get(conf);
            reader = new SequenceFile.Reader(fs, new Path(args[0]), conf);
            Writable key = (Writable) ReflectionUtils.newInstance(reader.
getKeyClass(), conf);
            Writable value = (Writable) ReflectionUtils.newInstance(reader.
getValueClass(), conf);
            long position = reader.getPosition();
            while (reader.next(key, value)){
                LOGGER.info("key: " + key + ", value: " + value);
                position = reader.getPosition();
            }
        }finally {
            IOUtils.closeStream(reader);
            fs.close();
        }
    }
}
```

（2）重新编译项目并上传 jar 文件到服务器的 /home/hadoop 目录下。

（3）执行如下命令，读取 HDFS 中 /data 目录下的 data.seq 文件的内容。

```
-bash-4.1$ hadoop jar /home/hadoop/mykit-book-hadoop-1.0.0-SNAPSHOT.jar
io.binghe.book.chapt06.ReadSequenceFileFromHdfs /data/data.seq
2019-07-07 23:51:16,192 INFO compress.CodecPool: Got brand-new decompressor
[.deflate]
2019-07-07 23:51:16,202 INFO chapt06.ReadSequenceFileFromHdfs: key: 100,
value: 冰河
```

由输出的日志可知，正确输出了 data.seq 文件的内容。

由于篇幅限制，本节不再一一列出其他通过 API 管理文件的代码，读者可参见 FileSystem 类的源码或者 API 来了解更多通过 API 管理文件的代码。

6.3 重新格式化 HDFS

在实际工作过程中，难免会遇到 Hadoop 安装失败或者需要重新安装 Hadoop 环境的情况。由于 Hadoop 的安装过程中需要格式化 HDFS，这就涉及如何重新格式化 HDFS 的问题。

本节就简单介绍如何重新格式化 HDFS。

注意：| 重新格式化前一定要备份数据。

1. 删除 hdfs-site.xml 文件中配置的路径

打开 Hadoop 的 hdfs-site.xml 文件，如果在 hdfs-site.xml 文件中配置了 fsimage 的存放路径和数据块的存放路径，则需要将配置的 fsimage 存放路径和数据块的存放路径删除。配置信息如下所示：

```
<property>
    <name>dfs.name.dir</name>
    <value>/usr/local/hadoop-3.2.0/hdfs/name</value>
</property>
<property>
    <name>dfs.data.dir</name>
    <value>/usr/local/hadoop-3.2.0/hdfs/data</value>
</property>
```

这里需要将 dfs.name.dir 属性和 dfs.data.dir 属性对应的文件路径删除，即需要删除 /usr/local/hadoop-3.2.0/ 目录下的 hdfs 目录。删除命令如下所示：

```
cd /usr/local/hadoop-3.2.0/
rm -rf hdfs/
```

有时也可以将 fsimage 的存放路径和数据块的存放路径配置成如下形式：

```
<property>
    <name>dfs.namenode.name.dir</name>
    <value>/usr/local/hadoop-3.2.0/hdfs/name</value>
</property>
<property>
    <name>dfs.datanode.data.dir</name>
    <value>/usr/local/hadoop-3.2.0/hdfs/data</value>
</property>
```

将 dfs.namenode.name.dir 属性和 dfs.datanode.data.dir 属性对应的文件路径删除，即需要删除 /usr/local/hadoop-3.2.0/ 目录下的 hdfs 目录。删除命令如下所示：

```
cd /usr/local/hadoop-3.2.0/
rm -rf hdfs/
```

2. 删除 core-site.xml 文件中配置的临时路径

在 core-site.xml 文件中找到配置的 Hadoop 临时目录，配置信息如下所示：

```
<property>
    <name>hadoop.tmp.dir</name>
    <value>/usr/local/hadoop-3.2.0/tmp</value>
</property>
```

即 Hadoop 的临时目录在 core-site.xml 文件中由 hadoop.tmp.dir 属性配置。这里删除

hadoop.tmp.dir 属性配置的目录信息，即需要删除 /usr/local/hadoop-3.2.0/ 目录下的 tmp 目录。
删除命令如下所示：

```
cd /usr/local/hadoop-3.2.0
rm -rf tmp/
```

3. 重新格式化 HDFS

在命令行重新执行如下命令来格式化 HDFS：

```
hdfs namenode -format
```

此时，重新格式化 HDFS 会输出如下信息：

```
common.Storage: Storage directory /usr/local/hadoop-3.2.0/hdfs/name has been
successfully formatted.
```

说明重新格式化 HDFS 成功。

6.4 本章总结

本章对 Hadoop 的 HDFS 进行了相关的介绍，介绍了 HDFS 的架构和容错机制。简单
介绍了 Hadoop HDFS 的文件管理，包括 HDFS 的块分布、数据读取和写入、HDFS 如何保
证数据的完整性。随后以实际案例的形式介绍了 HDFS 管理文件的两种方式：一种是通过
命令行管理文件，另一种是通过 API 管理文件。本章最后介绍了如何重新格式化 HDFS。
第 7 章将会详细介绍 Hadoop 中的 MapReduce 编程模型。

第 7 章

承载海量数据并行计算的 MapReduce

Hadoop 中最核心的两大组件就是 HDFS 和 MapReduce，HDFS 提供了承载海量数据存储的能力，而 MapReduce 则提供了承载海量数据高并行计算的能力。第 6 章对 HDFS 进行了简单介绍，本章将对 MapReduce 进行简单说明。

本章主要涉及的知识点如下。

- MapReduce 的原理和部署结构。
- MapReduce 的运行流程。
- MapReduce 的容错机制。

7.1 MapReduce 的原理和部署结构

MapReduce 是 Hadoop 框架的核心组件之一，它将大型的、复杂的计算任务抽象成 Map 阶段和 Reduce 阶段。理解 MapReduce 执行的原理有助于更好地进行实战案例开发，本节就对 MapReduce 的原理进行简要介绍。

7.1.1 MapReduce 的原理

Hadoop 中 MapReduce 最核心的思想就是分而治之，通过 MapReduce 这个名字就可以看出，MapReduce 包含 Map 和 Reduce 两部分。它将一个大型的计算问题分解为一个个小的、简单的计算任务，交由 MapReduce 中的 Map 部分执行，随后 Reduce 部分会对 Map 部分输出的中间结果进行聚合统计，输出最终的计算结果。MapReduce 的简要模型如图 7-1 所示。

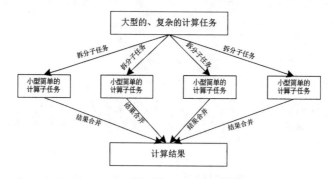

图 7-1　MapReduce 的简要模型

由图 7-1 可知，每个子任务在框架中都是高度并行计算的，然后 MapReduce 框架将各个计算子任务的计算结果进行合并，得出最终的计算结果。

每个子任务在 MapReduce 内部都是高度并行计算的，子任务的高度并行化极大地提高了 Hadoop 处理海量数据的性能。MapReduce 的并行计算模型如图 7-2 所示。

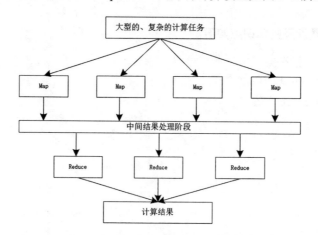

图 7-2　MapReduce 的并行计算模型

由图 7-2 可知，MapReduce 框架将一个大型的计算任务拆分为多个简单的计算任务，交由多个 Map 并行计算，每个 Map 的计算结果经过中间结果处理阶段的处理后输入 Reduce 阶段，Reduce 阶段将输入的数据进行合并处理，输出最终的计算结果。

同时，用户无须关心 MapReduce 底层各节点之间的通信机制与通信过程，只需简单地编写 map() 函数和 reduce() 函数即可开发 Hadoop MapReduce 程序。

7.1.2　MapReduce 的部署结构

MapReduce 框架由一个主节点（ResourceManager）、多个子节点（NodeManager）和每个执行任务的 MRAppMaster 共同组成。通常会将 MapReduce 的计算节点和存储节点部署在同一台服务器上，如图 7-3 所示。

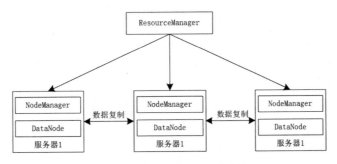

图 7-3　MapReduce 的部署结构

这种部署结构可以使 MapReduce 框架在已经存储好数据的节点上快速、高效地调度任务，尽可能地不用通过 RPC 从其他服务器上获取数据来执行任务，使整个集群的网络带宽被高效利用，极大地提升了处理任务的效率。

7.2　MapReduce 的工作机制

MapReduce 编程模型简化了分布式系统中并行计算的复杂度，开发人员能够不必关心 MapReduce 程序的底层实现细节，只专注于解决业务需求。本节简单介绍 MapReduce 的工作机制。

7.2.1　MapReduce 的运行流程

在 MapReduce 框架内部，整个运行流程可以分为数据输入阶段、Map 阶段、中间结果处理阶段、Reduce 阶段和结果数据输出阶段，而每个阶段中的数据传输格式也是不一样的。

MapReduce 的简单运行流程如图 7-4 所示。

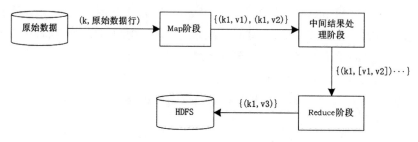

图 7-4　MapReduce 的简单运行流程

（1）原始数据经过 Hadoop 框架的处理，将"(k, 原始数据行)"格式的数据输入 Map 阶段，即 Map 阶段接收到的数据都是"(k, 原始数据行)"格式的。

（2）数据经过 Map 阶段的处理之后，输出"{(k1, v1), (k2, v2)}"格式的中间结果。

（3）Map 阶段输出的中间结果经由 Hadoop 的中间结果处理阶段的处理（如聚合、排序等）之后，会形成"{(k1, [v1,v2])…}"格式的数据。

（4）中间结果处理阶段形成的"{(k1, [v1,v2])…}"格式的数据会输入 Reduce 阶段进行处理。此时，key 相同的数据会被输入同一个 Reduce 函数进行处理（也可以由用户自定义数据分发规则）。

（5）数据经过 Reduce 阶段的处理之后，最终会形成"{(k1, v3)}"格式的数据存入 HDFS 中。

MapReduce 的运行流程也可以用图 7-5 表示。

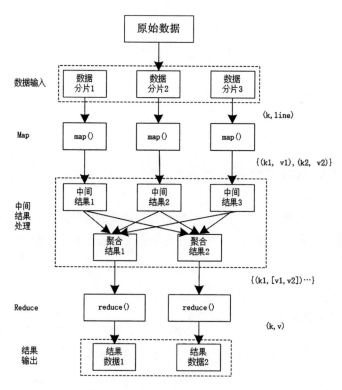

图 7-5　MapReduce 的运行流程

（1）原始数据被切分为多个小的数据分片输入 map() 函数，这些小的数据分片往往是原始数据的数据行，它们以 "(k, line)" 的格式输入 map() 函数，其中 k 表示数据的偏移量，line 表示整行数据。

（2）map() 函数并行处理输入的数据分片，根据具体的业务规则对输入的数据进行相应的处理，输出中间处理结果，这些中间处理结果往往以 "{(k1, v1), (k2, v2)}" 的格式存在。

（3）中间处理阶段将 map() 函数输出的中间结果根据 key 进行聚合处理，输出聚合结果，这些聚合结果的格式为 "{(k1, [v1,v2])…}"。

（4）中间处理阶段将输出的聚合结果输入 reduce() 函数进行处理（key 相同的数据被输入同一 reduce() 函数中，用户也可以自定义数据分发规则），reduce() 函数对这些数据进行进一步聚合和计算等。

（5）reduce() 函数将最终的计算结果以 "(k, v)" 的格式输出到 HDFS 中。

7.2.2　MapReduce 的容错机制

MapReduce 容错包括 Task（任务）容错、AppMaster 容错、NodeManager 容错和 ResourceManager 容错等。

1. Task 容错

AppMaster 一段时间没有收到任务进度的更新，就会将任务标记为失败，但是不会立刻杀死执行任务的进程，而是等待一定的超时时间。该超时时间可以在 mapred-site.xml 文件中进行配置，具体的属性为 mapreduce.task.timeout，代码如下所示：

```
<property>
    <name>mapreduce.task.timeout</name>
    <value>600000</value>
</property>
```

超时时间默认值为 10 min，即任务被标记为失败 10 min 之后才会将任务失败的进程杀死。

MapReduce 提供了重试机制，重试的次数主要由 mapred-site.xml 文件中的 mapreduce.map.maxattempts 属性和 mapreduce.reduce.maxattempts 属性配置，代码如下所示：

```
<property>
    <name>mapreduce.map.maxattempts</name>
    <value>4</value>
</property>
<property>
    <name>mapreduce.reduce.maxattempts</name>
    <value>4</value>
</property>
```

默认重试次数为 4，即任务失败后，MapReduce 框架会重试 4 次，如果任务依然失败，

MapReduce 才会认为任务彻底失败了。

也可以配置允许任务失败的最大百分比，可以由属性 mapreduce.map.failures.maxpercent 和 mapreduce.reduce.failures.maxpercent 进行配置。

2. AppMaster 容错

AppMaster 也提供了重试机制，YARN 中的应用程序失败后，最多尝试次数由 mapred-site.xml 文件中的 mapreduce.am.max-attempts 属性配置。代码如下所示：

```
<property>
    <name>mapreduce.am.max-attempts</name>
    <value>2</value>
</property>
```

尝试次数默认值为 2，即当 AppMaster 失败 2 次后，运行的任务将会失败。

在 MapReduce 内部，YARN 框架对 AppMaster 的最大尝试次数做了限制。其中，每个在 YARN 中运行的应用程序不能超过这个数量限制，具体限制由 yarn-site.xml 文件中的 yarn.resourcemanager.am.max-attempts 属性控制，配置信息如下所示：

```
<property>
    <name>yarn.resourcemanager.am.max-attempts</name>
    <value>2</value>
</property>
```

3. NodeManager 容错

当 NodeManager 发生故障，停止向 ResourceManager 节点发送心跳信息时，ResourceManager 节点并不会立即移除 NodeManager，而是要等待一段时间。该时间可以由 yarn.resourcemanager.nm.liveness-monitor.expiry-interval-ms 属性设置，代码如下所示：

```
<property>
    <name>yarn.resourcemanager.nm.liveness-monitor.expiry-interval-ms</name>
    <value>600000</value>
</property>
```

等待时间默认值为 10 min，即 NodeManager 发生故障后，ResourceManager 节点接收不到 NodeManager 发送过来的心跳信息，过 10 min 之后才会将 NodeManager 移除。

当 NodeManager 上运行的失败任务数量达到一定的值时，AppMaster 就会将该节点上的任务调度到其他节点上。任务失败的阈值由 mapred-site.xml 文件中的 mapreduce.job.maxtaskfailures.per.tracker 属性设置，代码如下所示：

```
<property>
    <name>mapreduce.job.maxtaskfailures.per.tracker</name>
    <value>3</value>
</property>
```

此默认值为 3，即当一个 NodeManager 上有超过 3 个任务失败，AppMaster 就会将该节点上的任务调度到其他节点上。

4. ResourceManager 容错

新版本的 Hadoop 中提供了 ResourceManager 节点的 HA 机制，如果主 ResourceManager 失败，备 ResourceManager 会迅速接管工作。

Hadoop 中对 ResourceManager 节点提供了检查点机制，当所有的 ResourceManager 节点失败后，重启 ResourceManager 节点，可以从上一个失败的 ResourceManager 节点保存的检查点进行状态恢复。

这些检查点的存储是由 yarn-site.xml 文件中的 yarn.resourcemanager.store.class 属性设置的，代码如下所示：

```
<property>
    <name>yarn.resourcemanager.store.class</name>
    <value>
        org.apache.hadoop.yarn.server.resourcemanager.recovery.FileSystemRMStateStore
    </value>
</property>
```

默认保存到文件中。

7.3 本章总结

本章简单介绍了 MapReduce 的原理和部署结构，并且对 MapReduce 的运行流程和容错机制做了进一步说明。第 8 章将会对 Hadoop MapReduce 的编程案例进行简要的讲解。

第 8 章
Hadoop MapReduce 编程案例

本章主要介绍基于 Hadoop MapReduce 框架实现的编程案例，Hadoop MapReduce 框架本身虽然是用 Java 语言实现的，但是其提供了多种编程语言接口。本章分别使用 Java 语言和 Python 语言实现相关的程序案例。

本章涉及的程序案例如下。

- Java 程序案例。
- Python 程序案例。

8.1 Java 程序案例

Hadoop 原生就支持使用 Java 语言开发 MapReduce 程序，使用最广泛的也是 Java 语言。本节简单介绍如何使用 Java 语言开发 MapReduce 程序案例。

注意：在服务器上运行 Hadoop MapReduce 程序的前提是，服务器上已经成功启动 Hadoop 集群。本节的 Java 程序代码省略了所在的包名和引入的 Java 类，所有 Java 代码均放在 mykit-book-hadoop 项目中的 io.binghe.book.chapt08 包下的子包中，读者可根据运行 MapReduce 程序的命令获悉 Java 类所在的包名；同时，在每个小节的案例中也会有说明，笔者将本节中 Java 程序引入的类统一总结到本节末尾供读者参考。

8.1.1 经典的 WordCount 案例

学习一门新语言，第一个编程案例几乎都是在屏幕上输出"hello world"。Hadoop 编程案例中的 WordCount 案例就如同 hello word 案例一样经典。本小节就使用 Java 语言实现 Hadoop 中经典的 WordCount 程序案例。

注意：本小节中的 Java 案例代码所在的包名为 io.binghe.book.chapt08.wordcount。

1. 需求

现有一个数据文件 word.txt，内容如下所示：

```
hello world
hello binghe
this book is very good
the book is very good
you are my good friend
hello big data
MapReduce is a program module
hello hadoop
```

统计 word.txt 文件中每个单词出现的次数。

2. 实现分析

观察 word.txt 文件后发现，文件中的每行数据都是由空格分隔的，所以将 word.txt 中的每行数据读入 map() 函数后，应根据空格将每行数据分隔为多个单词，输出单词与计数的中间结果，然后由 reduce() 函数对这些中间结果做进一步的累加统计，输出单词与计数的最终统计结果。

3. 编写程序代码

（1）创建 Mapper 类 WordCountMapper，用于将整行数据拆分为单词，并输出"(单词，1)"键值对，Hadoop 中编写的 Mapper 类必须继承自 org.apache.hadoop.mapreduce.Mapper 类。

在 map() 函数中，使用 StringUtils 类的 split() 方法将每行数据按照空格拆分为多个单词，使用 Context 类的 write() 方法输出 WordCountMapper 类的中间结果。代码如下：

```
/**
 * WordCount 程序案例的 Mapper 类，用于统计单词数量
 * Mapper 类的泛型所表示的意义如下
 * KEYIN: 输入 map() 函数的 key，代表当前输入文本中的偏移量
 * VALUEIN: 当前一行文本
 * KEYOUT: 经过 MapReduce 处理后的一个单词
 * VALUEOUT: 单词每次统计的数量，在 Mapper 类中这个值就是 1
 */
public class WordCountMapper extends Mapper<LongWritable, Text, Text,
LongWritable> {
    @Override
    protected void map(LongWritable key, Text value, Context context) throws
IOException, InterruptedException {
        // 如果当前数据行不为空，则执行 Map 处理
        if(value != null){
            // 获取每一行数据
            String line  = value.toString();
            // 将行数据拆分成单词数组，word.txt 文本中的单词是以空格分隔的，所以这
            // 里按照空格拆分单词
            String[] words  = StringUtils.split(line, " ");
            // 循环单词数组，输出（单词，1）格式的数据
            for(String w : words){
                context.write(new Text(w), new LongWritable(1));
            }
        }
    }
}
```

（2）创建 WordCount 程序的 Reducer 类，用于将 Mapper 类输出的键值对进行聚合处理，并输出最终统计结果，Hadoop 中编写的 Reducer 类必须继承自 org.apache.hadoop.mapreduce.Reducer 类。reduce() 函数接收到的参数格式为 <key, Iterable<value>>，只需要将 value 集合中的计数进行累加统计，并使用 Context 类的 write() 方法进行输出即可。代码如下所示：

```
/**
 * 统计单词数量的 Reducer 类
 * Reducer 类的泛型说明如下
 *  KEYIN: 当前的一个单词
 *  VALUEIN: Map 中输入过来的单词数量
 *  KEYOUT: 当前的一个单词
 *  VALUEOUT: 单词出现的总次数
 */
public class WordCountReducer extends Reducer<Text, LongWritable, Text,
LongWritable> {
    @Override
    protected void reduce(Text key, Iterable<LongWritable> values, Context
context) throws IOException, InterruptedException {
        // 累加单词计数的变量
```

```
        long sum = 0;
        // 循环遍历单词计数数组，将值累加到 sum 变量中
        for (LongWritable value : values){
            sum += value.get();
        }
        // 输出每次最终的计数统计结果
        context.write(key, new LongWritable(sum));
    }
}
```

（3）创建 WordCount 程序的执行类 WordCountRunner，用来整合编写的 WordCountMapper 类和 WordCountReducer 类，对作业进行相关的配置并向 Hadoop 提交作业任务。代码如下所示：

```
public class WordCountRunner extends Configured implements Tool {
    public static void main(String[] args) throws Exception {
        ToolRunner.run(new Configuration(), new WordCountRunner(), args);
    }
    public int run(String[] args) throws Exception {
        Configuration conf = new Configuration();
        Job job = Job.getInstance(conf);
        job.setJarByClass(WordCountRunner.class);
        job.setMapperClass(WordCountMapper.class);
        job.setReducerClass(WordCountReducer.class);
        job.setMapOutputKeyClass(Text.class);
        job.setMapOutputValueClass(LongWritable.class);
        job.setOutputKeyClass(Text.class);
        job.setOutputValueClass(LongWritable.class);
        // 设置统计文件的输入路径，将命令行的第一个参数作为输入文件的路径
        FileInputFormat.setInputPaths(job, new Path(args[0]));
        // 设置结果数据的存放路径，将命令行的第二个参数作为结果数据的输出路径
        FileOutputFormat.setOutputPath(job, new Path(args[1]));
        return job.waitForCompletion(true) ? 0 : 1;
    }
}
```

4. 运行程序并验证结果

（1）编译项目，将 jar 文件上传到服务器的 /home/hadoop 目录下。

（2）运行程序。在命令行中输入如下命令运行编写的 MapReduce 程序：

```
hadoop jar /home/hadoop/mykit-book-hadoop-1.0.0-SNAPSHOT.jar io.binghe.book.
chapt08.wordcount.WordCountRunner  /data/input/word.txt /data/output
```

命令说明如下。

① hadoop jar：运行 Hadoop 程序的命令关键字。

② /home/hadoop/mykit-book-hadoop-1.0.0-SNAPSHOT.jar：MapReduce 程序所在 jar 包的完整路径。

③ io.binghe.book.chapt08.wordcount.WordCountRunner：WordCount 程序入口所在类的完整类名。

④ /data/input/word.txt：输入文件在 HDFS 上的绝对路径。

⑤ /data/output：最终结果输出目录。

执行程序后，命令行输出如下信息：

```
2019-07-11 11:39:42,562 INFO mapreduce.Job:  map 100% reduce 100%
2019-07-11 11:39:44,585 INFO mapreduce.Job: Job job_1562807154280_0001
completed successfully
```

可以看到程序运行成功。

（3）查看程序运行结果。在命令行中输入如下命令查看输出结果信息：

```
-bash-4.1$ hadoop fs -ls /data/output
Found 2 items
-rw-r--r-- 1 hadoop supergroup 0 2019-07-11 11:39 /data/output/_SUCCESS
-rw-r--r-- 1 hadoop supergroup 147 2019-07-11 11:39 /data/output/part-r-00000
-bash-4.1$ hadoop fs -cat /data/output/part-r-00000
MapReduce 1
a 1
are 1
big 1
binghe 1
book 2
data 1
friend 1
good 3
hadoop 1
hello 4
is 3
module 1
my 1
program 1
the 1
this 1
very 2
world 1
you 1
```

可以看到，编写的 WordCount 计数 MapReduce 程序正确输出了每个单词和单词对应的数量信息。

8.1.2　Hadoop 实现连接

在关系型数据库中，通过 SQL 能够非常简单地将两张表的数据关联起来。Hadoop 本身并没有提供这样的 SQL 语句，但是可以通过编写 MapReduce 程序实现数据的连接操作。

注意：｜ 本小节的代码存放在 io.binghe.book.chapt08.join 包中。

1. 需求

现有两个数据文件，一个是员工数据文件 employee.txt，里面存储了员工的姓名和员工编号，如下所示：

```
xiaoming 001
tom 002
david 003
jack 004
jim 005
```

另一个是员工编号和部门名称对应关系文件 employee_department.txt，如下所示：

```
001 technology
002 operate
003 technology
004 market
005 market
```

将数据文件 employee.txt 和数据文件 employee_department.txt 进行连接操作，得出如下结果数据：

```
xiaoming technology
tom operate
david technology
jack market
jim market
```

2. 实现分析

观察 employee.txt 文件和 employee_department.txt 文件后可知，将两个文件进行关联操作的关键信息是员工编号，可将具有相同员工编号的数据关联在一起。在 Map 阶段读入两个文件，将每条记录标记上当前所在的文件名，再将需要关联的字段作为 Map 阶段的输出 key，之后在 Reduce 阶段根据 key 做笛卡尔积即可。

3. 编写程序代码

（1）创建常量类 DataJoinConstants，此类中存放实现数据连接的一些常量，主要用于区分 Map 阶段输出数据的前后关系，代码如下所示：

```java
/**
 * MapReduce 程序实现数据连接操作的常量类
 */
public final class DataJoinConstants {
    /**
     * 实现数据连接左边的文件
     */
    public static final String JOIN_LEFT_FILENAME = "employee.txt";
    /**
     * 实现数据连接右边的文件
     */
    public static final String JOIN_RIGHT_FILENAME = "employee_department.txt";
```

```
    /**
     * 实现数据连接左边文件的标记
     */
    public static final String JOIN_LEFT_FILENAME_TAG = "left";
    /**
     * 实现数据连接右边文件的标记
     */
    public static final String JOIN_RIGHT_FILENAME_TAG = "right";
}
```

（2）创建 DataJoinMapper 类，读入 employee.txt 文件和 employee_department.txt 文件，依次读入文件中的数据。如果当前记录在 employee.txt 文件中，则在 Map 输出的 value 后添加 left 标记；如果当前记录在 employee_department.txt 文件中，则在 Map 输出的 value 后添加 right 标记。最后，将连接数据的员工编号字段作为 Map 输出的 key。代码如下所示：

```
/**
 * 数据关联实例的 Mapper
 */
public class DataJoinMapper extends Mapper<LongWritable, Text, Text, Text> {
    @Override
    protected void map(LongWritable key, Text value, Context context) throws
IOException, InterruptedException {
        // 获取当前记录数据在 HDFS 上的完整路径（包含文件名）
        String filePathInHDFS = ((FileSplit) context.getInputSplit()).
getPath().toString();
        String dataFileTag = null;
        String dataJoinKey = null;
        String dataJoinValue = null;
        // 将当前数据行拆分成字符串数组
        String line = value.toString();
        String[] words = line.split(" ");
        // 判断当前记录来自哪个文件，这里获取的文件路径包含文件名，因此只需要判断当前路径
        // 是否包含指定的文件名即可
        if(filePathInHDFS.contains(DataJoinConstants.JOIN_LEFT_FILENAME)){
            // 标记为左边的文件
            dataFileTag = DataJoinConstants.JOIN_LEFT_FILENAME_TAG;
            // 将员工编号设置为 key
            dataJoinKey = words[1];
            dataJoinValue = words[0];
        } else if(filePathInHDFS.contains(DataJoinConstants.JOIN_RIGHT_FILENAME)){
            dataFileTag = DataJoinConstants.JOIN_RIGHT_FILENAME_TAG;
            dataJoinKey = words[0];
            dataJoinValue = words[1];
        }
        // 将员工编号作为输出的 key，输出的 value 附加文件的标记
        dataJoinValue = dataJoinValue.concat(" ").concat(dataFileTag);
        context.write(new Text(dataJoinKey), new Text(dataJoinValue));
    }
}
```

（3）创建 DataJoinReducer 类，实现真正的数据连接操作。此时，reduce() 函数接收的数据格式为"（员工编号，List< 员工姓名 left>)"或者"（员工编号，List< 部门名称 right>)"，将 reduce() 函数接收到的 employee.txt 文件中的一条记录和 employee_department.txt 文件中的多条记录作为一次迭代。代码如下所示：

```java
/**
 * 实现数据连接实例的 Reducer 类
 * reduce() 函数接收的数据格式为"(员工编号，List< 员工姓名 left>)"或者"(员工编号，
 List< 部门名称 right>)"
 */
public class DataJoinReducer extends Reducer<Text, Text, Text, Text> {
    @Override
    protected void reduce(Text key, Iterable<Text> values, Context context)
throws IOException, InterruptedException {
        // 定义一个 list 变量来存储部门名称
        List<String> departmentNames = new ArrayList<String>();
        // 存放员工姓名的变量
        String employeeName = "";
        // 遍历 value 值，处理每个数据
        for(Text value : values){
            //mapper() 函数中输出的 value 是以空格分隔的，所以这里以空格拆分
            String[] vs = value.toString().split(" ");
            // 处理的数据为 " 员工姓名 left"
            if(DataJoinConstants.JOIN_LEFT_FILENAME_TAG.equals(vs[1])){
                employeeName = vs[0];
            }else if(DataJoinConstants.JOIN_RIGHT_FILENAME_TAG.equals(vs[1])){
                // 将对应的部门名称存储到 departmentNames 集合中
                departmentNames.add(vs[0]);
            }
        }
        // 计算对应关系
        for(int i = 0; i < departmentNames.size(); i++){
            context.write(new Text(employeeName), new Text(departmentNames.get(i)));
        }
    }
}
```

（4）创建程序执行类 DataJoinRunner，将数据文件的输入目录和结果数据的输出目录作为参数传递给 main() 函数。代码如下所示：

```java
/**
 *  执行连接操作的运行类
 */
public class DataJoinRunner extends Configured implements Tool {
    public static void main(String[] args) throws Exception {
        ToolRunner.run(new Configuration(), new DataJoinRunner(), args);
    }
    public int run(String[] args) throws Exception {
        Configuration conf = new Configuration();
```

```
        Job job = Job.getInstance(conf);
        job.setJarByClass(DataJoinRunner.class);
        job.setMapperClass(DataJoinMapper.class);
        job.setReducerClass(DataJoinReducer.class);
        job.setMapOutputKeyClass(Text.class);
        job.setMapOutputValueClass(Text.class);
        job.setOutputKeyClass(Text.class);
        job.setOutputValueClass(Text.class);
        // 设置统计文件的输入路径，将命令行的第一个参数作为输入文件的路径
        FileInputFormat.setInputPaths(job, new Path(args[0]));
        // 设置结果数据的存放路径，将命令行的第二个参数作为结果数据的输出路径
        FileOutputFormat.setOutputPath(job, new Path(args[1]));
        return job.waitForCompletion(true) ? 0 : 1;
    }
}
```

4. 运行程序并验证结果

（1）编译项目并上传 jar 文件到服务器。

（2）在命令行中输入如下命令，运行 MapReduce 程序：

```
hadoop jar /home/hadoop/mykit-book-hadoop-1.0.0-SNAPSHOT.jar io.binghe.book.
chapt08.join.DataJoinRunner /data/input /data/output
```

参数说明如下。

① io.binghe.book.chapt08.join.DataJoinRunner：实现数据连接操作的运行类完整类名。

② /data/input：测试文件所在路径，作为 main() 函数的输入目录。

③ /data/output：MapReduce 执行后的结果输出目录。

程序执行后，若命令行输出如下信息，则证明命令执行成功：

```
2019-07-11 23:14:48,345 INFO mapreduce.Job:  map 100% reduce 100%
2019-07-11 23:14:49,362 INFO mapreduce.Job: Job job_1562854855345_0003
completed successfully
```

（3）查看程序执行结果，在命令行中输入如下命令，查看输出的结果文件和其内容：

```
-bash-4.1$ hadoop fs -ls /data/output
Found 2 items
-rw-r--r-- 1 hadoop supergroup 0 2019-07-11 23:14 /data/output/_SUCCESS
-rw-r--r-- 1 hadoop supergroup 72 2019-07-11 23:14 /data/output/part-r-00000
-bash-4.1$ hadoop fs -cat /data/output/part-r-00000
xiaoming technology
tom operate
david technology
jack market
jim market
```

可以看到，正确地输出了结果文件，同时结果文件中的内容与案例需求中要求输出的
结果数据一致，证明利用 Hadoop 的 MapReduce 框架成功地实现了数据的连接操作。

8.1.3　Hadoop 实现二次排序

在 Hadoop 中，实现数据的二次排序有着广泛的应用，本小节就简要介绍如何使用 Hadoop 实现数据的二次排序。

注意：　本小节代码存放在 io.binghe.book.chapt08.sort 包下。

1. 需求

现有一个 numbers.txt 文件，内容如下所示：

```
5 9
4 2
3 8
4 9
3 7
5 6
1 3
3 2
```

要求对文件中的数据进行排序，先按照第一列数字进行升序排序，第一列数字相同时，再按照第二列数字进行升序排序，得出如下排序结果：

```
1 3
3 2
3 7
3 8
4 2
4 9
5 6
5 9
```

2. 实现分析

numbers.txt 文件中的两列数据均为纯数字，在实现上，可以定义一个 SortData 类实现 Hadoop 中的 WritableComparable 类，用来存储 numbers.txt 文件中每行的两列数字，并在 SortData 类中对存储的两个数字按照规则进行排序。在 map() 函数中读入 number.txt 文件中的每行数据后，将两个数字封装在 SortData 类中作为 key，第二个数字作为 value 输出。在 reduce() 函数中，将 SortData 类中的第一个数字作为 key，第二个数字作为 value，直接输出结果即可。

其关键在于对 SortData 类的排序规则实现上。

3. 编写程序代码

（1）编写自定义排序规则的 SortData 类，在 SortData 类中封住了 numbers.txt 文件中每行的两个数字，实现对数字的排序规则。代码如下所示：

```
/**
 * 自定义 Hadoop 数据类型，实现 WritableComparable 接口比较器
 */
public class SortData implements WritableComparable<SortData> {
    private Long first;
```

```java
        private Long second;
        private String test;
        public SortData(){}
        public SortData(Long first, Long second){
            this.first = first;
            this.second = second;
        }
        public int compareTo(SortData o) {
            final Long minus = this.first - o.getFirst();
            if(minus != 0){
                return  minus.intValue();
            }
            return (int)(this.second - o.getSecond());
        }
        public void write(DataOutput dataOutput) throws IOException {
            dataOutput.writeLong(first);
            dataOutput.writeLong(second);
        }
        public void readFields(DataInput dataInput) throws IOException {
            this.first = dataInput.readLong();
            this.second = dataInput.readLong();
        }
        @Override
        public int hashCode() {
            return this.first.hashCode()+this.second.hashCode();
        }
        @Override
        public boolean equals(Object obj) {
            if(!(obj instanceof SortData)){
                return false;
            }
            SortData data = (SortData) obj;
            return (this.first == data.getFirst()) && (this.second == data.
getSecond());
        }
        public Long getFirst() {
            return first;
        }
        public void setFirst(Long first) {
            this.first = first;
        }
        public Long getSecond() {
            return second;
        }
        public void setSecond(Long second) {
            this.second = second;
        }
    }
```

（2）创建实现排序的 Mapper 类 SortMapper，接收 numbers.txt 文件中的每行数据，对数字进行处理后封装在 SortData 类中作为 key 输出即可。代码如下所示：

```
/**
 * 实现数据排序的 Mapper 类
 */
public class SortMapper extends Mapper<LongWritable, Text, SortData,
LongWritable> {
    @Override
    protected void map(LongWritable key, Text value, Context context) throws
IOException, InterruptedException {
        // 行数据不为空，读取每一行数据进行处理
        if(value != null){
            String line = value.toString();
            // 以空格拆分每一行数字
            String[] numbers = line.split(" ");
            // 构建 SortData 实例，将 SortData 实例作为 map() 函数的输出 key
            final SortData k = new SortData(Long.parseLong(numbers[0]), Long.
             parseLong(numbers[1]));
            final LongWritable v = new LongWritable(Long.parseLong(numbers[1]));
            // 输出的格式为 (SortData, LongWritable)
            context.write(k, v);
        }
    }
}
```

（3）创建 Reducer 类 SortReducer，直接输出 SortData 类中对应的数字即可。代码如下所示：

```
/**
 * 实现排序的 Reducer 类
 */
public class SortReducer extends Reducer<SortData, LongWritable, LongWritable,
LongWritable> {
    @Override
    protected void reduce(SortData key, Iterable<LongWritable> values, Context
context) throws IOException, InterruptedException {
        // 直接输出数据即可
        context.write(new LongWritable(key.getFirst()), new LongWritable(key.
getSecond()));
    }
}
```

（4）编写程序执行类，在命令行接收输入的数据文件，并将作业任务提交给 MapReduce
执行。代码如下所示：

```
public class SortRunner extends Configured implements Tool {
    public static void main(String[] args) throws Exception {
        ToolRunner.run(new Configuration(), new SortRunner(), args);
    }
    public int run(String[] args) throws Exception {
        Configuration conf = new Configuration();
        Job job = Job.getInstance(conf);
        job.setJarByClass(SortRunner.class);
        job.setMapperClass(SortMapper.class);
```

```
        job.setReducerClass(SortReducer.class);
        job.setMapOutputKeyClass(SortData.class);
        job.setMapOutputValueClass(LongWritable.class);
        job.setOutputKeyClass(LongWritable.class);
        job.setOutputValueClass(LongWritable.class);
        FileInputFormat.setInputPaths(job, new Path(args[0]));
        FileOutputFormat.setOutputPath(job, new Path(args[1]));
        return job.waitForCompletion(true) ? 0 : 1;
    }
}
```

4. 运行程序并验证结果

（1）编译项目，将 jar 文件上传到服务器。

（2）执行如下命令，运行编写的 MapReduce 程序：

```
hadoop jar /home/hadoop/mykit-book-hadoop-1.0.0-SNAPSHOT.jar io.binghe.book.
chapt08.sort.SortRunner /data/input/numbers.txt /data/output/
```

命令说明与 8.1.2 小节中的命令说明一致，这里不再赘述。

执行成功后，命令行会输出如下信息：

```
2019-07-12 10:27:43,102 INFO mapreduce.Job:  map 100% reduce 100%
2019-07-12 10:27:44,124 INFO mapreduce.Job: Job job_1562910135472_0001
completed successfully
```

（3）查看输出的结果文件和结果文件中的内容，如下所示：

```
-bash-4.1$ hadoop fs -ls /data/output
Found 2 items
-rw-r--r-- 1 hadoop supergroup 0 2019-07-12 10:28 /data/output/_SUCCESS
-rw-r--r-- 1 hadoop supergroup 32 2019-07-12 10:28 /data/output/part-r-00000
-bash-4.1$ hadoop fs -cat /data/output/part-r-00000
1       3
3       2
3       7
3       8
4       2
4       9
5       6
5       9
```

可以看到，运行 MapReduce 程序输出的结果数据与要求的结果数据一致。

8.1.4　Hadoop 实现获取最大值和最小值

Hadoop MapReduce 编程模型很容易实现在海量数据中获取最大值和最小值，本小节就简单介绍如何实现这个功能。

注意： 本小节的代码存放在 io.binghe.book.chapt08. comparedata 包中。

1. 需求

找出 numbers.txt 文件中的最大值和最小值，此处的 numbers.txt 文件与 8.1.3 小节的 numbers.txt 文件内容一致。

2. 实现分析

Map 阶段读入文件中的每一行数据，找出每一行数据中的最大值和最小值，将最大值作为 key，最小值作为 value 输出；Reduce 阶段将 Map 阶段输出的每个最大值和最小值分别进行比较，找出全局最大值和最小值并输出最终结果。

3. 编写程序代码

（1）编写 Mapper 类 CompareMapper，找出文件中每行数据的最大值和最小值，代码如下所示：

```java
/**
 * 找出最大值和最小值的 Mapper 类,
 * map() 函数找出每一行数据中的最大值和最小值并输出
 */
public class CompareMapper extends Mapper<LongWritable, Text, LongWritable,
LongWritable> {
    // 标记最大值
    long max = Long.MIN_VALUE;
    // 标记最小值
    long min = Long.MAX_VALUE;
    @Override
    protected void map(LongWritable key, Text value, Context context) throws
IOException, InterruptedException {
        if(value != null){
            String line = value.toString();
            String[] numbers = line.split(" ");
            if(numbers != null && numbers.length > 0){
                for(int i = 0; i < numbers.length; i++){
                    long temp = Long.parseLong(numbers[i]);
                    if(temp > max){
                        max = temp;
                    }
                    if(temp < min){
                        min = temp;
                    }
                }
            }
        }
    }
    @Override
    protected void cleanup(Context context) throws IOException, InterruptedException {
        context.write(new LongWritable(max), new LongWritable(min));
    }
}
```

（2）编写 Reducer 类 CompareReducer，将 Map 输出的最大值和最小值分别进行比较，找出全局最大值和最小值，代码如下所示：

```
/**
 * 查找最大值和最小值的 Reducer 类
 * 将 Map 阶段输出的最大值和最小值分别进行比较，找出全局最大值和最小值
 */
public class CompareReducer extends Reducer<LongWritable, LongWritable,
LongWritable, LongWritable> {
    long max = Long.MIN_VALUE;
    long min = Long.MAX_VALUE;
    @Override
    protected void reduce(LongWritable key, Iterable<LongWritable> values,
Context context) throws IOException, InterruptedException {
        // 获取最大值
        final long maxTemp = key.get();
        if(maxTemp > max){
            max = maxTemp;
        }
        for(LongWritable value : values){
            if(value.get() < min){
                min = value.get();
            }
        }
    }
    @Override
    protected void cleanup(Context context) throws IOException,
InterruptedException {
        context.write(new LongWritable(max), new LongWritable(min));
    }
}
```

（3）编写程序的执行类 CompareRunner，接收测试文件，将任务提交给 MapReduce 执行，并指定结果输出目录，代码如下所示：

```
public class CompareRunner extends Configured implements Tool {
    public static void main(String[] args) throws Exception {
        ToolRunner.run(new Configuration(), new CompareRunner(), args);
    }
    public int run(String[] args) throws Exception {
        Configuration conf = new Configuration();
        Job job = Job.getInstance(conf);
        job.setJarByClass(CompareRunner.class);
        job.setMapperClass(CompareMapper.class);
        job.setReducerClass(CompareReducer.class);
        job.setMapOutputKeyClass(LongWritable.class);
        job.setMapOutputValueClass(LongWritable.class);
        job.setOutputKeyClass(LongWritable.class);
        job.setOutputValueClass(LongWritable.class);
        FileInputFormat.setInputPaths(job, new Path(args[0]));
```

```
        FileOutputFormat.setOutputPath(job, new Path(args[1]));
        return job.waitForCompletion(true) ? 0 : 1;
    }
}
```

4. 运行程序并验证结果

（1）编译项目，将 jar 文件上传到服务器。

（2）执行如下命令，运行编写的 MapReduce 程序：

```
hadoop jar /home/hadoop/mykit-book-hadoop-1.0.0-SNAPSHOT.jar io.binghe.book.
chapt08.comparedata.CompareRunner /data/input/numbers.txt /data/output
```

命令说明与 8.1.2 小节的命令说明一致，这里不再赘述。

若执行成功，命令行会输出如下信息：

```
2019-07-12 15:59:43,102 INFO mapreduce.Job:  map 100% reduce 100%
2019-07-12 15:59:44,124 INFO mapreduce.Job: Job job_1562910135472_0001
completed successfully
```

（3）查看输出的结果文件和结果文件中的内容，如下所示：

```
-bash-4.1$ hadoop fs -ls /data/output
Found 2 items
-rw-r--r-- 1 hadoop supergroup 0 2019-07-12 15:59 /data/output/_SUCCESS
-rw-r--r-- 1 hadoop supergroup 4 2019-07-12 15:59 /data/output/part-r-00000
-bash-4.1$ hadoop fs -cat /data/output/part-r-00000
9       1
-bash-4.1$
```

可以看到，正确输出了结果文件，并在结果文件中输出了最大值和最小值。

8.1.5　Hadoop Combiner 编程

在 Hadoop MapReduce 程序中，Map 阶段可能会输出大量的本地中间结果，Combiner 的作用就是对 Map 阶段输出的中间结果做一次合并操作，减少 Map 阶段到 Reduce 阶段的数据传输量，以提高网络传输的性能。这也是 Hadoop MapReduce 编程中的优化方式之一。

注意：| 本小节的代码存放在 io.binghe.book.chapt08.combiner 包中。

1. 需求

测试文件和 8.1.1 小节的测试文件相同。现需要统计 word.txt 中的单词数量，同时需要加入 Combiner 的功能，并以输出日志的方式验证 Combiner 阶段的作用。

2. 实现分析

根据需求提供一个 Combiner 类对 Map 阶段输出的中间结果进行聚合，再将聚合后的结果输入 Reduce 阶段。同时，在各个阶段输出相关的日志分析 Combiner 类的作用。

3. 编写程序代码

本案例的程序代码是由 8.1.1 小节的代码改造而来的。

（1）在 Mapper 类 WordCountMapper 的最开始部分加入如下代码，生成 Logger 实例：

```
private final Logger logger = LoggerFactory.getLogger(WordCountMapper.class);
```

接下来在输出结果的 for 循环代码中加入输出日志的代码，代码如下所示：

```
// 循环单词数组，输出（单词，1）格式的数据
for(String w : words){
    logger.info("Map 阶段的数据输出为：("+w+", "+1+")");
    context.write(new Text(w), new LongWritable(1));
}
```

至此，WordCountMapper 类改造完成。

（2）Reducer 类 WordCountReducer 的改造和 WordCountMapper 类的改造方式一致，只不过 WordCountReducer 类需要输出 Reduce 阶段输入的分组信息和键值对信息。改造内容如下。

WordCountReducer 类的开始部分加入生成 Logger 日志实例的代码，如下所示：

```
private final Logger logger = LoggerFactory.getLogger(WordCountReducer.class);
```

接下来在 reduce() 函数的开始部分加入 Reduce 阶段输入的分组信息，代码如下所示：

```
@Override
protected void reduce(Text key, Iterable<LongWritable> values, Context
context) throws IOException, InterruptedException {
    // 累加单词计数的变量
    logger.info("Reduce 阶段的输入分组 ("+key.toString()+")");
```

在累加单词计数的 for 循环中输出 Reduce 阶段输入的键值对信息，代码如下所示：

```
// 循环遍历单词计数数组，将值累加到 sum 变量中
for (LongWritable value : values){
    sum += value.get();
    logger.info("Reduce 阶段输入的键值对 :("+key.toString()+", "+value.
get()+")");
}
```

至此，对 WordCountMapper 类和 WordCountReducer 类改造完成。

（3）创建 WordCountCombiner 类，将 Map 阶段输出的结果进行初步聚合统计并输出，同时输出相关的日志信息，代码如下所示：

```
public class WordCountCombiner extends Reducer<Text, LongWritable, Text,
LongWritable> {
    private final Logger logger = LoggerFactory.getLogger(WordCountCombiner.class);
    @Override
    protected void reduce(Text key, Iterable<LongWritable> values, Context
context) throws IOException, InterruptedException {
        logger.info("Combiner 阶段输入的分组为：("+key.toString()+")");
        long sum = 0;
```

```
    for(LongWritable value : values){
        sum += value.get();
        logger.info("Combiner 阶段输入的键值对为：("+key.toString()+",
"+value.get()+")");
        }
        logger.info("Combiner 阶段的输出键值对为：("+key.toString()+", "+sum+")");
        context.write(key, new LongWritable(sum));
    }
}
```

（4）在8.1.1小节的WordCountRunner类中加入设置Combiner类的代码，代码如下所示：

```
job.setMapperClass(WordCountMapper.class);
job.setCombinerClass(WordCountCombiner.class);
job.setReducerClass(WordCountReducer.class);
```

至此，整体代码改造并编写完成。

4. 运行程序并验证结果

（1）编译程序，将 jar 文件上传到服务器。

（2）执行如下命令，运行 MapReduce 程序：

```
hadoop jar /home/hadoop/mykit-book-hadoop-1.0.0-SNAPSHOT.jar io.binghe.book.
chapt08.combiner.WordCountRunner /data/input/word.txt /data/output
```

（3）查看输出的结果信息，如下所示：

```
-bash-4.1$ hadoop fs -ls /data/output
Found 2 items
-rw-r--r-- 1 hadoop supergroup 0 2019-07-14 12:17 /data/output/_SUCCESS
-rw-r--r-- 1 hadoop supergroup 147 2019-07-14 12:17 /data/output/part-r-00000
-bash-4.1$ hadoop fs -cat /data/output/part-r-00000
MapReduce       1
a       1
are     1
big     1
binghe  1
book    2
data    1
friend  1
good    3
hadoop  1
hello   4
is      3
module  1
my      1
program 1
the     1
this    1
very    2
world   1
you     1
```

（4）查看程序输出的日志信息。限于篇幅，这里以 hello 单词的输出信息为例进行说明。

Map 阶段输出的 hello 单词的日志信息如下所示：

```
2019-07-14 12:17:47,338 INFO [main] io.binghe.book.chapt08.combiner.
WordCountMapper: Map 阶段的数据输出为: (hello, 1)
2019-07-14 12:17:47,339 INFO [main] io.binghe.book.chapt08.combiner.
WordCountMapper: Map 阶段的数据输出为: (hello, 1)
2019-07-14 12:17:47,340 INFO [main] io.binghe.book.chapt08.combiner.
WordCountMapper: Map 阶段的数据输出为: (hello, 1)
2019-07-14 12:17:47,340 INFO [main] io.binghe.book.chapt08.combiner.
WordCountMapper: Map 阶段的数据输出为: (hello, 1)
```

Combiner 阶段输出的 hello 单词的日志信息如下所示：

```
2019-07-14 12:17:47,368 INFO [main] io.binghe.book.chapt08.combiner.
WordCountCombiner: Combiner 阶段输入的分组为: (hello)
2019-07-14 12:17:47,368 INFO [main] io.binghe.book.chapt08.combiner.
WordCountCombiner: Combiner 阶段输入的键值对为: (hello, 1)
2019-07-14 12:17:47,368 INFO [main] io.binghe.book.chapt08.combiner.
WordCountCombiner: Combiner 阶段输入的键值对为: (hello, 1)
2019-07-14 12:17:47,368 INFO [main] io.binghe.book.chapt08.combiner.
WordCountCombiner: Combiner 阶段输入的键值对为: (hello, 1)
2019-07-14 12:17:47,369 INFO [main] io.binghe.book.chapt08.combiner.
WordCountCombiner: Combiner 阶段输入的键值对为: (hello, 1)
2019-07-14 12:17:47,369 INFO [main] io.binghe.book.chapt08.combiner.
WordCountCombiner: Combiner 阶段的输出键值对为: (hello, 4)
```

Reduce 阶段输出的 hello 单词的日志信息如下所示：

```
2019-07-14 12:17:52,023 INFO [main] io.binghe.book.chapt08.combiner.
WordCountReducer: Reduce 阶段的输入分组 (hello)
2019-07-14 12:17:52,023 INFO [main] io.binghe.book.chapt08.combiner.
WordCountReducer: Reduce 阶段输入的键值对 :(hello, 4)
```

通过观察 3 个阶段输出的日志信息发现，Combiner 阶段确实将 Map 阶段输出的中间结果数据进行了初步的聚合计算，将计算后的结果传输到 Reduce 阶段，由 Reduce 阶段做最后的累加统计，并输出最终的结果数据。

注意： 在 MapReduce 中加入 org.slf4j.Logger 类输出的日志信息，存放在形如 "$HADOOP_ HOME/logs/userlogs/application_ 时间戳_ 编号 /container_ 时间戳_ 编号" 所在目录下的 syslog 文件中。例如，本小节的案例中，是在 "/usr/local/hadoop-3.2.0/logs/ userlogs/application_1563066995643_0003/container_1563066995643_ 0003_01_ 000002" 目录下的 syslog 文件中找到的 Map 阶段和 Combiner 阶段输出的日志信息，在 "/usr/local/hadoop-3.2.0/logs/userlogs/ application_ 1563066995643_0003/container_ 1563066995643_0003_01_000003" 目录下的 syslog 文件中找到的 Reduce 阶段输出的日志信息。所以，3 个阶段的日志信息并不是输出在同一个日志文件中的，读者要耐心寻找输出日志的文件所在的位置。

8.1.6　Hadoop Partitioner 编程

Hadoop 中的 Partitioner 可以将数据文件中的内容或统计结果按照一定的规则输出到不同的文件中。本小节就 Hadoop 中的 Partitioner 编程实现一个简单的案例程序。

> 注意：　本小节代码存放在 io.binghe.book.chapt08.partition 包中。

1. 需求

现有一个数据文件 data.txt，内容如下所示：

```
hello hadoop
hello hadoop
```

要求将 data.txt 文件中的统计结果按照不同的单词输出到不同的文件中。

2. 实现分析

本小节的案例代码同样可以在 8.1.1 小节的代码基础上进行改造，加入 Partitioner 编程规则，将不同单词的统计结果输出到不同的文件中。

3. 编写程序代码

8.1.1 小节的 WordCountMapper 类和 WordCountReducer 类不需要改动。

（1）编写 Partitioner 类 WordCountPartitioner，实现对结果数据的分组，在 Reduce 阶段将不同单词的统计结果输出到不同的文件中，代码如下所示：

```
/**
 * WordCount 案例中的 Partitioner 分组类，根据单词的不同将结果输出到不同的文件中
 */
public class WordCountPartitioner extends HashPartitioner<Text, LongWritable> {
    @Override
    public int getPartition(Text key, LongWritable value, int numReduceTasks) {
        return Math.abs(key.hashCode()) % numReduceTasks;
    }
}
```

由于需要根据不同的单词将结果输出到不同的文件，单词作为输出结果中的 key 存在，因此代码中定义的分区规则如下所示：

```
return Math.abs(key.hashCode()) % numReduceTasks;
```

以 key 的 hashcode 的绝对值对 numReduceTasks 求模，将 key 相同的数据输出到同一个文件中。

（2）在 8.1.1 小节的 WordCountRunner 类中加入设置 Partitioner 类的代码并设置 Reduce 的任务数量，代码如下所示：

```
job.setMapperClass(WordCountMapper.class);
job.setPartitionerClass(WordCountPartitioner.class);
job.setNumReduceTasks(2);
job.setReducerClass(WordCountReducer.class);
```

4. 运行程序并验证结果

（1）编译程序，将 jar 文件上传到服务器。

（2）执行如下命令，运行 MapReduce 程序：

```
hadoop jar /home/hadoop/mykit-book-hadoop-1.0.0-SNAPSHOT.jar io.binghe.book.
chapt08.partition.WordCountRunner /data/input/data.txt /data/output
```

命令行输出如下信息：

```
2019-07-14 14:21:15,587 INFO mapreduce.Job:  map 100% reduce 100%
2019-07-14 14:21:15,601 INFO mapreduce.Job: Job job_1563066995643_0004
completed successfully
```

证明 MapReduce 程序运行成功。

（3）查看结果，输出文件和结果数据，如下所示：

```
-bash-4.1$ hadoop fs -ls /data/output
Found 3 items
-rw-r--r-- 1 hadoop supergroup 0 2019-07-14 14:21 /data/output/_SUCCESS
-rw-r--r-- 1 hadoop supergroup 9 2019-07-14 14:21 /data/output/part-r-00000
-rw-r--r-- 1 hadoop supergroup 8 2019-07-14 14:21 /data/output/part-r-00001
-bash-4.1$ hadoop fs -cat /data/output/part-r-00000
hadoop  2
-bash-4.1$ hadoop fs -cat /data/output/part-r-00001
hello   2
```

可以看到，不同单词的统计结果被输出到不同的文件中，符合对结果数据输出的要求。

5. 实现需求的另一种方式

8.1.1 小节的 WordCountMapper 类和 WordCountReducer 类不需要改动。

（1）通过观察 Hadoop 自带的 org.apache.hadoop.mapreduce.lib.partition.HashPartitioner 类的代码，发现其对 getPartitioner() 方法的实现符合对结果数据分组的要求，代码如下所示：

```
public int getPartition(K key, V value, int numReduceTasks) {
    return (key.hashCode() & Integer.MAX_VALUE) % numReduceTasks;
}
```

也就是说，直接使用 Hadoop 中的 HashPartitioner 类，也可以实现对结果数据的分组。

（2）在 8.1.1 小节的 WordCountRunner 类中加入设置 HashPartitioner 类的代码和设置 Reduce 任务数的代码，如下所示：

```
job.setMapperClass(WordCountMapper.class);
job.setPartitionerClass(HashPartitioner.class);
job.setNumReduceTasks(2);
job.setReducerClass(WordCountReducer.class);
```

其他代码和运行流程保持不变，运行结果中同样可以看到不同单词的统计结果被输出到不同的文件中，符合对结果数据输出的要求。

注意： 设置 Partitioner 类的代码和设置 Reduce 任务数的代码需要同时出现，才能保证最后结果数据的分组正确，如下所示：

```
job.setPartitionerClass(HashPartitioner.class);
job.setNumReduceTasks(2);
```

如果没有设置 Reduce 任务数，则默认的 Reduce 任务数是 1，无论如何编写 Partitioner 类的分组规则，最终结果数据都会输出到同一个结果文件中。同时，输出结果文件的数量由设置的 Reduce 任务数量决定。

8.1.7　Hadoop 实现倒排索引

倒排索引在搜索引擎中比较常见，百度、谷歌等大型互联网搜索引擎提供商均在搜索引擎业务中构建了倒排索引。本小节就如何使用 Hadoop 实现倒排索引做简单介绍。

注意： 本小节代码存放在 io.binghe.book.chapt08.index 包中。

1. 需求

现有 3 个文件，分别为 log_a.txt、log_b.txt 和 log_c.txt，每个文件的内容如下所示：

```
log_a.txt
hello java
hello hadoop
hello java

log_b.txt
hello hadoop
hello hadoop
java hadoop

log_c.txt
hello hadoop
hello java
```

要求经过 Hadoop 处理后，输出如下信息：

```
hello    log_c.txt-->2 log_b.txt-->2 log_a.txt-->3
hadoop   log_c.txt-->1 log_b.txt-->3 log_a.txt-->1
java     log_c.txt-->1 log_b.txt-->1 log_a.txt-->2
```

2. 实现分析

由 3 个文件中的内容输出最终的结果，可以用两个 MapReduce 程序实现，分析如下：

```
------------- 第一步  Mapper 的输出结果格式如下: --------------------
context.wirte("hadoop-->log_a.txt", "1")
context.wirte("hadoop-->log_b.txt", "1")
```

```
context.wirte("hadoop-->log_b.txt", "1")
context.wirte("hadoop-->log_b.txt", "1")
context.wirte("hadoop-->log_c.txt", "1")
------------ 第一步  Reducer 得到的输入数据格式如下：-------------
<"hadoop-->log_a.txt", {1}>
<"hadoop-->log_b.txt", {1,1,1}>
<"hadoop-->log_c.txt", {1}>
------------ 第一步  Reducer 的输出数据格式如下 ---------------------
context.write("hadoop-->log_a.txt", "1")
context.write("hadoop-->log_b.txt", "3")
context.write("hadoop-->log_c.txt", "1")
------------ 第二步  Mapper 得到的输入数据格式如下：----------------
context.write("hadoop-->log_a.txt", "1")
context.write("hadoop-->log_b.txt", "3")
context.write("hadoop-->log_c.txt", "1")
------------ 第二步  Mapper 输出的数据格式如下：---------------------
context.write("hadoop", "log_a.txt-->1")
context.write("hadoop", "log_b.txt-->3")
context.write("hadoop", "log_c.txt-->1")
------------ 第二步  Reducer 得到的输入数据格式如下：----------------
<"hadoop", {"log_a.txt-->1", "log_b.txt-->3", "log_c.txt-->1"}>
------------ 第二步  Reducer 输出的数据格式如下：----------------
context.write("hadoop", "log_a.txt-->1 log_b.txt-->3 log_c.txt-->1")
最终结果为：
hadoop  log_a.txt-->1 log_b.txt-->3 log_c.txt-->1
```

注意：　倒排索引的实现分析稍显复杂，读者可多看几遍加深理解。

3. 编写程序代码

（1）编写第一步的 Mapper 类 InverseIndexStepOneMapper，读入 log_a.txt、log_b.txt 和
log_c.txt 文件，输出第一步的中间结果，此时的中间结果格式为 "(" 单词 --> 所在文件 ",
"1")"，代码如下所示：

```
/**
 * 倒排索引第一步的 Mapper 类
 * 输出结果如下
 * context.wirte("hadoop->log_a.txt", "1")
 * context.wirte("hadoop->log_b.txt", "1")
 * context.wirte("hadoop->log_b.txt", "1")
 * context.wirte("hadoop->log_b.txt", "1")
 * context.wirte("hadoop->log_c.txt", "1")
 */
public class InverseIndexStepOneMapper extends Mapper<LongWritable, Text, Text,
LongWritable> {
    @Override
    protected void map(LongWritable key, Text value, Context context) throws
IOException, InterruptedException {
        if(value != null){
            // 获取一行数据
```

```
            String line = value.toString();
            // 按照空格拆分每个单词
            String[] words = line.split(" ");
            if(words != null && words.length > 0){
                // 获取数据的切片信息，并根据切片信息获取文件的名称
                FileSplit fileSplit = (FileSplit) context.getInputSplit();
                String fileName = fileSplit.getPath().getName();
                for(String word : words){
                    context.write(new Text(word + "-->" + fileName), new
LongWritable(1));
                }
            }
        }
    }
}
```

（2）编写第一步的 Reducer 类 InverseIndexStepOneReducer，对第一步产生的中间结果
进行处理，输出第一步的最终结果数据，代码如下所示：

```
/**
 *  完成倒排索引第一步的 Reducer 程序
 *    最终输出结果如下
 *        hello-->log_a.txt    3
 *        hello-->log_b.txt    2
 *        hello-->log_c.txt    2
 *        hadoop-->log_a.txt   1
 *        hadoop-->log_b.txt   3
 *        hadoop-->log_c.txt   1
 *        java-->log_a.txt2
 *        java-->log_b.txt1
 *        java-->log_c.txt1
 */
public class InverseIndexStepOneReducer extends Reducer<Text, LongWritable,
Text, LongWritable> {
    @Override
    protected void reduce(Text key, Iterable<LongWritable> values, Context
context) throws IOException, InterruptedException {
        if(values != null){
            long sum = 0;
            for(LongWritable value : values){
                sum += value.get();
            }
            context.write(key, new LongWritable(sum));
        }
    }
}
```

（3）编写第二步的 Mapper 类 InverseIndexStepTwoMapper，将第一步输出的最终结果
文件作为输入文件，经过 InverseIndexStepTwoMapper 类的处理，得出 "(" 单词 ", " 所在文
件 -->1")" 格式的中间结果，代码如下所示：

```
/**
 * 完成倒排索引第二步的 Mapper 程序
 * 从第一步 MapReduce 程序中得到的输入信息如下：
 *      hello-->log_a.txt    3
 *      hello-->log_b.txt    2
 *      hello-->log_c.txt    2
 *      hadoop-->log_a.txt   1
 *      hadoop-->log_b.txt   3
 *      hadoop-->log_c.txt   1
 *      java-->log_a.txt2
 *      java-->log_b.txt1
 *      java-->log_c.txt1
 * 输出的信息如下：
 * context.write("hadoop", "log_a.txt->1")
 * context.write("hadoop", "log_b.txt->3")
 * context.write("hadoop", "log_c.txt->1")
 *
 * context.write("hello", "log_a.txt->3")
 * context.write("hello", "log_b.txt->2")
 * context.write("hello", "log_c.txt->2")
 *
 * context.write("java", "log_a.txt->2")
 * context.write("java", "log_b.txt->1")
 * context.write("java", "log_c.txt->1")
 */
public class InverseIndexStepTwoMapper  extends Mapper<LongWritable, Text, Text,
Text> {
    @Override
    protected void map(LongWritable key, Text value, Context context) throws
IOException, InterruptedException {
        if(value != null){
            String line = value.toString();
            // 将第一步的 Reducer 输出结果按照 \t 拆分
            String[] fields = line.split("\t");
            // 将拆分后的结果数组的第一个元素再按照 --> 分隔拆分
            String[] wordAndFileName = fields[0].split("-->");
            // 获取单词
            String word = wordAndFileName[0];
            // 获取文件名
            String fileName = wordAndFileName[1];
            // 获取数量信息
            long count = Long.parseLong(fields[1]);
            context.write(new Text(word), new Text(fileName + "-->" + count));
        }
    }
}
```

　　（4）编写第二步的 Reducer 类 InverseIndexStepTwoReducer，将第二步的中间结果进行
最终计算，输出最终结果，代码如下所示：

```
/**
 *  完成倒排索引第二步的 Reducer 程序
 *    得到的输入信息格式如下：
 *      <"hello", {"log_a.txt->3", "log_b.txt->2", "log_c.txt->2"}>,
 *    最终输出结果如下：
 *      hello    log_c.txt-->2 log_b.txt-->2 log_a.txt-->3
 *      hadoop   log_c.txt-->1 log_b.txt-->3 log_a.txt-->1
 *      java     log_c.txt-->1 log_b.txt-->1 log_a.txt-->2
 */
public class InverseIndexStepTwoReducer extends Reducer<Text, Text, Text,
Text> {
    @Override
    protected void reduce(Text key, Iterable<Text> values, Context context)
throws IOException, InterruptedException {
        if(values != null){
            String result = "";
            for(Text value : values){
                result = result.concat(value.toString()).concat(" ");
            }
            context.write(key, new Text(result));
        }
    }
}
```

（5）编写程序的执行类 InverseIndexRunner。首先，将 log_a.txt、log_b.txt 和 log_c.txt 三个文件所在的 HDFS 路径作为第一步 Map 阶段的输入目录，指定第一步 Reduce 阶段的结果输出目录，并提交 MapReduce 作业；接着，启动第二步的 MapReduce 程序，将第一步输出的最终结果文件作为第二步 Map 阶段的输入文件，之后将中间结果输入第二步的 Reduce 阶段进行处理，得出最终的输出结果。代码如下所示：

```
public class InverseIndexRunner  extends Configured implements Tool {
    public static void main(String[] args) throws Exception {
        ToolRunner.run(new Configuration(), new InverseIndexRunner(), args);
    }
    public int run(String[] args) throws Exception {
        if(!runStepOneMapReduce(args)) return 1;
        return runStepTwoMapReduce(args) ? 0 : 1;
    }
    private static boolean runStepOneMapReduce(String[] args) throws Exception{
        Job job = getJob();
        job.setJarByClass(InverseIndexRunner.class);
        job.setMapperClass(InverseIndexStepOneMapper.class);
        job.setReducerClass(InverseIndexStepOneReducer.class);
        job.setMapOutputKeyClass(Text.class);
        job.setMapOutputValueClass(LongWritable.class);
        job.setOutputKeyClass(Text.class);
        job.setOutputValueClass(LongWritable.class);
        FileInputFormat.setInputPaths(job, new Path(args[0]));
        FileOutputFormat.setOutputPath(job, new Path(args[1]));
```

```
            return job.waitForCompletion(true);
        }
        private static boolean runStepTwoMapReduce(String[] args) throws Exception{
            Job job = getJob();
            job.setJarByClass(InverseIndexRunner.class);
            job.setMapperClass(InverseIndexStepTwoMapper.class);
            job.setReducerClass(InverseIndexStepTwoReducer.class);
            job.setMapOutputKeyClass(Text.class);
            job.setMapOutputValueClass(Text.class);
            job.setOutputKeyClass(Text.class);
            job.setOutputValueClass(Text.class);
            FileInputFormat.setInputPaths(job, new Path(args[1] + "/part-r-00000"));
            FileOutputFormat.setOutputPath(job, new Path(args[2]));
            return job.waitForCompletion(true);
        }
        private static Job getJob() throws IOException {
            Configuration conf = new Configuration();
            return Job.getInstance(conf);
        }
    }
}
```

其中，代码中将生成 Job 实例的部分单独抽取出来，形成 getJob() 方法，供两步的 MapReduce 生成作业实例调用。

4. 运行程序并验证结果

（1）编译程序，将 jar 文件上传到服务器。

（2）执行如下命令，运行编写的 MapReduce 程序：

```
hadoop jar /home/hadoop/mykit-book-hadoop-1.0.0-SNAPSHOT.jar io.binghe.book.
chapt08.index.InverseIndexRunner /data/input /data/oneoutput /data/twooutput
```

参数说明如下。

① /data/input：测试文件的输入目录。

② /data/oneoutput：第一步 MapReduce 结果输出目录。

③ /data/twooutput：第二步 MapReduce 结果输出目录。

执行第一步 MapReduce 程序会输出如下信息：

```
2019-07-14 09:26:46,067 INFO mapreduce.Job:  map 100% reduce 100%
2019-07-14 09:26:47,081 INFO mapreduce.Job: Job job_1563066995643_0001
completed successfully
```

执行第二步 MapReduce 程序会输出如下信息：

```
2019-07-14 09:27:07,695 INFO mapreduce.Job:  map 100% reduce 100%
2019-07-14 09:27:08,714 INFO mapreduce.Job: Job job_1563066995643_0002
completed successfully
```

证明两步 MapReduce 程序均运行成功了。

（3）查看输出的结果文件和结果文件中的内容。

首先，查看第一步 MapReduce 程序的输出结果：

```
-bash-4.1$ hadoop fs -ls /data/oneoutput
Found 2 items
-rw-r--r-- 1 hadoop supergroup 0 2019-07-14 09:26 /data/oneoutput/_SUCCESS
-rw-r--r-- 1 hadoop supergroup 180 2019-07-14 09:26 /data/oneoutput/
part-r-00000
-bash-4.1$ hadoop fs -cat /data/oneoutput/part-r-00000
hadoop-->log_a.txt      1
hadoop-->log_b.txt      3
hadoop-->log_c.txt      1
hello-->log_a.txt       3
hello-->log_b.txt       2
hello-->log_c.txt       2
java-->log_a.txt        2
java-->log_b.txt        1
java-->log_c.txt        1
```

可以看到，符合之前实现分析中对第一步 MapReduce 的输出结果分析。

接下来，查看第二步 MapReduce 程序的输出结果，如下所示：

```
-bash-4.1$ hadoop fs -ls /data/twooutput
Found 2 items
-rw-r--r-- 1 hadoop supergroup 0 2019-07-14 09:27 /data/twooutput/_SUCCESS
-rw-r--r-- 1 hadoop supergroup 147 2019-07-14 09:27 /data/twooutput/
part-r-00000
-bash-4.1$ hadoop fs -cat /data/twooutput/part-r-00000
hadoop  log_c.txt-->1 log_b.txt-->3 log_a.txt-->1
hello   log_c.txt-->2 log_b.txt-->2 log_a.txt-->3
java    log_c.txt-->1 log_b.txt-->1 log_a.txt-->2
```

可以看到，第二步 MapReduce 程序输出的最终结果完全符合需求中对最终结果的要求。

8.1.8 Java 案例引用的类

本小节统一将 Java 案例中引用的类总结如下，供读者编写 MapReduce 程序时参考：

```java
import java.util.List;
import java.util.ArrayList;
import java.io.IOException;
import org.slf4j.Logger;
import org.slf4j.LoggerFactory;
import java.io.DataInput;
import java.io.DataOutput;
import org.apache.hadoop.io.Text;
import org.apache.hadoop.fs.Path;
import org.apache.hadoop.util.Tool;
import org.apache.hadoop.util.ToolRunner;
import org.apache.hadoop.io.LongWritable;
```

```
import org.apache.hadoop.mapreduce.Mapper;
import org.apache.hadoop.mapreduce.Reducer;
import org.apache.commons.lang3.StringUtils;
import org.apache.hadoop.conf.Configuration;
import org.apache.hadoop.conf.Configured;
import org.apache.hadoop.mapreduce.Job;
import org.apache.hadoop.io.WritableComparable;
import org.apache.hadoop.mapreduce.lib.input.FileInputFormat;
import org.apache.hadoop.mapreduce.lib.output.FileOutputFormat;
import org.apache.hadoop.mapreduce.lib.input.FileSplit;
import org.apache.hadoop.mapreduce.lib.partition.HashPartitioner;
```

8.2 Python 程序案例

Hadoop 提供了多语言的 MapReduce 编程接口，使非 Java 程序开发人员也能快速编写 MapReduce 程序，降低了非 Java 开发人员的学习成本。本节列出几个使用 Python 语言实现 MapReduce 程序的案例。

注意： 本节的所有 Python 案例程序中，在 Python 代码文件的头部均需要添加如下代码：

```
#!/usr/bin/env python
# -*- coding: utf-8 -*-
# -*- coding: gbk -*-
```

本节在每个 Python 程序案例代码中均省略了这些头部代码。

8.2.1 搭建 Python 运行环境

CentOS 6.8 服务器上默认安装的 Python 版本是 2.6.6，这里将 CentOS 6.8 服务器上的 Python 版本升级为 3.7.4。本小节就如何升级 Python 版本做出简要介绍。

注意： 本小节的操作是在 root 用户下进行的。

1. 查看原有 Python 版本

在命令行查看服务器原有 Python 版本，代码如下所示：

```
[root@binghe100 ~]# python
Python 2.6.6 (r266:84292, Jul 23 2015, 15:22:56)
[GCC 4.4.7 20120313 (Red Hat 4.4.7-11)] on linux2
Type "help", "copyright", "credits" or "license" for more information.
>>> exit()
[root@binghe100 ~]# python3
-bash: python3: command not found
```

可以看到，输入 Python 命令得出原有 Python 版本为 2.6.6，系统中并未找到 python3 命令。接下来安装配置 Python 3.7.4 版本，并将命令映射到 python3 上。

2. 安装 Python 3.7.4 环境

（1）安装基础编译环境，在命令行输入如下命令：

```
yum install -y zlib-devel bzip2-devel openssl-devel ncurses-devel sqlite-devel
zlib* libffi-devel readline-devel tk-devel
```

（2）下载 Python 3.7.4 安装包，在命令行输入如下命令：

```
wget https://www.python.org/ftp/python/3.7.4/Python-3.7.4.tgz
```

（3）安装 Python 3.7.4 安装包。在命令行输入如下命令，对 Python-3.7.4.tgz 安装包进行解压：

```
tar -zxvf Python-3.7.4.tgz
```

接下来进入 Python-3.7.4 目录进行安装，安装命令如下所示：

```
cd Python-3.7.4
./configure
make && make install
```

3. 验证安装结果

在命令行输入如下命令，验证 Python 3.7.4 是否安装成功：

```
[root@binghe100 Python-3.7.4]# python3
Python 3.7.4 (default, Jul 14 2019, 18:42:04)
[GCC 4.4.7 20120313 (Red Hat 4.4.7-23)] on linux
Type "help", "copyright", "credits" or "license" for more information.
>>>
```

可以看到，Python 3.7.4 安装成功。

8.2.2 使用原生 Python 编写 MapReduce 程序

本小节使用原生 Python 编写一个统计单词计数的 MapReduce 程序。需求和测试文件均与 8.1.1 小节的需求和测试文件相同。

1. 编写程序代码

（1）编写 Mapper 程序 wordcount_mapper.py，从标准输入（stdin）读取数据，将数据处理后输出到标准输出（stdout），代码如下所示：

```
import sys
#读入标准输入中的数据
for line in sys.stdin:
    #去除首尾空格
    line = line.strip()
```

```
# 以空格拆分每行数据
words = line.split()
# 遍历单词列表，输出中间结果数据，以 \t 分隔
for word in words:
    print('%s\t%s' % (word, 1))
```

（2）编写 Reducer 程序 wordcount_reducer.py，读取 wordcount_mapper.py 的输出结果，统计每个单词的最终结果，并输出到标准输出（stdout），代码如下所示：

```
import sys
# 当前处理的单词
handler_word = None
# 当前处理的数量
handler_count = 0
# 当前中间结果中的单词
word = None
# 从标准输入读取数据
for line in sys.stdin:
    # 移除首尾空格
    line = line.strip()
    # 以 \t 拆分 Map 的中间结果数据
    word, count = line.split('\t', 1)
    try:
        count = int(count)
    except ValueError:
        continue
    if handler_word == word:
        handler_count += count
    else:
        if handler_word:
            # 当前处理的统计结果到标准输出
            print('%s\t%s' % (handler_word, handler_count))
        handler_word = word
        handler_count = count
# 输出最后一个处理的单词统计信息
if handler_word == word:
    print('%s\t%s' % (handler_word, handler_count))
```

2. 运行 MapReduce 程序

输入如下命令，运行 Python 实现的 MapReduce 程序：

```
hadoop jar /usr/local/hadoop-3.2.0/share/hadoop/tools/lib/hadoop-streaming-
3.2.0.jar -file /home/hadoop/python/wordcount/wordcount_mapper.py -mapper
"python3 wordcount_mapper.py" -file /home/hadoop/python/wordcount/wordcount_
reducer.py -reducer "python3 wordcount_reducer.py" -input /data/input/word.txt
-output /data/output
```

命令说明如下。

（1）hadoop jar：Hadoop Jar 命令关键字。

（2）/usr/local/hadoop-3.2.0/share/hadoop/tools/lib/hadoop-streaming-3.2.0.jar：Hadoop 流

式 API 所在的 jar 包，提供其他语言的编程接口。

（3）-file /home/hadoop/python/wordcount/wordcount_mapper.py：指定 Map 阶段的 Python 程序 wordcount_mapper.py 文件所在的路径。

（4）-mapper "python3 wordcount_mapper.py"：指定运行 Map 阶段的 Python 程序的命令。

（5）-file /home/hadoop/python/wordcount/wordcount_reducer.py：指定 Reduce 阶段的 Python 程序 wordcount_reducer.py 文件所在的路径。

（6）-reducer "python3 wordcount_reducer.py"：指定运行 Reduce 阶段的 Python 程序命令。

（7）-input /data/input/word.txt：指定测试文件在 Hadoop HDFS 上的路径。

（8）-output /data/output：指定 Hadoop HDFS 上的结果输出路径。

运行命令后，命令行输出了如下信息：

```
2019-07-14 20:09:33,144 INFO mapreduce.Job:  map 100% reduce 100%
2019-07-14 20:09:34,162 INFO mapreduce.Job: Job job_1563066995643_0018
completed successfully
```

说明程序运行成功。

3. 查看输出结果文件和结果数据

在命令行输入如下命令，查看结果信息：

```
-bash-4.1$ hadoop fs -ls /data/output
Found 2 items
-rw-r--r-- 1 hadoop supergroup 0 2019-07-14 21:09 /data/output/_SUCCESS
-rw-r--r-- 1 hadoop supergroup 147 2019-07-14 21:09 /data/output/part-00000
-bash-4.1$ hadoop fs -cat  /data/output/part-00000
MapReduce       1
a       1
are     1
big     1
binghe  1
book    2
data    1
friend  1
good    3
hadoop  1
hello   4
is      3
module  1
my      1
program 1
the     1
this    1
very    2
world   1
you     1
```

可以看到，正确输出了每个单词和单词对应的数量信息，符合需求对结果数据的要求。

8.2.3 使用 Mrjob 框架编写 MapReduce 程序

8.2.2 小节使用原生 Python 实现了 WordCount 计数的 MapReduce 程序，本小节简单介绍使用 Mrjob 框架编写 MapReduce 程序。本小节的需求和测试文件与 8.1.1 小节的程序需求和测试文件相同。

1. 安装 Mrjob 环境

此步骤在 root 用户下进行操作。

（1）在命令行输入如下命令，安装 git：

```
yum install -y git
```

（2）通过命令行在 github 上下载 Mrjob 环境的源码，如下所示：

```
git clone https://github.com/yelp/mrjob
```

（3）切换到 mrjob 所在的目录，运行命令安装 mrjob，如下所示：

```
cd mrjob/
python3 setup.py install
```

（4）也可以直接输入如下命令进行安装：

```
pip3 install mrjob
```

2. 编写程序代码

安装好 Mrjob 环境之后，创建 mrjob_wordcount.py 文件，编写一个继承 MRJob 的类 MRJobWordCount，实现 MRJob 类中的 mapper() 函数和 reducer() 函数，分别执行 Map 阶段的程序逻辑和 Reduce 阶段的程序逻辑，然后编写 main() 函数，执行 MapReduce 程序，代码如下所示：

```python
from mrjob.job import MRJob
# 创建 MRJobWordCount 执行 MapReduce 程序
class MRJobWordCount(MRJob):
    def mapper(self, key, value):
        for word in value.split():
            yield word, 1
    def reducer(self, key, values):
        yield key, sum(values)
# 执行程序的 main() 函数
if __name__ == '__main__':
    MRJobWordCount.run()
```

由代码可以看出，使用 Mrjob 框架编写 MapReduce 程序要比使用原生 Python 语言编写 MapReduce 程序简单得多，几行代码就可以编写一个运行于 Hadoop 集群上的 MapReduce 程序。

3. 运行 MapReduce 程序

在命令行执行运行 MapReduce 程序的命令，运行使用 Mrjob 框架编写的 MapReduce 程序的命令和运行原生 Python 语言编写的 MapReduce 命令不同，如下所示：

```
python3 /home/hadoop/python/mrjob/mrjob_wordcount.py -r hadoop --jobconf
mapreduce.job.priority=VERY_HIGH --jobconf mapreduce.map.tasks=2 --jobconf
mapduce.reduce.tasks=1 -o hdfs://binghe100:9000/data/output hdfs://
binghe100:9000/data/input/word.txt
```

命令说明如下。

（1）python3：使用安装的 python 3.7.4 版本的 Python 环境运行 MapReduce 程序。

（2）/home/hadoop/python/mrjob/mrjob_wordcount.py：Python 程序文件的路径。

（3）-r hadoop：指定以 Hadoop MapReduce 的方式运行程序。

（4）--jobconf mapreduce.job.priority=VERY_HIGH：指定 Hadoop 任务调度的优先级。

（5）--jobconf mapreduce.map.tasks=2：指定 Map 任务的个数。

（6）--jobconf mapduce.reduce.tasks=1：指定 Reduce 任务的个数。

（7）-o hdfs://binghe100:9000/data/output：指定结果输出目录。

（8）hdfs://binghe100:9000/data/input/word.txt：测试文件输入目录。

注意： 运行此命令之前需要先配置好 Hadoop 环境变量。

命令行输出如下信息，证明运行 MapReduce 程序成功：

```
map 100% reduce 100%
Job job_1563159831757_0001 completed successfully
Output directory: hdfs://binghe100:9000/data/output
```

4. 查看结果输出文件和结果数据

在命令行输入如下命令，查看结果信息：

```
-bash-4.1$ hadoop fs -ls /data/output
Found 2 items
-rw-r--r-- 1 hadoop supergroup 0 2019-07-15 11:44 /data/output/_SUCCESS
-rw-r--r-- 1 hadoop supergroup 187 2019-07-15 11:44 /data/output/part-00000
-bash-4.1$
-bash-4.1$ hadoop fs -cat /data/output/part-00000
"MapReduce"     1
"a"      1
"are"    1
"big"    1
"binghe"        1
"book"   2
"data"   1
"friend"        1
"good"   3
"hadoop"        1
"hello" 4
"is"     3
"module"        1
"my"     1
```

```
"program"       1
"the"    1
"this"   1
"very"   2
"world"  1
"you"    1
```

可以看到，使用 Mrjob 框架编写的 MapReduce 程序正确地输出了测试文件中的每个单词和单词对应的数量信息，符合需求的要求。

8.2.4　使用 Python 实现自动上传本地 log 到 HDFS

本小节的内容主要是为后面几个小节做准备，使用 Python 实现自动上传本地的 log 日志文件到 HDFS 中，作为后面几个小节的测试文件使用。

1. 需求

编写 Python 脚本，实现自动将本地服务器的 log 日志文件上传到 HDFS 中。

2. 测试文件说明

access.log 测试文件中的内容格式如下所示：

```
192.168.175.101 - - [11/Jul/2014:01:01:13 +0800] "GET /home.php?mod=space&do=
notice&view=system HTTP/1.0" 200 7519 "http://www.aboutyun.com/home.php?mod=s
pace&do=notice&view=system" "Mozilla/5.0 (Windows NT 6.1) AppleWebKit/537.36
(KHTML, like Gecko) Chrome/35.0.1916.153 Safari/537.36"
```

测试文件中共有 12 列，分别为客户端 IP、空白（远程登录名称）、空白（认证的远程用户）、请求时间、UTF 时差、方法、资源（访问的路径）、协议、状态码、发送的字节数、访问来源、客户端信息（不具体拆分）。

3. 编写程序代码

编写 Python 脚本文件 upload_log_to_hdfs.py，通过 subprocess.call() 方法调用 HDFS 相关的命令，实现在 HDFS 上创建目录并将本地服务器文件上传到 HDFS 中指定的目录下，代码如下所示：

```
import subprocess
import sys
import datetime
#HDFS 上存储日志的标志，以每台服务器的 IP 地址作为标志
webid = "192.168.175.100"
# 获取当前日志
current_date = datetime.datetime.now().strftime('%Y%m%d')
# 日志在本地服务器上的存储目录
log_native_path = "/home/hadoop/input/" + current_date + "/access.log"
# 日志在 HDFS 上的名称
log_hdfs_name = webid + "_access.log"
# 日志在 HDFS 上存放的目录
log_hdfs_path = "hdfs://binghe100:9000/data/input/" + current_date
```

```
try:
    # 拼接 hadoop 命令创建目录
    subprocess.call("/usr/local/hadoop-3.2.0/bin/hadoop fs -mkdir " + log_
hdfs_path, shell=True)
except:
    pass
# 上传本地日志文件到 HDFS
put_info = subprocess.call("/usr/local/hadoop-3.2.0/bin/hadoop fs -put " +
log_native_path + " " + log_hdfs_path + "/" + log_hdfs_name, shell=True)
print(put_info)
```

本地服务器的日志会输出到 /home/hadoop/input 目录下按照日期创建的文件夹中，程序通过 subprocess.call() 方法拼接 hadoop 命令，在 HDFS 的 /data/input 目录下按照日期创建不同的目录，再将本地服务器上的日志文件上传到 HDFS 当前日期对应的目录下。

注意： 读者根据自身服务器日志存放的目录和在 HDFS 上创建的目录修改程序中的 log_native_path 变量和 log_hdfs_path 变量。

4. 配置定时任务

编写完程序代码，就要在 CentOS 6.8 虚拟机中配置 cron 定时任务了，每天将服务器输出的日志上传到 HDFS 指定的目录下。配置定时任务前，还需要进行 cron 服务的安装和配置。

（1）安装 cron 服务，在命令行输入如下命令：

```
yum install vixie-cron
yum install crontabs
```

接下来把 crond 服务添加到系统启动项，如下所示：

```
chkconfig crond on
```

启动 cron 服务，命令如下所示：

```
service crond start
```

最后检查 crontab 工具是否安装、服务是否启动，如下所示：

```
crontab -l
service crond status
```

注意： 安装 cron 服务是在 root 用户下进行的。

（2）配置 Python 脚本定时任务，输入如下命令将 Python 脚本添加到 cron 定时任务的配置文件中。

首先查看 python3 命令所在的目录，如下所示：

```
-bash-4.1$ whereis python3
python3: /usr/local/bin/python3.7m /usr/local/bin/python3.7m-config /usr/local/
bin/python3.7-config /usr/local/bin/python3.7 /usr/local/bin/python3 /usr/
```

```
local/lib/python3.7
```

可以看到，python3 命令所在的目录为 /usr/local/bin/。

接下来配置 Python 脚本的 cron 定时任务，在命令行输入如下命令：

```
crontab -e
```

然后输入如下命令，保存退出：

```
55 23 * * * /usr/local/bin/python3 /home/hadoop/python/uploadfile/upload_log_
to_hdfs.py >> /dev/null 2>&1
```

上述配置表示每天的 23 点 55 分执行上传文件的 Python 脚本 upload_log_to_hdfs.py，将本地服务器上的日志文件上传到 HDFS 中。

> **注意：** 配置 Python 脚本定时任务是在 Hadoop 账户下进行的，需要安装 JDK(配置环境变量) 和 Hadoop(配置环境变量)。

（3）输入如下命令，重启 cron 服务：

```
service crond restart
```

> **注意：** 重启 cron 服务是在 root 账户下进行的。

至此，上传本地服务器上的日志文件到 HDFS 的 Python 程序开发完成，并配置定时任务实现每天 23 点 55 分自动执行 Python 程序上传文件。

5. 测试 Python 程序

为了验证 Python 程序是否正常，将 Python 脚本文件 upload_log_to_hdfs.py 上传到服务器的 /home/hadoop/python/uploadfile 目录下，并将日志文件 access.log 上传到服务器的 /home/hadoop/input/20190715 目录下。

（1）执行 Python 程序，如下所示：

```
-bash-4.1$ python3 /home/hadoop/python/uploadfile/upload_log_to_hdfs.py
0
```

（2）查看文件是否上传成功，如下所示：

```
-bash-4.1$ hadoop fs -ls /data/input
Found 2 items
drwxr-xr-x - hadoop supergroup 0 2019-07-15 15:30 /data/input/20190715
-rw-r--r-- 1 hadoop supergroup 151 2019-07-14 18:51 /data/input/word.txt
-bash-4.1$ hadoop fs -ls /data/input/20190715
Found 1 items
-rw-r--r-- 1 hadoop supergroup 15980457 2019-07-15 15:30 /data/
input/20190715/192.168.175.100_access.log
```

可以看到，在 HDFS 上的 /data/input 目录下创建了 20190715 目录，并上传了日志文件。

8.2.5 使用 Python 统计网站访问流量

一个网站访问流量的多少直接体现了这个网站的价值，目前很多租用的云服务器都是按照流量和数据存储收费的，所以统计网站的访问流量是非常有必要的。

1. 需求

统计日志文件中每分钟的流量数据，并输出每分钟的流量信息。

2. 实现分析

在 Map 阶段截取日志文件每行数据中日期的"小时：分钟"部分和发送的字节数，以"小时：分钟"为 key，发送的字节数为 value 进行输出；在 Reduce 阶段将同一个"小时：分钟"发送的字节数进行累加统计，输出最终结果。

3. 编写程序代码

考虑到 Mrjob 框架编写 MapReduce 的便捷性，这里采用 Mrjob 框架编写 MapReduce 程序。创建脚本文件 website_visit_flow.py，代码如下所示：

```python
from mrjob.job import MRJob
import re
class WebSiteVisitFlowCounter(MRJob):
    def mapper(self, key, value):
        i = 0
        for flow in value.split():
            # 获取时间字段
            if i == 3:
                time_row = flow.split(":")
                # 获取 " 小时：分钟 " 作为 Map 阶段的 key
                hour_minute = time_row[1] + ":" + time_row[2]
            # 获取发送的字节数
            if i == 9 and re.match(r"\d{1,}", flow):
                yield hour_minute, int(flow)
            # 累加 i 变量
            i += 1
    def reducer(self, key, values):
        # 输入的 key 格式为 " 小时：分钟 "，将相同 " 小时：分钟 " 的字节数直接累加，并输
        # 出即可
        yield key, sum(values)
# 执行程序的 main() 函数
if __name__ == '__main__':
    WebSiteVisitFlowCounter.run()
```

上述代码简单明了，这里不再一一赘述其意义。

4. 运行程序并验证结果

（1）在命令行输入如下命令，运行 MapReduce 程序：

```
python3 /home/hadoop/python/flow/website_visit_flow.py -r hadoop --jobconf
mapreduce.job.priority=VERY_HIGH --jobconf mapreduce.map.tasks=2 --jobconf
mapduce.reduce.tasks=1 -o hdfs://binghe100:9000/data/output hdfs://
binghe100:9000/data/input/20190715/192.168.175.100_access.log
```

命令说明与 8.2.3 小节的命令说明相同，这里不再赘述。

执行命令后，在命令行输出如下信息，说明 MapReduce 程序执行成功：

```
map 100% reduce 100%
Job job_1563174595545_0001 completed successfully
Output directory: hdfs://binghe100:9000/data/output
```

（2）查看结果输出文件和结果数据，代码如下所示：

```
-bash-4.1$ hadoop fs -ls /data/output/
Found 2 items
-rw-r--r-- 1 hadoop supergroup 0 2019-07-15 16:33 /data/output/_SUCCESS
-rw-r--r-- 1 hadoop supergroup 13237 2019-07-15 16:33 /data/output/part-00000
-bash-4.1$ hadoop fs -cat /data/output/part-00000
"15:24" 4024030
"15:25" 1814359
"15:26" 2754462
"15:27" 1167429
"15:28" 325478
"15:29" 2387037
"15:30" 573792
"15:31" 1306010
"15:32" 342547
"15:33" 3646404
"15:34" 3437365
"15:35" 2216020
"15:36" 2700168
```

注意：　此处结果数据过多，故只截取了部分结果数据进行展示。

可以看到，正确输出了"小时：分钟"数据和其对应的流量信息，符合需求。

8.2.6　使用 Python 统计网站 HTTP 状态码

网站的 HTTP 状态码可以体现网站的健康状态，尤其是访问网站时产生的 200、404 和 5xx 这些状态码更值得关注。本小节就使用 Python 实现统计网站 HTTP 状态码的功能。

1. 需求

统计日志文件中不同状态码分别出现的次数，并输出结果数据。

2. 实现分析

在 Map 阶段读取日志文件中的每行数据，截取每行数据中的状态码，并将状态码作为 key，数字 1 作为 value 进行输出。Reduce 阶段对同一状态码出现的次数分别进行累加计算，并输出最终统计结果。

3. 编写程序代码

创建 Python 脚本文件 website_code_status.py，代码如下所示：

```
from mrjob.job import MRJob
import re
class WebSiteCodeStatusCounter(MRJob):
    def mapper(self, key, value):
        i = 0
        for code in value.split():
            # 获取日志文件中的状态码信息
            if i == 8 and re.match(r"\d{1,3}", code):
                # 输出 ( 状态码 ,1)
                yield code, 1
            # 累加 i 变量
            i += 1
    def reducer(self, key, values):
        # 对同一状态码的次数进行累加
        yield key, sum(values)
# 程序的入口, main() 函数
if __name__ == '__main__':
    WebSiteCodeStatusCounter.run()
```

上述代码比较简单，故不再赘述其意义。

4. 运行程序并验证结果

（1）在命令行执行如下命令，运行 MapReduce 任务：

```
python3 /home/hadoop/python/status/website_code_status.py -r hadoop --jobconf
mapreduce.job.priority=VERY_HIGH --jobconf mapreduce.map.tasks=2 --jobconf
mapduce.reduce.tasks=1 -o hdfs://binghe100:9000/data/output hdfs://
binghe100:9000/data/input/20190715/192.168.175.100_access.log
```

命令说明与 8.2.3 小节的命令说明相同，这里不再赘述。

（2）查看输出的结果文件和结果数据，代码如下所示：

```
-bash-4.1$ hadoop fs -ls /data/output
Found 2 items
-rw-r--r-- 1 hadoop supergroup 0 2019-07-15 17:08 /data/output/_SUCCESS
-rw-r--r-- 1 hadoop supergroup 53 2019-07-15 17:08 /data/output/part-00000
-bash-4.1$ hadoop fs -cat /data/output/part-00000
"200"   53583
"301"   7230
"302"   249
"304"   964
"404"   297
```

可以看到，输出了结果文件，结果文件中存放了日志文件中出现的状态码和状态码出现的次数，说明编写的 MapReduce 程序符合需求。

8.2.7 使用 Python 统计网站分钟级请求数

网站的请求量大小可以从侧面反映网站的受欢迎程度和其用户的活跃程度，所以有必

要对网站的请求数进行统计。本小节就使用Python语言实现统计网站分钟级请求数的功能。

1. 需求

根据日志文件统计出网站每分钟的请求数量，并输出结果数据。

2. 实现分析

在Map阶段读入日志文件的每行数据，截取数据中的"小时：分钟"部分，将"小时：分钟"作为key，数字1作为value进行输出；Reduce阶段将同一"小时：分钟"部分的数量分别进行累加计算，输出最终的统计结果。

3. 编写程序代码

创建Python脚本文件website_minute_count.py，代码如下所示：

```python
from mrjob.job import MRJob
import re
class WebsiteMinuteCounter(MRJob):
    def mapper(self, key, value):
        i = 0
        for date_time in value.split():
            #获取时间字段
            if i == 3:
                time_row = date_time.split(":")
                #获取"小时：分钟"数据
                hour_minute = time_row[1] + ":" + time_row[2]
                #输出("小时：分钟", 1)
                yield hour_minute, 1
            #累加i变量
            i += 1
    def reducer(self, key, values):
        yield key, sum(values)
if __name__ == '__main__':
    WebsiteMinuteCounter.run()
```

上述代码比较简单，故不再赘述其意义。

4. 运行程序并验证结果

（1）在命令行执行如下命令，运行MapReduce任务：

```
python3 /home/hadoop/python/count/website_minute_count.py -r hadoop --jobconf
mapreduce.job.priority=VERY_HIGH --jobconf mapreduce.map.tasks=2 --jobconf
mapduce.reduce.tasks=1 -o hdfs://binghe100:9000/data/output hdfs://
binghe100:9000/data/input/20190715/192.168.175.100_access.log
```

命令说明与8.2.3小节的命令说明相同，这里不再赘述。

（2）查看结果输出文件和结果数据，代码如下所示：

```
-bash-4.1$ hadoop fs -ls /data/output
Found 2 items
-rw-r--r-- 1 hadoop supergroup 0 2019-07-15 17:35 /data/output/_SUCCESS
-rw-r--r-- 1 hadoop supergroup 9865 2019-07-15 17:35 /data/output/part-00000
-bash-4.1$ hadoop fs -cat /data/output/part-00000
"15:32" 80
```

```
"15:33" 127
"15:34" 80
"15:35" 146
"15:36" 176
"15:37" 76
"15:38" 58
"15:39" 121
"15:40" 50
"15:41" 153
```

注意：此处结果数据过多，故只截取了部分结果数据进行展示。

可以看到，输出了"小时：分钟"信息和其对应的数量，符合需求。

8.2.8 使用 Python 统计网站的来源 IP

网站的来源 IP 往往代表一个个独立的用户，统计网站的来源 IP 可以统计网站的 UV（Unique Visitor，独立访客）数量，也可以更好地了解用户的分布情况。本小节就使用 Python 实现统计网站来源 IP 的功能。

1. 需求

统计日志文件中每个 IP 出现的次数，并输出统计结果。

2. 实现分析

在 Map 阶段读入日志文件的每行数据，截取其 IP 部分，将 IP 作为 key，数字 1 作为 value 进行输出；在 Reduce 阶段将同一 IP 对应的次数分别进行累加计算，输出最终结果。

3. 编写程序代码

创建 Python 脚本文件 website_ip_counter.py，代码如下所示：

```python
from mrjob.job import MRJob
import re
# 定义 IP 正则匹配
IP_EX = re.compile(r"\d{1,3}\.\d{1,3}\.\d{1,3}\.\d{1,3}")
class WebsiteIPCounter(MRJob):
    def mapper(self, key, value):
        # 在每行数据中，根据正则表达式的规则获取 IP 地址
        for ip in IP_EX.findall(value):
            yield ip, 1
    def reducer(self, key, values):
        yield key, sum(values)
if __name__ == '__main__':
    WebsiteIPCounter.run()
```

上述代码比较简单，故不再赘述其意义。

4. 运行程序并验证结果

（1）在命令行执行如下命令，运行 MapReduce 任务：

```
python3 /home/hadoop/python/ip/website_ip_counter.py -r hadoop --jobconf
mapreduce.job.priority=VERY_HIGH --jobconf mapreduce.map.tasks=2 --jobconf
mapduce.reduce.tasks=1 -o hdfs://binghe100:9000/data/output hdfs://
binghe100:9000/data/input/20190715/192.168.175.100_access.log
```

命令说明与 8.2.3 小节的命令说明相同，这里不再赘述。

（2）查看结果输出文件和结果数据，代码如下所示：

```
-bash-4.1$ hadoop fs -ls /data/output
Found 2 items
-rw-r--r-- 1 hadoop supergroup 0 2019-07-15 17:56 /data/output/_SUCCESS
-rw-r--r-- 1 hadoop supergroup 12025 2019-07-15 17:56 /data/output/part-00000
-bash-4.1$ hadoop fs -cat /data/output/part-00000
"192.168.175.130"        20
"192.168.175.135"        353
"192.168.175.136"        456
"192.168.175.137"        631
"192.168.175.138"        552
"192.168.175.139"        854
"192.168.175.140"        1284
"192.168.175.141"        542
"192.168.175.143"        734
"192.168.175.144"        756
"192.168.175.145"        766
```

注意： 此处结果数据过多，故只截取了部分结果数据进行展示。

可以看到，结果数据中输出了每个 IP 和 IP 对应的出现次数，符合需求。

8.2.9　使用 Python 统计网站文件或接口

统计网站的文件或接口访问情况，能够清晰地了解到网站接口的调用频率、哪些文件或接口调用比较频繁，可以有针对性地对网站模块进行优化。本小节就使用 Python 语言实现统计网站文件或接口访问数量的功能。

1. 需求

统计日志文件中每个文件或接口的访问次数并输出统计结果。

2. 实现分析

在 Map 阶段读入日志文件的每行数据，截取其文件路径和接口路径部分，将文件路径和接口路径部分作为 key，数字 1 作为 value 进行输出；在 Reduce 阶段将相同的文件路径和接口路径部分的数字分别进行累加计算，输出最终的统计结果。

3. 编写程序代码

创建 Python 脚本文件 website_file_api_count.py，代码如下所示：

```
from mrjob.job import MRJob
import re
```

```
class WebsiteFileAPICounter(MRJob):
    def mapper(self, key, value):
        i = 0
        for api in value.split():
            # 获取文件路径和接口路径
            if i == 6:
                # 去除接口中 ? 后面的内容
                if "?" in api:
                    apiArray = api.split("?")
                    api = apiArray[0]
                yield api, 1
            i += 1
    def reducer(self, key, values):
        yield key, sum(values)
if __name__ == '__main__':
    WebsiteFileAPICounter.run()
```

上述代码比较简单，故不再赘述其意义。

4. 运行程序并验证结果

（1）在命令行执行如下命令，运行 MapReduce 任务：

```
python3 /home/hadoop/python/api/website_file_api_count.py -r hadoop --jobconf
mapreduce.job.priority=VERY_HIGH --jobconf mapreduce.map.tasks=2 --jobconf
mapduce.reduce.tasks=1 -o hdfs://binghe100:9000/data/output hdfs://
binghe100:9000/data/input/20190715/192.168.175.100_access.log
```

命令说明与 8.2.3 小节的命令说明相同，这里不再赘述。

（2）查看结果输出文件和结果数据，代码如下所示：

```
-bash-4.1$ hadoop fs -ls /data/output
Found 2 items
-rw-r--r-- 1 hadoop supergroup 0 2019-07-15 18:28 /data/output/_SUCCESS
-rw-r--r-- 1 hadoop supergroup 0 2019-07-15 18:28 /data/output/part-00000
-bash-4.1$ hadoop fs -cat /data/output/part-00000
"/uc_server/avatar.php" 6920
"/uc_server/data/avatar/000/00/00/01_avatar_middle.jpg" 44
"/uc_server/data/avatar/000/00/00/01_avatar_small.jpg"  58
"/uc_server/data/avatar/000/00/00/02_avatar_middle.jpg" 2
"/uc_server/data/avatar/000/00/00/02_avatar_small.jpg"  65
"/uc_server/data/avatar/000/00/00/06_avatar_middle.jpg" 8
"/uc_server/data/avatar/000/00/00/06_avatar_small.jpg"  1
"/uc_server/data/avatar/000/00/00/18_avatar_middle.jpg" 13
"/uc_server/data/avatar/000/00/00/18_avatar_small.jpg"  58
```

注意： 此处结果数据过多，故只截取了部分结果数据进行展示。

可以看到，结果数据中输出了每个文件的路径和接口路径以及对应的数量信息，符合需求。

注意： 除本节统计的日志信息之外，还可以统计客户端类型、客户端版本、浏览器类型及版本、操作系统及版本、浏览器内核等信息，为更好地提升用户体验提供数据支持。限于篇幅，这里不再统计日志中的其他信息，读者可以根据本书提供的案例自行统计。

8.3 遇到的问题和解决方案

本节主要介绍实现 Hadoop MapReduce 的编程案例中遇到的问题及解决方案，供读者参考。

8.3.1 设置访问控制列表异常

默认情况下，在命令行执行 Hadoop 的设置访问控制列表命令时会出现异常，异常信息如下所示：

```
setfacl: The ACL operation has been rejected.  Support for ACLs has been
disabled by setting dfs.namenode.acls.enabled to false.
```

解决方案：在 hdfs-site.xml 文件中添加如下配置即可。

```
<property>
    <name>dfs.namenode.acls.enabled</name>
    <value>true</value>
</property>
```

8.3.2 执行 hadoop jar 命令报错

笔者在测试 MapReduce 程序时，输入如下命令报错：

```
hadoop jar /usr/local/hadoop-3.2.0/share/hadoop/tools/lib/hadoop-streaming-
3.2.0.jar -file /home/hadoop/python/wordcount/wordcount_mapper.py -mapper
wordcount_mapper.py -file /home/hadoop/python/wordcount/wordcount_reducer.py
-reducer wordcount_reducer.py -input /data/input/word.txt -output /data/output
```

报错信息如下所示：

```
Error: java.lang.RuntimeException: PipeMapRed.waitOutputThreads(): subprocess
failed with code 127
        at org.apache.hadoop.streaming.PipeMapRed.waitOutputThreads(PipeMapRed.
java:326)
        at org.apache.hadoop.streaming.PipeMapRed.mapRedFinished(PipeMapRed.
java:539)
        at org.apache.hadoop.streaming.PipeMapper.close(PipeMapper.java:130)
        at org.apache.hadoop.mapred.MapRunner.run(MapRunner.java:61)
        at org.apache.hadoop.streaming.PipeMapRunner.run(PipeMapRunner.java:34)
        at org.apache.hadoop.mapred.MapTask.runOldMapper(MapTask.java:465)
        at org.apache.hadoop.mapred.MapTask.run(MapTask.java:349)
        at org.apache.hadoop.mapred.YarnChild$2.run(YarnChild.java:174)
        at java.security.AccessController.doPrivileged(Native Method)
        at javax.security.auth.Subject.doAs(Subject.java:422)
        at org.apache.hadoop.security.UserGroupInformation.
doAs(UserGroupInformation.java:1730)
```

```
        at org.apache.hadoop.mapred.YarnChild.main(YarnChild.java:168)

2019-07-15 18:50:11,102 INFO mapreduce.Job: Task Id :
attempt_1563174595545_0007_m_000000_0, Status : FAILED
Error: java.lang.RuntimeException: PipeMapRed.waitOutputThreads(): subprocess
failed with code 127
        at org.apache.hadoop.streaming.PipeMapRed.waitOutputThreads(PipeMapRed.
java:326)
        at org.apache.hadoop.streaming.PipeMapRed.mapRedFinished(PipeMapRed.
java:539)
        at org.apache.hadoop.streaming.PipeMapper.close(PipeMapper.java:130)
        at org.apache.hadoop.mapred.MapRunner.run(MapRunner.java:61)
        at org.apache.hadoop.streaming.PipeMapRunner.run(PipeMapRunner.java:34)
        at org.apache.hadoop.mapred.MapTask.runOldMapper(MapTask.java:465)
        at org.apache.hadoop.mapred.MapTask.run(MapTask.java:349)
        at org.apache.hadoop.mapred.YarnChild$2.run(YarnChild.java:174)
        at java.security.AccessController.doPrivileged(Native Method)
        at javax.security.auth.Subject.doAs(Subject.java:422)
        at org.apache.hadoop.security.UserGroupInformation.
doAs(UserGroupInformation.java:1730)
        at org.apache.hadoop.mapred.YarnChild.main(YarnChild.java:168)
```

解决方案：将命令中的 –mapper wordcount_mapper.py 修改为 –mapper "python3 wordcount_mapper.py"，将 –reducer wordcount_reducer.py 修改为 –reducer "python3 wordcount_reducer.py"。

修改后的命令如下所示：

```
hadoop jar /usr/local/hadoop-3.2.0/share/hadoop/tools/lib/hadoop-streaming-
3.2.0.jar -file /home/hadoop/python/wordcount/wordcount_mapper.py -mapper
"python3 wordcount_mapper.py" -file /home/hadoop/python/wordcount/wordcount_
reducer.py -reducer "python3 wordcount_reducer.py" -input /data/input/word.txt
-output /data/output
```

此时再执行 hadoop jar 命令，就会输出正确的结果数据。

8.3.3 安装 Mrjob 环境报错

笔者在开始输入如下命令安装 Mrjob 环境时报错：

```
pip3 install mrjob
```

报错信息如下：

```
pip is configured with locations that require TLS/SSL, however the ssl module
in Python is not available.
Collecting mrjob
  Retrying (Retry(total=4, connect=None, read=None, redirect=None,
status=None)) after connection broken by 'SSLError("Can't connect to HTTPS URL
because the SSL module is not available.")': /simple/mrjob/
  Retrying (Retry(total=3, connect=None, read=None, redirect=None,
```

```
status=None)) after connection broken by 'SSLError("Can't connect to HTTPS URL
because the SSL module is not available.")': /simple/mrjob/
  Retrying (Retry(total=2, connect=None, read=None, redirect=None,
status=None)) after connection broken by 'SSLError("Can't connect to HTTPS URL
because the SSL module is not available.")': /simple/mrjob/
  Retrying (Retry(total=1, connect=None, read=None, redirect=None,
status=None)) after connection broken by 'SSLError("Can't connect to HTTPS URL
because the SSL module is not available.")': /simple/mrjob/
  Retrying (Retry(total=0, connect=None, read=None, redirect=None,
status=None)) after connection broken by 'SSLError("Can't connect to HTTPS URL
because the SSL module is not available.")': /simple/mrjob/
  Could not fetch URL https://pypi.org/simple/mrjob/: There was a problem
confirming the ssl certificate: HTTPSConnectionPool(host='pypi.org', port=443):
Max retries exceeded with url: /simple/mrjob/ (Caused by SSLError("Can't connect
to HTTPS URL because the SSL module is not available.")) - skipping
  Could not find a version that satisfies the requirement mrjob (from versions: )
No matching distribution found for mrjob
pip is configured with locations that require TLS/SSL, however the ssl module
in Python is not available.
Could not fetch URL https://pypi.org/simple/pip/: There was a problem confirming
the ssl certificate: HTTPSConnectionPool(host='pypi.org', port=443): Max retries
exceeded with url: /simple/pip/ (Caused by SSLError("Can't connect to HTTPS URL
because the SSL module is not available.")) - skipping
```

笔者通过升级 openssl 后重新编译安装 Python 解决了问题，步骤如下。

（1）在命令行输入如下命令，下载 openssl：

```
wget https://www.openssl.org/source/openssl-1.1.1a.tar.gz
```

（2）解压并编译安装 openssl，代码如下所示：

```
tar -zxvf openssl-1.1.1a.tar.gz
cd openssl-1.1.1a
./config --prefix=/usr/local/openssl no-zlib # 不需要 zlib
make
make install
```

（3）备份系统中 openssl 的原配置信息，代码如下所示：

```
mv /usr/bin/openssl /usr/bin/openssl.bak
mv /usr/include/openssl/ /usr/include/openssl.bak
```

（4）设置新版 openssl 配置信息，代码如下所示：

```
ln -s /usr/local/openssl/include/openssl /usr/include/openssl
ln -s /usr/local/openssl/lib/libssl.so.1.1 /usr/local/lib64/libssl.so
ln -s /usr/local/openssl/bin/openssl /usr/bin/openssl
```

（5）修改系统的配置信息，代码如下所示：

```
## 写入 openssl 库文件的搜索路径
echo "/usr/local/openssl/lib" >> /etc/ld.so.conf
```

```
## 使修改后的 /etc/ld.so.conf 生效
ldconfig -v
```

（6）查看 openssl 版本，代码如下所示：

```
[root@binghe100 ~]# openssl version
OpenSSL 1.1.1a  20 Nov 2018
```

说明 openssl 升级成功。

注意： 升级 openssl 是在 root 用户下进行的。

（7）升级 openssl 之后需要重新编译安装 Python 环境，代码如下所示：

```
cd python 安装文件目录
make clean
./configure --with-openssl=/usr/local/openssl
make
make install
```

重新编译安装 Python 环境之后，再次执行安装 Mrjob 环境的命令，即可正确安装。

8.3.4　安装 cron 服务

在 CentOS 6.8 服务器上安装 cron 服务的步骤如下。

（1）安装 cron 服务，代码如下所示：

```
yum install -y vixie-cron crontabs
```

（2）将 crond 服务添加到系统启动项，代码如下所示：

```
chkconfig crond on
```

（3）启动 cron 服务，代码如下所示：

```
service crond start
```

（4）查看启动的服务，代码如下所示：

```
# 查看服务是否正确安装
crontab -l
# 查看服务的启动状态
service crond status
```

当执行查看服务是否正确安装的命令时，可能会报出如下错误：

```
no crontab for root
```

解决方案为，在 root 用户下输入如下命令：

```
crontab -e
```

按 Esc 键，输入 ":wq" 并按回车键，之后执行查看服务是否正确安装的命令时就不报错了。

注意： 安装 cron 服务是在 root 用户下进行的。

8.3.5 以 hadoop 用户运行 cron 定时任务报错

笔者开始以 root 用户在 /etc/crontab 文件中添加如下配置，当执行 Python 脚本时报错：

```
55 23 * * * hadoop /usr/local/bin/python3 /home/hadoop/python/uploadfile/
upload_log_to_hdfs.py >> /dev/null 2>&1
```

报错信息如下所示：

```
crontab Error creating temp dir in hadoop.tmp.dir file:due to Permission denied
```

解决方案为，先将用户切换到 hadoop 用户，执行如下命令：

```
su hadoop
crontab -e
55 23 * * * /usr/local/bin/python3 /home/hadoop/python/uploadfile/upload_log_
to_hdfs.py >> /dev/null 2>&1
```

再将用户切换回 root 用户，执行重启 cron 服务的命令，如下所示：

```
su root
service crond restart
```

此时，自动执行定时任务就不再报错了。

注意： 本节就常遇到的问题进行了总结，但未必包含所有的异常情况，读者在平时的学习和工作中需要养成总结问题的好习惯，将遇到的问题和解决方案记录下来，避免犯同样的错误。

8.4 本章总结

本章主要介绍了 Hadoop MapReduce 的实际编程案例，分别以 Java 语言和 Python 语言列举了一些在实际工作中遇到的案例模型。掌握了这些 MapReduce 案例程序，可以更加深入地理解 Hadoop MapReduce 框架，同时形成 MapReduce 的编程思维。最后，就案例中经常遇到的一些问题进行了总结。第 9 章将对 Hadoop 大数据生态中的另一项技术——Hive 的环境搭建做出简要介绍。

第 9 章
Hive 环境搭建

    Hadoop MapReduce 编程需要使用者掌握一门 Hadoop 支持的开发语言。在 Hadoop 出现之前，大部分的数据分析人员基本都用 SQL 语句分析数据库中的数据，如果让这些数据分析人员重新学习一门 Hadoop 支持的开发语言，将会耗费巨大的人力成本和学习成本。

    那么，如何让这些数据分析人员能够使用 Hadoop 强大的 MapReduce 编程模型进行数据分析呢？ Hive 的出现就解决了这个问题。本章就对 Hadoop 大数据生态系统中的数据仓库工具 Hive 的环境搭建做出简要介绍。

本章主要涉及的知识点如下。

- Hive 架构。
- Hive 的 3 种部署模式。
- MySQL 的安装和配置。
- Hive 环境部署。

9.1 Hive 架构和部署模式

Hive 的出现使得传统数据分析人员能够快速上手使用 Hadoop 进行数据的分析和处理，这得益于 Hive 优良的架构特征。除此之外，Hive 提供了 3 个不同的部署模式，分别是内嵌模式、本地模式和远程模式。

9.1.1 Hive 架构

Hive 在架构上并不是分布式的，它被设计成独立于 Hadoop 集群之外，可以将它看成 Hadoop 的客户端，它能够将 HiveQL 转化成 MapReduce 作业在 Hadoop 中执行。

注意：
> 有些 HiveQL 语句不能转化成 MapReduce 作业，如下面的查询语句：
>
> select * from user;
>
> 这种 HiveQL 语句不会被 Hive 转化成 MapReduce 作业，Hive 只会从 DataNode 将数据获取到之后，按照顺序依次输出。

Hive 架构如图 9-1 所示。

由图 9-1 可以看出以下信息。

（1）Hive 可以通过 CLI、JDBC 和 ODBC 等客户端进行访问。除此之外，Hive 还支持 WUI 访问。

（2）Hive 核心组件包括 HiveQL 解析器、编译器、查询优化器和 HiveQL 执行器。它们完成 HiveQL 查询语句从词法分析、语法分析、编译、优化到查询计划的生成。

（3）Hive 的元数据保存在数据库中，如保存在 MySQL、SQL Server、PostgreSQL、Oracle 及 Derby 等数据

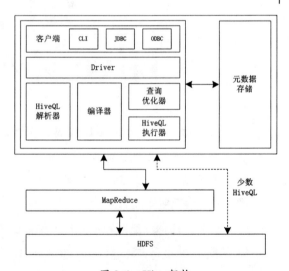

图 9-1　Hive 架构

库中。Hive 中的元数据信息包括表名、列名、分区及其属性、表的属性（包括是否为外部表）、表数据所在目录等。

（4）Hive 将大部分 HiveQL 语句转化为 MapReduce 作业提交到 Hadoop 执行；少数 HiveQL 语句不会转化为 MapReduce 作业，直接从 DataNode 上获取数据后按照顺序输出。

9.1.2 内嵌模式

内嵌模式是 Hive 安装部署中最简单的一种模式。这种模式中，Hive 的元数据信息和 Hive 服务运行在同一个 JVM 实例中，此时，Hive 存储元数据信息使用的是内嵌的 Derby

数据库。另外，这种模式只能支持最多一个用户打开 Hive 会话进行数据操作。

Hive 的内嵌模式如图 9-2 所示。

由图 9-2 可以看出，Hive 服

图 9-2　Hive 的内嵌模式

务、元数据服务和 Derby 数据库是运行在同一个 JVM 实例中的，Hive 服务通过元数据服务向 Derby 数据库存储元数据信息。

9.1.3　本地模式

在 Hive 的本地模式中，Hive 服务和元数据服务运行在同一个 JVM 实例中，同时使用外置的数据库，如 MySQL 或 PostgreSQL 等数据库作为存储元数据的数据库。Hive 的本地模式如图 9-3 所示。

由图 9-3 可以看出，本地模式下，Hive 服务和元数据服务运行在同一个 JVM 实例中，但是存

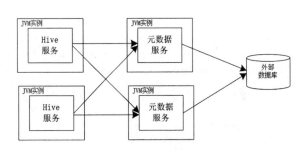

图 9-3　Hive 的本地模式

储元数据的数据库被独立出来，图 9-3 的外部数据库可以是 MySQL、PostgreSQL、Oracle 数据库等。同时，多个 JVM 实例中运行的多个 Hive 服务和元数据服务可以连接同一个存储元数据信息的外部数据库。

9.1.4　远程模式

在远程模式下，Hive 服务和元数据服务运行在不同的进程内。此时，数据库服务可以放置到远程的某台服务器上，同时可以将数据库放置在防火墙等安全隔离服务的背后，增强了数据库服务的安全性。Hive 的远程模式如图 9-4 所示。

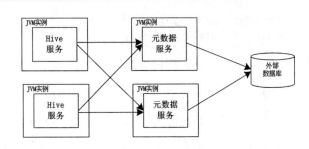

图 9-4　Hive 的远程模式

由图 9-4 可以看出，在 Hive 的远程模式中，Hive 服务和元数据服务分别运行在不同的 JVM 实例中，多个 Hive 服务和元数据服务之间可以交叉访问。同时，存储元数据的外部数据库可以部署到远程服务器上，由防火墙等安全防护进程提供安全保障。

综上所述，在生产环境下，推荐使用本地模式和远程模式安装和部署 Hive。

9.2 安装并配置 MySQL 数据库

Hive 的本地模式和远程模式的安装部署需要安装额外的数据库来保存 Hive 的元数据信息，本节以安装 MySQL 数据库为例，对 Hive 环境部署前的准备工作进行简单介绍。

注意：安装 MySQL 数据库是在 root 用户下进行的。

9.2.1 安装 MySQL 数据库的依赖环境

在命令行输入如下命令，安装编译 MySQL 所需的依赖环境：

```
yum -y install wget gcc-c++ ncurses ncurses-devel cmake make perl bison
openssl openssl-devel gcc* libxml2 libxml2-devel curl-devel libjpeg* libpng*
freetype* autoconf automake zlib* fiex* libxml* libmcrypt* libtool-ltdl-devel*
libaio libaio-devel  bzr libtool
```

9.2.2 安装 MySQL 数据库

（1）新增 MySQL 用户组和用户，代码如下所示：

```
# 新增 MySQL 用户组
groupadd mysql
# 新增 MySQL 用户
useradd -r -g mysql mysql
```

（2）创建 MySQL 的安装目录和 MySQL 数据库的数据文件所在目录，代码如下所示：

```
# 创建 MySQL 的安装目录
mkdir -p /usr/local/mysql3306
# 创建 MySQL 的数据库数据文件所在目录
mkdir -p /data/mysql3306db
```

（3）创建 boost 文件所在目录，代码如下所示：

```
mkdir -p /usr/local/boost3306
```

（4）在命令行中输入如下命令，下载 MySQL 的安装源码：

```
wget https://dev.mysql.com/get/Downloads/MySQL-5.7/mysql-5.7.25.tar.gz
```

（5）解压 MySQL 源码包，代码如下所示：

```
tar -zxvf mysql-5.7.25.tar.gz
```

（6）对 MySQL 进行 cmake 编译配置，首先进入 MySQL 的解压目录下，如下所示：

```
cd mysql-5.7.25
```

接下来输入如下命令，进行 cmake 编译配置：

```
cmake -DCMAKE_INSTALL_PREFIX=/usr/local/mysql3306 -DMYSQL_DATADIR=/data/
mysql3306db -DDEFAULT_CHARSET=utf8mb4 -DDEFAULT_COLLATION=utf8mb4_general_
ci -DMYSQL_TCP_PORT=3306 -DMYSQL_USER=mysql -DWITH_MYISAM_STORAGE_ENGINE=1
-DWITH_INNOBASE_STORAGE_ENGINE=1 -DWITH_ARCHIVE_STORAGE_ENGINE=1 -DWITH_
BLACKHOLE_STORAGE_ENGINE=1 -DWITH_MEMORY_STORAGE_ENGINE=1 -DDOWNLOAD_BOOST=1
-DWITH_BOOST=/usr/local/boost3306
```

（7）用另一种方式对 MySQL 进行 cmake 编译配置。首先下载 boost，代码如下所示：

```
wget https://sourceforge.net/projects/boost/files/boost/1.59.0/boost_1_59_0.
tar.gz/download
```

接下来将下载的 boost_1_59_0.tar.gz 压缩文件放置到 /user/local/boost3306 目录下，代码如下所示：

```
mv boost_1_59_0.tar.gz /user/local/boost3306
```

然后将当前目录切换到 MySQL 的解压目录下，输入如下命令进行 cmake 编译配置：

```
cd mysql-5.7.25
cmake -DCMAKE_INSTALL_PREFIX=/usr/local/mysql3306 -DMYSQL_DATADIR=/data/
mysql3306db -DDEFAULT_CHARSET=utf8mb4 -DDEFAULT_COLLATION=utf8mb4_general_
ci -DMYSQL_TCP_PORT=3306 -DMYSQL_USER=mysql -DWITH_MYISAM_STORAGE_ENGINE=1
-DWITH_INNOBASE_STORAGE_ENGINE=1 -DWITH_ARCHIVE_STORAGE_ENGINE=1 -DWITH_
BLACKHOLE_STORAGE_ENGINE=1 -DWITH_MEMORY_STORAGE_ENGINE=1  -DWITH_BOOST=/usr/
local/boost3306
```

前一种 cmake 编译配置的方式是在运行 cmake 编译命令时下载 boost；而后一种 cmake 编译配置的方式是先将 boost 下载后放置到指定的目录下，运行 cmake 编译配置命令。对比前后运行 cmake 编译配置的命令可以发现，前者比后者多一项 "-DDOWNLOAD_BOOST=1" 配置，这项配置就能够实现在运行 cmake 编译配置的命令时下载 boost。

（8）输入如下命令，编译并安装 MySQL：

```
make && make install
```

等待编译安装完成。

（9）修改 MySQL 目录所有者和组，代码如下所示：

```
chown -R mysql:mysql /usr/local/mysql3306
chown -R mysql:mysql /data/mysql3306db
```

（10）将目录切换到 MySQL 的 bin 目录下，进行数据库的初始化操作，代码如下所示：

```
cd /usr/local/mysql3306/bin
./mysqld --initialize --user=mysql --datadir=/data/mysql3306db/ --basedir=/
usr/local/mysql3306 --socket=/data/mysql3306db/mysql.sock
```

运行命令后输出如下信息：

```
[root@binghe100 bin]# ./mysqld --initialize --user=mysql --datadir=/data/
```

```
mysql3306db/ --basedir=/usr/local/mysql3306 --socket=/data/mysql3306db/mysql.sock
2019-07-17T14:55:58.229869Z 0 [Warning] TIMESTAMP with implicit DEFAULT value
is deprecated. Please use --explicit_defaults_for_timestamp server option (see
documentation for more details).
2019-07-17T14:55:58.526021Z 0 [Warning] InnoDB: New log files created, LSN=45790
2019-07-17T14:55:58.565907Z 0 [Warning] InnoDB: Creating foreign key constraint
system tables.
2019-07-17T14:55:58.641075Z 0 [Warning] No existing UUID has been found,
so we assume that this is the first time that this server has been started.
Generating a new UUID: fc876354-a8a2-11e9-8592-000c296afa62.
2019-07-17T14:55:58.653956Z 0 [Warning] Gtid table is not ready to be used.
Table 'mysql.gtid_executed' cannot be opened.
2019-07-17T14:55:58.655829Z 1 [Note] A temporary password is generated for
root@localhost: %wxxOC#UK4ub
```

可以看到一个临时密码"%wxxOC#UK4ub"，将其保存下来。

（11）输入如下命令，编辑 my.cnf 文件。

```
vim /etc/my.cnf
```

修改 my.cnf 文件的内容，如下所示：

```
[client]
# 客户端设置
port = 3306
socket = /data/mysql3306db/mysql.sock
default-character-set = utf8mb4
[mysqld]
user = mysql
port = 3306
socket = /data/mysql3306db/mysql.sock
server-id = 1
pid-file = /data/mysql3306db/mysql.pid
# 安装目录
basedir = /usr/local/mysql3306/
# 数据库存放目录
datadir = /data/mysql3306db/
# 系统数据库编码设置，排序规则
character_set_server = utf8mb4
collation_server = utf8mb4_bin
back_log = 1024
explicit_defaults_for_timestamp = ON
lower_case_table_names = 0
sql_mode = STRICT_TRANS_TABLES,NO_ZERO_IN_DATE,NO_ZERO_DATE,ERROR_FOR_DIVISION_
BY_ZERO,NO_AUTO_CREATE_USER,NO_ENGINE_SUBSTITUTION
max_connections = 512
max_connect_errors = 1000000
table_open_cache = 1024
max_allowed_packet = 8M
thread_stack = 256K
thread_cache_size = 384
```

```
skip-external-locking
interactive_timeout = 600
wait_timeout = 3600
log_timestamps = SYSTEM
log-error = /data/mysql3306db/logs/error.log
# 默认使用 InnoDB 存储引擎
default_storage_engine = InnoDB
innodb_buffer_pool_size = 64M
innodb_purge_threads = 1
innodb_log_buffer_size = 2M
innodb_log_file_size = 128M
innodb_lock_wait_timeout = 120
bulk_insert_buffer_size = 32M
myisam_sort_buffer_size = 8M
# MySQL 重建索引时所允许的最大临时文件的大小
myisam_max_sort_file_size = 10G
myisam_repair_threads = 1
lower_case_table_names=1
[mysqldump]
quick
max_allowed_packet = 16M
[myisamchk]
key_buffer_size = 8M
sort_buffer_size = 8M
read_buffer = 4M
write_buffer = 4M
```

保存并退出。接下来将 my.cnf 文件的所有者修改为 mysql 用户，代码如下所示：

```
chown mysql.mysql /etc/my.cnf
```

同时，需要创建 MySQL 错误日志的输出目录和错误日志文件，代码如下所示：

```
mkdir -p /data/mysql3306db/logs/
touch /data/mysql3306db/logs/error.log
chown -R mysql.mysql /data/mysql3306db/logs/
```

（12）复制 MySQL 服务启动脚本，代码如下所示：

```
cd /usr/local/mysql3306
cp support-files/mysql.server /etc/init.d/mysql3306d
```

（13）将 MySQL 添加到系统环境变量中，添加 MySQL 系统环境变量后的 /etc/profile
文件如下所示：

```
JAVA_HOME=/usr/local/jdk1.8.0_212
CLASS_PATH=.:$JAVA_HOME/lib
HADOOP_HOME=/usr/local/hadoop-3.2.0
HIVE_HOME=/usr/local/hive-3.1.2
MYSQL_HOME=/usr/local/mysql3306
PATH=$JAVA_HOME/bin:$HADOOP_HOME/bin:$HADOOP_HOME/sbin:$HIVE_HOME/bin:$MYSQL_
HOME/bin:$PATH
```

```
export PATH CLASS_PATH JAVA_HOME HADOOP_HOME HIVE_HOME MYSQL_HOME
export HADOOP_CONF_DIR=$HADOOP_HOME/etc/hadoop
export HADOOP_COMMON_HOME=$HADOOP_HOME
export HADOOP_HDFS_HOME=$HADOOP_HOME
export HADOOP_MAPRED_HOME=$HADOOP_HOME
export HADOOP_YARN_HOME=$HADOOP_HOME
export HADOOP_OPTS="-Djava.library.path=$HADOOP_HOME/lib/native"
export HADOOP_COMMON_LIB_NATIVE_DIR=$HADOOP_HOME/lib/native
```

输入如下命令，使系统环境变量生效：

```
source /etc/profile
```

（14）启动 MySQL，代码如下所示：

```
[root@binghe100 mysql3306]# service mysql3306d start
Starting MySQL.. SUCCESS!
```

由启动 MySQL 时的输出信息可以看到，MySQL 启动成功。

（15）输入如下命令，将 MySQL 设置为开机自动启动：

```
chkconfig --level 35 mysql3306d on
```

（16）输入如下命令，查看 MySQL 是否启动成功：

```
[root@binghe100 mysql3306]# netstat -tulnp | grep 3306
tcp 0 0 :::3306 :::* LISTEN 22217/mysqld
[root@binghe100 mysql3306]# ps -ef | grep mysql
root 21714 1 0 23:22 pts/2 00:00:00 /bin/sh /usr/local/mysql3306//bin/mysqld_
safe --datadir=/data/mysql3306db/ --pid-file=/data/mysql3306db/mysql.pid
mysql 22217 21714 0 23:22 pts/2 00:00:00 /usr/local/mysql3306/bin/mysqld
--basedir=/usr/local/mysql3306/ --datadir=/data/mysql3306db --plugin-dir=/usr/
local/mysql3306//lib/plugin --user=mysql --log-error=/data/mysql3306db/logs/
error.log --pid-file=/data/mysql3306db/mysql.pid --socket=/data/mysql3306db/
mysql.sock --port=3306
root 22249 1733 0 23:26 pts/2 00:00:00 grep mysql
```

可以看到，MySQL 服务已经成功启动。

（17）登录 MySQL 数据库并修改密码。首先使用初始化数据库得到的临时密码
"%wxxOC#UK4ub"登录数据库，代码如下所示：

```
[root@binghe100 mysql3306]# mysql -uroot -p
Enter password: 这里输入密码：%wxxOC#UK4ub
Welcome to the MySQL monitor.  Commands end with ; or \g.
Your MySQL connection id is 2
Server version: 5.7.25

Copyright (c) 2000, 2019, Oracle and/or its affiliates. All rights reserved.

Oracle is a registered trademark of Oracle Corporation and/or its
affiliates. Other names may be trademarks of their respective
owners.
```

```
Type 'help;' or '\h' for help. Type '\c' to clear the current input statement.

mysql>
```

接下来修改 MySQL 的 root 密码，在 MySQL 终端命令行下输入如下命令：

```
mysql> SET PASSWORD = PASSWORD('root');
Query OK, 0 rows affected, 1 warning (0.00 sec)

mysql> flush privileges;
Query OK, 0 rows affected (0.00 sec)
```

（18）退出 MySQL 命令行，代码如下所示：

```
mysql> exit
Bye
[root@binghe100 mysql3306]#
```

（19）验证 MySQL 数据库的 root 密码是否修改成功，在命令行输入如下命令重新登录
MySQL 数据库：

```
[root@binghe100 mysql3306]# mysql -uroot -p
Enter password: 这里输入修改后的密码: root
Welcome to the MySQL monitor.  Commands end with ; or \g.
Your MySQL connection id is 3
Server version: 5.7.25 Source distribution
Copyright (c) 2000, 2019, Oracle and/or its affiliates. All rights reserved.
Oracle is a registered trademark of Oracle Corporation and/or its
affiliates. Other names may be trademarks of their respective
owners.
Type 'help;' or '\h' for help. Type '\c' to clear the current input statement.
mysql>
```

可以看到密码修改成功。

（20）授权 MySQL 远程访问，将 MySQL 数据库授权为在 192.168.175 网段内可以远程
访问，代码如下所示：

```
mysql> GRANT ALL PRIVILEGES ON *.* TO 'root'@'192.168.175.%' IDENTIFIED BY
'root' WITH GRANT OPTION;
Query OK, 0 rows affected, 1 warning (0.01 sec)

mysql> flush privileges;
Query OK, 0 rows affected (0.00 sec)
```

退出 MySQL 命令行，代码如下所示：

```
mysql> exit
Bye
[root@binghe100 mysql3306]#
```

至此，MySQL 数据库已经安装并配置成功。

9.3 Hive 环境部署

Hive 的安装和部署提供了 3 种不同的模式，本节就 3 种不同的安装部署模式分别进行 Hive 环境的搭建。本节假设读者已经安装并配置好了 JDK 和 Hadoop 环境，有关 JDK 和 Hadoop 环境的安装与部署可参见第 5 章相关内容。

注意: Hive 环境的安装和部署是在 hadoop 用户下进行的。

9.3.1 内嵌模式安装并配置 Hive

以内嵌模式安装并配置 Hive 是 3 种模式中最简单的，不需要额外安装其他数据库，只需将 Hive 进行简单的配置即可。这种安装模式最多只能支持一个 Hive 会话连接。

1. 下载 Hive 安装文件

到 Apache 官方网站下载 Hive 的安装文件，网址为 http://mirror.bit.edu.cn/apache/hive，如图 9-5 所示。

下载 3.1.2 版本的 Hive 安装文件，单击"hive-3.1.2/"超链接，下载 apache-hive-3.1.2-bin.tar.gz 安装包，如图 9-6 所示。

图 9-5　下载 Hive　　　　　　图 9-6　下载 apache-hive-3.1.2-bin.tar.gz 安装包

也可以在 CentOS 6.8 服务器的命令行中直接输入如下命令进行 Hive 安装包的下载:

```
wget http://mirror.bit.edu.cn/apache/hive/hive-3.1.2/apache-hive-3.1.2-bin.tar.gz
```

2. 安装 Hive

安装 Hive 主要包括解压安装文件、修改 Hive 的配置文件和配置 Hive 的系统环境变量等步骤。

（1）在命令行输入如下命令，解压 Hive 的安装文件:

```
tar -zxvf apache-hive-3.1.2-bin.tar.gz
```

将解压后的文件夹 apache-hive-3.1.2-bin 修改为 hive-3.1.2，代码如下所示:

```
mv apache-hive-3.1.2-bin hive-3.1.2
```

（2）修改 Hive 的配置文件，将目录切换到 Hive 的 conf 目录下，代码如下所示：

```
cd hive-3.1.2/conf/
```

查看当前目录下的文件，代码如下所示：

```
-bash-4.1$ ll
total 288
-rw-r--r--. 1 hadoop hadoop   1596 Nov  1  2018 beeline-log4j2.properties.template
-rw-r--r--. 1 hadoop hadoop 257573 May  8 06:45 hive-default.xml.template
-rw-r--r--. 1 hadoop hadoop   2365 Nov  1  2018 hive-env.sh.template
-rw-r--r--. 1 hadoop hadoop   2274 Nov  1  2018 hive-exec-log4j2.properties.template
-rw-r--r--. 1 hadoop hadoop   2925 May  7 02:41 hive-log4j2.properties.template
-rw-r--r--. 1 hadoop hadoop   2060 Nov  1  2018 ivysettings.xml
-rw-r--r--. 1 hadoop hadoop   2719 May  7 02:41 llap-cli-log4j2.properties.template
-rw-r--r--. 1 hadoop hadoop   7041 May  7 02:41 llap-daemon-log4j2.properties.template
-rw-r--r--. 1 hadoop hadoop   2662 Nov  1  2018 parquet-logging.properties
```

将 hive-env.sh.template 文件复制成 hive-env.sh 文件，代码如下所示：

```
cp hive-env.sh.template hive-env.sh
```

此时再查看当前目录下的文件，代码如下所示：

```
-bash-4.1$ ll
total 292
-rw-r--r--. 1 hadoop hadoop   1596 Nov  1  2018 beeline-log4j2.properties.template
-rw-r--r--. 1 hadoop hadoop 257573 May  8 06:45 hive-default.xml.template
-rw-r--r--. 1 hadoop hadoop   2365 Jul 17 14:26 hive-env.sh
-rw-r--r--. 1 hadoop hadoop   2365 Nov  1  2018 hive-env.sh.template
-rw-r--r--. 1 hadoop hadoop   2274 Nov  1  2018 hive-exec-log4j2.properties.template
-rw-r--r--. 1 hadoop hadoop   2925 May  7 02:41 hive-log4j2.properties.template
-rw-r--r--. 1 hadoop hadoop   2060 Nov  1  2018 ivysettings.xml
-rw-r--r--. 1 hadoop hadoop   2719 May  7 02:41 llap-cli-log4j2.properties.template
-rw-r--r--. 1 hadoop hadoop   7041 May  7 02:41 llap-daemon-log4j2.properties.template
-rw-r--r--. 1 hadoop hadoop   2662 Nov  1  2018 parquet-logging.properties
```

发现多了一个 hive-env.sh 文件，此时对 hive-env.sh 文件进行编辑，代码如下所示：

```
vim hive-env.sh
```

在 hive-env.sh 文件中添加如下配置：

```
HADOOP_HOME=/usr/local/hadoop-3.2.0
export HIVE_CONF_DIR=/usr/local/hive-3.1.2/conf
export HIVE_AUX_JARS_PATH=/usr/local/hive-3.1.2/lib
```

按 Esc 键，输入 ":wq"，保存并退出即可。

（3）配置 Hive 的系统环境变量。在命令行输入如下命令，打开系统环境变量配置文件 /etc/profile：

```
sudo vim /etc/profile
```

将 Hive 的系统环境变量配置到 /etc/profile 文件中。由于之前配置过 JDK 的系统环境变量和 Hadoop 的系统环境变量，因此配置 Hive 系统环境变量之后的 /etc/profile 文件如下所示：

```
JAVA_HOME=/usr/local/jdk1.8.0_212
CLASS_PATH=.:$JAVA_HOME/lib
HADOOP_HOME=/usr/local/hadoop-3.2.0
HIVE_HOME=/usr/local/hive-3.1.2
PATH=$JAVA_HOME/bin:$HADOOP_HOME/bin:$HADOOP_HOME/sbin:$HIVE_HOME/bin:$PATH
export PATH CLASS_PATH JAVA_HOME HADOOP_HOME HIVE_HOME
export HADOOP_CONF_DIR=$HADOOP_HOME/etc/hadoop
export HADOOP_COMMON_HOME=$HADOOP_HOME
export HADOOP_HDFS_HOME=$HADOOP_HOME
export HADOOP_MAPRED_HOME=$HADOOP_HOME
export HADOOP_YARN_HOME=$HADOOP_HOME
export HADOOP_OPTS="-Djava.library.path=$HADOOP_HOME/lib/native"
export HADOOP_COMMON_LIB_NATIVE_DIR=$HADOOP_HOME/lib/native
```

接下来输入如下命令，使 Hive 系统环境变量生效：

```
source /etc/profile
```

（4）验证 Hive 是否安装配置成功。首先查看当前目录下的文件内容，代码如下所示：

```
-bash-4.1$ ll
total 82
drwxrwxr-x. 3 hadoop hadoop  4096 Jul 17 14:20 bin
drwxrwxr-x. 2 hadoop hadoop  4096 Jul 17 14:20 binary-package-licenses
drwxrwxr-x. 2 hadoop hadoop  4096 Jul 17 14:45 conf
drwxrwxr-x. 4 hadoop hadoop  4096 Jul 17 14:20 examples
drwxrwxr-x. 7 hadoop hadoop  4096 Jul 17 14:20 hcatalog
drwxrwxr-x. 2 hadoop hadoop  4096 Jul 17 14:20 jdbc
drwxrwxr-x. 4 hadoop hadoop 16384 Jul 17 14:20 lib
-rw-r--r--. 1 hadoop hadoop 20798 May  7 02:41 LICENSE
-rw-r--r--. 1 hadoop hadoop   230 May  8 06:44 NOTICE
-rw-r--r--. 1 hadoop hadoop   277 May  8 06:44 RELEASE_NOTES.txt
drwxrwxr-x. 4 hadoop hadoop  4096 Jul 17 14:20 scripts
```

接下来在命令行输入如下命令，验证 Hive 的安装与配置：

```
-bash-4.1$ hive
which: no hbase in (/usr/local/jdk1.8.0_212/bin:/usr/local/hadoop-3.2.0/
bin:/usr/local/hadoop-3.2.0/sbin:/usr/local/hive-3.1.2/bin:/usr/local/
jdk1.8.0_212/bin:/usr/local/hadoop-3.2.0/bin:/usr/local/hadoop-3.2.0/sbin:/
usr/local/bin:/bin:/usr/bin:/usr/local/sbin:/usr/sbin:/sbin)
SLF4J: Class path contains multiple SLF4J bindings.
SLF4J: Found binding in [jar:file:/usr/local/hive-3.1.2/lib/log4j-slf4j-impl-
2.6.2.jar!/org/slf4j/impl/StaticLoggerBinder.class]
SLF4J: Found binding in [jar:file:/usr/local/hadoop-3.2.0/share/hadoop/common/
lib/slf4j-log4j12-1.7.25.jar!/org/slf4j/impl/StaticLoggerBinder.class]
SLF4J: See http://www.slf4j.org/codes.html#multiple_bindings for an explanation.
SLF4J: Actual binding is of type [org.apache.logging.slf4j.Log4jLoggerFactory]
```

```
Logging initialized using configuration in jar:file:/usr/local/hive-3.1.2/lib/
hive-common-2.3.5.jar!/hive-log4j2.properties Async: true
Hive-on-MR is deprecated in Hive 2 and may not be available in the future
versions. Consider using a different execution engine (i.e. spark, tez) or
using Hive 1.X releases.
hive>
```

可以看到，成功地进入了 Hive 的命令行终端，证明 Hive 的内嵌模式安装并配置成功。

接下来在 Hive 的命令行终端输入 "exit;" 退出终端，代码如下所示：

```
hive> exit;
```

再次查看当前目录下的文件内容，代码如下所示：

```
-bash-4.1$ ll
total 84
drwxrwxr-x. 3 hadoop hadoop  4096 Jul 17 14:20 bin
drwxrwxr-x. 2 hadoop hadoop  4096 Jul 17 14:20 binary-package-licenses
drwxrwxr-x. 2 hadoop hadoop  4096 Jul 17 14:45 conf
-rw-rw-r--. 1 hadoop hadoop   657 Jul 17 15:32 derby.log
drwxrwxr-x. 4 hadoop hadoop  4096 Jul 17 14:20 examples
drwxrwxr-x. 7 hadoop hadoop  4096 Jul 17 14:20 hcatalog
drwxrwxr-x. 2 hadoop hadoop  4096 Jul 17 14:20 jdbc
drwxrwxr-x. 4 hadoop hadoop 16384 Jul 17 14:20 lib
-rw-r--r--. 1 hadoop hadoop 20798 May  7 02:41 LICENSE
drwxrwxr-x. 5 hadoop hadoop  4096 Jul 17 15:32 metastore_db
-rw-r--r--. 1 hadoop hadoop   230 May  8 06:44 NOTICE
-rw-r--r--. 1 hadoop hadoop   277 May  8 06:44 RELEASE_NOTES.txt
drwxrwxr-x. 4 hadoop hadoop  4096 Jul 17 14:20 scripts
```

对比两次查看当前目录下的文件信息可以发现，在内嵌模式下，进入 Hive 的命令行终端后输入 "exit" 退出命令行终端，Hive 会在当前目录下生成 derby.log 文件和 metastore_db 目录。其中，derby.log 文件主要用来记录 Derby 数据库的日志；metastore_db 目录主要用来存储 Derby 数据库的数据，即存储 Hive 的元数据信息。

注意： 启动 Hive 之前需要先启动 Hadoop。

9.3.2　以本地模式安装并配置 Hive

以本地模式安装和配置 Hive 可以在内嵌模式的基础上进行。本地模式需要安装额外的数据库来存储 Hive 的元数据信息。这里以安装 MySQL 数据库存储 Hive 的元数据信息为例，有关 MySQL 的安装和配置，可参见 9.2 节的内容。

Hive 的本地模式支持多个 Hive 会话连接，多个客户端可以连接同一个数据库。

1. 创建 MySQL 用户

登录 MySQL 数据库，创建一个连接用户 hive，密码为 hive，作为 Hive 连接 MySQL 的用户。首先以 root 用户登录 MySQL 数据库，代码如下所示：

```
-bash-4.1$ mysql -uroot -p
Enter password: 输入 MySQL 的 root 账户密码: root
Welcome to the MySQL monitor.  Commands end with ; or \g.
Your MySQL connection id is 2
Server version: 5.7.25 Source distribution
Copyright (c) 2000, 2019, Oracle and/or its affiliates. All rights reserved.
Oracle is a registered trademark of Oracle Corporation and/or its
affiliates. Other names may be trademarks of their respective
owners.
Type 'help;' or '\h' for help. Type '\c' to clear the current input statement.
mysql>
```

创建 Hive 用户并授权在 192.168.175 网段远程访问，代码如下所示：

```
mysql> CREATE USER 'hive'@'192.168.175.%' IDENTIFIED BY 'hive';
Query OK, 0 rows affected (0.01 sec)
mysql> GRANT ALL PRIVILEGES ON *.* TO 'hive'@'192.168.175.%' IDENTIFIED BY
'hive' WITH GRANT OPTION;
Query OK, 0 rows affected, 1 warning (0.00 sec)
mysql> CREATE USER 'hive'@'localhost' IDENTIFIED BY 'hive';
Query OK, 0 rows affected (0.00 sec)
mysql> GRANT ALL PRIVILEGES ON *.* TO 'hive'@'localhost' IDENTIFIED BY 'hive'
WITH GRANT OPTION;
Query OK, 0 rows affected, 1 warning (0.00 sec)
mysql> flush privileges;
Query OK, 0 rows affected (0.01 sec)
```

输入 "exit"，退出 MySQL 即可。

2. 创建 Hive 数据库

以新创建的 hive 用户登录 MySQL，代码如下所示：

```
-bash-4.1$ mysql -uhive -p
Enter password: 输入 hive 用户的密码: hive
Welcome to the MySQL monitor.  Commands end with ; or \g.
Your MySQL connection id is 8
Server version: 5.7.25 Source distribution
Copyright (c) 2000, 2019, Oracle and/or its affiliates. All rights reserved.
Oracle is a registered trademark of Oracle Corporation and/or its
affiliates. Other names may be trademarks of their respective
owners.
Type 'help;' or '\h' for help. Type '\c' to clear the current input statement.
mysql>
```

接下来创建 hive 数据库，代码如下所示：

```
mysql> create database hive;
Query OK, 1 row affected (0.03 sec)
```

3. 复制 MySQL 的 JDBC 驱动包

将 MySQL 的 JDBC 驱动 jar 包放置到 $HIVE_HOME/lib 目录下，读者可自行下载 MySQL

的 JDBC 驱动 jar 包。这里使用的是 mysql-connector-java-5.1.46.jar，代码如下所示：

```
cp mysql-connector-java-5.1.46.jar /usr/local/hive-3.1.2/lib
```

4. 复制 Hive 的 jar 包到 Hadoop 目录

输入如下命令，将 Hive 下的 jline-2.12.jar 包复制到 Hadoop 目录下：

```
cp /usr/local/hive-3.1.2/lib/jline-2.12.jar /usr/local/hadoop-3.2.0/share/
hadoop/yarn/lib
```

5. 修改 Hive 配置

（1）复制 hive-site.xml 文件，进入 $HIVE_HOME/conf 目录并查看当前目录下的文件信息，代码如下所示：

```
-bash-4.1$ cd /usr/local/hive-3.1.2/conf/
-bash-4.1$ ll
total 292
-rw-r--r--. 1 hadoop hadoop   1596 Nov  1  2018 beeline-log4j2.properties.template
-rw-r--r--. 1 hadoop hadoop 257573 May  8 06:45 hive-default.xml.template
-rw-r--r--. 1 hadoop hadoop   2368 Jul 17 14:45 hive-env.sh
-rw-r--r--. 1 hadoop hadoop   2365 Nov  1  2018 hive-env.sh.template
-rw-r--r--. 1 hadoop hadoop   2274 Nov  1  2018 hive-exec-log4j2.properties.template
-rw-r--r--. 1 hadoop hadoop   2925 May  7 02:41 hive-log4j2.properties.template
-rw-r--r--. 1 hadoop hadoop   2060 Nov  1  2018 ivysettings.xml
-rw-r--r--. 1 hadoop hadoop   2719 May  7 02:41 llap-cli-log4j2.properties.template
-rw-r--r--. 1 hadoop hadoop   7041 May  7 02:41 llap-daemon-log4j2.properties.template
-rw-r--r--. 1 hadoop hadoop   2662 Nov  1  2018 parquet-logging.properties
```

将 hive-default.xml.template 文件复制成 hive-site.xml 文件，代码如下所示：

```
cp hive-default.xml.template hive-site.xml
```

（2）配置 hive-site.xml 文件，使用 Vim 编辑器对 hive-site.xml 进行编辑。编辑后的内容如下所示：

```xml
<configuration>
    <property>
        <name>javax.jdo.option.ConnectionURL</name>
        <value>jdbc:mysql://192.168.175.100:3306/hive?createDatabaseIfNotExis
t=true&amp;useSSL=false&amp;characterEncoding=UTF-8</value>
    </property>
    <property>
        <name>javax.jdo.option.ConnectionDriverName</name>
        <value>com.mysql.jdbc.Driver</value>
    </property>
    <property>
        <name>javax.jdo.option.ConnectionUserName</name>
        <value>hive</value>
    </property>
    <property>
```

```
        <name>javax.jdo.option.ConnectionPassword</name>
        <value>hive</value>
    </property>
    <property>
        <name>hive.metastore.local</name>
        <value>true</value>
    </property>
    <property>
        <name>hive.server2.logging.operation.log.location</name>
        <value>/usr/local/hive-3.1.2/operation_logs</value>
    </property>
    <property>
        <name>hive.exec.scratchdir</name>
        <value>/usr/local/hive-3.1.2/exec</value>
    </property>
    <property>
        <name>hive.exec.local.scratchdir</name>
        <value>/usr/local/hive-3.1.2/scratchdir</value>
    </property>
    <property>
        <name>hive.downloaded.resources.dir</name>
        <value>/usr/local/hive-3.1.2/resources</value>
    </property>
    <property>
        <name>hive.querylog.location</name>
        <value>/usr/local/hive-3.1.2/querylog</value>
    </property>
</configuration>
```

接下来运行如下命令，创建 hive-site.xml 文件中配置的目录：

```
-bash-4.1$ mkdir -p /usr/local/hive-3.1.2/operation_logs
-bash-4.1$ mkdir -p /usr/local/hive-3.1.2/scratchdir
-bash-4.1$ mkdir -p /usr/local/hive-3.1.2/resources
-bash-4.1$ mkdir -p /usr/local/hive-3.1.2/querylog
-bash-4.1$ mkdir -p /usr/local/hive-3.1.2/exec
```

（3）配置 Hive 的 log4j 文件，在命令行输入如下命令：

```
cd /usr/local/hive-3.1.2/conf/
cp hive-log4j2.properties.template hive-log4j2.properties
```

6. 启动 Hadoop 并创建 HDFS 目录

在命令行输入如下命令，启动 Hadoop：

```
start-dfs.sh
start-yarn.sh
```

如果 Hadoop 已经启动，则可以忽略上述命令。接下来为 Hive 创建 HDFS 目录，代码
如下所示：

```
hadoop fs -mkdir /tmp
hadoop fs -mkdir -p /usr/hive/warehouse
hadoop fs -chmod g+w /tmp
hadoop fs -chmod g+w /usr/hive/warehouse
```

7. 初始化 Hive 数据库

从 Hive 2.1 版本开始，启动 Hive 之前需要运行 schematool 命令来执行 Hive 数据库的初始化操作，代码如下所示：

```
-bash-4.1$ schematool -dbType mysql -initSchema
SLF4J: Class path contains multiple SLF4J bindings.
SLF4J: Found binding in [jar:file:/usr/local/hive-3.1.2/lib/log4j-slf4j-impl-
2.6.2.jar!/org/slf4j/impl/StaticLoggerBinder.class]
SLF4J: Found binding in [jar:file:/usr/local/hadoop-3.2.0/share/hadoop/common/
lib/slf4j-log4j12-1.7.25.jar!/org/slf4j/impl/StaticLoggerBinder.class]
SLF4J: See http://www.slf4j.org/codes.html#multiple_bindings for an explanation.
SLF4J: Actual binding is of type [org.apache.logging.slf4j.Log4jLoggerFactory]
Metastore connection URL:        jdbc:mysql://192.168.175.100:3306/hive?creat
eDatabaseIfNotExist=true&useSSL=false&characterEncoding=UTF-8
Metastore Connection Driver :    com.mysql.jdbc.Driver
Metastore connection User:       hive
Starting metastore schema initialization to 2.3.0
Initialization script hive-schema-2.3.0.mysql.sql
Initialization script completed
schemaTool completed
```

这里初始化的是 MySQL 类型的数据库。

8. 查看 MySQL 中的元数据信息表

以 hive 用户登录 MySQL 数据库，并查看 Hive 数据库的元数据表，代码如下所示：

```
mysql> show databases;
+--------------------+
| Database           |
+--------------------+
| information_schema |
| hive               |
| logs               |
| mysql              |
| performance_schema |
| sys                |
+--------------------+
6 rows in set (0.00 sec)

mysql> use hive;
Reading table information for completion of table and column names
You can turn off this feature to get a quicker startup with -A

Database changed
mysql> show tables;
+---------------------------+
```

```
| Tables_in_hive            |
+---------------------------+
此处省略 57 张表名
+---------------------------+
57 rows in set (0.00 sec)
```

可以看到，执行初始化 Hive 数据库的命令之后，在 MySQL 的 Hive 数据库中创建了保存 Hive 元数据信息的表。

9. 启动 Hive

注意：| 启动 Hive 之前需要启动 Hadoop。

执行如下命令，启动 Hive：

```
-bash-4.1$ hive
which: no hbase in (/usr/local/jdk1.8.0_212/bin:/usr/local/hadoop-3.2.0/bin:/
usr/local/hadoop-3.2.0/sbin:/usr/local/hive-3.1.2/bin:/usr/local/mysql3306/
bin:/usr/local/bin:/bin:/usr/bin:/usr/local/sbin:/usr/sbin:/sbin)
SLF4J: Class path contains multiple SLF4J bindings.
SLF4J: Found binding in [jar:file:/usr/local/hive-3.1.2/lib/log4j-slf4j-impl-
2.6.2.jar!/org/slf4j/impl/StaticLoggerBinder.class]
SLF4J: Found binding in [jar:file:/usr/local/hadoop-3.2.0/share/hadoop/common/
lib/slf4j-log4j12-1.7.25.jar!/org/slf4j/impl/StaticLoggerBinder.class]
SLF4J: See http://www.slf4j.org/codes.html#multiple_bindings for an explanation.
SLF4J: Actual binding is of type [org.apache.logging.slf4j.Log4jLoggerFactory]

Logging initialized using configuration in file:/usr/local/hive-3.1.2/conf/hive-
log4j2.properties Async: true
Hive-on-MR is deprecated in Hive 2 and may not be available in the future
versions. Consider using a different execution engine (i.e. spark, tez) or
using Hive 1.X releases.
hive>
```

可以看到，正确进入了 Hive 的命令行终端。

10. 验证 Hive 的本地模式

验证方式为，在 Hive 中创建一个数据表 test，导入数据，查询数据，观察每一步是否都能够执行成功。只有每一步都执行成功，才能说明 Hive 的本地模式安装部署成功。

（1）在 CentOS 6.8 服务器的 /home/hadoop 目录下创建测试文件 test.txt，文件内容如下所示：

```
101    aa
102    bb
103    cc
```

test.txt 文件中的内容以 "\t" 分隔。

（2）在 Hive 中创建数据表 test，代码如下所示：

```
hive> create table test(id int, name string)
   > row format delimited fields terminated by '\t'
```

```
    > stored as textfile;
OK
Time taken: 7.316 seconds
```

接下来查看 Hive 中的数据表，代码如下所示：

```
hive> show tables;
OK
test
Time taken: 0.329 seconds, Fetched: 1 row(s)
```

可以看到，创建 test 表成功。

（3）将 test.txt 文件中的数据导入 Hive 的 test 表，代码如下所示：

```
hive> load data local inpath '/home/hadoop/test.txt' into table test;
Loading data to table default.test
OK
Time taken: 1.867 seconds
```

可以看到，数据被成功导入 Hive 的 test 表中。

（4）查看数据表中的数据，代码如下所示：

```
hive> select * from test;
OK
101     aa
102     bb
103     cc
Time taken: 2.199 seconds, Fetched: 3 row(s)
```

可以看到，从 Hive 的 test 表中正确查询到了数据。

（5）删除 test 表并查看 Hive 中的数据表，代码如下所示：

```
hive> drop table test;
OK
Time taken: 0.189 seconds
hive> show tables;
OK
Time taken: 0.05 seconds
```

可以看到，test 表已从 Hive 中删除。

综上，Hive 的本地模式安装配置成功。

9.3.3　以远程模式安装并配置 Hive

Hive 的远程模式可以在本地模式的基础上进行进一步设置，有关 Hive 的本地模式的安装配置可参见 9.3.2 小节。

远程模式与本地模式的不同之处是，其将元数据进程作为一个单独的服务启动，客户端通过 beeline 来连接 Hive。

1. 配置 hive-site.xml 文件

在本地模式的基础上，在 hive-site.xml 文件中再次添加如下配置：

```
<property>
    <name>hive.metastore.uris</name>
    <value>thrift://binghe100:9083</value>
</property>
```

2. 启动元数据服务和 hiveserver2 服务

在命令行执行如下命令，启动元数据服务和 hiveserver2 服务：

```
nohup hive --service metastore >> /dev/null &
nohup hive --service hiveserver2 >> /dev/null &
```

3. 查看元数据服务和 hiveserver2 服务的启动状态

在命令行输入如下命令，查看元数据服务和 hiveserver2 服务的启动状态：

```
-bash-4.1$ netstat -antp | grep 9083
tcp 0 0 :::9083 :::* LISTEN 11204/java
tcp 0 0 ::ffff:192.168.175.10:55027 ::ffff:192.168.175.100:9083 ESTABLISHED 11315/java
tcp 0 0 ::ffff:192.168.175.100:9083 ::ffff:192.168.175.10:55021 ESTABLISHED 11204/java
tcp 0 0 ::ffff:192.168.175.10:55021 ::ffff:192.168.175.100:9083 ESTABLISHED 11315/java
tcp 0 0 ::ffff:192.168.175.100:9083 ::ffff:192.168.175.10:55027 ESTABLISHED 11204/java
-bash-4.1$ netstat -antp | grep 10000
tcp 0 0 :::10000 :::* LISTEN  11315/java
tcp 0 0 ::ffff:192.168.175.10:33532 ::ffff:192.168.175.10:10000 ESTABLISHED 11481/java
tcp 0 0 ::ffff:192.168.175.10:10000 ::ffff:192.168.175.10:33532 ESTABLISHED 11315/java
```

可以看到，元数据服务和 hiveserver2 服务启动成功。

4. 打开 beeline 命令行并进入 Hive 远程终端

在命令行输入如下命令，打开 Hive 的 beeline 命令行：

```
-bash-4.1$ beeline
SLF4J: Class path contains multiple SLF4J bindings.
SLF4J: Found binding in [jar:file:/usr/local/hive-3.1.2/lib/log4j-slf4j-impl-
2.6.2.jar!/org/slf4j/impl/StaticLoggerBinder.class]
SLF4J: Found binding in [jar:file:/usr/local/hadoop-3.2.0/share/hadoop/common/
lib/slf4j-log4j12-1.7.25.jar!/org/slf4j/impl/StaticLoggerBinder.class]
SLF4J: See http://www.slf4j.org/codes.html#multiple_bindings for an explanation.
SLF4J: Actual binding is of type [org.apache.logging.slf4j.Log4jLoggerFactory]
Beeline version 2.3.5 by Apache Hive
beeline>
```

可以看到，成功进入了 Hive 的 beeline 命令行。之后，在命令行输入如下命令，进入 Hive 的远程模式终端：

```
beeline> !connect jdbc:hive2://localhost:10000 hadoop hadoop
Connecting to jdbc:hive2://localhost:10000
Connected to: Apache Hive (version 2.3.5)
Driver: Hive JDBC (version 2.3.5)
```

```
Transaction isolation: TRANSACTION_REPEATABLE_READ
0: jdbc:hive2://localhost:10000>
```

在 beeline 命令行输入的命令格式为 "!connect jdbc:hive2://localhost:10000 hadoop hadoop"，其中两个 hadoop 为笔者登录 CentOS 6.8 服务器的用户名和密码，也是启动 Hadoop 集群的用户名和密码。

可以看到，已经正确进入了 Hive 的远程模式。

5. 验证 Hive 的远程模式

验证 Hive 的远程模式的方式与验证 Hive 的本地模式相同，这里不再赘述。

9.3.4 遇到的问题和解决方案

本小节介绍搭建 Hive 环境时经常遇到的问题及解决方案。

1. 进入 Hive 远程终端的几种方式

这里假设读者按照 9.3.3 小节的内容正确启动了元数据服务和 hiveserver2 服务。

（1）方式一：先进入 beeline 命令行，再进入 Hive 的远程终端。

输入如下命令，进入 beeline 命令行：

```
beeline
```

在 beeline 命令行下输入如下命令，进入 Hive 的远程终端：

```
beeline> !connect jdbc:hive2://localhost:10000 hadoop hadoop
Connecting to jdbc:hive2://localhost:10000
Connected to: Apache Hive (version 2.3.5)
Driver: Hive JDBC (version 2.3.5)
Transaction isolation: TRANSACTION_REPEATABLE_READ
0: jdbc:hive2://localhost:10000>
```

其中的两个 hadoop 为笔者登录 CentOS 6.8 服务器终端的用户名和密码，也是笔者启动 Hadoop 集群的用户名和密码。

或者在 beeline 命令行输入如下命令，根据提示输入用户名和密码：

```
beeline> !connect jdbc:hive2://localhost:10000
Connecting to jdbc:hive2://localhost:10000
Enter username for jdbc:hive2://localhost:10000: hadoop
Enter password for jdbc:hive2://localhost:10000: ***********
Connected to: Apache Hive (version 2.3.5)
Driver: Hive JDBC (version 2.3.5)
Transaction isolation: TRANSACTION_REPEATABLE_READ
0: jdbc:hive2://localhost:10000>
```

（2）方式二：不进入 beeline 命令行，直接进入 Hive 远程终端。

成功启动元数据服务和 hiveserver2 服务之后，在 CentOS 6.8 命令行直接输入下面 3 个命令中的任意一个，即可进入 Hive 的远程模式终端：

```
beeline -u jdbc:hive2://
beeline -u jdbc:hive2://localhost:10000
beeline -u jdbc:hive2://localhost:10000 hadoop hadoop
```

最后一个命令中的两个 hadoop 为笔者登录 CentOS 6.8 服务器的用户名和密码，也是笔者启动 Hadoop 集群的用户名和密码。

2. beeline 连接报错

笔者开始在 beeline 命令行输入如下命令，连接 Hive 远程模式终端时报错：

```
beeline> !connect jdbc:hive2://localhost:10000 hadoop hadoop
```

报错关键信息如下：

```
hadoop is not allowed to impersonate hadoop (state=08S01,code=0)
```

这是因为 hiveserver2 增加了权限控制，需要在 hadoop 的配置文件中配置。解决方案为，在 hadoop 的 core-site.xml 文件中添加如下内容：

```
<property>
    <name>hadoop.proxyuser.hadoop.hosts</name>
    <value>*</value>
</property>
<property>
    <name>hadoop.proxyuser.hadoop.groups</name>
    <value>*</value>
</property>
```

重启 Hadoop，再次使用 beeline 命令连接即可。

3. 使用 hive 用户连接报错

笔者尝试在 beeline 命令行下输入如下命令，使用 hive 用户连接 Hive 的远程模式终端报错：

```
beeline> !connect jdbc:hive2://localhost:10000 hadoop hadoop
```

报错关键信息如下所示：

```
Error: org.apache.hive.service.cli.HiveSQLException: Error while processing
statement: FAILED: Execution Error, return code 1 from org.apache.hadoop.
hive.ql.exec.DDLTask. MetaException(message:Got exception: org.apache.hadoop.
security.AccessControlException Permission denied: user=hive, access=WRITE,
inode="/user/hive/warehouse":hadoop:supergroup:drwxr-xr-x
```

解决方案为，在 Hadoop 的 hdfs-site.xml 文件中添加如下配置：

```
<property>
    <name>dfs.permissions</name>
    <value>false</value>
</property>
<property>
    <name>dfs.web.ugi</name>
```

```
    <value>hive,supergroup</value>
</property>
```

重新启动 Hadoop，再次使用 hive 用户连接即可。

9.4 本章总结

本章主要介绍的是 Hive 的环境搭建，其中对 Hive 的架构、Hive 的 3 种部署模式进行了介绍，对 MySQL 的安装和配置进行了说明，同时对 Hive 的 3 种部署模式的安装和配置分别进行了描述，并对搭建 Hive 环境时遇到的问题和解决方案进行了总结。第 10 章将介绍 Hive 数据处理。

第 10 章
Hive 数据处理

Hadoop 出现之前，人们更多的是基于关系型数据库进行数据分析。随着 Hadoop 的出现及大数据的发展，人们开始意识到使用 Hadoop 分析海量数据的优势。但是，这也产生了一个问题：用户如何从现有的关系型数据库架构转移到 Hadoop 上？ Hive 的出现就是为了解决这个问题，它能够使精通 SQL 而编程能力较弱的数据分析人员利用 Hadoop 进行各种数据分析。本章就 Hive 数据处理进行简单介绍。

本章主要涉及的知识点如下。

- Hive 命令说明。
- Hive 数据类型。
- Hive 数据定义。
- Hive 数据操作。
- Hive 数据查询。
- Hive 视图。
- Hive 索引。
- Hive 函数。
- 用户自定义函数。

10.1 Hive 命令说明

在 Hive 提供的所有连接方式中，命令行界面是最常用的一种方式。用户可以使用 Hive 的命令行对 Hive 中的数据库、数据表和数据进行各种操作。

10.1.1 Hive 命令选项

在服务器上启动 Hadoop 之后，输入"hive"命令就能够进入 Hive 的命令行。也可以输入如下命令查看 Hive 的命令选项：

```
-bash-4.1$ hive --help
Usage ./hive <parameters> --service serviceName <service parameters>
Service List: beeline cleardanglingscratchdir cli hbaseimport hbaseschematool
help hiveburninclient hiveserver2 hplsql jar lineage llapdump llap llapstatus
metastore metatool orcfiledump rcfilecat schemaTool version
Parameters parsed:
  --auxpath : Auxiliary jars
  --config : Hive configuration directory
  --service : Starts specific service/component. cli is default
Parameters used:
  HADOOP_HOME or HADOOP_PREFIX : Hadoop install directory
  HIVE_OPT : Hive options
For help on a particular service:
  ./hive --service serviceName --help
Debug help:  ./hive --debug --help
```

可以看到，输出了 Hive 的一些命令选项，说明用户可以通过"--service serviceName"的方式启动某个服务。以下信息列出了 Hive 主要的命令行选项：

```
Service List: beeline cleardanglingscratchdir cli hbaseimport hbaseschematool
help hiveburninclient hiveserver2 hplsql jar lineage llapdump llap llapstatus
metastore metatool orcfiledump rcfilecat schemaTool version
```

其中，部分重要选项的说明如下。

（1）cli：命令行界面。

（2）hiveserver2：启动 Hive 远程模式时需要启动的服务，其可以监听来自其他进程的连接。

（3）jar：扩展自 hadoop jar 命令，可以执行需要 Hive 环境的应用程序。

（4）metastore：启动一个 Hive 元数据服务。

接下来，在 CentOS 6.8 服务器的命令行输入如下命令，查看 Hive 的 CLI 选项：

```
-bash-4.1$ hive --help --service cli
usage: hive
 -d,--define <key=value>          Variable substitution to apply to Hive
                                  commands. e.g. -d A=B or --define A=B
```

```
  --database <databasename>        Specify the database to use
 -e <quoted-query-string>          SQL from command line
 -f <filename>                     SQL from files
 -H,--help                         Print help information
   --hiveconf <property=value>     Use value for given property
   --hivevar <key=value>           Variable substitution to apply to Hive
                                   commands. e.g. --hivevar A=B
 -i <filename>                     Initialization SQL file
 -S,--silent                       Silent mode in interactive shell
 -v,--verbose                      Verbose mode (echo executed SQL to the
                                   console)
```

选项说明如下。

（1）-d,--define <key=value>：主要用来定义变量，如 -d A=B 或者 --define A=B。

（2）--database <databasename>：指定使用的数据库名称。

（3）-e <quoted-query-string>：从服务器命令行执行 SQL 语句。

（4）-f <filename>：从文件中执行 SQL 语句。

（5）-H,--help：输出帮助信息。

（6）--hiveconf <property=value>：设置 Hive 的属性值，能够覆盖 hive-site.xml 文件中配置的属性值。

（7）--hivevar <key=value>：在 Hive 命令中替换参数。

（8）-i <filename>：初始化 SQL 文件。

（9）-S,--silent：集成模式下开启静默模式。

（10）-v,--verbose：输出详细信息。

10.1.2　Hive 命令的使用

在命令行输入"hive"命令，即可进入 Hive 命令行终端，如下所示：

```
-bash-4.1$ hive
Logging initialized using configuration in file:/usr/local/hive-3.1.2/conf/hive-
log4j2.properties Async: true
Hive-on-MR is deprecated in Hive 2 and may not be available in the future
versions. Consider using a different execution engine (i.e. spark, tez) or
using Hive 1.X releases.
hive>
```

此处先按照如下命令创建一个 test 表，并加载数据：

```
hive> CREATE TABLE test(id int, name string)
    > ROW FORMAT DELIMITED FIELDS TERMINATED BY '\t'
    > STORED AS TEXTFILE;
OK
Time taken: 7.276 seconds
hive> LOAD DATA LOCAL INPATH '/home/hadoop/test.txt' INTO TABLE test;
```

```
Loading data to table default.test
OK
Time taken: 1.531 seconds
hive> SELECT * FROM test;
OK
101        aa
102        bb
103        cc
Time taken: 1.994 seconds, Fetched: 3 row(s)
```

服务器上 /home/hadoop/ 目录下的 test.txt 文件内容如下所示：

```
101        aa
102        bb
103        cc
```

很多时候，执行一条查询语句并不需要打开命令行界面。此时可以使用 "hive -e" 形式的命令，如下所示：

```
-bash-4.1$ hive -e 'SELECT COUNT(*) FROM test'
2019-07-18 23:09:23,761 Stage-1 map = 0%,  reduce = 0%
2019-07-18 23:09:41,694 Stage-1 map = 100%, reduce = 0%, Cumulative CPU 9.84 sec
2019-07-18 23:09:47,880 Stage-1 map = 100%, reduce = 100%, Cumulative CPU 12.22 sec
MapReduce Total cumulative CPU time: 12 seconds 220 msec
Ended Job = job_1563459158542_0001
MapReduce Jobs Launched:
Stage-Stage-1: Map: 1  Reduce: 1   Cumulative CPU: 12.22 sec    HDFS Read: 7661
HDFS Write: 101 SUCCESS
Total MapReduce CPU Time Spent: 12 seconds 220 msec
OK
3
Time taken: 105.549 seconds, Fetched: 1 row(s)
```

如果不需要输出过多的日志信息，则可以在 hive 后面加 -S 选项，如下所示：

```
-bash-4.1$ hive -S -e 'SELECT COUNT(*) FROM test'
3
```

如果需要一次性执行多条语句，可以将多条语句保存到以 .hql 结尾的文件中，如下所示：

```
-bash-4.1$ vim test.hql
SELECT COUNT(*) FROM test;
SELECT * FROM test;
```

使用 "hive -f" 命令来执行 hql 文件中的语句，如下所示：

```
-bash-4.1$ hive -f test.hql
OK
3
Time taken: 131.556 seconds, Fetched: 1 row(s)
OK
```

```
101      aa
102      bb
103      cc
Time taken: 0.182 seconds, Fetched: 3 row(s)
```

可以用"--"添加注释，如下所示：

```
hive> SELECT * FROM test -- 测试查询数据
OK
101      aa
102      bb
103      cc
Time taken: 7.083 seconds, Fetched: 3 row(s)
```

10.1.3　hiverc 文件

当 Hive 命令行启动时，会自动在当前用户的 HOME 目录下寻找名为 .hiverc 的文件（名字为 .hiverc，不需要加任何前缀），同时会自动执行 .hiverc 文件中的命令语句。

例如，使用 hadoop 用户登录 CentOS 6.8 服务器，启动 Hadoop 后，在 hadoop 用户的 HOME 目录（/home/hadoop）下创建一个名为 .hiverc 的文件，查询 Hive 中 test 表数据的数量，代码如下所示：

```
cd /home/hadoop/
vim .hiverc
# 添加如下内容
SELECT COUNT(*) FROM test;
# 启动 Hive
-bash-4.1$ hive
Logging initialized using configuration in file:/usr/local/hive-3.1.2/conf/hive-
log4j2.properties Async: true
3
```

可以看到，输入"hive"命令启动 Hive 命令行时，自动执行了 .hiverc 文件中的语句。当用户需要频繁使用某些命令时，就可以将这些命令保存在 .hiverc 文件中。

10.1.4　Hive 操作命令历史

Hive 将最近执行的 10000 条命令记录到当前用户的 home 目录（/home/hadoop）下的 .hivehistory 文件中，用户可以输入如下命令查看这个文件：

```
-bash-4.1$ ll -al
-rw-rw-r--.  1 hadoop hadoop  1105 Jul 19 10:26 .hivehistory
```

可以输入"cat"命令查看文件中的内容，如下所示：

```
-bash-4.1$ cat .hivehistory
create table test_hive(id int, name string)
row format delimited fields terminated by '\t'
stored as textfile;
show tables;
```

10.1.5　在 Hive 命令行执行系统命令

在 Hive 命令行下执行操作系统命令非常简单，只需要在执行的系统命令前加上 "!"，并以 ";" 结尾即可，如下所示：

```
hive> !echo "hello hive";
"hello hive"
hive> !jps;
11540 NameNode
12244 NodeManager
11655 DataNode
12121 ResourceManager
11882 SecondaryNameNode
17626 RunJar
17823 Jps
```

10.1.6　在 Hive 命令行执行 Hadoop 命令

在 Hive 命令行可以执行 Hadoop 命令，只需要将 Hadoop 命令中的关键字 hadoop 去掉，将 fs 修改成 dfs，最后添加一个 ";" 即可。

例如，在操作系统命令行执行 Hadoop 的如下命令：

```
-bash-4.1$ hadoop fs -ls /
Found 4 items
drwxr-xr-x   - hadoop supergroup          0 2019-07-15 18:54 /data
drwxrwxrwx   - hadoop supergroup          0 2019-07-17 15:30 /tmp
drwxr-xr-x   - hadoop supergroup          0 2019-07-18 14:27 /user
drwxr-xr-x   - hadoop supergroup          0 2019-07-18 13:00 /usr
```

在 Hive 命令行执行 Hadoop 命令，如下所示：

```
hive> dfs -ls /;
Found 4 items
drwxr-xr-x   - hadoop supergroup          0 2019-07-15 18:54 /data
drwxrwxrwx   - hadoop supergroup          0 2019-07-17 15:30 /tmp
drwxr-xr-x   - hadoop supergroup          0 2019-07-18 14:27 /user
drwxr-xr-x   - hadoop supergroup          0 2019-07-18 13:00 /usr
```

可以看到，得出的结果是一致的。

10.1.7 在 Hive 命令行显示查询字段名

使用 Hive 命令查询数据时，可以显示查询数据的字段名称，此时需要将 Hive 的 hive.cli.print.header 属性设置为 true，默认为 false，如下所示：

```
hive> set hive.cli.print.header=true;
hive> SELECT * FROM test;
OK
test.id test.name
101     aa
102     bb
103     cc
Time taken: 2.619 seconds, Fetched: 3 row(s)
```

10.2 Hive 数据类型

Hive 中提供了多种数据类型，本节就 Hive 中提供的常用基本数据类型和复合数据类型做出简要介绍。

10.2.1 基本数据类型

Hive 中的基本数据类型主要是对 Java 接口的实现，这些基本数据类型与 Java 中的类型是一一对应的。Hive 中的基本数据类型如表 10-1 所示。

表 10-1　Hive 中的基本数据类型

Hive 数据类型	长度 /B	备注	示例
TINYINT	1	有符号整数	1
SMALLINT	2	有符号整数	1
INT	4	有符号整数	1
BIGINT	8	有符号整数	1
FLOAT	4	单精度浮点数	1.0
DOUBLE	8	双精度浮点数	1.0
BOOLEAN	—	true/false	true
STRING	—	字符串	hive

10.2.2 复合数据类型

Hive 中常用的复合数据类型为 STRUCT、MAP 和 ARRAY，如表 10-2 所示。

表 10-2　Hive 中的复合数据类型

Hive 数据类型	描述	示例
STRUCT	结构体，可以通过"字段名.属性名"的方式访问	struct('name', 'binghe')
MAP	键值对集合，可以通过"字段名［属性名］"的方式访问	map('name', 'binghe', 'sex', ' 男 ')
ARRAY	一组具有相同类型的变量的集合，可以通过"字段名［下标］"的方式访问，下标从 0 开始	array('binghe', 'jack')

10.3 Hive 数据定义

Hive 的查询语言 HiveQL 接近 MySQL 的 SQL，熟悉 SQL 的数据分析人员能够很容易使用 HiveQL 进行数据分析。本节将对 Hive 的数据定义，即 SQL 中的 DDL（Data Definition Language，数据定义语言）做出简要介绍。

10.3.1 Hive 操作数据库

Hive 中的数据库是组织表的目录，也可以称为命名空间。在生产环境下，Hive 往往会用数据库将表组织起来。

Hive 中默认的数据库为 default，如果用户没有指定数据库，则会使用 Hive 的默认数据库。当在 Hive 中没有创建其他的数据库时，查看 Hive 中数据库的命令如下：

```
hive> SHOW DATABASES;
OK
default
```

可以看到，此时 Hive 中只有一个默认的 default 数据库。使用如下语句在 Hive 中创建一个数据库：

```
hive> CREATE DATABASE hive_test;
OK
Time taken: 0.243 seconds
```

此时，如果 hive_test 数据库存在，将会抛出一个异常。可以使用如下语句避免抛出异常：

```
hive> CREATE DATABASE IF NOT EXISTS hive_test;
OK
Time taken: 0.077 seconds
```

此时，再次查看 Hive 中存在的数据库，如下所示：

```
hive> SHOW DATABASES;
OK
default
hive_test
Time taken: 0.038 seconds, Fetched: 2 row(s)
```

可以看到，多了一个 hive_test 数据库。

Hive 中的每个数据库都会以一个目录的形式保存在 Hadoop 的 HDFS 上，数据库中的表以子目录的形式存放，数据库中的数据则是在表目录下以文件的形式存储。如果创建数据库时用户没有指定数据库的存放位置，则默认存放在 HDFS 的 /user/hive/warehouse 目录下，存放位置由 hive-site.xml 文件中的 hive.metastore.warehouse.dir 属性配置，如下所示：

```
<property>
    <name>hive.metastore.warehouse.dir</name>
    <value>/user/hive/warehouse</value>
</property>
```

查看 HDFS 中 /user/hive/warehouse 目录下的内容，如下所示：

```
-bash-4.1$ hadoop fs -ls /user/hive/warehouse
Found 1 items
drwxr-xr-x - hadoop supergroup 0 2019-07-19 17:17 /user/hive/warehouse/hive_
test.db
```

可以看到，创建的 hive_test 数据库在 HDFS 中的 /user/hive/warehouse 目录下以 hive_test.db 的子目录形式存在。也可以在 Hive 命令行输入如下命令，查看 hive_test 数据库的存放位置：

```
hive> DESCRIBE DATABASE hive_test;
OK
hive_test hdfs://binghe100:9000/user/hive/warehouse/hive_test.db hadoop USER
Time taken: 0.15 seconds, Fetched: 1 row(s)
```

注意：｜ 数据库目录的名字都是以 .db 结尾的。

用户可以通过修改 hive-site.xml 文件中的配置来修改 Hive 数据库的存放位置，但是更多的是在创建数据库时指定数据库的存放位置。输入如下命令，创建数据库并指定数据库在 HDFS 上的存放位置：

```
hive> CREATE DATABASE IF NOT EXISTS hive_test2 LOCATION '/user/hadoop/test';
OK
Time taken: 0.155 seconds
```

查看 hive_test2 的存放位置，如下所示：

```
hive> DESCRIBE DATABASE hive_test2;
OK
hive_test2 hdfs://binghe100:9000/user/hadoop/test hadoop USER
```

用户可以使用如下命令切换数据库:

```
hive> USE hive_test;
OK
Time taken: 0.028 seconds
```

在当前数据库输入如下命令,可以查看数据库中的表:

```
hive> SHOW TABLES;
```

输入如下命令,将删除 Hive 中的数据库:

```
hive> DROP DATABASE hive_test;
```

当数据库不存在或者删除一个非空数据库时,将抛出异常。可以输入如下语句避免异常:

```
hive> DROP DATABASE IF EXISTS test CASCADE;
OK
Time taken: 0.024 seconds
```

可以使用 ALTER DATABASE 命令修改数据库的 DBPROPERTIES 属性,如下所示:

```
hive> ALTER DATABASE hive_test SET DBPROPERTIES('author'='binghe');
OK
Time taken: 0.052 seconds
```

注意: 数据库名和数据库所在位置等其他元数据信息不可更改。

10.3.2 创建表

前面的章节介绍了如何创建一个简单的数据表,本小节会使用一个完整的建表语句来创建一个表 person,如下所示:

```
CREATE TABLE IF NOT EXISTS hive_test.person(
name STRING,
age INT,
bobby ARRAY<STRING>,
body MAP<STRING, FLOAT>,
ADDRESS STRUCT<STREET:STRING, CITY:STRING, STATE:STRING>)
COMMENT 'the info of person'
ROW FORMAT DELIMITED
FIELDS TERMINATED BY '\001'
COLLECTION ITEMS TERMINATED BY '\002'
MAP KEYS TERMINATED BY '\003'
LINES TERMINATED BY '\n'
STORED AS TEXTFILE
LOCATION '/user/hive/warehouse/hive_test.db/person';
```

说明如下。

（1）加上 IF NOT EXISTS，当数据表存在时不会抛出异常，直接忽略建表语句。

（2）建表时，可以在表名前面加上数据库名，如 hive_test.person，这样，当前所在的数据库并非目标数据库 hive_test 时，也能将表建在目标数据库 hive_test 中。也可以使用如下语句，先将当前所在的数据库切换到目标数据库 hive_test，然后创建表：

```
USE DATABASE hive_test;
CREATE TABLE IF NOT EXISTS hive_test.person(
...
```

（3）可以为表或数据表中的每个字段加上注释，注释语句以 COMMENT 开头。

（4）可以使用 ROW FORMAT DELIMITED、STORED AS 等指定行列的数据格式和文件的存储格式，也可以省略不写。当省略时，将会使用 Hive 提供的默认值。

（5）LOCATION 指定表存在的位置，省略不写时，将表存储在当前所在的数据库目录中。可以使用如下命令查看表信息：

```
hive> DESC person;
```

如果想查看更详细的信息，则使用如下语句：

```
hive> DESC EXTENDED person;
```

或者

```
hive> DESC FORMATTED person;
```

创建表之后，可以输入如下语句查看已存在的表：

```
hive> SHOW TABLES;
OK
person
Time taken: 0.038 seconds, Fetched: 1 row(s)
```

也可以输入如下语句查看指定数据库中已存在的表：

```
hive> SHOW TABLES IN hive_test;
OK
person
Time taken: 0.043 seconds, Fetched: 1 row(s)
```

还可以通过复制一张已存在的表来创建表（只复制表结构，不复制数据），如下所示：

```
hive> CREATE TABLE IF NOT EXISTS hive_test.person2 LIKE hive_test.person;
OK
Time taken: 0.139 seconds
```

此时，查看 hive_test 数据库中已存在的表，如下所示：

```
hive> SHOW TABLES IN hive_test;
OK
person
```

```
person2
Time taken: 0.043 seconds, Fetched: 2 row(s)
```

可以发现，多了一张 person2 表。

10.3.3 管理表

如果 Hive 中没有特别指定，则默认创建的表都是管理表，也称内部表，由 Hive 负责管理表中的数据，管理表不共享数据。删除管理表时，会删除管理表中的数据和元数据信息。

10.3.4 外部表

当一份数据需要被共享时，可以创建一个外部表指向这份数据。创建外部表时，需要在创建表语句中加入 EXTERNAL 关键字。建表语句如下所示：

```
CREATE EXTERNAL TABLE IF NOT EXISTS hive_test.person_external(
name STRING,
age INT,
bobby ARRAY<STRING>,
body MAP<STRING, STRING>,
address STRUCT<STREET:STRING, CITY:STRING, STATE:STRING>)
LOCATION '/user/hadoop/person_external ';
```

可以看到，创建外部表时只需要在创建语句中加入 EXTERNAL 关键字。删除外部表时，只会删除外部表的元数据信息，不会删除数据。

可以使用 DESC FORMATTED tablename 语句查看当前表是管理表还是外部表。如果是管理表，会看到如下信息：

```
Table Type: MANAGED_TABLE
```

如果是外部表，则会看到如下信息：

```
Table Type: EXTERNAL_TABLE
```

也可以通过复制一张表来创建外部表（只复制表结构，不复制数据），如下所示：

```
CREATE EXTERNAL TABLE IF NOT EXISTS hive_test.person3 LIKE hive_test.person
LOCATION '/user/hadoop/person3';
```

管理表和外部表可以互相转化，将 person 表转化为外部表，如下所示：

```
hive> ALTER TABLE person set TBLPROPERTIES ('EXTERNAL'='TRUE');
```

将 person 表转化为管理表，如下所示：

```
hive> ALTER TABLE person set TBLPROPERTIES ('EXTERNAL'=FALSE);
```

10.3.5　分区表

Hive 支持表分区，分区可以将一个表中的数据进行水平切分，在性能上有着显著的优势。分区表在生产环境中使用的比较多。

1. 分区管理表

首先，在 Hive 中创建一个分区管理表，如下所示：

```
CREATE TABLE person_info(
id STRING,
name STRING,
age int,
sex STRING)
PARTITIONED BY (province STRING, city STRING);
```

可以看到，创建分区表时，需要使用 PARTITIONED BY 自定义分区字段。需要注意的是，分区字段不能和表字段重名，否则将会抛出"FAILED: SemanticException [Error 10035]: Column repeated in partitioning columns"错误。下面是创建分区管理表的语句：

```
hive> CREATE TABLE person_info(
    > id STRING,
    > name STRING,
    > age int,
    > sex STRING)
    > PARTITIONED BY (age int, city STRING);
FAILED: SemanticException [Error 10035]: Column repeated in partitioning columns
```

此时，age 字段既是表字段又是分区字段，就会抛出"FAILED: SemanticException [Error 10035]: Column repeated in partitioning columns"错误。

Hive 中的表以目录形式存在于 HDFS 中的数据库目录下，而表的分区则是以表的子目录的形式存在，如下所示：

```
/user/hive/warehouse/hive_test/person_info/province=sichuan/city=chengdu
```

可以使用如下语句查询分区管理表中的数据：

```
hive> SELECT * FROM person_info WHERE province = 'sichuan' AND city = 'chengdu';
```

Hive 也会将分区字段的数据输出。此时查询的是 province = 'sichuan' 和 city = 'chengdu' 下 的 数 据，Hive 只 会 扫 描 /user/hive/warehouse/hive_test/person_info/province=sichuan/city=chengdu 目录下的数据，这对于数据量非常巨大的 Hive 表来说，性能提升是非常明显的。

也可以查询所有分区下的数据，如下所示：

```
hive> SELECT * FROM person_info
```

在生产环境下，最常使用的就是按照时间对 Hive 中的表数据分区。如果数据表中的数据和分区个数都非常大，则查询所有分区的数据会触发一个巨大的 MapReduce 任务。可以将 Hive 的安全措施设置为 strict 模式，设置为 strict 模式后，如果一个针对分区表的查询没有加上分区条件，此查询作业就会禁止提交。可以在 hive-site.xml 文件中配置 hive.mapred. mode 属性，如下所示：

```
<property>
    <name>hive.mapred.mode</name>
    <value>strict</value>
</property>
```

也可以在 Hive 命令行输入如下命令设置 strict 模式：

```
hive> set hive.mapred.mode=strict;
```

前者对 Hive 所有会话生效，后者仅对本次会话生效。

将安全模式设置为 strict 后，若查询分区表时没有添加分区条件，则会抛出"FAILED: SemanticException Queries against partitioned tables without a partition filter are disabled for safety reasons."错误，如下所示：

```
hive> SET hive.mapred.mode=strict;
hive> SELECT * FROM person_info;
FAILED: SemanticException Queries against partitioned tables without a
partition filter are disabled for safety reasons. If you know what you are
doing, please sethive.strict.checks.large.query to false and that hive.
mapred.mode is not set to 'strict' to proceed. Note that if you may get errors
or incorrect results if you make a mistake while using some of the unsafe
features. No partition predicate for Alias "person_info" Table "person_info"
```

将安装模式设置为 nonstrict 时，即使没有添加分区条件，也可以正常查询数据，如下所示：

```
hive> SET hive.mapred.mode=nonstrict;
hive> SELECT * FROM person_info;
OK
Time taken: 0.179 seconds
```

可以使用 SHOW PARTITIONS 命令查看表中的分区情况，如下所示：

```
hive> SHOW PARTITIONS person_info;
```

如果表中存在非常多的分区，用户可以指定一个或者多个特定分区字段值的分区子句，进行过滤查询，如下所示：

```
hive> SHOW PARTITIONS person_info PARTITION(province='sichuan');
```

DESC EXTENDED tablename 语句也可以显示分区键，如下所示：

```
hive> DESC EXTENDED person_info;
…..
partitionKeys:[FieldSchema(name:province, type:string, comment:null),
FieldSchema(name:city, type:string, comment:null)]
……
```

同样地，DESC FORMATTED tablename 语句也能显示分区键，如下所示：

```
hive> DESC FORMATTED person_info;
……
# Partition Information
# col_name data_type comment

province string
city string
……
```

在管理表中，可以通过载入数据的方式创建分区，如下所示：

```
hive> LOAD DATA LOCAL INPATH '/home/hadoop/person.txt' INTO TABLE person
PARTITION(province='sichuan', city='chengdu');
```

Hive 将创建分区对应的目录 /user/hive/warehouse/hive_test/person/province=sichuan/city=chengdu，同时会将 /home/hadoop 目录下的 person.txt 文件复制到创建的分区目录下。

2. 外部分区表

外部表也可以使用分区，外部表可以自定义目录结构，所以外部分区表比管理分区表更加灵活。

按照如下方式在 Hive 中定义一个存储服务器日志信息的外部分区表：

```
CREATE EXTERNAL TABLE IF NOT EXISTS log_msg(
id int,
visit_time STRING,
ip_addr STRING,
api STRING,
up_flow int,
down_flow int)
PARTITIONED BY (year INT, month INT, day INT)
ROW FORMAT DELIMITED
FIELDS TERMINATED BY '\t';
```

在创建表时没有指定表的存储路径，所以创建外部分区表之后，查询语句查不到任何数据，需要单独为外部表分区键指定值和存储位置，如下所示：

```
ALTER TABLE log_msg ADD PARTITION(year=2019, month=7, day=20) LOCATION  '/
hadoop/test/log_msg/2019/7/20';
```

删除外部分区表和删除外部表一样，不会删除数据。

使用 SHOW PARTITIONS 命令也可以查看一个外部表的分区，如下所示：

```
hive> SHOW PARTITIONS log_msg;
OK
year=2019/month=7/day=20
Time taken: 0.118 seconds, Fetched: 1 row(s)
```

使用 DESC EXTENDED tablename 命令和 DESC FORMATTED tablename 命令可以查看

外部分区表的分区信息，如下所示：

```
hive> DESC EXTENDED log_msg;
......
# Partition Information
# col_name              data_type               comment

year                    int
month                   int
day                     int
......
hive> DESC FORMATTED log_msg;
# Partition Information
# col_name              data_type               comment

year                    int
month                   int
day                     int
......
```

　　无论是管理表还是外部表，如果存在分区，加载数据时就需要加载进入指定的分区，如下所示：

```
LOAD DATA LOCAL INPATH '/home/hadoop/access_20190720.log' INTO TABLE log_msg
PARTITION(year=2019, month=7, day=20);
```

10.3.6　删除表

　　可以使用如下语句删除表：

```
hive> DROP TABLE person;
```

　　或者

```
hive> DROP TABLE IF EXISTS person;
```

10.3.7　修改表

　　可以通过 ALTER TABLE 语句修改表，这种操作会修改元数据，但不会修改数据。

　　1. 修改表名称

　　将名称为 log_msg 的表重命名为 log_message，如下所示：

```
hive> ALTER TABLE log_msg RENAME TO log_message;
```

　　2. 增加表分区

　　可以使用 ALTER TABLE tablename ADD PARTITION 语句为外部表增加一个新的分区，

如下所示:

```
hive> ALTER TABLE log_msg ADD IF NOT EXISTS PARTITION (year=2019, month=7,
day=21) LOCATION '/hadoop/test/log_msg/2019/07/21';
```

查看 log_msg 表的分区信息,如下所示:

```
hive> SHOW PARTITIONS log_msg;
OK
year=2019/month=7/day=20
year=2019/month=7/day=21
Time taken: 0.136 seconds, Fetched: 2 row(s)
```

可以看到,log_msg 表中多了一个 year=2019/month=7/day=21 分区。

3. 修改表分区

可以修改表的分区,如下所示:

```
hive> ALTER TABLE log_msg PARTITION(year=2019, month=7, day=21) RENAME TO
PARTITION (year=2019, month=7, day=22);
```

查看 log_msg 表的分区信息,如下所示:

```
hive> SHOW PARTITIONS log_msg;
OK
year=2019/month=7/day=20
year=2019/month=7/day=22
Time taken: 0.103 seconds, Fetched: 2 row(s)
```

可以看到,year=2019/month=7/day=21 分区已经被修改为 year=2019/month=7/day=22 分区。

也可以对表的分区路径进行修改,如下所示:

```
hive> ALTER TABLE log_msg PARTITION (year=2019, month=7, day=22) SET LOCATION
'/hadoop/user/log_msg/2019/07/22';
```

4. 删除表分区

可以使用如下语句删除表分区:

```
hive> ALTER TABLE log_msg DROP IF EXISTS PARTITION (year=2019, month=7,
day=22);
Dropped the partition year=2019/month=7/day=22
OK
Time taken: 0.181 seconds
```

再次查看 log_msg 表的分区信息,如下所示:

```
hive> SHOW PARTITIONS log_msg;
OK
year=2019/month=7/day=20
Time taken: 0.105 seconds, Fetched: 1 row(s)
```

可以看到，year=2019/month=7/day=22 分区已经被删除。

5. 修改列信息

可以使用如下语句修改表中的列信息：

```
ALTER TABLE log_msg
CHANGE COLUMN id log_id STRING
COMMENT 'log_msg unique id'
AFTER visit_time;
```

上述语句的意思为：将 log_msg 中的 id 字段修改为 log_id，加上注释 "log_msg unique id"，同时将 log_id 字段放到 visit_time 字段后面。

如果希望将 log_id 字段移动到表中的第一个位置，则只需要将 AFTER 关键字修改为 FIRST。

注意： 修改列信息一般只会修改元数据信息，不会修改数据。如果对表中的字段进行了位置移动，则需要将数据匹配最新的表字段顺序。

6. 增加列

可以使用如下语句在 log_msg 表中添加字段：

```
ALTER TABLE log_msg ADD COLUMNS(
app_name STRING,
app_version STRING);
```

如果新增的字段在表中的顺序有误，可以使用 ALTER TABLE tablename CHANGE COLUMN 语句修改表中字段的顺序。

7. 删除或修改列

下面的语句将会移除 log_msg 表中的所有表字段，并指定新的表字段：

```
ALTER TABLE log_msg REPLACE COLUMNS(
app_name STRING,
app_version STRING);
```

查看 log_msg 表的信息，如下所示：

```
hive> desc log_msg;
OK
app_name              string
app_version           string
year                  int
month                 int
day                   int

# Partition Information
# col_name             data_type                comment

year                  int
month                 int
```

```
day                        int
Time taken: 0.09 seconds, Fetched: 12 row(s)
```

可以看到，log_msg 表中的表字段被移除并重新指定为 app_name 和 app_version 两个表字段。

8. 修改表属性

可以通过 ALTER TABLE tablename SET TBLPROPERTIES 语句修改表属性，如下所示：

```
hive> ALTER TABLE log_msg SET TBLPROPERTIES('author'='binghe');
```

注意：只能增加或修改表的属性，无法删除表的属性。

9. 修改存储属性

将 log_msg 表的存储格式修改为 SEQUENCEFILE，如下所示：

```
ALTER TABLE log_msg
PARTITION(year=2019, month=7, day=20)
SET FILEFORMAT SEQUENCEFILE;
```

10. TOUCH

可以使用 ALTER TABLE tablename TOUCH 语句触发"钩子"操作，如下所示：

```
hive> ALTER TABLE log_msg TOUCH PARTITION(year=2019, month=7, day=20);
```

11. 归档与解归档数据

可以使用 ALTER TABLE tablename ARCHIVE PARTITION 语句将分区内的文件打包成 Hadoop 的 HAR 文件，即归档数据，如下所示：

```
hive> ALTER TABLE log_msg ARCHIVE PARTITION(year=2019, month=7, day=20);
```

使用 UNARCHIVE 替换 ARCHIVE 就可以反向操作，即解归档，如下所示：

```
hive> ALTER TABLE log_msg UNARCHIVE PARTITION(year=2019, month=7, day=20);
```

注意：归档与解归档只能用于单个分区。

10.4 Hive 数据操作

本节主要介绍在 Hive 数据库中如何实现数据的导入和导出。在 Hive 中创建了数据库和数据表后，能够将数据正确地导入 Hive 数据表，同时能够将数据正确地从 Hive 数据表导出，才能基于 Hive 分析存储在 HDFS 中的数据。

10.4.1　向 Hive 表中导入数据

Hive 支持向数据表中一次导入大量的数据。向 person 表中导入数据，可以使用如下语句：

```
hive> LOAD DATA INPATH '/user/hadoop/' INTO TABLE person;
```

上述语句表示将 HDFS 中 /user/hadoop/ 目录下的所有文件中的数据导入 person 表中。如果需要覆盖 person 表中的数据，则需要加上 OVERWRITE 关键字，如下所示：

```
hive> LOAD DATA INPATH '/user/hadoop/' OVERWRITE INTO TABLE person;
```

上述命令执行后，会清空 person 表中原有的数据，然后将 HDFS 中 '/user/hadoop/ 目录下的文件中的所有数据添加到 person 表中。

如果要导入数据的表是一个分区表，则导入数据时必须指定分区，如下所示：

```
hive> LOAD DATA INPATH '/user/hive' OVERWRITE INTO TABLE log_msg PARTITION
(year=2019, month=7, day=20);
```

Hive 支持从本地导入数据到 Hive 表中，此时需要加上 LOCAL 关键字，如下所示：

```
hive> LOAD DATA LOCAL INPATH '/user/hadoop/' INTO TABLE person;
hive> LOAD DATA LOCAL INPATH '/user/hadoop/' OVERWRITE INTO TABLE person;
hive> LOAD DATA LOCAL INPATH '/user/hive' OVERWRITE INTO TABLE log_msg
PARTITION (year=2019, month=7, day=20);
```

加上 LOCAL 关键字，Hive 会将本地文件上传一份到 HDFS 指定的目录下；如果不加 LOCAL 关键字，Hive 会将 HDFS 上的文件移动到指定的目录下。

10.4.2　通过查询语句插入数据

可以使用如下语句从 person_temp 表中查询数据并向 person 表中插入数据：

```
hive> INSERT OVERWRITE TABLE person SELECT * FROM person_tmp;
```

当向分区表中插入数据时，必须指定分区，如下所示：

```
hive> INSERT OVERWRITE TABLE log_msg PARTITION(year=2019, month=7, day=20)
SELECT * FROM log_msg_tmp;
```

此时的 OVERWRITE 关键字可以去掉。如果使用 OVERWRITE 关键字，则会替换原有数据表或分区中的内容；如果不使用 OVERWRITE 关键字，则只会在原有数据表或分区中追加数据。

Hive 支持一次性向数据表中的多个分区导入数据，如下所示：

```
FROM log_msg_temp
INSERT OVERWRITE TABLE log_msg PARTITION(year=2019, month=7, day=20)
SELECT * WHERE year=2019 and month=7 and day=20
```

```
INSERT OVERWRITE TABLE log_msg PARTITION(year=2019, month=7, day=21)
SELECT * WHERE year=2019 and month=7 and day=21
INSERT OVERWRITE TABLE log_msg PARTITION(year=2019, month=7, day=22)
SELECT * WHERE year=2019 and month=7 and day=22;
```

上述语句可以实现一次查询，将符合条件的数据插入 log_msg 表的指定分区中。需要注意的是，必须将 FROM 语句写在前面。

10.4.3 通过动态分区插入数据

Hive 支持通过动态分区自动推断需要创建的分区。例如，根据动态分区向 log_msg 表中插入数据，如下所示：

```
hive> INSERT OVERWRITE TABLE log_msg PARTITION(year) SELECT id, year FROM log_
msg_temp;
```

Hive 会将 SELECT 语句中的最后一个查询字段作为动态分区的依据，而不是根据字段名选择，所以上述语句会根据查询字段 year 的不同创建不同的分区。如果指定了 n 个动态分区字段，Hive 会将 SELECT 语句中的最后 n 个字段作为动态分区的依据，如下所示：

```
hive> INSERT OVERWRITE TABLE log_msg PARTITION(year, month, day) SELECT id,
year, month, day FROM log_msg_temp;
```

上述语句中，会将查询字段 year、month、day 作为动态分区的依据。

设置表的动态分区需要设置一些属性，如表 10-3 所示。

表 10-3 动态分区需要设置的属性

属性名	默认值	说明
hive.exec.dynamic.partition	false	设置成 true，表示开启自动分区
hive.exec.dynamic.partition.mode	strict	设置成 nonstrict，允许所有分区动态创建
hive.exec.max.dynamic.partitions.pernode	100	每个 Mapper 或 Reducer 可以创建的最大分区数，如果实际尝试创建的分区数大于该设置值，则会抛出错误
hive.exec.max.dynamic.partitions	1000	一条语句可以创建的最大分区个数，如果实际创建的分区数大于该设置值，则会抛出错误
hive.exec.max.created.files	100000	全局可以创建的最大文件个数，超过该设置值会抛出错误

可以在 hive-site.xml 文件中配置这些属性，如下所示：

```
<property>
    <name>hive.exec.dynamic.partition</name>
    <value>true</value>
</property>
<property>
    <name>hive.exec.dynamic.partition.mode</name>
```

```
    <value>nonstrict</value>
</property>
<property>
    <name>hive.exec.max.dynamic.partitions.pernode</name>
    <value>100</value>
</property>
<property>
    <name>hive.exec.max.dynamic.partitions</name>
    <value>1000</value>
</property>
<property>
    <name>hive.exec.max.created.files</name>
    <value>100000</value>
</property>
```

也可以在 Hive 命令行设置这些属性，如下所示：

```
hive> set hive.exec.dynamic.partition=true;
hive> set hive.exec.dynamic.partition.mode=nonstrict;
hive> set hive.exec.max.dynamic.partitions.pernode=100;
hive> set hive.exec.max.dynamic.partitions=1000;
hive> set hive.exec.max.created.files=100000;
```

10.4.4　通过单个语句创建并加载数据

Hive 支持在一个语句中创建表并向表中加载数据，如下所示：

```
hive> CREATE TABLE log_msg_visit AS SELECT id, visit_time, api FROM log_msg;
```

10.4.5　从 Hive 中导出数据

Hive 支持数据导出，需要使用 DIRECTORY 关键字。将 Hive 中的数据导出到 HDFS，
如下所示：

```
hive> INSERT OVERWRITE DIRECTORY '/user/hive/person' SELECT * FROM person;
```

将 Hive 中的数据导出到本地，如下所示：

```
hive> INSERT OVERWRITE LOCAL DIRECTORY '/home/hadoop/hive/person' SELECT * FROM person;
```

如果 Hive 表中的数据满足用户需要的数据格式，可以直接复制文件达到导出数据的目
的。例如，导出数据到 HDFS，如下所示：

```
hadoop fs -cp /user/hive/warehouse/person /user/hadoop/
```

可以使用如下命令直接将数据导出到本地。

```
hadoop fs -get /user/hive/warehouse/person /home/hadoop/
```

10.5 Hive 数据查询

Hive 中的数据查询基本与 MySQL 相同，本节就系统地介绍 Hive 中的数据查询功能。

10.5.1 SELECT 查询语句

SELECT 查询语句比较简单，后面跟要查询的字段，如下所示：

```
hive> SELECT name FROM test;
OK
aa
bb
cc
Time taken: 2.076 seconds, Fetched: 3 row(s)
```

可以为查询语句中的列和表加上别名，如下所示：

```
hive> SELECT t.name AS tname FROM test t;
OK
aa
bb
cc
Time taken: 0.199 seconds, Fetched: 3 row(s)
```

可以使用如下语句进行嵌套查询：

```
hive> SELECT p.name, c.name FROM (SELECT id, name FROM province) p JOIN (SELECT
pid, name FROM city) c ON p.id = c.pid;
```

可以使用正则表达式指定查询的列，如下所示：

```
hive> SELECT t.* FROM test t;
OK
101     aa
102     bb
103     cc
Time taken: 0.599 seconds, Fetched: 3 row(s)
```

可以使用 LIMIT 限制查询的结果条数，如下所示：

```
hive> SELECT * FROM test LIMIT 1;
OK
101     aa
Time taken: 0.14 seconds, Fetched: 1 row(s)
```

可以使用 ORDER BY 语句对结果进行排序，如下所示：

```
hive> SELECT * FROM test ORDER BY id DESC;
OK
103     cc
```

```
102     bb
101     aa
Time taken: 67.621 seconds, Fetched: 3 row(s)
```

可以使用 CASE…WHEN…THEN 语句对某一列的值进行处理，如下所示：

```
hive> SELECT id, name, age, sex,
    > CASE
    > WHEN sex = 'mail' THEN '男'
    > WHEN sex = 'femail' THEN '女'
    > ELSE '未知'
    > END
> FROM person;
OK
1   binghe  18  mail    男
Time taken: 67.621 seconds, Fetched: 1 row(s)
```

10.5.2 WHERE 条件语句

WHERE 条件语句主要是对查询进行条件限制，如下所示：

```
hive> SELECT * FROM test WHERE id = 101;
OK
101     aa
Time taken: 0.515 seconds, Fetched: 1 row(s)
```

WHERE 条件语句常用的操作符如表 10-4 所示。

表 10-4 WHERE 条件语句常用的操作符

操作符	支持的数据类型	说明
A=B	基本数据类型	如果 A 等于 B，则返回 true，否则返回 false
A<=>B	基本数据类型	如果 A 和 B 都为 NULL，则返回 true，其他情况和 A=B 相同
A<>B，A!=B	基本数据类型	如果 A 或者 B 为 NULL，则返回 NULL；如果 A 不等于 B 返回 true，否则返回 false
A<B	基本数据类型	如果 A 或者 B 为 NULL，则返回 NULL；如果 A 小于 B 返回 true，否则返回 false
A<=B	基本数据类型	如果 A 或者 B 为 NULL，则返回 NULL；如果 A 小于或者等于 B 返回 true，否则返回 false
A>B	基本数据类型	如果 A 或者 B 为 NULL，则返回 NULL；如果 A 大于 B 返回 true，否则返回 false
A>=B	基本数据类型	如果 A 或者 B 为 NULL，则返回 NULL；如果 A 大于或者等于 B 返回 true，否则返回 false
A IS NULL	所有数据类型	如果 A 为 NULL 返回 true，否则返回 false

续表

操作符	支持的数据类型	说明
A IS NOT NULL	所有数据类型	如果 A 不为 NULL 返回 true，否则返回 false
A BETWEEN B AND C	基本数据类型	如果 A、B、C 任一为 NULL，则返回 NULL；如果 A 大于或等于 B 并且 A 小于或等于 C，则返回 true，否则返回 false
A NOT BETWEEN B AND C	基本数据类型	如果 A、B、C 任一为 NULL，则返回 NULL；如果 A 小于 B 或者 A 大于 C，则返回 true，否则返回 false
A LIKE B	STRING 类型	如果 A 模糊匹配 B，则返回 true，否则返回 false
A NOT LIKE B	STRING 类型	如果 A 不模糊匹配 B，则返回 true，否则返回 false
A RLIKE B，A REGEXP B	STRING 类型	B 是一个正则表达式，如果 A 匹配正则表达式，则返回 true，否则返回 false

10.5.3　GROUP BY 语句

GROUP BY 语句主要是对查询的数据进行分组，通常会和聚合函数一起使用，如下所示：

```
hive> SELECT year(tmd), avg(num) FROM test WHERE status = 1 GROUP BY year(ymd);
```

10.5.4　HAVING 语句

HAVING 语句主要用来对 GROUP BY 语句的结果进行条件限制，如下所示：

```
hive>  SELECT year(tmd), avg(num) FROM test WHERE status = 1 GROUP BY
year(ymd) HAVING avg(num) > 100;
```

10.5.5　INNER JOIN 语句

在 INNER JOIN 语句中，只有进行连接的两个表中都存在与连接条件相匹配的数据时才会被显示在结果数据中，如下所示：

```
hive> SELECT t1.id, t2.id FROM test1 t1 JOIN test2 t2 ON t1.id = t2.id;
```

10.5.6　LEFT OUTER JOIN 语句

LEFT OUTER JOIN 语句表示左外连接，左外连接查询数据会包含左表中的全部记录，而右表中不符合条件的结果将以 NULL 的形式出现，如下所示：

```
hive> SELECT t1.id, t1.name, t2.name FROM test1 t1 LEFT OUTER JOIN test2 t2 ON
t1.id = t2.id where t1.status = 1;
OK
binghe    NULL
Time taken: 0.515 seconds, Fetched: 1 row(s)
```

10.5.7 RIGHT OUTER JOIN 语句

RIGHT OUTER JOIN 表示右外连接，右外连接查询数据会包含右表中的全部记录，而左表中不合符条件的结果将以 NULL 的形式出现，如下所示：

```
hive> SELECT t1.id, t1.name, t2.name FROM test1 t1 RIGHT OUTER JOIN test2 t2
ON t1.id = t2.id where t2.month = '2019-07';
OK
NULL    hive
Time taken: 0.435 seconds, Fetched: 1 row(s)
```

10.5.8 FULL OUTER JOIN 语句

FULL OUTER JOIN 语句表示全外连接，结果数据会包含左表和右表的全部数据，不符合条件的用 NULL 表示，如下所示：

```
hive> SELECT t1.id, t1.name, t2.name FROM test1 t1 FULL OUTER JOIN test2 t2 ON
t1.id = t2.id where t1.month = '2019-07';
OK
hadoop   storm
NULL    hive
binghe   NULL
Time taken: 0.635 seconds, Fetched: 3 row(s)
```

10.5.9 LEFT SEMI JOIN 语句

LEFT SEMI JOIN 语句表示左半连接，其结果数据对应右表满足 ON 语句中的条件，如下所示：

```
hive> SELECT t1.id FROM test1 t1 LEFT SEMI JOIN test2 t2 ON t1.id = t2.id;
OK
101
102
103
Time taken: 0.256 seconds, Fetched: 3 row(s)
```

注意： 在 LEFT SEMI JOIN 语句中，SELECT 和 WHERE 子句中不能引用右表中的字段。

10.5.10　笛卡尔积 JOIN 语句

笛卡尔积 JOIN 语句表示左表的行数乘以右表的行数等于结果集的大小，如下所示：

```
hive> SELECT * FROM test1 JOIN test2;
```

注意：如果将 Hive 的属性 hive.mapred.mode 设置为 strict，则会阻止执行笛卡尔积查询。

10.5.11　map-side JOIN 语句

map-side JOIN 语句会在 Map 阶段将小表读到内存中，直接在 Map 端进行 JOIN，这种
连接需要在查询语句中显式说明，如下所示：

```
hive> SELECT /*+ MAPJOIN(t1)*/ t1.id, t2.id FROM test1 t1 JOIN test2 t2 ON
t1.id = t2.id;
```

可以通过设置 Hive 的属性 hive.auto.convert.join=true 自动开启 map-side JOIN；也可以
设置 Hive 的属性 hive.mapjoin.smalltable.filesize 定义表的大小，默认为 25 000 000 B。

10.5.12　多表 JOIN 语句

Hive 支持多张表进行连接，语句如下所示：

```
SELECT *
FROM test1 t1
JOIN test2 t2 ON t1.id = t2.id
JOIN test3 t3 ON t1.id = t3.id
```

每个 JOIN 都会启动一个 MapReduce 作业。第一个 MapReduce 作业连接 test1 表和
test2 表，第二个 MapReduce 作业连接第一个 MapReduce 作业的输出结果和 test3 表。

10.5.13　ORDER BY 和 SORT BY 语句

Hive 中的 ORDER BY 语句和 SQL 语句一样，可以实现对结果集的排序，如下所示：

```
hive> SELECT * FROM test ORDER BY age ASC, create_time DESC;
```

上述语句表示按照 age 字段升序排序，同时按照 create_time 字段降序排序。

如果 Hive 表中的数据非常多，使用 ORDER BY 排序可能会导致执行的时间过长，此
时可以设置 Hive 的属性 hive.mapred.mode 为 strict，则排序语句后面必须加上 LIMIT 限制
查询的结果条数，以避免数据量太多造成的执行时间过长问题，如下所示：

```
hive> SET hive.mapred.mode=strict;
hive> SELECT * FROM test ORDER BY age ASC, create_time DESC LIMIT 100;
```

SORT BY 语句会在每个 Reduce 中对数据进行排序，可以保证每个 Reduce 输出的数据是有序的（全局不一定有序），并可以提高全局排序的性能，如下所示：

```
hive> SELECT * FROM test ORDER BY age ASC, create_time DESC;
```

上述语句会在每个 Reduce 中对 age 字段进行升序排序，同时对 create_time 字段进行降序排序。如果 Reduce 个数为 1，则 ORDER BY 和 SORT BY 语句的查询结果相同；如果 Reduce 个数大于 1，则 SORT BY 输出的结果为局部有序。

10.5.14   DISTRIBUTE BY 和 SORT BY 语句

DISTRIBUTE BY 语句结合 SORT BY 语句可以实现在第一列数据相同时，能够按照第二列数据进行排序，如下所示：

```
hive> SELECT create_time, num FROM test DISTRIBUTE BY create_time SORT BY
create_time, num;
```

DISTRIBUTE BY 语句能够保证 create_time 相同的数据进入同一个 Reduce 函数，在 Reduce 中再按照 create_time 和 num 排序即可实现在第一列数据相同时，按照第二列数据排序。

10.5.15   CLUSTER BY 语句

如果 DISTRIBUTE BY 和 SORT BY 语句中的列完全相同，并且都是按照升序排序，则可以使用 CLUSTER BY 语句代替 DISTRIBUTE BY 和 SORT BY 语句，如下所示：

```
hive> SELECT create_time, num FROM test DISTRIBUTE BY create_time SORT BY
create_time;
```

上面的语句等价于：

```
hive> SELECT create_time, num FROM test CLUSTER BY create_time;
```

10.5.16   类型转换

类型转换可以使用 cast(value As TYPE) 语法，如下所示：

```
hive> SELECT name, create_time FROM test WHERE cast(num AS INT) >= 108;
```

上述语句表示将 num 转化为 INT 类型。

10.5.17　分桶抽样

Hive 支持分桶抽样查询，如下所示：

```
hive> SELECT * FROM person TABLESAMPLE(BUCKET 2 OUT OF 10 ON id);
```

上述语句表示查询时分 10 个桶，取第 2 个桶，分桶的依据是将 id 值的哈希值除以桶数 10 的余数。也可以采用随机抽样的方式，如下所示：

```
hive> SELECT * FROM person TABLESAMPLE(BUCKET 2 OUT OF 10 ON RAND());
```

可以在创建表时指定分桶，需要提前将 Hive 的 hive.enforce.bucketing 属性设置为 true。该属性可以在 hive-site.xml 文件中配置，如下所示：

```
<property>
    <name>hive.enforce.bucketing</name>
    <value>true</value>
</property>
```

也可以在 Hive 命令行设置，如下所示：

```
hive> SET hive.enforce.bucketing = true;
```

创建表时指定分桶，并插入 test 表中的 id 列数据，如下所示：

```
hive> CREATE TABLE test_bucket(id INT) CLUSTERED BY (id) INTO 3 BUCKETS;
OK
Time taken: 0.099 seconds
hive> INSERT OVERWRITE TABLE test_bucket SELECT id FROM test;
OK
Time taken: 16.267 seconds
```

上述语句首先创建一个 test_bucket 表，并将 test_bucket 表划分为 3 个桶，然后将 test 表中的 id 列数据插入 test_bucket 表中。插入的数据会被保存在 3 个文件中，每个桶一个文件，保存在 test_bucket 表路径下。

10.5.18　UNION ALL 语句

Hive 支持 UNION ALL 查询，其主要用于多表数据合并的场景。使用 UNION ALL 语句要求各表查询出的字段类型必须完全匹配，如下所示：

```
SELECT t.id, t.name
FROM (
SELECT t1.id, t1.name FROM test1 t1
UNION ALL
SELECT t2.id, t2.name FROM test2 t2
UNION ALL
SELECT t3.id, t3.name FROM test3 t3) t
```

注意： 在 Hive 中使用 UNION ALL 语句，必须使用嵌套查询。

10.6 Hive 视图

视图是一种使用查询语句定义的虚拟表，是数据的一种逻辑结构，创建视图时不会把视图存储到磁盘上，定义视图的查询语句只是在执行视图的语句时才会被执行。本节将简单介绍 Hive 中的视图。

10.6.1 使用视图简化查询逻辑

在实际工作过程中，使用 Hive 难免会遇到复杂的嵌套查询，如下面的查询语句：

```
FROM(
SELECT * FROM test1 JOIN test2
ON(test1.id = test2.pid) WHERE test1.name = 'binghe'
) t SELECT t.joinname WHERE a.id = 101;
```

这里可以将嵌套查询的语句创建一个视图，如下所示：

```
CREATE VIEW IF NOT EXISTS test_view AS SELECT * FROM test1 JOIN test2
ON(test1.id = test2.pid) WHERE test1.name = 'binghe';
```

此时，查询语句就可以写成如下简单语句：

```
SELECT joinname FROM test_view WHERE id = 101;
```

可以看到，使用视图大大地简化了查询逻辑。

10.6.2 使用视图限制查询数据

Hive 中使用视图可以限制查询指定字段的数据和特定条件的数据，如下面的语句：

```
CREATE TABLE IF NOT EXISTS person(id INT, username STRING, PASSWORD STRING);
CREATE VIEW IF NOT EXISTS person_info AS SELECT id, username FROM person;
```

上述创建视图的语句限制只查询 person 表的 id 和 username 两个字段，对查询的字段做了限制。再看下面的语句：

```
CREATE VIEW IF NOT EXISTS person_info AS SELECT id, username FROM person WHERE
username='binghe';
```

这里创建视图的语句限制了只查询 username 为 binghe 的数据。

10.6.3 以 map 类型的字段生成视图

map 类型的数据访问格式为"字段名［属性名］"，所以以 map 类型的字段生成视图也比较简单，如下所示：

```
CREATE EXTERNAL TABLE person (body map<STRING, STRING>)
ROW FORMAT DELIMITED
FIELDS TERMINATED BY '\001'
COLLECTION ITEMS TERMINATED BY '\002'
MAP KEYS TERMINATED BY '\003'
STORED AS TEXTFILE;
```

可以创建一个视图，包含 height（身高）和 weight（体重）字段，如下所示：

```
CREATE VIEW IF NOT EXISTS body_info(height, weight) AS SELECT body["height"],
body["weight"] FROM person WHERE body["type"] = "basic";
```

上述语句表示将 person 表中的基础身体数据（身高和体重）单独抽象成一个视图，方便查询。

10.6.4　复制视图

Hive 支持视图的复制。和复制表类似，复制视图使用如下语句：

```
CREATE VIEW person_body LIKE body_info;
```

10.6.5　删除视图

删除视图非常简单，只需要执行如下语句即可：

```
DROP VIEW IF EXISTS person_body;
```

10.6.6　查看视图信息

Hive 可以通过 DESC EXTENDED viewname 和 DESC FORMATTED viewname 语句查看视图信息，如下所示：

```
hive> DESC EXTENDED person_body;
OK
id                      int
name                    string
……
tableType:VIRTUAL_VIEW,
…….
hive> DESC FORMATTED person_body;
OK
# col_name              data_type               comment

id                      int
name                    string
```

```
......
Table Type:              VIRTUAL_VIEW
......
```

注意: 视图是只读的，不能插入或下载数据到视图中，视图只允许修改元数据中的 TBLPROPERTIES 属性。

10.7 Hive 索引

和关系型数据库中的索引一样，Hive 也支持在表中建立索引，适当的索引可以优化 Hive 查询数据的性能。索引需要额外的存储空间，因此在创建索引时需要考虑索引的必要性。

10.7.1 创建索引

这里以创建的 person 表为例，先来看 person 表的建表语句，如下所示：

```
CREATE TABLE IF NOT EXISTS person(
name STRING,
age INT,
bobby ARRAY<STRING>,
body MAP<STRING, FLOAT>,
ADDRESS STRUCT<STREET:STRING, CITY:STRING, STATE:STRING>)
PARTITIONED BY (country STRING, date_time STRING);
```

接下来对分区字段 country 建立索引。建立索引使用 CREATE INDEX 语句，如下所示：

```
CREATE INDEX person_index
ON TABLE person(country)
AS 'org.apache.hadoop.hive.ql.index.compact.CompactIndexHandler'
WITH DEFERRED REBUILD
IDXPROPERTIES ('author' = 'binghe', 'create_time' = '2019-07-22')
IN TABLE person_index_table
PARTITIONED BY (country, create_time);
```

注意: 如果省略 PARTITIONED BY 语句，则索引会包含原始表的所有分区。

10.7.2 重建索引

Hive 支持重建索引，重建索引使用 ALTER INDEX…REBUILD 语句，如下所示：

```
ALTER INDEX person_index
```

```
ON TABLE person
PARTITION(create_time='2019-07-22')
REBUILD;
```

注意： 如果省略 PARTITION 语句，则会对所有分区重建索引。

10.7.3　查看索引

Hive 支持使用 SHOW [FORMATTED] INDEX 语句显示索引，如下所示：

```
SHOW FORMATTED INDEX ON person;
```

FORMATTED 可以省略，该关键字可以在输出中包含列名称。如果想要在输出中列举多个索引信息，可以将 INDEX 替换为 INDEXES，如下所示：

```
SHOW FORMATTED INDEXES ON person;
```

10.7.4　删除索引

Hive 中删除索引也会删除对应的索引表。删除索引的语句如下所示：

```
DROP INDEX IF EXISTS person_index ON TABLE person;
```

注意： Hive 不支持直接使用 DROP TABLE 语句删除索引表。如果创建索引的表被删除了，则其对应的索引和索引表也会被删除；如果表的某个分区被删除了，则该分区对应的分区索引也会被删除。

10.8 Hive 函数

Hive 内部支持大量的函数，可以通过 SHOW FUNCTIONS 查看 Hive 内置的函数。灵活地运用 Hive 提供的函数能够极大地节省数据分析成本。Hive 函数主要包含数学函数、集合函数、类型转换函数、日期函数、条件函数、字符串函数、聚合函数和表生成函数等。

10.8.1　数学函数

数学函数是 Hive 内部提供的专门用于数学运算的函数，如 round() 函数和 sqrt() 函数等。round() 函数主要用来对给定的数字进行四舍五入取近似值，如下所示：

```
hive> SELECT ROUND(5.5);
OK
6
Time taken: 2.45 seconds, Fetched: 1 row(s)
```

sqrt() 函数表示对给定的数字取平方根，如下所示：

```
hive> SELECT sqrt(5);
OK
2.23606797749979
Time taken: 0.542 seconds, Fetched: 1 row(s)
```

10.8.2　集合函数

集合函数是 Hive 内部处理集合数据的函数，如 size() 函数和 map_keys() 函数。size() 函数主要用来获取 map 或者数组的长度，如下所示：

```
hive> SELECT size(MAP("name", "binghe"));
OK
1
Time taken: 0.504 seconds, Fetched: 1 row(s)
```

map_keys() 函数主要用来获取 map 集合中所有的 key，如下所示：

```
hive> SELECT map_keys(MAP("name", "binghe"));
OK
["name"]
Time taken: 0.112 seconds, Fetched: 1 row(s)
```

10.8.3　类型转换函数

Hive 内部提供了一些可以将数据类型进行转换的函数，这些函数能够将某些数据类型转换为便于查询或者计算统计的数据类型。例如 cast() 函数，其基本格式为 cast(value as TYPE)，能够将给定的数据 value 转化成 TYPE 类型，如下所示：

```
hive> SELECT cast("5" AS INT);
OK
5
Time taken: 0.51 seconds, Fetched: 1 row(s)
```

10.8.4　日期函数

日期函数是一类专门处理日期数据的函数，能够方便地对日期数据进行转换和处理。

例如 unix_timestamp() 函数,其能够方便地获取服务器的时间戳,如下所示:

```
hive> SELECT unix_timestamp();
unix_timestamp(void) is deprecated. Use current_timestamp instead.
OK
1563848705
Time taken: 0.097 seconds, Fetched: 1 row(s)
```

10.8.5 条件函数

条件函数是一类进行条件判断的函数,通常会用于 WHERE 语句,如 isnull() 函数和 nvl() 函数。isnull() 函数表示如果给定的数据为 NULL,则返回 true,否则返回 false,如下所示:

```
hive> SELECT isnull(NULL);
OK
true
Time taken: 0.116 seconds, Fetched: 1 row(s)
hive> SELECT isnull(1);
OK
false
Time taken: 0.1 seconds, Fetched: 1 row(s)
```

nvl() 函数的格式为 nvl(T value, T default_value),表示如果 value 值为 NULL,则返回 default_value,否则返回 value,如下所示:

```
hive> SELECT nvl(1, 2);
OK
1
Time taken: 0.095 seconds, Fetched: 1 row(s)
hive> SELECT nvl(NULL, 2);
OK
2
Time taken: 0.089 seconds, Fetched: 1 row(s)
```

10.8.6 字符串函数

字符串函数是一类处理字符串数据的函数,可以对字符串进行拼接、转换等操作,如 length() 函数和 concat() 函数。length() 函数用于获取给定字符串的长度,如下所示:

```
hive> SELECT length('abc');
OK
3
Time taken: 0.112 seconds, Fetched: 1 row(s)
```

concat() 函数能够对给定的字符串进行依次拼接操作，如下所示：

```
hive> SELECT concat("abc", "def");
OK
abcdef
Time taken: 0.098 seconds, Fetched: 1 row(s)
```

10.8.7　聚合函数

聚合函数是一类对数据进行统计计算的函数，能够方便地对 Hive 中的数据进行统计处理，如 count() 函数和 sum() 函数。count() 函数能够获取 Hive 数据表中的数据条数，如下所示：

```
hive> SELECT count(*) FROM test;
OK
3
Time taken: 12.182 seconds, Fetched: 1 row(s)
```

sum() 函数主要用来对数据表中的某一列数据进行求和统计，如下所示：

```
hive> SELECT sum(num) FROM test;
OK
306
Time taken: 54.908 seconds, Fetched: 1 row(s)
```

10.8.8　表生成函数

表生成函数接收 0 个或者多个输入参数，产生多列或多行输出，如 explode() 函数，如下所示：

```
hive> SELECT explode(array("a", "b","c"));
OK
a
b
c
Time taken: 0.569 seconds, Fetched: 3 row(s)
```

注意：　Hive 内部提供了大量的内置函数供开发人员或数据分析人员使用，限于篇幅，这里不再一一赘述，读者可参见 Hive 官方文档来了解更多的 Hive 内置函数的用法。Hive 内置函数的官方文档链接地址为 https://cwiki.apache.org/confluence/display/Hive/LanguageManual+UDF。

10.9 用户自定义函数

当 Hive 提供的内置函数无法满足业务需求时，用户可以使用 Hive 提供的自定义编程接口来进行自定义函数的实现，本节将简单介绍如何实现用户自定义函数。

10.9.1 项目搭建

创建 Maven 项目 mykit-book-hive，在 pom.xml 文件中引入 Maven 配置，如下所示：

```xml
<properties>
    <hadoop.version>3.2.0</hadoop.version>
    <slf4j.version>1.7.2</slf4j.version>
    <hive.exec.version>3.1.1</hive.exec.version>
</properties>
<dependencies>
  <dependency>
      <groupId>org.apache.hadoop</groupId>
      <artifactId>hadoop-common</artifactId>
      <version>${hadoop.version}</version>
  </dependency>
  <dependency>
      <groupId>org.apache.hive</groupId>
      <artifactId>hive-exec</artifactId>
      <version>${hive.exec.version}</version>
  </dependency>
    <dependency>
      <groupId>org.slf4j</groupId>
      <artifactId>slf4j-log4j12</artifactId>
      <version>${slf4j.version}</version>
  </dependency>
</dependencies>
```

在 src/main/resources 目录下创建 log4j.properties 文件，内容如下所示：

```
log4j.rootLogger=INFO, stdout
log4j.appender.stdout=org.apache.log4j.ConsoleAppender
log4j.appender.stdout.layout=org.apache.log4j.PatternLayout
log4j.appender.stdout.layout.ConversionPattern=%d %p [%c] - %m%n
log4j.appender.logfile=org.apache.log4j.FileAppender
log4j.appender.logfile.File=/home/logs/mykit-book-hive.log
log4j.appender.logfile.layout=org.apache.log4j.PatternLayout
log4j.appender.logfile.layout.ConversionPattern=%d %p [%c] - %m%n
log4j.logger.org.apache.hadoop.util.NativeCodeLoader=ERROR
```

10.9.2 自定义标准函数

自定义标准函数也称 UDF（Use Defined Function，用户自定义函数），需要继承 org.apache.hadoop.hive.ql.udf.generic.GenericUDF。

1. 需求

通过继承 GenericUDF 类来编写一个用户自定义函数 mynvl()，传入两个参数。如果第一个参数为 NULL，则返回第二个参数；如果第一个参数不为 NULL，则返回第一个参数。

2. 实现

（1）在 mykit-book-hive 项目中创建 io.mykit.binghe.hive.udf 包，用于存放实现自定义标准函数的类。

（2）创建 MyGenericUDF 类，继承 org.apache.hadoop.hive.ql.udf.generic.GenericUDF 类，重写 GenericUDF 类中的 initialize() 方法、evaluate() 方法和 getDisplayString() 方法，其实现代码如下所示：

```
/**
 * 自定义 UDF 函数
 * 传入两个参数，如果第一个参数为 NULL，则返回第二个参数
 * 如果第一个参数不为 NULL，则返回第一个参数
 */
@Description(name="mynvl",
        value="_FUNC_(value, default_value) - Returns default value if value
is null else returns value",
        extended = "Example:\n"
                + " > SELECT _FUNC_(null, 'abc') FROM src limit 1; \n")
public class MyGenericUDF extends GenericUDF {
    private GenericUDFUtils.ReturnObjectInspectorResolver returnOIResolver;
    private ObjectInspector[] argumentOIs;
    @Override
    public ObjectInspector initialize(ObjectInspector[] arguments) throws
UDFArgumentException {
        argumentOIs = arguments;
        if(arguments.length != 2) {
            throw new UDFArgumentException("The operator 'NVL' accepts 2
arguments.");
        }
        returnOIResolver = new GenericUDFUtils.ReturnObjectInspectorResolver(true);
        if(!(returnOIResolver.update(arguments[0]) && returnOIResolver.
update(arguments[1]))) {
            throw new UDFArgumentTypeException(2, "传入的两个参数的数据类型必须相同，
" +arguments[0].getTypeName()+"\" and \"" + arguments[1].getTypeName() + "\"");
        }
        return returnOIResolver.get();
    }
    @Override
    public Object evaluate(DeferredObject[] arguments) throws HiveException {
```

```
        Object retVal = returnOIResolver.convertIfNecessary(arguments[0].
get(), argumentOIs[0]);
        if(retVal == null) {
            retVal = returnOIResolver.convertIfNecessary(arguments[1].get(),
argumentOIs[1]);
        }
        return retVal;
    }
    @Override
    public String getDisplayString(String[] children) {
        StringBuilder sb = new StringBuilder();
        sb.append("if ");
        sb.append(children[0]);
        sb.append(" is null ");
        sb.append("returns ");
        sb.append(children[1]);
        sb.append(" else returns ");
        sb.append(children[0]);
        return sb.toString();
    }
}
```

3. 测试自定义标准函数

（1）将项目导出为 jar 文件并上传到服务器的 /home/hadoop/hive 目录下。

（2）在 Hive 命令行中执行如下命令，加载自定义标准函数：

```
hive> add jar /home/hadoop/hive/mykit-book-hive-1.0.0-SNAPSHOT.jar;
Added [/home/hadoop/hive/mykit-book-hive-1.0.0-SNAPSHOT.jar] to class path
Added resources: [/home/hadoop/hive/mykit-book-hive-1.0.0-SNAPSHOT.jar]
hive> create temporary function mynvl as 'io.mykit.binghe.hive.udf.
MyGenericUDF';
OK
Time taken: 0.49 seconds
hive> desc function mynvl;
OK
mynvl(value, default_value) - Returns default value if value is null else
returns value
Time taken: 0.211 seconds, Fetched: 1 row(s)
hive> describe function extended mynvl;
OK
mynvl(value, default_value) - Returns default value if value is null else
returns value
Example:
 > SELECT mynvl(null, 'abc') FROM src limit 1;

Function class:io.mykit.binghe.hive.udf.MyGenericUDF
Function type:TEMPORARY
Time taken: 0.043 seconds, Fetched: 6 row(s)
```

上述命令先将 mykit-book-hive-1.0.0-SNAPSHOT.jar 文件加载到 Hive 命令行，然后创

建一个临时函数 mynvl() 指向 MyGenericUDF 类，并查看 mynvl() 函数的信息。

（3）运行自定义标准函数，如下所示：

```
hive> select mynvl(1, 2), mynvl(NULL, 2);
OK
1        2
Time taken: 2.15 seconds, Fetched: 1 row(s)
```

可以看到，mynvl(1, 2) 的第一个参数不为 NULL，返回了第一个参数 1；mynvl(NULL, 2) 的第一个参数为 NULL，返回了第二个参数 2，符合需求对自定义函数的要求。

（4）输入如下命令，销毁 mynvl() 函数：

```
hive> drop temporary function mynvl;
OK
Time taken: 0.14 seconds
```

10.9.3 自定义聚合函数

自定义聚合函数也称 UDAF（User Defined Aggregate Function，用户自定义聚合函数），用户提供的多个输入参数通过聚合计算（求和、求最大值、求最小值、求平均值）得到一个聚合计算结果。

1. 需求

实现一个自定义聚合函数，计算 Hive 数据表中某一列数据的平均值。

2. 实现

（1）在 mykit-book-hive 项目中创建 io.mykit.binghe.hive.udaf 包，用于存放实现自定义聚合函数的类。

（2）创建 MyAvg 类，继承 org.apache.hadoop.hive.ql.exec.UDAF 类，在 MyAvg 类中创建内部类 AvgState，封装计算得到的累加总数 mySum 和累计处理数量 myCount，并创建内部类 AvgEvaluator 实现 org.apache.hadoop.hive.ql.exec.UDAFEvaluator 类，作为聚合计算处理的主要类，如下所示：

```
/**
 * 自定义聚合函数，实现求平均值
 */
@Description(name="myavg",
        value="_FUNC_(some_column) - Returns avg value of some column from table",
        extended = "Example:\n"
                + " > SELECT _FUNC_(num) FROM table; \n")
public class MyAvg extends UDAF {
    public static class AvgState {
        // 记录数量
        private long myCount;
        // 记录总数
        private double mySum;
```

```
    }
    public static class AvgEvaluator implements UDAFEvaluator {
        AvgState state;
        public AvgEvaluator() {
            super();
            state = new AvgState();
            init();
        }
        //init() 函数类似于构造函数，用于 UDAF 的初始化
        public void init() {
            state.mySum = 0;
            state.myCount = 0;
        }
        //iterate() 函数接收传入的参数，并进行内部迭代
        public boolean iterate(Double o) {
            if (o != null) {
                state.mySum += o;
                state.myCount++;
            }
            return true;
        }
    //terminatePartial 无参数，其为 iterate 函数遍历结束后，返回遍历得到的数据
        public AvgState terminatePartial() {
            return state.myCount == 0 ? null : state;
        }
        //merge 接收 terminatePartial 的返回结果，进行数据 merge 操作
        public boolean merge(AvgState avgState) {
            if (avgState != null) {
                state.myCount += avgState.myCount;
                state.mySum += avgState.mySum;
            }
            return true;
        }
        //terminate() 函数返回最终的聚集函数结果
        public Double terminate() {
            return state.myCount == 0 ? null : Double.valueOf(state.mySum /
state.myCount);
        }
    }
}
```

3. 测试自定义聚合函数

（1）将项目导出为 jar 文件并上传到服务器的 /home/hadoop/hive 目录下。

（2）在 Hive 命令行中执行如下命令，加载自定义聚合函数：

```
hive> add jar /home/hadoop/hive/mykit-book-hive-1.0.0-SNAPSHOT.jar;
Added [/home/hadoop/hive/mykit-book-hive-1.0.0-SNAPSHOT.jar] to class path
Added resources: [/home/hadoop/hive/mykit-book-hive-1.0.0-SNAPSHOT.jar]
hive> create temporary function myavg as 'io.mykit.binghe.hive.udaf.MyAvg';
OK
```

```
Time taken: 0.028 seconds
hive> desc function myavg;
OK
myavg(some_column) - Returns avg value of some column from table
Time taken: 0.169 seconds, Fetched: 1 row(s)
hive> desc function extended myavg;
OK
myavg(some_column) - Returns avg value of some column from table
Example:
 > SELECT myavg(num) FROM table;

Function class:io.mykit.binghe.hive.udaf.MyAvg
Function type:TEMPORARY
Time taken: 0.038 seconds, Fetched: 6 row(s)
```

（3）输入如下命令，运行自定义聚合函数：

```
hive> SELECT myavg(num) FROM test;
OK
102.0
Time taken: 98.975 seconds, Fetched: 1 row(s)
```

可以看到，自定义函数 myavg() 对表 test 中的 num 列求出了平均值，符合需求的要求。

（4）输入如下命令，销毁自定义函数 myavg()：

```
hive> drop temporary function myavg;
OK
Time taken: 0.015 seconds
```

10.9.4 自定义表生成函数

自定义表生成函数也称 UDTF（User Defined Table Generating Function，用户自定义表生成函数），可以接收 0 个或者多个输入参数，产生多列或多行输出。

1. 需求

实现一个自定义表生成函数，效果类似于 for 循环，接收一个起始数值和终止数值，然后输出 N 行数据。

2. 实现

（1）在 mykit-book-hive 项目中创建 io.mykit.binghe.hive.udtf 包，用存放自定义表生成函数类。

（2）创建 MyGenericUDTFFor 类，继承 org.apache.hadoop.hive.ql.udf.generic.GenericUDTF，重写 initialize()、process() 和 close() 函数，如下所示：

```
/**
 * 自定义表生成函数
 * 效果类似于 for 循环，接收一个起始数值和终止数值，然后输出 N 行数据
```

```
 */
@Description(name="myfor",
        value="_FUNC_(startValue, endValue) - Returns some line values",
        extended = "Example:\n"
                + " > SELECT _FUNC_(1, 3) FROM src; \n")
public class MyGenericUDTFFor extends GenericUDTF {
    private IntWritable start;
    private IntWritable end;
    private IntWritable inc;
    private Object[] forwardObj = null;
    @Override
    public StructObjectInspector initialize(ObjectInspector[] inspectors)
throws UDFArgumentException {
        start = ((WritableConstantIntObjectInspector) inspectors[0]).
getWritableConstantValue();
        end = ((WritableConstantIntObjectInspector) inspectors[1]).
getWritableConstantValue();
        if(inspectors.length == 3) {
            inc = ((WritableConstantIntObjectInspector) inspectors[2]).
getWritableConstantValue();
        }else {
            inc = new IntWritable(1);
        }
        this.forwardObj = new Object[1];
        List<String> fieldNames = new ArrayList<String>();
        List<ObjectInspector> fieldOIs = new ArrayList<ObjectInspector>();
        fieldNames.add("col0");
        fieldOIs.add(PrimitiveObjectInspectorFactory.getPrimitiveJavaObjectIns
pector(PrimitiveObjectInspector.PrimitiveCategory.INT));
        return ObjectInspectorFactory.getStandardStructObjectInspector(fieldNa
mes, fieldOIs);
    }
    @Override
    public void process(Object[] objs) throws HiveException {
        for(int i = start.get(); i < end.get(); i = i + inc.get()) {
            this.forwardObj[0] = new Integer(i);
            forward(forwardObj);
        }
    }
    @Override
    public void close() throws HiveException {

    }
}
```

3. 测试自定义表生成函数

（1）将项目导出为 jar 文件并上传到服务器的 /home/hadoop/hive 目录下。

（2）在 Hive 命令行中执行如下命令，加载自定义表生成函数：

```
hive> add jar /home/hadoop/hive/mykit-book-hive-1.0.0-SNAPSHOT.jar;
Added [/home/hadoop/hive/mykit-book-hive-1.0.0-SNAPSHOT.jar] to class path
Added resources: [/home/hadoop/hive/mykit-book-hive-1.0.0-SNAPSHOT.jar]
hive> create temporary function myfor as 'io.mykit.binghe.hive.udtf.
MyGenericUDTFFor';
OK
Time taken: 0.455 seconds
hive> desc function myfor;
OK
myfor(startValue, endValue) - Returns some line values
Time taken: 0.197 seconds, Fetched: 1 row(s)
hive> desc function extended myfor;
OK
myfor(startValue, endValue) - Returns some line values
Example:
 > SELECT myfor(1, 3) FROM src;

Function class:io.mykit.binghe.hive.udtf.MyGenericUDTFFor
Function type:TEMPORARY
Time taken: 0.035 seconds, Fetched: 6 row(s)
hive>
```

（3）执行自定义表生成函数，如下所示：

```
hive> SELECT myfor(1, 3);
OK
1
2
Time taken: 0.995 seconds, Fetched: 2 row(s)
hive>
```

可以看到，myfor() 函数输入起始值 1，终止值 3，输出了两行数字，符合需求的要求。

（4）输入如下命令，销毁 myfor() 函数：

```
hive> drop temporary function myfor;
OK
Time taken: 0.019 seconds
```

10.9.5　同一自定义函数多次使用

CREATE FUNCTION 语句中的 temporary 关键字表示当前会话中声明的函数只在当前会话有效。因此，用户需要在每个会话中都增加 jar，然后创建函数。如果用户频繁地使用同一个 jar 文件和函数，可以将相关的语句增加到 $HOME/.hiverc 文件中。这样，当启动 Hive 命令行时，会自动加载并运行 $HOME/.hiverc 文件中的语句。

10.9.6　自定义函数的依赖类

本小节介绍所有自定义函数的实现类导入的依赖类，如下所示：

```
import org.apache.hadoop.hive.ql.exec.Description;
import org.apache.hadoop.hive.ql.exec.UDFArgumentException;
import org.apache.hadoop.hive.ql.exec.UDFArgumentTypeException;
import org.apache.hadoop.hive.ql.metadata.HiveException;
import org.apache.hadoop.hive.ql.udf.generic.GenericUDF;
import org.apache.hadoop.hive.ql.udf.generic.GenericUDFUtils;
import org.apache.hadoop.hive.serde2.objectinspector.ObjectInspector;
import org.apache.hadoop.hive.ql.exec.UDAF;
import org.apache.hadoop.hive.ql.exec.UDAFEvaluator;
import org.apache.hadoop.hive.ql.udf.generic.GenericUDTF;
import org.apache.hadoop.hive.serde2.objectinspector.ObjectInspectorFactory;
import org.apache.hadoop.hive.serde2.objectinspector.PrimitiveObjectInspector;
import org.apache.hadoop.hive.serde2.objectinspector.StructObjectInspector;
import org.apache.hadoop.hive.serde2.objectinspector.primitive.PrimitiveObjec
tInspectorFactory;
import org.apache.hadoop.hive.serde2.objectinspector.primitive.WritableConsta
ntIntObjectInspector;
import org.apache.hadoop.io.IntWritable;
import java.util.ArrayList;
import java.util.List;
```

10.10　本章总结

本章主要介绍了 Hive 的数据处理，对 Hive 的命令、数据类型进行了简要介绍，接下来详细介绍了 Hive 的数据定义、数据操作和数据查询，随后对 Hive 的视图和索引进行了说明，最后介绍了 Hive 的内置函数，并实现了 3 个简单的 Hive 自定义函数。第 11 章将会对 Hadoop 大数据生态中的另一个利器 ——Sqoop 进行简单介绍。

第 11 章
数据导入 / 导出利器——Sqoop

    Sqoop 全称为 Apache Sqoop，是一个开源工具，能够将数据从数据存储空间（数据仓库、系统文档存储空间、关系型数据库）导入 Hadoop 的 HDFS 或列式数据库 HBase，供 MapReduce 分析数据使用，也可以被 Hive 等工具使用。当 MapReduce 分析出结果数据后，Sqoop 可以将结果数据导出到数据存储空间，供其他客户端调用查看结果。

本章主要涉及的知识点如下。

- Sqoop 架构。
- Sqoop 数据导入 / 导出过程。
- Sqoop 的安装和配置。
- Sqoop 的使用。

11.1 Sqoop 架构

Sqoop 的出现使 Hadoop 或 HBase 和数据存储空间之间的数据导入 / 导出变得简单，这得益于 Sqoop 的优良架构特征和其对数据的强大转换能力。Sqoop 导入 / 导出数据可抽象为图 11-1。

由图 11-1 可以看出，Sqoop 作为 Hadoop 或 HBase 和数据存储空间之间的桥梁，很容易实现 Hadoop 或 HBase 和数据存储空间之间的数据传输。

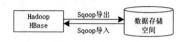

图 11-1　Sqoop 导入 / 导出数据

Sqoop 的架构也非常简单，主要由 3 部分组成：Sqoop 客户端、数据存储与挖掘（HDFS/HBase/Hive）、数据存储空间，如图 11-2 所示。

由图 11-2 可以看出，Sqoop 协调 Hadoop 中的 Map 任务将数据从数据存储空间（数据仓库、系统文档、关系型数据库）导入 HDFS/HBase 供数据分析使用，同时数据分析人员也可以使用 Hive 对这些数据进行挖掘。当分析、挖掘出有价值的结果数据后，Sqoop 又可以协调 Hadoop 中的 Map 任务将结果数据导出到数据存储空间。

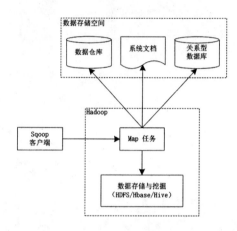

图 11-2　Sqoop 架构

注意：　Sqoop 只负责数据传输，不负责数据分析，所以只会涉及 Hadoop 的 Map 任务，不会涉及 Reduce 任务。

11.2 Sqoop 数据导入过程

Sqoop 数据导入过程：从表中读取一行行数据记录，经过 Sqoop 的传输，再通过 Hadoop 的 Map 任务将数据写入 HDFS，如图 11-3 所示。

由图 11-3 可以看出，Sqoop 数据导入过程如下。

（1）Sqoop 通过 JDBC 获取所需要的数据库元数据信息，如表列名、数据类型等，并将这些元数据信息导入 Sqoop。

（2）Sqoop 生成一个与表名相同的记录容器类，记录容器类完成数据的序列化和反序列化过程，并保存表中的每一行数据。

（3）Sqoop 生成的记录容器类向 Hadoop 的 Map 作业提供序列化和反序列化的功能。

（4）Sqoop 启动 Hadoop 的 Map 作业。

（5）Sqoop 启动的 Map 作业在数据导入过程中，会通过 JDBC 读取数据库表中的内容，此时 Sqoop 生成的记录容器类同样提供反序列化功能。

（6）Map 作业将读取的数据写入 HDFS，此时 Sqoop 生成的记录容器类提供序列化功能。

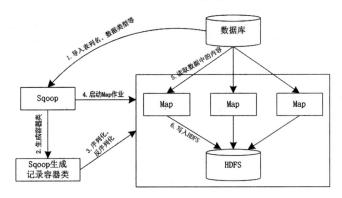

图 11-3　Sqoop 数据导入过程

11.3 Sqoop 数据导出过程

Sqoop 数据导出过程：将通过 MapReduce 或 Hive 分析后得出的数据结果导出到关系型数据库，供其他业务查看或生成报表使用，如图 11-4 所示。

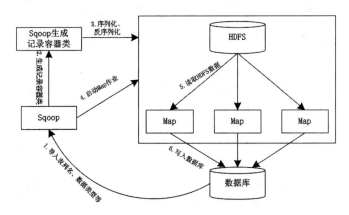

图 11-4　Sqoop 数据导出过程

由图 11-4 可以看出，Sqoop 数据导出过程如下。

（1）Sqoop 读取数据库的元数据信息（包括数据表列名、数据类型等）。

（2）Sqoop 生成记录容器类，该类与数据库的表对应，提供序列化和反序列功能。

（3）Sqoop 生成的记录容器类为 Map 作业提供序列化和反序列功能。

（4）Sqoop 启动 Hadoop 的 Map 作业。

（5）Map 作业读取 HDFS 中的数据，此时 Sqoop 生成的记录容器类提供反序列化功能。

（6）Map 作业将读取的数据通过一批 INSERT 语句写入目标数据库中，每条 INSERT 语句都会批量插入多条记录。

11.4 Sqoop 的安装和配置

Sqoop 的安装相对来说比较简单，只需要进行简单的配置即可，本节就简单介绍 Sqoop 的安装和配置。

11.4.1 下载 Sqoop

可以到 Apache 官网下载 Sqoop，链接地址为 https://mirrors.tuna.tsinghua.edu.cn/apache/sqoop/1.4.7，如图 11-5 所示。

也可以在 CentOS 6.8 服务器命令行输入如下命令下载 Sqoop：

图 11-5　下载 Sqoop

```
wget https://mirrors.tuna.tsinghua.edu.cn/apache/sqoop/1.4.7/sqoop-1.4.7.tar.gz
```

11.4.2 安装并配置 Sqoop

安装并配置 Sqoop 主要包括将 Sqoop 解压到指定的目录下、修改 Sqoop 配置文件、配置 Sqoop 系统环境变量、将数据库连接驱动复制到 Sqoop 的 lib 目录下。

（1）在命令行输入如下命令解压 Sqoop：

```
tar -zxvf sqoop-1.4.7.tar.gz
```

（2）修改 Sqoop 的配置文件。首先将当前目录切换到 Sqoop 的 conf 目录下，查看当前目录的内容，如下所示：

```
cd /usr/local/sqoop-1.4.7/conf
-bash-4.1$ ll
total 20
-rw-rw-r--. 1 hadoop hadoop 3895 Dec 19  2017 oraoop-site-template.xml
-rw-rw-r--. 1 hadoop hadoop 1404 Dec 19  2017 sqoop-env-template.cmd
-rwxr-xr-x. 1 hadoop hadoop 1345 Dec 19  2017 sqoop-env-template.sh
-rw-rw-r--. 1 hadoop hadoop 6044 Dec 19  2017 sqoop-site-template.xml
```

接下来将 sqoop-env-template.sh 文件复制成 sqoop-env.sh 文件，如下所示：

```
cp sqoop-env-template.sh sqoop-env.sh
```

修改 sqoop-env.sh 文件的内容，如下所示：

```
vim sqoop-env.sh
#Set path to where bin/hadoop is available
export HADOOP_COMMON_HOME=/usr/local/hadoop-3.2.0
```

```
#Set path to where hadoop-*-core.jar is available
export HADOOP_MAPRED_HOME=/usr/local/hadoop-3.2.0

#Set the path to where bin/hive is available
export HIVE_HOME=/usr/local/hive-3.1.2
```

接下来修改 bin 目录下的 configure-sqoop 文件，将 Zookeeper、HBase、HCat 和 Accumulo
相关的信息注释掉，如下所示：

```
cd /usr/local/sqoop-1.4.7/bin/
vim configure-sqoop
```

注释掉的内容如下：

```
#if [ -z "${HBASE_HOME}" ]; then
#  if [ -d "/usr/lib/hbase" ]; then
#    HBASE_HOME=/usr/lib/hbase
#  else
#    HBASE_HOME=${SQOOP_HOME}/../hbase
#  fi
#fi
#fi
#if [ -z "${HCAT_HOME}" ]; then
#  if [ -d "/usr/lib/hive-hcatalog" ]; then
#    HCAT_HOME=/usr/lib/hive-hcatalog
#  elif [ -d "/usr/lib/hcatalog" ]; then
#    HCAT_HOME=/usr/lib/hcatalog
#  else
#    HCAT_HOME=${SQOOP_HOME}/../hive-hcatalog
#    if [ ! -d ${HCAT_HOME} ]; then
#      HCAT_HOME=${SQOOP_HOME}/../hcatalog
#    fi
#  fi
#fi
#if [ -z "${ACCUMULO_HOME}" ]; then
#  if [ -d "/usr/lib/accumulo" ]; then
#    ACCUMULO_HOME=/usr/lib/accumulo
#  else
#    ACCUMULO_HOME=${SQOOP_HOME}/../accumulo
#  fi
#fi
#if [ -z "${ZOOKEEPER_HOME}" ]; then
#  if [ -d "/usr/lib/zookeeper" ]; then
#    ZOOKEEPER_HOME=/usr/lib/zookeeper
#  else
#    ZOOKEEPER_HOME=${SQOOP_HOME}/../zookeeper
#  fi
#fi
## Moved to be a runtime check in sqoop.
#if [ ! -d "${HBASE_HOME}" ]; then
#  echo "Warning: $HBASE_HOME does not exist! HBase imports will fail."
```

```
#   echo 'Please set $HBASE_HOME to the root of your HBase installation.'
#fi
## Moved to be a runtime check in sqoop.
#if [ ! -d "${HCAT_HOME}" ]; then
#   echo "Warning: $HCAT_HOME does not exist! HCatalog jobs will fail."
#   echo 'Please set $HCAT_HOME to the root of your HCatalog installation.'
#fi


#if [ ! -d "${ACCUMULO_HOME}" ]; then
#   echo "Warning: $ACCUMULO_HOME does not exist! Accumulo imports will fail."
#   echo 'Please set $ACCUMULO_HOME to the root of your Accumulo installation.'
#fi
#if [ ! -d "${ZOOKEEPER_HOME}" ]; then
#   echo "Warning: $ZOOKEEPER_HOME does not exist! Accumulo imports will fail."
#   echo 'Please set $ZOOKEEPER_HOME to the root of your Zookeeper
installation.'
#fi


# Add HBase to dependency list
#if [ -e "$HBASE_HOME/bin/hbase" ]; then
#   TMP_SQOOP_CLASSPATH=${SQOOP_CLASSPATH}:'$HBASE_HOME/bin/hbase classpath'
#   SQOOP_CLASSPATH=${TMP_SQOOP_CLASSPATH}
#fi
# # Add HCatalog to dependency list
#if [ -e "${HCAT_HOME}/bin/hcat" ]; then
#   TMP_SQOOP_CLASSPATH=${SQOOP_CLASSPATH}:'${HCAT_HOME}/bin/hcat -classpath'
#   if [ -z "${HIVE_CONF_DIR}" ]; then
#     TMP_SQOOP_CLASSPATH=${TMP_SQOOP_CLASSPATH}:${HIVE_CONF_DIR}
#   fi
#   SQOOP_CLASSPATH=${TMP_SQOOP_CLASSPATH}
#fi
# Add Accumulo to dependency list
#if [ -e "$ACCUMULO_HOME/bin/accumulo" ]; then
#  for jn in '$ACCUMULO_HOME/bin/accumulo classpath | grep file:.*accumulo.*jar
| cut -d':' -f2'; do
#    SQOOP_CLASSPATH=$SQOOP_CLASSPATH:$jn
#  done
#  for jn in '$ACCUMULO_HOME/bin/accumulo classpath | grep
file:.*zookeeper.*jar | cut -d':' -f2'; do
#    SQOOP_CLASSPATH=$SQOOP_CLASSPATH:$jn
#  done
#fi
#ZOOCFGDIR=${ZOOCFGDIR:-/etc/zookeeper}
#if [ -d "${ZOOCFGDIR}" ]; then
#   SQOOP_CLASSPATH=$ZOOCFGDIR:$SQOOP_CLASSPATH
#fi
#export HBASE_HOME
#export HCAT_HOME
#export ACCUMULO_HOME
#export ZOOKEEPER_HOME
```

（3）配置 Sqoop 系统环境变量。打开 /etc/profile 文件，将 Sqoop 系统环境变量添加到文件中，如下所示：

```
sudo vim /etc/profile
JAVA_HOME=/usr/local/jdk1.8.0_212
CLASS_PATH=.:$JAVA_HOME/lib
HADOOP_HOME=/usr/local/hadoop-3.2.0
HIVE_HOME=/usr/local/hive-3.1.2
SQOOP_HOME=/usr/local/sqoop-1.4.7
MYSQL_HOME=/usr/local/mysql3306
PATH=$JAVA_HOME/bin:$HADOOP_HOME/bin:$HADOOP_HOME/sbin:$HIVE_HOME/bin:$SQOOP_
HOME/bin:$MYSQL_HOME/bin:$PATH
export PATH CLASS_PATH JAVA_HOME HADOOP_HOME HIVE_HOME SQOOP_HOME MYSQL_HOME
export HADOOP_CONF_DIR=$HADOOP_HOME/etc/hadoop
export HADOOP_COMMON_HOME=$HADOOP_HOME
export HADOOP_HDFS_HOME=$HADOOP_HOME
export HADOOP_MAPRED_HOME=$HADOOP_HOME
export HADOOP_YARN_HOME=$HADOOP_HOME
export HADOOP_OPTS="-Djava.library.path=$HADOOP_HOME/lib/native"
export HADOOP_COMMON_LIB_NATIVE_DIR=$HADOOP_HOME/lib/native
```

输入如下命令，使 Sqoop 系统环境变量生效：

```
source /etc/profile
```

（4）将数据库连接驱动复制到 Sqoop 的 lib 目录下。这里复制的是 mysql-connector-java-5.1.46.jar 包，如下所示：

```
cp /home/hadoop/mysql-connector-java-5.1.46.jar /usr/local/sqoop-1.4.7/lib/
```

（5）输入如下命令，验证 Sqoop 是否安装并配置成功：

```
-bash-4.1$ sqoop version
2019-07-24 14:17:08,589 INFO sqoop.Sqoop: Running Sqoop version: 1.4.7
Sqoop 1.4.7
git commit id 2328971411f57f0cb683dfb79d19d4d19d185dd8
Compiled by maugli on Thu Dec 21 15:59:58 STD 2017
```

可以看到，输出了 Sqoop 的版本，说明 Sqoop 安装并配置成功。

11.5 Sqoop 的使用

Sqoop 的使用比较简单，只需要运行简单的命令就可以实现将数据从数据库导入 HDFS，同时将数据分析结果从 HDFS 导出到数据库。

11.5.1 Sqoop 命令

运行 sqoop help 命令，可以显示 Sqoop 支持的所有命令信息，如下所示：

```
-bash-4.1$ sqoop help
2019-07-24 14:54:38,309 INFO sqoop.Sqoop: Running Sqoop version: 1.4.7
usage: sqoop COMMAND [ARGS]
Available commands:
  codegen            Generate code to interact with database records
  create-hive-table  Import a table definition into Hive
  eval               Evaluate a SQL statement and display the results
  export             Export an HDFS directory to a database table
  help               List available commands
  import             Import a table from a database to HDFS
  import-all-tables  Import tables from a database to HDFS
  import-mainframe   Import datasets from a mainframe server to HDFS
  job                Work with saved jobs
  list-databases     List available databases on a server
  list-tables        List available tables in a database
  merge              Merge results of incremental imports
  metastore          Run a standalone Sqoop metastore
  version            Display version information
See 'sqoop help COMMAND' for information on a specific command.
```

根据输出的提示信息，如果需要查看 Sqoop 具体命令的信息，可以使用 sqoop help COMMAND 命令。以 export 命令为例，如下所示：

```
-bash-4.1$ sqoop help export
```

就会详细列出 export 命令的使用格式和参数信息。

11.5.2　数据准备

首先登录 MySQL 数据库，创建 sqoop_test 数据库，在 sqoop_test 数据库下创建 test 表，如下所示：

```
-bash-4.1$ mysql -uroot -p
Enter password:
Welcome to the MySQL monitor.  Commands end with ; or \g.
Your MySQL connection id is 2
Server version: 5.7.25 Source distribution
Copyright (c) 2000, 2019, Oracle and/or its affiliates. All rights reserved.
Oracle is a registered trademark of Oracle Corporation and/or its
affiliates. Other names may be trademarks of their respective
owners.
Type 'help;' or '\h' for help. Type '\c' to clear the current input statement.
mysql> create database sqoop_test;
Query OK, 1 row affected (0.11 sec)
mysql> use sqoop_test;
Database changed
mysql> CREATE TABLE IF NOT EXISTS 'test' (
    ->   'id' int(11) NOT NULL AUTO_INCREMENT COMMENT '主键',
    ->   'name' varchar(20) COLLATE utf8mb4_bin DEFAULT '' COMMENT '名字',
```

```
    ->    'sex' varchar(5) COLLATE utf8mb4_bin DEFAULT '' COMMENT '姓名,M 男；F:女',
    ->    'age' int(3) DEFAULT '0' COMMENT '年龄',
    ->    PRIMARY KEY ('id')
    -> ) ENGINE=InnoDB DEFAULT CHARSET=utf8mb4 COLLATE=utf8mb4_bin
COMMENT='Sqoop 测试表';
Query OK, 0 rows affected, 1 warning (0.00 sec)
```

接下来向 test 表中插入几条数据，如下所示：

```
INSERT INTO 'sqoop_test'. 'test' ('id', 'name', 'sex', 'age')
VALUES ('1', '张三', 'M', '18');
INSERT INTO 'sqoop_test'. 'test' ('id', 'name', 'sex', 'age')
VALUES ('2', '李四', 'F', '19');
INSERT INTO 'sqoop_test'. 'test' ('id', 'name', 'sex', 'age')
VALUES ('3', '王五', 'M', '29');
INSERT INTO 'sqoop_test'. 'test' ('id', 'name', 'sex', 'age')
VALUES ('4', '赵六', 'F', '20');
```

最后创建 test_result 表，存放数据分析结果，如下所示：

```
CREATE TABLE IF NOT EXISTS 'test_result' (
  'sex' varchar(5) COLLATE utf8mb4_bin DEFAULT '' COMMENT '性别',
  'total_age' int(3) DEFAULT '0' COMMENT '年龄总数'
) ENGINE=InnoDB DEFAULT CHARSET=utf8mb4 COLLATE=utf8mb4_bin COMMENT='存放数据
分析的结果表';
```

11.5.3 使用示例

本小节以一个示例介绍 Sqoop 的使用，将 MySQL 中 Sqoop_test 数据库下的 test 表中的数据导入 HDFS 中的 Hive 表，使用 Hive 统计各个性别的年龄总数，将统计结果导出到 HDFS，之后使用 Sqoop 将统计结果导出到 MySQL 中 Sqoop_test 数据库下的 test_result 表中。

1. 将数据导入 Hive 表

首先使用 Sqoop 命令查看 MySQL 中的所有数据库信息，如下所示：

```
-bash-4.1$ sqoop list-databases --connect jdbc:mysql://192.168.175.100:3306/
--username root --password root
information_schema
hive
logs
mysql
performance_schema
sqoop_test
sys
```

可以看到，输入的命令显示出了 MySQL 中所有的数据库信息。

接下来使用 Sqoop 查看 sqoop_test 数据库中的所有表，如下所示：

```
-bash-4.1$ sqoop list-tables --connect jdbc:mysql://192.168.175.100:3306/
sqoop_test --username root --password root
test
test_result
-bash-4.1$
```

可以看到，Sqoop 命令列出了 sqoop_test 数据库中的所有表。查看 sqoop_test 数据库中 test 表的数据，如下所示：

```
-bash-4.1$ sqoop eval --connect jdbc:mysql://192.168.175.100:3306/sqoop_test
--username root --password root --query 'SELECT * FROM test'
----------------------------------------------------------
| id         | name              | sex     | age  |
----------------------------------------------------------
| 1          | 张三              | M       | 18   |
| 2          | 李四              | F       | 19   |
| 3          | 王五              | M       | 29   |
| 4          | 赵六              | F       | 20   |
----------------------------------------------------------
```

可以看到，列出了 test 表中的数据。查看 test 表中的数据还可以使用如下命令：

```
sqoop eval --connect jdbc:mysql://192.168.175.100:3306/sqoop_test --username
root --password root --e 'SELECT * FROM test'
```

使用如下命令，将 test 表中的数据自动导入 Hive 表中：

```
-bash-4.1$ sqoop import --connect jdbc:mysql://192.168.175.100:3306/sqoop_test
--table test --username root --password root -m 1 --hive-import
```

上述命令会自动将数据导入 HDFS，然后创建 Hive 表，加载数据。

输出如下信息，证明数据成功导入 Hive 表：

```
2019-07-24 15:57:28,187 INFO mapreduce.Job:  map 100% reduce 0%
2019-07-24 15:57:28,201 INFO mapreduce.Job: Job job_1563952705351_0002
completed successfully
```

接下来进入 Hive 命令行验证数据是否存在，如下所示：

```
-bash-4.1$ hive
hive> show tables;
OK
test
Time taken: 6.459 seconds, Fetched: 1 row(s)
hive> select * from test;
OK
1       张三      M       18
2       李四      F       19
3       王五      M       29
4       赵六      F       20
Time taken: 2.665 seconds, Fetched: 4 row(s)
```

可以看到，数据确实导入了 Hive 表中，再次证明数据导入成功。

2. 导入数据的另一种方式

之前导入数据只使用了一条命令，这里介绍将数据导入 Hive 表的另一种方式：首先创建 Hive 表，然后将数据导入 HDFS，最后加载到 Hive 表中。

使用 Sqoop 创建 Hive 表的命令如下所示：

```
-bash-4.1$ sqoop create-hive-table --connect jdbc:mys
ql://192.168.175.100:3306/sqoop_test --table test --fields-terminated-by '\t'
--username root --password root
```

输出如下信息时，证明命令执行成功：

```
2019-07-24 16:11:10,652 INFO hive.HiveImport: OK
2019-07-24 16:11:10,654 INFO hive.HiveImport: Time taken: 11.246 seconds
2019-07-24 16:11:10,837 INFO hive.HiveImport: Hive import complete.
```

接下来进入 Hive 命令行查看数据，如下所示：

```
-bash-4.1$ hive
hive> show tables;
OK
test
Time taken: 6.267 seconds, Fetched: 1 row(s)
hive> select * from test;
OK
Time taken: 1.924 seconds
```

可以看到，存在 test 表，但是 test 表中没有数据。

接下来使用如下命令将数据导入 HDFS 中：

```
-bash-4.1$ sqoop import --connect jdbc:mysql://192.168.175.100:3306/sqoop_test
--table test --username root --password root -m 1 --target-dir /user/hadoop/
test --fields-terminated-by '\t'
```

输出如下信息时，证明命令执行成功：

```
2019-07-24 16:29:20,061 INFO mapreduce.Job:  map 100% reduce 0%
2019-07-24 16:29:21,082 INFO mapreduce.Job: Job job_1563952705351_0003
completed successfully
```

输入如下 Hadoop 命令，验证数据是否存在：

```
-bash-4.1$ hadoop fs -ls /user/hadoop/test
Found 2 items
-rw-r--r-- 1 hadoop supergroup 0 2019-07-24 16:35 /user/hadoop/test/_SUCCESS
-rw-r--r-- 1 hadoop supergroup 56 2019-07-24 16:35 /user/hadoop/test/
part-m-00000
-bash-4.1$ hadoop fs -cat /user/hadoop/test/part-m-00000
1       张三      M       18
2       李四      F       19
3       王五      M       29
4       赵六      F       20
```

可以看到，Hadoop 的 /user/hadoop/test 目录下存在导入的数据，再次证明数据导入 HDFS 成功。

最后，需要将数据导入 Hive 表，如下所示：

```
hive> load data inpath '/user/hadoop/test/part-m-00000' into table test;
Loading data to table default.test
OK
Time taken: 7.317 seconds
```

再次查看 Hive 中 test 表的数据，如下所示：

```
hive> select * from test;
OK
1        张三      M        18
2        李四      F        19
3        王五      M        29
4        赵六      F        20
Time taken: 1.808 seconds, Fetched: 4 row(s)
```

可以看到，数据被成功导入 Hive 的 test 表中。

3. 使用 Hive 分析数据

使用如下命令将 Hive 的 test 表中的年龄字段按照性别字段统计，并将统计结果输出到 HDFS 的 /user/hadoop/test_result 目录下：

```
hive> insert overwrite directory '/user/hadoop/test_result' row format delimited
fields terminated by '\t' select sex, sum(age) from test group by sex;
```

输出如下信息，证明命令执行成功：

```
2019-07-24 17:14:55,826 Stage-1 map = 100%,  reduce = 100%, Cumulative CPU 6.01 sec
MapReduce Total cumulative CPU time: 6 seconds 10 msec
Ended Job = job_1563952705351_0006
Moving data to directory /user/hadoop/test_result
MapReduce Jobs Launched:
Stage-Stage-1: Map: 1  Reduce: 1   Cumulative CPU: 6.01 sec    HDFS Read: 7914
HDFS Write: 10 SUCCESS
Total MapReduce CPU Time Spent: 6 seconds 10 msec
OK
Time taken: 78.346 seconds
```

接下来使用 Hadoop 命令验证结果数据是否存在，如下所示：

```
-bash-4.1$ hadoop fs -ls /user/hadoop/test_result
Found 1 items
-rwxr-xr-x 1 hadoop supergroup 10 2019-07-24 17:21 /user/hadoop/test_
result/000000_0
-bash-4.1$ hadoop fs -cat /user/hadoop/test_result/000000_0
F        39
M        47
```

可以看到，Hive 将统计结果输出到了 HDFS 的 /user/hadoop/test_result 目录下的 000000_0

文件中。

4. 将结果数据导出到 MySQL 数据库

使用如下命令将 Hive 的统计结果数据导出到 MySQL 中 sqoop_test 数据库下的 test_result 表：

```
-bash-4.1$ sqoop export --connect jdbc:mysql://192.168.175.100:3306/sqoop_test
--table test_result  --export-dir /user/hadoop/test_result/000000_0 --username
root --password root -m 1 --fields-terminated-by '\t'
```

输出如下语句，证明结果数据成功导出到 MySQL 数据库：

```
2019-07-24 17:28:34,308 INFO mapreduce.Job:  map 100% reduce 0%
2019-07-24 17:28:35,342 INFO mapreduce.Job: Job job_1563952705351_0008
completed successfully
```

5. 验证结果数据

登录 MySQL 数据库，查看 sqoop_test 数据库下的 test_result 表中的数据，如下所示：

```
mysql> use sqoop_test;
Reading table information for completion of table and column names
You can turn off this feature to get a quicker startup with -A
Database changed
mysql> select * from test_result;
+------+-----------+
| sex  | total_age |
+------+-----------+
| F    |        39 |
| M    |        47 |
+------+-----------+
2 rows in set (0.00 sec)
```

可以看到，Sqoop 将 Hive 的分析结果正确地导出到了 MySQL 数据库中。

11.6 遇到的问题和解决方案

本节介绍 Sqoop 使用过程中经常遇到的问题和对应的解决方案，虽然不能涵盖各种异常情况，但是可以作为读者遇到问题时的参考依据。

11.6.1 找不到或无法加载 main 类

报错的关键信息如下：

```
Error: Could not find or load main class
```

海量数据处理与
大数据技术实战

解决方案：到链接地址 https://download.csdn.net/download/l1028386804/10663106 下载 Sqoop 的 jar 包，将下载的资源解压，之后将对应版本的 Sqoop Jar 复制到 Sqoop 的 lib 目录下即可。

11.6.2　找不到 Logical 类

报错的关键信息如下：

```
Exception in thread "main" java.lang.NoClassDefFoundError: org/apache/avro/
Logical
```

解决方案：到链接地址 https://download.csdn.net/download/l1028386804/10980468 下载 Avro 资源包，将下载的资源解压复制到 Sqoop 的 lib 目录下即可。

11.6.3　无法加载 HiveConf 类

报错的关键信息如下：

```
Could not load org.apache.hadoop.hive.conf.HiveConf. Make sure HIVE_CONF_DIR
```

解决方案：将 hive 的 lib 目录下的 hive-exec-**.jar 放到 sqoop 的 lib 目录下即可。

11.6.4　找不到 StringUtils 类

报错的关键信息如下：

```
Exception in thread "main" java.lang.NoClassDefFoundError: org/apache/commons/
lang/StringUtils
```

解决方案：到 Apache 下载 commons-lang-2.6.jar 包并上传到 Sqoop 的 lib 目录下即可，下载地址为 http://mirrors.tuna.tsinghua.edu.cn/apache//commons/lang/binaries/commons-lang-2.6-bin.zip。

11.7　本章总结

本章主要对 Sqoop 做了简单介绍，包括 Sqoop 的架构、Sqoop 数据导入/导出过程，介绍了 Sqoop 的安装和配置，随后以一个小案例的形式介绍了 Sqoop 的使用，并对 Sqoop 使用过程中遇到的问题进行了总结。下一篇就正式进入大数据在线实时处理技术篇章，首先对 Flume 做简要介绍。

第 3 篇　大数据在线实时处理技术篇

第 12 章
海量数据采集利器——Flume

当需要使用海量数据在线实时分析技术分析线上实时动态时，往往需要一种中间件系统，将数据推送到 HDFS、HBase 或其他类似的数据存储系统中。例如，Apache Flume、Apache Kafka、MQ、JMS 等中间件或系统都能够支持这种使用场景。本章就简单介绍海量数据采集利器——Flume。

本章主要涉及的知识点如下。

- Flume 的优点。
- Flume 架构。
- Flume Agent 原理。
- Flume 数据流。
- Flume 拓扑结构。
- Flume 中的动态路由。
- Flume 环境的安装和配置。
- Flume 应用案例。
- Flume 技术实战。
- 自定义 Agent。
- Flume 监控。

注意：　本章中的实战部分都是以hadoop用户身份进行的，涉及root权限时，则使用sudo命令，或者将用户切换到 root 用户进行，然后切换回 hadoop 用户。

12.1 Flume 的优点

随着互联网的迅速发展和业务需要，一个中大型的企业或组织往往会涉及众多业务，这就导致了其线上系统不只有单一的架构模型，往往会涉及多种多样的系统架构。这些系统之间的差异比较明显，所使用的编程语言甚至都不尽相同。

如果想将这些系统产生的日志和其数据库中的数据发送到一个统一的数据分析系统或者存储系统中，不借助其他中间件系统，只靠自行改造系统实现，那么其复杂程度可想而知。除此之外，也无法保证数据采集、传输、接收和存储的稳定性和可靠性。

Flume 可以从大量的数据源推送数据到 Hadoop 生态系统中各种各样的存储系统和数据库中，如 HDFS、HBase、Hive 等。也就是说，企业或组织原有的系统无须改造，即可使用 Flume 将数据统一推送到指定的系统和数据中心。

Flume 可以直接监听系统日志的变化，将新增的日志数据按照配置的规则发送到指定的系统和日志中心。同时，Flume 是一个分布式系统，具有高扩展性、高度定制化的特点，能够保证数据不丢失，并且能够提供持久的 Channel。

总体来说，Flume 是一个对海量日志进行采集、聚合和传输的分布式、具有高扩展性、高度定制化的分布式系统，其优点如图 12-1 所示。

（1）高可靠。当由于节点宕机、网络故障或进程异常退出等导致节点发生故障时，Flume 能够将日志传输到其他节点上，从而能够保证数据不会丢失。Flume 提供了以下 3 种级别的可靠性能。

①收到数据时，Flume 的 Agent 先将数据写到磁盘，如果数据成功发送到其他节点，则删除磁盘上的数据；如果数据发送到其他节点失败，则直接从磁盘上读取数据，重新发送。

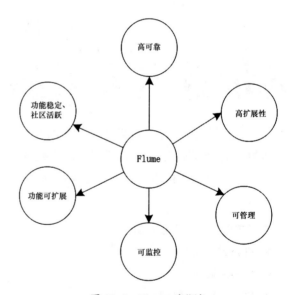

图 12-1 Flume 的优点

②Flume 检测到由于接收数据的节点宕机或网络故障等导致节点无法正常接收数据时，将数据写到本地，待接收数据的节点恢复后，重新向节点发送数据。

③Flume 将数据发送到数据接收方节点后，不会确认数据是否发送成功。

（2）高扩展性。Flume 从基础架构上支持水平扩展，并且支持多个 Master 节点，能够避免单点故障的问题。

（3）可管理。Flume 中所有的 Agent 和 Collector 组件统一交由 Master 集中管理，使 Flume 非常便于维护；Flume 能够在配置上保证动态配置数据的一致性；能够在 Master 查看 Flume 的运行情况，并且可以对 Flume 进行动态配置。

（4）可监控。Flume 提供了监控机制，便于开发人员和维护人员对 Flume 进行监控，能够对 Flume 的异常进行提前预警。

（5）功能可扩展。Flume 提供了很多自带的 Agent、Collector 和 Storage，用户在使用 Flume 时，也可以根据自身业务需求自定义 Agent、Collector 和 Storage。

（6）功能稳定、社区活跃。目前，Flume 是 Apache 的顶级开源项目，有众多的开发人员和维护人员，版本迭代比较稳定。同时，Flume 作为 Hadoop 大数据生态中不可缺少的组成部分，文档也比较丰富，学习起来非常方便。

12.2 Flume 架构

Flume 各个组件之间相互协调，共同完成数据的接收、传输和发送过程，具有非常高的契合度。同时，Flume 在结构上也是由各个组件构成的。

12.2.1 Flume 的结构组成

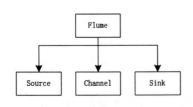

图 12-2　Flume 的结构组成

Flume 在结构上主要由 3 个组件构成，分别是 Source（源）、Channel（管道）、和 Sink（下沉），如图 12-2 所示。

（1）Source：主要负责接收外界的数据到 Flume 的 Agent，即 Source 负责对接数据源，获取数据源中的数据。

（2）Channel：Flume 中的数据传输通道，位于 Source 和 Sink 之间的缓冲区域。Flume 提供两种 Channel，一种是基于内存的 Channel，另一种是基于文件的 Channel。

①基于内存的 Channel：Flume 会将数据（事件）存储于内存中的队列，一旦节点宕机或进程意外退出，则内存队列中的数据就会丢失。因此基于内存的 Channel 只适用于不关心数据丢失的场景。

②基于文件的 Channel：将所有数据（事件）写入磁盘，当节点宕机或进程意外退出时不会丢失数据。对数据可靠性要求比较高的场景，建议使用基于文件的 Channel。

（3）Sink（下沉）：主要负责轮询 Channel 中的数据（事件），移除这些数据，并将这些数据转发到下游的 Flume Agent，或者将数据写入其他存储系统，如 HDFS、HBase、数据库等。

Sink 支持事务，在批量删除 Channel 中的数据之前，Sink 可以使用 Channel 启动事务，将数据批量转发到下游的 Flume Agent 或写入其他存储系统。此时，Sink 利用 Channel 提交事务，事务成功提交后，Channel 会删除缓冲区的数据。

12.2.2 Flume 简单模型

Flume 从接收外界数据源中的数据，到最终将数据写入数据存储系统，期间需要各个组件的密切配合，协同工作，且能够对数据进行简单的转化和处理。Flume 数据传输的简单模型如图 12-3 所示。

由图 12-3 可知，Flume 中的 Source 从外界数据源接收数据后将数据写入 Channel，经过 Channel 的处理后写入 Sink，此时就完成了 Flume 中 Agent 的一个周期。接下来，当前 Agent 中的 Sink 可以将数据写入 Flume 的下一个 Agent，也可以写入数据存储系统（如 HDFS 或 HBase），或者写入其他的中间件（如 Apache Kafka）。

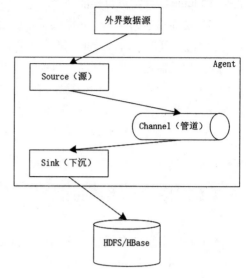

图 12-3　Flume 数据传输的简单模型

12.3 Flume Agent 原理

Flume 部署的最简单的单元称为 Flume Agent。一个 Agent 可以连接其他 Agent，多个 Agent 就形成了一个 Agent 链，可以将数据从一台服务器传输到任意另一台服务器（只要网络能连通，部署有 Flume）。同时，一个 Agent 也可以从其他 Agent 接收数据。Flume 强大的数据采集、传输和聚合能力来自 Flume Agent 的灵活架构和设计能力，其背后的原理起到了至关重要的作用。

12.3.1 Flume 事件

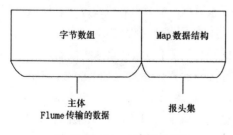

图 12-4　Flume 事件结构

Flume 内部将数据表示为事件，事件本质上就是一个数据结构，具有一个主体和一个报头集。其中，主体往往是一个字节数组，表示发送过来的数据。报头本质上是一个 Map 数据结构，存有字符串类型的 Key 和字符串类型的 Value，目的是路由数据和标记这些事件的优先级（事件的先后顺序）；报头的另一个作用是给发送和传输的事件标识唯一的 ID 编号。Flume 事件结构如图 12-4 所示。

Flume 中的每个事件都是一个完整的数据记录，并不能作为数据记录的某一部分，这是由 Flume 的内部机制决定的。

12.3.2　Agent 事件流转

Agent 作为 Flume 接收、传输、聚合数据的基本单元，其事件流转流程如图 12-5 所示。

（1）Source 从外界数据源或其他 Agent 接收事件。如果是从外界数据源接收事件，则可通过监听外界数据源日志变化的方式来接收增量数据；如果是从其他 Agent 接收事件，则直接接收 Agent 发送过来的事件即可。也就是说，Flume 中的事件可以在多个 Agent 之间传输。

（2）Source 将接收的事件推送给 Channel。

（3）Sink 读取或者拉取 Channel 中的事件，此时，Sink 可以协调 Channel 中的事务机制来完成事件的传输。

（4）Sink 将处理（聚合）好的事件流（数据）发送给数据存储系统或其他中间件，或者发送到 Flume 集群中的下一个 Agent 处理。

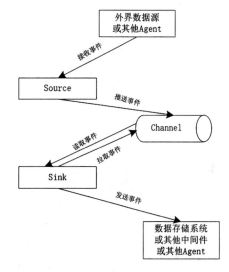

图 12-5　Flume 事件流转流程

上述流程不需要修改原有系统的架构，也可实现将各个数据源的数据（包括系统日志、数据库）统一聚合并发送到统一的数据中心。

12.3.3　Flume 拦截器

Flume 中的拦截器是一段对事件进行过滤或修正的代码，能够读取、修改或删除事件，可以为事件添加新报头和移除现有报头。根据一定的规则对事件进行处理后，将处理的结果事件传递到下游的组件，下游的 Channel 选择器可以为事件选择对应的 Channel。Flume 拦截器工作流程如图 12-6 所示。

由图 12-6 可知，当 Flume 中的数据，即事件，从 Source 发送到 Channel 时，首先会经过拦截器的处理，不符合拦截器拦截规则的事件会被程序直接舍弃。符合拦截器拦截规则的事件，有些可能需要添加新报头，或者去除一些现有报头，之后会被发送到相应

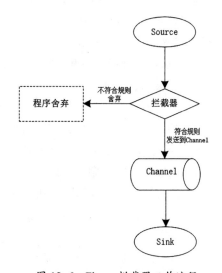

图 12-6　Flume 拦截器工作流程

的 Channel 进行后续处理。

注意: Flume 的拦截器支持 Chain（链式）形式，即一个事件可以经过多个拦截器组成的拦截器链。

12.3.4　Flume Agent 原理

Flume Agent 中的 Source 通过处理器—拦截器—选择器路由将事件写入多个 Channel，Channel 选择器决定最终的数据会被写入哪个 Channel。Flume Agent 中 Source、拦截器、Channel 的交互原理如图 12-7 所示。

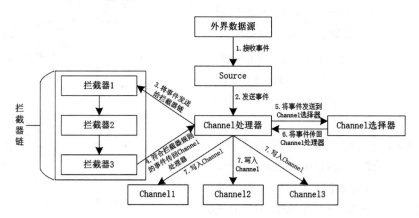

图 12-7　Flume Agent 中 Source、拦截器、Channel 的交互原理

（1）Source 从外界数据源接收事件，外界数据源可以是系统日志或 Web 服务器日志，Flume 能够监听日志的增量数据，收集日志增量数据信息。

（2）Source 向 Channel 处理器发送事件，此时发送的事件可以是 Source 自身构建的数据，也可以是从外界数据源接收的事件。但是 Source 构建的数据往往用于开发和测试，所以大多数情况下，此处的事件为从外界数据源接收的事件。

（3）Channel 处理器将事件发送给拦截器链，多个拦截器组成一个拦截器链，拦截器链中的多个拦截器会对事件进行层层拦截和过滤，把不符合规则的事件丢弃。

（4）拦截器链将符合规则的事件传回 Channel 处理器。

（5）Channel 处理器将符合拦截器规则的事件发送给 Channel 选择器，Channel 选择器会在事件上应用一些条件，来决定将事件发送到哪些 Channel；同时 Channel 选择器也可以标记哪些 Channel 是必需的，哪些 Channel 是可选的。

（6）Channel 选择器将处理后的事件列表传回 Channel 处理器。

（7）Channel 处理器根据 Channel 选择器对事件的选择结果将事件写入对应的 Channel 中。

数据写入 Channel 中后，下一步就是 Sink 从 Channel 中获取事件进行后续处理（写入 HDFS、HBase 或其他数据存储系统，或者发送到下一个 Agent）。Sink 获取数据的流程如

图 12-8 所示。

Sink 运行器本质上是一个线程，负责询问 Sink 组或者 Sink 按照一定的规则处理下一批事件。其中，Sink 组可以不存在，当 Sink 组中只有一个 Sink 或没有 Sink 组时，处理事件的效率会更高。Sink 组中的 Sink 处理器会从多个 Sink 中选择一个 Sink 处理事件，每个 Sink 只能从一个 Channel 中获取事件，并将事件写入目的存储介质或者下一个 Agent。

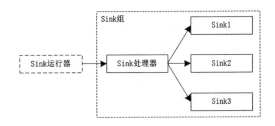

图 12-8　Sink 获取数据的流程

12.4 Flume 数据流

　　Flume 的核心功能是获取外界数据源的数据，将各个数据源的数据收集起来，进行一定的聚合处理，最终将数据发送到指定的目标存储系统。为了能够将数据成功发送到指定的目标存储系统，Flume 会先将数据缓存起来，待数据真正发送到目标存储系统之后，再将缓存起来的数据删除。Flume 数据流如图 12-9 所示。

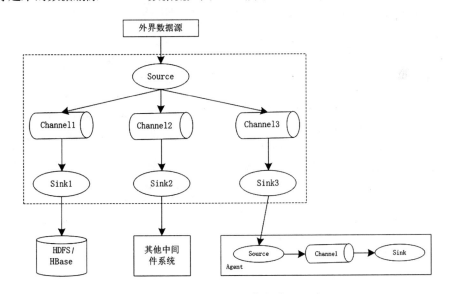

图 12-9　Flume 数据流

　　图 12-9 中的数据流比较简单，这里不再赘述。

12.5 Flume 拓扑结构

Flume 支持多种不同的网络拓扑结构，以满足用户的不同需求，本节就简单列举几个常用的 Flume 拓扑结构。

12.5.1　单一拓扑结构

单一拓扑结构是 Flume 支持的所有拓扑结构中最简单的一种，只需要部署一个 Flume 节点接收外界数据源的数据，经过简单的聚合处理等，写入目标存储系统即可，如图 12-10 所示。

Flume 的单一拓扑结构理解起来比较简单，这里不再赘述。

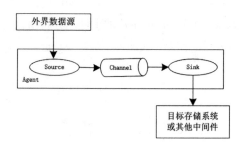

图 12-10　单一拓扑结构

12.5.2　串行拓扑结构

串行拓扑结构在单一拓扑结构的基础上部署多个 Flume，数据会在 Flume 的多个 Agent 之间进行传递。Flume 的串行拓扑结构如图 12-11 所示。

由图 12-11 可知，在 Flume 的串行拓扑结构下，数据在 Flume 的多个 Agent 中传输，理论上不限制部署的 Flume 数量。但是实际上，最好控制串行拓扑结构下顺序连接的 Agent 的数量，否则数据流经过的 Flume 路径变长，会增加 Flume Agent 的故障发生率。一旦串行结构下某个 Flume 的 Agent 出现故障，就会影响整个串行结构的服务。

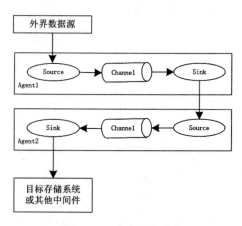

图 12-11　串行拓扑结构

12.5.3　聚合拓扑结构

Flume 的聚合拓扑结构分为将数据聚合到统一的目标系统和聚合到统一的 Flume Agent 等。

1. 聚合到统一的目标系统

通过多个 Flume Agent 接收、传输、聚合数据后，统一将数据写入同一个目标系统，此时的目标系统只有一个（可能是独立的单个系统，也可能是系统集群，但是写数据的入口只有一个），如图 12-12 所示。

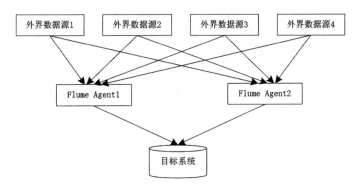

图 12-12　多 Flume Agent 写入同一目标系统

由图 12-12 可知，服务器上部署了多个 Flume 从多个外界数据源接收数据，将数据进行简单处理后，多个 Flume Agent 将数据写入同一个目标系统。

2. 聚合到统一的 Flume Agent

先由多个 Flume Agent 从外界数据源接收数据，进行简单的处理，之后多个 Flume Agent 会将数据聚合到一个统一的 Flume Agent，再由统一的 Flume Agent 将数据写入目标系统，如图 12-13 所示。

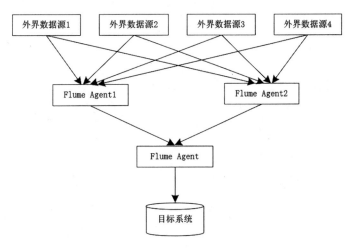

图 12-13　多 Flume Agent 聚合到统一的 Flume Agent

由图 12-13 可知，先是多个 Flume Agent 接收外界数据源的数据，之后多个 Flume Agent 将数据统一聚合到一个 Flume Agent，再由统一的 Flume Agent 将数据写入最终的目标系统。

3. 聚合到统一的 Flume Agent 的另一种方式

聚合到统一的 Flume Agent 的另一种方式就是先将多个 Flume Agent 聚合到统一的 Flume Agent，再由统一的 Flume Agent 同时将数据写入多个目标系统，如图 12-14 所示。

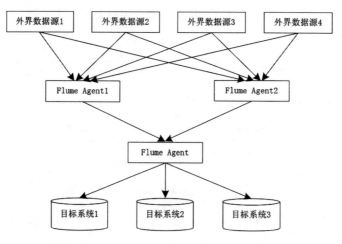

图 12-14　同一 Flume Agent 写入多个目标系统

12.5.4　多级流拓扑结构

简单来说，多级流拓扑结构就是 Flume Agent 接收多种不同的日志流，并将多种不同的日志流分开，为每种日志流建立自己的传输通道，如图 12-15 所示。

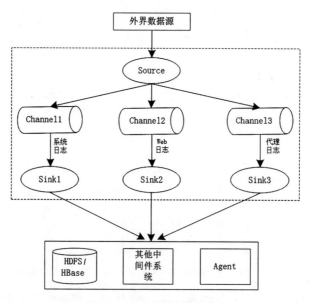

图 12-15　多级流拓扑结构

由图 12-15 可知，Flume Agent 分别将系统日志、Web 服务器产生的日志和代理服务器的日志分开，并为每种日志流分别建立了不同的日志流通道，并将最后的结果写入目标系统。

12.5.5　负载均衡拓扑结构

负载均衡拓扑结构往往由一个 Flume
的 Agent 担任路由角色，将 Channel 中
的事件负载均衡到多个 Sink 组件上，然
后每个 Sink 组件分别对应一个独立的
Agent，如图 12-16 所示。

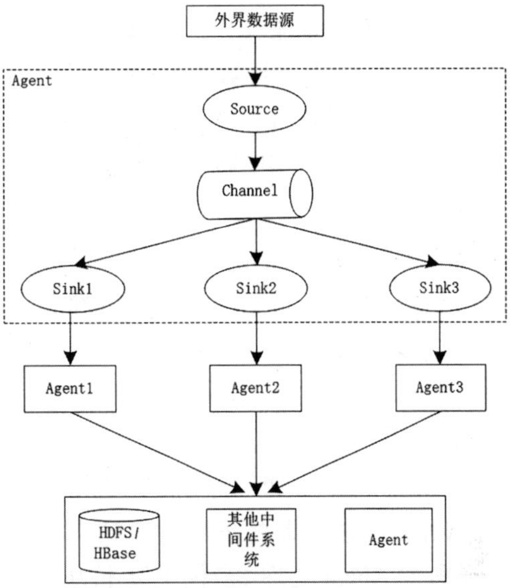

由图 12-16 可知，在 Flume 的负载
均衡拓扑结构中，首先需要一个 Flume
Agent 接收外界数据源的数据，同时这个
Agent 也充当着路由的角色，将 Channel
中的数据均衡地对应到多个不同的 Sink
中，而每个 Sink 将数据发送到不同的
Agent 中，最后由不同的 Agent 将数据
写入目标系统或者发送到下一阶段的
Agent。

为了避免出现单点故障的问题，
每个 Agent 部分都可以是一个集群，如图 12-17 所示。

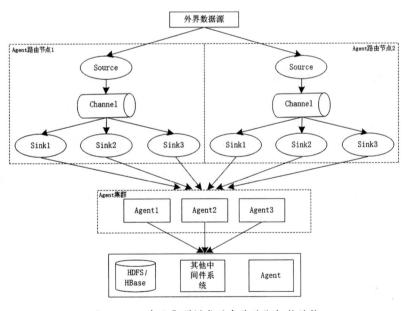

图 12-16　负载均衡拓扑结构

图 12-17　基于集群模式的负载均衡拓扑结构

由图 12-17 可知，可以部署多个 Agent 路由节点组成集群，接收 Agent 路由节点数据
的 Agent 也可以部署成集群。同理，目标系统或目标 Agent 同样可以部署成集群。这样
可以避免单点故障的问题，但是部署成本比较高，读者在实际工作过程中需要仔细权衡
利弊。

12.6 Flume 中的动态路由

Flume 支持动态路由，能够根据传入事件的优先级将数据路由到不同的目标系统和目标 Agent。Flume 中的动态路由使用的是多路复用 Channel 选择器。多路复用 Channel 选择器能够通过特定报头的值将事件路由到指定的 Channel，并写入目标系统或目标 Agent。

Flume 中的动态路由简单模型如图 12-18 所示。

由图 12-18 可知，当优先级为 1 时，Channel 选择器将事件发送到下一阶段的 Agent 处理；当优先级不为 1 时，将事件写入目标存储系统。

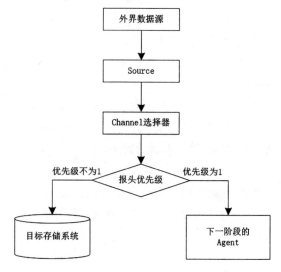

图 12-18　Flume 中的动态路由简单模型

注意：　Flume 支持的动态路由中选择的报头、值和 Channel 都是可配置的。

12.7 安装和配置 Flume 环境

介绍完 Flume 的基础知识，本节就开始安装并配置 Flume 环境，包括下载 Flume、安装 Flume、配置 Flume 系统环境变量和修改 Flume 的配置文件等步骤。

注意：　安装和配置 Flume 环境需要提前安装并配置好 JDK 环境，有关 JDK 环境的安装和配置，读者可以参考 5.3 节的内容。另外，本节在 CentOS 6.8 服务器上安装和配置 Flume 环境都是在 hadoop 用户下进行的。

12.7.1　下载 Flume

读者可以到 Apache 官网下载 Flume 的安装文件。Flume 在 Apache 的官网链接地址为 http://flume.apache.org/download.html，如图 12-19 所示。

读者也可以直接在 CentOS 6.8 服务器的命令行中输入如下命令，下载 apache-flume-1.9.0-bin.tar.gz 安装文件：

```
wget http://mirror.bit.edu.cn/apache/flume/1.9.0/apache-flume-1.9.0-bin.tar.gz
```

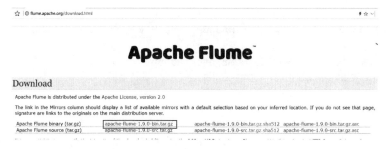

图 12-19　下载 Flume 的安装包 apache-flume-1.9.0-bin.tar.gz

12.7.2　安装 Flume

安装 Flume 的方式与安装 JDK 相同，都比较简单，只需要解压下载的 Flume 安装包 apache-flume-1.9.0-bin.tar.gz，并将解压后的目录移动到指定的目录下即可，如下所示：

```
tar -zxvf apache-flume-1.9.0-bin.tar.gz
mv apache-flume-1.9.0-bin flume-1.9.0
mv flume-1.9.0/ /usr/local/
```

将当前命令行所在的目录切换到 /usr/local 目录下，并查看当前目录的文件，如下所示：

```
-bash-4.1$ cd /usr/local/
-bash-4.1$ ll
total 72
drwxr-xr-x.  2 hadoop hadoop 4096 Jul 15 10:57 bin
drwxr-xr-x.  3 root   root   4096 Jul 17 22:11 boost3306
drwxr-xr-x.  2 hadoop hadoop 4096 Sep 23  2011 etc
drwxrwxr-x.  7 hadoop hadoop 4096 Jul 30 15:50 flume-1.9.0
```

可以看到，在 /usr/local 目录下存在 flume-1.9.0 目录，说明 Flume 解压并移动成功。

12.7.3　配置 Flume 系统环境变量

使用 Vim 编辑器打开 /etc/profile 文件，如下所示：

```
sudo vim /etc/profile
```

添加 Flume 系统环境变量之后的 /etc/profile 文件如下所示：

```
JAVA_HOME=/usr/local/jdk1.8.0_212
CLASS_PATH=.:$JAVA_HOME/lib
HADOOP_HOME=/usr/local/hadoop-3.2.0
HIVE_HOME=/usr/local/hive-3.1.2
SQOOP_HOME=/usr/local/sqoop-1.4.7
FLUME_HOME=/usr/local/flume-1.9.0
MYSQL_HOME=/usr/local/mysql3306
PATH=$JAVA_HOME/bin:$HADOOP_HOME/bin:$HADOOP_HOME/sbin:$HIVE_HOME/bin:$SQOOP_
```

```
HOME/bin:$FLUME_HOME/bin:$MYSQL_HOME/bin:$PATH
export PATH CLASS_PATH JAVA_HOME HADOOP_HOME HIVE_HOME SQOOP_HOME FLUME_HOME
MYSQL_HOME
export HADOOP_CONF_DIR=$HADOOP_HOME/etc/hadoop
export HADOOP_COMMON_HOME=$HADOOP_HOME
export HADOOP_HDFS_HOME=$HADOOP_HOME
export HADOOP_MAPRED_HOME=$HADOOP_HOME
export HADOOP_YARN_HOME=$HADOOP_HOME
export HADOOP_OPTS="-Djava.library.path=$HADOOP_HOME/lib/native"
export HADOOP_COMMON_LIB_NATIVE_DIR=$HADOOP_HOME/lib/native
```

保存并退出 Vim 编辑器。接下来输入如下命令，使 Flume 系统环境变量生效：

```
source /etc/profile
```

在命令行输入如下命令，查看 Flume 的版本信息：

```
-bash-4.1$ flume-ng version
Flume 1.9.0
Source code repository: https://git-wip-us.apache.org/repos/asf/flume.git
Revision: d4fcab4f501d41597bc616921329a4339f73585e
Compiled by fszabo on Mon Dec 17 20:45:25 CET 2018
From source with checksum 35db629a3bda49d23e9b3690c80737f9
```

可以看到，输出了 Flume 的版本号 1.9.0，说明 Flume 的系统环境变量配置成功。

12.7.4 修改 Flume 的配置文件

Flume 的配置文件主要放置在 Flume 安装目录下的 conf 目录下。输入如下命令，可以
查看 Flume 的配置文件信息：

```
-bash-4.1$ cd /usr/local/flume-1.9.0/conf/
-bash-4.1$ ll
total 16
-rw-r--r--. 1 hadoop hadoop 1661 Nov 16  2017 flume-conf.properties.template
-rw-r--r--. 1 hadoop hadoop 1455 Nov 16  2017 flume-env.ps1.template
-rw-r--r--. 1 hadoop hadoop 1568 Aug 30  2018 flume-env.sh.template
-rw-rw-r--. 1 hadoop hadoop 3107 Dec 10  2018 log4j.properties
```

可以看到，Flume 给出了一些配置文件模板和一个 log4j 配置文件。

1. 复制 flume-env.sh 文件

将 Flume 安装目录下的 conf 目录中的 flume-env.sh.template 配置文件模板复制为
flume-env.sh 文件，如下所示：

```
cp flume-env.sh.template flume-env.sh
```

2. 编辑 flume-env.sh 文件

在命令行输入如下命令，对 flume-env.sh 文件进行编辑：

```
vim flume-env.sh
```

找到如下代码：

```
# export JAVA_HOME=/usr/lib/jvm/java-8-oracle
```

打开前面的注释，并将 JAVA_HOME 的值修改为服务器上 JDK 的安装目录。修改后的
代码如下所示：

```
export JAVA_HOME=/usr/local/jdk1.8.0_212
```

3. 复制并配置 flume-example.conf 文件

将 conf 目录下的 flume-conf.properties.template 配置文件模板复制为 flume-example.conf
文件，如下所示：

```
cp flume-conf.properties.template flume-example.conf
```

接下来，修改 flume-example.conf 配置文件中的内容如下：

```
myagent.sources = r1
myagent.sinks = k1
myagent.channels = c1
# Describe/configure the source
myagent.sources.r1.type = netcat
myagent.sources.r1.bind = 192.168.175.100
myagent.sources.r1.port = 44444
# Describe the sink
myagent.sinks.k1.type = logger
# Use a channel which buffers events in memory
myagent.channels.c1.type = memory
myagent.channels.c1.capacity = 1000
myagent.channels.c1.transactionCapacity = 100
# Bind the source and sink to the channel
myagent.sources.r1.channels = c1
myagent.sinks.k1.channel = c1
```

上述文件内容的含义为：Agent 的名称为 myagent，myagent 的监听类型为 netcat，同时
监听服务器的 44444 端口，监听的 IP 地址为 192.168.175.100。Channel 是 memory 类型，
Sink 为 logger 类型，可以在命令行直接输出结果。

4. 验证 Flume 的安装配置

首先在 CentOS 6.8 服务器的命令行中输入如下命令，启动 Flume：

```
flume-ng agent --conf conf --conf-file flume-example.conf --name myagent -Dflume.
root.logger=INFO,console
```

启动日志如下所示：

```
2019-07-30 16:50:12,804 INFO node.PollingPropertiesFileConfigurationProvider:
Configuration provider starting
2019-07-30 16:50:12,808 INFO node.PollingPropertiesFileConfigurationProvider:
```

```
Reloading configuration file:flume-example.conf
2019-07-30 16:50:12,811 INFO conf.FlumeConfiguration: Processing:r1
2019-07-30 16:50:12,812 INFO conf.FlumeConfiguration: Processing:c1
2019-07-30 16:50:12,812 INFO conf.FlumeConfiguration: Processing:r1
2019-07-30 16:50:12,812 INFO conf.FlumeConfiguration: Added sinks: k1 Agent: myagent
2019-07-30 16:50:12,812 INFO conf.FlumeConfiguration: Processing:k1
2019-07-30 16:50:12,812 INFO conf.FlumeConfiguration: Processing:r1
2019-07-30 16:50:12,812 INFO conf.FlumeConfiguration: Processing:c1
2019-07-30 16:50:12,812 INFO conf.FlumeConfiguration: Processing:r1
2019-07-30 16:50:12,812 INFO conf.FlumeConfiguration: Processing:k1
2019-07-30 16:50:12,812 INFO conf.FlumeConfiguration: Processing:c1
2019-07-30 16:50:12,812 WARN conf.FlumeConfiguration: Agent configuration for
'myagent' has no configfilters.
2019-07-30 16:50:12,829 INFO conf.FlumeConfiguration: Post-validation flume
configuration contains configuration for agents: [myagent]
2019-07-30 16:50:12,829 INFO node.AbstractConfigurationProvider: Creating channels
2019-07-30 16:50:12,835 INFO channel.DefaultChannelFactory: Creating instance of
channel c1 type memory
2019-07-30 16:50:12,839 INFO node.AbstractConfigurationProvider: Created channel c1
2019-07-30 16:50:12,840 INFO source.DefaultSourceFactory: Creating instance of
source r1, type netcat
2019-07-30 16:50:12,848 INFO sink.DefaultSinkFactory: Creating instance of sink:
k1, type: logger
2019-07-30 16:50:12,851 INFO node.AbstractConfigurationProvider: Channel c1
connected to [r1, k1]
2019-07-30 16:50:12,857 INFO node.Application: Starting new configuration:{ sou
rceRunners:{r1=EventDrivenSourceRunner: { source:org.apache.flume.source.Netcat
Source{name:r1,state:IDLE} }} sinkRunners:{k1=SinkRunner: { policy:org.apache.
flume.sink.DefaultSinkProcessor@428dfd7f counterGroup:{ name:null counters:{} } }}
channels:{c1=org.apache.flume.channel.MemoryChannel{name: c1}} }
2019-07-30 16:50:12,861 INFO node.Application: Starting Channel c1
2019-07-30 16:50:12,907 INFO instrumentation.MonitoredCounterGroup: Monitored
counter group for type: CHANNEL, name: c1: Successfully registered new MBean.
2019-07-30 16:50:12,908 INFO instrumentation.MonitoredCounterGroup: Component
type: CHANNEL, name: c1 started
2019-07-30 16:50:12,908 INFO node.Application: Starting Sink k1
2019-07-30 16:50:12,908 INFO node.Application: Starting Source r1
2019-07-30 16:50:12,909 INFO source.NetcatSource: Source starting
2019-07-30 16:50:12,965 INFO source.NetcatSource: Created serverSocket:sun.nio.
ch.ServerSocketChannelImpl[/192.168.175.100:44444]
```

从启动日志中可以看出，Flume 监听的 IP 地址为 192.168.175.100，监听的端口为 44444。

接下来重新打开一个终端，使用 hadoop 用户身份登录 CentOS 6.8 服务器，然后输入如下命令 telnet（远程连接）Flume 监听的 IP 和端口：

```
-bash-4.1$ telnet 192.168.175.100 44444
Trying 192.168.175.100...
Connected to 192.168.175.100.
Escape character is '^]'.
```

可以看到，telnet 命令执行成功。

在 telnet 命令行中输入"hello flume"，如下所示：

```
-bash-4.1$ telnet 192.168.175.100 44444
Trying 192.168.175.100...
Connected to 192.168.175.100.
Escape character is '^]'.
hello flume
OK
```

然后回到启动 Flume 的终端查看 Flume 的输出信息，如下所示：

```
2019-07-30 17:03:32,108 INFO sink.LoggerSink: Event: { headers:{} body: 68 65
6C 6C 6F 20 66 6C 75 6D 65 0D                hello flume. }
```

说明 Flume 成功接收并输出了 telnet 命令行发送过来的数据，证明 Flume 安装配置成功。

12.8 Flume 应用案例

Flume 中提供了多种 Agent 配置的类型和配置参数，以满足各种使用场景。本节就简单列举几个常用的 Flume 配置案例，帮助读者更加深刻地理解 Flume 的使用场景。

注意：案例中涉及的 Nginx 的安装和配置，读者可以参见第 3 篇相关章节的内容；有关 Kafka 的知识，读者可以参见第 13 章的内容；有关 Zookeeper 的安装和配置，读者可以参见 5.6 节的相关内容。

12.8.1 基于内存的 Channel

本案例通过 Agent 的 Source 接收 Nginx 的日志数据源，并将数据发送到 Channel 中，Channel 将数据缓存到内存中，之后 Sink 从 Channel 中读取数据，并打印到命令行。打印成功后，Channel 会删除内存中缓存的数据。

1. 新建 Flume 配置

在 FLUME_HOME（目录为 /usr/local/flume-1.9.0）的 conf 目录下新建配置文件 flume-memory.conf，内容如下所示：

```
# 配置 Agent
myagent.sources = s1
myagent.channels = c1
myagent.sinks = k1
# 配置 Source
myagent.sources.s1.batchsize=10
```

```
myagent.sources.s1.type = exec
myagent.sources.s1.command = tail -F /usr/local/nginx-1.17.2/logs/access.log
# 配置 Channel
myagent.channels.c1.type = memory
myagent.channels.c1.capacity = 100
myagent.channels.c1.transactionCapacity = 20
# 配置 Sinks
myagent.sinks.k1.type = logger
# 将 Source 和 Sink 绑定到 Channel
myagent.sources.s1.channels = c1
myagent.sinks.k1.channel = c1
```

上述代码配置了一个名为 myagent 的 Agent，监听 Nginx 的日志变化，并将 Nginx 的日志打印到命令行。

2. 启动并验证 Nginx

首先启动 Nginx，如下所示：

```
/usr/local/nginx-1.17.2/sbin/nginx
```

接下来查看 Nginx 是否启动成功，如下所示：

```
-bash-4.1$ ps -ef | grep nginx
root 2095 1 0 10:05 ? 00:00:00 nginx: master process /usr/local/nginx-1.17.2/
sbin/nginx
hadoop 2096 2095 0 10:05 ? 00:00:00 nginx: worker process
hadoop 2097 2095 0 10:05 ? 00:00:00 nginx: worker process
hadoop 2098 2095 0 10:05 ? 00:00:00 nginx: worker process
hadoop 2099 2095 0 10:05 ? 00:00:00 nginx: worker process
hadoop 2101 2050 0 10:05 pts/0 00:00:00 grep nginx
```

可以看到 Nginx 启动成功。

3. 启动 Flume

在命令行输入如下命令：

```
flume-ng agent --conf conf --conf-file /usr/local/flume-1.9.0/conf/flume-memory.
conf --name myagent -Dflume.root.logger=INFO,console
```

4. 验证 Flume

在浏览器地址栏中输入链接 http://192.168.175.100/ 并进行访问，如图 12-20 所示。

图 12-20　访问 Nginx

查看 Flume 命令行，输出如下信息，证明 Flume 成功打印出 Nginx 的日志信息：

```
2019-07-31 11:39:29,703 INFO sink.LoggerSink: Event: { headers:{} body: 31 39
32 2E 31 36 38 2E 31 37 35 2E 31 20 2D 20 192.168.175.1 -  }
```

12.8.2 基于文件的 Channel

基于文件的 Channel 与基于内存的 Channel 的区别是：基于文件的 Channel 将数据缓存到文件，基于内存的 Channel 将数据缓存到内存。

1. 新建 Flume 配置

在 FLUME_HOME 的 conf 目录下新建 flume-file.conf 文件，内容如下所示：

```
# 配置 Agent
myagent.sources = s1
myagent.channels = c1
myagent.sinks = k1
# 配置 Source
myagent.sources.s1.batchsize=10
myagent.sources.s1.type = exec
myagent.sources.s1.command = tail -F /usr/local/nginx-1.17.2/logs/access.log
# 配置 Channel
myagent.channels.c1.type = file
myagent.channels.c1.checkpointDir = /usr/local/flume-1.9.0/file/check
myagent.channels.c1.dataDirs = /usr/local/flume-1.9.0/file/data
myagent.channels.c1.transactionCapacity = 20
# 配置 Sink
myagent.sinks.k1.type = logger
# bind source and sink to the channel
myagent.sources.s1.channels = c1
myagent.sinks.k1.channel = c1
```

接下来创建配置文件中存放 Flume 缓存数据的目录，如下所示：

```
mkdir -p /usr/local/flume-1.9.0/file/check
mkdir -p /usr/local/flume-1.9.0/file/data
```

2. 启动并验证 Nginx

启动并验证 Nginx 的方式与 12.8.1 小节中启动并验证 Nginx 的方式相同。

3. 启动 Flume

在命令行输入如下命令：

```
flume-ng agent --conf conf --conf-file /usr/local/flume-1.9.0/conf/flume-file.conf
--name myagent -Dflume.root.logger=INFO,console
```

若命令行输出如下信息，则启动成功：

```
2019-07-31 13:30:49,016 INFO source.ExecSource: Exec source starting with
```

```
command: tail -f /usr/local/nginx-1.17.2/logs/access.log
2019-07-31 13:30:49,017 INFO instrumentation.MonitoredCounterGroup: Monitored
counter group for type: SOURCE, name: s1: Successfully registered new MBean.
2019-07-31 13:31:18,360 INFO file.EventQueueBackingStoreFile: Start checkpoint
for /usr/local/flume-1.9.0/file/check/checkpoint, elements to sync = 10
2019-07-31 13:31:18,364 INFO file.EventQueueBackingStoreFile: Updating
checkpoint metadata: logWriteOrderID: 1564551048430, queueSize: 0, queueHead: 8
2019-07-31 13:31:18,369 INFO file.Log: Updated checkpoint for file: /usr/local/
flume-1.9.0/file/data/log-2 position: 2917 logWriteOrderID: 1564551048430
```

4. 验证 Flume

验证 Flume 的方式与 12.8.1 小节中案例的验证方式相同，访问 http://192.168.175.100，然后查看 Flume 命令行，输出如下信息：

```
2019-07-31 13:54:10,355 INFO sink.LoggerSink: Event: { headers:{} body: 31 39
32 2E 31 36 38 2E 31 37 35 2E 31 20 2D 20 192.168.175.1 -  }
```

证明 Flume 成功打印出 Nginx 的日志信息。

12.8.3　基于目录的 Channel

本案例配置 Flume 监听某个目录，当目录中有新文件被创建时，Flume 将文件写入 Channel，之后会在文件名后加一个扩展名 .COMPLETED，同时配置时会利用正则表达式忽略对临时文件的监听。

1. 新建 Flume 配置

在 FLUME_HOME 的 conf 目录下新建配置文件 flume-directory.conf，内容如下所示：

```
# 配置 Agent
myagent.sources = s1
myagent.channels = c1
myagent.sinks = k1
# 配置 Source
myagent.sources.s1.batchsize=10
myagent.sources.s1.type = spooldir
# 指定监听目录
myagent.sources.s1.spoolDir = /usr/local/flume-1.9.0/spooling
myagent.sources.s1.ignorePattern = ([^ ]*\.tmp$)
# 配置 Channel
myagent.channels.c1.type = memory
myagent.channels.c1.capacity = 200
myagent.channels.c1.transactionCapacity = 150
# 配置 Sink
myagent.sinks.k1.type = logger
# bind source and sink to the channel
myagent.sources.s1.channels = c1
myagent.sinks.k1.channel = c1
```

接下来创建配置文件中监听的目录，如下所示：

```
mkdir -p /usr/local/flume-1.9.0/spooling
```

2. 启动并验证 Nginx

启动并验证 Nginx 的方式与 12.8.1 小节中的案例启动并验证 Nginx 的方式相同。

3. 启动 Flume

在命令行输入如下命令：

```
flume-ng agent --conf conf --conf-file /usr/local/flume-1.9.0/conf/flume-
directory.conf --name myagent -Dflume.root.logger=INFO,console
```

若命令行输出如下信息，则启动成功：

```
2019-07-31 14:16:10,183 INFO source.SpoolDirectorySource: SpoolDirectorySource
source starting with directory: /usr/local/flume-1.9.0/spooling
2019-07-31 14:16:10,408 INFO instrumentation.MonitoredCounterGroup: Monitored
counter group for type: SOURCE, name: s1: Successfully registered new MBean.
2019-07-31 14:16:10,408 INFO instrumentation.MonitoredCounterGroup: Component
type: SOURCE, name: s1 started
```

4. 验证 Flume

（1）新开一个终端，以 hadoop 用户身份登录 CentOS 6.8 服务器，然后将当前目录切换到 /usr/local/flume-1.9.0/spooling 目录下，如下所示：

```
-bash-4.1$ cd /usr/local/flume-1.9.0/spooling
-bash-4.1$ pwd
/usr/local/flume-1.9.0/spooling
```

（2）创建文件名为 test_flume.txt 的文件，内容为 hello flume，如下所示：

```
vim test_flume.txt
hello flume
```

按 Esc 键，之后输入 ":wq"，保存并退出 Vim 编辑器。

（3）查看启动 Flume 的终端命令行输出的信息，如下所示：

```
2019-07-31 14:22:54,729 INFO avro.ReliableSpoolingFileEventReader: Last read
took us just up to a file boundary. Rolling to the next file, if there is one.
2019-07-31 14:22:54,730 INFO avro.ReliableSpoolingFileEventReader: Preparing
to move file /usr/local/flume-1.9.0/spooling/test_flume.txt to /usr/local/
flume-1.9.0/spooling/test_flume.txt.COMPLETED
2019-07-31 14:22:56,378 INFO sink.LoggerSink: Event: { headers:{} body: 68 65
6C 6C 6F 20 66 6C 75 6D 65 hello flume }
```

证明 Flume 成功监听到 /usr/local/flume-1.9.0/spooling 目录中的变化，将文件 test_flume.txt 文件名加上了扩展名 .COMPLETED，并打印出了 test_flume.txt.COMPLETED 文件中的内容。

（4）切换到创建 test_flume.txt 文件的终端，查看 /usr/local/flume-1.9.0/spooling 目录下

的内容，如下所示：

```
-bash-4.1$ ll /usr/local/flume-1.9.0/spooling/
total 4
-rw-rw-r--. 1 hadoop hadoop 12 Jul 31 14:22 test_flume.txt.COMPLETED
```

可以看到，原来创建的 test_flume.txt 文件已经被重命名为 test_flume.txt.COMPLETED。
查看 test_flume.txt.COMPLETED 文件的内容，如下所示：

```
-bash-4.1$ cat /usr/local/flume-1.9.0/spooling/test_flume.txt.COMPLETED
hello flume
```

证明 Flume 监听目录变化并重命名文件成功。

12.8.4　Flume 写数据到 HDFS

本案例为使用 Flume 监听 Nginx 日志变化，并将 Nginx 日志数据直接写入 HDFS 中。

注意：　本案例需要提前安装并配置 Hadoop，有关安装和配置 Hadoop 的内容，读者可以参见第 5 章的相关内容。

1. 新建 Flume 配置

在 FLUME_HOME 下的 conf 目录中新建 flume-hdfs.conf 文件，内容如下所示：

```
# 配置 Agent
myagent.sources = r1
myagent.sinks = k1
myagent.channels = c1
# 配置 Source
myagent.sources.r1.type = exec
myagent.sources.r1.channels = c1
myagent.sources.r1.deserializer.outputCharset = UTF-8
# 配置需要监控的日志输出目录
myagent.sources.r1.command = tail -F /usr/local/nginx-1.17.2/logs/access.log
# 配置 Sink
myagent.sinks.k1.type = hdfs
myagent.sinks.k1.channel = c1
myagent.sinks.k1.hdfs.useLocalTimeStamp = true
myagent.sinks.k1.hdfs.path = hdfs://binghe100:9000/flume/events/%Y-%m
myagent.sinks.k1.hdfs.filePrefix = %Y-%m-%d-%H
myagent.sinks.k1.hdfs.fileSuffix = .log
myagent.sinks.k1.hdfs.minBlockReplicas = 1
myagent.sinks.k1.hdfs.fileType = DataStream
myagent.sinks.k1.hdfs.writeFormat = Text
myagent.sinks.k1.hdfs.rollInterval = 86400
myagent.sinks.k1.hdfs.rollSize = 1000000
myagent.sinks.k1.hdfs.rollCount = 10000
myagent.sinks.k1.hdfs.idleTimeout = 0
```

```
# 配置 Channel
myagent.channels.c1.type = memory
myagent.channels.c1.capacity = 1000
myagent.channels.c1.transactionCapacity = 100
# 将三者连接
myagent.sources.r1.channel = c1
myagent.sinks.k1.channel = c1
```

2. 启动并验证 Nginx

启动并验证 Nginx 的方式与 12.8.1 小节中启动并验证 Nginx 的方式相同。

3. 启动并验证 Hadoop

首先在命令行中输入如下命令，启动 Hadoop：

```
start-dfs.sh
start-yarn.sh
```

接下来在命令行中输入如下命令，查看 Hadoop 是否启动成功：

```
-bash-4.1$ jps
3169 DataNode
4214 Jps
3337 SecondaryNameNode
3755 NodeManager
3052 NameNode
3645 ResourceManager
```

可以看到，打印出了 Hadoop 启动的进程名称，证明 Hadoop 启动成功。

4. 启动 Flume

在命令行输入如下命令：

```
flume-ng agent --conf conf --conf-file /usr/local/flume-1.9.0/conf/flume-hdfs.conf
--name myagent -Dflume.root.logger=INFO,console
```

若命令行输出如下信息，则证明 Flume 启动成功：

```
2019-07-31 14:52:25,973 INFO source.ExecSource: Exec source starting with
command: tail -F /usr/local/nginx-1.17.2/logs/access.log
2019-07-31 14:52:25,973 INFO instrumentation.MonitoredCounterGroup: Monitored
counter group for type: SINK, name: k1: Successfully registered new MBean.
2019-07-31 14:52:25,973 INFO instrumentation.MonitoredCounterGroup: Component
type: SINK, name: k1 started
2019-07-31 14:52:25,974 INFO instrumentation.MonitoredCounterGroup: Monitored
counter group for type: SOURCE, name: r1: Successfully registered new MBean.
2019-07-31 14:52:25,974 INFO instrumentation.MonitoredCounterGroup: Component
type: SOURCE, name: r1 started
2019-07-31 14:52:30,059 INFO hdfs.HDFSDataStream: Serializer = TEXT,
UseRawLocalFileSystem = false
2019-07-31 14:52:30,669 INFO hdfs.BucketWriter: Creating hdfs://
binghe100:9000/flume/events/2019-07/2019-07-31-14.1564555950060.log.tmp
```

5. 验证 Flume

（1）用浏览器访问 http://192.168.175.100 链接。

（2）新开启一个终端，以 hadoop 用户身份登录 CentOS 6.8 服务器，并查看 HDFS 中 /flume/events/ 目录下的信息，如下所示：

```
-bash-4.1$ hadoop fs -ls /flume/events/
Found 1 items
drwxr-xr-x   - hadoop supergroup   0 2019-07-31 14:52 /flume/events/2019-07

-bash-4.1$ hadoop fs -ls /flume/events/2019-07
Found 1 items
-rw-r--r-- 1 hadoop supergroup 1651 2019-07-31 14:52 /flume/events/2019-07/
2019-07- 31-14.1564555950060.log.tmp

-bash-4.1$ hadoop fs -cat /flume/events/2019-07/2019-07-31-14.1564555950060.
log.tmp
192.168.175.1 - - [31/Jul/2019:10:18:25 +0800] "GET / HTTP/1.1" 304 0
"-" "Mozilla/5.0 (Windows NT 10.0; Win64; x64; rv:68.0) Gecko/20100101
Firefox/68.0"
192.168.175.1 - - [31/Jul/2019:10:18:26 +0800] "GET / HTTP/1.1" 304 0
"-" "Mozilla/5.0 (Windows NT 10.0; Win64; x64; rv:68.0) Gecko/20100101
Firefox/68.0"
192.168.175.1 - - [31/Jul/2019:11:37:04 +0800] "GET / HTTP/1.1" 200 612 "-"
"Mozilla/5.0 (Windows NT 10.0; WOW64) AppleWebKit/537.36 (KHTML, like Gecko)
Chrome/65.0.3325.181 Safari/537.36"
192.168.175.1 - - [31/Jul/2019:11:37:05 +0800] "GET /favicon.ico HTTP/1.1"
404 555 "http://192.168.175.100/" "Mozilla/5.0 (Windows NT 10.0; WOW64)
AppleWebKit/537.36 (KHTML, like Gecko) Chrome/65.0.3325.181 Safari/537.36"
```

可以看到，在 HDFS 的 /flume/events/ 目录下存在 2019-07 目录；再次查看 HDFS 的 /flume/events/2019-07 目录，发现目录下存在一个 2019-07-31-14.1564555950060.log.tmp 文件；接下来查看 2019-07-31-14.1564555950060.log.tmp 文件的内容，发现文件中存放了 Nginx 的访问日志。

证明 Flume 成功监听到了 Nginx 的日志变化，并将 Nginx 的访问日志写入 HDFS 中。

12.8.5　Flume 写数据到 Kafka

本案例实现以 Flume 监听 Nginx 的日志变化，并将 Nginx 的访问日志写到 Kafka 的生产者。

> 注意：本案例需要提前安装和配置 Kafka，有关 Kafka 的安装和配置，读者可以参见第 13 章的内容。

1. 新增 Flume 配置

在 FLUME_HOME 的 conf 目录下新增 flume-kafka.conf 文件，内容如下：

```
# 配置 Agent
```

```
myagent.sources = r1
myagent.sinks = k1
myagent.channels = c1
# 配置 Source
myagent.sources.r1.type = exec
myagent.sources.r1.command = tail -F /usr/local/nginx-1.17.2/logs/access.log
# 配置 Sink
#myagent.sinks.k1.type = logger
myagent.sinks.k1.type = org.apache.flume.sink.kafka.KafkaSink
myagent.sinks.k1.topic = mytopic
myagent.sinks.k1.brokerList = 192.168.175.100:9092
myagent.sinks.k1.requiredAcks = 1
myagent.sinks.k1.batchSize = 20
myagent.channels.c1.type = memory
myagent.channels.c1.capacity = 1000
myagent.channels.c1.transactionCapacity = 100
# 将三者连接
myagent.sources.r1.channels = c1
myagent.sinks.k1.channel = c1
```

2. 启动并验证 Nginx

启动并验证 Nginx 的方式与 12.8.1 小节中启动并验证 Nginx 的方式相同。

3. 启动并验证 Kafka

（1）Kafka 中自带一个 Zookeeper 服务，这里启动 Kafka 中自带的 Zookeeper 服务，如下所示：

```
zookeeper-server-start.sh -daemon /usr/local/kafka_2.12-2.3.0/config/zookeeper.
properties
```

注意: | -daemon 表示在后台启动服务。

（2）启动 Kafka 服务，如下所示：

```
kafka-server-start.sh -daemon /usr/local/kafka_2.12-2.3.0/config/server.
properties
```

（3）开启两个终端，分别以 hadoop 用户身份登录 CentOS 6.8 服务器，然后分别启动 Kafka 的生产者端和消费者端：

终端一，启动 Kafka 的生产者端，如下所示：

```
kafka-console-producer.sh --broker-list 192.168.175.100:9092 --topic mytopic
```

终端二，启动 Kafka 的消费者端，如下所示：

```
kafka-console-consumer.sh --bootstrap-server 192.168.175.100:9092 --topic
mytopic --from-beginning
```

（4）验证 Kafka 是否启动成功。新开终端三，以 hadoop 用户身份登录 CentOS 6.8 服务器，输入如下命令，查看 Kafka 的启动进程：

```
-bash-4.1$ jps
5076 QuorumPeerMain
8360 ConsoleConsumer
5401 Kafka
8059 ConsoleProducer
8685 Jps
```

可以看到，输出了 Kafka 的启动进程，证明 Kafka 启动成功。

4. 启动 Flume

在命令行输入如下命令：

```
flume-ng agent --conf conf --conf-file /usr/local/flume-1.9.0/conf/flume-kafka.
conf --name myagent -Dflume.root.logger=INFO,console
```

执行命令后，若命令行输出如下信息，则证明 Flume 启动成功：

```
2019-07-31 16:22:30,551 INFO utils.AppInfoParser: Kafka version : 2.0.1
2019-07-31 16:22:30,552 INFO utils.AppInfoParser: Kafka commitId : fa14705e51bd2ce5
2019-07-31 16:22:30,553 INFO instrumentation.MonitoredCounterGroup: Monitored
counter group for type: SINK, name: k1: Successfully registered new MBean.
2019-07-31 16:22:30,553 INFO instrumentation.MonitoredCounterGroup: Component
type: SINK, name: k1 started
2019-07-31 16:22:33,631 WARN clients.NetworkClient: [Producer
clientId=producer-1] Error while fetching metadata with correlation id 1 :
{mytopic=LEADER_NOT_AVAILABLE}
2019-07-31 16:22:33,631 INFO clients.Metadata: Cluster ID: fk5Z9jzdTNesTVNEIoGu5Q
```

5. 验证 Flume

（1）用浏览器访问 http://192.168.175.100 链接。

（2）查看终端二中 Kafka 消费者端输出数据的情况，如下所示：

```
-bash-4.1$ kafka-console-consumer.sh --bootstrap-server 192.168.175.100:9092
--topic mytopic --from-beginning
192.168.175.1 - - [31/Jul/2019:11:37:04 +0800] "GET / HTTP/1.1" 200 612 "-"
"Mozilla/5.0 (Windows NT 10.0; WOW64) AppleWebKit/537.36 (KHTML, like Gecko)
Chrome/65.0.3325.181 Safari/537.36"
192.168.175.1 - - [31/Jul/2019:11:37:05 +0800] "GET /favicon.ico HTTP/1.1"
404 555 "http://192.168.175.100/" "Mozilla/5.0 (Windows NT 10.0; WOW64)
AppleWebKit/537.36 (KHTML, like Gecko) Chrome/65.0.3325.181 Safari/537.36"
192.168.175.1 - - [31/Jul/2019:11:39:28 +0800] "GET / HTTP/1.1" 304 0
"-" "Mozilla/5.0 (Windows NT 10.0; Win64; x64; rv:68.0) Gecko/20100101
Firefox/68.0"
```

可以看到，Kafka 的消费者端成功输出了 Nginx 的访问日志信息，说明 Flume 监听 Nginx 的日志变化，并成功将 Nginx 的访问日志发送到了 Kafka 的生产者端。

注意： Flume 配置文件中配置的 Kafka topic 名称必须和启动 Kafka 生产者与消费者指定 的 topic 名称相同，如下所示。

Flume 配置文件中配置的 topic 名称如下所示：

```
myagent.sinks.k1.topic = mytopic
```

启动 Kafka 生产者的命令如下所示：

```
kafka-console-producer.sh --broker-list 192.168.175.100:9092 --topic mytopic
```

启动 Kafka 消费者的命令如下所示：

```
kafka-console-consumer.sh --bootstrap-server 192.168.175.100:9092 --topic
mytopic --from-beginning
```

这里 Flume 配置文件、启动 Kafka 生产者和启动 Kafka 消费者指定的 topic 名称都是 mytopic。

12.8.6　遇到的问题和解决方案

本小节介绍应用 Flume 时经常遇到的问题和解决方案。

1. 未找到 telnet 命令

关键报错信息如下所示：

```
-bash: telnet: command not found
```

解决方案为：在命令行运行如下命令安装 telnet。

```
sudo yum install -y telnet
```

2. 需要 root 权限运行命令

关键报错信息如下所示：

```
You need to be root to perform this command.
```

解决方案为：在执行命令的前面加上 sudo 命令，或者执行如下命令将当前用户切换到 root。

```
-bash-4.1$ su root
Password: 输入 root 密码
[root@binghe100 bin]#
```

在 root 用户下输入要执行的命令，执行成功后，再输入 "exit" 命令退出 root 账户即可，如下所示。

```
[root@binghe100 bin]# exit
exit
-bash-4.1$
```

3. 启动 Flume 时 Source 被移除

关键报错信息如下所示：

```
2019-07-31 10:16:41,442 ERROR node.AbstractConfigurationProvider: Source s1 has
been removed due to an error during configuration
```

```
java.lang.InstantiationException: Incompatible source and channel settings 定
义 d. source's batch size is greater than the channels transaction capacity.
Source: s1, batch size = 20, channel c1, transaction capacity = 10
```

错误信息大致的意思为：由于配置过程中出错，已删除源 S1。原因是：Source 的 batchsize 的大小大于 Channel 的 Transaction capacity 的大小。

解决方案为：把 Source 的 batchsize 的大小配置成比 Channel 的 Transaction capacity 小即可，如下面的配置：

```
myagent.sources.s1.batchsize=10
myagent.channels.c1.transactionCapacity = 20
```

这里将 Source 的 batchsize 的大小配置为 10，将 Channel 的 transactionCapacity 的大小配置为 20，即可解决问题。

12.9 Flume 技术实战

本节主要介绍 Flume 在工作过程中的实战技术，包括：Flume 收集日志信息，直接发送到 Hive 表中；自定义 Flume 的拦截器；自定义 Flume 的 Agent；实现对 Flume 的监控等。掌握这些实战技术，有助于读者更加深刻地理解 Flume 在大数据处理领域的实战应用。

注意：本节中需要提前安装并配置好 Hadoop、Hive、Nginx，涉及的 Hadoop 的安装和配置，读者可参见第 5 章的内容；Hive 的安装和配置，读者可参见第 9 章的内容；Nginx 的安装和配置，读者可参见第 3 篇中相关章节的内容。

12.9.1 采集 Nginx 日志到 Hive

本应用场景为 Flume 采集 Nginx 日志信息，直接将 Nginx 日志信息发送到 Hive 表中。

1. 启动 Hadoop

启动 Hadoop 的方式与 12.8.4 小节中启动 Hadoop 的方式相同，这里不再赘述。

2. 建立 Hive 数据库和表

（1）进入 Hive 命令行，创建名为 test_flume 的数据库，如下所示：

```
hive
hive> create database test_flume;
OK
Time taken: 7.583 seconds
hive>
```

（2）对 Nginx 日志进行分析，Nginx 的默认日志格式如下所示：

```
192.168.175.1 - - [30/Jul/2019:22:32:45 +0800] "GET /favicon.ico HTTP/1.1"
404 555 "http://192.168.175.100/" "Mozilla/5.0 (Windows NT 10.0; WOW64)
AppleWebKit/537.36 (KHTML, like Gecko) Chrome/65.0.3325.181 Safari/537.36"
```

分析 Nginx 日志, 可以得出如下结论: 共有 12 列数据 (空格分隔), 分别为客户端 IP、空白 (远程登录名称)、空白 (认证的远程用户)、请求时间、UTF 时差、方法、资源 (访问的路径)、协议、状态码、发送的字节数、访问来源、客户端信息 (不具体拆分)。

其中, 请求时间和 UTF 时差可以合并, 方法、资源 (访问路径)、协议可以合并, 所以在建立 Hive 数据表时, 建立 9 个字段即可。

(3) 通过对 Nginx 日志的分析, 可以在 Hive 数据库 test_flume 中创建 Hive 表 nginx_log。首先将当前所在的数据库切换到 test_flume, 如下所示:

```
hive> use test_flume;
OK
Time taken: 0.033 seconds
```

接下来执行如下语句创建数据表 nginx_log:

```
CREATE TABLE nginx_log(
  client_ip STRING,
  remote_login_name STRING,
  remote_oauth_user STRING,
  request_time_utf STRING,
  request_method_url STRING,
  status_code STRING,
  send_bytes_size STRING,
  source_access STRING,
  client_info STRING)
partitioned by (dt string)
ROW FORMAT SERDE 'org.apache.hadoop.hive.contrib.serde2.RegexSerDe'
WITH SERDEPROPERTIES (
  "input.regex" = "([^ ]*) ([^ ]*) ([^ ]*) (-|\\[[^\\]]*\\]) ([^ \"]*|\"[^\"]*\")
(-|[0-9]*) (-|[0-9]*)(?: ([^ \"]*|\"[^\"]*\") ([^ \"]*|\"[^\"]*\"))?",
  "output.format.string" = "%1$s %2$s %3$s %4$s %5$s %6$s %7$s %8$s %9$s"
)
STORED AS TEXTFILE;
```

Hive 命令行的执行情况如下所示:

```
hive> CREATE TABLE nginx_log(
    >     client_ip STRING,
    >     remote_login_name STRING,
    >     remote_oauth_user STRING,
    >     request_time_utf STRING,
    >     request_method_url STRING,
    >     status_code STRING,
    >     send_bytes_size STRING,
    >     source_access STRING,
    >     client_info STRING)
    > partitioned by (dt string)
```

```
    > ROW FORMAT SERDE 'org.apache.hadoop.hive.contrib.serde2.RegexSerDe'
    > WITH SERDEPROPERTIES (
    >     "input.regex" = "([^ ]*) ([^ ]*) ([^ ]*) (-|\\[[^\\]]*\\]) ([^ \"]*|\"[^\"]*\")
(-|[0-9]*) (-|[0-9]*)(?: ([^ \"]*|\"[^\"]*\") ([^ \"]*|\"[^\"]*\"))?",
    >     "output.format.string" = "%1$s %2$s %3$s %4$s %5$s %6$s %7$s %8$s
%9$s"
    > )
    > STORED AS TEXTFILE;
OK
Time taken: 0.102 seconds
```

3. 新建 Flume 配置

重新开启一个终端，以 hadoop 用户身份登录 CentOS 6.8 服务器，在 FLUME_HOME 的 conf 目录下新建配置文件 flume-hive-nginx-log.conf，内容如下所示：

```
# 定义 Agent 名，以及 Source、Channel、Sink 的名称
myagent.sources = r1
myagent.channels = c1
myagent.sinks = k1
# 配置 Source
myagent.sources.r1.type = exec
myagent.sources.r1.channels = c1
myagent.sources.r1.deserializer.outputCharset = UTF-8
# 配置需要监控的日志输出目录
myagent.sources.r1.command = tail -F /usr/local/nginx-1.17.2/logs/access.log
# 设置缓存提交行数
myagent.sources.s1.deserializer.maxLineLength =1048576
myagent.sources.s1.fileSuffix = .DONE
myagent.sources.s1.ignorePattern = access(_\d{4}\-\d{2}\-\d{2}_\d{2})?\.log(\.
DONE)?
myagent.sources.s1.consumeOrder = oldest
myagent.sources.s1.deserializer = org.apache.flume.sink.solr.morphline.
BlobDeserializer$Builder
myagent.sources.s1.batchsize = 5
# 配置 Channel
myagent.channels.c1.type = memory
myagent.channels.c1.capacity = 10000
myagent.channels.c1.transactionCapacity = 100
# 配置 Sink
myagent.sinks.k1.type = hdfs
#%y-%m-%d/%H%M/%S
# 这里对应 Hive 表的目录
myagent.sinks.k1.hdfs.path = hdfs://binghe100:9000/user/hive/warehouse/test_
flume.db/nginx_log/%Y-%m-%d_%H
myagent.sinks.k1.hdfs.filePrefix = nginx-%Y-%m-%d_%H
myagent.sinks.k1.hdfs.fileSuffix = .log
myagent.sinks.k1.hdfs.fileType = DataStream
# 不按照条数生成文件
myagent.sinks.k1.hdfs.rollCount = 0
#HDFS 上的文件达到 128MB 时生成一个文件
```

```
myagent.sinks.k1.hdfs.rollSize = 2914560
myagent.sinks.k1.hdfs.useLocalTimeStamp = true
# 组装 Source、Channel、Sink
myagent.sources.r1.channels = c1
myagent.sinks.k1.channel = c1
```

4. 启动 Flume

在命令行输入如下命令：

```
flume-ng agent --conf conf --conf-file /usr/local/flume-1.9.0/conf/flume-hive-
nginx-log.conf --name myagent -Dflume.root.logger=INFO,console
```

若命令行输出如下信息，证明 Flume 启动成功：

```
2019-07-31 22:36:45,301 INFO instrumentation.MonitoredCounterGroup: Monitored
counter group for type: SOURCE, name: r1: Successfully registered new MBean.
2019-07-31 22:36:45,301 INFO instrumentation.MonitoredCounterGroup: Component
type: SOURCE, name: r1 started
2019-07-31 22:36:49,323 INFO hdfs.HDFSDataStream: Serializer = TEXT,
UseRawLocalFileSystem = false
2019-07-31 22:36:49,611 INFO hdfs.BucketWriter: Creating hdfs://
binghe100:9000/user/hive/warehouse/test_flume.db/nginx_log/2019-07-31_22/ngi
nx-2019-07-31_22.1564583809324.log.tmp
2019-07-31 22:37:20,745 INFO hdfs.HDFSEventSink: Writer callback called.
2019-07-31 22:37:20,745 INFO hdfs.BucketWriter: Closing hdfs://
binghe100:9000/user/hive/warehouse/test_flume.db/nginx_log/2019-07-31_22/ngi
nx-2019-07-31_22.1564583809324.log.tmp
2019-07-31 22:37:20,783 INFO hdfs.BucketWriter: Renaming hdfs://
binghe100:9000/user/hive/warehouse/test_flume.db/nginx_log/2019-07-31_22/
nginx-2019-07-31_22.1564583809324.log.tmp to hdfs://binghe100:9000/
user/hive/warehouse/test_flume.db/nginx_log/2019-07-31_22/ngi
nx-2019-07-31_22.15645883809324.log
```

5. 访问 Nginx

在浏览器地址栏中输入 http://192.168.175.100 进行访问。

6. 将 Hive 表对应指定分区

由启动 Flume 时输出的日志信息可知，可以将当前 Hive 表的分区指向 /user/hive/
warehouse/test_flume.db/nginx_log/2019-07-31_22 目录。所以，切换到 Hive 命令行的终端，
在 Hive 命令行中执行如下命令：

```
ALTER TABLE nginx_log ADD IF NOT EXISTS PARTITION (dt='2019-07-31_22')
LOCATION '/user/hive/warehouse/test_flume.db/nginx_log/2019-07-31_22/';
```

7. 查询 Hive 表中的数据

在 Hive 命令行中输入如下命令，查询 Hive 表 nginx_log 中的数据：

```
hive> select * from nginx_log;
OK
192.168.175.1 - - [31/Jul/2019:16:39:32 +0800] "GET / HTTP/1.1" 200 612
```

```
"-" "Mozilla/5.0 (Windows NT 10.0; Win64; x64; rv:68.0) Gecko/20100101
Firefox/68.0" 2019-07-31_22
192.168.175.1 - - [31/Jul/2019:22:42:40 +0800] "GET / HTTP/1.1" 304 0
"-" "Mozilla/5.0 (Windows NT 10.0; Win64; x64; rv:68.0) Gecko/20100101
Firefox/68.0" 2019-07-31_22
Time taken: 0.208 seconds, Fetched: 2 row(s)
```

可以看到，Flume将Nginx日志成功发送到Hive表nginx_log中的2019-07-31_22分区下。

12.9.2　采集 Nginx 日志到 Hive 的事务表

本实战案例是利用 Flume 收集 Nginx 日志信息，并将 Nginx 日志信息发送到 Hive 中的事务表，涉及自定义 Nginx 的日志格式、安装并配置 Hive 的远程模式、创建 Hive 的事务表、Flume 连接 Hive 的远程模式等技术。

1. 设置 Nginx 的日志格式

在 Nginx 的配置文件 nginx.conf 中新增如下代码，将 Nginx 的日志格式设置成以逗号分隔。

```
log_format main "$remote_addr,$time_local,$status,$body_bytes_sent,$http_
user_agent,$http_referer,$request_method,$request_time,$request_uri,$server_
protocol,$request_body,$http_token";
access_log  logs/access.log  main;
```

符合自定义数据格式的日志样例如下所示：

```
192.168.175.100,31/Jul/2019:23:12:50
+0000,200,556,okhttp/3.8.1,-,GET,0.028,/resource/test.jpg,HTTP/1.1,-,-
```

2. 启动并验证 Nginx

启动并验证 Nginx 的方式与 12.8.1 小节中启动并验证 Nginx 的方式相同。

3. 设置 Hive 支持事务

在 Hive 的 hive-site.xml 文件中新增如下配置，使 Hive 支持事务：

```
<!-- 支持事务 -->
<property>
    <name>hive.support.concurrency</name>
    <value>true</value>
</property>
<property>
    <name>hive.exec.dynamic.partition.mode</name>
    <value>nonstrict</value>
</property>
<property>
    <name>hive.txn.manager</name>
    <value>org.apache.hadoop.hive.ql.lockmgr.DbTxnManager</value>
</property>
```

```
<property>
    <name>hive.compactor.initiator.on</name>
    <value>true</value>
</property>
<property>
    <name>hive.compactor.worker.threads</name>
    <value>5</value>
</property>
<property>
    <name>hive.enforce.bucketing</name>
    <value>true</value>
</property>
```

新增 Hive 的事务配置之后，hive-site.xml 文件中的完整内容如下所示：

```
<configuration>
    <property>
        <name>javax.jdo.option.ConnectionURL</name>
        <value>jdbc:mysql://192.168.175.100:3306/hive?createDatabaseIfNotExis
t=true&amp;useSSL=false&amp;characterEncoding=UTF-8</value>
    </property>
    <property>
        <name>javax.jdo.option.ConnectionDriverName</name>
        <value>com.mysql.jdbc.Driver</value>
    </property>
    <property>
        <name>javax.jdo.option.ConnectionUserName</name>
        <value>hive</value>
    </property>
    <property>
        <name>javax.jdo.option.ConnectionPassword</name>
        <value>hive</value>
    </property>
    <property>
        <name>hive.metastore.local</name>
        <value>true</value>
    </property>
    <property>
        <name>hive.server2.logging.operation.log.location</name>
        <value>/usr/local/hive-3.1.2/operation_logs</value>
    </property>
    <property>
        <name>hive.exec.scratchdir</name>
        <value>/usr/local/hive-3.1.2/exec</value>
    </property>
    <property>
        <name>hive.exec.local.scratchdir</name>
        <value>/usr/local/hive-3.1.2/scratchdir</value>
    </property>
    <property>
        <name>hive.downloaded.resources.dir</name>
```

```xml
        <value>/usr/local/hive-3.1.2/resources</value>
    </property>
    <property>
        <name>hive.querylog.location</name>
        <value>/usr/local/hive-3.1.2/querylog</value>
    </property>
    <property>
        <name>hive.metastore.uris</name>
        <value>thrift://binghe100:9083</value>
    </property>

    <property>
        <name>hive.support.concurrency</name>
        <value>true</value>
    </property>
    <property>
        <name>hive.exec.dynamic.partition.mode</name>
        <value>nonstrict</value>
    </property>
    <property>
        <name>hive.txn.manager</name>
        <value>org.apache.hadoop.hive.ql.lockmgr.DbTxnManager</value>
    </property>
    <property>
        <name>hive.compactor.initiator.on</name>
        <value>true</value>
    </property>
    <property>
        <name>hive.compactor.worker.threads</name>
        <value>5</value>
    </property>
    <property>
        <name>hive.enforce.bucketing</name>
        <value>true</value>
    </property>
</configuration>
```

4. 启动并验证 Hadoop

启动并验证 Hadoop 与 12.8.4 小节中启动并验证 Hadoop 的方式相同，这里不再赘述。

5. 启动 Hive 服务

在 CentOS 6.8 服务器命令行中输入如下命令，启动 metastore 和 hiveserver2 服务：

```
nohup hive --service metastore >> ~/metastore.log 2>&1 &
nohup  hive --service hiveserver2 >> ~/hiveserver2.log 2>&1 &
```

6. 登录 Hive 的远程模式

新开启一个终端（这里暂且称其为终端一），以 hadoop 用户身份登录 CentOS 6.8 服务器，输入如下命令：

```
-bash-4.1$ beeline
beeline>  !connect jdbc:hive2://localhost:10000 hadoop hadoop
0: jdbc:hive2://localhost:10000>
```

7. 新建数据库

在终端一的 Hive 命令行中执行如下命令：

```
0: jdbc:hive2://localhost:10000>create database hive_test;
```

8. 修改数据库在 HDFS 中的权限

新开终端二，以 hadoop 用户身份登录 CentOS 6.8 服务器，并在命令行中执行如下命令，修改 hive_test 数据库的权限：

```
hadoop fs -ls /user/hive/warehouse
hadoop fs -chmod 777 /user/hive/warehouse/hive_test.db
```

9. 创建数据表

回到终端一的 Hive 命令行，执行如下命令，创建 nginx_log 表：

```
use hive_test;
DROP TABLE IF EXISTS nginx_log;
create table nginx_log(remote_addr string,time_local string,status
string,body_bytes_sent string,http_user_agent string,http_referer
string,request_method string,request_time string,request_uri string,server_
protocol string,request_body string,http_token string,id string,appkey
string,sing string,version string) clustered by (id) into 5 buckets stored as
orc TBLPROPERTIES ('transactional'='true');
```

Hive 的配置、建库、建表完成，接下来就是配置 Flume。

10. 导入 Flume 依赖的 jar 文件

将 Flume 连接 Hive 远程模式的事务表所依赖的 jar 文件导入 FLUME_HOME/lib 目录下。Flume 依赖的 jar 文件如图 12-21 所示。

文件名	日期	类型	大小
commons-configuration2-2.1.1.jar	2019/1/8 14:13	Executable Jar File	603 KB
commons-io-2.5.jar	2019/1/8 14:13	Executable Jar File	204 KB
hadoop-auth-3.2.0.jar	2019/1/8 14:13	Executable Jar File	136 KB
hadoop-common-3.2.0.jar	2019/1/8 14:09	Executable Jar File	3,997 KB
hadoop-hdfs-3.2.0.jar	2019/1/8 14:19	Executable Jar File	5,756 KB
hadoop-hdfs-nfs-3.2.0.jar	2019/1/8 14:27	Executable Jar File	148 KB
hadoop-mapreduce-client-core-3.2.0.jar	2019/1/8 15:27	Executable Jar File	1,618 KB
hive-cli-3.1.2.jar	2019/8/23 6:05	Executable Jar File	45 KB
hive-common-3.1.2.jar	2019/8/23 6:01	Executable Jar File	482 KB
hive-exec-3.1.2.jar	2019/8/23 6:04	Executable Jar File	39,672 KB
hive-hcatalog-core-3.1.2.jar	2019/8/23 6:06	Executable Jar File	263 KB
hive-hcatalog-pig-adapter-3.1.2.jar	2019/8/23 6:06	Executable Jar File	55 KB
hive-hcatalog-server-extensions-3.1.2.jar	2019/8/23 6:06	Executable Jar File	75 KB
hive-hcatalog-streaming-3.1.2.jar	2019/8/23 6:06	Executable Jar File	131 KB
hive-metastore-3.1.2.jar	2019/8/23 6:02	Executable Jar File	37 KB
htrace-core-3.2.0-incubating.jar	2018/9/27 3:30	Executable Jar File	1,450 KB

图 12-21　Flume 依赖的 jar 文件

读者可以到链接地址 https://download.csdn.net/download/l1028386804/11786706 下载这

些 jar 文件，解压后直接上传到 CentOS 6.8 服务器的 FLUME_HOME/lib 目录下即可。

注意：这里使用的各软件版本为 Hadoop 3.2.0、Flume 1.9.0、Hive 2.3.5、Nginx 1.17.2。

11. 新增 Flume 配置

在 FLUME_HOME/conf 目录下新建 flume-hive-acc.conf.properties 文件，内容如下所示：

```
# 定义 Agent 名，以及 Source、Channel、Sink 的名称
myagent.sources = s1
myagent.channels = c1
myagent.sinks = k1
# 配置 Source
myagent.sources.s1.type = exec
myagent.sources.s1.batchSize=50
myagent.sources.s1.channels = c1
myagent.sources.s1.deserializer.outputCharset = UTF-8
# 配置需要监控的日志输出目录
myagent.sources.s1.command = tail -F /usr/local/nginx-1.17.2/logs/access.log
# 设置缓存提交行数
myagent.sources.s1.deserializer.maxLineLength =1048576
myagent.sources.s1.fileSuffix = .DONE
myagent.sources.s1.ignorePattern = access(_\d{4}\-\d{2}\-\d{2}_\d{2})?\.log(\.DONE)?
myagent.sources.s1.consumeOrder = oldest
myagent.sources.s1.deserializer = org.apache.flume.sink.solr.morphline.
BlobDeserializer$Builder
# 配置 Channel
myagent.channels.c1.type = memory
myagent.channels.c1.capacity = 10000
myagent.channels.c1.transactionCapacity = 100
# 配置 Sink
myagent.sinks.k1.type=hive
myagent.sinks.k1.channel = c1
myagent.sinks.k1.batchSize=50
# Hive 地址
myagent.sinks.k1.hive.batchSize =50
myagent.sinks.k1.hive.metastore=thrift://binghe100:9083
myagent.sinks.k1.hive.database=hive_test
myagent.sinks.k1.hive.table=nginx_log
myagent.sinks.k1.serializer=delimited
# 输入分隔符
myagent.sinks.k1.serializer.delimiter=","
# 输出分隔符
myagent.sinks.k1.serializer.serdeSeparator=','
myagent.sinks.k1.serializer.fieldnames=remote_addr,time_local,status,body_
bytes_sent,http_user_agent,http_referer,request_method,request_time,request_
uri,server_protocol,request_body,http_token,id,appkey,sing,version
# 组成 Source、Channel 和 Sink
myagent.sources.r1.channels = c1
myagent.sinks.k1.channel = c1
```

12. 启动 Flume

在 CentOS 6.8 服务器命令行中输入如下命令：

```
nohup flume-ng agent -c /usr/local/flume-1.9.0/conf -f /usr/local/flume-1.9.0/
conf/flume-hive-acc.conf.properties -n myagent -Dflume.root.logger=INFO,console
>> /dev/null &
```

13. 验证结果

（1）在浏览器地址栏中输入 http://192.168.175.100 进行访问。

（2）在 Hive 的远程终端下执行如下命令，即可验证结果：

```
0: jdbc:hive2://localhost:10000> show databases;
0: jdbc:hive2://localhost:10000> use hive_test;
0: jdbc:hive2://localhost:10000> show tables;
0: jdbc:hive2://localhost:10000> select * from nginx_log;
```

执行成功后，在 nginx_log 表中会存在 Nginx 的日志数据，如下所示：

```
0: jdbc:hive2://localhost:10000> select time_local, status from nginx_log;
+----------------------------+---------+
|         time_local         | status  |
+----------------------------+---------+
| 01/Aug/2019:16:27:42 +0800 | 200     |
| 01/Aug/2019:16:27:43 +0800 | 304     |
| 01/Aug/2019:16:28:31 +0800 | 404     |
+----------------------------+---------+
```

注意： nginx_log 表中的字段比较多，这里挑选了查询时间和状态两个字段作为验证实例。

（3）查看 HDFS 中的文件，如下所示：

```
-bash-4.1$ hadoop fs -ls /user/hive/warehouse/
Found 1 items
drwxrwxrwx - hadoop supergroup 0 2019-08-01 16:24 /user/hive/warehouse/hive_test.db
-bash-4.1$ hadoop fs -ls /user/hive/warehouse/hive_test.db
Found 1 items
drwxrwxrwx - hadoop supergroup 0 2019-08-01 16:27 /user/hive/warehouse/hive_
test.db/nginx_log
-bash-4.1$ hadoop fs -ls /user/hive/warehouse/hive_test.db/nginx_log
Found 2 items
-rw-r--r-- 1 hadoop supergroup 4 2019-08-01 16:27 /user/hive/warehouse/hive_
test.db/nginx_log/_orc_acid_version
drwxrwxrwx - hadoop supergroup 0 2019-08-01 16:27 /user/hive/warehouse/hive_
test.db/nginx_log/delta_0000201_0000300
```

可以看到，在 HDFS 的 /user/hive/warehouse/hive_test.db/nginx_log/ 目录下存在数据文件。

综上所述，Flume 接收 Nginx 日志，并成功将日志写入 Hive 的事务表。

12.9.3 采集 Nginx 日志到多个目标系统

Flume 支持采集数据源到多个目标系统，本小节简单介绍 Flume 采集 Nginx 日志，并将 Nginx 日志同时发送到 Kafka 和 HDFS。

1. 启动并验证 Nginx

启动并验证 Nginx 的方式与 12.8.1 小节中启动并验证 Nginx 的方式相同，这里不再赘述。

2. 启动并验证 Hadoop

启动并验证 Hadoop 与 12.8.4 小节中启动并验证 Hadoop 的方式相同，这里不再赘述。

3. 启动并验证 Kafka

启动并验证 Kafka 方式与 12.8.5 小节中启动并验证 Kafka 的方式相同，这里不再赘述。

4. 启动 Kafka 消费者

在命令行中输入如下命令：

```
kafka-console-consumer.sh --bootstrap-server 192.168.175.100:9092 --topic test
--from-beginning
```

5. 新增 Flume 配置

新开终端，登录服务器，并在 FLUME_HOME/conf 目录下新增配置文件 flume-multi-sink.conf.properties，内容如下所示：

```
myagent.sources = s1
myagent.sinks = k1 k2
myagent.channels = c1 c2
myagent.sources.s1.selector.type = replicating
# 订阅 / 配置 Source 源
myagent.sources.s1.batchsize=10
myagent.sources.s1.type = exec
myagent.sources.s1.command = tail -F /usr/local/nginx-1.17.2/logs/access.log

myagent.sources.s1.channels = c1 c2

# 设置 Memmory Channel
myagent.sinks.k1.channel = c1
myagent.channels.c1.type = memory
myagent.channels.c1.capacity = 1000
myagent.channels.c1.transactionCapacity = 100

myagent.sinks.k2.channel = c2
myagent.channels.c2.type = memory
myagent.channels.c2.capacity = 1000
myagent.channels.c2.transactionCapacity = 100

##### 发送到 Kafka####
# 订阅 k1 Sink
myagent.sinks.k1.type = org.apache.flume.sink.kafka.KafkaSink
myagent.sinks.k1.topic = test
```

```
myagent.sinks.k1.brokerList = binghe100:9092
myagent.sinks.k1.requiredAcks = 1
myagent.sinks.k1.batchSize = 20

##### 发送到 HDFS#####
# 订阅 Sink
myagent.sinks.k2.type = hdfs
myagent.sinks.k2.hdfs.path = hdfs://binghe100:9000/flume/%Y%m%d
myagent.sinks.k2.hdfs.filePrefix = log_%H_%M
myagent.sinks.k2.hdfs.fileSuffix = .log
myagent.sinks.k2.hdfs.useLocalTimeStamp = true
myagent.sinks.k2.hdfs.writeFormat = Text
myagent.sinks.k2.hdfs.fileType = DataStream
#### 一个小时保存一次
myagent.sinks.k2.hdfs.round = true
myagent.sinks.k2.hdfs.roundValue = 1
myagent.sinks.k2.hdfs.roundUnit = hour
#### 文件达到 1MB 写新文件
myagent.sinks.k2.hdfs.rollInterval = 0
myagent.sinks.k2.hdfs.rollSize=1048576
myagent.sinks.k2.hdfs.rollCount=0

myagent.sinks.k2.hdfs.batchSize = 100
myagent.sinks.k2.hdfs.threadsPoolSize = 10
myagent.sinks.k2.hdfs.idleTimeout = 0
myagent.sinks.k2.hdfs.minBlockReplicas = 1
```

此配置中定义了两个 Channel 和两个 Sink，将 Nginx 日志信息分别发送到 Kafka 和 HDFS。

注意：启动 Kafka 指定的 topic 名称必须和 Flume 的配置文件 flume-multi-sink.conf. properties 中配置的 Kafka topic 名称一致。

6. 启动 Flume

在命令行中输入如下命令：

```
flume-ng agent -c /usr/local/flume-1.9.0/conf -f /usr/local/flume-1.9.0/conf/
flume-multi-sink.conf.properties -n myagent -Dflume.root.logger=INFO,console
```

7. 验证数据结果

（1）在浏览器地址栏中输入 http://192.168.175.100 进行访问。

（2）查看 Kafka 消费者端接收到的数据，如下所示：

```
-bash-4.1$ kafka-console-consumer.sh --bootstrap-server 192.168.175.100:9092
--topic test --from-beginning
192.168.175.1,01/Aug/2019:21:11:35 +0800,200,612,Mozilla/5.0 (Windows NT 10.0;
Win64; x64; rv:68.0) Gecko/20100101 Firefox/68.0,-,GET,0.000,/,HTTP/1.1,-,-
192.168.175.1,01/Aug/2019:21:11:36 +0800,404,153,Mozilla/5.0 (Windows NT 10.0; Win64;
x64; rv:68.0) Gecko/20100101 Firefox/68.0,-,GET,0.000,/favicon.ico,HTTP/1.1,-,-
```

（3）查看 HDFS 上接收到的数据，如下所示：

```
-bash-4.1$ hadoop fs -ls /flume
Found 2 items
drwxr-xr-x - hadoop supergroup 0 2019-08-01 21:10 /flume/20190801
drwxr-xr-x - hadoop supergroup 0 2019-07-31 14:52 /flume/events

-bash-4.1$ hadoop fs -ls /flume/20190801
Found 1 items
-rw-r--r-- 1 hadoop supergroup 1545 2019-08-01 21:10 /flume/20190801/
log_21_00.1564665052008.log.tmp

-bash-4.1$ hadoop fs -cat /flume/20190801/log_21_00.1564665052008.log.tmp
192.168.175.1,01/Aug/2019:21:11:35 +0800,200,612,Mozilla/5.0 (Windows NT 10.0;
Win64; x64; rv:68.0) Gecko/20100101 Firefox/68.0,-,GET,0.000,/,HTTP/1.1,-,-
192.168.175.1,01/Aug/2019:21:11:36 +0800,404,153,Mozilla/5.0 (Windows NT 10.0; Win64;
x64; rv:68.0) Gecko/20100101 Firefox/68.0,-,GET,0.000,/favicon.ico,HTTP/1.1,-,-
```

可以看到，无论是 Kafka 消费者端还是 HDFS 中，都接收到了 Flume 发送过来的 Nginx
日志信息。

12.10 自定义 Agent

当 Flume 原有的 Agent 规则无法满足需求时，Flume 支持自定义 Agent，使用户能够基
于自身业务需求开发适合自身应用的 Agent。

12.10.1 项目准备

创建 Maven 项目 mykit-book-flume，并在 pom.xml 文件中引入依赖的 jar 包，如下所示：

```xml
<properties>
    <slf4j.version>1.7.2</slf4j.version>
    <flume.version>1.9.0</flume.version>
</properties>
<dependencies>
    <dependency>
        <groupId>org.slf4j</groupId>
        <artifactId>slf4j-log4j12</artifactId>
        <version>${slf4j.version}</version>
    </dependency>
        <dependency>
        <groupId>org.apache.flume</groupId>
        <artifactId>flume-ng-core</artifactId>
        <version>${flume.version}</version>
    </dependency>
</dependencies>
```

12.10.2　自定义 Source

（1）在 mykit-book-flume 项目中创建 Java 包 io.mykit.binghe.flume.source，用来存放自定义 Source 的类。

（2）在 Java 包 io.mykit.binghe.flume.source 下创建 MySource 类，继承 AbstractSource 类，并实现 Configurable 接口和 EventDrivenSource 接口。

程序的主要逻辑为：定义一个全局变量 batchList，运行时不断向 batchList 集合中存入当前生成的事件，当 batchList 的大小达到从配置文件中读到的大小时，则将集合中的事件批量发送出去。整个执行过程放到 Java 线程池中执行，并利用 Java 线程的中断机制来维护程序，代码如下所示：

```java
/**
 * 自定义 Source
 */
public class MySource extends AbstractSource implements Configurable,
EventDrivenSource {
    private static final Logger logger = LoggerFactory.getLogger(MySource.
class);
    private int batchSize = 10;
    private List<Event> batchList = new ArrayList<Event>();
    private static ExecutorService threadPool;
    @Override
    public void configure(Context context) {
        // 自定义配置属性，获取配置文件中的 batchSize 属性
        batchSize = context.getInteger("batchSize", 1);
        threadPool = Executors.newFixedThreadPool(3);
    }
    private void process(){
        try {
            int seq = new Random().nextInt(10);
            batchList.add(EventBuilder.withBody(String.valueOf(seq).getBytes()));
            // 当集合的长度达到读取的 batchSize 的值时，Sink 取走数据
            if(batchList.size() >= batchSize){
                getChannelProcessor().processEventBatch(batchList);
                // 清空集合
                batchList.clear();
            }
        }catch (Exception e){
            e.printStackTrace();
        }
    }
    @Override
    public void start() {
        super.start();
        // 将具体执行方法放入线程池进行处理
        threadPool.execute(new Runnable() {
            @Override
```

```
        public void run() {
            while (!Thread.currentThread().isInterrupted()){
                try {
                    Thread.sleep(500);
                } catch (InterruptedException e) {
                    e.printStackTrace();
                    Thread.currentThread().interrupt();
                }
                process();
            }
        }
    });
    logger.info(" 程序开始 ");
    }
    @Override
    public void stop() {
        super.stop();
        logger.info(" 程序结束 ");
    }
}
```

（3）将 mykit-book-flume 项目编译成 jar 文件，并将 jar 文件上传到服务器上的 FLUME_HOME/lib 目录下。

（4）在 FLUME_HOME/conf 目录下新建配置文件 flume-custom-source.conf.properties，配置内容如下所示：

```
# 定义 Agent 的组件名称
myagent.sources = r1
myagent.sinks = k1
myagent.channels = c1
# 配置 Source
myagent.sources.r1.type = io.mykit.binghe.flume.source.MySource
myagent.sources.r1.batchSize = 5
# 输出结果
myagent.sinks.k1.type = logger
# 内存模式的 Channel
myagent.channels.c1.type = memory
myagent.channels.c1.capacity = 1000
myagent.channels.c1.transactionCapacity = 100
# 绑定 Source、Channel 和 Sink
myagent.sources.r1.channels = c1
myagent.sinks.k1.channel = c1
```

（5）在命令行中执行如下命令，启动 Flume：

```
flume-ng agent -c /usr/local/flume-1.9.0/conf -f /usr/local/flume-1.9.0/conf/
flume-custom-source.conf.properties -n myagent -Dflume.root.logger=INFO,console
```

此时会在 Flume 命令行中输出如下信息：

```
2019-08-01 22:26:49,331 (lifecycleSupervisor-1-0) [INFO - io.mykit.binghe.
```

```
flume.source.MySource.start(MySource.java:87)] 程序开始
2019-08-01 22:26:51,841 (SinkRunner-PollingRunner-DefaultSinkProcessor) [INFO
- org.apache.flume.sink.LoggerSink.process(LoggerSink.java:95)] Event: {
headers:{} body: 31  1 }
2019-08-01 22:26:51,841 (SinkRunner-PollingRunner-DefaultSinkProcessor) [INFO
- org.apache.flume.sink.LoggerSink.process(LoggerSink.java:95)] Event: {
headers:{} body: 30  0 }
2019-08-01 22:26:51,841 (SinkRunner-PollingRunner-DefaultSinkProcessor) [INFO
- org.apache.flume.sink.LoggerSink.process(LoggerSink.java:95)] Event: {
headers:{} body: 33  3 }
```

证明自定义 Source 成功。

12.10.3　自定义 Sink

（1）在 mykit-book-flume 项目中创建 Java 包 io.mykit.binghe.flume.sink。

（2）创建 Java 类 MySink，继承 AbstractSink 类并实现 Configurable 接口。

程序的主要逻辑为：获取 Channel 中的数据并开启事务，输出 Channel 中的数据，提交事务，出现异常时回滚事务，代码如下所示：

```java
/**
 * 自定义 Sink
 */
public class MySink extends AbstractSink implements Configurable {
    private final Logger logger = LoggerFactory.getLogger(MySink.class);
    @Override
    public Status process() throws EventDeliveryException {
        // 初始化 Status 为就绪状态
        Status status = Status.READY;
        Transaction transaction = null;
        try {
            Channel channel = getChannel();
            // 开启 Channel 中的事务
            transaction = channel.getTransaction();
            transaction.begin();
            Event event = channel.take();
            if(event != null){
                byte[] b = event.getBody();
                if(b != null && b.length > 0){
                    String body = new String(b);
                    logger.info(body);
                }
            }
            else if (event == null) {
                status = Status.BACKOFF;
            }
```

```
                transaction.commit();
        } catch (Exception e) {
            if (transaction != null) {
                transaction.rollback();
            }
            e.printStackTrace();
        } finally {
            if (transaction != null) {
                transaction.close();
            }
        }
        return status;
    }
    @Override
    public void configure(Context context) {

    }
}
```

（3）将 mykit-book-flume 项目编译成 jar 文件，并将 jar 文件上传到服务器上的 FLUME_HOME/lib 目录下。

（4）在 FLUME_HOME/conf 目录下新建配置文件 flume-custom-source-sink.conf. properties，内容如下所示：

```
# 定义 Agent 各组件的名字
myagent.sources = r1
myagent.sinks = k1
myagent.channels = c1
# 使用自定义 Source
myagent.sources.r1.type = io.mykit.binghe.flume.source.MySource
myagent.sources.r1.batchSize = 5
# 使用自定义的 Sink
myagent.sinks.k1.type = io.mykit.binghe.flume.sink.MySink
# 基于内存的 Channel
myagent.channels.c1.type = memory
myagent.channels.c1.capacity = 1000
myagent.channels.c1.transactionCapacity = 100
# 绑定 Source、Channel 和 Sink
myagent.sources.r1.channels = c1
myagent.sinks.k1.channel = c1
```

注意：这里将 12.10.2 小节中的 MySource 类作为 Source 源，读者也要做到学以致用。

（5）在命令行中执行如下命令，启动 Flume：

```
flume-ng agent -c /usr/local/flume-1.9.0/conf -f /usr/local/flume-1.9.0/
conf/flume-custom-source-sink.conf.properties -n myagent -Dflume.root.
logger=INFO,console
```

此时会在命令行输出如下信息：

```
2019-08-01 23:16:44,057 (lifecycleSupervisor-1-0) [INFO - io.mykit.binghe.
flume.source.MySource.start(MySource.java:86)] 程序开始
2019-08-01 23:16:46,563 (SinkRunner-PollingRunner-DefaultSinkProcessor) [INFO
- io.mykit.binghe.flume.sink.MySink.process(MySink.java:46)] 7
2019-08-01 23:16:46,564 (SinkRunner-PollingRunner-DefaultSinkProcessor) [INFO
- io.mykit.binghe.flume.sink.MySink.process(MySink.java:46)] 9
```

证明自定义 Sink 成功。

12.10.4　自定义拦截器

（1）在 mykit-book-flume 项目中创建 Java 包 io.mykit.binghe.flume.interceptor。

（2）创建 Flume 拦截器类 MyInterceptor 并实现 Interceptor 接口。

程序的主要逻辑为：在拦截器的 intercept() 方法中获取每个数据，将其转化为数字，将原来的数字加上 100 之后重新设置到 Event 对象中，代码如下所示：

```java
/**
 * 自定义拦截器
 */
public class MyInterceptor implements Interceptor {
    @Override
    public void initialize() {

    }
    @Override
    public Event intercept(Event event) {
        String body = new String(event.getBody());
        // 获取每个数字，将数字 +100
        int num = Integer.parseInt(body) + 100;
        event.setBody(String.valueOf(num).getBytes());
        return event;
    }
    @Override
    public List<Event> intercept(List<Event> list) {
        for(Event event : list ){
            if (event != null) intercept(event);
        }
        return list;
    }
    @Override
    public void close() {

    }
    /**
     * 实现内部类接口，必须实现 Interceptor.Builder
     */
```

```
    public static class Builder implements Interceptor.Builder{
        @Override
        public Interceptor build() {
            return new MyInterceptor();
        }

        @Override
        public void configure(Context context) {

        }
    }
}
```

注意: 这里必须实现内部类接口 Interceptor.Builder。

（3）将 mykit-book-flume 项目编译成 jar 文件，并将 jar 文件上传到服务器上的 FLUME_
HOME/lib 目录下。

（4）在 FLUME_HOME/conf 目录下新建配置文件 flume-interceptor.conf.properties，内
容如下所示：

```
# 定义 Agent 各组件的名字
myagent.sources = r1
myagent.sinks = k1
myagent.channels = c1
# 使用自定义的 Source
myagent.sources.r1.type = io.mykit.binghe.flume.source.MySource
myagent.sources.r1.batchSize = 5
# 使用自定义的拦截器
myagent.sources.r1.interceptors = i1
myagent.sources.r1.interceptors.i1.type = io.mykit.binghe.flume.interceptor.
MyInterceptor$Builder
# 使用自定义的 Sink
myagent.sinks.k1.type = io.mykit.binghe.flume.sink.MySink
# 基于内存的 Channel
myagent.channels.c1.type = memory
myagent.channels.c1.capacity = 1000
myagent.channels.c1.transactionCapacity = 100
# 绑定 Source、Channel 和 Sink
myagent.sources.r1.channels = c1
myagent.sinks.k1.channel = c1
```

上述配置中的每个插件都是自定义的。需要注意的是，拦截器配置的是 io.mykit.binghe.
flume.interceptor.MyInterceptor 类中实现内部类接口 Interceptor.Builder 的 Builder 类，如下所示：

```
myagent.sources.r1.interceptors.i1.type = io.mykit.binghe.flume.interceptor.
MyInterceptor$Builder
```

（5）在命令行中执行如下命令，启动 Flume：

```
flume-ng agent -c /usr/local/flume-1.9.0/conf -f /usr/local/flume-1.9.0/conf/
flume-interceptor.conf.properties -n myagent -Dflume.root.logger=INFO,console
```

此时会在命令行中输出如下信息：

```
2019-08-01 23:44:25,996 (lifecycleSupervisor-1-0) [INFO - io.mykit.binghe.
flume.source.MySource.start(MySource.java:86)] 程序开始
2019-08-01 23:44:28,506 (SinkRunner-PollingRunner-DefaultSinkProcessor) [INFO
- io.mykit.binghe.flume.sink.MySink.process(MySink.java:46)] 102
2019-08-01 23:44:28,506 (SinkRunner-PollingRunner-DefaultSinkProcessor) [INFO
- io.mykit.binghe.flume.sink.MySink.process(MySink.java:46)] 105
```

可以看到，自定义 Sink 输出的都是在原有基础上增加了 100 的结果，证明自定义拦截
器成功。

12.10.5　导入的 Java 类

本小节列出自定义 Agent 需要导入的 Java 类，供读者参考，如下所示：

```
import org.apache.flume.Context;
import org.apache.flume.Event;
import org.apache.flume.EventDrivenSource;
import org.apache.flume.conf.Configurable;
import org.apache.flume.event.EventBuilder;
import org.apache.flume.source.AbstractSource;
import org.slf4j.Logger;
import org.slf4j.LoggerFactory;
import java.util.ArrayList;
import java.util.List;
import java.util.Random;
import java.util.concurrent.ExecutorService;
import java.util.concurrent.Executors;
import org.apache.flume.*;
import org.apache.flume.sink.AbstractSink;
import org.apache.flume.interceptor.Interceptor;
```

12.11　Flume 监控

Flume 作为大数据实时计算领域海量数据的采集利器，有必要实现对 Flume 的监控，
当 Flume 出现异常时，能够提前感知。本节就介绍一种基于 HTTP 协议监控 Flume 的
方式。

以 HTTP 协议的方式监控 Flume 非常简单，只需要在启动 Flume 时在命令行中添加
HTTP 监控配置即可，如下所示：

```
flume-ng agent -c /usr/local/flume-1.9.0/conf -f /usr/local/flume-1.9.0/conf/
flume-interceptor.conf.properties -n myagent -Dflume.root.logger=INFO,console
-Dflume.monitoring.type=http -Dflume.monitoring.port=10008
```

监控配置参数说明如下。

（1）-Dflume.monitoring.type=http：表示以 HTTP 的方式监控 Flume。

（2）-Dflume.monitoring.port=10008：表示启动的监控服务端口号为 10008。

运行命令后，只需要访问 http://ip:10008/metrics，即可获取 Flume JSON 格式的监控数据。例如，在浏览器地址栏中输入 http://192.168.175.100：10008/metrics 进行访问，得到如下监控数据：

```
{"CHANNEL.c1":{"ChannelCapacity":"1000","ChannelFillPercentage":"0.0","Type":
"CHANNEL","EventTakeSuccessCount":"95","ChannelSize":"0","EventTakeAttemptCo
unt":"96","StartTime":"1564675459500","EventPutSuccessCount":"95","EventPutAt
temptCount":"95","StopTime":"0"}}
```

12.12 本章总结

本章内容比较多，需要读者慢慢消化吸收。本章主要介绍了 Flume 的优点、架构和 Agent 原理，并对 Flume 的数据流、拓扑结构和动态路由进行了简单说明；接下来介绍了 Flume 的环境搭建，并列举了几个常用的 Flume 应用案例；同时，详细介绍了在实际工作过程中会使用到的 Flume 应用场景和实现，并实现了自定义开发 Flume Agent 组件；最后简单介绍了基于 HTTP 方式实现对 Flume 的监控。第 13 章将系统介绍 Hadoop 大数据生态中的海量数据传输利器——Kafka。

第 13 章

海量数据传输利器——Kafka

Kafka 最早被设计成一个分布式消息系统，主要用来对系统进行解耦和数据异步传输，在系统遇到流量洪峰时，还能削弱流量对系统的冲击。后来，Kafka 提供了连接器和流处理能力，逐渐转变成一个开源流处理平台。

本章主要涉及的知识点如下。

- Kafka 概述。
- Kafka 在大数据实时计算领域的应用。
- Kafka 生产者。
- Kafka 消费者。
- Kafka 中的数据传输。
- Kafka 单机单实例环境搭建。
- Kafka 单机多实例环境搭建。
- Kafka 多机单实例集群环境搭建。
- Kafka 多机多实例集群环境搭建。
- Kafka 编程案例。
- 遇到的问题和解决方案。

注意： 本章 Kafka 环境的搭建都是在 hadoop 用户身份下进行的，使用的 Kafka 版本为 Apache Kafka_2.12-2.3.0。

13.1 Kafka 概述

Kafka 是一个高性能的分布式消息发布订阅系统，能够对发送的消息数据提供冗余备份机制，同时能够对发布的主题（Topic）进行分类，主要用于处理活跃的数据流。其主要特性如下。

（1）提供对消息可靠的持久化机制，保证数据不丢失。

（2）高吞吐量，能够在普通硬件上支持每秒数十万的消息。

（3）高扩展性，Kafka 支持分布式架构，同时支持多个相同的组件并存，无须停机，简单地增加机器和配置即可完成 Kafka 的扩展。

（4）Kafka 支持通过 Hadoop 并行加载数据。

（5）Kafka 中的消息处理状态由消费端维护，当消息消费失败时，能够重新组织消费。

（6）Kafka 支持对消息的分区机制。

Kafka 中一些重要的概念如下。

（1）Broker：在 Kafka 中，任何运行的示例和进程都可以称为 Broker。

（2）Topic：主题，主要标记消息发送和接收的通道，本质上是一个消息队列。

（3）Partition：分区，Kafka 能够保证消费者在分区上的消费一定是顺序的。

（4）Producer：Kafka 中消息的生产者。

（5）Consumer：Kafka 中消息的消费者。

（6）Consumer Group：消费组，多个消费者组成一个消费组。在 Kafka 中，同一个消费组能够获得一个 Topic 中的全量消息，而获得 Topic 全量消息的消费组中的每一个消费者竞争每一个消息（每个消费者只能获得一个消息进行消费）。

13.2 Kafka 在大数据实时计算领域的应用

当用户访问一个网站或者应用时，用户的访问日志和调用 API 产生的数据会源源不断地发送到服务器。这些数据有两种处理方式：一种是保存在服务器上；另一种是发送到数据中心，供数据分析系统进行数据分析和数据挖掘。

当多个服务器上产生的用户数据统一发送到一个数据中心时，会为数据中心带来很大的压力，此时就需要一个能够存储消息数据的数据缓冲区，来缓冲数据流过大对数据中心带来的压力。此时很多大数据平台会首选 Kafka 作为数据缓冲区，不仅仅是因为 Kafka 具有高性能、分布式、消息持久化、高扩展性等优点，更是因为 Kafka 作为 Hadoop 生态系统的一部分，已经被广泛应用于大数据实时计算领域。

大数据实时计算系统的简易流程如图 13-1 所示。

（1）数据采集系统采集数据源，此处的数据采集系统可以是 Flume 等。

（2）数据采集系统将采集到的数据发送到数据缓冲区，此处的数据缓冲区系统可以是 Kafka 等。

（3）数据缓冲区以推或拉的方式将数据传输到数据存储中心，此处的数据存储中心可以是支持高速存取的数据库，如 HBase。

（4）数据分析中心对数据存储中心的数据进行分析和统计计算，此处的数据分析中心可以由 Storm、Spark 和 Flink 组成。

（5）数据缓冲区不经过数据存储中心，直接将数据发送到数据分析中心，由数据分析中心对数据进行分析和计算。

（6）数据分析中心将分析和计算出的最终结果写入数据存储系统，此处的数据存储系统可以是 HDFS、HBase 和其他关系型数据库等。

在实际工作中，Kafka 往往会接收 Flume 或其他应用发送过来的数据，将数据传送到 Storm 进行分析和处理，分析和处理的结果将被存储到数据存储系统。Kafka 整合 Flume 和 Storm 的简易架构如图 13-2 所示。

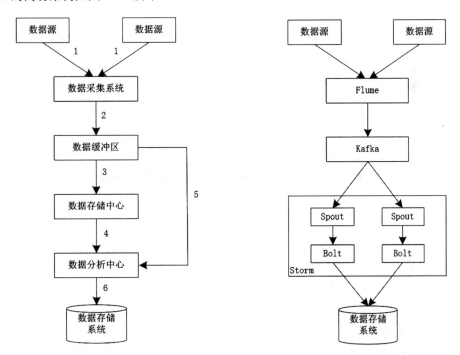

图 13-1　大数据实时计算系统的简易流程　　图 13-2　Kafka 整合 Flume 和 Storm 的简易架构

图 13-2 理解起来比较简单，这里不再解释其含义。

13.3 Kafka 生产者

Kafka 中的生产者主要是接收其他系统发送过来的数据，然后向 Kafka 集群中的某个 Topic 发送消息。其中，每个消息都被封装成一个 ProducerRecord 对象，需要指定消息发送的 Topic 和消息发送的数据，还可以指定消息的分区和消息的 Key。

Kafka 生产者发送消息的流程如图 13-3 所示。

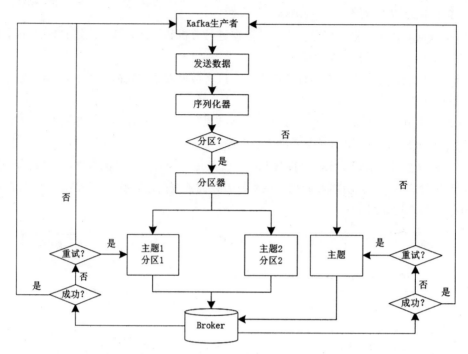

图 13-3　Kafka 生产者发送消息的流程

（1）Kafka 的生产者将消息封装成 ProducerRecord 对象并发送数据。

（2）Kafka 发送的消息通过序列化器进行序列化操作，便于数据在整个 Kafka 集群之间进行传输。

（3）发送的消息数据如果需要经过 Kafka 的分区器进行分区，或者发送的消息数据已经被指定了分区，则会将消息数据发送到指定分区下的主题中；如果不需要经过 Kafka 的分区器进行分区，则会将消息数据发送到相应的主题中。

（4）消息数据写入 Broker。

（5）如果消息成功写入 Kafka，则向 Kafka 生产者返回 RecordMetaData 对象。Record MetaData 对象中封装了元数据信息，包含 Topic 信息、分区信息、消息在分区中的 Offset 信息等。

（6）如果消息写入 Kafka 失败，则判断是否需要重试。如果需要重试，则重新将消息发送到主题，并写入 Broker；如果不需要重试，则直接向 Kafka 生产者返回写入失败的消息。

13.4 Kafka 消费者

在生产者和消费者模型中，往往一个生产者会对应多个消费者。在 Kafka 中，多个消费者可以形成一个消费者组来订阅主题消息，并对消息进行分类。同时，Kafka 消费者采用 pull（拉）模式从 Broker 中读取数据进行消费，这样可以由消费者自身控制消息消费的速率。

Kafka 消费者消费数据的模型比较简单，如图 13-4 所示。

（1）不同的消费者组下的消费者可以消费相同分区中的消息。

（2）相同的消费者组下的消费者只能消费不同分区中的消息。

注意：（1）主题的分区个数和同一个消费者组中的消费者的个数最好相同，如果同一个消费者组中的消费者个数大于分区个数，则可能存在部分消费者消费不到数据的情况。

（2）服务器会记录每个消费者消费的 Offset，当消费者再次从 Broker 拉取数据进行消费时，会从服务器上次记录的 Offset 开始拉取数据。

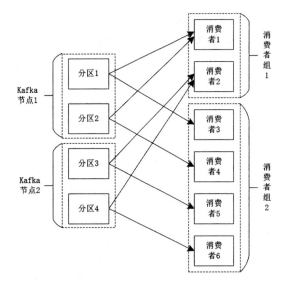

图 13-4　Kafka 消费者消费数据的简单模型

13.5 Kafka 中的数据传输

Kafka 中的数据传输过程理解起来比较简单，整体的过程就是 Kafka 生产者将消息数据发送到 Broker，之后 Kafka 的消费者从 Broker 中拉取数据进行消费。Kafka 数据传输的简单模型如图 13-5 所示。

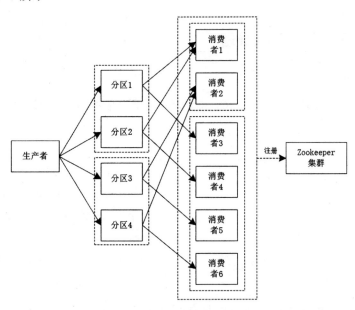

图 13-5　Kafka 数据传输的简单模型

（1）生产者将数据写入分区的相应主题中。

（2）消费者从对应的分区中拉取相应主题中的数据进行消费。

（3）值得注意的是，Kafka 需要提前向 Zookeeper 集群进行注册。

Kafka 数据传输的简单模型也可以表示成图 13-6 所示的拓扑结构。

（1）生产者向 Kafka 推送消息数据，这里可以是外界其他应用程序向 Kafka 写数据，如 Flume。

（2）消费者从 Kafka 中拉取数据进行消费，这里可以是外界其他应用程序从 Kafka 中拉取数据，如 Hadoop 集群、Storm 集群等。

（3）Kafka 和消费者向 Zookeeper 集群注册信息。

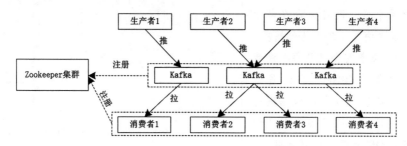

图 13-6　Kafka 的简单拓扑结构

13.6 Kafka 单机单实例环境搭建

从本节开始进入 Kafka 环境搭建的实战章节，Kafka 支持在一台服务器上搭建一个 Kafka 实例，本节就先介绍 Kafka 单机单实例环境搭建。

13.6.1　安装 Kafka 前的准备

1. 安装 JDK

Kafka 的运行需要 JDK 环境的支持，关于 JDK 环境的安装和配置，读者可以参见 5.3 节，这里不再赘述。

图 13-7　下载 kafka_2.12-2.3.0.tgz

2. 下载 Kafka

读者可以到 Apache 官网下载 Kafka，下载链接为 http://kafka.apache.org/downloads。这里下载的是 kafka_2.12-2.3.0.tgz，如图 13-7 所示。

读者也可以在 CentOS 6.8 服务器命令行下载 kafka_2.12-2.3.0.tgz，如下所示：

```
wget http://mirror.bit.edu.cn/apache/kafka/2.3.0/kafka_2.12-2.3.0.tgz
```

13.6.2　安装并配置 Kafka

安装并配置 Kafka 包括将 Kafka 解压到系统指定的目录，配置 Kafka 系统环境变量和修改 Kafka 配置文件等步骤。

1. 解压 Kafka

在系统命令行中输入如下命令，对 Kafka 进行解压：

```
tar -zxvf kafka_2.12-2.3.0.tgz
```

将解压的kafka_2.12-2.3.0目录移动到CentOS 6.8 服务器的 /usr/local 目录下，如下所示：

```
mv kafka_2.12-2.3.0/ /usr/local/
```

2. 添加 Kafka 系统环境变量

使用 Vim 编辑器打开 /etc/profile 文件，如下所示：

```
sudo vim /etc/profile
```

添加完 Kafka 系统环境变量之后的 /etc/profile 文件内容如下所示：

```
JAVA_HOME=/usr/local/jdk1.8.0_212
CLASS_PATH=.:$JAVA_HOME/lib
HADOOP_HOME=/usr/local/hadoop-3.2.0
HIVE_HOME=/usr/local/hive-3.1.2
SQOOP_HOME=/usr/local/sqoop-1.4.7
FLUME_HOME=/usr/local/flume-1.9.0
KAFKA_HOME=/usr/local/kafka_2.12-2.3.0
MYSQL_HOME=/usr/local/mysql3306
PATH=$JAVA_HOME/bin:$HADOOP_HOME/bin:$HADOOP_HOME/sbin:$HIVE_HOME/bin:$SQOOP_
HOME/bin:$FLUME_HOME/bin:$KAFKA_HOME/bin:$MYSQL_HOME/bin:$PATH
export PATH CLASS_PATH JAVA_HOME HADOOP_HOME HIVE_HOME SQOOP_HOME FLUME_HOME
KAFKA_HOME MYSQL_HOME
export HADOOP_CONF_DIR=$HADOOP_HOME/etc/hadoop
export HADOOP_COMMON_HOME=$HADOOP_HOME
export HADOOP_HDFS_HOME=$HADOOP_HOME
export HADOOP_MAPRED_HOME=$HADOOP_HOME
export HADOOP_YARN_HOME=$HADOOP_HOME
export HADOOP_OPTS="-Djava.library.path=$HADOOP_HOME/lib/native"
export HADOOP_COMMON_LIB_NATIVE_DIR=$HADOOP_HOME/lib/native
```

接下来输入如下命令，使 Kafka 系统环境变量生效：

```
source /etc/profile
```

3. 修改 Kafka 自带的 Zookeeper 配置文件

将目录切换到KAFKA_HOME/config目录下，修改zookeeper.properties 文件，如下所示：

```
cd /usr/local/kafka_2.12-2.3.0/config/
vim zookeeper.properties
```

修改后的 zookeeper.properties 文件的内容如下所示：

```
dataDir=/usr/local/kafka_2.12-2.3.0/zookeeper
# the port at which the clients will connect
clientPort=2181
# disable the per-ip limit on the number of connections since this is a non-
production config
maxClientCnxns=10
host.name=192.168.175.100
advertised.host.name=192.168.175.100
```

注意： 读者根据自身服务器的 IP 地址进行设置。

按 Esc 键，输入 ":wq"，保存并退出 Vim 编辑器。

4. 修改 Kafka 的配置文件

输入如下命令，修改 server.properties 文件：

```
cd /usr/local/kafka_2.12-2.3.0/config
vim server.properties
```

找到如下代码：

```
log.dirs=/tmp/kafka-logs
```

将其修改成：

```
log.dirs=/usr/local/kafka_2.12-2.3.0/kafka-logs
```

13.6.3 启动 Kafka

Kafka 的运行除了需要 JDK 提供基础环境外，还需要 Zookeeper 作为协调服务，所以启动 Kafka 分为启动 Zookeeper 服务和 Kafka 服务两部分。

（1）在命令行输入如下命令，启动 Kafka 自带的 Zookeeper 服务：

```
zookeeper-server-start.sh -daemon /usr/local/kafka_2.12-2.3.0/config/zookeeper.
properties
```

其中，-daemon 选项表示在系统后台启动服务。Zookeeper 启动成功后，会默认监听 2181 端口。

输入如下命令，查看 Zookeeper 是否启动成功：

```
-bash-4.1$ netstat -nl | grep 2181
tcp        0      0 :::2181                   :::*               LISTEN
```

可以看到，Zookeeper 成功启动并监听 2181 端口。输入如下命令，查看 Zookeeper 的运行进程：

```
-bash-4.1$ jps
2348 QuorumPeerMain
2890 Jps
```

（2）输入如下命令，启动 Kafka 服务：

```
kafka-server-start.sh -daemon /usr/local/kafka_2.12-2.3.0/config/server.properties
```

输入如下命令，查看 Kafka 是否启动成功：

```
-bash-4.1$ jps
2448 QuorumPeerMain
2850 Jps
2774 Kafka
```

可以看到，Kafka 进程成功启动。

13.6.4 测试 Kafka

（1）在命令行中输入如下命令，创建名为 mytopic 的 Topic：

```
kafka-topics.sh --create --zookeeper 192.168.175.100:2181 --replication-factor
1 --partitions 1 --topic mytopic
```

（2）查看创建的 Topic，如下所示：

```
-bash-4.1$ kafka-topics.sh --list --zookeeper localhost:2181
mytopic
```

（3）启动生产者，如下所示：

```
-bash-4.1 kafka-console-producer.sh --broker-list 192.168.175.100:9092 --topic mytopic
>
```

（4）新开命令行终端，以 hadoop 用户身份登录服务器，启动消费者，如下所示：

```
-bash-4.1$ kafka-console-consumer.sh --bootstrap-server 192.168.175.100:9092
--topic mytopic --from-beginning
```

（5）在生产者命令行中输入 hello kafka 字符串，如下所示：

```
-bash-4.1$ kafka-console-producer.sh --broker-list 192.168.175.100:9092 --topic mytopic
>hello kafka
```

查看消费者命令行中的信息，如下所示：

```
-bash-4.1$ kafka-console-consumer.sh --bootstrap-server 192.168.175.100:9092
--topic mytopic --from-beginning
hello kafka
```

可以看到，Kafka 消费者端成功收到了生产者发送的消息，说明 Kafka 单机单实例环境
搭建成功。

注意： --from-beginning 参数表示从开始位置获取数据，如果要最新的数据，不带 --
from-beginning 参数即可。

13.7 配置 Kafka 依赖外部 Zookeeper

13.6 节使用的是 Kafka 自带的 Zookeeper 服务，但是在实际工作过程中，往往会另行搭建 Zookeeper 环境作为 Kafka 的协调服务。本节就给出简单的搭建方案。

本节与 13.6 节的不同就在于对 Zookeeper 的配置，其他部分基本相同，所以本节在 13.6 节的基础上对不同的部分给出说明。

13.7.1 搭建 Zookeeper 的单机环境

1. 下载 Zookeeper

Zookeeper 的官方下载链接为 https://mirrors.tuna.tsinghua.edu.cn/ apache/zookeeper/zookeeper-3.5.5，如图 13-8 所示。

图 13-8　下载 Zookeeper

读者也可以直接在命令行中输入如下命令，下载 Zookeeper 的安装文件：

```
wget
https://mirrors.tuna.tsinghua.edu.cn/apache/zookeeper/zookeeper-3.5.5/apache-
zookeeper-3.5.5-bin.tar.gz
```

2. 解压 Zookeeper

输入如下命令对 Zookeeper 进行解压，并将解压的目录移动到 /usr/local 目录下：

```
tar -zxvf apache-zookeeper-3.5.5-bin.tar.gz
mv apache-zookeeper-3.5.5-bin zookeeper-3.5.5
mv zookeeper-3.5.5/ /usr/local/
```

3. 配置系统环境变量

打开 Vim 编辑器，对 /etc/profile 文件进行编辑，添加 Zookeeper 的系统环境变量，如下所示：

```
sudo vim /etc/profile
```

配置完 Zookeeper 的系统环境变量之后，/etc/profile 文件的内容如下所示：

```
JAVA_HOME=/usr/local/jdk1.8.0_212
CLASS_PATH=.:$JAVA_HOME/lib
HADOOP_HOME=/usr/local/hadoop-3.2.0
HIVE_HOME=/usr/local/hive-3.1.2
SQOOP_HOME=/usr/local/sqoop-1.4.7
FLUME_HOME=/usr/local/flume-1.9.0
KAFKA_HOME=/usr/local/kafka_2.12-2.3.0
ZOOKEEPER_HOME=/usr/local/zookeeper-3.5.5
MYSQL_HOME=/usr/local/mysql3306
```

```
PATH=$JAVA_HOME/bin:$HADOOP_HOME/bin:$HADOOP_HOME/sbin:$HIVE_HOME/bin:$SQOOP_
HOME/bin:$FLUME_HOME/bin:$KAFKA_HOME/bin:$ZOOKEEPER_HOME/bin:$MYSQL_HOME/bin:$PATH
export PATH CLASS_PATH JAVA_HOME HADOOP_HOME HIVE_HOME SQOOP_HOME FLUME_HOME
KAFKA_HOME ZOOKEEPER_HOME MYSQL_HOME
export HADOOP_CONF_DIR=$HADOOP_HOME/etc/hadoop
export HADOOP_COMMON_HOME=$HADOOP_HOME
export HADOOP_HDFS_HOME=$HADOOP_HOME
export HADOOP_MAPRED_HOME=$HADOOP_HOME
export HADOOP_YARN_HOME=$HADOOP_HOME
export HADOOP_OPTS="-Djava.library.path=$HADOOP_HOME/lib/native"
export HADOOP_COMMON_LIB_NATIVE_DIR=$HADOOP_HOME/lib/native
```

保存并退出 Vim 编辑器之后，输入如下命令，使 Zookeeper 系统环境变量生效：

```
source /etc/profile
```

4. 修改 Zookeeper 配置文件

将命令行当前目录切换到 ZOOKEEPER_HOME/conf 目录下，查看当前目录下的文件信息，如下所示：

```
-bash-4.1$ cd /usr/local/zookeeper-3.5.5/conf
-bash-4.1$ ll
total 12
-rw-r--r--. 1 hadoop hadoop  535 Feb 15 20:55 configuration.xsl
-rw-r--r--. 1 hadoop hadoop 2712 Apr  2 21:05 log4j.properties
-rw-r--r--. 1 hadoop hadoop  922 Feb 15 20:55 zoo_sample.cfg
```

将 zoo_sample.cfg 文件复制成 zoo.cfg 文件，如下所示：

```
cp zoo_sample.cfg zoo.cfg
```

接下来使用 Vim 编辑器对 zoo.cfg 文件进行编辑，编辑后的 zoo.cfg 文件的内容如下所示：

```
tickTime=2000
initLimit=10
syncLimit=5
dataDir=/usr/local/zookeeper-3.5.5/data
dataLogDir=/usr/local/zookeeper-3.5.5/dataLog
clientPort=2181
```

接着在命令行中输入如下命令，创建 Zookeeper 配置文件中使用到的目录：

```
mkdir -p /usr/local/zookeeper-3.5.5/data
mkdir -p /usr/local/zookeeper-3.5.5/dataLog
```

13.7.2 启动 Zookeeper

输入如下命令，启动 Zookeeper 服务：

```
zkServer.sh start
```

查看 Zookeeper 是否启动成功，如下所示：

```
-bash-4.1$ zkServer.sh status
ZooKeeper JMX enabled by default
Using config: /usr/local/zookeeper-3.5.5/bin/../conf/zoo.cfg
Client port found: 2181. Client address: localhost.
Mode: standalone
```

可以看到，Zookeeper 以单机模式启动成功，并监听 2181 端口。

13.7.3　启动 Kafka

此时，由于 Zookeeper 服务已经启动，因此要启动 Kafka，只需要在命令行中输入如下命令即可：

```
kafka-server-start.sh -daemon /usr/local/kafka_2.12-2.3.0/config/server.
properties
```

13.7.4　测试 Kafka

本节的方式与 13.6.4 小节相同，这里不再赘述。

注意：｜ 以后的章节中，Kafka 环境的搭建都将 Kafka 配置成依赖外部的 Zookeeper。

13.8　Kafka 单机多实例环境搭建

Kafka 支持在同一台服务器上部署多个 Kafka 进程，实现在同一台服务器上的 Kafka 集群。本节对这种实现方式做出简单介绍。

13.8.1　环境规划

Kafka 单机多实例环境搭建规划如表 13-1 所示。

表 13-1　Kafka 单机多实例环境搭建规划

broker.id值	Zookeeper端口	配置文件名称	Kafka端口	日志文件位置
0	2181	server-0.properties	9092	/usr/local/kafka_2.12-2.3.0/kafka-logs-0
1	2181	server-1.properties	9093	/usr/local/kafka_2.12-2.3.0/kafka-logs-1
2	2181	server-2.properties	9094	/usr/local/kafka_2.12-2.3.0/kafka-logs-2

13.8.2 搭建 Kafka 环境

1. 搭建 Zookeeper 环境

Zookeeper 的下载、安装和配置及启动方式与 13.7 节相同，这里不再赘述。

2. 安装 Kafka

Kafka 安装包的下载和系统环境变量的配置与 13.6 节相同，只是在 Kafka 的配置和启动上存在差异。

3. 配置 Kafka

（1）将命令行当前所在目录切换到 KAFKA_HOME/config 目录下，并将 server.properties 文件复制成 server-0.properties 文件、server-1.properties 文件和 server-2.properties 文件，如下所示：

```
cd /usr/local/kafka_2.12-2.3.0/config/
cp server.properties server-0.properties
cp server.properties server-1.properties
cp server.properties server-2.properties
```

（2）修改 Kafka 的配置文件。server-0.properties 文件中修改的配置项如下所示：

```
broker.id=0
listeners=PLAINTEXT://:9092
log.dirs=/usr/local/kafka_2.12-2.3.0/kafka-logs-0
zookeeper.connect=192.168.175.100:2181
```

server-1.properties 文件中修改的配置项如下所示：

```
broker.id=1
listeners=PLAINTEXT://:9093
log.dirs=/usr/local/kafka_2.12-2.3.0/kafka-logs-1
zookeeper.connect=192.168.175.100:2181
```

server-2.properties 文件中修改的配置项如下所示：

```
broker.id=2
listeners=PLAINTEXT://:9094
log.dirs=/usr/local/kafka_2.12-2.3.0/kafka-logs-2
zookeeper.connect=192.168.175.100:2181
```

（3）创建配置文件中的日志存放目录，如下所示：

```
mkdir -p /usr/local/kafka_2.12-2.3.0/kafka-logs-0
mkdir -p /usr/local/kafka_2.12-2.3.0/kafka-logs-1
mkdir -p /usr/local/kafka_2.12-2.3.0/kafka-logs-2
```

13.8.3 启动 Kafka

（1）启动 broker.id 为 0 的 Kafka 进程，如下所示：

```
kafka-server-start.sh -daemon /usr/local/kafka_2.12-2.3.0/config/server-0.
properties
```

（2）验证 broker.id 为 0 的 Kafka 进程是否启动成功，如果启动成功，会监听 9092 端口，如下所示：

```
-bash-4.1$ netstat -nl | grep 9092
tcp        0        0 :::9092            :::*            LISTEN
```

可以看到，broker.id 为 0 的 Kafka 进程启动成功并监听 9092 端口。

（3）broker.id 为 1 的 Kafka 进程和 broker.id 为 2 的 Kafka 进程启动方式和验证方式都与 broker.id 为 0 的 Kafka 进程相同，只不过启动成功后监听的端口分别为 9093 和 9094，如下所示：

```
-bash-4.1$ kafka-server-start.sh -daemon /usr/local/kafka_2.12-2.3.0/config/
server-1.properties
-bash-4.1$ netstat -nl | grep 9093
tcp        0        0 :::9093            :::*            LISTEN
-bash-4.1$ kafka-server-start.sh -daemon /usr/local/kafka_2.12-2.3.0/config/
server-2.properties
-bash-4.1$ netstat -nl | grep 9094
tcp        0        0 :::9094            :::*            LISTEN
```

13.8.4   测试 Kafka

（1）在命令行中输入如下命令，创建名为 my-single-server-multi-kafka 的 Topic：

```
kafka-topics.sh --create --zookeeper 192.168.175.100:2181 --replication-factor
3 --partitions 1 --topic my-single-server-multi-kafka
```

（2）查看已经创建的 Topic，如下所示：

```
-bash-4.1$  kafka-topics.sh --list --zookeeper 192.168.175.100:2181
my-single-server-multi-kafka
```

（3）启动 Kafka 生产者，如下所示：

```
-bash-4.1$ kafka-console-producer.sh --broker-list 192.168.175.100:9092,192.1
68.175.100:9093,192.168.175.100:9094 --topic my-single-server-multi-kafka
>
```

注意：   broker-list 选项对应的多个 IP 端口以逗号分隔。

（4）新开命令行终端，以 hadoop 用户身份登录 CentOS 6.8 服务器，输入如下命令启动 Kafka 的消费者：

```
-bash-4.1$ kafka-console-consumer.sh --bootstrap-server 192.168.175.100:9092,1
92.168.175.100:9093,192.168.175.100:9094 --topic my-single-server-multi-kafka
--from-beginning
```

（5）在生产者命令行中输入 "hello my-single-server-multi-kafka"，如下所示：

```
-bash-4.1$ kafka-console-producer.sh --broker-list 192.168.175.100:9092,192.1
68.175.100:9093,192.168.175.100:9094 --topic my-single-server-multi-kafka
>hello my-single-server-multi-kafka
```

查看消费者命令行中输出的信息，如下所示：

```
-bash-4.1$ kafka-console-consumer.sh --bootstrap-server 192.168.175.100:9092,1
92.168.175.100:9093,192.168.175.100:9094 --topic my-single-server-multi-kafka
--from-beginning
hello my-single-server-multi-kafka
```

可以看到，在 Kafka 生产者命令行中输入的信息成功显示在消费者命令行，证明 Kafka 单机多实例环境搭建成功。

注意： 当需要删除名为 my-single-server-multi-kafka 的 Topic 时，只需要输入如下命令即可：
```
kafka-topics.sh --delete --zookeeper 192.168.175.100:2181  --topic my-
single-server-multi-kafka
```

13.9 Kafka 多机单实例集群环境搭建

Kafka 多机单实例集群表示 Kafka 部署在多台服务器上，每台服务器上只运行一个 Kafka 实例。本节就简单介绍 Kafka 这种集群环境的搭建。

13.9.1 集群环境规划

本节将 Kafka 部署在 3 台服务器组成的集群上，如表 13-2 所示。

表 13-2　Kafka 多机单实例集群环境规划

主机名（IP）	broker.id	Zookeeper 端口	Kafka 配置文件	Kafka 端口	Kafka 日志目录
binghe201 （192.168.175.201）	0	2181	server.properties	9092	/usr/local/kafka_2.12-2.3.0/ kafka-logs
binghe202 （192.168.175.202）	1	2181	server.properties	9092	/usr/local/kafka_2.12-2.3.0/ kafka-logs
binghe203 （192.168.175.203）	2	2181	server.properties	9092	/usr/local/kafka_2.12-2.3.0/ kafka-logs

13.9.2 Zookeeper 集群搭建

本节内容与 5.6.4 小节基本相同，只是 IP 地址和主机名略有差异，故不再赘述 Zookeeper

集群环境的搭建步骤。

注意： 5.6.4 小节中的主机名（IP）与本小节中使用的主机名（IP）的对应关系如下所示：

```
5.6.4 小节                                    本小节
binghe105（192.168.175.105）--------> binghe201（192.168.175.201）
binghe106（192.168.175.106）--------> binghe202（192.168.175.202）
binghe107（192.168.175.107）--------> binghe203（192.168.175.203）
```

13.9.3　单节点安装配置 Kafka

Kafka 集群环境搭建的基本过程为：先在某一台服务器上安装并配置 Kafka 环境，然后将这台服务器上的 Kafka 环境复制到集群中其他的服务器上，并在相应的服务器上修改 Kafka 的配置即可。本节先在 binghe201 服务器上搭建 Kafka 环境。

（1）在 binghe201 服务器上下载 Kafka 并配置 Kafka 的系统环境变量，其与 13.6 节中有关 Kafka 下载和配置系统环境变量的内容相同，这里不再赘述。

（2）修改 KAFKA_HOME/config 目录下的 server.properties 文件，修改的配置项如下所示：

```
broker.id=0
log.dirs=/usr/local/kafka_2.12-2.3.0/kafka-logs
message.max.byte=5242880
default.replication.factor=2
replica.fetch.max.bytes=5242880
zookeeper.connect=192.168.175.201:2181,192.168.175.202:2181,192.168.175.203:2181
```

（3）创建 Kafka 的 server.properties 文件中配置的日志目录，如下所示：

```
mkdir -p /usr/local/kafka_2.12-2.3.0/kafka-logs
```

13.9.4　复制 Kafka 环境

（1）将 binghe201 服务器上的 Kafka 环境分别复制到 binghe202 和 binghe203 服务器上，如下所示：

```
scp -r /usr/local/kafka_2.12-2.3.0/ binghe202:/usr/local/
scp -r /usr/local/kafka_2.12-2.3.0/ binghe203:/usr/local/
```

（2）将 binghe201 服务器上的 /etc/profile 文件复制到 binghe202 和 binghe203 服务器上，如下所示：

```
sudo scp /etc/profile binghe202:/etc/
sudo scp /etc/profile binghe203:/etc/
```

（3）在 3 台服务器上分别执行如下命令，使 Kafka 系统环境变量生效：

```
source /etc/profile
```

13.9.5　修改其他节点配置

（1）binghe202 服务器上 Kafka 的 server.properties 文件修改的配置项如下所示：

```
broker.id=1
log.dirs=/usr/local/kafka_2.12-2.3.0/kafka-logs
message.max.byte=5242880
default.replication.factor=2
replica.fetch.max.bytes=5242880
zookeeper.connect=192.168.175.201:2181,192.168.175.202:2181,192.168.175.203:2181
```

（2）binghe203 服务器上 Kafka 的 server.properties 文件修改的配置项如下所示：

```
broker.id=2
log.dirs=/usr/local/kafka_2.12-2.3.0/kafka-logs
message.max.byte=5242880
default.replication.factor=2
replica.fetch.max.bytes=5242880
zookeeper.connect=192.168.175.201:2181,192.168.175.202:2181,192.168.175.203:2181
```

13.9.6　启动 Zookeeper 集群

在每台服务器上分别输入如下命令，启动 Zookeeper 服务：

```
zkServer.sh start
```

验证 Zookeeper 是否启动成功，在每台服务器上分别输入如下命令即可：

```
zkServer.sh status
```

13.9.7　启动 Kafka 集群

在每台服务器上分别执行启动 Kafka 进程的命令，如下所示：

```
kafka-server-start.sh -daemon /usr/local/kafka_2.12-2.3.0/config/server.properties
```

接下来在每台服务器上分别执行如下命令，查看 Kafka 是否启动成功：

```
-bash-4.1$ jps
1424 QuorumPeerMain
1850 Jps
1789 Kafka
```

输入“jps”命令后，可以看到 3 台服务器上都运行了 Kafka 进程，说明 Kafka 运行成功。

13.9.8 测试 Kafka 集群

（1）在命令行输入如下命令，创建名为 my-multi-server-single-kafka 的 Topic：

```
kafka-topics.sh --create --zookeeper 192.168.175.201:2181,
192.168.175.202:2181, 192.168.175.203:2181 --replication-factor 3 --partitions
1 --topic my-multi-server-single-kafka
```

（2）查看已经创建的 Topic，如下所示：

```
-bash-4.1$ kafka-topics.sh --list --zookeeper 192.168.175.201:2181,
192.168.175.202:2181, 192.168.175.203:2181
my-multi-server-single-kafka
```

（3）启动 Kafka 生产者，如下所示：

```
-bash-4.1$ kafka-console-producer.sh --broker-list 192.168.175.201:9092,192.1
68.175.202:9092,192.168.175.203:9092 --topic my-multi-server-single-kafka
>
```

（4）新开命令行终端，以 hadoop 用户身份登录 CentOS 6.8 服务器。输入如下命令，启动 Kafka 的消费者：

```
-bash-4.1$ kafka-console-consumer.sh --bootstrap-server 192.168.175.201:9092,1
92.168.175.202:9092,192.168.175.203:9092 --topic my-multi-server-single-kafka
```

（5）在生产者命令行中输入"hello my-multi-server-single-kafka"，如下所示：

```
-bash-4.1$ kafka-console-producer.sh --broker-list 192.168.175.201:9092,192.1
68.175.202:9092,192.168.175.203:9092 --topic my-multi-server-single-kafka
>hello my-multi-server-single-kafka
```

可以看到，消费者命令行中输出了"hello my-multi-server-single-kafka"，如下所示：

```
-bash-4.1$ kafka-console-consumer.sh --bootstrap-server 192.168.175.201:9092,1
92.168.175.202:9092,192.168.175.203:9092 --topic my-multi-server-single-kafka
hello my-multi-server-single-kafka
```

证明 Kafka 多机单实例集群环境搭建成功。

13.10 Kafka 多机多实例集群环境搭建

Kafka 支持在多台服务器上搭建集群环境，每台服务器上运行多个 Kafka 实例，本节就对这种集群模式的搭建做出简单介绍。

13.10.1 集群规划

本小节搭建 Kafka 集群环境的规划如表 13-3 所示。

表 13-3　Kafka 多机多实例集群搭建规划

主机名（IP）	Zookeeper 端口	运行 Kafka 实例个数	Kafka 端口
binghe201（192.168.175.201）	2181	3	9092，9093，9094
binghe202（192.168.175.202）	2181	2	9095，9096
binghe203（192.168.175.203）	2181	2	9097，9098

搭建该集群的主要步骤为：搭建单机单实例环境→搭建单机多实例环境→搭建多机多实例环境。

注意：　本小节中每个 Kafka 安装目录均以"kafka_2.12-2.3.0-端口号"的形式存在，如 kafka_2.12-2.3.0-9092 表示当前 Kafka 实例监听 9092 端口。

13.10.2　搭建多机多实例环境下的 Zookeeper 集群

本小节中 Zookeeper 环境的搭建与 13.9.2 小节相同，这里不再赘述。

13.10.3　搭建 Kafka 单机单实例环境

本小节以在 binghe201 服务器上搭建 Kafka 的单机单实例环境为例，Kafka 的下载、安装和系统环境变量的配置与 13.6 节相同，这里不再赘述。

（1）本小节中，Kafka 的配置文件 server.properties 中修改的配置项内容如下所示：

```
broker.id=1
listeners=PLAINTEXT://:9092
port=9092
num.network.threads=3
num.io.threads=8
socket.send.buffer.bytes=1048576
socket.receive.buffer.bytes=1048576
socket.request.max.bytes=104857600
log.dirs=/usr/local/kafka_2.12-2.3.0-9092/kafka-logs
num.partitions=10
num.recovery.threads.per.data.dir=1
log.retention.hours=168
log.segment.bytes=1073741824
log.retention.check.interval.ms=300000
log.cleaner.enable=false
zookeeper.conne
ct=192.168.175.201:2181,192.168.175.202:2181,192.168.175.203:2181
zookeeper.connection.timeout.ms=6000
```

（2）启动 Kafka 之前，需要在每台服务器上输入如下命令，启动 Zookeeper 集群：

```
zkServer.sh start
```

接下来在 binghe201 服务器上启动 Kafka 服务，如下所示：

```
/usr/local/kafka_2.12-2.3.0-9092/bin/kafka-server-start.sh -daemon /usr/local/
kafka_2.12-2.3.0-9092/config/server.properties
```

（3）验证 Kafka 是否启动成功，如下所示：

```
-bash-4.1$ sudo netstat -ntlp|grep -E '2181|9092'
tcp        0      0 :::9092              :::*             LISTEN      3092/java
tcp        0      0 :::2181              :::*             LISTEN      1748/java
```

（4）创建名为 my-single-test 的 Topic，如下所示：

```
/usr/local/kafka_2.12-2.3.0-9092/bin/kafka-topics.sh --create --zookeeper 19
2.168.175.201:2181,192.168.175.202:2181,192.168.175.203:2181 --replication-
factor 1 --partitions 1 --topic my-single-test
```

（5）查看创建的 Topic，如下所示：

```
-bash-4.1$ /usr/local/kafka_2.12-2.3.0-9092/bin/kafka-topics.sh --list
--zookeeper 192.168.175.201:2181,192.168.175.202:2181,192.168.175.203:2181
__consumer_offsets
my-single-test
```

可以看到，已经成功创建了名为 my-single-test 的 Topic。

（6）启动生产者命令行，如下所示：

```
-bash-4.1$ /usr/local/kafka_2.12-2.3.0-9092/bin/kafka-console-producer.sh
--broker-list 192.168.175.201:9092 --topic my-single-test
>
```

（7）新开命令行终端，以 hadoop 用户身份登录服务器，启动消费者命令行，如下所示：

```
-bash-4.1$ /usr/local/kafka_2.12-2.3.0-9092/bin/kafka-console-consumer.sh
--bootstrap-server 192.168.175.201:9092 --topic my-single-test
```

（8）在生产者命令行中输入"hello my-single-test"，如下所示：

```
-bash-4.1$ /usr/local/kafka_2.12-2.3.0-9092/bin/kafka-console-producer.sh
--broker-list 192.168.175.201:9092 --topic my-single-test
>hello my-single-test
```

查看消费者命令行，可以看到输出了如下信息：

```
-bash-4.1$ /usr/local/kafka_2.12-2.3.0-9092/bin/kafka-console-consumer.sh
--bootstrap-server 192.168.175.201:9092 --topic my-single-test
hello my-single-test
```

说明 Kafka 单机单实例环境搭建成功。

（9）关闭 Kafka 进程，如下所示：

```
/usr/local/kafka_2.12-2.3.0-9092/bin/kafka-server-stop.sh
```

13.10.4　扩展单机多实例集群

本小节将单机单实例 Kafka 环境扩展成单机多实例集群，可以将 Kafka 的安装目录复制多份，之后修改对应的配置文件。

（1）复制 binghe101 服务器上的 Kafka 目录，如下所示：

```
cp -r /usr/local/kafka_2.12-2.3.0-9092/ /usr/local/kafka_2.12-2.3.0-9093
cp -r /usr/local/kafka_2.12-2.3.0-9092/ /usr/local/kafka_2.12-2.3.0-9094
```

（2）修改配置文件，复制出的 Kafka 实例的配置项与源 Kafka 实例的配置项只是 broker.id、监听的端口和配置的数据目录不同，其余配置均相同，这里只列出与源 Kafka 实例不同的配置项。

kafka_2.12-2.3.0-9093 实例与 kafka_2.12-2.3.0-9092 实例的配置项不同的部分如下所示：

```
broker.id=2
listeners=PLAINTEXT://:9093
port=9093
log.dirs=/usr/local/kafka_2.12-2.3.0-9093/kafka-logs
```

kafka_2.12-2.3.0-9094 实例与 kafka_2.12-2.3.0-9092 实例的配置项不同的部分如下所示：

```
broker.id=3
listeners=PLAINTEXT://:9094
port=9094
log.dirs=/usr/local/kafka_2.12-2.3.0-9094/kafka-logs
```

（3）在每台服务器上输入如下命令，启动 Zookeeper 集群：

```
zkServer.sh start
```

（4）启动 3 个 Kafka 实例，如下所示：

```
/usr/local/kafka_2.12-2.3.0-9092/bin/kafka-server-start.sh -daemon /usr/local/
kafka_2.12-2.3.0-9092/config/server.properties
/usr/local/kafka_2.12-2.3.0-9093/bin/kafka-server-start.sh -daemon /usr/local/
kafka_2.12-2.3.0-9093/config/server.properties
/usr/local/kafka_2.12-2.3.0-9094/bin/kafka-server-start.sh -daemon /usr/local/
kafka_2.12-2.3.0-9094/config/server.properties
```

（5）验证 3 个 Kafka 实例是否启动成功，如下所示：

```
-bash-4.1$ sudo netstat -ntlp|grep -E '2181|909[2-9]'|sort -k3
tcp       0       0 :::2181          :::*           LISTEN     1375/java
tcp       0       0 :::9092          :::*           LISTEN     6497/java
tcp       0       0 :::9093          :::*           LISTEN     6849/java
tcp       0       0 :::9094          :::*           LISTEN     7201/java
```

可以看到，每个 Kafka 实例都启动成功了，并分别监听 9092、9093 和 9094 端口。

（6）创建名为 my-multi-kafka 的 Topic，如下所示：

```
/usr/local/kafka_2.12-2.3.0-9092/bin/kafka-topics.sh --create --zookeeper 19
2.168.175.201:2181,192.168.175.202:2181,192.168.175.203:2181 --replication-
factor 3 --partitions 1 --topic my-multi-kafka
```

注意：这里的 --replication-factor 设置为 3。

（7）查看创建的 Topic 的状态，如下所示：

```
-bash-4.1$ /usr/local/kafka_2.12-2.3.0-9092/bin/kafka-topics.sh --describe
--zookeeper 192.168.175.201:2181,192.168.175.202:2181,192.168.175.203:2181
--topic my-multi-kafka
Topic:my-multi-kafka PartitionCount:1 ReplicationFactor:3 Configs:
        Topic: my-multi-kafka Partition: 0 Leader: 1 Replicas: 1,3,2 Isr: 1,3,2
```

接下来启动生产者和消费者，验证生产者和消费者之间的数据传输，可以参见 13.10.3
小节中的第（6）～（8）步，只不过这里的 Topic 名称修改为 my-multi-kafka，传输的内容
是 hello my-multi-kafka，如下所示。

生产者命令行如下所示：

```
-bash-4.1$ kafka-console-producer.sh --broker-list 192.168.175.201:9092,192.1
68.175.201:9093,192.168.175.201:9094 --topic my-multi-kafka
>hello my-multi-kafka
```

消费者命令行如下所示：

```
-bash-4.1$ kafka-console-consumer.sh --bootstrap-server 192.168.175.201:909
2,192.168.175.201:9093,192.168.175.201:9094 --topic my-multi-kafka --from-
beginning
hello my-multi-kafka
```

（8）停止 Kafka 进程，如下所示：

```
/usr/local/kafka_2.12-2.3.0-9092/bin/kafka-server-stop.sh
```

13.10.5　扩展多机多实例集群

本小节在 binghe202 和 binghe203 服务器上搭建 Kafka 集群环境。其主要方式为，将
binghe201 服务器上 Kafka 的某个安装目录复制到 binghe202 和 binghe203 服务器上，并删
除 Kafka 安装目录中的 kafka-logs 和 logs 目录下的内容。接下来修改相应的配置文件。

（1）复制 binghe201 上的 kafka_2.12-2.3.0-9092 实例到 binghe202 和 binghe203 服务器
上，如下所示：

```
scp -r /usr/local/kafka_2.12-2.3.0-9092/ binghe202:/usr/local/kafka_2.12-2.3.0-9095
scp -r /usr/local/kafka_2.12-2.3.0-9092/ binghe202:/usr/local/kafka_2.12-2.3.0-9096
scp -r /usr/local/kafka_2.12-2.3.0-9092/ binghe203:/usr/local/kafka_2.12-2.3.0-9097
scp -r /usr/local/kafka_2.12-2.3.0-9092/ binghe203:/usr/local/kafka_2.12-2.3.0-9098
```

（2）删除 binghe202 和 binghe203 服务器上 Kafka 安装目录中的 kafka-logs 和 logs 目录下的内容。binghe202 服务器执行的命令如下所示：

```
rm -rf /usr/local/kafka_2.12-2.3.0-9095/kafka-logs/*
rm -rf /usr/local/kafka_2.12-2.3.0-9095/logs/*
rm -rf /usr/local/kafka_2.12-2.3.0-9096/kafka-logs/*
rm -rf /usr/local/kafka_2.12-2.3.0-9096/logs/*
```

binghe203 服务器上执行的命令如下所示：

```
rm -rf /usr/local/kafka_2.12-2.3.0-9097/kafka-logs/*
rm -rf /usr/local/kafka_2.12-2.3.0-9097/logs/*
rm -rf /usr/local/kafka_2.12-2.3.0-9098/kafka-logs/*
rm -rf /usr/local/kafka_2.12-2.3.0-9098/logs/*
```

（3）binghe202 和 binghe203 服务器上的 Kafka 实例与 binghe201 服务器上的 Kafka 实例的配置，只是 broker-id、监听端口和数据存放的目录不同，这里列出每个 Kafka 实例中配置不同的部分。

① kafka_2.12-2.3.0-9095 实例配置如下所示：

```
broker.id=4
listeners=PLAINTEXT://:9095
port=9095
log.dirs=/usr/local/kafka_2.12-2.3.0-9095/kafka-logs
```

② kafka_2.12-2.3.0-9096 实例配置如下所示：

```
broker.id=5
listeners=PLAINTEXT://:9096
port=9096
log.dirs=/usr/local/kafka_2.12-2.3.0-9096/kafka-logs
```

③ kafka_2.12-2.3.0-9097 实例配置如下所示：

```
broker.id=6
listeners=PLAINTEXT://:9097
port=9097
log.dirs=/usr/local/kafka_2.12-2.3.0-9097/kafka-logs
```

④ kafka_2.12-2.3.0-9098 实例配置如下所示：

```
broker.id=7
listeners=PLAINTEXT://:9098
port=9098
log.dirs=/usr/local/kafka_2.12-2.3.0-9098/kafka-logs
```

（4）启动 Zookeeper 集群，在每台服务器上执行的命令如下所示：

```
zkServer.sh start
```

（5）启动 Kafka 集群服务。

① binghe201 服务器执行的命令如下所示：

```
/usr/local/kafka_2.12-2.3.0-9092/bin/kafka-server-start.sh -daemon /usr/local/
kafka_2.12-2.3.0-9092/config/server.properties
/usr/local/kafka_2.12-2.3.0-9093/bin/kafka-server-start.sh -daemon /usr/local/
kafka_2.12-2.3.0-9093/config/server.properties
/usr/local/kafka_2.12-2.3.0-9094/bin/kafka-server-start.sh -daemon /usr/local/
kafka_2.12-2.3.0-9094/config/server.properties
```

② binghe202 服务器执行的命令如下所示：

```
/usr/local/kafka_2.12-2.3.0-9095/bin/kafka-server-start.sh -daemon /usr/local/
kafka_2.12-2.3.0-9095/config/server.properties
/usr/local/kafka_2.12-2.3.0-9096/bin/kafka-server-start.sh -daemon /usr/local/
kafka_2.12-2.3.0-9096/config/server.properties
```

③ binghe203 服务器执行的命令如下所示：

```
/usr/local/kafka_2.12-2.3.0-9097/bin/kafka-server-start.sh -daemon /usr/local/
kafka_2.12-2.3.0-9097/config/server.properties
/usr/local/kafka_2.12-2.3.0-9098/bin/kafka-server-start.sh -daemon /usr/local/
kafka_2.12-2.3.0-9098/config/server.properties
```

（6）验证 Kafka 集群是否启动成功。

① binghe201 服务器：

```
-bash-4.1$ sudo netstat -ntlp|grep -E '2181|909[2-9]'|sort -k3
tcp        0        0 :::2181          :::*          LISTEN          1415/java
tcp        0        0 :::9092          :::*          LISTEN          1742/java
tcp        0        0 :::9093          :::*          LISTEN          2107/java
tcp        0        0 :::9094          :::*          LISTEN          2460/java
```

② binghe202 服务器：

```
-bash-4.1$ sudo netstat -ntlp|grep -E '2181|909[2-9]'|sort -k3
tcp        0        0 :::2181          :::*          LISTEN          1428/java
tcp        0        0 :::9095          :::*          LISTEN          1779/java
tcp        0        0 :::9096          :::*          LISTEN          2128/java
```

③ binghe203 服务器：

```
-bash-4.1$ sudo netstat -ntlp|grep -E '2181|909[2-9]'|sort -k3
tcp        0        0 :::2181          :::*          LISTEN          1432/java
tcp        0        0 :::9097          :::*          LISTEN          1774/java
tcp        0        0 :::9098          :::*          LISTEN          2123/java
```

可以看到，Kafka 集群启动成功，并且符合本节中对 Kafka 集群的规划。

（7）测试 Kafka 集群的方式与 13.10.4 小节中测试 Kafka 的方式基本相同，执行的命令分别如下所示。

①创建名为 my-multi-server-multi-kafka 的 Topic：

```
/usr/local/kafka_2.12-2.3.0-9092/bin/kafka-topics.sh --create --zookeeper 19
2.168.175.201:2181,192.168.175.202:2181,192.168.175.203:2181 --replication-
factor 7 --partitions 1 --topic my-multi-server-multi-kafka
```

②查看已创建的 Topic：

```
-bash-4.1$ /usr/local/kafka_2.12-2.3.0-9092/bin/kafka-topics.sh --list
--zookeeper 192.168.175.201:2181,192.168.175.202:2181,192.168.175.203:2181
my-multi-server-multi-kafka
```

③查看名为 my-multi-server-multi-kafka 的 Topic 的状态：

```
-bash-4.1$ /usr/local/kafka_2.12-2.3.0-9092/bin/kafka-topics.sh --describe
--zookeeper 192.168.175.201:2181,192.168.175.202:2181,192.168.175.203:21
81 --topic my-multi-server-multi-kafka Topic:my-multi-server-multi-kafka
PartitionCount:1 ReplicationFactor:7 Configs:
        Topic: my-multi-server-multi-kafka Partition: 0 Leader: 2 Replicas:
2,3,4,5,6,7,1 Isr: 2,3,4,5,6,7,1
```

④启动生产者：

```
-bash-4.1$ kafka-console-producer.sh --broker-list 192.168.175.201:9092,192.168.
175.201:9093,192.168.175.201:9094,192.168.175.202:9095,192.168.175.202:9096,192.
168.175.203:9097,192.168.175.203:9098 --topic my-multi-server-multi-kafka
>
```

⑤启动消费者：

```
kafka-console-consumer.sh --bootstrap-server 192.168.175.201:9092,192.168.17
5.201:9093,192.168.175.201:9094,192.168.175.202:9095,192.168.175.202:9096,19
2.168.175.203:9097,192.168.175.203:9098  --topic my-multi-server-multi-kafka
--from-beginning
```

⑥生产者发送数据：

```
-bash-4.1$ kafka-console-producer.sh --broker-list 192.168.175.201:9092,192.168.
175.201:9093,192.168.175.201:9094,192.168.175.202:9095,192.168.175.202:9096,192.
168.175.203:9097,192.168.175.203:9098 --topic my-multi-server-multi-kafka
>hello my-multi-server-multi-kafka
```

⑦消费者接收数据：

```
-bash-4.1$ kafka-console-consumer.sh --bootstrap-server 192.168.175.201:9092
,192.168.175.201:9093,192.168.175.201:9094,192.168.175.202:9095,192.168.175.
202:9096,192.168.175.203:9097,192.168.175.203:9098  --topic my-multi-server-
multi-kafka --from-beginning
hello my-multi-server-multi-kafka
```

可以看到，在 Kafka 集群中，Kafka 生产者能够正常发送数据，Kafka 消费者能够正常接收数据，说明 Kafka 多机多实例集群环境搭建成功。

13.11 Kafka 编程案例

本节主要介绍几个常用的 Kafka 编程案例，掌握这些 Kafka 编程案例，有助于读者更

加深刻地理解 Kafka 在实际工作中的应用，培养基于 Kafka 编程的思维。

注意：本节中的案例默认已经成功启动了 Zookeeper 和 Kafka。

13.11.1　项目准备

（1）创建 mykit-book-kafka 项目，并在 src/main/resources 目录下创建 log4j.properties 文件，内容如下所示：

```
log4j.rootLogger=INFO, stdout
log4j.appender.stdout=org.apache.log4j.ConsoleAppender
log4j.appender.stdout.layout=org.apache.log4j.PatternLayout
log4j.appender.stdout.layout.ConversionPattern=%d %p [%c] - %m%n
log4j.appender.logfile=org.apache.log4j.FileAppender
log4j.appender.logfile.File=/home/logs/mykit-book-kafka.log
log4j.appender.logfile.layout=org.apache.log4j.PatternLayout
log4j.appender.logfile.layout.ConversionPattern=%d %p [%c] - %m%n
log4j.logger.org.apache.hadoop.util.NativeCodeLoader=ERROR
```

（2）修改 mykit-book-kafka 项目的 pom.xml 文件，新增的配置信息如下所示：

```
<properties>
    <slf4j.version>1.7.2</slf4j.version>
    <kafka.version>2.3.0</kafka.version>
</properties>
<dependencies>
    <dependency>
        <groupId>org.slf4j</groupId>
        <artifactId>slf4j-log4j12</artifactId>
        <version>${slf4j.version}</version>
    </dependency>
    <dependency>
        <groupId>org.apache.kafka</groupId>
        <artifactId>kafka_2.12</artifactId>
        <version>${kafka.version}</version>
    </dependency>
</dependencies>
<build>
    <plugins>
        <plugin>
            <groupId>org.apache.maven.plugins</groupId>
            <artifactId>maven-assembly-plugin</artifactId>
            <version>2.3</version>
            <configuration>
                <appendAssemblyId>false</appendAssemblyId>
                <descriptorRefs>
                    <descriptorRef>jar-with-dependencies</descriptorRef>
                </descriptorRefs>
                <archive>
```

```
                    <manifest>
                        <addClasspath>true</addClasspath>
                        <classpathPrefix>lib/</classpathPrefix>

            <mainClass>io.mykit.binghe.kafka.javaclient.MykitKafkaConsumer</mainClass>
                    </manifest>
                </archive>
            </configuration>
            <executions>
                <execution>
                    <id>make-assembly</id>
                    <phase>package</phase>
                    <goals>
                        <goal>assembly</goal>
                    </goals>
                </execution>
            </executions>
        </plugin>
    </plugins>
</build>
```

13.11.2 用 Java 实现 Kafka 的客户端编程

Kafka 天生就支持 Java 编程，本节使用 Java 语言实现 Kafka 的生产者和消费者，并从生产者发送消息到消费者。

1. 需求

使用 Java 语言实现向 Kafka 发送数据，并实现从 Kafka 接收数据。

2. 代码实现

（1）在 mykit-book-kafka 项目中创建 Java 包 io.mykit.binghe.kafka.javaclient，本案例创建的 Java 类均放置在此包下。

（2）创建 KafkaConfig 类，表示程序的配置类，为案例程序提供配置属性，代码如下所示：

```
/**
 * 配置信息
 */
public class KafkaConfig {
    /**
     * Kafka 中 Topic 的名称
     */
    public static final String TOPIC_NAME = "my-test-topic";

    /**
     * 执行的线程数
     */
    public static final Integer THREADS = 1;
    /**
```

```
        * 生产者标识
        */
    public static final String TYPE_PRODUCER = "producer";
    /**
        * 消费者标识
        */
    public static final String TYPE_CONSUMER = "consumer";
    /**
        * 获取生产者或消费者配置信息
        * @param type 生产者或消费者的标识
        * @return 生产者或消费者配置信息
        */
    public static Properties getProperties(String type){
        Properties props = new Properties();
        // 配置生产者
        if(TYPE_PRODUCER.equals(type)){
            props.put("bootstrap.servers", "192.168.175.100:9092");
            props.put("acks", "all");
            props.put("retries", 0);
            props.put("batch.size", 16384);
            props.put("linger.ms", 1);
            props.put("buffer.memory", 33554432);
            props.put("key.serializer", "org.apache.kafka.common.
serialization.StringSerializer");
            props.put("value.serializer", "org.apache.kafka.common.
serialization.StringSerializer");
        }else{
            props.put(ConsumerConfig.BOOTSTRAP_SERVERS_CONFIG, "192.168.175.100:9092");
            props.put(ConsumerConfig.GROUP_ID_CONFIG ,"my-test") ;
            props.put(ConsumerConfig.ENABLE_AUTO_COMMIT_CONFIG, "true");
            props.put(ConsumerConfig.AUTO_COMMIT_INTERVAL_MS_CONFIG, "1000");
            props.put(ConsumerConfig.KEY_DESERIALIZER_CLASS_CONFIG,
StringDeserializer.class);
            props.put(ConsumerConfig.VALUE_DESERIALIZER_CLASS_CONFIG,
StringDeserializer.class);
        }
        return props;
    }
}
```

（3）创建生产者类 MykitKafkaProducer，循环 3 次，将 "Hello Kafka====>>>0-9" 发送到 Kafka 中，代码如下所示：

```
/**
 * Kafka 生产者
 */
public class MykitKafkaProducer {
    private static  final Logger LOGGER = LoggerFactory.
getLogger(MykitKafkaProducer.class);
    public static void main(String[] args){
        // 获取 Kafka 生产者的配置信息
```

```
        Properties props = KafkaConfig.getProperties(KafkaConfig.TYPE_PRODUCER);
        Producer<String, String> producer = new KafkaProducer<String,
String>(props);
        for(int i = 0; i < 3; i++){
            // 封装 Kafka 生产者发送消息的主题和消息内容
            ProducerRecord<String, String> data = new ProducerRecord<String,
String>(KafkaConfig.TOPIC_NAME, "Hello Kafka===>>>" + i);
            producer.send(data, new Callback() {
                @Override
                public void onCompletion(RecordMetadata recordMetadata, Exception e) {
                    // 捕获异常，直接输出堆栈信息
                    if(e != null){
                        e.printStackTrace();
                    }else{
                        LOGGER.info(" 当前发送 ====>>>" + recordMetadata.offset());
                    }
                }
            });
        }
        producer.close();
    }
}
```

（4）创建 Kafka 消费者类 MykitKafkaConsumer，从 Kafka 中获取数据并输出结果，代码如下所示：

```
/**
 * Kafka 消费者
 */
public class MykitKafkaConsumer {

    private static  final Logger LOGGER = LoggerFactory.
getLogger(MykitKafkaConsumer.class);
    public static void main(String[] args){
        Properties props = KafkaConfig.getProperties(KafkaConfig.TYPE_CONSUMER);
        Consumer<String, String> consumer = new KafkaConsumer<String, String>(props);
        // 设置 Kafka 消费者订阅的主题
        consumer.subscribe(Arrays.asList(KafkaConfig.TOPIC_NAME));
        // 循环接收消息
        while (true){
            ConsumerRecords<String, String> consumerRecords = consumer.poll(1000);
            if(consumerRecords != null && !consumerRecords.isEmpty()){
                for (ConsumerRecord<String, String> consumerRecord : consumerRecords){
                    LOGGER.info(consumerRecord.value());
                }
            }
        }
    }
}
```

3. 案例测试

（1）将项目打包成 jar 文件，并上传到 CentOS 6.8 服务器的 /home/hadoop/kafka 目录下。

（2）启动生产者，如下所示：

```
java -cp /home/hadoop/kafka/mykit-book-kafka-1.0.0-SNAPSHOT.jar io.mykit.
binghe.kafka.javaclient.MykitKafkaProducer
```

启动生产者之后，生产者会自动向 Kafka 发送消息，同时输出相关的日志，如下所示：

```
2019-08-07 22:36:55,053 INFO [io.mykit.binghe.kafka.javaclient.
MykitKafkaProducer] - 当前发送 ====>>>0
2019-08-07 22:36:55,053 INFO [io.mykit.binghe.kafka.javaclient.
MykitKafkaProducer] - 当前发送 ====>>>1
2019-08-07 22:36:55,053 INFO [io.mykit.binghe.kafka.javaclient.
MykitKafkaProducer] - 当前发送 ====>>>2
```

（3）启动消费者，如下所示：

```
java -cp /home/hadoop/kafka/mykit-book-kafka-1.0.0-SNAPSHOT.jar io.mykit.
binghe.kafka.javaclient.MykitKafkaConsumer
```

消费者端会输出生产者发送的消息，如下所示：

```
2019-08-07 22:55:44,115 INFO [io.mykit.binghe.kafka.javaclient.
MykitKafkaConsumer] - Hello Kafka===>>>0
2019-08-07 22:55:44,115 INFO [io.mykit.binghe.kafka.javaclient.
MykitKafkaConsumer] - Hello Kafka===>>>1
2019-08-07 22:55:44,116 INFO [io.mykit.binghe.kafka.javaclient.
MykitKafkaConsumer] - Hello Kafka===>>>2
```

证明案例执行成功，符合需求的要求。

> 注意： 当需要执行 jar 包中的某个具体类的 main() 方法时，可以使用 java -cp 命令。例如，
> java -cp xxx.jar io.binghe.test.Test 表示执行 xxx.jar 文件中的 io.binghe.test 包下的
> Test 类中的 main() 方法。

13.11.3　搭建 Python 开发环境

Kafka 的客户端开发不仅支持 Java 语言，还支持 Python 语言，但是需要搭建并配置
Python 的开发环境。本小节就简单介绍使用 Python 语言开发 Kafka 程序需要做的环境准备。

> 注意： 由于最新版的 Python 与 Kafka 插件存在兼容问题，因此本小节安装的 Python 版
> 本为 Python 3.6.6。

1. 下载并安装 openssl

（1）下载 openssl，如下所示：

```
wget https://www.openssl.org/source/openssl-1.1.1a.tar.gz
```

（2）解压、编译、安装 openssl，如下所示：

```
tar -zxvf openssl-1.1.1a.tar.gz
cd openssl-1.1.1a
./config --prefix=/usr/local/openssl no-zlib # 不需要 zlib
make
make install
```

（3）对 openssl 原来的配置进行备份，如下所示：

```
mv /usr/bin/openssl /usr/bin/openssl.bak
mv /usr/include/openssl/ /usr/include/openssl.bak
```

（4）配置新版的 openssl，如下所示：

```
ln -s /usr/local/openssl/include/openssl /usr/include/openssl
ln -s /usr/local/openssl/lib/libssl.so.1.1 /usr/local/lib64/libssl.so
ln -s /usr/local/openssl/bin/openssl /usr/bin/openssl
```

（5）将新安装的 openssl 的 lib 目录写入系统配置，并使系统配置生效，如下所示：

```
echo "/usr/local/openssl/lib" >> /etc/ld.so.conf
ldconfig -v
```

（6）查看 openssl 版本，如下所示：

```
openssl version
```

查看 openssl 版本，有时会提示如下错误信息：

```
/usr/local/openssl/bin/openssl: error while loading shared libraries: libssl.
so.1.1: cannot open shared object file: No such file or directory
```

这里假设 libssl.so.1.1 文件在 /usr/local/openssl/lib/ 目录下，可以执行如下命令解决：

```
ln -s /usr/local/openssl/lib/libssl.so.1.1 /usr/lib64/libssl.so.1.1
ln -s /usr/local/openssl/lib/libcrypto.so.1.1 /usr/lib64/libcrypto.so.1.1
```

2. 下载并安装 Python

（1）下载 Python，如下所示：

```
wget https://www.python.org/ftp/python/3.6.6/Python-3.6.6.tgz
```

（2）解压、编译、安装 Python，如下所示：

```
tar -zxvf Python-3.6.6.tgz
cd Python-3.6.6
./configure --prefix=/usr/local/python36 --with-ssl
```

或者

```
./configure --prefix=/usr/local/python36 -with-openssl=/usr/local/openssl
```

```
make && make install
```

（3）安装 Python 的 Kafka 类库，如下所示：

```
/usr/local/python36/bin/pip3 install kafka
/usr/local/python36/bin/pip3 install pykafka
/usr/local/python36/bin/pip3 install kafka-python
```

13.11.4　用 Python 实现生产者

本小节主要使用 Python 语言实现 Kafka 的生产者向 Kafka 发送消息，13.11.2 小节中的消费者作为接收消息的客户端。

1. 编写生产者代码

使用 Python 的 kafka 类库编写生产者非常简单，只需要在程序中实例化 kafka 类库中的 KafkaProducer 类，按照接口发送数据即可。

创建 mykit_kafka_producer.py 文件和 MykitKafkaProducer 类，在初始化方法中传入 Kafka 的 IP 和端口，然后定义 send_message() 方法，传入 topic 和要发送的数据，之后在 send_message() 方法中实例化 KafkaProducer 类并完成数据传送，代码如下所示：

```
from kafka import KafkaProducer
class MykitKafkaProducer():
    def __init__(self, servers):
        self.servers = servers
    def send_message(self, topic, message):
        producer = KafkaProducer(bootstrap_servers=self.servers)
        for i in range(0, 3):
            msg = str(message) + "===>>>" + str(i)
            future = producer.send(topic, msg.encode())
            record_metadata = future.get(timeout=10)
            print(record_metadata)
        producer.close()
if __name__ == '__main__':
    mykit_producer = MykitKafkaProducer("192.168.175.100:9092").send_
message("my-test-topic", "Hello Kafka")
```

2. 启动消费者

启动 13.11.2 小节中编写的消费者程序来监听数据，如下所示：

```
java -cp /home/hadoop/kafka/mykit-book-kafka-1.0.0-SNAPSHOT.jar io.mykit.
binghe.kafka.javaclient.MykitKafkaConsumer
```

3. 启动生产者

新开终端，登录 CentOS 6.8 服务器，启动使用 Python 语言编写的生产者，如下所示：

```
/usr/local/python36/bin/python3 /home/hadoop/python/kafka/mykit_kafka_
producer.py
```

启动生产者之后，会在命令行中输出如下信息：

```
RecordMetadata(topic='my-test-topic', partition=0, topic_partition=Topic
Partition(topic='my-test-topic', partition=0), offset=57, timestamp=-1,
checksum=2050132961, serialized_key_size=-1, serialized_value_size=18)
RecordMetadata(topic='my-test-topic', partition=0, topic_partition=Topic
Partition(topic='my-test-topic', partition=0), offset=58, timestamp=-1,
checksum=1819594802, serialized_key_size=-1, serialized_value_size=18)
RecordMetadata(topic='my-test-topic', partition=0, topic_partition=Topic
Partition(topic='my-test-topic', partition=0), offset=59, timestamp=-1,
checksum=-626009351, serialized_key_size=-1, serialized_value_size=18)
```

说明生产者消息已经发出。

4. 查看消费者命令行信息

输出的信息如下所示：

```
2019-08-08 22:07:52,364 INFO [io.mykit.binghe.kafka.javaclient.
MykitKafkaConsumer] - Hello Kafka===>>>0
2019-08-08 22:07:52,367 INFO [io.mykit.binghe.kafka.javaclient.
MykitKafkaConsumer] - Hello Kafka===>>>1
2019-08-08 22:07:52,367 INFO [io.mykit.binghe.kafka.javaclient.
MykitKafkaConsumer] - Hello Kafka===>>>2
```

说明使用 Python 语言编写的 Kafka 生产者成功将数据发送到 Kafka，并输出到 Java 语言编写的消费者命令行。

13.11.5 用 Python 实现消费者

本小节实现使用 Python 语言编写 Kafka 的消费者消费 Kafka 中的数据，以及 13.11.2 小节中编写的生产者向 Kafka 发送数据。

1. 编写消费者代码

使用 Python 语言的 kafka 类库编写消费者更加简单，只需要实例化 kafka 类库中的 KafkaConsumer 类，并循环取出数据即可。

创建 mykit_kafka_consumer.py 文件和 MykitKafkaConsumer 类，在初始化方法中传入 Kafka 的 IP 和端口，定义 get_message() 方法，并在 get_message() 方法中输出从 Kafka 中获取的数据，代码如下所示：

```python
from kafka import KafkaConsumer
class MykitKafkaConsumer():
    def __init__(self, servers):
        self.servers = servers
    def get_message(self, topic):
        consumer = KafkaConsumer(topic, auto_offset_reset='earliest',
                        bootstrap_servers=self.servers)
        for msg in consumer:
            print(msg.value)
```

```
if __name__ == '__main__':
    MykitKafkaConsumer("192.168.175.100").get_message("my-test-topic")
```

2. 启动消费者

启动使用 Python 语言编写的消费者监听数据，如下所示：

```
/usr/local/python36/bin/python3 /home/hadoop/python/kafka/mykit_kafka_
consumer.py
```

3. 启动生产者

新开终端，登录 CentOS 6.8 服务器，启动 13.11.2 小节中编写的生产者，如下所示：

```
java -cp /home/hadoop/kafka/mykit-book-kafka-1.0.0-SNAPSHOT.jar io.mykit.
binghe.kafka.javaclient.MykitKafkaProducer
```

此时，生产者命令行会输出如下信息：

```
2019-08-08 22:21:40,674 INFO [io.mykit.binghe.kafka.javaclient.
MykitKafkaProducer] - 当前发送 ====>>>0
2019-08-08 22:21:40,674 INFO [io.mykit.binghe.kafka.javaclient.
MykitKafkaProducer] - 当前发送 ====>>>1
2019-08-08 22:21:40,674 INFO [io.mykit.binghe.kafka.javaclient.
MykitKafkaProducer] - 当前发送 ====>>>2
```

说明生产者已经向 Kafka 发送了数据。

4. 查看消费者命令行

可以看到，输出的信息如下所示：

```
b'Hello Kafka===>>>0'
b'Hello Kafka===>>>1'
b'Hello Kafka===>>>2'
```

说明使用 Python 编写的消费者成功获取到了使用 Java 编写的生产者向 Kafka 发送的数据。

13.11.6 用 Python 实现 Kafka 客户端

本小节的实现比较简单，Kafka 生产者和消费者都使用前文中用 Python 实现的生产者和消费者。

（1）启动消费者，如下所示：

```
/usr/local/python36/bin/python3 /home/hadoop/python/kafka/mykit_kafka_
consumer.py
```

（2）新开终端，登录服务器，启动生产者，如下所示：

```
/usr/local/python36/bin/python3 /home/hadoop/python/kafka/mykit_kafka_
producer.py
```

此时，生产者命令行会输出如下信息：

```
RecordMetadata(topic='my-test-topic', partition=0, topic_partition=Topic
Partition(topic='my-test-topic', partition=0), offset=90, timestamp=-1,
checksum=1108667150, serialized_key_size=-1, serialized_value_size=18)
RecordMetadata(topic='my-test-topic', partition=0, topic_partition=Topic
Partition(topic='my-test-topic', partition=0), offset=91, timestamp=-1,
checksum=-406414050, serialized_key_size=-1, serialized_value_size=18)
RecordMetadata(topic='my-test-topic', partition=0, topic_partition=Topic
Partition(topic='my-test-topic', partition=0), offset=92, timestamp=-1,
checksum=-1283429846, serialized_key_size=-1, serialized_value_size=18)
```

（3）查看 Python 消费者命令行的输出信息，如下所示：

```
b'Hello Kafka===>>>0'
b'Hello Kafka===>>>1'
b'Hello Kafka===>>>2'
```

Python 消费者成功获取到了 Python 生产者向 Kafka 发送的数据，说明使用 Python 编写 Kafka 客户端成功。

13.12 遇到的问题和解决方案

本节介绍搭建 Kafka 环境和实现 Kafka 案例时遇到的问题和解决方案，虽然不能涵盖所有问题，但是能够为读者提供一定的参考。

13.12.1 Kafka 启动报错

关键报错信息如下所示：

```
ERROR [KafkaApi-100] error when handling request Name: TopicMetadataRequest;
Version: 0; CorrelationId: 1496; ClientId: producer-1; Topics:
Interation,Booksheet (kafka.server.KafkaApis)
kafka.admin.AdminOperationException: replication factor: 1 larger than
available brokers: 0
```

解决方案为，复制 KAFKA_HOME/config 目录下的 server.properties 文件，如复制为 server-1.properties 文件和 server-2.properties 文件，同时修改 3 个配置文件，内容如下所示。

（1）server.properties：

```
broker.id=0
port=9092
log.dir=/usr/local/kafka_2.12-2.3.0/logs-0
host.name=192.168.175.100
```

（2）server-1.properties：

```
broker.id=1
port=9093
log.dir=/usr/local/kafka_2.12-2.3.0/logs-1
host.name=192.168.175.100
```

（3）server-2.properties：

```
broker.id=2
port=9094
log.dir=/usr/local/kafka_2.12-2.3.0/logs-2
host.name=192.168.175.100
```

13.12.2　Kafka 发送数据失败

关键报错信息如下所示：

```
kafka Failed to send messages after 3 tries
```

解决方案非常简单，只需要在 KAFKA_HOME/config 目录下的 server.properties 文件中配置 host.name 和 advertised.host.name，如下所示：

```
host.name=192.168.175.100
advertised.host.name=192.168.175.100
```

13.12.3　运行 Kafka 的 Python 客户端报错

使用 Python 3.7.4 版本运行编写的 Python 客户端时报错，关键报错信息如下所示：

```
Traceback (most recent call last):
  File "mykit_kafka_producer.py", line 9, in <module>
    from kafka import KafkaProducer
  File "/usr/local/lib/python3.7/site-packages/kafka/__init__.py", line 23, in
<module>
    from kafka.producer import KafkaProducer
  File "/usr/local/lib/python3.7/site-packages/kafka/producer/__init__.py",
line 4, in <module>
    from .simple import SimpleProducer
  File "/usr/local/lib/python3.7/site-packages/kafka/producer/simple.py", line 54
    return '<SimpleProducer batch=%s>' % self.async
```

原因是 Python 3.7 版本将 async、await 等纳入 Python 关键字，与 Python 的 kafka 类库中的部分类不兼容；安装 Python 3.6.6 版本后，重新以 Python 3.6.6 版本运行 Kafka 的 Python 客户端，执行成功。

13.13 本章总结

本章介绍了 Kafka 中的生产者和消费者的数据传输流程，重点介绍了 Kafka 的环境搭建，包括单机单实例环境搭建、单机多实例环境搭建、多机单实例集群环境搭建和多机多实例集群环境搭建，随后介绍了 Kafka 在实际工作过程中的编程案例，最后对遇到的问题和解决方案进行了总结。第 14 章将会对大数据实时流计算领域的神器 ——Storm 的基础知识进行介绍。

第 14 章

Storm 基础知识

Storm 的出现，使大数据实时流计算领域得到了迅速的发展。同时，它能够运用到多个场景中，处理速度非常迅速，能够保证每条数据都能被处理。

本章主要涉及的知识点如下。

- Storm 集群架构。
- Storm 中的配置项含义。
- Storm 支持的序列化。
- Storm 容错机制。
- Storm 可靠性机制。
- Storm 消息传输机制。

14.1 Storm 集群架构

Storm 集群架构中包含 Zookeeper 节点、Storm 的 Nimbus 节点和 Supervisor 节点，运行任务的 Worker 进程在 Supervisor 节点上，如图 14-1 所示。

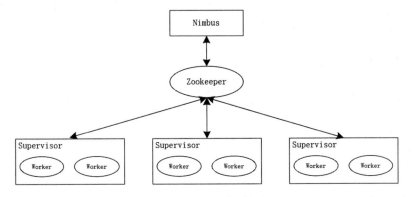

图 14-1　Storm 集群架构

图 14-1 理解起来比较简单，这里不再解释其含义。

14.2 Storm 配置项详解

Storm 中包含各种各样的配置项，掌握这些配置项的含义和用法，有助于读者更加深入地理解 Storm 的运行机制，并更好地进行 Storm 的性能调优。本节就对 Storm 的各项配置做简要介绍。

注意：本节中的配置基于 Storm 2.0.0 版本，可能会与其他版本的 Storm 不同。

14.2.1　Storm 配置项

Storm 中常用的配置项如表 14-1 所示。

表 14-1　Storm 中常用的配置项

配置项	说明	默认值
java.library.path	Java 的本地库目录	/usr/local/lib:/opt/local/lib:/usr/lib:/usr/lib64
storm.local.dir	Storm 操作本地系统的目录，此目录必须提前创建好，并且 Storm 进程需要有读 / 写权限	storm-local
storm.log4j2.conf.dir	log4j 日志存放的目录	/usr/local/storm-2.0.0/log4j2

配置项	说明	默认值
storm.zookeeper.servers	Zookeeper 服务器的主机或者 IP 地址列表	storm.zookeeper.servers: – "192.168.175.101" – "192.168.175.102" – "192.168.175.103"
storm.zookeeper.port	Zookeeper 服务的端口号	2181
storm.zookeeper.root	Storm 在 Zookeeper 上存储的元数据信息的根目录	/storm
storm.zookeeper.session.timeout	客户端连接 Zookeeper 的 Session 超时时间	20000ms
storm.zookeeper.connection.timeout	连接超时时间	15000ms
storm.zookeeper.retry.times	Zookeeper 操作的重试次数	5
storm.zookeeper.retry.interval	Zookeeper 重试间隔时间	1000ms
storm.zookeeper.retry.intervalceiling.millis	执行重试操作的最长间隔时间	30000ms
storm.zookeeper.auth.user	连接 Zookeeper 的认证用户名	NULL
storm.zookeeper.auth.password	连接 Zookeeper 的认证密码	NULL
storm.exhibitor.port	Zookeeper 服务监控插件端口	8080
storm.exhibitor.poll.uripath	Zookeeper 服务监控插件 URI 路径	/exhibitor/v1/cluster/list
storm.cluster.mode	Storm 的部署模式，有两个选项：distributed 表示集群模式，local 表示本地模式	distributed
storm.local.mode.zmq	本地模式下是否使用 ZeroMQ 发送消息。如果为 true，则使用 ZeroMQ 发送消息；如果为 false，则使用 Java 消息系统发送消息	false
storm.thrift.transport	Storm 使用的 thrift 的传输类	org.apache.storm.security.auth.SimpleTransportPlugin
storm.thrift.socket.timeout.ms	连接 thrift 的超时时间	600000ms
storm.messaging.transport	Storm 任务之间消息的传输协议，默认使用 Netty 协议传输	org.apache.storm.messaging.netty.Context
storm.nimbus.retry.times	Storm 中 Nimbus 的操作次数	5
storm.nimbus.retry.interval.millis	Storm 中 Nimbus 的重试时间间隔	2000ms
storm.nimbus.retry.intervalceiling.millis	Nimbus 的最大重试时间间隔	60000ms
nimbus.seeds	Nimbus 节点的服务器列表	["localhost"]
nimbus.thrift.port	Nimbus 监听的 thrift 端口	6627
nimbus.thrift.threads	Nimbus 的 thrift 的线程数目	64
nimbus.thrift.max_buffer_size	Nimbus 的 thrift 的最大缓存大小	1048576B

续表

配置项	说明	默认值
nimbus.childopts	Storm 中 Nimbus 的 JVM 设置选项	"-Xmx1024m"
nimbus.task.timeout.secs	Nimbus 节点收不到心跳信息，重新分配任务的时间间隔	30s
nimbus.supervisor.timeout.secs	Nimbus 节点多久没有收到 Supervisor 节点的心跳信息，认为该 Supervisor 节点死亡	60s
nimbus.monitor.freq.secs	Nimbus 节点查询 Supervisor 节点的心跳信息并且重新分配工作的时间	10s
nimbus.reassign	Nimbus 得知任务失败时，是否重新分配任务	true
nimbus.cleanup.inbox.freq.secs	Nimbus 清理 inbox 文件的时间间隔	600s
nimbus.inbox.jar.expiration.secs	inbox 中 jar 文件的过期时间	3600s
nimbus.code.sync.freq.secs	Nimbus 同步未执行的拓扑代码的时间间隔	120s
nimbus.task.launch.secs	Nimbus 节点第一次启动任务的超时时间	120s
nimbus.file.copy.expiration.secs	Nimbus 文件复制（上传和下载）的超时时间	600s
nimbus.topology.validator	Nimbus 指定验证拓扑的类	org.apache.storm.nimbus.DefaultTopologyValidator
topology.min.replication.count	Leader 执行拓扑时，拓扑代码最小的备份数	1
topology.max.replication.wait.time.sec	Leader 执行拓扑代码的最大等待时间，当拓扑代码最小的备份数未达到设置要求时，也要执行拓扑	60s
supervisor.slots.ports	当前服务器上可执行的 Worker 数目，每个 Worker 对应一个端口	supervisor.slots.ports: - 6700 - 6701 - 6702 - 6703
supervisor.childopts	Supervisor 的 JVM 设置选项	"-Xmx256m"
supervisor.worker.start.timeout.secs	Supervisor 启动 Worker 的超时时间	120s
supervisor.worker.timeout.secs	Supervisor 中 Worker 的超时时间	30s
supervisor.worker.shutdown.sleep.secs	Supervisor 关闭 Worker 需要等待的时间	3s
supervisor.monitor.frequency.secs	Supervisor 检查 Worker 心跳并确认重启 Worker 的时间间隔	3s
supervisor.heartbeat.frequency.secs	Supervisor 每次心跳的间隔时间	5s
supervisor.worker.heartbeats.max.timeout.secs	Supervisor 中 Worker 的心跳最大超时时间	600s

配置项	说明	默认值
supervisor.enable	Supervisor 是否启动分配给它的 Worker 任务	true
supervisor.thrift.port	Supervisor 的 thrift 端口	6628
supervisor.queue.size	Supervisor 中队列的大小	128
supervisor.thrift.threads	Supervisor 的 thrift 的线程大小	16
supervisor.thrift.max_buffer_size	Supervisor 的 thrift 的最大缓存大小	1048576B
supervisor.thrift.socket.timeout.ms	Supervisor 的 thrift 的超时时间	5000ms
worker.heap.memory.mb	Worker 任务的堆内存大小	768MB
worker.childopts	Worker 的 JVM 设置选项	"-Xmx%HEAP-MEM%m -XX:+PrintGCDetails -Xloggc:artifacts/gc.log -XX:+PrintGCDateStamps -XX:+PrintGCTimeStamps -XX:+UseGCLogFileRotation -XX:NumberOfGCLogFiles=10 -XX:GCLogFileSize=1M -XX:+HeapDumpOnOutOf MemoryError -XX:HeapDump Path=artifacts/heapdump"
worker.gc.childopts	配置 Worker 的 GC JVM 选项	""
worker.heartbeat.frequency.secs	Worker 任务向 Supervisor 发送心跳信息的时间间隔	1s
topology.worker.receiver.thread. count	每个 Worker 任务中 Receiver 的线程个数	1
task.heartbeat.frequency.secs	Task 任务向 Nimbus 节点发送心跳信息的间隔秒数	3s
task.refresh.poll.secs	和其他 Task 任务同步连接的时间	30s
storm.messaging.netty.server_worker_threads	Server 端接收数据的线程数	1
storm.messaging.netty.client_worker_threads	Client 端接收数据的线程数	1
storm.messaging.netty.buffer_size	Netty 的 Buffer 缓冲大小	5242880B
storm.messaging.netty.max_retries	Storm 中消息的重试次数	300
storm.messaging.netty.max_wait_ms	Storm 中 Netty 消息的最大等待时间	1000ms
storm.messaging.netty.min_wait_ms	Storm 中 Netty 消息的最小等待时间	100ms
storm.messaging.netty.transfer. batch.size	Storm 中 Netty 客户端批量发送消息的大小	16777216B
topology.enable.message.timeouts	是否保证数据被完全处理	true
topology.acker.executors	设置 Acker 线程个数	NULL

配置项	说明	默认值
topology.message.timeout.secs	Tuple 消息被认为处理失败的超时时间	30s
topology.max.spout.pending	在 Storm 中处理的 Spout Touple 的最大数量	NULL
topology.workers	设置 Worker 的数量	1
topology.tasks	设置 Task 任务的数量	NULL
topology.max.task.parallelism	设置拓扑的最大线程数	NULL
topology.worker.childopts	设置 Topology 中 Worker 的 JVM 选项	Null
topology.worker.logwriter.childopts	设置 Topology 中 Worker 日志输出的 JVM 选项	"–Xmx64m"
topology.worker.shared.thread.pool.size	Topology 中 Worker 任务的共享线程池大小	4
topology.executor.receive.buffer.size	执行 Receiver 的缓冲大小	32768B
topology.transfer.buffer.size	Receiver 队列大小	1000
topology.transfer.batch.size	批量大小，不能大于 topology.transfer.buffer.size 配置项的一半	1
topology.debug	开启或关闭 debug 模式	false
topology.tick.tuple.freq.secs	Topology 定时处理逻辑的时间间隔	NULL
topology.spout.wait.strategy	Topology 中 Spout 的等待策略	org.apache.storm.policy.WaitStrategyProgressive
ui.host	Storm UI 监听的主机名或 IP 地址	0.0.0.0
ui.port	Storm UI 监听的端口号	8080
ui.childopts	Storm UI 的 JVM 选项	"–Xmx768m"
drpc.port	DRPC 端口号	3772
drpc.worker.threads	DRPC 中 Worker 的线程数	64
drpc.max_buffer_size	DRPC 的最大缓冲大小	1048576B
drpc.queue.size	DRPC 队列大小	128
drpc.childopts	DRPC JVM 选项	"–Xmx768m"
drpc.http.port	DRPC 的 HTTP 端口	3774
drpc.https.port	DRPC 的 HTTPS 端口	–1
transactional.zookeeper.root	Storm 中的事务在 Zookeeper 中的存储根目录	/transactional
transactional.zookeeper.servers	Storm 事务存储的 Zookeeper 服务器列表	NULL
transactional.zookeeper.port	Storm 事务存储的 Zookeeper 端口	NULL

14.2.2　storm.yaml 配置项

storm.yaml 文件中的配置项会覆盖 defaults.yaml 文件中的配置项。通常，在设置 Storm 的配置项或者是对 Storm 进行性能调优时，往往不会直接修改 defaults.yaml 文件中的配置项，而是在 storm.yaml 文件中配置需要修改的配置项。

storm.yaml 文件中各配置项的含义与 default.yaml 文件中各配置项的含义完全相同。

搭建 Storm 环境时，在 Storm.yaml 文件中有几个配置项必须设置。

（1）storm.zookeeper.servers，配置如下所示：

```
storm.zookeeper.servers:
    - "192.168.175.101"
    - "192.168.175.102"
- "192.168.175.103"
```

表示 Storm 设置的 Zookeeper 服务器 IP 地址为 192.168.175.101、192.168.175.102 和 192.168.175.103。

如果搭建 Zookeeper 环境时设置的端口号和 Zookeeper 默认的端口号不一致，则需要设置 storm.zookeeper.port 配置项，配置如下所示：

```
storm.zookeeper.port: 12181
```

表示 Zookeeper 的端口号为 12181。

（2）storm.local.dir，配置如下所示：

```
storm.local.dir: /usr/local/storm-2.0.0/data
```

表示 Nimbus 进程和 Supervisor 守护进程在本地磁盘存储状态的目录为 /usr/local/storm-2.0.0/data。

（3）java.labrary.path，配置如下所示：

```
java.library.path: "/usr/local/lib:/opt/local/lib:/usr/lib:/usr/lib64"
```

注意：　默认值 /usr/local/lib:/opt/local/lib:/usr/lib:/usr/lib64 适用于大部分场景的安装，一般不需要改动。

（4）nimbus.seeds，配置如下所示：

```
nimbus.seeds: ["192.168.175.100"]
```

表示 Storm Nimbus 的主控节点位于 192.168.175.100 服务器上。

（5）ui.port，默认的 Storm UI 端口为 8080，如果其他服务已经占用了 8080 端口，可通过此配置项修改 Storm UI 的监听端口，配置如下所示：

```
ui.port: 8888
```

表示当前 Storm UI 监听的端口号为8888，可通过http://IP:8888来访问 Storm 的UI管理界面。

（6）supervisor.slots.ports，配置如下所示：

```
supervisor.slots.ports:
  - 6700
  - 6701
  - 6702
  - 6703
```

表示在该节点上配置运行 4 个 Worker，每个 Worker 接收消息使用的端口号分别为
6700、6701、6702 和 6703。

14.2.3 Storm 的 Config 类

Storm 中的各配置项都对应到 Storm 的 Config 类中的字段上，Config 类位于 Storm 的
storm-client 模块下的 org.apache.storm 包中。读者可以到 https://github.com/apache/storm/
releases/tag/v2.0.0 下载 Storm 2.0.0 的源码查看 Config 类，这里不再赘述。

14.3 Storm 序列化机制

Storm 中支持使用 Kryo 进行序列化操作，默认情况下，Storm 支持对原始类型、字符
串、字节数组、数组列表（ArrayList）、Hash 映射（HashMap）、Hash 集合（HashSet）和
Clojure 集合类型进行序列化。除此之外，用户也可以注册自定义序列化器实现自定义序列化。

14.3.1 Storm 支持动态类型

Storm 在元组的字段声明中支持动态类型。当在 Storm 中设置一个元组信息时，不会为
字段声明类型，Storm 能够动态地找出这些元组信息，为元组中的字段动态设置数据类型，
并进行序列化操作。

Storm 中的元组被设计为动态类型是基于 Storm 基础架构的考虑。试想，数据都以源
源不断的数据流的形式发送到 Storm 中，Storm 中的 Bolt 可以订阅多个数据流，这些数据
流中的元组可能会有不同的数据类型，所以 Storm 中的 Bolt 接收到的元组可能来自任何数
据流，同时数据流中的元组可能会有任何数据类型的组合。如果使用静态数据类型来实现
Storm 中的元组将会非常复杂，而使用动态类型就能够非常简洁明了地实现 Storm 的元组。

14.3.2 Storm 支持自定义序列化

Storm 是一个分布式的系统，经常会被部署到不同的服务器上，甚至是不同地域的不同
机房内的服务器上，数据在 Storm 的不同任务之间传输，就需要对数据进行序列化和反序

列化操作。

Storm 内部虽然支持一些数据类型的序列化，但是如果需要使用用户自定义的对象类型，就需要注册一个自定义的序列化器。

Storm 支持在 storm.yaml 配置文件中声明序列化，其实现序列化有以下两种方式。

（1）以直接注册类名的方式实现序列化，此时 Storm 默认使用 Kryo 的 FieldsSerializer 类实现序列化。

（2）创建自定义的序列化类，继承 com.esotericsoftware.kryo.Serializer 类，实现序列化。注册类名时，使用自定义的序列化类。

例如，现在有一个自定义的员工类，如下所示：

```
package io.mykit.binghe.storm.serialize;
public class Employee {
    // 员工编号
    private String employeeNo;
    // 员工姓名
    private String employeeName;
    public Employee() {
    }
    public Employee(String employeeNo, String employeeName) {
        this.employeeNo = employeeNo;
        this.employeeName = employeeName;
    }
    // 省略 getter() 和 setter() 方法
}
```

在 storm.yaml 文件中声明 Employee 类的序列化，如下所示：

```
topology.kryo.register:
  - io.mykit.binghe.storm.serialize.Employee
```

此时，Employee 类在 Storm 内部就会默认使用 Kryo 的 FieldsSerializer 类实现序列化。

再如 Student 类，如下所示：

```
package io.mykit.binghe.storm.serialize;
public class Student {
    // 学生编号
    private String stuNo;
    // 学生姓名
    private String stuName;
    public Student(){
    }
    public Student(String stuNo, String stuName) {
        this.stuNo = stuNo;
        this.stuName = stuName;
    }
    // 省略 getter() 和 setter() 方法
}
```

此时，实现的自定义序列化类为 CustomStudentSerializer，其继承自 com.esotericsoftware.

kryo.Serializer 类，如下所示：

```
package io.mykit.binghe.storm.serialize;
public class CustomStudentSerializer extends Serializer<Student> {
    @Override
    public void write(Kryo kryo, Output output, Student student) {
        // 省略具体实现代码
    }
    @Override
    public Student read(Kryo kryo, Input input, Class<Student> aClass) {
        // 省略具体实现代码
    }
}
```

在 storm.yaml 文件中声明的 Student 类的序列化如下所示：

```
topology.kryo.register:
  - io.mykit.binghe.storm.serialize.Student: io.mykit.binghe.storm.serialize.
CustomStudentSerializer
```

此时，在 Storm 内部序列化 Student 类时，就会使用自定义的 CustomStudentSerializer 类。

14.4 Storm 容错机制

Storm 支持高度容错机制，在进程或节点发生故障时仍然能够处理后续业务。Storm 的容错性主要体现在以下几个方面。

1. Worker 进程死亡

如果 Storm 的 Worker 进程意外退出或者死亡，Storm 的 Supervisor 组件会尝试重启意外退出或者死亡的 Worker 进程。如果连续多次重启失败，Nimbus 组件接收不到心跳信息，则会在集群中的其他主机上重新分配 Worker，达到重新调度 Worker 进程的目的。

2. 集群中的某台节点主机死亡

因 Storm 的 Nimbus 组件无法接收到死亡节点主机上的任务心跳信息，会导致任务超时，Nimbus 组件会将任务重新分配给集群中的其他节点主机进行处理。

3. Nimbus 或者 Supervisor 守护进程死亡

Storm 的 Nimbus 组件和 Supervisor 组件被设计为快速失败并且是无状态的，其所有的状态信息存储在 Zookeeper 中或者服务器的磁盘上。当 Nimbus 或者 Supervisor 的守护进程死亡后，重启守护进程，则会正常处理后续业务。

4. Nimbus 节点故障

如果集群中的 Nimbus 节点发生故障，Worker 进程会继续执行，直到任务执行结束。如果 Worker 进程死亡，Supervisor 组件也会尝试重启它们。如果 Nimbus 节点故障，则无法将重启失败的 Worker 进程和执行失败的任务调度到集群中的其他服务器上。

14.5 Storm 可靠性机制

Storm 能够保证从 Spout 中发出的每条消息都能被完全处理，并且 Storm 提供的可靠性机制是分布式、可伸缩、可扩展和高度容错的。

14.5.1 消息被完整处理

Storm 中的消息被完整处理，指的是从 Spout 发出的元组中的所有消息都被 Storm 处理完毕。如果任何一个元组消息处理失败或者没有处理完或者超时，则此元组消息处理失败。

14.5.2 可靠性实现

Storm 通过给每个 Tuple 指定 ID，无论数据处理成功还是失败，Spout 组件都会接收 Tuple 返回的结果通知。如果数据处理成功，则调用 ack() 方法确认应答消息；如果数据处理失败，则调用 fail() 方法，忽略当前消息或者进行重试操作。

Storm 创造性地使用异或机制跟踪消息处理状态，Storm 会简单地对消息树中所有被创建或者被确认的元组 message-id 进行异或操作，如果最终异或出来的结果为 0，则证明消息被完全处理，否则消息处理失败。使用异或处理后，Storm 可以不依赖于 Acker 接收消息的顺序。

14.6 Storm 消息传输机制

Storm 内部支持使用 ZeroMQ、Netty 传输消息，除此之外，还可以使用自定义消息传输机制来实现消息的传输。

14.6.1 使用 ZeroMQ 传输消息

Storm 使用 ZeroMQ 传输消息。ZeroMQ 是一个消息处理队列，能够支持 C、C++、Java、Python、C# 等多种编程语言，同时支持 Windows、Linux 和 OS X 等操作系统。

ZeroMQ 消息处理队列库自身存在着一定的局限性，主要体现在以下几个方面。

（1）过度依赖操作系统环境，在性能优化上存在局限性。

（2）安装过程比较烦琐。

（3）不同版本的稳定性差异较大，经测试，目前只有 2.1.7 版本的 ZeroMQ 可以和 Storm 很好地整合并传输消息。

14.6.2 使用 Netty 传输消息

从 Storm 0.9 版本开始引入了 Netty 消息传输机制。但是，Storm 1.0 版本之前使用
Netty 传输消息的配置与 Storm 1.0 之后的版本（包含 Storm 1.0 版本）配置不同。

Storm 1.0 版本之前使用 Netty 传输消息，在 storm.yaml 文件中的配置如下所示：

```
storm.messaging.transport: "backtype.storm.messaging.netty.Context"
storm.messaging.netty.server_worker_threads: 1
storm.messaging.netty.client_worker_threads: 1
storm.messaging.netty.buffer_size: 5242880 #5MB buffer
storm.messaging.netty.max_retries: 300
storm.messaging.netty.max_wait_ms: 1000
storm.messaging.netty.min_wait_ms: 100
storm.messaging.netty.transfer.batch.size: 262144
storm.messaging.netty.flush.check.interval.ms: 10
```

Storm 1.0 版本之后（包含 Storm 1.0 版本）使用 Netty 传输消息，在 storm.yaml 文件中
的配置如下所示：

```
storm.messaging.transport: "org.apache.storm.messaging.netty.Context"
storm.messaging.netty.server_worker_threads: 1
storm.messaging.netty.client_worker_threads: 1
storm.messaging.netty.buffer_size: 5242880 #5MB buffer
storm.messaging.netty.max_retries: 300
storm.messaging.netty.max_wait_ms: 1000
storm.messaging.netty.min_wait_ms: 100
storm.messaging.netty.transfer.batch.size: 262144
storm.messaging.netty.socket.backlog: 500
storm.messaging.netty.authentication: false
```

Storm 2.0 版本除了上述配置外，还可以进行如下配置：

```
storm.messaging.netty.buffer.high.watermark: 16777216 # 16 MB
storm.messaging.netty.buffer.low.watermark: 8388608 # 8 MB
```

14.6.3 自定义消息传输机制

Storm 支持自定义传输消息，只需要实现 org.apache.storm.messaging.IContext 接口，如
下所示：

```
package io.mykit.binghe.storm.transfer;
import org.apache.storm.messaging.IConnection;
import org.apache.storm.messaging.IContext;
import java.util.Map;
import java.util.concurrent.atomic.AtomicBoolean;
public class CustomContext implements IContext {
    @Override
```

```
    public void prepare(Map<String, Object> map) {
        // 代码省略
    }
    @Override
    public void term() {
        // 代码省略
    }
    @Override
    public IConnection bind(String s, int i) {
        // 代码省略
        return null;
    }
    @Override
    public IConnection connect(String s, String s1, int i, AtomicBoolean[]
atomicBooleans) {
        // 代码省略
        return null;
    }
}
```

然后在 storm.yaml 文件中将 storm.messaging.transport 配置项修改为自定义的消息传输
类 CustomContext，如下所示：

```
storm.messaging.transport: " io.mykit.binghe.storm.transfer.CustomContext"
```

14.7 本章总结

本章主要介绍了 Storm 的基础知识，包括 Storm 的集群架构、配置项含义，以及 Storm
内部的序列化机制、容错机制和可靠性机制，最后总结了 Storm 的消息传输机制。第 15 章
将介绍 Storm 环境搭建。

第 15 章
Storm 环境搭建

Storm 环境的搭建支持单机模式和集群模式，同时也可以将 Storm 部署在 Hadoop 的 Yarn 框架之上。

本章主要涉及的知识点如下。

- Storm 单机环境搭建。
- Storm 集群环境搭建。
- Storm On Yarn 环境搭建。
- Storm 常用的集群操作命令。
- 遇到的问题和解决方案。

15.1 Storm 单机环境搭建

Storm 单机环境搭建需要 JDK 环境的支持，同时，Storm 需要 Zookeeper 来进行内部各组件之间的协调。所以，搭建 Storm 环境之前，需要搭建 JDK 和 Zookeeper 环境。

有关 JDK 和 Zookeeper 的安装和配置，读者可以参见之前章节的相关内容。

15.1.1 在单机环境下载 Storm

可以到 Apache 的官方网站下载 Storm，Storm 在 Apache 官方网站的下载地址为 https://www.apache.org/dyn/closer.lua/storm/apache-storm-2.0.0/apache-storm-2.0.0.tar.gz，如图 15-1 所示。

图 15-1　下载 Storm

也可以直接在 CentOS 6.8 服务器的命令行中输入如下命令下载 apache-storm-2.0.0.tar.gz 安装包：

```
wget http://mirrors.tuna.tsinghua.edu.cn/apache/storm/apache-storm-2.0.0/
apache-storm-2.0.0.tar.gz
```

15.1.2 单机环境下安装并配置 Storm

Storm 的安装和配置比较简单，将 Storm 解压到指定的目录，配置 Storm 的系统环境变量，之后修改 Storm 的配置文件即可，步骤如下。

（1）解压 Storm，并将 Storm 移动到服务器的 /usr/local 目录下，如下所示：

```
tar -zxvf apache-storm-2.0.0.tar.gz
mv apache-storm-2.0.0 storm-2.0.0
mv storm-2.0.0 /usr/local/
```

（2）编辑 /etc/profile 文件，命令如下所示：

```
sudo vim /etc/profile
```

添加 Storm 的系统环境变量，添加后的 /etc/profile 文件如下所示：

```
JAVA_HOME=/usr/local/jdk1.8.0_212
CLASS_PATH=.:$JAVA_HOME/lib
HADOOP_HOME=/usr/local/hadoop-3.2.0
HIVE_HOME=/usr/local/hive-3.1.2
SQOOP_HOME=/usr/local/sqoop-1.4.7
FLUME_HOME=/usr/local/flume-1.9.0
KAFKA_HOME=/usr/local/kafka_2.12-2.3.0
ZOOKEEPER_HOME=/usr/local/zookeeper-3.5.5
STORM_HOME=/usr/local/storm-2.0.0
MYSQL_HOME=/usr/local/mysql3306
PATH=$JAVA_HOME/bin:$HADOOP_HOME/bin:$HADOOP_HOME/sbin:$HIVE_HOME/bin:$SQOOP_
HOME/bin:$FLUME_HOME/bin:$KAFKA_HOME/bin:$ZOOKEEPER_HOME/bin:$STORM_HOME/
bin:$MYSQL_HOME/bin:$PATH
export PATH CLASS_PATH JAVA_HOME HADOOP_HOME HIVE_HOME SQOOP_HOME FLUME_HOME
KAFKA_HOME ZOOKEEPER_HOME MYSQL_HOME STORM_HOME
export HADOOP_CONF_DIR=$HADOOP_HOME/etc/hadoop
export HADOOP_COMMON_HOME=$HADOOP_HOME
export HADOOP_HDFS_HOME=$HADOOP_HOME
export HADOOP_MAPRED_HOME=$HADOOP_HOME
export HADOOP_YARN_HOME=$HADOOP_HOME
export HADOOP_OPTS="-Djava.library.path=$HADOOP_HOME/lib/native"
export HADOOP_COMMON_LIB_NATIVE_DIR=$HADOOP_HOME/lib/native
```

接下来按 Esc 键，输入 ":wq"，保存并退出 Vim 编辑器。随后，在服务器命令行中输入如下命令，使 Storm 系统环境变量生效：

```
source /etc/profile
```

15.1.3　修改 Storm 配置文件

Storm 的配置文件为 STORM_HOME/conf 目录下的 storm.yaml 文件。将命令行当前所在的目录切换到 $STORM_HOME/conf 目录下，并使用 Vim 编辑器打开 storm.yaml 文件，如下所示：

```
cd /usr/local/storm-2.0.0/conf/
vim storm.yaml
```

随后修改如下几项配置。

（1）Zookeeper 服务器列表，配置如下所示：

```
storm.zookeeper.servers:
    - "192.168.175.100"
```

（2）Storm Nimbus 主控服务器列表，配置如下所示：

```
nimbus.seeds: ["192.168.175.100"]
```

（3）Storm UI 端口号，配置如下所示：

```
ui.port: 8888
```

（4）Storm Nimbus 和 Supervisor 守护进程状态信息的本地存储目录，配置如下所示：

```
storm.local.dir: /usr/local/storm-2.0.0/data
```

（5）当前服务器上可执行的 Worker 对应的端口号，配置如下所示：

```
supervisor.slots.ports:
    - 6700
    - 6701
    - 6702
    - 6703
```

所以，修改后的 storm.yaml 文件如下所示：

```
storm.zookeeper.servers:
    - "192.168.175.100"
nimbus.seeds: ["192.168.175.100"]
ui.port: 8888
storm.local.dir: /usr/local/storm-2.0.0/data
supervisor.slots.ports:
    - 6700
    - 6701
    - 6702
    - 6703
```

保存并退出 Vim 编辑器，在命令行中输入如下命令，创建配置文件中配置的目录：

```
mkdir -p /usr/local/storm-2.0.0/data
```

至此，Storm 的配置文件修改完毕。

15.1.4　启动并验证 Storm

在启动 Storm 之前，需要先输入如下命令启动 Zookeeper：

```
zkServer.sh start
```

启动 Storm 需要分别启动 Storm 的主节点（Nimbus 节点）、计算节点（Supervisor 节点）和 Web UI 界面（Storm Web UI 进程），如下所示：

```
# 启动 Nimbus 节点
nohup storm nimbus >/dev/null 2>&1 &
# 启动 Supervisor 节点
nohup storm supervisor >/dev/null 2>&1 &
# 启动 Storm Web UI 界面
nohup storm ui >/dev/null 2>&1 &
```

接下来在命令行中输入 jps 命令，查看进程是否启动成功，如下所示：

```
-bash-4.1$ jps
2753 Supervisor
2579 Nimbus
2503 QuorumPeerMain
2873 UIServer
3004 Jps
```

可以看到，Zookeeper 进程和 Storm 进程均已启动成功。接下来就是验证 Storm 环境是否搭建成功。

由于之前修改 Storm 的配置文件 storm.yaml 时将 Storm 的 Web UI 端口设置为 8888，因此在浏览器地址栏中输入"http://192.168.175.100∶8888"，对 Storm 的 Web UI 进行访问，即可验证 Storm 环境是否搭建成功。Storm Web UI 的访问效果如图 15-2 所示。

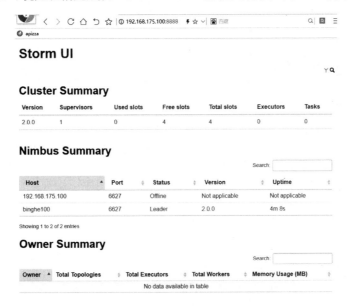

图 15-2　Storm Web UI 的访问效果

由图 15-2 可以看出，Storm 单机环境搭建成功。

15.2 Storm 集群环境搭建

在企业的生产环境中，往往不会只搭建 Storm 单机环境，这样会造成单点故障的问题，一旦出现服务器宕机、磁盘故障或者服务器进程退出等意外情况，造成服务器不可用，则整个 Storm 环境将不可用。一般都会搭建一个 Storm 集群，少则几台服务器，多则成百上千台服务器，构成 Storm 集群，来实时处理源源不断的数据流。

15.2.1 Storm 集群规划

搭建 Storm 集群之前，首先对集群的服务器进行规划，以便在搭建环境的过程中起到指引的作用。Storm 集群规划如表 15-1 所示。

表 15-1　Storm 集群规划

主机名	IP 地址	Zookeeper	Nimbus	Supervisor
binghe201	192.168.175.201	是	是	否
binghe202	192.168.175.202	是	否	是
binghe203	192.168.175.203	是	否	是

由表 15-1 可以看出，主机名为 binghe201 的服务器上运行 Zookeeper 进程和 Nimbus 进程，而主机名为 binghe202 和 binghe203 的服务器上运行 Zookeeper 进程和 Supervisor 进程。

15.2.2　集群环境准备

1. 服务器基础环境搭建

搭建 Storm 集群环境之前，需要对集群中的每台服务器进行基础环境的搭建和安装，如配置服务器的 IP、主机名、SSH 免密码登录等。另外，还需要安装 JDK 和 Zookeeper 集群，读者可以参见之前的章节。

2. 在集群环境下载 Storm

将 Storm 的安装包下载到主机名为 binghe201 的服务器上。

15.2.3　集群环境下安装并配置 Storm

集群环境下安装和配置 Storm 的总体思路为：在一台服务器上完成对 Storm 环境的安装和配置，然后将 Storm 环境复制到集群中的其他服务器上即可。这里先在主机名为 binghe201 的服务器上安装并配置 Storm 环境。

1. 安装 Storm 并配置系统环境变量

在主机名为 binghe201 的服务器上安装并配置 Storm 的系统环境变量。

2. 修改 Storm 配置文件

在主机名为 binghe201 的服务器上，使用 Vim 编辑器打开 STORM_HOME/conf 目录下的 storm.yaml 文件，修改后的内容如下所示：

```
storm.zookeeper.servers:
    - "192.168.175.201"
    - "192.168.175.202"
    - "192.168.175.203"
nimbus.seeds: ["192.168.175.201"]
```

```
ui.port: 8888
storm.local.dir: /usr/local/storm-2.0.0/data
supervisor.slots.ports:
  - 6700
  - 6701
  - 6702
  - 6703
```

在命令行中输入如下命令，创建配置文件中配置的目录：

```
mkdir -p /usr/local/storm-2.0.0/data
```

15.2.4　同步 Storm 环境

将主机名为 binghe201 的服务器上的 Storm 环境复制到主机名为 binghe202 和 binghe203 的服务器上。

1. 复制 STORM_HOME 目录

在主机名为 binghe201 的服务器上输入如下命令，复制 Storm 的安装目录：

```
scp -r /usr/local/storm-2.0.0/ binghe202:/usr/local/
scp -r /usr/local/storm-2.0.0/ binghe203:/usr/local/
```

2. 复制系统环境变量

在主机名为 binghe201 的服务器上输入如下命令，将主机名为 binghe201 的服务器上的 /etc/profile 文件复制到主机名为 binghe202 和 binghe203 的服务器上。

```
sudo scp /etc/profile binghe202:/etc/
sudo scp /etc/profile binghe203:/etc/
```

3. 使系统环境变量生效

在 3 台服务器上分别输入如下命令，使 /etc/profile 文件中的配置生效：

```
source /etc/profile
```

15.2.5　启动并验证 Storm 环境

（1）在每台服务器上执行如下命令，启动 Zookeeper 集群：

```
zkServer.sh start
```

（2）在每台服务器上查看 Zookeeper 的启动状态，如下所示。

① binghe201 服务器：

```
-bash-4.1$ zkServer.sh status
ZooKeeper JMX enabled by default
```

```
Using config: /usr/local/zookeeper-3.5.5/bin/../conf/zoo.cfg
Client port found: 2181. Client address: localhost.
Mode: follower
```

②binghe202 服务器：

```
-bash-4.1$ zkServer.sh status
ZooKeeper JMX enabled by default
Using config: /usr/local/zookeeper-3.5.5/bin/../conf/zoo.cfg
Client port found: 2181. Client address: localhost.
Mode: leader
```

③binghe203 服务器：

```
-bash-4.1$ zkServer.sh status
ZooKeeper JMX enabled by default
Using config: /usr/local/zookeeper-3.5.5/bin/../conf/zoo.cfg
Client port found: 2181. Client address: localhost.
Mode: follower
```

可以看到，Zookeeper 集群启动成功，并且主机名为 binghe202 的服务器上运行着 Zookeeper 的 Leader 角色，而主机名为 binghe201 和 binghe203 的服务器上运行着 Zookeeper 的 Follower 角色。

（3）在主机名为 binghe201 的服务器上运行 Nimbus 进程，如下所示：

```
nohup storm nimbus >> /dev/null 2>&1 &
```

（4）在主机名为 binghe202 和 binghe203 的服务器上分别运行如下命令，启动 Storm 的 Supervisor 进程：

```
nohup storm supervisor >> /dev/null 2>&1 &
```

（5）在主机名为 binghe201 的服务器上运行 Storm 的 UI 进程，如下所示：

```
nohup storm ui >> /dev/null 2>&1 &
```

（6）分别查看每台服务器上运行的进程信息，如下所示。

①binghe201 服务器：

```
-bash-4.1$ jps
1891 UIServer
1995 Jps
1499 QuorumPeerMain
1710 Nimbus
```

②binghe202 服务器：

```
-bash-4.1$ jps
1441 QuorumPeerMain
1571 Supervisor
1662 Jps
```

③ binghe203 服务器：

```
-bash-4.1$ jps
1558 Supervisor
1433 QuorumPeerMain
1646 Jps
```

可以看到，binghe201 服务器上运行着 Nimbus 进程、UIServer 进程和 Zookeeper 进程，而 binghe202 服务器和 binghe203 服务器上运行着 Supervisor 进程和 Zookeeper 进程，符合 Storm 集群规划的内容。

（7）在浏览器地址栏中输入"http://192.168.175.201：8888"，访问 Storm 的 UI 界面，效果如图 15-3 所示。

由图 15-3 可以看出，Nimbus 进程运行在 binghe201 服务器上，Supervisor 进程运行在 binghe202 和 binghe203 服务器上，符合 Storm 的集群规划。

至此，Storm 的集群环境搭建并启动成功。

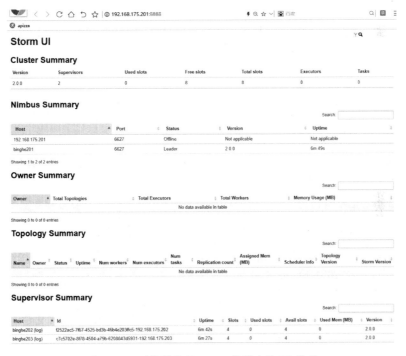

图 15-3　浏览器访问 Storm 集群中的 UI 界面

15.3 Storm On Yarn 环境搭建

Storm 支持在 Hadoop 的 Yarn 框架上搭建环境，本节就简单介绍如何搭建 Storm On Yarn 环境。Storm On Yarn 环境的搭建除了需要 JDK 基础环境的支持外，还需要提前搭建好 Hadoop

环境，也需要 Zookeeper 环境提供服务协调能力。有关 3 种环境的安装和配置，读者可以
参见前面的相关章节。

注意：┃ 本节在主机名为 binghe100（192.168.175.100）的服务器上搭建 Storm On Yarn 环境。

15.3.1　安装 Maven 环境

1. 下载 Maven

读者可以到 Apache 官方网站下载 Maven，Maven 在 Apache 官方网站的下载地址为
http://maven.apache.org/download.cgi，如图 15-4 所示。

图 15-4　下载 Maven

读者也可以直接在 CentOS 6.8 服务器的命令行下载 Maven 的 apache-maven-3.6.1-bin.
tar.gz 安装包，如下所示。

```
wget http://mirror.bit.edu.cn/apache/maven/maven-3/3.6.1/binaries/apache-
maven-3.6.1-bin.tar.gz
```

2. 安装 Maven

（1）解压 Maven 到服务器的 /usr/local 目录下，如下所示：

```
tar -zxvf apache-maven-3.6.1-bin.tar.gz
mv apache-maven-3.6.1 maven-3.6.1
mv maven-3.6.1/ /usr/local/
```

（2）配置 Maven 的系统环境变量，使用 Vim 编辑器打开 /etc/profile 文件，添加 Maven
的系统环境变量之后，/etc/profile 文件的内容如下：

```
JAVA_HOME=/usr/local/jdk1.8.0_212
CLASS_PATH=.:$JAVA_HOME/lib
HADOOP_HOME=/usr/local/hadoop-3.2.0
HIVE_HOME=/usr/local/hive-3.1.2
SQOOP_HOME=/usr/local/sqoop-1.4.7
FLUME_HOME=/usr/local/flume-1.9.0
KAFKA_HOME=/usr/local/kafka_2.12-2.3.0
ZOOKEEPER_HOME=/usr/local/zookeeper-3.5.5
STORM_HOME=/usr/local/storm-2.0.0
MAVEN_HOME=/usr/local/maven-3.6.1
```

```
MYSQL_HOME=/usr/local/mysql3306
PATH=$JAVA_HOME/bin:$HADOOP_HOME/bin:$HADOOP_HOME/sbin:$HIVE_HOME/bin:$SQOOP_
HOME/bin:$FLUME_HOME/bin:$KAFKA_HOME/bin:$ZOOKEEPER_HOME/bin:$STORM_HOME/
bin:$MAVEN_HOME/bin:$MYSQL_HOME/bin:$PATH
export PATH CLASS_PATH JAVA_HOME HADOOP_HOME HIVE_HOME SQOOP_HOME FLUME_HOME
KAFKA_HOME ZOOKEEPER_HOME MYSQL_HOME STORM_HOME MAVEN_HOME
export HADOOP_CONF_DIR=$HADOOP_HOME/etc/hadoop
export HADOOP_COMMON_HOME=$HADOOP_HOME
export HADOOP_HDFS_HOME=$HADOOP_HOME
export HADOOP_MAPRED_HOME=$HADOOP_HOME
export HADOOP_YARN_HOME=$HADOOP_HOME
export HADOOP_OPTS="-Djava.library.path=$HADOOP_HOME/lib/native"
export HADOOP_COMMON_LIB_NATIVE_DIR=$HADOOP_HOME/lib/native
```

保存退出 Vim 编辑器。

（3）使环境变量生效，如下所示：

```
source /etc/profile
```

3. 验证 Maven 环境

在系统命令行中输入如下命令：

```
-bash-4.1$ mvn -v
Apache Maven 3.6.1 (d66c9c0b3152b2e69ee9bac180bb8fcc8e6af555; 2019-04-
05T03:00:29+08:00)
Maven home: /usr/local/maven-3.6.1
Java version: 1.8.0_212, vendor: Oracle Corporation, runtime: /usr/local/
jdk1.8.0_212/jre
Default locale: en_US, platform encoding: UTF-8
OS name: "linux", version: "2.6.32-642.el6.x86_64", arch: "amd64", family: "unix"
```

可以看到，输入"mvn –v"命令后，正确输出了 Maven 的版本号信息，说明 Maven 环境安装成功。

15.3.2 下载 storm-yarn

读者可以到 GitHub 上下载 storm-yarn 的源码，storm-yarn 在 GitHub 上的链接地址为 https://github.com/yahoo/storm-yarn，如图 15-5 所示。

也可以先在 CentOS 6.8 服务器上安装 Git 环境，如下所示：

```
sudo yum install -y git
```

安装 Git 环境成功之后，在命令行中输入如下命令，下载 storm-yarn：

```
git clone https://github.com/yahoo/storm-yarn/
```

之后将 storm-yarn 移动到服务器的 /usr/local 目录下，如下所示：

```
mv storm-yarn/ /usr/local
```

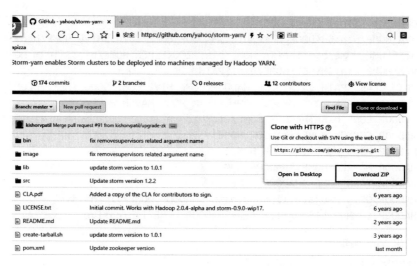

图 15-5　下载 storm-yarn

15.3.3　编译 storm-yarn 源码

storm-yarn 的源码是 Maven 项目，所以可以使用 Maven 来进行编译，编译之前还需对项目的配置文件进行简单的修改。

（1）修改项目的 pom.xml 配置文件。由于笔者服务器上安装的 Hadoop 版本为 Hadoop 3.2.0，并且 storm-yarn 支持的最新 Storm 版本为 1.2.2，如图 15-6 所示。

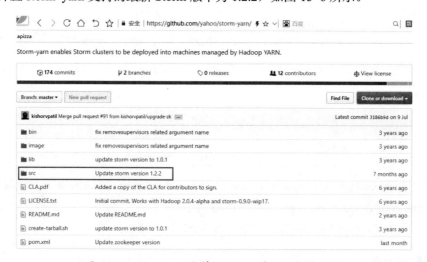

图 15-6　storm-yarn 支持的 Storm 最新版本为 1.2.2

因此，切换到 storm-yarn 目录下，使用 Vim 编辑器打开 storm-yarn 源码的 pom.xml 文件，对 Storm 的版本号和 Hadoop 的版本号进行修改，如下所示：

```
cd storm-yarn/
vim pom.xml
```

找到如下内容:

```
<properties>
    <storm.version>1.2.2</storm.version>
    <hadoop.version>2.8.2</hadoop.version>
</properties>
```

将 Hadoop 的版本修改为 3.2.0，并将项目的编码修改为 UTF-8，如下所示:

```
<properties>
    <storm.version>1.2.2</storm.version>
    <hadoop.version>3.2.0</hadoop.version>
    <project.build.sourceEncoding>UTF-8</project.build.sourceEncoding>
</properties>
```

（2）使用 Maven 对 storm-yarn 进行编译、打包，如下所示:

```
mvn package -DskipTests
```

当命令行输出如下信息时，证明编译、打包成功:

```
[INFO] Tests are skipped.
[INFO]
[INFO] --- maven-jar-plugin:2.4:jar (default-jar) @ storm-yarn ---
[INFO] ---------------------------------------------------------------
--
[INFO] BUILD SUCCESS
[INFO] ---------------------------------------------------------------
--
[INFO] Total time:  16:39 min
[INFO] Finished at: 2019-08-12T21:03:05+08:00
[INFO] ---------------------------------------------------------------
--
```

15.3.4　配置 Storm On Yarn 环境

（1）由于 strom-yarn 支持的 Storm 最新版本为 1.2.2，因此这里下载 Storm 1.2.2 版本，在命令行中输入如下命令:

```
wget https://archive.apache.org/dist/storm/apache-storm-1.2.2/apache-storm-
1.2.2.tar.gz
```

（2）解压 apache-storm-1.2.2.tar.gz 文件，并将解压后的目录重命名为 storm-1.2.2，同时将 storm-1.2.2 目录移动到服务器的 /usr/local 目录下。也就是说，需要将 storm-1.2.2 目录和 storm-yarn 目录放置在服务器的同一目录下，如下所示:

```
tar -zxvf apache-storm-1.2.2.tar.gz
mv apache-storm-1.2.2 storm-1.2.2
mv storm-1.2.2/ /usr/local/
```

查看服务器的 /usr/local 目录下的内容，如下所示：

```
-bash-4.1$ cd /usr/local/
-bash-4.1$ ll
drwxrwxr-x. 12 hadoop hadoop  4096 Aug 12 21:55 storm-1.2.2
drwxrwxr-x.  7 hadoop hadoop  4096 Aug 12 21:42 storm-yarn
```

可以看到，storm-1.2.2 目录和 storm-yarn 目录都在服务器的 /usr/local/ 目录下。

（3）添加系统环境变量，使用 Vim 编译器打开 /etc/profile 文件，如下所示：

```
sudo vim /etc/profile
```

将 storm-1.2.2 和 storm-yarn 添加到系统环境变量中，添加后的 /etc/profile 文件的内容如下：

```
JAVA_HOME=/usr/local/jdk1.8.0_212
CLASS_PATH=.:$JAVA_HOME/lib
HADOOP_HOME=/usr/local/hadoop-3.2.0
HIVE_HOME=/usr/local/hive-3.1.2
SQOOP_HOME=/usr/local/sqoop-1.4.7
FLUME_HOME=/usr/local/flume-1.9.0
KAFKA_HOME=/usr/local/kafka_2.12-2.3.0
ZOOKEEPER_HOME=/usr/local/zookeeper-3.5.5
STORM_HOME=/usr/local/storm-1.2.2
STORM_YARN_HOME=/usr/local/storm-yarn
MAVEN_HOME=/usr/local/maven-3.6.1
MYSQL_HOME=/usr/local/mysql3306
PATH=$JAVA_HOME/bin:$HADOOP_HOME/bin:$HADOOP_HOME/sbin:$HIVE_HOME/bin:$SQOOP_
HOME/bin:$FLUME_HOME/bin:$KAFKA_HOME/bin:$ZOOKEEPER_HOME/bin:$STORM_HOME/
bin:$STORM_YARN_HOME/bin:$MAVEN_HOME/bin:$MYSQL_HOME/bin:
$PATH
export PATH CLASS_PATH JAVA_HOME HADOOP_HOME HIVE_HOME SQOOP_HOME FLUME_HOME
KAFKA_HOME ZOOKEEPER_HOME MYSQL_HOME STORM_HOME STORM_YARN_HOME MAVEN_HOME
export HADOOP_CONF_DIR=$HADOOP_HOME/etc/hadoop
export HADOOP_COMMON_HOME=$HADOOP_HOME
export HADOOP_HDFS_HOME=$HADOOP_HOME
export HADOOP_MAPRED_HOME=$HADOOP_HOME
export HADOOP_YARN_HOME=$HADOOP_HOME
export HADOOP_OPTS="-Djava.library.path=$HADOOP_HOME/lib/native"
export HADOOP_COMMON_LIB_NATIVE_DIR=$HADOOP_HOME/lib/native
```

保存并退出 Vim 编辑器，并在服务器命令行中输入如下命令，使系统环境变量生效：

```
source /etc/profile
```

（4）启动 Zookeeper 和 Hadoop，如下所示：

```
zkServer.sh start
start-dfs.sh
start-yarn.sh
```

查看是否启动成功，如下所示：

```
-bash-4.1$ jps
2612 QuorumPeerMain
2853 NameNode
3446 ResourceManager
3126 SecondaryNameNode
3559 NodeManager
2970 DataNode
3933 Jps
```

可以看到，Zookeeper 和 Hadoop 启动成功。

（5）在 HDFS 上创建目录，用来存放 storm.zip 文件，如下所示：

```
hadoop fs -mkdir /lib
hadoop fs -mkdir /lib/storm
hadoop fs -mkdir /lib/storm/1.2.2
```

（6）将 storm-1.2.2 目录压缩成 storm.zip 文件，并上传到 HDFS 的 /lib/storm/1.2.2 目录下，如下所示：

```
cd /usr/local/
zip -r storm.zip storm-1.2.2/
hadoop fs -put storm.zip /lib/storm/1.2.2
```

查看 storm.zip 文件是否上传成功，如下所示：

```
-bash-4.1$ hadoop fs -ls /lib/storm/1.2.2
Found 1 items
-rw-r--r--   1 hadoop supergroup  168863802 2019-08-12 22:39 /lib/storm/1.2.2/
storm.zip
```

可以看到，storm.zip 文件上传成功。

（7）修改 storm-1.2.2/conf 目录下的 storm.yaml 文件，修改的配置项如下所示：

```
storm.zookeeper.servers:
    - "binghe100"
storm.zookeeper.port: 2181
supervisor.slots.ports:
  - 6700
  - 6701
  - 6702
  - 6703
master.thrift.port: 9002
```

至此，Storm On Yarn 环境配置完成。

15.3.5 运行 Storm On Yarn 环境

当正确配置 Storm On Yarn 环境之后，启动 Storm On Yarn，如下所示：

```
storm-yarn launch /usr/local/storm-1.2.2/conf/storm.yaml
```

如果启动成功，命令行会输出类似如下信息：

```
-bash-4.1$ storm-yarn launch /usr/local/storm-1.2.2/conf/storm.yaml
2019-08-13 00:28:26,173 INFO client.RMProxy: Connecting to ResourceManager at
binghe100/192.168.175.100:8032
2019-08-13 00:28:26,549 INFO conf.Configuration: resource-types.xml not found
2019-08-13 00:28:26,550 INFO resource.ResourceUtils: Unable to find 'resource-
types.xml'.
2019-08-13 00:28:26,576 INFO yarn.StormOnYarn: Copy App Master jar from local
filesystem and add to local environment
2019-08-13 00:28:27,305 INFO yarn.StormOnYarn: Storm Home is /usr/local/
storm-1.2.2/bin/..
2019-08-13 00:28:27,305 INFO yarn.StormOnYarn: Storm version is 1.2.2
2019-08-13 00:28:28,349 INFO yarn.StormOnYarn: Set the environment for the
application master
2019-08-13 00:28:28,350 INFO yarn.StormOnYarn: YARN CLASSPATH COMMAND = [[yarn,
classpath]]
2019-08-13 00:28:28,408 INFO yarn.StormOnYarn: YARN CLASSPATH = [/usr/local/
hadoop-3.2.0/etc/hadoop:/usr/local/hadoop-3.2.0/share/hadoop/common/lib/*:/
usr/local/hadoop-3.2.0/share/hadoop/common/*:/usr/local/hadoop-3.2.0/share/
hadoop/hdfs:/usr/local/hadoop-3.2.0/share/hadoop/hdfs/lib/*:/usr/local/
hadoop-3.2.0/share/hadoop/hdfs/*:/usr/local/hadoop-3.2.0/share/hadoop/
mapreduce/lib/*:/usr/local/hadoop-3.2.0/share/hadoop/mapreduce/*:/usr/local/
hadoop-3.2.0/share/hadoop/yarn:/usr/local/hadoop-3.2.0/share/hadoop/yarn/
lib/*:/usr/local/hadoop-3.2.0/share/hadoop/yarn/*]
2019-08-13 00:28:28,446 INFO yarn.StormOnYarn: Using JAVA_HOME = [/usr/local/
jdk1.8.0_212]
2019-08-13 00:28:28,446 INFO yarn.StormOnYarn: Setting up app master
command:[/usr/local/jdk1.8.0_212/bin/java, -Dstorm.home=./storm/storm-1.2.2,
-Dlogfile.name=<LOG_DIR>/master.log, com.yahoo.storm.yarn.MasterServer, 1><LOG_
DIR>/stdout, 2><LOG_DIR>/stderr]
2019-08-13 00:28:28,496 INFO impl.YarnClientImpl: Submitted application
application_1565620564295_0009
application_1565620564295_0009
```

可以看到，启动成功后，Hadoop 的 Yarn 框架返回了一个 Application ID：application_
1565620564295_0009。

15.3.6　验证 Storm On Yarn 环境

这里有两种方式可以验证 Storm On Yarn 环境，一种是通过浏览器访问 Hadoop Yarn 管理界面，来验证 Storm On Yarn 环境是否搭建成功；另一种是通过运行 storm-yarn 的 lib 目录下的 jar 文件，里面含有一些 Storm 的示例代码，通过运行示例代码，得出相应的结果，来验证 Storm On Yarn 环境是否搭建成功。

1. 浏览器访问

在浏览器地址栏中输入 "http://192.168.175.100:8088"，访问 Hadoop Yarn 界面，如图 15-7 所示。

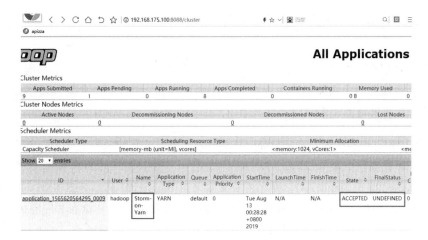

图 15-7　访问 Hadoop Yarn 界面

由图 15-7 可以看出，Storm On Yarn 启动成功。

2. 运行程序

此方式为，运行 storm-yarn 中的示例程序来验证 Storm On Yarn 环境是否搭建成功。

（1）获取 Nimbus 地址。由于 Storm 是运行在 Hadoop Yarn 框架上的，Yarn 框架可能部署为集群模式，因此运行 storm-yarn 示例程序之前，需要先确定 Storm 的 Nimbus 地址。先获取 Storm 的属性信息，并保存到 /home/hadoop/.storm/storm.yaml 文件中，如下所示：

```
-bash-4.1$ mkdir -p /home/hadoop/.storm
-bash-4.1$ storm-yarn getStormConfig -appId application_1565620564295_0009
-output /home/hadoop/.storm/storm.yaml
```

接下来根据 /home/hadoop/.storm/storm.yaml 文件获取 Nimbus 地址，如下所示：

```
cat /home/hadoop/.storm/storm.yaml | grep nimbus.host
```

（2）运行 storm-yarn 下的 storm-starter-topologies-1.0.1.jar 文件中的示例程序，storm-starter-topologies-1.0.1.jar 文件位于 storm-yarn 的 lib 目录下，如下所示：

```
storm jar /usr/local/storm-yarn/lib/storm-starter-topologies-1.0.1.jar storm.
starter.StatefulWindowingTopology wordcount -c nimbus.host=192.168.175.100
```

运行上面的命令，即可验证 Storm On Yarn 环境是否搭建成功。

（3）可以输入如下命令，关闭 Storm 提交的任务：

```
storm kill wordcount
```

（4）关闭 Storm On Yarn，如下所示：

```
yarn application -kill application_1565620564295_0009
```

注意：　本节对 storm-yarn 源码进行了特殊的处理，如果读者按照 Hadoop 3.2.0 版本搭建 Storm On Yarn 环境不成功，可以按照 https://github.com/yahoo/storm-yarn 中的方式使用 Hadoop 2.7.2 版本搭建 Storm On Yarn 环境。

15.4 Storm 常用的集群操作命令

在搭建服务器集群时，如果分别登录每一台服务器，然后进行操作，会显得非常烦琐。另外，在每台服务器上来回切换也比较烦琐，稍有不慎，会使整个集群环境搭建失败。本节介绍搭建服务器集群经常使用的脚本命令，供读者参考。

注意： 运行如下脚本命令，需要符合一定的规则。假设目前的集群中有 100 个节点（100 台服务器），IP 地址为 192.168.175.101 ~ 192.168.175.200，对应的主机名为 binghe101 ~ binghe200，并且对应主机名为 binghe101 的服务器 SSH 到其他服务器已经实现了 SSH 免密码登录。如果符合上述规则，就可以在 binghe101 服务器上运行如下集群脚本命令来在整个服务器集群中执行命令操作，而无须登录每台服务器。

（1）关闭集群中服务器的防火墙，如下所示：

```
for i in $(seq 101 200); do ssh binghe$i "hostname; service iptables stop;
chkconfig iptables off; service iptables status"; done
```

注意： 执行此条命令需要服务器的 root 权限。

（2）查看集群中每台服务器的主机名，如下所示：

```
for i in $(seq 101 200); do ssh binghe$i "hostname"; done
```

（3）修改集群中每台服务器的主机名，如下所示：

```
for i in $(seq 101 200); do ssh binghe$i "hostname binghe$i"; done
```

（4）查看集群中每台服务器上安装的 Java 版本，如下所示：

```
for i in $(seq 101 200); do ssh binghe$i "hostname; java -version"; done
```

（5）查看集群中每台服务器上运行的 Java 进程，如下所示：

```
for i in $(seq 101 200); do ssh binghe$i "hostname; PATH=\$JAVA_HOME/
bin:$PATH; jps"; done
```

（6）查看集群中每台服务器的 /home 目录下的用户，如下所示：

```
for i in $(seq 101 200); do ssh binghe$i "hostname; dir /home"; done
```

（7）将当前服务器的文件批量发送到集群中的每台服务器上，如下所示：

```
for i in $(seq 101 200); do echo binghe$i; scp /tmp/test.txt binghe$i:/tmp/
test1.txt; done
```

（8）批量获取集群中每台服务器上的文件到当前服务器上，如下所示：

```
for i in $(seq 101 200); do echo binghe$i; scp binghe$i:/tmp/test1.txt /tmp/
test.txt; done
```

（9）查看集群中每台服务器上的系统时间，如下所示：

```
for i in $(seq 101 200); do ssh binghe$i "hostname; date"; done
```

（10）同步集群中每台服务器的时间，如下所示：

```
dt=$(date '+%Y-%m-%d'); for i in $(seq 101 200); do echo binghe$i; tm=$(date
'+%H:%M:%S'); ssh binghe$i "cp /usr/share/zoneinfo/Asia/Shanghai /etc/
localtime;date -s $dt; date -s $tm"; done
```

15.5 遇到的问题和解决方案

本节介绍搭建 Storm 环境时经常遇到的问题和解决方案，供读者参考。

1. 启动 Storm 报错

当启动 Storm 的 Nimbus 和 Supervisor 时，Storm 报错，报错的关键信息如下所示：

```
Traceback (most recent call last):
  File "/usr/local/storm-2.0.0/bin/storm.py", line 20, in <module>
    import argparse
ImportError: No module named argparse
```

解决方案为：在服务器的命令行执行如下命令，安装 python-argparse：

```
apt-get install python-argparse #Debian
yum install python-argparse #CentOS
```

安装之后，重新启动 Storm 的 Nimbus 和 Supervisor 即可。

2. 启动 Storm On Yarn 报错

运行如下命令，启动 Storm On Yarn 环境报错：

```
storm-yarn launch /usr/local/storm-1.2.2/conf/storm.yaml
```

报错的关键信息如下所示：

```
SLF4J: Class path contains multiple SLF4J bindings.
SLF4J: Found binding in [jar:file:/usr/local/hadoop-3.2.0/share/hadoop/common/
lib/slf4j-log4j12-1.7.25.jar!/org/slf4j/impl/StaticLoggerBinder.class]
SLF4J: Found binding in [jar:file:/usr/local/storm-1.2.2/lib/log4j-slf4j-impl-
2.8.2.jar!/org/slf4j/impl/StaticLoggerBinder.class]
SLF4J: See http://www.slf4j.org/codes.html#multiple_bindings for an explanation.
SLF4J: Detected both log4j-over-slf4j.jar AND slf4j-log4j12.jar on the class
path, preempting StackOverflowError.
SLF4J: See also http://www.slf4j.org/codes.html#log4jDelegationLoop for more
details.
Exception in thread "main" java.lang.ExceptionInInitializerError
        at java.lang.Class.forName0(Native Method)
```

```
        at java.lang.Class.forName(Class.java:264)
        at org.slf4j.impl.Log4jLoggerFactory.<clinit>(Log4jLoggerFactory.java:48)
        at org.slf4j.impl.StaticLoggerBinder.<init>(StaticLoggerBinder.java:72)
        at org.slf4j.impl.StaticLoggerBinder.<clinit>(StaticLoggerBinder.java:45)
        at org.slf4j.LoggerFactory.bind(LoggerFactory.java:150)
        at org.slf4j.LoggerFactory.performInitialization(LoggerFactory.java:124)
        at org.slf4j.LoggerFactory.getILoggerFactory(LoggerFactory.java:412)
        at org.slf4j.LoggerFactory.getLogger(LoggerFactory.java:357)
        at org.slf4j.LoggerFactory.getLogger(LoggerFactory.java:383)
        at com.yahoo.storm.yarn.Client.<clinit>(Client.java:13)
Caused by: java.lang.IllegalStateException: Detected both log4j-over-slf4j.
jar AND slf4j-log4j12.jar on the class path, preempting StackOverflowError. See
also http://www.slf4j.org/codes.html#log4jDelegationLoop for more details.
        at org.apache.log4j.Log4jLoggerFactory.<clinit>(Log4jLoggerFactory.java:49)
        ... 11 more
```

解决方案为：删除 STORM_HOME/lib（/usr/local/storm-1.2.2/lib）目录下的 log4j-over-slf4j-1.6.6.jar 文件和 log4j-slf4j-impl-2.1.jar 文件，重新启动 Storm On Yarn 环境即可。

3. 访问 http://192.168.175.100:8088 报错

报错的关键信息如下所示：

```
Application application_1565620564295_0001 failed 2 times due to AM Container
for appattempt_1565620564295_0001 exited with exitCode: 1 due to: Exception
from container-launch: org.apache.hadoop.util.Shell$ExitCodeException:
org.apache.hadoop.util.Shell$ExitCodeException:
at org.apache.hadoop.util.Shell.runCommand(Shell.java:505)
at org.apache.hadoop.util.Shell.run(Shell.java:418)
at org.apache.hadoop.util.Shell$ShellCommandExecutor.execute(Shell.java:650)
at org.apache.hadoop.yarn.server.nodemanager.DefaultContainerExecutor.launchC
ontainer(DefaultContainerExecutor.java:195)
at org.apache.hadoop.yarn.server.nodemanager.containermanager.launcher.
ContainerLaunch.call(ContainerLaunch.java:283)
at org.apache.hadoop.yarn.server.nodemanager.containermanager.launcher.
ContainerLaunch.call(ContainerLaunch.java:79)
at java.util.concurrent.FutureTask.run(FutureTask.java:262)
at java.util.concurrent.ThreadPoolExecutor.runWorker(ThreadPoolExecutor.java:1145)
at java.util.concurrent.ThreadPoolExecutor$Worker.run(ThreadPoolExecutor.java:615)
at java.lang.Thread.run(Thread.java:745)
Container exited with a non-zero exit code 1
.Failing this attempt.. Failing the application.
```

通过查看日志，得出如下信息：

```
2019-08-13 19:44:55 INFO yarn.MasterServer: Starting Master Thrift Server
2019-08-13 19:44:55 ERROR auth.ThriftServer: ThriftServer is being stopped
due to: org.apache.thrift7.transport.TTransportException: Could not create
ServerSocket on address 0.0.0.0/0.0.0.0:9000.
org.apache.thrift7.transport.TTransportException: Could not create
ServerSocket on address 0.0.0.0/0.0.0.0:9000.
        at org.apache.thrift7.transport.TNonblockingServerSocket.<init>(TNonb
```

```
lockingServerSocket.java:89)
        at org.apache.thrift7.transport.TNonblockingServerSocket.<init>(TNonb
lockingServerSocket.java:68)
        at org.apache.thrift7.transport.TNonblockingServerSocket.<init>(TNonb
lockingServerSocket.java:61)
        at backtype.storm.security.auth.SimpleTransportPlugin.
getServer(SimpleTransportPlugin.java:47)
        at backtype.storm.security.auth.ThriftServer.serve(ThriftServer.java:52)
        at com.yahoo.storm.yarn.MasterServer.main(MasterServer.java:175)
```

可以看出，启动 Master Thrift Server 时端口冲突，因为 9000 端口已经被 Hadoop 占用，所以不能创建 ServerSocket。因此，解决方案为：修改 storm-yarn/src/main/resources/master_defaults.yaml 文件，将 master.thrift.port 端口修改为其他未占用的端口即可。或者在 STORM_HOME/conf/storm.yaml 文件中添加 master.thrift.port 配置，如下所示：

```
master.thrift.port: 9999
```

4. 访问 http://192.168.175.100:7070 报错

报错关键信息如下所示：

```
2019-08-13 19:55:06,687 ERROR yarn.MasterServer: Unhandled error in AM:
org.apache.hadoop.yarn.exceptions.InvalidResourceRequestException: Invalid
resource request, requested virtual cores < 0, or requested virtual cores >
max configured, requestedVirtualCores=130, maxVirtualCores=8
    at org.apache.hadoop.yarn.server.resourcemanager.scheduler.SchedulerUtils.
validateResourceRequest(SchedulerUtils.java:213)
    at org.apache.hadoop.yarn.server.resourcemanager.RMServerUtils.validateRe
sourceRequests(RMServerUtils.java:97)
    at org.apache.hadoop.yarn.server.resourcemanager.ApplicationMasterService.
allocate(ApplicationMasterService.java:502)
    ... ... ... ... ... ...
    at com.yahoo.storm.yarn.MasterServer$1.run(MasterServer.java:69)
Caused by: org.apache.hadoop.ipc.RemoteException(org.apache.hadoop.yarn.
exceptions.InvalidResourceRequestException): Invalid resource request,
requested virtual cores < 0, or requested virtual cores > max configured,
requestedVirtualCores=130, maxVirtualCores=8
    at org.apache.hadoop.yarn.server.resourcemanager.scheduler.SchedulerUtils.
validateResourceRequest(SchedulerUtils.java:213)
    at org.apache.hadoop.yarn.server.resourcemanager.RMServerUtils.validateRe
sourceRequests(RMServerUtils.java:97)
at com.sun.proxy.$Proxy7.allocate(Unknown Source) at org.apache.hadoop.yarn.
api.impl.pb.client.ApplicationMasterProtocolPBClientImpl.allocate(Applicatio
nMasterProtocolPBClientImpl.java:77) ... 9 more 15/07/15 03:36:06 INFO yarn.
StormMasterServerHandler: stopping supervisors... 15/07/15 03:36:06 INFO
yarn.StormMasterServerHandler: stopping UI... 15/07/15 03:36:06 INFO yarn.
StormMasterServerHandler: stopping nimbus...
```

解决方案为：在 Hadoop 的 yarn-site.xml 文件中添加如下配置：

```
<property>
```

```
  <name>yarn.nodemanager.resource.cpu-vcores</name>
  <value>8</value>
</property>
```

5. 启动 Storm On Yarn 连不上 Zookeeper

报错关键信息如下：

```
2019-08-12 23:55:06 o.a.z.ClientCnxn [INFO] Opening socket connection to
server MMC/192.168.175.100:2181
2019-08-12 23:55:06 o.a.z.ClientCnxn [WARN] Session 0x0 for server null,
unexpected error, closing socket connection and attempting reconnect
java.net.ConnectException: 拒绝连接
```

重新启动 Zookeeper 即可解决问题。

15.6 本章总结

　　本章主要介绍了 Storm 环境的搭建，包括单机环境搭建、集群环境搭建和 Storm On Yarn 环境搭建，对集群环境中常用的操作命令进行了简单说明，同时对搭建环境的过程中经常遇到的问题和解决方案进行了总结。第 16 章将介绍几个典型的 Storm 编程案例。

16

第 16 章

Storm 编程案例

本章主要介绍几个典型的 Storm 编程案例，掌握这些编程案例有助于读者更加深入地理解 Storm 的使用场景，以及在实际工作过程中，根据业务需求使用 Storm 编写简单的程序功能。

本章主要涉及的知识点如下。

- 使用 Storm 实现单词计数。
- 使用 Storm 实现追加字符串。
- 使用 Storm 实现聚合多种数据流。
- 使用 Storm 实现分组聚合。
- 使用 Storm 实现事务处理。
- Storm 案例依赖的类。
- 遇到的问题和解决方案。

16.1 项目准备

在正式编写 Storm 案例程序之前，需要对案例项目进行简单的准备工作，包括创建 Maven 项目和修改 pom.xml 文件。本章创建 Maven 项目 mykit-book-storm，在 pom.xml 文件中添加如下配置：

```xml
<properties>
    <slf4j.version>1.7.2</slf4j.version>
    <storm.version>2.0.0</storm.version>
</properties>
<dependencies>
    <dependency>
        <groupId>org.slf4j</groupId>
        <artifactId>slf4j-log4j12</artifactId>
        <version>${slf4j.version}</version>
    </dependency>
    <dependency>
        <groupId>org.apache.storm</groupId>
        <artifactId>storm-core</artifactId>
        <version>${storm.version}</version>
    </dependency>
    <dependency>
        <groupId>org.apache.storm</groupId>
        <artifactId>storm-client</artifactId>
        <version>${storm.version}</version>
    </dependency>
</dependencies>
<build>
    <plugins>
        <plugin>
            <groupId>org.apache.maven.plugins</groupId>
            <artifactId>maven-compiler-plugin</artifactId>
            <version>3.6.0</version>
            <configuration>
                <source>1.8</source>
                <target>1.8</target>
            </configuration>
        </plugin>
    </plugins>
</build>
```

接下来，在项目 mykit-book-storm 的 src/main/resources 目录下创建 log4j.properties 文件，内容如下所示：

```
log4j.rootLogger=INFO, stdout
log4j.appender.stdout=org.apache.log4j.ConsoleAppender
log4j.appender.stdout.layout=org.apache.log4j.PatternLayout
log4j.appender.stdout.layout.ConversionPattern=%d %p [%c] - %m%n
log4j.appender.logfile=org.apache.log4j.FileAppender
```

```
log4j.appender.logfile.File=/home/logs/mykit-book-storm.log
log4j.appender.logfile.layout=org.apache.log4j.PatternLayout
log4j.appender.logfile.layout.ConversionPattern=%d %p [%c] - %m%n
log4j.logger.org.apache.hadoop.util.NativeCodeLoader=ERROR
```

16.2 使用 Storm 实现单词计数

单词计数无论是在离线批处理领域，还是在线实时计算领域，都是典型的应用场景。本节就使用 Storm 实现单词的计数功能。

16.2.1 案例描述

1. 案例需求

从文件中读取内容，切分每个单词，并将每个单词转化为小写，统计每个单词的计数并输出统计结果。

2. 案例分析

本案例程序比较简单，包括一个 Spout 程序（读取文件）和两个 Bolt 程序。其中，上游的 Bolt 程序负责拆分读取的单词，去掉单词首尾的空格并转化为小写，将处理后的单词发送给下游的 Bolt 程序；下游的 Bolt 程序负责对每个单词进行计数，并打印统计结果。Storm 单词计数实现流程如图 16-1 所示。

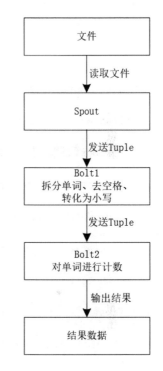

图 16-1　Storm 单词计数实现流程

16.2.2 案例实现

本案例中 Spout 程序实现 IRichSpout 接口，Bolt 程序实现 IRichBolt 接口，这就要求在程序中手动调用 SpoutOutputCollector 类或者 OutputCollector 类中的 ack() 方法或 fail() 方法，以保证数据被完全处理或者重新处理。

（1）在服务器的 /home/hadoop/storm 目录下创建 storm_word_count.txt 文件，用来测试 Storm 的 WordCount 程序，如下所示：

```
cd /home/hadoop/storm
vim storm_word_count.txt
```

storm_word_count.txt 文件的内容如下所示：

```
hello storm
hello kafka
hello hadoop
hello hadoop
flink storm
spark hadoop
SPARK Hadoop
STORM FLINK KAFKA
```

（2）在 mykit-book-storm 项目中新增 io.mykit.binghe.storm.wordcount 包，用来存放案例程序代码。

（3）创建 WordCountConstants 类，用来存放 Storm WordCount 案例程序中使用的一些常量信息，如下所示：

```
/**
 * 存放 Storm WordCount 案例程序中的常量信息
 */
public class WordCountConstants {
    /**
     * 使用 Sport 读取文件的 key
     */
    public static final String WORDCOUNT_FILE_KEY  = "wordFile";
    /**
     * Spout 发送数据到 Bolt 的 key
     */
    public static final String WORDCOUNT_LINE = "line";
    /**
     * 单词在 Bolt 之间传递的 Key
     */
    public static final String WORD_BOLT_KEY = "word";
    /**
     * 拓扑中标识 Spout 的标识
     */
    public static final String SPOUT_WORD_READ = "spout_word_read";
    /**
     * 拓扑中标识上游 Bolt 的标识
     */
    public static final String BOLT_SPLIT = "bolt_split";
    /**
     * 拓扑中标识下游 Bolt 的标识
     */
    public static final String BOLT_COUNT = "bolt_count";
    /**
     * 提交的拓扑名称
     */
    public static final String TOPOLOGY_NAME = "word_count_topology";
}
```

（4）创建 Spout 程序 WordCountSpout，实现 Strom 的 IRichSpout 接口，主要负责读取文件的内容，将文件中的每行数据发送给上游的 Bolt 程序处理，如下所示：

```java
/**
 * Spout 程序，负责读取文件中的内容，并将文件中的每行数据发送给上游的 Bolt 程序
 */
public class WordCountSpout implements IRichSpout {
    private final Logger logger = LoggerFactory.getLogger(WordCountSpout.class);
    private SpoutOutputCollector collector;
    private FileReader fileReader;
    private TopologyContext context;
    @Override
    public void open(Map<String, Object> map, TopologyContext topologyContext,
SpoutOutputCollector spoutOutputCollector) {
        this.collector = spoutOutputCollector;
        this.context = topologyContext;
        try {
            this.fileReader = new FileReader(map.get(WordCountConstants.
WORDCOUNT_FILE_KEY).toString());
        } catch (FileNotFoundException e) {
            e.printStackTrace();
            logger.info(" 未读取到文件 ===>>>" + map.get(WordCountConstants.
WORDCOUNT_FILE_KEY).toString());
        }
    }
    @Override
    public void close() {
        logger.info("close...");
    }
    @Override
    public void activate() {
        logger.info("activate...");
    }
    @Override
    public void deactivate() {
        logger.info("deactivate...");
    }
    @Override
    public void nextTuple() {
        // 读取文件中的每行数据，发送给上游的 Bolt 程序
        String line = null;
        BufferedReader reader = new BufferedReader(fileReader);
        try{
            while ((line = reader.readLine()) != null){
                // 将每行数据发送出去
                this.collector.emit(new Values(line), line);
            }
        }catch (Exception e){
            e.printStackTrace();
        }
    }
    @Override
```

```
    public void ack(Object msgId) {
        logger.info(" 处理成功, ACK: " + msgId);
    }
    @Override
    public void fail(Object msgId) {
        logger.info(" 处理失败, FAIL: " + msgId);
    }
    @Override
    public void declareOutputFields(OutputFieldsDeclarer outputFieldsDeclarer) {
        outputFieldsDeclarer.declare(new Fields(WordCountConstants.WORDCOUNT_LINE));
    }
    @Override
    public Map<String, Object> getComponentConfiguration() {
        logger.info("getComponentConfiguration");
        return null;
    }
}
```

（5）创建上游的 Bolt 类 WordSplitBolt，主要负责接收 WordCountSpout 类发送过来的
每行数据，将数据拆分成单词，去除单词首尾的空格，并将所有的单词转化为小写。处理
完成后，将数据发送给下游的 Bolt 程序，代码如下所示：

```
/**
 * 上游 Bolt，将每行数据切分成单词，转化为小写，并去掉首尾空格后发送给下游的 Bolt 程序
 */
public class WordSplitBolt implements IRichBolt {
    private final Logger logger = LoggerFactory.getLogger(WordSplitBolt.class);
    private OutputCollector collector;
    @Override
    public void prepare(Map<String, Object> map, TopologyContext topologyContext,
OutputCollector outputCollector) {
        this.collector = outputCollector;
    }
    @Override
    public void execute(Tuple tuple) {
        String line = tuple.getStringByField(WordCountConstants.WORDCOUNT_LINE);
        // 行数据不为空
        if(StringUtils.isNotEmpty(line)){
            // 将行数据按照空格进行拆分
            String[] words = line.split(" ");
            if(words != null && words.length > 0){
                for(String word : words){
                    // 去掉单词的首尾空格
                    word = word.trim();
                    // 此时判断单词是否为空,有可能开始将行数据拆分成的单词本身就是空格,
                    // 此时, 去掉单词首尾的空格后, 单词就变成空了
                    if(!word.isEmpty()){
                        // 将单词转化为小写
                        word = word.toLowerCase();
                        collector.emit(tuple, new Values(word));
```

```
                }
            }
        }
    }
    collector.ack(tuple);
}
@Override
public void cleanup() {
    logger.info("cleanup...");
}
@Override
public void declareOutputFields(OutputFieldsDeclarer outputFieldsDeclarer) {
    outputFieldsDeclarer.declare(new Fields(WordCountConstants.WORD_BOLT_KEY));
}
@Override
public Map<String, Object> getComponentConfiguration() {
    return null;
}
}
```

（6）创建下游的 Bolt 类 WordCountBolt，主要负责接收上游的 WordSplitBolt 类发送过来的数据，对发送过来的每个单词进行计数统计，在 cleanup() 方法中将统计的单词结果打印。读者也可以将这些统计信息发送到其他存储系统，比如 HDFS、HBase、数据库等，如下所示：

```
/**
 * 统计单词计数，在 cleanup() 方法中打印统计结果
 */
public class WordCountBolt implements IRichBolt {
    private Logger logger = LoggerFactory.getLogger(WordCountBolt.class);
    private Map<String, Integer> counterMap;
    private OutputCollector collector;
    private String componentId;
    private Integer taskId;
    @Override
    public void prepare(Map<String, Object> map, TopologyContext
topologyContext, OutputCollector outputCollector) {
        this.counterMap = new HashMap<String, Integer>();
        this.collector = outputCollector;
        this.componentId = topologyContext.getThisComponentId();
        this.taskId = topologyContext.getThisTaskId();
    }
    @Override
    public void execute(Tuple tuple) {
        String word = tuple.getStringByField(WordCountConstants.WORD_BOLT_KEY);
        if(StringUtils.isNotEmpty(word)){
            if(counterMap.containsKey(word)){
                Integer count = counterMap.get(word) + 1;
                counterMap.put(word, count);
            }else{
                counterMap.put(word, 1);
```

```
            }
        }
        collector.ack(tuple);
    }
    @Override
    public void cleanup() {
        logger.info(" 各单词计数信息如下: ");
        for(Map.Entry<String, Integer> entry : counterMap.entrySet()){
            logger.info(entry.getKey() + ": " + entry.getValue());
        }
    }
    @Override
    public void declareOutputFields(OutputFieldsDeclarer outputFieldsDeclarer) {

    }
    @Override
    public Map<String, Object> getComponentConfiguration() {
        return null;
    }
}
```

（7）编写程序的运行入口类 WordCountRunner，在 WordCountRunner 类中的 main()
方法中定义 Storm 拓扑，提供两种运行模式：一种是使用 LocalCluster 类的实例方法
submitTopology()，以本地模式运行 Storm 拓扑；另一种是使用 StormSubmitter 类的静态方
法 submitTopology()，以 Storm 集群模式运行 Storm 拓扑，如下所示：

```
/**
 * Storm 单词计数的执行类
 */
public class WordCountRunner {
    public static void main(String[] args) throws Exception {
        // 定义提交数据的拓扑结构
        TopologyBuilder builder = new TopologyBuilder();
        builder.setSpout(WordCountConstants.SPOUT_WORD_READ, new
WordCountSpout());
        builder.setBolt(WordCountConstants.BOLT_SPLIT, new WordSplitBolt()).sh
uffleGrouping(WordCountConstants.SPOUT_WORD_READ);
        builder.setBolt(WordCountConstants.BOLT_COUNT, new WordCountBolt(),
1).fieldsGrouping(WordCountConstants.BOLT_SPLIT, new Fields(WordCountConstants.
WORD_BOLT_KEY));
        // 将拓扑名称和读取的文件路径设置为默认值
        String filePath = "/home/hadoop/storm/storm_word_count.txt";
        String topologyName = WordCountConstants.TOPOLOGY_NAME;
        if(args.length > 0){
            topologyName = args[0];
        }
        if(args.length > 1){
            filePath = args[1];
        }
        Config conf = new Config();
```

```
        conf.put(WordCountConstants.WORDCOUNT_FILE_KEY, filePath);
        conf.setDebug(false);
        conf.put(Config.TOPOLOGY_MAX_SPOUT_PENDING, 1);
        if(args.length > 0){
            StormSubmitter.submitTopology(topologyName, conf, builder.
createTopology());
        }else{
            LocalCluster cluster = new LocalCluster();
            cluster.submitTopology(topologyName, conf, builder.
createTopology());
            Thread.sleep(1000);
            cluster.shutdown();
        }
    }
}
```

至此，程序案例代码编写完成，接下来即可运行测试程序。

16.2.3　案例测试

（1）使用 Maven 将 mykit-book-storm 项目打包成 mykit-book-storm-1.0.0-SNAPSHOT.jar 文件，并将 mykit-book-storm-1.0.0-SNAPSHOT.jar 文件上传到服务器的 /home/hadoop/storm 目录下。

（2）使用 storm jar 命令运行 mykit-book-storm-1.0.0-SNAPSHOT.jar 文件，如下所示：

```
storm jar /home/hadoop/storm/mykit-book-storm-1.0.0-SNAPSHOT.jar io.mykit.
binghe.storm.wordcount.WordCountRunner
```

此时，可以在命令行输出如下信息：

```
21:55:48.885 [SLOT_1027] INFO  i.m.b.s.w.WordCountBolt - 各单词计数信息如下：
21:55:48.885 [SLOT_1027] INFO  i.m.b.s.w.WordCountBolt - flink: 2
21:55:48.885 [SLOT_1027] INFO  i.m.b.s.w.WordCountBolt - storm: 3
21:55:48.885 [SLOT_1027] INFO  i.m.b.s.w.WordCountBolt - spark: 2
21:55:48.885 [SLOT_1027] INFO  i.m.b.s.w.WordCountBolt - kafka: 2
21:55:48.885 [SLOT_1027] INFO  i.m.b.s.w.WordCountBolt - hello: 4
21:55:48.885 [SLOT_1027] INFO  i.m.b.s.w.WordCountBolt - hadoop: 4
```

可以看到，命令行中正确地输出了每个单词和单词对应的统计计数，说明使用 Storm 成功实现单词计数功能。

16.3　使用 Storm 实现追加字符串

在实际工作过程中有这样一种场景：从很多文件中提取内容，将内容中的每个单词经过处理后，发送到实时分析系统进行分析。

16.3.1 案例描述

1. 案例需求

使用 Storm 读取文件，将文件中的单词转化为大写，并在每个单词后面追加 _binghe 字符串，输出结果内容。

2. 案例分析

需求中的功能主要有：从文件中读取内容，将文件中的单词转化为大写，在单词后面追加 _binghe 字符串。所以，本案例的核心功能可以由一个 Spout 程序和两个 Bolt 程序实现，并且本案例中的 Spout 程序继承 BaseRichSpout 类，Bolt 程序继承 BaseBasicBolt 类。这就使得在 Spout 程序和 Bolt 程序中不用手动调用 ack() 方法或者 fail() 方法，Storm 框架会自动调用 ack() 方法或者 fail() 方法来确认数据全部处理完成或者处理失败。

16.3.2 案例实现

（1）数据准备。本案例的数据文件与 16.2 节中的数据文件相同，这里不再赘述。

（2）在 mykit-book-storm 项目中创建 Java 包 io.mykit.binghe.storm.append 类，用于存放案例程序代码。

（3）创建常量类 WordAppendConstants，用于存放案例程序中的一些常量信息，如下所示：

```
/**
 * 使用 Storm 实现追加字符串的常量类
 */
public class WordAppendConstants {
    /**
     * 使用 Sport 读取文件的 key
     */
    public static final String WORDAPPEND_FILE_KEY = "appendWordFile";
    /**
     * 标识 Spout 数据
     */
    public static final String WPRDAPPEND_SPOUT_KEY = "spout_key";
    /**
     * 标识将单词转化为大写的 Bolt 数据
     */
    public static final String WPRDAPPEND_BOLT_KEY_UPPER = "bolt_key_upper";
    /**
     * 标识追加单词的 Bolt 数据
     */
    public static final String WPRDAPPEND_BOLT_KEY_APPEND = "bolt_key_append";
    /**
     * 单词要添加的后缀
     */
    public static final String WORD_BINGHE_SUFFIX = "_binghe";
```

```
    /**
     * Topology 名称
     */
    public static final String WPRDAPPEND_TOPOLOGY_NAME = "word_append";
}
```

（4）创建 WordAppendSpout 类，继承 Storm 的 org.apache.storm.topology.base.BaseRichSpout 类，Storm 框架会自动调用 ack() 方法或者 fail() 方法。该类主要负责服务文件的内容，将内容中的每行数据发送给转化单词大小写的 Bolt 程序，如下所示：

```
/**
 * 读取文件，并将文件中的每行数据发送给上游的 Bolt 类
 */
public class WordAppendSpout extends BaseRichSpout {
    private final Logger logger = LoggerFactory.getLogger(WordAppendSpout.class);
    private SpoutOutputCollector collector;
    private FileReader fileReader;
    @Override
    public void open(Map<String, Object> map, TopologyContext topologyContext,
SpoutOutputCollector spoutOutputCollector) {
        this.collector = spoutOutputCollector;
        try {
            this.fileReader = new FileReader(map.get(WordAppendConstants.
WORDAPPEND_FILE_KEY).toString());
        } catch (FileNotFoundException e) {
            e.printStackTrace();
            logger.info(" 未读取到文件 ===>>>" + map.get(WordAppendConstants.
WORDAPPEND_FILE_KEY).toString());
        }
    }
    @Override
    public void nextTuple() {
        // 读取文件中的每行数据，发送给上游的 Bolt 程序
        String line = null;
        BufferedReader reader = new BufferedReader(fileReader);
        try{
            while ((line = reader.readLine()) != null){
                // 将每行数据发送出去
                this.collector.emit(new Values(line), line);
            }
        }catch (Exception e){
            e.printStackTrace();
        }
    }
    @Override
    public void declareOutputFields(OutputFieldsDeclarer outputFieldsDeclarer) {
        outputFieldsDeclarer.declare(new Fields(WordAppendConstants.WPRDAPPEND_
SPOUT_KEY));
    }
}
```

（5）创建 WordUpperBolt 类，继承 Storm 的 org.apache.storm.topology.base.BaseBasicBolt 类，主要负责接收 WordAppendSpout 类发送过来的每行数据，将每行数据拆分成单词，并将单词转化为大写，发送到追加字符串的 Bolt 类，如下所示：

```java
/**
 * 将单词转化为大写
 */
public class WordUpperBolt extends BaseBasicBolt {
    @Override
    public void execute(Tuple tuple, BasicOutputCollector
basicOutputCollector) {
        String word = tuple.getStringByField(WordAppendConstants.WPRDAPPEND_
SPOUT_KEY);
        if(StringUtils.isNotEmpty(word)){
            String[] wordArr = word.split(" ");
            for(String w : wordArr){
                // 将单词转化为大写
                w = w.toUpperCase();
                // 将单词发送给下游的 Bolt 程序
                basicOutputCollector.emit(new Values(w));
            }
        }
    }
    @Override
    public void declareOutputFields(OutputFieldsDeclarer outputFieldsDeclarer) {
        outputFieldsDeclarer.declare(new Fields(WordAppendConstants.
WPRDAPPEND_BOLT_KEY_UPPER));
    }
}
```

（6）编写 WordAppendBolt 类，继承 Storm 的 org.apache.storm.topology.base.BaseBasicBolt 类，主要负责接收 WordUpperBolt 类发送过来的处理后的单词，并在每个单词后面追加 _binghe 字符串，然后打印结果数据，如下所示：

```java
/**
 * 追加字符串
 */
public class WordAppendBolt extends BaseBasicBolt {
    private final Logger logger = LoggerFactory.getLogger(WordAppendBolt.class);
    @Override
    public void execute(Tuple tuple, BasicOutputCollector
basicOutputCollector) {
        String word = tuple.getStringByField(WordAppendConstants.WPRDAPPEND_
BOLT_KEY_UPPER);
        if(StringUtils.isNotEmpty(word)){
            word = word.concat(WordAppendConstants.WORD_BINGHE_SUFFIX);
            logger.info(" 处理后的字符串 ====>>>" + word);
        }
    }
```

```
    @Override
    public void declareOutputFields(OutputFieldsDeclarer outputFieldsDeclarer) {

    }
}
```

注意: 由于字符串 _binghe 是在 WordAppendConstants 类中定义的常量 WORD_BINGHE_SUFFIX，上面的程序中引用了 WordAppendConstants.WORD_BINGHE_SUFFIX，因此不需要直接写字符串 _binghe。

（7）创建 WordAppendRunner 类，主要负责执行程序，构建 Storm 的 Topology，提交 Storm 任务，如下所示：

```
/**
 * Storm 追加字符串的运行入口类
 */
public class WordAppendRunner {
    public static void main(String[] args) throws Exception{
        TopologyBuilder builder = new TopologyBuilder();
        builder.setSpout(WordAppendConstants.WPRDAPPEND_SPOUT_KEY, new
WordAppendSpout(), 4).setNumTasks(8);
        builder.setBolt(WordAppendConstants.WPRDAPPEND_BOLT_KEY_UPPER, new
WordUpperBolt(), 4).shuffleGrouping(WordAppendConstants.WPRDAPPEND_SPOUT_KEY);
        builder.setBolt(WordAppendConstants.WPRDAPPEND_BOLT_KEY_APPEND, new
WordAppendBolt(), 4).shuffleGrouping(WordAppendConstants.WPRDAPPEND_BOLT_KEY_UPPER);
        String topologyName = WordAppendConstants.WPRDAPPEND_TOPOLOGY_NAME;
        String fileName = "/home/hadoop/storm/storm_word_count.txt";
        if(args.length > 0){
            topologyName = args[0];
        }
        if(args.length > 1){
            fileName = args[1];
        }
        Config conf = new Config();
        conf.put(WordAppendConstants.WORDAPPEND_FILE_KEY, fileName);
        conf.setDebug(false);
        conf.put(Config.TOPOLOGY_MAX_SPOUT_PENDING, 1);
        if(args.length > 0){
            StormSubmitter.submitTopology(topologyName, conf, builder.
createTopology());
        }else{
            LocalCluster cluster = new LocalCluster();
            cluster.submitTopology(topologyName, conf, builder.createTopology());
            Thread.sleep(5000);
            cluster.shutdown();
        }
    }
}
```

16.3.3 案例测试

（1）打包程序，并上传 jar 文件。

（2）运行 jar 文件，测试案例程序是否符合需求的要求，如下所示：

```
storm jar /home/hadoop/storm/mykit-book-storm-1.0.0-SNAPSHOT.jar io.mykit.
binghe.storm.append.WordAppendRunner
```

运行程序后，在命令行输出如下内容：

```
16:59:48.401 [Thread-44-bolt_key_append-executor[3, 3]] INFO
i.m.b.s.a.WordAppendBolt - 处理后的字符串 ====>>>KAFKA_binghe
16:59:48.401 [Thread-36-bolt_key_append-executor[4, 4]] INFO
i.m.b.s.a.WordAppendBolt - 处理后的字符串 ====>>>HELLO_binghe
16:59:48.401 [Thread-43-bolt_key_append-executor[5, 5]] INFO
i.m.b.s.a.WordAppendBolt - 处理后的字符串 ====>>>STORM_binghe
16:59:48.401 [Thread-36-bolt_key_append-executor[4, 4]] INFO
i.m.b.s.a.WordAppendBolt - 处理后的字符串 ====>>>HADOOP_binghe
16:59:48.401 [Thread-36-bolt_key_append-executor[4, 4]] INFO
i.m.b.s.a.WordAppendBolt - 处理后的字符串 ====>>>HELLO_binghe
```

证明案例程序执行成功。

注意： 案例程序输出的结果数据较多，这里只展示了部分结果数据。

16.4 使用 Storm 实现聚合多种数据流操作

Storm 支持多种流操作，可以将多个组件的数据聚合到同一个组件进行处理，实现将多个 Spout 程序发送过来的数据聚合到一个 Bolt 程序，也可以将多个 Bolt 程序的数据聚合到另一个 Bolt 程序。

16.4.1 案例描述

1. 案例需求

现有 3 种不同类型的数据：数字字符串、字母字符串和特殊符号字符串。每种字符串中都包含空格。

要求：将 3 种字符串统一发送到一个 Bolt 程序中进行拆分处理，将得出的单词发送到一个负责数据分发的 Bolt 程序，之后由负责数据分发的 Bolt 程序实现对数据的分组发送功能。

2. 案例分析

由案例需求的描述信息可以看出以下信息。

（1）案例程序需要定义一个 Spout 程序来发送 3 种不同类型的字符串，这些字符串以（字符串类型，字符串）的形式发送。

（2）需要定义 3 个 Bolt 程序：第 1 个 Bolt 程序负责接收 Spout 程序发送过来的字符串，对字符串按照空格进行拆分，并将（单词类型，单词）形式的数据发送到第 2 个 Bolt 程序；第 2 个 Bolt 程序接收到单词之后，按照单词的不同类型进行分组发送，将（单词类型，单词）形式的数据发送到第 3 个 Bolt 程序的不同分组；第 3 个 Bolt 程序负责打印结果信息。

使用 Storm 聚合多种数据流操作流程如图 16-2 所示。

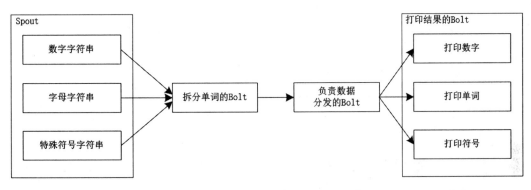

图 16-2　使用 Storm 聚合多种数据流操作流程

16.4.2　案例实现

（1）在 mykit-book-storm 项目中新建 Java 包 io.mykit.binghe.storm.multi，用于存放案例程序代码。

（2）创建实现 Storm 聚合多种数据流操作的常量类 MultiStreamConstants，用于存放案例程序的常量信息，如下所示：

```
/**
 * 常量类标识是哪种数据类型的字符串
 */
public class MultiStreamConstants {
    /**
     * 数字类型
     */
    public static final String TYPE_NUMBER = "type_number";
    /**
     * 字符类型
     */
    public static final String TYPE_STRING = "type_string";
    /**
     * 特殊符号类型
     */
    public static final String TYPE_SIGN = "type_sign";
```

```
/**
 * 数字类型流
 */
public static final String STREAM_NUMBER = "stream_number";
/**
 * 字符类型流
 */
public static final String STREAM_STRING = "stream_string";
/**
 * 特殊符号类型流
 */
public static final String STREAM_SIGN = "stream_sign";
/**
 * 未知类型流
 */
public static final String STREAM_UNKNOWN = "stream_unknown";
/**
 * 标识数据发送的类型
 */
public static final String DATA_TYPE = "type";
/**
 * Spout 程序发送的整行字符串
 */
public static final String DATA_LINE = "line";
/**
 * 标识发送的单词
 */
public static final String DATA_WORD = "word";
/**
 * 字母字符串
 */
public static final String STRING_STR = "hello storm hadoop kafka sqoop
hive flume redis mysql zookeeper";
/**
 * 数字字符串
 */
public static final String STRING_NUM = "12 43 55 22 566 223 677 11 4454 222";
/**
 * 特殊字符字符串
 */
public static final String STRING_SIGN = "! @ # $ % ^ & * ( ) _ + = - ~ '";
/**
 * 拆分字符串的 Bolt
 */
public static final String BOLT_SPLIT = "bolt_split";
/**
 * 发送单词 / 数字 / 特殊字符的 Bolt
 */
public static final String BOLT_SEND = "bolt_send";
/**
```

```
 * 打印数字
 */
public static final String BOLT_PRINT_NUM = "bolt_print_num";
/**
 * 打印单词
 */
public static final String BOLT_PRINT_STRING = "bolt_print_string";
/**
 * 打印特殊符号
 */
public static final String BOLT_PRINT_SIGN = "bolt_print_sign";
/**
 * 标识 Topology 名称
 */
public static final String TOPOLOGY_NAME = "multi_stream";
}
```

（3）创建 Spout 程序类 MultiStreamSpout，在构造方法中接收字符串和字符串对应的类型，并将字符串类型和对应的字符串信息发送到 MultiStreamSplitBolt 类，如下所示：

```
/**
 * Spout 程序，负责发送多种不同类型的字符串
 */
public class MultiStreamSpout extends BaseRichSpout {
    private final Logger logger = LoggerFactory.getLogger(MultiStreamSpout.class);
    private SpoutOutputCollector collector;
    // 一行字符串内容
    private String line;
    // 字符串的类型
    private String type;
    public MultiStreamSpout(String type, String line){
        this.type = type;
        this.line = line;
    }
    @Override
    public void open(Map<String, Object> map, TopologyContext topologyContext,
SpoutOutputCollector spoutOutputCollector) {
        this.collector = spoutOutputCollector;
    }
    @Override
    public void nextTuple() {
        if(StringUtils.isNotEmpty(type) && StringUtils.isNotEmpty(line)){
            List<Object> values = new Values(type, line);
            collector.emit(values, values);
            logger.info("Spout 程序发送数据: type = " + type + ", line = " + line);
        }
    }
    @Override
    public void declareOutputFields(OutputFieldsDeclarer outputFieldsDeclarer) {
        outputFieldsDeclarer.declare(new Fields(MultiStreamConstants.DATA_
```

439

```
TYPE, MultiStreamConstants.DATA_LINE));
    }
}
```

（4）创建 Bolt 程序 MultiStreamSplitBolt，接收 MultiStreamSpout 类发送过来的字符串类型和字符串信息，将字符串按照空格拆分成单词，并将字符串类型和单词发送到 MultiStreamSendBolt 类，如下所示：

```
/**
 * 接收 Spout 发送过来的数据，并对字符串按照空格进行拆分，之后将拆分的单词发送到下一
 * 个 Bolt 程序
 */
public class MultiStreamSplitBolt extends BaseRichBolt {
    private final Logger logger = LoggerFactory.getLogger(MultiStreamSplitBolt.
class);
    private OutputCollector collector;
    @Override
    public void prepare(Map<String, Object> map, TopologyContext
topologyContext, OutputCollector outputCollector) {
        this.collector = outputCollector;
    }
    @Override
    public void execute(Tuple tuple) {
        String type = tuple.getStringByField(MultiStreamConstants.DATA_TYPE);
        String line = tuple.getStringByField(MultiStreamConstants.DATA_LINE);
        if(line != null && !line.trim().isEmpty()){
            // 按空格进行拆分
            String[] words = line.split(" ");
            for(String word : words){
                collector.emit(tuple, new Values(type, word));
                logger.info("MultiSplitBolt 程序发送数据： type = " + type + ",
word = " + word);
                collector.ack(tuple);
            }
        }
    }
    @Override
    public void declareOutputFields(OutputFieldsDeclarer outputFieldsDeclarer) {
        outputFieldsDeclarer.declare(new Fields(MultiStreamConstants.DATA_
TYPE, MultiStreamConstants.DATA_WORD));
    }
}
```

（5）创建 Bolt 程序 MultiStreamSendBolt，接收 MultiStreamSplitBolt 类发送过来的字符串类型和单词数据，并按照类型的不同将单词发送到不同的 Stream 流中，如下所示：

```
/**
 * 将得到的单词按照不同的类型进行分组发送
 */
public class MultiStreamSendBolt extends BaseRichBolt {
```

```
    private final Logger logger = LoggerFactory.getLogger(MultiStreamSendBolt.
class);
    private OutputCollector collector;
    @Override
    public void prepare(Map<String, Object> map, TopologyContext
topologyContext, OutputCollector outputCollector) {
        this.collector = outputCollector;
    }
    @Override
    public void execute(Tuple tuple) {
        String type = tuple.getStringByField(MultiStreamConstants.DATA_TYPE);
        String word = tuple.getStringByField(MultiStreamConstants.DATA_WORD);
        switch (type){
            // 数字字符串
            case MultiStreamConstants.TYPE_NUMBER:
                this.emit(MultiStreamConstants.STREAM_NUMBER, type, tuple, word);
                break;
            // 字母字符串
            case MultiStreamConstants.TYPE_STRING:
                this.emit(MultiStreamConstants.STREAM_STRING, type, tuple, word);
                break;
            // 特殊符号字符串
            case MultiStreamConstants.TYPE_SIGN:
                this.emit(MultiStreamConstants.STREAM_SIGN, type, tuple, word);
                break;
            default:
                this.emit(MultiStreamConstants.STREAM_UNKNOWN, type, tuple, word);
        }
    }
    // 定义 emit() 方法
    private void emit(String streamId, String type, Tuple tuple, String word){
        collector.emit(streamId, tuple, new Values(type, word));
        logger.info("MultiStreamSendBolt 程序发送数据: type = " + type + ", word
= " + word);
    }
    @Override
    public void declareOutputFields(OutputFieldsDeclarer outputFieldsDeclarer) {
        outputFieldsDeclarer.declareStream(MultiStreamConstants.STREAM_NUMBER,
new Fields(MultiStreamConstants.DATA_TYPE, MultiStreamConstants.DATA_WORD));
        outputFieldsDeclarer.declareStream(MultiStreamConstants.STREAM_STRING,
new Fields(MultiStreamConstants.DATA_TYPE, MultiStreamConstants.DATA_WORD));
        outputFieldsDeclarer.declareStream(MultiStreamConstants.STREAM_SIGN,
new Fields(MultiStreamConstants.DATA_TYPE, MultiStreamConstants.DATA_WORD));
        outputFieldsDeclarer.declareStream(MultiStreamConstants.STREAM_UNKNOWN,
new Fields(MultiStreamConstants.DATA_TYPE, MultiStreamConstants.DATA_WORD));
    }
}
```

（6）创建 Bolt 程序 MultiStreamPrintBolt 类，在构造方法中接收单词类型，并接收
MultiStreamSendBolt 类发送的数据，打印最终结果，如下所示：

```
/**
 * 负责接收并打印结果数据
 */
public class MultiStreamPrintBolt extends BaseRichBolt {
    private final Logger logger = LoggerFactory.getLogger(MultiStreamPrintBolt.
class);
    private OutputCollector collector;
    // 标识字符串类型
    private String type;
    public MultiStreamPrintBolt(String type){
        this.type = type;
    }
    @Override
    public void prepare(Map<String, Object> map, TopologyContext
topologyContext, OutputCollector outputCollector) {
        this.collector = outputCollector;
    }
    @Override
    public void execute(Tuple tuple) {
        logger.info("【" + type+ " 】" +
                "SourceComponent=" + tuple.getSourceComponent() +
                ", SourceStreamId=" + tuple.getSourceStreamId() +
                ", type=" + tuple.getStringByField(MultiStreamConstants.DATA_TYPE) +
                ", word=" + tuple.getStringByField(MultiStreamConstants.DATA_WORD));
    }
    @Override
    public void declareOutputFields(OutputFieldsDeclarer outputFieldsDeclarer) {

    }
}
```

（7）创建执行程序的入口类 MultiStreamRunner，创建 Storm 拓扑，根据字符串类型的不同设置 3 个不同的 Spout，并在实例化 Spout 程序的构造方法中传入字符串类型和字符串数据，最后将拓扑提交到 Storm 执行，如下所示：

```
/**
 * 执行程序的入口类
 */
public class MultiStreamRunner {
    public static void main(String[] args) throws Exception{
        TopologyBuilder builder = new TopologyBuilder();
        // 这里设置 3 个 Spout，代表 3 个不同的数据源
        builder.setSpout(MultiStreamConstants.STREAM_NUMBER,
                new MultiStreamSpout(MultiStreamConstants.TYPE_NUMBER,
MultiStreamConstants.STRING_NUM), 1);
        builder.setSpout(MultiStreamConstants.STREAM_STRING,
                new MultiStreamSpout(MultiStreamConstants.TYPE_STRING,
MultiStreamConstants.STRING_STR), 1);
        builder.setSpout(MultiStreamConstants.STREAM_SIGN,
                new MultiStreamSpout(MultiStreamConstants.TYPE_SIGN,
```

```
MultiStreamConstants.STRING_SIGN), 1);
        builder.setBolt(MultiStreamConstants.BOLT_SPLIT, new
MultiStreamSplitBolt(), 2)
                .shuffleGrouping(MultiStreamConstants.STREAM_NUMBER)
                .shuffleGrouping(MultiStreamConstants.STREAM_STRING)
                .shuffleGrouping(MultiStreamConstants.STREAM_SIGN);
        builder.setBolt(MultiStreamConstants.BOLT_SEND, new MultiStreamSendBolt(), 6)
                .fieldsGrouping(MultiStreamConstants.BOLT_SPLIT, new
Fields(MultiStreamConstants.DATA_TYPE));
        builder.setBolt(MultiStreamConstants.BOLT_PRINT_NUM, new MultiStreamP
rintBolt(MultiStreamConstants.TYPE_NUMBER), 3)
                .shuffleGrouping(MultiStreamConstants.BOLT_SEND,
MultiStreamConstants.STREAM_NUMBER);
        builder.setBolt(MultiStreamConstants.BOLT_PRINT_STRING, new MultiStre
amPrintBolt(MultiStreamConstants.TYPE_STRING), 3)
                .shuffleGrouping(MultiStreamConstants.BOLT_SEND,
MultiStreamConstants.STREAM_STRING);
        builder.setBolt(MultiStreamConstants.BOLT_PRINT_SIGN, new MultiStream
PrintBolt(MultiStreamConstants.TYPE_SIGN), 3)
                .shuffleGrouping(MultiStreamConstants.BOLT_SEND,
MultiStreamConstants.STREAM_SIGN);
        Config conf = new Config();
        String topologyName = MultiStreamConstants.TOPOLOGY_NAME;
        if(args != null && args.length > 0){
            topologyName = args[0];
            conf.setNumWorkers(3);
            StormSubmitter.submitTopology(topologyName, conf, builder.
createTopology());
        }else{
            LocalCluster cluster = new LocalCluster();
            cluster.submitTopology(topologyName, conf, builder.createTopology());
            Thread.sleep(5 * 60 * 1000);
            cluster.shutdown();
        }
    }
}
```

至此，案例程序代码编写完成，接下来就是对案例程序进行测试。

16.4.3　案例测试

（1）打包程序，并将 jar 文件上传到服务器。

（2）在服务器命令行执行如下命令，运行 jar 文件：

```
storm jar /home/hadoop/storm/mykit-book-storm-1.0.0-SNAPSHOT.jar io.mykit.
binghe.storm.multi.MultiStreamRunner
```

执行程序后，会在命令行输出如下信息：

```
10:00:21.701 [Thread-49-stream_number-executor[19, 19]] INFO
i.m.b.s.m.MultiStreamSpout - Spout 程序发送数据: type = type_number, line = 12
43 55 22 566 223 677 11 4454 222
10:00:21.697 [Thread-42-stream_sign-executor[20, 20]] INFO
i.m.b.s.m.MultiStreamSpout - Spout程序发送数据: type = type_sign, line = ! @ # $
% ^ & * ( ) _ + = - ~ '
10:00:21.699 [Thread-47-stream_string-executor[21, 21]] INFO
i.m.b.s.m.MultiStreamSpout - Spout 程序发送数据: type = type_string, line =
hello storm hadoop kafka sqoop hive flume redis mysql zookeeper
10:00:21.737 [Thread-46-bolt_print_sign-executor[5, 5]] INFO
i.m.b.s.m.MultiStreamPrintBolt - 【type_sign 】SourceComponent=bolt_send,
SourceStreamId=stream_sign, type=type_sign, word=*
10:00:21.746 [Thread-54-bolt_print_string-executor[9, 9]] INFO
i.m.b.s.m.MultiStreamPrintBolt - 【type_string 】SourceComponent=bolt_send,
SourceStreamId=stream_string, type=type_string, word=storm
10:00:50.062 [Thread-41-bolt_print_num-executor[2, 2]] INFO
i.m.b.s.m.MultiStreamPrintBolt - 【type_number 】SourceComponent=bolt_send,
SourceStreamId=stream_number, type=type_number, word=22
```

可以看出，Spout 程序正确发送了数据，同时 Bolt 程序最终打印相关的结果，符合需求的要求。

注意: 本案例程序输出的结果内容比较多，这里只展示了部分结果数据。

16.5 使用 Storm 实现分组聚合

在 Storm 的实时分析场景中，有一种场景比较常见，那就是先将数据按照某种规则进行分组，经过相应的处理之后，再将数据聚合到某一个 Bolt 中，发送到后续业务进行处理。本节就使用 Storm 的 Trident 来实现对数据的分组聚合操作。

16.5.1 案例描述

1. 案例需求

使用 Storm 实现对数据的分组聚合操作。

2. 案例分析

在 Storm 中，可以使用 Trident 实现需求的要求，使用 groupBy() 方法指定分组操作，根据指定的属性对数据进行分组。如果 groupBy() 方法后面跟 aggregate() 方法，则会先进行分区，然后在每个分区上分组，分组完成后，在每个分组中进行聚合操作。

16.5.2　案例实现

（1）在 mykit-book-storm 项目中创建 Java 包 io.mykit.binghe.storm.groupjoin，用于存放案例程序代码。

（2）创 建 GroupJoinAggregator 类，继 承 Storm 框 架 的 BaseAggregator 类。GroupJoinAggregator 类是整个案例程序的核心代码，在该类中获取当前数据的分区标号和分区数量。在 aggregate() 方法中获取发送过来的数据，并将数据作为 key，接收数据的次数作为 value 放到 aggregate() 方法的 Map 参数中。最终，在 complete() 方法中将 Map 数据发送出去。代码如下所示：

```java
/**
 * 先分组后合并
 */
public class GroupJoinAggregator extends BaseAggregator<Map<String, Integer>> {
    private final Logger logger = LoggerFactory.getLogger(GroupJoinAggregator.class);
    // 标识属于哪个分区
    private Integer partition;
    // 总共的分区数量
    private Integer numPartitions;
    @Override
    public void prepare(Map<String, Object> conf, TridentOperationContext context) {
        this.partition = context.getPartitionIndex();
        this.numPartitions = context.numPartitions();
    }
    @Override
    public Map<String, Integer> init(Object o, TridentCollector tridentCollector) {
        return new HashMap<String, Integer>();
    }
    @Override
    public void aggregate(Map<String, Integer> map, TridentTuple tridentTuple,
TridentCollector tridentCollector) {
        // 获取发送过来的数据
        String str = tridentTuple.getString(0);
        Integer value = map.get(str);
        if (value == null) value = 0;
        // 将 value 值自增 1, 然后放回 Map
        value++;
        map.put(str, value);
        String partitionInfo = str.concat(" 所在的分区 ");
        map.put(partitionInfo, partition);
        logger.info(" 当前的分区为：【" + partition + "】, 分区数量为：【" +
numPartitions + "】");
    }
    @Override
    public void complete(Map<String, Integer> map, TridentCollector
tridentCollector) {
```

```
            tridentCollector.emit(new Values(map));
        }
}
```

（3）创建过滤器类 GroupJoinBolt，继承 Storm 的 BaseFilter 类，在 isKeep() 方法中打印当前的 TridentTuple 信息，获取 TridentTuple 实例中封装的 Map 信息，并打印数据，如下所示：

```
/**
 * 实现数据的聚合
 */
public class GroupJoinBolt extends BaseFilter {
    private Logger logger = LoggerFactory.getLogger(GroupJoinBolt.class);
    @Override
    public boolean isKeep(TridentTuple tridentTuple) {
        logger.info(" 当前的 TridentTuple 信息为: " + tridentTuple);
        Map<String, Integer> map = (Map<String, Integer>) tridentTuple.getValue(1);
        if(map != null && !map.isEmpty()){
            for(Map.Entry<String, Integer> entry : map.entrySet()){
                logger.info("Key-Value 键值对为 Key: " + entry.getKey() + ",
Value: " + entry.getValue());
            }
        }
        return false;
    }
}
```

（4）创建执行程序的入口类 GroupJoinRunner，在 GroupJoinRunner 类中实例化 Storm 的 FixedBatchSpout 对象，使用 FixedBatchSpout 对象模拟发送 Storm 数据流；同时，使用 Storm 的 TridentTopology 类定义拓扑，执行分组合并操作，代码如下所示：

```
/**
 * 执行程序的入口类
 */
public class GroupJoinRunner {
    public static void main(String[] args) throws Exception{
        FixedBatchSpout fixedBatchSpout = new FixedBatchSpout(new Fields("word"), 3,
                new Values("test1"), new Values("test2"), new Values("test1"),
                new Values("test3"), new Values("test3"), new Values("test3"),
                new Values("test4"));
        fixedBatchSpout.setCycle(false);
        TridentTopology tridentTopology = new TridentTopology();
        tridentTopology
                .newStream("tridentStream", fixedBatchSpout)
                .parallelismHint(3)
                .shuffle()
                .groupBy(new Fields("word"))
                .aggregate(new Fields("word"), new GroupJoinAggregator(), new
Fields("value"))
```

```
            .parallelismHint(5)
            .each(new Fields("word", "value"), new GroupJoinBolt());
        Config config = new Config();
        config.setDebug(false);
        String topologyName = "group_join_topology";
        if(args != null && args.length > 0){
            topologyName = args[0];
            StormSubmitter.submitTopology(topologyName, config, tridentTopology.
build());
        }else{
            LocalCluster cluster = new LocalCluster();
            cluster.submitTopology(topologyName, config, tridentTopology.build());
            Thread.sleep(5 * 60000);
            cluster.shutdown();
        }
    }
}
```

至此，程序代码编写完成。

16.5.3 案例测试

（1）打包程序，将 jar 文件上传到服务器。

（2）运行 jar 文件，如下所示：

```
storm jar /home/hadoop/storm/mykit-book-storm-1.0.0-SNAPSHOT.jar io.mykit.
binghe.storm.groupjoin.GroupJoinRunner
```

执行命令后，若输出如下信息，则证明案例程序执行成功：

```
11:50:34.017 [Thread-34-b-1-executor[8, 8]] INFO
i.m.b.s.g.GroupJoinAggregator - 当前的分区为：【3】，分区数量为：【5】
11:50:34.017 [Thread-34-b-1-executor[8, 8]] INFO
i.m.b.s.g.GroupJoinAggregator - 当前的分区为：【3】，分区数量为：【5】
11:50:34.017 [Thread-43-b-1-executor[9, 9]] INFO
i.m.b.s.g.GroupJoinAggregator - 当前的分区为：【4】，分区数量为：【5】
11:50:34.018 [Thread-34-b-1-executor[8, 8]] INFO  i.m.b.s.g.GroupJoinBolt -
当前的 TridentTuple 信息为：[test1, {test1 所在的分区 =3, test1=2}]
11:50:34.018 [Thread-34-b-1-executor[8, 8]] INFO  i.m.b.s.g.GroupJoinBolt -
Key-Value 键值对为 Key: test1 所在的分区 , Value: 3
11:50:34.018 [Thread-34-b-1-executor[8, 8]] INFO  i.m.b.s.g.GroupJoinBolt -
Key-Value 键值对为 Key: test1, Value: 2
11:50:34.019 [Thread-43-b-1-executor[9, 9]] INFO  i.m.b.s.g.GroupJoinBolt -
当前的 TridentTuple 信息为：[test2, {test2=1, test2 所在的分区 =4}]
```

注意： | 本案例中只展示了部分输出信息。

16.6 使用 Storm 实现事务处理

Storm 支持事务处理。在 Storm 开发过程中，当业务数据出现异常时，往往有以下两种解决方案。

（1）记录异常信息，Storm 继续执行后续流程。

（2）通知 Spout 程序重新发送数据。

本节就使用 Storm 的事务实现第二种方案。

16.6.1 案例描述

1. 案例需求

数据出现异常时，使用 Strom 的事务通知 Spout 程序重新发送数据。

2. 案例分析

可以自定义类实现 Storm 的 BaseFunction 类，在 execute() 方法中接收数据，如果数据出现异常，可以直接抛出 Storm 的 FailedException 异常，FailedException 异常会在 Storm 框架内部被捕获，并重新发送数据。

16.6.2 案例实现

（1）在 mykit-book-storm 项目中创建 Java 包 io.mykit.binghe.storm.transaction，用于存放案例程序代码。

（2）创建常量类 TransactionWordConstants，用于存放案例程序的常量信息，如下所示：

```
/**
 * 常量类
 */
public class TransactionWordConstants {
    /**
     * 拓扑名称
     */
    public static final String TOPOLOGY_NAME = "transaction_word";
    /**
     * 发送数据的 key1
     */
    public static final String DATA_KEY_FIRST = "data_first";
    /**
     * 发送数据
     */
    public static final String DATA_EVENT = "data_event";
    /**
     * 发送数据的 key2
     */
```

```
    public static final String DATA_KEY_SECOND = "data_second";
    /**
     * 当接收到的单词为 hello 时，抛出异常
     */
    public static final String INTERRUPT_WORD = "hello";
    /**
     * 数据过滤
     */
    public static final String DATA_FILTER = "filter";
    /**
     * 测试数据
     */
    public static final String DATA = "storm is very good hello storm my name
is hadoop";
}
```

（3）创建 Spout 程序 TransactionWordSpout 类，实现 Storm 的 ITridentSpout 接口，在构造方法中接收数据，在 getCoordinator() 方法中实例化自定义的 BatchCoordinator 类，在 getEmitter() 方法中实例化自定义的 Emitter 类，并将数据传递给自定义的 Emitter 类，如下所示：

```
/**
 * 事务 Spout
 */
public class TransactionWordSpout implements ITridentSpout<String> {
    private static final long serialVersionUID = -5801155502750086925L;
    private final Logger logger = LoggerFactory.getLogger(TransactionWordSpout.class);
    private String data;
    public TransactionWordSpout(String data){
        this.data = data;
    }
    @Override
    public BatchCoordinator<String> getCoordinator(String s, Map<String, Object>
map, TopologyContext topologyContext) {
        return new TransactionWordCoordinator();
    }
    @Override
    public Emitter<String> getEmitter(String s, Map<String, Object> map,
TopologyContext topologyContext) {
        return new TransactionWordEmitter(data);
    }
    @Override
    public Map<String, Object> getComponentConfiguration() {
        return null;
    }
    @Override
    public Fields getOutputFields() {
        return new Fields(TransactionWordConstants.DATA_KEY_FIRST,
TransactionWordConstants.DATA_KEY_SECOND);
    }
}
```

（4）创建事务协调器类 TransactionWordCoordinator，实现 Storm 的 BatchCoordinator 接口，在 success() 方法和 isReady() 方法中打印相应的日志信息，并在 isReady() 方法中返回 true，如下所示：

```
/**
 * 定义事务协调器
 */
public class TransactionWordCoordinator implements ITridentSpout.
BatchCoordinator<String> {
    private final Logger logger = LoggerFactory.getLogger(TransactionWordCoord
inator.class);
    @Override
    public String initializeTransaction(long txid, String prevMetadata, String
currMetadata) {
        return null;
    }
    @Override
    public void success(long txid) {
        logger.info("成功，当前事务 id 为: " + txid);
    }
    @Override
    public boolean isReady(long txid) {
        logger.info("准备执行，当前事务 id 为: " + txid);
        return true;
    }
    @Override
    public void close() {
    }
}
```

（5）创建数据发送类 TransactionWordEmitter，实现 Storm 的 Emitter 接口。在构造方法中接收数据，在 emitBatch() 方法中将接收到的数据按照空格进行拆分，并将拆分后的每个单词发送出去，如下所示：

```
/**
 * 定义 Storm 的发射器，发送数据流
 */
public class TransactionWordEmitter implements ITridentSpout.Emitter<String> {
    private final Logger logger = LoggerFactory.getLogger(TransactionWordEmitt
er.class);
    private String data;
    public TransactionWordEmitter(String data){
        this.data = data;
    }
    @Override
    public void emitBatch(TransactionAttempt transactionAttempt, String
metadata, TridentCollector tridentCollector) {
        logger.info("发送数据: TransactionId = " + transactionAttempt.
getTransactionId() +
                ", AttemptId = " + transactionAttempt.getAttemptId() +
```

```
            ", currMetadata = " + metadata);
        if (StringUtils.isNotEmpty(data)){
            String[] dataArr = data.split(" ");
            if(dataArr != null && dataArr.length > 0){
                for(String d : dataArr){
                    logger.info("当前发送的数据为: " + d);
                    List<Object> list = Lists.newArrayList();
                    list.add(d);
                    list.add(TransactionWordConstants.DATA_EVENT);
                    tridentCollector.emit(list);
                }
            }
        }
    }
    @Override
    public void success(TransactionAttempt transactionAttempt) {
        logger.info("发送成功, 事务 id 为: " + transactionAttempt.getTransactionId());
    }
    @Override
    public void close() {
    }
}
```

（6）创建接收数据的 TransactionWordFunction 类，继承 Storm 的 BaseFunction 类，在 execute() 方法中接收发送过来的数据，当接收到的数据为单词 hello 时，抛出 Storm 的 FailedException 异常，由 Storm 框架通知 Spout 程序重新发送数据，如下所示：

```
/**
 * 负责接收数据
 */
public class TransactionWordFunction extends BaseFunction {
    private static final long serialVersionUID = -1871900737508648790L;
    private final Logger logger = LoggerFactory.getLogger(TransactionWordFunct
ion.class);
    @Override
    public void execute(TridentTuple tridentTuple, TridentCollector
tridentCollector) {
        // 获取发送过来的数据
        String value = tridentTuple.getStringByField(TransactionWordConstants.
DATA_KEY_FIRST);
        if (StringUtils.isNotEmpty(value)){
            value = value.trim();
            logger.info("获取到的数据为: " + value);
            if (TransactionWordConstants.INTERRUPT_WORD.equals(value)){
                logger.info("抛出异常 ....");
                throw new FailedException();
            }
        }
    }
}
```

（7）创建程序的执行入口类 TransactionWordRunner，使用 Storm 的 TridentTopology 类创建 Storm 的拓扑，发送数据，并将拓扑提交到 Storm 执行，如下所示：

```
/**
 * 执行程序的入口类
 */
public class TransactionWordRunner {
    public static void main(String[] args) throws Exception{
        TridentTopology topology = new TridentTopology();
        TransactionWordSpout wordSpout = new TransactionWordSpout(Transaction
WordConstants.DATA);
        TransactionWordFunction wordFunction = new TransactionWordFunction();
        topology.newStream(TransactionWordConstants.DATA_FILTER, wordSpout)
                .each(new Fields(TransactionWordConstants.DATA_KEY_FIRST),
wordFunction, new Fields());
        Config conf = new Config();
        String topologyName = TransactionWordConstants.TOPOLOGY_NAME;
        if(args != null && args.length > 0){
            topologyName = args[0];
            StormSubmitter.submitTopology(topologyName, conf, topology.build());
        }else{
            LocalCluster cluster = new LocalCluster();
            cluster.submitTopology(topologyName, conf, topology.build());
            // 休眠 300 秒
            Thread.sleep(300000);
            cluster.shutdown();
        }
    }
}
```

至此，案例程序代码编写完成。

16.6.3 案例测试

（1）将项目打包成 jar 文件，并上传到服务器。

（2）在服务器上执行如下命令，运行 jar 文件：

```
storm jar /home/hadoop/storm/mykit-book-storm-1.0.0-SNAPSHOT.jar io.mykit.
binghe.storm.transaction.TransactionWordRunner
```

服务器的命令行会输出如下信息：

```
17:33:01.287 [Thread-38-$mastercoord-bg0-executor[1, 1]] INFO  i.m.b.s.t.Tran
sactionWordCoordinator - 准备执行，当前事务 id 为：1
17:33:01.295 [Thread-34-spout-filter-executor[5, 5]] INFO  i.m.b.s.t.TransactionW
ordEmitter - 发送数据：TransactionId = 1, AttemptId = 23, currMetadata = null
17:33:01.295 [Thread-34-spout-filter-executor[5, 5]] INFO  i.m.b.s.t.Transacti
onWordEmitter - 当前发送的数据为：storm
......
```

```
17:33:01.296 [Thread-35-b-0-executor[4, 4]] INFO  i.m.b.s.t.TransactionWordFu
nction - 获取到的数据为: good
17:33:01.296 [Thread-35-b-0-executor[4, 4]] INFO  i.m.b.s.t.TransactionWordFu
nction - 获取到的数据为: hello
17:33:01.296 [Thread-35-b-0-executor[4, 4]] INFO  i.m.b.s.t.TransactionWordFu
nction - 抛出异常 ....
17:33:01.296 [Thread-35-b-0-executor[4, 4]] INFO  i.m.b.s.t.TransactionWordFu
nction - 获取到的数据为: storm
```

证明案例程序执行成功。

注意： 如果需要使重发的数据和第一次发送的数据一致，则需要使用 BatchCoordinator.
initializeTransaction 方法提供的元数据信息。

16.7 Storm 案例依赖的类

本节介绍程序案例中引用的 Storm 类，供读者参考，如下所示：

```java
import java.util.List;
import org.slf4j.Logger;
import org.slf4j.LoggerFactory;
import java.io.BufferedReader;
import java.io.FileNotFoundException;
import java.io.FileReader;
import java.util.Map;
import java.util.HashMap;
import org.apache.storm.tuple.Tuple;
import org.apache.storm.tuple.Fields;
import com.google.common.collect.Lists;
import org.apache.storm.spout.SpoutOutputCollector;
import org.apache.storm.task.TopologyContext;
import org.apache.storm.topology.IRichSpout;
import org.apache.storm.topology.OutputFieldsDeclarer;
import org.apache.storm.tuple.Fields;
import org.apache.storm.tuple.Values;
import org.apache.commons.lang.StringUtils;
import org.apache.storm.task.OutputCollector;
import org.apache.storm.topology.IRichBolt;
import org.apache.storm.Config;
import org.apache.storm.LocalCluster;
import org.apache.storm.StormSubmitter;
import org.apache.storm.topology.TopologyBuilder;
import org.apache.storm.topology.base.BaseRichSpout;
import org.apache.storm.topology.BasicOutputCollector;
import org.apache.storm.topology.base.BaseBasicBolt;
import org.apache.storm.topology.base.BaseRichBolt;
```

```
import org.apache.storm.trident.operation.BaseAggregator;
import org.apache.storm.trident.operation.TridentCollector;
import org.apache.storm.trident.operation.TridentOperationContext;
import org.apache.storm.trident.tuple.TridentTuple;
import org.apache.storm.trident.operation.BaseFilter;
import org.apache.storm.trident.TridentTopology;
import org.apache.storm.trident.testing.FixedBatchSpout;
import org.apache.storm.trident.spout.ITridentSpout;
import org.apache.storm.trident.topology.TransactionAttempt;
import org.apache.storm.topology.FailedException;
import org.apache.storm.trident.operation.BaseFunction;
```

16.8 遇到的问题和解决方案

本节介绍 Storm 程序开发中经常遇到的问题和解决方案,供读者参考。

1. Nimbus host is not set 异常

发布 Topology 到 Storm 的远程集群时报错,报错的关键信息如下:

```
Nimbus host is not set
```

解决方案为:打开 Storm 的 storm.yaml 文件,配置 nimbus.host 选项即可解决问题。如
下所示:

```
vim storm.yaml
nimbus.host: "xxx.xxx.xxx.xxx"
```

2. AlreadyAliveException(msg: xxx is already active) 异常

发布 Topology 到 Storm 的远程集群时报错,报错的关键信息如下:

```
AlreadyAliveException(msg: xxx is already active)
```

报错原因是,提供的 topology 与已经在运行的 topology 重名。

解决方法为:发布时换一个拓扑名称。

16.9 本章总结

本章对 Storm 典型的编程案例进行了介绍,包括单词计数、追加字符串、实现聚合多
种数据流、实现数据的分组聚合及实现事务处理,并对遇到的问题和解决方案进行了总结。
第 17 章将介绍如何对 Storm 进行监控。

第 17 章
监控 Storm

在企业的实际案例中，对 Storm 的监控必不可少，尤其是大规模 Storm 集群，监控就显得更加重要。它能够快速感知和发现 Storm 集群中出现故障的节点，以便 Storm 维护人员快速做出响应。同时，对 Storm 进行监控，也能够快速发现 Storm 集群中各服务器节点的使用情况，便于开发和维护人员快速调整服务器架构，使各 Storm 节点正常、稳定运行。

本章主要涉及的知识点如下。

- 监控 Storm 中任务的状态。
- 使用 daemontools 监控 Storm。
- 使用 Monit 监控 Storm。
- 遇到的问题和解决方案。

Storm 支持使用 Hook 获取自身执行任务的状态信息。因此，开发者可以使用 Hook 捕获 Storm 中执行任务的信息，将这些信息发送到统一的监控系统，可以实现对 Storm 中执行任务的实时监控。

注意：| 本节中的监控案例基于 16.3 节中的内容进行说明。

17.1.1　实现 Storm 中的 Hook 功能

通过 Storm 的 Hook 监控 Storm 中执行任务的状态信息，首先需要创建一个自定义的 Hook 类，继承 Storm 的 org.apache.storm.hooks.BaseTaskHook 类，重写 BaseTaskHook 类中的部分方法，将获取到的任务状态信息发送到其他监控系统。为了演示程序，这里只将获取到的任务状态信息打印出来，如下所示：

```
package io.mykit.binghe.storm.append;
import org.apache.storm.hooks.BaseTaskHook;
import org.apache.storm.hooks.info.*;
import org.slf4j.Logger;
import org.slf4j.LoggerFactory;
/**
 * 获取 Task 状态信息的 Hook 类
 */
public class WordAppendTaskHook extends BaseTaskHook {
    private final Logger logger = LoggerFactory.getLogger(WordAppendTaskHook.
class);
    @Override
    public void boltExecute(BoltExecuteInfo info) {
        logger.info("====================boltExecute=====================");
        logger.info("executingTaskId = " + info.executingTaskId + ", executeLatencyMs
= " + info.executeLatencyMs + ", Bolt 执行的信息：" + info.tuple.toString());
    }
    @Override
    public void boltAck(BoltAckInfo info) {
        logger.info("====================boltAck=========================");
        logger.info("ackingTaskId = " + info.ackingTaskId + ", processLatencyMs
= " + info.processLatencyMs + ", Bolt 确认的信息：  " + info.tuple.toString());
    }
    @Override
    public void boltFail(BoltFailInfo info) {
        logger.info("====================boltFail=======================");
        logger.info("failingTaskId = " + info.failingTaskId + ", failLatencyMs
= " + info.failLatencyMs + ", Bolt 执行失败的数据：  " + info.tuple.toString());
    }
    @Override
```

```
    public void spoutAck(SpoutAckInfo info) {
        logger.info("====================spoutAck=========================");
        logger.info("spoutTaskId = " + info.spoutTaskId + ", messageId = " +
info.messageId + ", completeLatencyMs =  " + info.completeLatencyMs);
    }
    @Override
    public void spoutFail(SpoutFailInfo info) {
        logger.info("====================spoutFail========================");
        logger.info("spoutTaskId = " + info.spoutTaskId + ", messageId = " +
info.messageId + ", failLatencyMs =  " + info.failLatencyMs);
    }
}
```

接下来，在 WordUpperBolt 类的 prepare() 方法中，将 Hook 实例添加到 TopologyContext 类的实例中，如下所示：

```
public class WordUpperBolt extends BaseBasicBolt {
    @Override
    public void prepare(Map<String, Object> topoConf, TopologyContext context) {
        super.prepare(topoConf, context);
        context.addTaskHook(new WordAppendTaskHook());
    }
    // 其他代码省略
}
```

此时，就在 Bolt 程序中完成了添加获取任务状态信息的功能。

17.1.2 演示 Hook 获取 Storm 任务的状态消息

首先，重新打包 mykit-book-storm 项目，将打包后生成的 jar 文件上传到服务器。执行如下命令，运行 jar 文件：

```
storm jar /home/hadoop/storm/mykit-book-storm-1.0.0-SNAPSHOT.jar io.mykit.
binghe.storm.append.WordAppendRunner
```

可以看到，命令行会输出如下信息：

```
00:55:52.410 [Thread-34-bolt_key_upper-executor[8, 8]] INFO
i.m.b.s.a.WordAppendTaskHook - ===========================boltExecu
te=============================
00:55:52.410 [Thread-34-bolt_key_upper-executor[8, 8]] INFO
i.m.b.s.a.WordAppendTaskHook - executingTaskId = 8, executeLatencyMs = -1,
Bolt 执行的信息: source: spout_key:12, stream: default, id: {-5129683112133511
791=10788111102109549570}, [hello hadoop] PROC_START_TIME(sampled): null EXEC_
START_TIME(sampled): null
00:55:52.410 [Thread-34-bolt_key_upper-executor[8, 8]] INFO
i.m.b.s.a.WordAppendTaskHook - ===========================boltA
ck=============================
00:55:52.410 [Thread-34-bolt_key_upper-executor[8, 8]] INFO
```

```
i.m.b.s.a.WordAppendTaskHook - ackingTaskId = 8, processLatencyMs = -1, Bolt
确认的信息: source: spout_key:12, stream: default, id: {4007818080020447591=68
6224144376312284}, [spark hadoop] PROC_START_TIME(sampled): null EXEC_START_
TIME(sampled): null
```

可以看出，正确捕获并打印了 Bolt 程序中执行任务的状态信息。

注意: 这里只展示了部分结果信息。

17.2 使用 daemontools 监控 Storm

注意: Storm 支持使用 daemontools 监控 Storm，daemontools 能够管理 Storm 的组件，当 Storm 进程意外退出时，能够自动重启进程。本节就介绍如何使用 daemontools 监控 Storm 进程。

17.2.1 安装 daemontools

daemontools 的安装主要通过命令行的形式进行，可以分为以下几个步骤。

（1）下载 daemontools，如下所示：

```
wget http://cr.yp.to/daemontools/daemontools-0.76.tar.gz
```

（2）解压 daemontools，如下所示：

```
tar -zxvf daemontools-0.76.tar.gz
```

（3）将命令行当前目录切换到 daemontools 的解压目录，如下所示：

```
cd admin/daemontools-0.76/
```

（4）修改 daemontools 解压目录的 src 目录下的 error.h 头文件，如下所示：

```
vim src/error.h
```

找到如下代码：

```
extern int errno;
```

将其修改为如下代码：

```
#include <errno.h>
```

保存并退出 Vim 编辑器。

（5）安装 daemontools，如下所示：

```
sudo package/install
```

17.2.2　实现对 Nimbus 节点的监控

（1）在 Nimbus 节点服务器上新建 /monitor 目录，如下所示：

```
sudo mkdir /monitor/
```

（2）将 /monitor/ 目录的权限赋予 hadoop 用户，如下所示：

```
sudo chown -R hadoop.hadoop /monitor/
```

（3）在 /monitor 目录下创建 /service/daemontools/storm 目录，如下所示：

```
mkdir -p /monitor/service/daemontools/storm
```

（4）分别创建 Nimbus 进程、UI 进程和 DRPC 进程的 run 文件，如下所示：

```
mkdir -p /monitor/service/daemontools/storm/nimbus
touch /monitor/service/daemontools/storm/nimbus/run
chmod a+x /monitor/service/daemontools/storm/nimbus/run
mkdir -p /monitor/service/daemontools/storm/ui
touch /monitor/service/daemontools/storm/ui/run
chmod a+x /monitor/service/daemontools/storm/ui/run
mkdir -p /monitor/service/daemontools/storm/drpc
touch /monitor/service/daemontools/storm/drpc/run
chmod a+x /monitor/service/daemontools/storm/drpc/run
```

（5）编辑 Nimbus 进程的 run 文件，如下所示：

```
vim /monitor/service/daemontools/storm/nimbus/run
#!/bin/sh
exec 2>&1
exec /usr/local/storm-2.0.0/bin/storm nimbus
```

（6）编辑 UI 进程的 run 文件，如下所示：

```
vim /monitor/service/daemontools/storm/ui/run
#!/bin/sh
exec 2>&1
exec /usr/local/storm-2.0.0/bin/storm ui
```

（7）编辑 DRPC 进程的 run 文件，如下所示：

```
vim /monitor/service/daemontools/storm/drpc/run
#!/bin/sh
exec 2>&1
exec /usr/local/storm-2.0.0/bin/storm drpc
```

（8）在后台运行脚本进程，如下所示：

```
nohup supervise /monitor/service/daemontools/storm/nimbus >> /dev/null &
nohup supervise /monitor/service/daemontools/storm/ui >> /dev/null &
nohup supervise /monitor/service/daemontools/storm/drpc >> /dev/null &
```

17.2.3　实现对 Supervisor 节点的监控

在 Supervisor 节点服务器上创建 Storm 监控目录 /monitor/service/daemontools/storm 的步骤与 17.2.2 小节的第（1）～（3）步相同，这里不再赘述。

（1）创建 Supervisor 进程的 run 文件，如下所示：

```
mkdir -p /monitor/service/daemontools/storm/supervisor
touch /monitor/service/daemontools/storm/supervisor/run
chmod a+x /monitor/service/daemontools/storm/supervisor/run
```

（2）编辑 Supervisor 进程的 run 文件，如下所示：

```
vim /monitor/service/daemontools/storm/supervisor/run
#!/bin/sh
exec 2>&1
exec /usr/local/storm-2.0.0/bin/storm supervisor
```

（3）在后台运行脚本进程，如下所示：

```
nohup supervise /monitor/service/daemontools/storm/supervisor >> /dev/null &
```

17.2.4　验证 daemontools 自动重启 Storm 进程

（1）查看服务器上 Storm 进程运行的进程号信息，如下所示：

```
-bash-4.1$ jps
12960 Supervisor
12051 DRPCServer
13108 Jps
12888 Nimbus
11947 UIServer
```

可以看到，Nimbus 进程的进程号为 12888。

（2）杀死 Nimbus 进程，如下所示：

```
kill 12888
```

（3）杀死 Nimbus 进程之后，不做任何处理，再次查看 Storm 运行的进程号信息，如下所示：

```
-bash-4.1$ jps
15553 Nimbus
12051 DRPCServer
15816 Jps
11947 UIServer
12960 Supervisor
```

可以看到，Nimbus 进程的进程号变成了 15553，证明 daemontools 成功对 Storm 进程进行监控，并自动重启退出的组件进程。

17.3 使用 Monit 监控 Storm

Storm 进程除了可以使用 daemontools 进行监控以外，还可以使用 Monit 进行监控。本节就介绍如何使用 Monit 监控 Storm 进程。

17.3.1 安装 Monit

（1）下载 Monit，如下所示：

```
wget https://mmonit.com/monit/dist/monit-5.26.0.tar.gz
```

（2）解压 Monit，如下所示：

```
tar -zxvf monit-5.26.0.tar.gz
```

（3）将命令行当前目录切换到 Monit 的解压目录，如下所示：

```
cd monit-5.26.0
```

（4）安装 Monitor，如下所示：

```
./configure --without-pam --without-ssl
make
sudo make install
```

17.3.2 配置 Monit

配置 Monit 的过程比较复杂，其主要步骤如下。

1. 复制配置文件

把 Monit 源码目录下的配置文件 monitrc 复制到 /etc 目录下并修改文件的访问权限，如下所示：

```
sudo cp /usr/local/src/monit-5.26.0/monitrc /etc/
sudo chown hadoop.hadoop /etc/monitrc
chmod 0700 /etc/monitrc
```

2. 修改配置文件

使用 vim 命令修改 /etc/monitrc 文件，如下所示：

```
vim /etc/monitrc
```

主要修改步骤如下。

（1）修改 Monit 的检查周期，在 /etc/monitrc 文件中找到下面这行代码：

```
set daemon  30
```

可以看到，Monit 默认的检查周期为 30s。读者可以根据需要自行调整，这里使用默认的检查周期。

（2）找到 "set httpd port 2812 and" 这行代码，修改 HTTP 服务相关的配置信息，/etc/monitrc 文件中的原配置内容如下所示：

```
set httpd port 2812 and
    use address localhost  # only accept connection from localhost (drop if
you use M/Monit)
    allow localhost        # allow localhost to connect to the server and
    allow admin:monit      # require user 'admin' with password 'monit'
```

将其修改为如下内容：

```
set httpd port 2812 and
    use address 192.168.175.100  # only accept connection from localhost (drop
if you use M/Monit)
    allow 0.0.0.0/0.0.0.0           # allow localhost to connect to the server and
    allow admin:monit      # require user 'admin' with password 'monit'
```

（3）在 /etc/monitrc 文件中添加如下配置，新增对 Storm 主机的监控：

```
check host binghe with address 192.168.175.100
    if failed icmp type echo count 3 with timeout 3 seconds then alert
```

注意： 如果 Storm 和 Monit 安装在同一台服务器上，则 check host 后面不能写本机的主机名，否则会报错。例如，IP 地址为 192.168.175.100 的服务器的主机名为 binghe100，在上述配置中写的是 check host binghe，而不是 check host binghe100。

（4）在 /etc/monitrc 文件中添加对 Storm 进程的监控配置，如下所示：

```
check program storm-nimbus with path "/monitor/service/monit/nimbus/storm-
nimbus-exist.sh"
    start program = "/monitor/service/monit/nimbus/storm-nimbus-start.sh"
    stop program = "/monitor/service/monit/nimbus/storm-nimbus-stop.sh"
    if status = 0 then restart
    if 3 restarts within 5 cycles then alert

check program storm-ui with path "/monitor/service/monit/ui/storm-ui-exist.sh"
    start program = "/monitor/service/monit/ui/storm-ui-start.sh"
    stop program = "/monitor/service/monit/ui/storm-ui-stop.sh"
    if status = 0 then restart
    if 3 restarts within 5 cycles then alert

check program storm-drpc with path "/monitor/service/monit/drpc/storm-drpc-
exist.sh"
    start program = "/monitor/service/monit/drpc/storm-drpc-start.sh"
    stop program = "/monitor/service/monit/drpc/storm-drpc-stop.sh"
    if status = 0 then restart
    if 3 restarts within 5 cycles then alert
```

```
check program storm-supervisor with path "/monitor/service/monit/supervisor/
storm-supervisor-exist.sh"
  start program = "/monitor/service/monit/supervisor/storm-supervisor-start.sh"
  stop program = "/monitor/service/monit/supervisor/storm-supervisor-stop.sh"
  if status = 0 then restart
  if 3 restarts within 5 cycles then alert
```

17.3.3　创建通用脚本文件

（1）创建 /monitor 的目录并为 hadoop 用户授权的步骤与 17.2.2 小节的第（1）～（2）步相同，这里不再赘述。

（2）创建 /monitor/service/monit 目录，如下所示：

```
mkdir -p /monitor/service/monit
```

（3）在 /monitor/service/monit 目录下创建检测 Storm 进程是否存在、启动 Storm 进程和停止 Storm 进程的通用脚本文件，如下所示：

```
touch /monitor/service/monit/storm-deamon-exist.sh
chmod a+x /monitor/service/monit/storm-deamon-exist.sh
touch /monitor/service/monit/storm-deamon-start.sh
chmod a+x /monitor/service/monit/storm-deamon-start.sh
touch /monitor/service/monit/storm-deamon-stop.sh
chmod a+x /monitor/service/monit/storm-deamon-stop.sh
```

（4）修改检测 Storm 进程是否存在的通用脚本文件，如下所示：

```
vim /monitor/service/monit/storm-deamon-exist.sh
#!/bin/sh
process=$1
id=0
if [ $# -ge 1 ] && [ -n $process ] ; then
  cmd='jps | grep -i "$process" | awk '{print $1}''
  if [ -n "$cmd" ]; then
     id=1
  fi
fi
echo $id
```

（5）修改启动 Storm 进程的通用脚本文件，如下所示：

```
vim /monitor/service/monit/storm-deamon-start.sh
#!/bin/sh
if [ $# -ge 1 ] && [ -n $1 ] ; then
   /usr/bin/nohup storm $1 > $STORM_HOME/logs/nohup.out 2>&1 &
      echo "start java process [$1]"
fi
```

（6）修改停止 Storm 进程的通用脚本文件，如下所示：

```
vim /monitor/service/monit/storm-deamon-stop.sh
#!/bin/sh
if [ $# -ge 1 ] && [ -n $1 ] ; then
    kill -s 9 'jps | grep "$1" | awk '{print $1}''
        echo "java process [$1] killed."
fi
```

17.3.4　创建 Nimbus 监控脚本文件

（1）创建 /monitor/service/monit/nimbus/ 目录，如下所示：

```
mkdir -p /monitor/service/monit/nimbus/
```

（2）创建检测 Nimbus 进程是否存在、启动 Nimbus 进程和停止 Nimbus 进程的脚本文件，如下所示：

```
touch /monitor/service/monit/nimbus/storm-nimbus-exist.sh
chmod a+x /monitor/service/monit/nimbus/storm-nimbus-exist.sh
touch /monitor/service/monit/nimbus/storm-nimbus-start.sh
chmod a+x /monitor/service/monit/nimbus/storm-nimbus-start.sh
touch /monitor/service/monit/nimbus/storm-nimbus-stop.sh
chmod a+x /monitor/service/monit/nimbus/storm-nimbus-stop.sh
```

（3）修改检测 Nimbus 进程是否存在的脚本文件，如下所示：

```
vim /monitor/service/monit/nimbus/storm-nimbus-exist.sh
#!/bin/sh
cmd='/monitor/service/monit/storm-deamon-exist.sh nimbus'
id=$cmd
echo $id
exit $id
```

（4）修改启动 Nimbus 进程的脚本文件，如下所示：

```
vim /monitor/service/monit/nimbus/storm-nimbus-start.sh
#!/bin/sh
/monitor/service/monit/storm-deamon-start.sh nimbus
```

（5）修改停止 Nimbus 进程的脚本文件，如下所示：

```
vim /monitor/service/monit/nimbus/storm-nimbus-stop.sh
#!/bin/sh
monitor/service/monit/storm-deamon-stop.sh nimbus
```

17.3.5　创建 UI 监控脚本文件

（1）创建 /monitor/service/monit/ui 目录，如下所示：

```
mkdir -p /monitor/service/monit/ui
```

（2）创建检测 UI 进程是否存在、启动 UI 进程和停止 UI 进程的脚本文件，如下所示：

```
touch /monitor/service/monit/ui/storm-ui-exist.sh
chmod a+x /monitor/service/monit/ui/storm-ui-exist.sh
touch /monitor/service/monit/ui/storm-ui-start.sh
chmod a+x /monitor/service/monit/ui/storm-ui-start.sh
touch /monitor/service/monit/ui/storm-ui-stop.sh
chmod a+x /monitor/service/monit/ui/storm-ui-stop.sh
```

（3）修改检测 UI 进程是否存在的脚本文件，如下所示：

```
vim /monitor/service/monit/ui/storm-ui-exist.sh
#!/bin/sh
cmd='/monitor/service/monit/storm-deamon-exist.sh ui'
id=$cmd
echo $id
exit $id
```

（4）修改启动 UI 进程的脚本文件，如下所示：

```
vim /monitor/service/monit/ui/storm-ui-start.sh
#!/bin/sh
/monitor/service/monit/storm-deamon-start.sh ui
```

（5）修改停止 UI 进程的脚本文件，如下所示：

```
vim /monitor/service/monit/ui/storm-ui-stop.sh
#!/bin/sh
/monitor/service/monit/storm-deamon-stop.sh ui
```

17.3.6　创建 DRPC 监控脚本文件

（1）创建 /monitor/service/monit/drpc 目录，如下所示：

```
mkdir -p /monitor/service/monit/drpc
```

（2）创建检测 DRPC 进程是否存在、启动 DRPC 进程和停止 DRPC 进程的脚本文件，
如下所示：

```
touch /monitor/service/monit/drpc/storm-drpc-exist.sh
chmod a+x /monitor/service/monit/drpc/storm-drpc-exist.sh
touch /monitor/service/monit/drpc/storm-drpc-start.sh
chmod a+x /monitor/service/monit/drpc/storm-drpc-start.sh
touch /monitor/service/monit/drpc/storm-drpc-stop.sh
chmod a+x /monitor/service/monit/drpc/storm-drpc-stop.sh
```

（3）修改检测 DRPC 进程是否存在的脚本文件，如下所示：

```
vim /monitor/service/monit/drpc/storm-drpc-exist.sh
#!/bin/sh
cmd='/monitor/service/monit/storm-deamon-exist.sh drpc'
```

```
id=$cmd
echo $id
exit $id
```

（4）修改启动 DRPC 进程的脚本文件，如下所示：

```
vim /monitor/service/monit/drpc/storm-drpc-start.sh
#!/bin/sh
/monitor/service/monit/storm-deamon-start.sh drpc
```

（5）修改停止 DRPC 进程的脚本文件，如下所示：

```
vim /monitor/service/monit/drpc/storm-drpc-stop.sh
#!/bin/sh
/monitor/service/monit/storm-deamon-stop.sh drpc
```

17.3.7 创建 Supervisor 监控脚本文件

（1）创建 /monitor/service/monit/supervisor 目录，如下所示：

```
mkdir -p /monitor/service/monit/supervisor
```

（2）创建检测 Supervisor 进程是否存在、启动 Supervisor 进程和停止 Supervisor 进程的
脚本文件，如下所示：

```
touch /monitor/service/monit/supervisor/storm-supervisor-exist.sh
chmod a+x /monitor/service/monit/supervisor/storm-supervisor-exist.sh
touch /monitor/service/monit/supervisor/storm-supervisor-start.sh
chmod a+x /monitor/service/monit/supervisor/storm-supervisor-start.sh
touch /monitor/service/monit/supervisor/storm-supervisor-stop.sh
chmod a+x /monitor/service/monit/supervisor/storm-supervisor-stop.sh
```

（3）修改检测 Supervisor 进程是否存在的脚本文件，如下所示：

```
vim /monitor/service/monit/supervisor/storm-supervisor-exist.sh
#!/bin/sh
cmd='/monitor/service/monit/storm-deamon-exist.sh supervisor'
id=$cmd
echo $id
exit $id
```

（4）修改启动 Supervisor 进程的脚本文件，如下所示：

```
vim /monitor/service/monit/supervisor/storm-supervisor-start.sh
#!/bin/sh
/monitor/service/monit/storm-deamon-start.sh supervisor
```

（5）修改停止 Supervisor 进程的脚本文件，如下所示：

```
vim /monitor/service/monit/supervisor/storm-supervisor-stop.sh
#!/bin/sh
/monitor/service/monit/storm-deamon-stop.sh supervisor
```

17.3.8　启动 Monit 服务

（1）检测 /etc/monitrc 文件的语法是否正确，如下所示：

```
monit -t
```

如果 /etc/monitrc 文件的语法正确，会输出如下信息：

```
New Monit id: 26dff264edc9bae68df9b0bbceb92fda
 Stored in '/home/hadoop/.monit.id'
Control file syntax OK
```

（2）启动 Monit 守护进程，如下所示：

```
-bash-4.1$ monit
Starting Monit 5.26.0 daemon with http interface at [192.168.175.100]:2812
```

（3）查看 Monit 守护进程是否启动成功，如下所示：

```
-bash-4.1$ ps -ef | grep monit
hadoop     37217       1  0 15:53 ?        00:00:00 monit
hadoop     38304   37188  0 15:54 pts/0    00:00:00 grep monit
```

可以看到，Monit 守护进程启动成功。

（4）重启 Monit 的所有服务，如下所示：

```
monit restart all
```

17.3.9　查看 Monit 的服务状态

（1）查看 Monit 的所有服务的状态信息，如下所示：

```
monit status
```

如果所有的配置和启动都正确，会输出如下信息：

```
-bash-4.1$ monit status
Monit 5.26.0 uptime: 12m

Remote Host 'binghe'
  status                    OK
  monitoring status         Monitored
  monitoring mode           active
  on reboot                 start
  ping response time        -
  data collected            Sat, 17 Aug 2019 22:16:13

Program 'storm-nimbus'
  status                    OK
  monitoring status         Monitored
```

```
    monitoring mode              active
    on reboot                    start
    last exit value              1
    last output                  1
    data collected               Sat, 17 Aug 2019 22:16:13

Program 'storm-ui'
    status                       OK
    monitoring status            Monitored
    monitoring mode              active
    on reboot                    start
    last exit value              1
    last output                  1
    data collected               Sat, 17 Aug 2019 22:16:13

Program 'storm-drpc'
    status                       OK
    monitoring status            Monitored
    monitoring mode              active
    on reboot                    start
    last exit value              1
    last output                  1
    data collected               Sat, 17 Aug 2019 22:16:13

Program 'storm-supervisor'
    status                       OK
    monitoring status            Monitored
    monitoring mode              active
    on reboot                    start
    last exit value              1
    last output                  1
    data collected               Sat, 17 Aug 2019 22:16:13

System 'binghe100'
    status                       OK
    monitoring status            Monitored
    monitoring mode              active
    on reboot                    start
    load average                 [0.43] [0.38] [0.56]
    cpu                          1.1%us 0.3%sy 0.0%wa
    memory usage                 894.0 MB [23.4%]
    swap usage                   161.4 MB [7.9%]
    uptime                       11h 42m
    boot time                    Sat, 17 Aug 2019 10:33:46
    data collected               Sat, 17 Aug 2019 22:16:13
```

可以看到，Monit 启动成功，同时各项监控指标的状态都是 OK。

（2）访问 Monit 的管理界面，在浏览器地址栏中输入 "http://192.168.175.100:2812" 访问 Monit，如图 17-1 所示。

图 17-1　输入用户名和密码访问 Monit

输入用户名"admin"和密码"monit"之后，进入 Monit 的管理界面，如图 17-2 所示。

图 17-2　Monit 的管理界面

由图 17-2 同样可以看出，Monit 启动成功，同时各项监控指标的状态都是 OK。

17.3.10　查看 Monit 的帮助信息

读者可以在命令行输入如下命令，查看 Monit 的帮助信息：

```
-bash-4.1$ monit -h
Usage: monit [options]+ [command]
Options are as follows:
 -c file      Use this control file
 -d n         Run as a daemon once per n seconds
 -g name      Set group name for monit commands
 -l logfile   Print log information to this file
 -p pidfile   Use this lock file in daemon mode
 -s statefile Set the file monit should write state information to
 -I           Do not run in background (needed when run from init)
 --id         Print Monit's unique ID
 --resetid    Reset Monit's unique ID. Use with caution
```

```
-B              Batch command line mode (do not output tables or colors)
-t              Run syntax check for the control file
-v              Verbose mode, work noisy (diagnostic output)
-vv             Very verbose mode, same as -v plus log stacktrace on error
-H [filename] Print SHA1 and MD5 hashes of the file or of stdin if the
                filename is omited; monit will exit afterwards
-V              Print version number and patchlevel
-h              Print this text
Optional commands are as follows:
 start all              - Start all services
 start <name>           - Only start the named service
 stop all               - Stop all services
 stop <name>            - Stop the named service
 restart all            - Stop and start all services
 restart <name>         - Only restart the named service
 monitor all            - Enable monitoring of all services
 monitor <name>         - Only enable monitoring of the named service
 unmonitor all          - Disable monitoring of all services
 unmonitor <name>       - Only disable monitoring of the named service
 reload                 - Reinitialize monit
 status [name]          - Print full status information for service(s)
 summary [name]         - Print short status information for service(s)
 report [up|down|..]    - Report state of services. See manual for options
 quit                   - Kill the monit daemon process
 validate               - Check all services and start if not running
 procmatch <pattern>    - Test process matching pattern
```

根据帮助信息的内容，使用 Monit 监控工具的各项功能。

17.4 遇到的问题和解决方案

本节介绍搭建 Storm 的监控环境时经常遇到的问题和解决方案，供读者参考。

1. 安装 daemontools 报错

关键报错信息如下：

```
/usr/bin/ld: errno: TLS definition in /lib64/libc.so.6 section .tbss mismatches
non-TLS reference in envdir.o
```

解决方案为：修改 daemontools 解压目录的 src 目录下的 error.h 文件，将其中的 "extern int errno;" 替换为 "#include <errno.h>"，重新编译安装 daemontools 即可。

2. 运行检测 Storm 进程是否存在的脚本总是返回 0

笔者一开始将 /monitor/service/monit/storm-deamon-exist.sh 脚本文件的内容编辑为：

```
#!/bin/sh
process=$1
```

```
id=0
if [ $# -ge 1 ] && [ -n $process ] ; then
  cmd='jps | grep "$process" | awk '{print $1}''
  if [ -n "$cmd" ]; then
    id=1
  fi
fi
echo $id
```

按照脚本的逻辑，如果进程存在则返回 1，不存在则返回 0，而出现的问题是，无论是否启动了相关的进程，脚本的返回值都是 0。

经过一番排查，发现使用 jps 命令查看 Storm 的进程时，输出的进程名称首字母都为大写，而在脚本文件中为通用脚本文件传递的参数都是小写的进程名称，即只要让通用脚本文件忽略进程名称的大小写即可。/monitor/service/monit/storm-deamon-exist.sh 脚本文件中的关键代码如下：

```
cmd='jps | grep "$process" | awk '{print $1}''
```

将其修改为如下代码即可解决问题：

```
cmd='jps | grep -i "$process" | awk '{print $1}''
```

"jps | grep –i" 命令即为忽略大小写查找相关的进程名称。

17.5 本章总结

本章主要对 Storm 的监控方式进行了介绍，包括监控 Storm 中任务的状态、使用 daemontools 监控 Storm 和使用 Monit 监控 Storm，同时，对搭建 Storm 的监控环境时遇到的问题和解决方案进行了总结。从第 18 章开始，将正式进入大数据处理实战案例篇，从零开始实现基于海量日志数据的分析统计系统，包含离线批处理实现和在线实时处理实现两大业务主线。

第 4 篇　大数据处理实战案例篇

18

第 18 章

基于海量日志数据的分析统计系统

在企业的大数据真实案例中，有很多场景是基于企业中各业务系统的日志数据进行数据分析和统计，将统计出的结果数据保存到数据库中，供企业生成报表，或者实时展示到大屏，供企业实时观察数据动向。

从本章开始，正式进入大数据处理实战案例篇。使用之前章节学到的知识和技术，全程以企业级开发的角度，阐述如何从零开始实现基于海量日志数据的分析统计系统，并从离线批处理计算和在线实时计算两大业务主线实现系统的需求。

本章主要涉及的知识点如下。

- 项目背景。
- 系统功能性需求。
- 系统非功能性需求。

18.1 项目背景

随着互联网的发展，线下销售门店越来越多地转型为线上商城。国内规模较大的电子商务平台有淘宝、天猫、京东、苏宁易购、1 号店、唯品会、当当网和国美在线等。

目前，电子商务的竞争已经由简单的价格优势升级为以产品体验和服务体验为中心的竞争，即产品的核心竞争力是产品体验和服务体验。因此，如何更好地提升产品的核心竞争力，成为每个企业首先要考虑的问题。

随着大数据的发展，越来越多的企业意识到数据对企业生存和发展的重要性。通过大数据相关的技术对企业各业务系统产生的数据进行分析统计，能够将企业的运营数据和历史数据转化为企业的数据资产，为企业的业务创新和战略部署提供数据支持。

18.2 功能性需求

基于海量日志数据的分析统计系统主要分为离线批处理计算和在线实时计算两大主线，其功能需求也围绕这两大主线进行拓展。

18.2.1 数据导入

（1）在线商城业务系统数据中，历史日志数据量高达 200TB，每天产生的日志数据大概是 50GB，需要将这些历史日志数据并行导入 Hadoop 中。为了提高导入效率，整个导入过程必须并行执行。

（2）为了能够在业务大屏实时观察业务系统的数据动向，需要将实时产生的日志数据传送到在线实时计算子系统中，进行数据分析和统计。

18.2.2 数据清洗

将数据导入分析统计系统之后，首先需要对数据进行清洗，使其变成符合业务规则规定的数据格式。由于数据的主要来源是 Nginx 服务器的点击流日志数据，因此 Nginx 服务器默认的日志输出格式如下所示：

```
192.168.175.1 - - [20/Aug/2019:09:24:16 +0800] "GET / HTTP/1.1" 200 0 "-"
"Mozilla/5.0 (Windows NT 10.0; Win64; x64; rv:68.0) Gecko/20100101 Firefox/68.0"
```

笔者在搭建环境时，将 Nginx 的日志格式修改成如下所示：

```
192.168.175.1,-,-,20/Aug/2019:09:53:43 +0800,304,477,180,0,Mozilla/5.0 (Windows NT
10.0; Win64; x64; rv:68.0) Gecko/20100101 Firefox/68.0,-,GET,0.000,/,HTTP/1.1,-,-
```

这样，无论是离线批处理计算还是在线实时计算，都可以基于修改后的格式产生的数据进行。

18.2.3 系统流量与访问次数统计分析

（1）在离线批处理计算子系统中，对日志数据中的流量数据和访问次数按照日期进行分析统计。

（2）在在线实时计算子系统中，对 Nginx 的点击流日志数据中的流量数据和访问次数进行实时分析。

18.2.4 其他分析需求

需要将 Nginx 日志按照日期进行分割，不同日期的日志数据独立成一个日志文件。首次启动系统时，将日志数据全量导入 Hadoop，接下来定期向 Hadoop 并行导入当前日期的日志增量数据并进行离线批处理计算。

18.2.5 数据导出

（1）在离线批处理计算完成之后，将分析的结果数据并行地导出到关系型数据库中。

（2）对 Nginx 的点击流日志数据完成在线实时计算之后，输出到大屏进行展示，同时将缓存的数据定时同步到数据库。

18.3 非功能性需求

非功能性需要主要分为对离线批处理计算子系统和在线实时计算子系统的需求。

18.3.1 性能需求

（1）对于离线批处理计算子系统来说，对 100GB ～ 1TB 的数据进行简单的数据查询分析，能够在 10 ～ 15min 内完成。对于复杂的数据处理作业，如多表关联、复杂的 MapReduce 作业等，能够在 30min ～ 1h 内完成。

（2）对于在线实时计算子系统，要求每次统计并输出结果的时间不超过 5s。

18.3.2　可靠性需求

离线批处理计算子系统和在线实时计算子系统都需要满足可靠性需求，要求系统每月的整体宕机次数不能超过 1 次，每次宕机的不可用时间不能超过 3h。同时，一个月内，系统集群中任何一台节点主机系统不可用的时间不能超过总不可用时间的 3%。

18.3.3　容错性需求

（1）对于离线批处理计算子系统来说，节点宕机不能丢失数据。如果服务停止运行，需要在 20min 内完成修复；如果 NameNode 宕机，需要在 3h 内进行修复。

（2）对于在线实时计算子系统来说，节点宕机也不能丢失数据。Nimbus 进程和 Supervisor 进程异常退出，需要在 5min 内完成修复并重启；其他故障按照具体情况处理。

18.3.4　存储需求

要求系统能够在保证目前数据的增长速度的同时，在不增加数据节点的情况下，至少使用一年的时间。

18.3.5　扩展性需求

当系统的存储能力或者计算能力不足时，能够通过简单地动态增加节点和配置来提高系统的存储能力和计算能力。

18.4　本章总结

本章主要对基于海量日志数据的分析统计系统进行了需求描述，包括对项目背景的介绍、功能性需求描述和非功能性需求描述。第 19 章将对系统的架构设计做出介绍。

第 19 章
系统架构设计

基于海量日志数据的分析统计系统包含两大业务主线：离线批处理计算子系统实现离线分析，在线实时计算子系统实现在线分析。本章就分别对离线批处理计算子系统的架构设计和在线实时计算子系统的架构设计进行介绍。

本章主要涉及的知识点如下。

- 离线批处理计算子系统架构设计。
- 在线实时计算子系统架构设计。

19.1 离线批处理计算子系统架构设计

离线批处理计算子系统作为基于海量日志数据的分析统计系统不可缺少的重要组成部分，承担着计算整个日志数据的重要职责，其结果数据是其他报表系统的重要数据来源。本节就对离线批处理计算子系统的架构设计进行介绍。

19.1.1 系统架构设计

在离线批处理计算子系统的架构设计中，核心组件包括 Hadoop（HDFS+MapReduce）、Zookeeper、Hive 和 Sqoop。

Hadoop 是整个离线批处理计算子系统的存储和计算的核心组成部分；Zookeeper 起到服务协调和元数据同步的作用；Hive 支持使用 HiveQL 的方式进行数据分析和统计，大大简化了编写 MapReduce 程序的复杂度；Sqoop 支持数据在 HDFS 和关系型数据库之间进行导入/导出。此外，系统还需要数据库存储结果数据，同时系统调度模块负责整个系统各模块的调度任务，H5 通过访问数据获取模块来获取数据进行展示。

离线批处理计算子系统架构如图 19-1 所示。

（1）日志数据需要进行备份，防止现有日志数据损坏或丢失后无法恢复。

（2）通过 Hadoop 客户端将日志数据导入 HDFS，这些日志数据存储在 HDFS 的 Hive 数据表中。

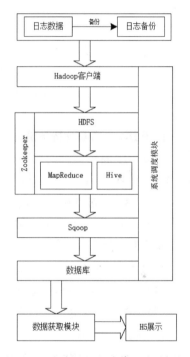

图 19-1 离线批处理计算子系统架构

（3）Hadoop 的 MapReduce 程序和 Hive 对存储在 Hive 数据表中的日志数据进行分析统计，并输出结果数据。

（4）Zookeeper 负责整个 Hadoop 集群的协调和元数据信息的同步。

（5）Sqoop 将 MapReduce 和 Hive 分析出的结果数据导出到关系型数据库中。

（6）整个离线批处理计算子系统执行的流程，统一交由系统调度模块进行调度处理。

（7）H5 定时访问数据获取模块，将分析的结果数据展示到 H5 页面。

19.1.2 系统功能设计

根据系统的架构设计，可以将系统的功能划分为 6 个主要的功能模块：系统调度模块、

数据导入/导出模块、日志数据清洗模块、数据
分析统计模块、分析结果获取模块、H5数据
展示模块，如图19-2所示。

系统调度模块				
数据导入／导出模块	日志数据清洗模块	数据分析统计模块	分析结果获取模块	H5数据展示模块

由图19-2可知，系统调度模块负责各个
系统模块的执行调度。除了个别功能模块外，
用户不需要直接执行某个具体的功能模块，而
是交由系统调度模块进行统一调度。

图 19-2　离线批处理计算子系统功能模块

19.1.3　系统存储选型

由第18章中的内容可知，在线商城业务系统数据中，历史日志数据量高达200TB，每
天产生的日志数据大概是50GB。同时，要求系统能够在保证目前数据的增长速度的同时，
在不增加数据节点的情况下，至少使用一年的时间，所以Hadoop集群的存储能力必须满足
上述需求。

由于HDFS自身支持备份，默认的文件副本数为3，因此一份数据在HDFS中会存储3
份。所以，Hadoop集群的数据存储能力至少为（200+0.05×365）×3 ≈ 655TB。这里除了
操作系统和驱动所占的空间外，还需要为临时结果预留20%~30%的存储空间，所以总存储
量大约为940T（这也和笔者在实际工作中，一开始搭建Hadoop集群的数据存储量差不多，
读者可能不会遇到如此巨大的数据量，重点是掌握分析方法）。

基于上述分析，结合考虑Hadoop的计算需求，现将硬件选型如下。

1. 主从 NameNode

（1）CPU：Xeon E5-2687W（八核）。

（2）内存：168GB。

（3）硬盘：16TB。

2. 主从 ResourceManager 节点

（1）CPU：Xeon E5-2687W（八核）。

（2）内存：168GB。

（3）硬盘：16TB。

3.（DataNode + NodeManager）× 60

（1）CPU：Xeon E3-1230 V2（四核）。

（2）内存：64GB。

（3）硬盘：16TB。

4. Hadoop 客户端节点

（1）CPU：Xeon E3-1230 V2（四核）。

（2）内存：64GB。

（3）硬盘：16TB。

5. 交换机

根据业务需求，需要万兆交换机。

综上所述，共需要 65 台 PC 服务器，其中包括 1 台主 NameNode、1 台备用 NameNode、1 台主 ResourceManager、1 台备用 ResourceManager、60 台 DataNode 和 NodeManager（DataNode 进程和 NodeManager 进程可以部署在同一台服务器上）、1 台 Hadoop 客户端，系统程序运行在 Hadoop 客户端上。整个 Hadoop 集群的存储能力在 960TB 左右，满足系统的存储需求，并且能够根据需要进行动态扩展。

19.1.4　系统技术选型

本节介绍对离线批处理计算子系统的技术选型，主要包括对技术平台的选型和对开发语言的选型。

1. 技术平台选型

结合第 18 章的需求和本章对离线批处理计算子系统的架构和功能设计，现将对技术平台的选型总结如下。

（1）JDK：JDK 1.8。

（2）Hadoop：Hadoop 2.3.0。

（3）Zookeeper：Zookeeper 3.5.5。

（4）Hive：Hive 2.3.5。

（5）Sqoop：Sqoop 1.4.7。

（6）MySQL：MySQL 5.7.25。

2. 开发语言选型

系统的主要功能选用 Java 语言实现，对各功能模块的整合使用 Python 语言实现。

19.2 在线实时计算子系统架构设计

在线实时计算子系统能够实时分析 Nginx 服务器的点击流日志数据，将分析结果实时展示到企业大屏，供企业实时观察各业务系统的数据动向，迅速做出业务调整和战略部署。

19.2.1　系统架构设计

在线实时计算子系统的架构设计中，核心组件包括 Storm、Kafka、Flume 和 Zookeeper。

Storm 是整个在线实时计算子系统的核心组成部分，承担着数据实时计算的核心业务；Kafka 作为系统中消息的传输系统，从 Flume 接收数据，之后将数据发送到 Storm 集群；Flume 作为系统中数据的采集组件，负责采集日志数据到 Kafka 消息系统；Zookeeper 负责整个系统的服务协调和元数据同步。

此外，还需要 Redis 对数据进行缓存，Redis 中缓存所有的结果数据和每隔 5min 的增量数据；数据库存储最终分析的结果数据；Storm 分析的结果数据写入缓存时，同时写入 ActiveMQ，由 ActiveMQ 将消息推送到数据获取模块；数据获取模块将数据结果推送到 H5 页面进行实时展示。

在线实时计算子系统架构如图 19-3 所示。

（1）对日志数据进行备份，防止日志数据损坏或丢失后无法恢复。

（2）Flume 收集日志数据，并将日志数据发送到 Kafka 消息传输系统。

（3）Kafka 消息传输系统接收 Flume 传递过来的数据，并将数据传输到 Storm 集群，在一定程度上，Kafka 也起到了数据缓冲的作用。

（4）Storm 集群是整个在线实时计算子系统的核心组成部分，承担整个系统的实时计算任务。

（5）Zookeeper 负责 Storm 集群各服务之间的协调和元数据同步。

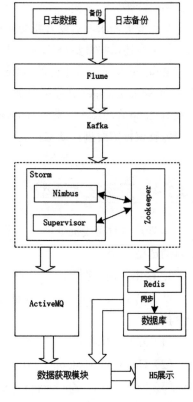

图 19-3　在线实时计算子系统架构

（6）Storm 将分析结果数据实时写入 Redis 缓存，Redis 缓存中缓存所有的结果数据，同时会缓存每隔 5min 的增量数据。

（7）每隔 5min，Redis 中的增量数据会累加同步到数据库，并清除 Redis 中的增量数据。

（8）Storm 将分析后的结果数据写入 ActiveMQ 消息队列框架，ActiveMQ 会将数据推送到数据获取模块。

（9）启动数据获取模块时，会从 Redis 或数据库读取统计数据进行加载。接下来，数据获取模块不再读取 Redis 或数据库数据，只接收 ActiveMQ 推送的数据进行统计，并将数据推送到 H5 页面。

19.2.2　系统功能设计

可以将在线实时计算子系统分为如下功能模块：日志数据采集模块、日志数据传输模块、日志数据清洗模块、数据分析统计模块、结果数据存储模块、结果数据传输模块、结果数据获取模块、H5 数据展示模块，如图 19-4 所示。

在线实时计算子系统							
日志数据采集模块	日志数据传输模块	日志数据清洗模块	数据分析统计模块	结果数据存储模块	结果数据传输模块	结果数据获取模块	H5数据展示模块

图 19-4　在线实时计算子系统功能模块

19.2.3　系统存储选型

由于在线实时计算子系统不会存储日志数据，因此只要满足 Storm 集群、结果数据存储和运行程序所需的存储即可。

1. Storm 集群节点 ×3

（1）CPU：Xeon E5-2687W（八核）。

（2）内存：64GB。

（3）硬盘：8TB。

2. Kafka 与 ActiveMQ 集群节点 ×3

（1）CPU：Xeon E3-1230 V2（四核）。

（2）内存：16GB。

（3）硬盘：1TB。

3. 数据存储集群节点 ×3

（1）CPU：Xeon E3-1230 V2（四核）。

（2）内存：32GB。

（3）硬盘：8TB。

4. 结果数据获取节点

（1）CPU：Xeon E3-1230 V2（四核）。

（2）内存：16GB。

（3）硬盘：500GB。

综上所述，在线实时计算子系统共需要 10 台服务器，其中包含 3 台 Storm 集群节点、3 台消息传输集群节点、3 台数据存储集群节点和 1 台运行结果获取节点。

19.2.4　系统技术选型

本小节简单介绍在线实时计算子系统的技术选型，主要包括技术平台选型和开发语言选型。

1. 技术平台选型

（1）JDK：JDK 1.8。

（2）Flume：Flume 1.9.0。

（3）Kafka：Kafka 2.12-2.3.0。

（4）Storm：2.0.0。

（5）Zookeeper：3.5.5。

（6）ActiveMQ：ActiveMQ 5.15.9。

（7）Redis：Redis 5.0.5。

（8）MySQL：MySQL 5.7.25。

2. 开发语言选型

在线实时计算子系统主要由 Java 语言开发。

19.3 本章总结

　　本节主要对基于海量日志数据的分析统计系统的离线批处理计算子系统和在线实时计算子系统的架构进行了介绍，包括系统架构设计、系统功能设计、系统存储选型和系统技术选型。第 20 章将介绍如何搭建基于海量日志数据的分析统计系统的服务器环境。

第 20 章
搭建系统环境

系统环境分为离线批处理计算子系统的环境和在线实时计算子系统的环境，这两个子系统又存在着共同的依赖环境。

搭建基础系统环境包括 Nginx 的安装和配置、JDK 的安装和配置、MySQL 集群环境的搭建、Zookeeper 集群环境的搭建。

搭建离线批处理计算子系统环境包括 Hadoop 集群环境的搭建、Hive 环境的搭建、Sqoop 环境的搭建。

搭建在线实时计算子系统环境包括 Flume 环境的搭建、Kafka 集群环境的搭建、Storm 集群环境的搭建、ActiveMQ 集群环境的搭建和 Redis 集群环境的搭建。

本章主要涉及的知识点如下。

- Nginx 的安装和配置。
- Nginx 日志备份。
- Redis 集群环境的搭建。
- MySQL 集群环境的搭建。
- ActiveMQ 集群环境的搭建。
- 整合在线实时计算环境。
- 遇到的问题和解决方案。

20.1 Nginx 的安装和配置

Nginx 是一款高性能的代理服务器软件，支持正向代理和反向代理。同时，Nginx 还能实现服务器的集群和负载均衡，支持插件式开发。除此之外，Nginx 还有许多十分强大的功能，如对客户端限流、缓存、动态黑白名单和实现灰度发布等。本节就介绍 Nginx 的安装和配置。

安装和配置 Nginx 之前，除了需要安装编译 Nginx 需要的系统环境之外，还需要安装 openssl、pcre 和 zlib。

注意：| 本节安装和配置 Nginx 是在 hadoop 用户下进行的。

20.1.1 安装系统依赖环境

在 CentOS 6.8 服务器命令行输入如下命令，安装 Nginx 的依赖环境：

```
yum -y install wget gcc-c++ ncurses ncurses-devel cmake make perl bison
openssl openssl-devel gcc* libxml2 libxml2-devel curl-devel libjpeg* libpng*
freetype* autoconf automake zlib* fiex* libxml* libmcrypt* libtool-ltdl-devel*
libaio libaio-devel  bzr libtool
```

20.1.2 安装 openssl

openssl 作为 Web 安全通信的基础，提供了非对称加密、数字签名、数字证书等安全交互方式。安装 Nginx 前，强烈建议安装 openssl。

1. 下载 openssl

到 openssl 官网下载 openssl 安装包，openssl 官网下载地址为 https://www.openssl.org/source，如图 20-1 所示。

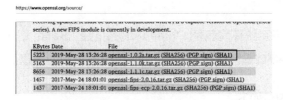

图 20-1　下载 openssl

这里选择下载 openssl-1.0.2s.tar.gz 文件。

读者也可以在命令行直接输入如下命令，下载 openssl-1.0.2s.tar.gz 文件：

```
wget https://www.openssl.org/source/openssl-1.0.2s.tar.gz
```

2. 解压 openssl

输入如下命令，对 openssl 进行解压操作：

```
tar -zxvf openssl-1.0.2s.tar.gz
```

3. 编译安装 openssl

将命令行当前目录切换到 openssl 的解压目录，然后执行编译安装的命令，如下所示：

```
cd /usr/local/src/openssl-1.0.2s
sudo ./config --prefix=/usr/local/openssl-1.0.2s
sudo make
sudo make install
```

注意：　在编译安装 openssl 时，使用的是 config 命令而不是 configure 命令，当 sudo 命令提示输入密码时，按照提示输入密码即可。

20.1.3　安装 pcre

为使 Nginx 支持 rewrite 伪静态匹配规则，在正式环境中，Nginx 基本都需要支持 rewrite 功能，所以需要安装 pcre。

1. 下载 pcre

可以到 pcre 的官网下载，下载地址为 https://ftp.pcre.org/pub/pcre，如图 20-2 所示。

图 20-2　下载 pcre

这里下载 pcre-8.43.tar.gz 安装包。

读者也可以在命令行输入如下命令进行下载：

```
wget https://ftp.pcre.org/pub/pcre/pcre-8.43.tar.gz
```

2. 解压 pcre

输入如下命令，对 pcre 进行解压：

```
tar -zxvf pcre-8.43.tar.gz
```

3. 编译安装 pcre

进入 pcre 的解压目录，对 pcre 进行编译安装操作，如下所示：

```
cd /usr/local/src/pcre-8.43
sudo ./configure --prefix=/usr/local/pcre-8.43
sudo make
sudo make install
```

20.1.4　安装 zlib

当 Nginx 需要支持压缩功能时，如需要对上传的图片和传输的数据进行压缩处理，就需要用到 zlib。建议在安装 Nginx 时安装 zlib。

1. 下载 zlib

到 zlib 官网下载 zlib，地址为 http://www.zlib.net，如图 20-3 所示。

图 20-3　下载 zlib

读者也可以直接在 CentOS 6.8 服务器命令行输入如下命令，下载 zlib 安装文件：

```
wget https://sourceforge.net/projects/libpng/files/zlib/1.2.11/zlib-1.2.11.tar.gz
```

2. 解压 zlib

输入如下命令，对 zlib 进行解压：

```
tar -zxvf zlib-1.2.11.tar.gz
```

3. 编译安装 zlib

将命令行当前目录切换到 zlib 的解压目录，然后执行编译安装操作，如下所示：

```
cd /usr/local/src/zlib-1.2.11
sudo ./configure --prefix=/usr/local/zlib-1.2.11
sudo make
sudo make
```

20.1.5　安装 Nginx

Nginx 以其强大的功能、性能和支持多种插件的安装，受到了业界的广泛关注，使用率也在逐年上升。本节介绍如何安装和配置 Nginx。

1. 下载 Nginx

到 Nginx 官网下载 Nginx，下载地址为 http://nginx.org/en/download.html，如图 20-4 所示。
读者也可以通过如下命令直接下载 Nginx：

```
wget http://nginx.org/download/nginx-1.17.2.tar.gz
```

图 20-4　下载 Nginx

2. 解压 Nginx

在命令行输入如下命令，解压 nginx-1.17.2.tar.gz 文件：

```
tar -zxvf nginx-1.17.2.tar.gz
```

3. 编译安装 Nginx

将命令行当前所在目录切换到 Nginx 的解压目录下，然后执行如下命令，对 Nginx 进行编译安装：

```
cd /usr/local/src/nginx-1.17.2
sudo ./configure --prefix=/usr/local/nginx-1.17.2 --with-openssl=/usr/local/src/
openssl-1.0.2s --with-pcre=/usr/local/src/pcre-8.43 --with-zlib=/usr/local/
src/zlib-1.2.11 --with-http_ssl_module
sudo make
sudo make install
```

注意：　安装 Nginx 的过程中，添加 openssl、pcre 和 zlib 模块时，指定的是 openssl、pcre 和 zlib 的源码解压目录。

4. 修改 Nginx 的配置文件

将命令行当前所在目录切换到 Nginx 安装目录的 conf 目录下，并修改 nginx.conf 配置文件，如下所示：

```
cd /usr/local/nginx-1.17.2/conf/
vim nginx.conf
```

修改后的 nginx.conf 文件内容如下：

```
user  hadoop hadoop;
worker_processes  auto;
error_log  logs/error.log;
#error_log  logs/error.log  notice;
#error_log  logs/error.log  info;
#pid        logs/nginx.pid;
events {
    use epoll;
    worker_connections  1024;
}
http {
```

```
    include        mime.types;
    default_type application/octet-stream;
    client_max_body_size      16m;
    client_body_buffer_size  256k;
    proxy_connect_timeout     1200;
    proxy_read_timeout        1200;
    proxy_send_timeout        6000;
    proxy_buffer_size         32k;
    proxy_buffers            4 64k;
    proxy_busy_buffers_size 128k;
    proxy_temp_file_write_size 128k;
    #access_log  logs/access.log  main;
    sendfile on;
    #tcp_nopush on;
    #HTTP 连接的持续时间
    keepalive_timeout   65;
    #gzip 压缩设置
    gzip   on;              # 开启 gzip
    gzip_min_length 1k;   # 最小压缩文件大小
    gzip_buffers 4 16k;   # 压缩缓冲区
    #HTTP 的协议版本 (1.0/1.1)，默认为 1.1。前端如果是 squid 2.5，请使用 1.0
    gzip_http_version 1.1;
    #gzip 压缩比，1 压缩比最小，处理速度最快；9 压缩比最大，但处理速度最慢 (传输快但比
    # 较消耗 CPU)
    gzip_comp_level 2;
    # 和 HTTP 头有关系，加一个 vary 头，给代理服务器用，有的浏览器支持压缩，有的不支持，
    # 应根据客户端的 HTTP 头来判断是否需要压缩
    gzip_vary on;
    #gzip 压缩类型，不用添加 text/html，否则会有警告信息
    gzip_types text/plain text/javascript text/css application/xmlapplication/
x-javascript application/json;


    server {
        listen 80;
        server_name  192.168.175.100;
        #charset koi8-r;
        #access_log  logs/host.access.log  main;
        location / {
            root html;
            index index.html index.htm;
        }
        #error_page 404 /404.html;
        # redirect server error pages to the static page /50x.html
        #
        error_page   500 502 503 504   /50x.html;
        location = /50x.html {
            root    html;
        }
    }
}
```

5. 启动 Nginx

在命令行输入如下命令：

```
cd /usr/local/nginx-1.17.2/sbin/
sudo ./nginx
```

6. 验证 Nginx 的安装和配置

（1）在命令行输入如下命令，查看 Nginx 进程是否启动成功：

```
-bash-4.1$ ps -ef | grep nginx
root       2084      1  0 09:16 ?        00:00:00 nginx: master process ./
nginx
hadoop     2085   2084  0 09:16 ?        00:00:00 nginx: worker process
hadoop     2086   2084  0 09:16 ?        00:00:00 nginx: worker process
hadoop     2087   2084  0 09:16 ?        00:00:00 nginx: worker process
hadoop     2088   2084  0 09:16 ?        00:00:00 nginx: worker process
hadoop     2090   2057  0 09:16 pts/0    00:00:00 grep nginx
```

可以看到，Nginx 进程已经成功启动。

（2）在浏览器地址栏中输入"http://192.168.175.100"进行访问，如图 20-5 所示。

由图 20-5 可以看出，浏览器通过 http://192.168.175.100 地址成功访问到 Nginx 的欢迎页面，说明 Nginx 编译安装并启动成功。

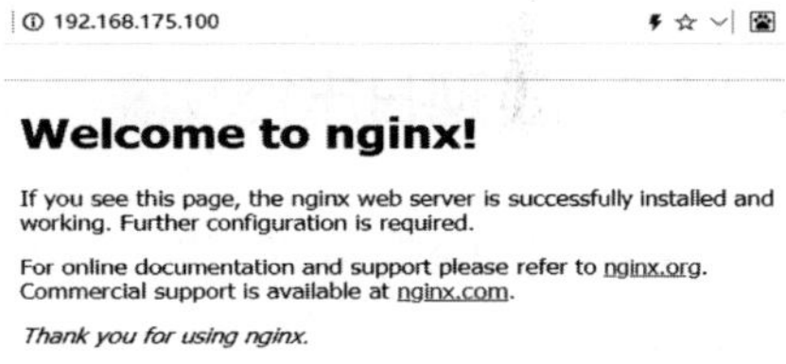

图 20-5　浏览器访问 Nginx 成功

20.2　Nginx 日志备份

本节实现 Nginx 日志的备份业务，主要的实现方式为：使用 Netty 实现 Nginx 日志的接收器，接收从 Nginx 实时发送过来的日志数据，并打印到磁盘进行备份。此外，还需要对 Nginx 进行相关的配置，使其能够将日志数据发送到指定的 IP 和端口。

20.2.1　修改 Nginx 配置文件

对 Nginx 的 nginx.conf 文件进行配置，使其能够将日志发送到指定的 IP 和端口，同时将日志数据中的每个字段以逗号分隔。

首先使用 Vim 编译器打开 Nginx 的 nginx.conf 文件，如下所示：

```
sudo vim /usr/local/nginx-1.17.2/conf/nginx.conf
```

接下来在 nginx.conf 文件中添加如下配置项：

```
log_format common "$remote_addr,$http_ip,$http_mac,$time_
local,$status,$request_length,$bytes_sent,$body_bytes_sent,$http_user_
agent,$http_referer,$request_method,$request_time,$request_uri,$server_
protocol,$request_body,$http_token";
log_format main "$remote_addr,$http_ip,$http_mac,$time_local,$status,$request_
length,$bytes_sent,$body_bytes_sent,$http_user_agent,$http_referer,$request_
method,$request_time,$request_uri,$server_protocol,$request_body,$http_token";
access_log  logs/access.log  common;
access_log syslog:server=192.168.175.100:10000,facility=local7,tag=nginx,seve
rity=info main;
  map $http_upgrade $connection_upgrade {
    default upgrade;
    ''        close;
  }
```

上述配置将 Nginx 输出的日志数据以逗号分隔，并将日志数据实时发送到 IP 地址为
192.168.175.100、端口为 10000 的服务器上。

20.2.2　实现日志接收器

Nginx 的日志接收器主要由 Netty 实现，本节就介绍如何使用 Netty 接收 Nginx 发送过来的日志数据。

1. 项目准备

首先创建 Maven 项目 mykit-book-nginx，并在项目的 src/main/resources 目录下创建 log4j.properties 文件，内容如下所示：

```
log4j.rootCategory=INFO,stdout,file,ERROR
log4j.appender.stdout=org.apache.log4j.ConsoleAppender
log4j.appender.stdout.layout=org.apache.log4j.PatternLayout
log4j.appender.stdout.layout.ConversionPattern=[mykit-book-nginx]%d %p [%t]
%C{1}.%M(%L) | %m%n
log4j.appender.file=org.apache.log4j.DailyRollingFileAppender
log4j.appender.file.File=/home/logs/mykit-book-nginx.log
log4j.appender.file.DatePattern='.'yyyy-MM-dd'.log'
log4j.appender.file.layout=org.apache.log4j.PatternLayout
log4j.appender.file.layout.ConversionPattern=%-d{yyyy-MM-dd HH\:mm\:ss}
[%c-%L]-[%t]-[%p] %m%n
log4j.logger.org.apache.hadoop.util.NativeCodeLoader=ERROR
```

接下来修改项目的 pom.xml 文件，修改后的文件内容如下所示：

```
<properties>
    <slf4j.version>1.7.2</slf4j.version>
    <netty.version>5.0.0.Alpha1</netty.version>
</properties>
<dependencies>
    <dependency>
        <groupId>io.netty</groupId>
```

```
            <artifactId>netty-all</artifactId>
            <version>${netty.version}</version>
        </dependency>
        <dependency>
            <groupId>org.slf4j</groupId>
            <artifactId>slf4j-log4j12</artifactId>
            <version>${slf4j.version}</version>
        </dependency>
    </dependencies>
    <build>
        <plugins>
            <plugin>
                <groupId>org.apache.maven.plugins</groupId>
                <artifactId>maven-assembly-plugin</artifactId>
                <version>2.3</version>
                <configuration>
                    <appendAssemblyId>false</appendAssemblyId>
                    <descriptorRefs>
                        <descriptorRef>jar-with-dependencies</descriptorRef>
                    </descriptorRefs>
                    <archive>
                        <manifest>
                            <addClasspath>true</addClasspath>
                            <classpathPrefix>lib/</classpathPrefix>

                            <mainClass>io.mykit.binghe.nginx.main.
NginxLogTransferServerStarter</mainClass>
                        </manifest>
                    </archive>
                </configuration>
                <executions>
                    <execution>
                        <id>make-assembly</id>
                        <phase>package</phase>
                        <goals>
                            <goal>assembly</goal>
                        </goals>
                    </execution>
                </executions>
            </plugin>
        </plugins>
    </build>
```

2. 项目实现

（1）在项目的 src/main/resources 目录下创建 hosts.properties 文件，配置项目监听的 IP 地址和端口，并配置 Netty 的运行方式（TCP 或者 UDP），如下所示：

```
server.host=192.168.175.100
server.port=10000
server.type=udp
```

（2）创建 io.mykit.binghe.nginx.load 包，在包中创建 FileLoad 类，用来加载 hosts.properties 文件，如下所示：

```
/**
 * 加载配置文件
 */
public final class FileLoad {
    public static final String SERVER_HOST = "server.host";
    public static final String SERVER_PORT = "server.port";
    public static final String SERVER_TYPE = "server.type";
    public static final String TYPE_TCP = "tcp";
    public static final String TYPE_UDP = "udp";
    private volatile static Properties mProperties;
    static{
        mProperties = new Properties();
        InputStream in = FileLoad.class.getClassLoader().getResourceAsStream("hosts.
properties");
        try {
            mProperties.load(in);
        } catch (IOException e) {
            e.printStackTrace();
        }
    }
    public static String getStringValue(String key){
        return mProperties.getProperty(key, "");
    }
    public static Integer getIntValue(String key){
        return Integer.parseInt(mProperties.getProperty(key, "0"));
    }
    public static void main(String[] args) {
        System.out.println(getIntValue(SERVER_PORT));
    }
}
```

（3）创建 io.mykit.binghe.nginx.handler 包，在包中创建 Java 类 NginxLogTransferTCPHandler，用来处理 Netty 的 TCP 方式接收的数据，如下所示：

```
/**
 * Nginx TCP 日志传输处理类
 */
public class NginxLogTransferTCPHandler extends ChannelHandlerAdapter {
    private final Logger logger = LoggerFactory.getLogger(NginxLogTransferTCPH
andler.class);
    @Override
    public void channelRead(ChannelHandlerContext ctx, Object msg) throws Exception {
        String data = "";
        if (msg != null) {
            logger.info(msg.toString());
        }
        ByteBuf resp = Unpooled.copiedBuffer(data.getBytes());
```

```
        ctx.writeAndFlush(resp);
    }
    // 其他代码省略
}
```

（4）在 Java 包 io.mykit.binghe.nginx.handler 中创建 NginxLogTransferUDPHandler 类，用来处理 Netty 的 UDP 方式接收的数据，如下所示：

```
/**
 * Nginx UDP 日志传输处理类
 */
public class NginxLogTransferUDPHandler extends SimpleChannelInboundHandler<D
atagramPacket> {
    private final Logger logger = LoggerFactory.getLogger(NginxLogTransferUDPH
andler.class);
    @Override
    protected void messageReceived(ChannelHandlerContext ctx, DatagramPacket
msg) throws Exception {
        String req = msg.content().toString(CharsetUtil.UTF_8);
        // 通过 content() 来获取消息内容
        logger.info(req);
    }
    // 其他代码省略
}
```

（5）创建 Java 包 io.mykit.binghe.nginx.init，并在包中创建 Java 类 NginxLogTransferTC PChannelInitializer，主要用来初始化 Netty 的 TCP 方式连接的配置，如数据的编解码和指定使用哪个类来处理具体的数据业务，如下所示：

```
/**
 * 初始化 Nginx 日志, TCP 连接配置
 */
public class NginxLogTransferTCPChannelInitializer extends ChannelInitializer
<SocketChannel> {
    @Override
    protected void initChannel(SocketChannel ch) throws Exception {
        ch.pipeline().addLast(new LineBasedFrameDecoder(1024));
        ch.pipeline().addLast(new StringDecoder());
        ch.pipeline().addLast(new NginxLogTransferTCPHandler());
    }
}
```

（6）创建 Java 包 io.mykit.binghe.nginx.server，并在包中创建 Java 类 NginxLogTransferServer，主要为项目提供统一的服务类。其提供两种启动服务的方式，一种是 TCP 方式，另一种是 UDP 方式，如下所示：

```
/**
 * 传输 Nginx 日志的服务类
 */
public class NginxLogTransferServer {
```

```
    private static final Logger logger = LoggerFactory.getLogger(NginxLogTrans
ferServer.class);
    public static void bindTCP(String hostname, int port) throws Exception {
        // 配置服务端的 NI/O 线程组
        EventLoopGroup bossGroup = new NioEventLoopGroup();
        EventLoopGroup workerGroup = new NioEventLoopGroup();
        try {
            ServerBootstrap b = new ServerBootstrap();
            b.group(bossGroup, workerGroup).channel(NioServerSocketChannel.
class).option(ChannelOption.SO_BACKLOG, 1024).childHandler(new NginxLogTransf
erTCPChannelInitializer());
            // 绑定端口，同步等待成功
            ChannelFuture f = b.bind(new InetSocketAddress(hostname, port)).sync();
            logger.info(" 服务启动成功，监听的 IP 地址为 ====>>> " + hostname + ",
监听 TCP 端口为 ====>>> " + port);
            // 等待服务端监听端口关闭
            f.channel().closeFuture().sync();
            logger.info(" 服务启动成功，监听的 IP 地址为 ====>>> " + hostname + ",
监听 TCP 端口为 ====>>> " + port);
        } finally {
            // 优雅退出，释放线程池资源
            bossGroup.shutdownGracefully();
            workerGroup.shutdownGracefully();
        }
    }
    public static void bindUDP(String hostname, int port) throws Exception{
        EventLoopGroup group = new NioEventLoopGroup();
        try {
            Bootstrap b = new Bootstrap();
            // 采用 UDP，所以要用 NioDatagramChannel 来创建
            b.group(group).channel(NioDatagramChannel.class)
                    .option(ChannelOption.SO_BROADCAST, true)// 支持广播
                    .handler(new NginxLogTransferUDPHandler());
            logger.info(" 服务启动成功，监听的 IP 地址为 ====>>> " + hostname + ",
监听 UDP 端口为 ====>>> " + port);
            b.bind(new InetSocketAddress(hostname, port)).sync().channel().
closeFuture().await();
        } finally {
            group.shutdownGracefully();
        }
    }
}
```

（7）创建 Java 包 io.mykit.binghe.nginx.main，并在包中创建 NginxLogTransferServerStarter 类，作为整个项目的启动类。NginxLogTransferServerStarter 类默认会读取 hosts.properties 文件中的配置，来设置网络监听和 Netty 的连接方式。如果在启动参数中设置了相关的配置项，则会读取启动参数中的配置项，覆盖默认的配置项，如下所示：

```
/**
 * 启动服务器的类
```

```
    */
public class NginxLogTransferServerStarter {
    public static void main(String[] args) throws Exception{
        String host = FileLoad.getStringValue(FileLoad.SERVER_HOST);
        int port = FileLoad.getIntValue(FileLoad.SERVER_PORT);
        String type = FileLoad.getStringValue(FileLoad.SERVER_TYPE);
        if(args != null){
            if(args.length > 0){
                host = args[0];
            }
            if(args.length > 1){
                port = Integer.parseInt(args[1]);
            }
            if(args.length > 2){
                type = args[2];
            }
        }
        switch (type){
            case FileLoad.TYPE_TCP:
                NginxLogTransferServer.bindTCP(host, port);
                break;
            case FileLoad.TYPE_UDP:
                NginxLogTransferServer.bindUDP(host, port);
                break;
            default:
                NginxLogTransferServer.bindUDP(host, port);
                break;
        }
    }
}
```

20.2.3 验证 Nginx 的日志备份功能

（1）在命令行启动 Nginx，如下所示：

```
sudo /usr/local/nginx-1.17.2/sbin/nginx
```

（2）将 mykit-book-nginx 打包成 jar 文件，并上传到 IP 地址为 192.168.175.100 的服务器上。

（3）在服务器上启动 Java 服务，并使其在服务器后台运行，如下所示：

```
nohup java -jar /home/hadoop/nginx/mykit-book-nginx-1.0.0-SNAPSHOT.jar >> /
dev/null &
```

查看 Java 服务是否启动成功，如下所示：

```
-bash-4.1$ ps -ef | grep java
hadoop 2291 2090 0 14:25 pts/0 00:00:00 java -jar /home/hadoop/nginx/mykit-
```

```
book-nginx-1.0.0-SNAPSHOT.jar
hadoop 2312 2090 0 14:26 pts/0 00:00:00 grep java
```

可以看到，Java 服务启动成功。

（4）根据 log4j.properties 文件可知，mykit-book-nginx 项目会将接收到的 Nginx 日志打印到 /home/logs/mykit-book-nginx.log 文件中。在命令行监听 /home/logs/mykit-book-nginx.log 文件，如下所示：

```
tail -F /home/logs/mykit-book-nginx.log
```

（5）重新开启终端，登录服务器，在命令行监听 Nginx 的 log 日志文件，如下所示：

```
sudo tail -F /usr/local/nginx-1.17.2/logs/access.log
```

（6）在浏览器地址栏中输入 "http://192.168.175.100" 进行访问。接下来，查看 Nginx 日志文件的输出信息，如下所示：

```
-bash-4.1$ sudo tail -F /usr/local/nginx-1.17.2/logs/access.log
192.168.175.1,-,-,23/Aug/2019:14:42:03 +0800,304,477,180,0,Mozilla/5.0
(Windows NT 10.0; Win64; x64; rv:68.0) Gecko/20100101 Firefox/68.0,-,
GET,0.000,/,HTTP/1.1,-,-
```

最后查看监听的 Java 服务的日志文件的输出信息，如下所示：

```
2019-08-23 14:42:03 [io.mykit.binghe.nginx.handler.NginxLogTransferUDPHandler-
43]-[nioEventLoopGroup-2-1]-[INFO] <190>Aug 23 14:42:03 binghe100 nginx:
192.168.175.1,-,-,23/Aug/2019:14:42:03 +0800,304,477,180,0,Mozilla/5.0 (Windows
NT 10.0; Win64; x64; rv:68.0) Gecko/20100101 Firefox/68.0,-,GET,0.000,/,HTTP/1.1,-,-
```

可以看到，Java 服务成功地接收到了 Nginx 发送过来的日志数据。

注意：由于 Java 服务使用 slf4j 将日志信息输出，因此输出的日志有前缀信息，只需要简单地将 Java 服务输出的日志前缀去掉，即可与 Nginx 直接输出的日志信息一致。

20.2.4 项目导入的 Java 类

本小节介绍项目导入的 Java 类，如下所示：

```
import java.io.IOException;
import java.io.InputStream;
import java.util.Properties;
import io.netty.buffer.ByteBuf;
import io.netty.buffer.Unpooled;
import io.netty.channel.ChannelHandlerAdapter;
import io.netty.channel.ChannelHandlerContext;
import org.slf4j.Logger;
import org.slf4j.LoggerFactory;
import io.netty.channel.SimpleChannelInboundHandler;
```

```
import io.netty.channel.socket.DatagramPacket;
import io.netty.util.CharsetUtil;
import io.netty.channel.ChannelInitializer;
import io.netty.channel.socket.SocketChannel;
import io.netty.handler.codec.LineBasedFrameDecoder;
import io.netty.handler.codec.string.StringDecoder;
import io.netty.bootstrap.Bootstrap;
import io.netty.bootstrap.ServerBootstrap;
import io.netty.channel.ChannelFuture;
import io.netty.channel.ChannelOption;
import io.netty.channel.EventLoopGroup;
import io.netty.channel.nio.NioEventLoopGroup;
import io.netty.channel.socket.nio.NioDatagramChannel;
import io.netty.channel.socket.nio.NioServerSocketChannel;
import java.net.InetSocketAddress;
```

20.3 Redis 集群环境搭建

在基于海量日志数据的分析统计系统中，Redis 集群主要为 Storm 集群的分析结果提供实时写入缓存，防止实时写入数据库出现性能低下的问题。本节就介绍如何搭建 Redis 集群环境。

20.3.1 集群环境规划

Redis 集群搭建在 3 台服务器上，每台服务器上搭建两个 Redis 实例，规划如表 20-1 所示。

表 20-1 Redis 集群环境规划

主机名	IP	Redis 运行端口
binghe201	192.168.175.201	7011
		7012
binghe202	192.168.175.202	7013
		7014
binghe203	192.168.175.203	7015
		7016

20.3.2 集群环境准备

在搭建 Redis 集群环境之前，需要安装 Redis 集群依赖的环境，包括 gcc 编译环境和 Ruby 环境。

注意： gcc 编译环境和 Ruby 环境需要在每台服务器上安装。

1. 安装 gcc 编译环境

每台服务器都需要 gcc 环境的支持，用来编译 Redis 源码，所以需要在每台服务器上执行如下命令安装 gcc 环境：

```
sudo yum install -y gcc-c++
```

2. 安装 Ruby 环境

（1）创建 Ruby 环境的安装目录，如下所示：

```
mkdir -p /usr/local/ruby
```

（2）下载 Ruby 源码包，如下所示：

```
wget http://ftp.ruby-lang.org/pub/ruby/ruby-2.5.5.tar.gz
```

（3）解压 Ruby 源码包，如下所示：

```
tar -zxvf ruby-2.5.5.tar.gz
```

（4）切换当前目录到 Ruby 源码包的解压目录，编译安装 Ruby，如下所示：

```
cd ruby-2.5.5
sudo ./configure --prefix=/usr/local/ruby/
sudo make
sudo make install
```

（5）创建 Ruby 软链接，如下所示：

```
sudo ln -s /usr/local/ruby/bin/ruby /usr/bin/ruby
```

（6）验证 Ruby 环境是否安装成功，在命令行输入如下命令查看 Ruby 版本即可：

```
-bash-4.1$ ruby -v
ruby 2.5.5p157 (2019-03-15 revision 67260) [x86_64-linux]
```

可以看到，正确地输出了 Ruby 的版本号，说明 Ruby 环境安装成功。

20.3.3　单机模式安装 Redis

安装 Redis 的总体思路为：首先在主机名为 binghe201 的服务器上安装并配置 Redis 环境，然后将 Redis 环境复制到其他两台服务器上，最后修改配置即可。

注意： 本小节中的 Redis 环境是在主机名为 binghe201 的服务器上搭建的。

（1）下载 Redis 源码包，如下所示：

```
wget http://download.redis.io/releases/redis-5.0.5.tar.gz
```

（2）解压 Redis 源码包，如下所示：

```
tar -zxvf redis-5.0.5.tar.gz
```

（3）将当前目录切换到 Redis 源码包的解压目录，执行编译安装命令，如下所示：

```
cd redis-5.0.5
sudo make
sudo make install PREFIX=/usr/local/redis
```

（4）将 Redis 源码包下的 redis.conf 文件复制到 Redis 安装目录下的 bin 目录下，如下所示：

```
sudo cp /usr/local/src/redis-5.0.5/redis.conf /usr/local/redis/bin/
```

（5）启动 Redis 服务，如下所示：

```
sudo /usr/local/redis/bin/redis-server /usr/local/redis/bin/redis.conf
```

Redis 启动成功后，会输出如下信息：

```
5695:M 22 Aug 2019 16:04:44.382 * Ready to accept connections
```

（6）验证 Redis 单机环境是否安装成功。首先，新开终端，登录主机名为 binghe201 的服务器；然后执行如下命令，进入 Redis 命令行：

```
-bash-4.1$ sudo /usr/local/redis/bin/redis-cli -p 6379
[sudo] password for hadoop: 此处输入 root 账户密码
127.0.0.1:6379>
```

在 Redis 命令行执行数据保存和获取命令，如下所示：

```
127.0.0.1:6379> set name binghe
OK
127.0.0.1:6379> get name
"binghe"
127.0.0.1:6379>
```

可以看到，在单机模式下，Redis 安装、启动成功，并能够正确地保存和获取数据。

（7）停止 Redis 的运行。首先退出 Redis 命令行，如下所示：

```
127.0.0.1:6379> exit
-bash-4.1$
```

接下来，在启动 Redis 服务命令行的同时按"Ctrl+C"组合键，退出 Redis 进程。

（8）删除 Redis 数据文件。启动 Redis 服务时，会在执行启动命令的当前目录下生成 dump.rdb 文件。dump.rdb 文件中主要保存了 Redis 中的数据，因此需要将 dump.rdb 文件删除，避免在后续搭建 Redis 集群环境时出错，如下所示：

```
sudo rm -rf dump.rdb
```

20.3.4 搭建 Redis 集群

1. 创建集群目录

在主机名为 binghe201 的服务器上的 /usr/local 目录下创建 redis-cluster 目录，如下所示：

```
mkdir -p /usr/local/redis-cluster
```

2. 复制 Redis 安装目录

首先，在主机名为 binghe201 的服务器上复制 /usr/local/redis/bin 目录到 /usr/local/redis-cluster 目录下，并重命名为 redis7011，如下所示：

```
sudo cp -r /usr/local/redis/bin/ /usr/local/redis-cluster/redis7011
```

接下来，再次执行复制命令，将复制后的目录重命名为 redis7012，如下所示：

```
sudo cp -r /usr/local/redis/bin/ /usr/local/redis-cluster/redis7012
```

3. 复制 Redis 集群目录到远程主机

将主机名为 binghe201 的服务器上的 /usr/local/redis-cluster/ 目录复制到 binghe202 服务器和 binghe203 服务器上，如下所示：

```
sudo scp -r /usr/local/redis-cluster/ binghe202:/usr/local/
sudo scp -r /usr/local/redis-cluster/ binghe203:/usr/local/
```

4. 修改目录

将 binghe202 服务器的 /usr/local/redis-cluster/ 目录下的 Redis 目录修改为 redis7013 和 redis7014，如下所示：

```
sudo mv /usr/local/redis-cluster/redis7011/ /usr/local/redis-cluster/redis7013
sudo mv /usr/local/redis-cluster/redis7012/ /usr/local/redis-cluster/redis7014
```

将 binghe203 服务器上的 Redis 目录修改为 redis7015 和 redis7016，如下所示：

```
sudo mv /usr/local/redis-cluster/redis7011/ /usr/local/redis-cluster/redis7015
sudo mv /usr/local/redis-cluster/redis7012/ /usr/local/redis-cluster/redis7016
```

5. 修改配置文件

这里以修改 binghe201 服务器上的 redis7011 目录下的配置文件为例，介绍如何修改配置文件。首先，将 redis7011 目录下的 redis.conf 文件重命名为 redis-7011.conf，如下所示：

```
sudo mv /usr/local/redis-cluster/redis7011/redis.conf /usr/local/redis-cluster/redis7011/redis-7011.conf
```

接下来，修改 redis-7011.conf 文件，如下所示：

```
sudo vim /usr/local/redis-cluster/redis7011/redis-7011.conf
```

修改的配置项如下所示：

```
bind 192.168.175.201
daemonize yes
port 7011
logfile "./redis-7011.log"
protected-mode no
pidfile /var/run/redis_7011.pid
cluster-enabled yes
```

保存并退出 Vim 编辑器。

其他 Redis 的配置文件的配置方式与 redis7011 的配置方式类似，下面列出每一个配置文件修改后的配置项。

（1）redis-7012.conf：

```
bind 192.168.175.201
daemonize yes
port 7012
logfile "./redis-7012.log"
protected-mode no
pidfile /var/run/redis_7012.pid
cluster-enabled yes
```

（2）redis-7013.conf：

```
bind 192.168.175.202
daemonize yes
port 7013
logfile "./redis-7013.log"
protected-mode no
pidfile /var/run/redis_7013.pid
cluster-enabled yes
```

（3）redis-7014.conf：

```
bind 192.168.175.202
daemonize yes
port 7014
logfile "./redis-7014.log"
protected-mode no
pidfile /var/run/redis_7014.pid
cluster-enabled yes
```

（4）redis-7015.conf：

```
bind 192.168.175.203
daemonize yes
port 7015
logfile "./redis-7015.log"
protected-mode no
pidfile /var/run/redis_7015.pid
cluster-enabled yes
```

（5）redis-7016.conf：

```
bind 192.168.175.203
daemonize yes
port 7016
logfile "./redis-7016.log"
protected-mode no
pidfile /var/run/redis_7016.pid
cluster-enabled yes
```

6. 安装 Redis 集群依赖包

在每台服务器上执行如下命令，安装 gem 包和 Ruby 的 Redis 包：

```
sudo yum install -y rubygems
sudo gem install redis
```

7. 启动 Redis 服务

在每台服务器上执行命令启动 Redis，如下所示：

（1）binghe201 服务器：

```
cd /usr/local/redis-cluster/redis7011/
sudo ./redis-server redis-7011.conf
cd /usr/local/redis-cluster/redis7012/
sudo ./redis-server redis-7012.conf
```

（2）binghe202 服务器：

```
cd /usr/local/redis-cluster/redis7013/
sudo ./redis-server redis-7013.conf
cd /usr/local/redis-cluster/redis7014/
sudo ./redis-server redis-7014.conf
```

（3）binghe203 服务器：

```
cd /usr/local/redis-cluster/redis7015/
sudo ./redis-server redis-7015.conf
cd /usr/local/redis-cluster/redis7016/
sudo ./redis-server redis-7016.conf
```

8. 查看 Redis 服务是否启动成功

（1）binghe201 服务器：

```
-bash-4.1$ ps -ef | grep redis
root 2444 1 0 23:32 ? 00:00:00 ./redis-server 192.168.175.201:7011 [cluster]
root 2450 1 0 23:32 ? 00:00:00 ./redis-server 192.168.175.201:7012 [cluster]
hadoop 2455 1343 0 23:33 pts/0 00:00:00 grep redis
```

（2）binghe202 服务器：

```
-bash-4.1$ ps -ef | grep redis
root 2152 1 0 23:34 ? 00:00:00 ./redis-server 192.168.175.202:7013 [cluster]
```

```
root 2158 1 0 23:34 ? 00:00:00 ./redis-server 192.168.175.202:7014 [cluster]
hadoop 2163 1345 0 23:35 pts/0 00:00:00 grep redis
```

（3）binghe203 服务器：

```
-bash-4.1$ ps -ef | grep redis
root 2389 1 0 23:35 ? 00:00:00 ./redis-server 192.168.175.203:7015 [cluster]
root 2395 1 0 23:36 ? 00:00:00 ./redis-server 192.168.175.203:7016 [cluster]
hadoop 2400 1345 0 23:36 pts/0 00:00:00 grep redis
```

可以看到，Redis 集群中的各节点进程启动成功。

9. 构建 Redis 集群

在 binghe201 服务器上将命令行当前目录切换到 redis7011 目录下，如下所示：

```
cd /usr/local/redis-cluster/redis7011/
```

接下来，执行如下命令构建 Redis 集群：

```
sudo ./redis-cli --cluster create 192.168.175.201:7011 192.168.175.201:7012
192.168.175.202:7013 192.168.175.202:7014 192.168.175.203:7015
192.168.175.203:7016 --cluster-replicas 1
```

执行命令后，会提示如下信息：

```
Can I set the above configuration? (type 'yes' to accept):
```

直接输入"yes"即可。

命令执行成功后，会在命令行输出如下信息：

```
[OK] All nodes agree about slots configuration.
>>> Check for open slots...
>>> Check slots coverage...
[OK] All 16384 slots covered.
```

10. 验证集群是否搭建成功

在 binghe201 服务器上进入 Redis 命令行，保存数据并获取数据，如下所示：

```
-bash-4.1$ cd /usr/local/redis-cluster/redis7011
-bash-4.1$ ./redis-cli -h 192.168.175.201 -c -p 7011
192.168.175.201:7011> set name binghe
-> Redirected to slot [5798] located at 192.168.175.202:7013
OK
192.168.175.202:7013> get name
"binghe"
192.168.175.202:7013> exit
-bash-4.1$
```

可以看到，当 Redis 命令行客户端连接 IP 地址为 192.168.175.201，端口为 7011 时，能够正常保存数据和获取数据。

接下来运行如下命令，使 Redis 命令行客户端连接 IP 地址为 192.168.175.203，端口为 7016，并获取数据，如下所示：

```
-bash-4.1$ ./redis-cli -h 192.168.175.203 -c -p 7016
192.168.175.203:7016> get name
-> Redirected to slot [5798] located at 192.168.175.202:7013
"binghe"
192.168.175.202:7013> exit
-bash-4.1$
```

可以看到，当 Redis 命令行客户端连接 IP 地址为 192.168.175.203，端口为 7016 时，也能正确获取到数据，说明 Redis 集群环境搭建成功。

20.4 MySQL 集群环境搭建

MySQL 数据库由于其稳定性、开源免费和简单易学等特点，使其在数据库领域占有一席之地。MySQL 集群的搭建支持 Binlog 和 GTIDs 两种方式。本节就如何使用两种方式搭建 MySQL 集群环境做出简单介绍。

20.4.1 集群环境规划

在搭建 MySQL 集群环境之前，首先对 MySQL 集群环境进行简单的规划，以便指导整个环境的搭建过程。MySQL 集群环境的规划如表 20-2 所示。

表 20-2　MySQL 集群环境规划

主机名	IP 地址	MySQL 节点
binghe201	192.168.175.201	主节点
binghe202	192.168.175.202	从节点
binghe203	192.168.175.203	从节点

20.4.2 基于 Binlog 搭建 MySQL 集群

1. 安装数据库

在每台服务器上安装 MySQL 5.7.25。有关 MySQL 的安装，读者可以参见 9.2 节的内容，这里不再赘述。

2. 修改 MySQL 配置

要想实现基于 Binlog 的 MySQL 主从复制，需要对安装好的 MySQL 数据库进行一定的配置。分别修改 3 台服务器上的 MySQL 数据库的配置文件 /etc/my.cnf，3 台服务器上的 MySQL 配置文件 /etc/my.cnf 修改后的配置项如下所示。

（1）binghe201 服务器修改的 MySQL 配置如下所示：

```
server-id = 201
log-bin=/data/mysql3306db/mysql-bin
binlog-ignore-db=mysql
binlog_format=mixed
expire_logs_days=7
binlog_cache_size=1M
log-slave-updates
```

（2）binghe202 服务器修改的 MySQL 配置如下所示：

```
server-id = 202
log-bin=/data/mysql3306db/mysql-bin
binlog-ignore-db=mysql
binlog_format=mixed
expire_logs_days=7
binlog_cache_size=1M
log-slave-updates
relay-log=/data/mysql3306db/slave-relay-bin
relay-log-index=/data/mysql3306db/slave-relay-bin.index
```

（3）binghe203 服务器修改的 MySQL 配置如下所示：

```
server-id = 203
log-bin=/data/mysql3306db/mysql-bin
binlog-ignore-db=mysql
binlog_format=mixed
expire_logs_days=7
binlog_cache_size=1M
log-slave-updates
relay-log=/data/mysql3306db/slave-relay-bin
relay-log-index=/data/mysql3306db/slave-relay-bin.index
```

3. 重启数据库

在每台服务器上分别执行如下命令，重启 MySQL：

```
service mysql3306d restart
```

若输出如下信息，则表示重启成功：

```
Shutting down MySQL.. SUCCESS!
Starting MySQL. SUCCESS!
```

4. 授权远程登录

登录 MySQL 主数据库，在主数据库上分别授权两个从数据库的远程登录账号，用来执行 Binlog 日志同步操作，如下所示：

```
mysql> grant replication slave, replication client on *.* to
'repl'@'192.168.175.202' identified by 'repl202';
mysql> flush privileges;
```

```
mysql> grant replication slave, replication client on *.* to
'repl'@'192.168.175.203' identified by 'repl203';
mysql> flush privileges;
```

5. 创建数据库

在 MySQL 主数据库上创建 binghe_test 数据库，在 binghe_test 数据库中创建 test 数据表，并插入一条数据，模拟现有的业务系统数据库，如下所示：

```
CREATE DATABASE IF NOT EXISTS binghe_test DEFAULT CHARSET utf8mb4 COLLATE
utf8mb4_general_ci;
USE binghe_test;
DROP TABLE IF EXISTS 'test';
CREATE TABLE 'test' (
'Id' int(11) NOT NULL AUTO_INCREMENT,
'userName' varchar(255) NOT NULL DEFAULT " COMMENT '用户名',
'pwd' varchar(255) NOT NULL DEFAULT " COMMENT '密码',
 PRIMARY KEY ('Id')
) ENGINE=InnoDB AUTO_INCREMENT=1 DEFAULT CHARSET=utf8mb4 COMMENT='测试表';
INSERT INTO 'test' VALUES (1,'binghe','123456');
```

6. 锁定主数据库

在主数据库上执行如下命令，将所有表锁住，此时不再写入数据：

```
mysql> FLUSH TABLES WITH READ LOCK;
```

7. 查看主数据库状态

新开终端，登录主数据库，输入如下命令，查看主数据库当前写入的 Binlog 日志和日志位置：

```
mysql> SHOW MASTER STATUS;
+------------------+----------+--------------+------------------+-------------------+
| File             | Position | Binlog_Do_DB | Binlog_Ignore_DB | Executed_Gtid_Set |
+------------------+----------+--------------+------------------+-------------------+
| mysql-bin.000001 |     3264 |              | mysql            |                   |
+------------------+----------+--------------+------------------+-------------------+
1 row in set (0.00 sec)
```

可以看到，当前 Biglog 日志写入的文件为 mysql-bin.000001，日志的位置为 3264。

接下来退出当前 MySQL 会话，如下所示：

```
mysql> exit
Bye
```

8. 创建数据快照

在 binghe201 服务器上执行 mysqldump 命令，为 binghe_test 数据库创建快照，如下所示：

```
[root@binghe201 ~]# mysqldump -uroot -proot --databases binghe_test  --triggers
--routines --events > /tmp/binghe_test.sql
```

9. 解除主数据库锁定

在第 6 步的 MySQL 会话中输入如下命令，解除 MySQL 锁定：

```
mysql> UNLOCK TABLES;
```

10. 将数据库快照复制到远程服务器

将 binghe201 服务器上的 /tmp/binghe_test.sql 文件复制到 binghe202 和 binghe203 服务器上，如下所示：

```
scp /tmp/binghe_test.sql root@binghe202:/tmp/
scp /tmp/binghe_test.sql root@binghe203:/tmp/
```

11. 从数据库执行快照数据

分别在 binghe202 和 binghe203 服务器上执行如下命令，恢复快照中的数据：

```
mysql -uroot -proot < /tmp/binghe_test.sql
```

12. 设置数据库主从同步

分别登录 binghe202 和 binghe203 数据库，设置同步主数据库数据的参数，并开启同步。

（1）binghe202 服务器上的数据库执行的命令如下所示：

```
mysql> CHANGE MASTER TO MASTER_HOST='192.168.175.201',MASTER_
USER='repl',MASTER_PASSWORD='repl202',MASTER_LOG_FILE='mysql-
bin.000001',MASTER_LOG_POS=3264;
Query OK, 0 rows affected, 2 warnings (0.02 sec)
mysql> START slave;
Query OK, 0 rows affected (0.01 sec)
mysql> SHOW slave STATUS \G
*************************** 1. row ***************************
               Slave_IO_State: Waiting for master to send event
                  Master_Host: 192.168.175.201
                  Master_User: repl
                  Master_Port: 3306
                Connect_Retry: 60
              Master_Log_File: mysql-bin.000001
          Read_Master_Log_Pos: 3264
               Relay_Log_File: slave-relay-bin.000002
                Relay_Log_Pos: 320
        Relay_Master_Log_File: mysql-bin.000001
             Slave_IO_Running: Yes
            Slave_SQL_Running: Yes
```

（2）binghe203 服务器上的数据库执行的命令如下所示：

```
mysql> CHANGE MASTER TO MASTER_HOST='192.168.175.201',MASTER_
USER='repl',MASTER_PASSWORD='repl203',MASTER_LOG_FILE='mysql-
bin.000001',MASTER_LOG_POS=3264;
Query OK, 0 rows affected, 2 warnings (0.00 sec)
mysql> START slave;
Query OK, 0 rows affected (0.01 sec)
```

```
mysql> SHOW slave STATUS \G
*************************** 1. row ***************************
               Slave_IO_State: Waiting for master to send event
                  Master_Host: 192.168.175.201
                  Master_User: repl
                  Master_Port: 3306
                Connect_Retry: 60
              Master_Log_File: mysql-bin.000001
          Read_Master_Log_Pos: 3264
               Relay_Log_File: slave-relay-bin.000002
                Relay_Log_Pos: 320
        Relay_Master_Log_File: mysql-bin.000001
             Slave_IO_Running: Yes
            Slave_SQL_Running: Yes
```

可以看到，查看两个从数据库的状态时，Slave_IO_Running 和 Slave_SQL_Running 都为 Yes，说明 MySQL 数据库主从复制配置成功。

注意： 执行 CHANGE MASTER TO 命令的 MASTER_LOG_FILE 参数和 MASTER_LOG_POS 参数需要与第 7 步的 File 和 Position 保持一致。

至此，基于 Binlog 搭建主从复制集群完成。

20.4.3 验证基于 Binlog 的主从复制

（1）在 binghe201 服务器上登录主数据库，向 binghe_test 数据库的 test 表中插入一条数据，如下所示：

```
mysql> use binghe_test;
mysql> INSERT INTO 'test' VALUES (2,'binghe_test','123456');
```

（2）在 binghe202 和 binghe203 服务器上分别登录从数据库，查看 binghe_test 数据库的 test 表中的数据。

① binghe202 服务器：

```
mysql> use binghe_test;
Database changed
mysql> select * from test;
+----+-------------+--------+
| Id | userName    | pwd    |
+----+-------------+--------+
|  1 | binghe      | 123456 |
|  2 | binghe_test | 123456 |
+----+-------------+--------+
2 rows in set (0.00 sec)
```

② binghe203 服务器：

```
mysql> use binghe_test;
```

```
Database changed
mysql> select * from test;
+----+------------+--------+
| Id | userName   | pwd    |
+----+------------+--------+
|  1 | binghe     | 123456 |
|  2 | binghe_test | 123456 |
+----+------------+--------+
2 rows in set (0.00 sec)
```

可以看到，无论是 binghe202 服务器上的从数据库，还是 binghe203 服务器上的从数据库，都同步到了 binghe201 服务器上的主数据库的数据，说明基于 Binlog 日志的主从复制集群搭建成功。

20.4.4　基于 GTIDs 搭建 MySQL 集群

重启数据库、授权远程登录和初始数据的同步与 20.4.2 小节的内容相同，这里不再赘述。

1. 修改 MySQL 配置

分别修改每台服务器上的 MySQL 配置文件，修改后的配置项分别如下所示。

（1）binghe201 服务器主数据库修改的配置项如下所示：

```
server-id = 201
log-bin=/data/mysql3306db/mysql-bin
binlog-ignore-db=mysql
binlog_format=ROW
expire_logs_days=7
binlog_cache_size=1M
log-slave-updates
gtid-mode=on
enforce-gtid-consistency=true
```

（2）binghe202 服务器从数据库修改的配置项如下所示：

```
server-id = 202
log-bin=/data/mysql3306db/mysql-bin
binlog-ignore-db=mysql
binlog_format=ROW
expire_logs_days=7
binlog_cache_size=1M
log-slave-updates
relay-log=/data/mysql3306db/slave-relay-bin
relay-log-index=/data/mysql3306db/slave-relay-bin.index
gtid-mode=on
enforce-gtid-consistency=true
```

（3）binghe203 服务器从数据库修改的配置项如下所示：

```
server-id = 203
```

```
log-bin=/data/mysql3306db/mysql-bin
binlog-ignore-db=mysql
binlog_format=ROW
expire_logs_days=7
binlog_cache_size=1M
log-slave-updates
relay-log=/data/mysql3306db/slave-relay-bin
relay-log-index=/data/mysql3306db/slave-relay-bin.index
gtid-mode=on
enforce-gtid-consistency=true
```

2. 设置 MySQL 主从同步

（1）binghe202 服务器上的数据库执行的命令如下所示：

```
mysql> CHANGE MASTER TO MASTER_HOST='192.168.175.201',MASTER_PORT=3306,MASTER_
USER='repl',MASTER_PASSWORD='repl202', MASTER_AUTO_POSITION=1;
Query OK, 0 rows affected, 2 warnings (0.05 sec)
mysql> start slave;
Query OK, 0 rows affected (0.00 sec)
mysql> SHOW slave STATUS \G
*************************** 1. row ***************************
               Slave_IO_State: Waiting for master to send event
                  Master_Host: 192.168.175.201
                  Master_User: repl
                  Master_Port: 3306
                Connect_Retry: 60
              Master_Log_File: mysql-bin.000003
          Read_Master_Log_Pos: 154
               Relay_Log_File: slave-relay-bin.000002
                Relay_Log_Pos: 367
        Relay_Master_Log_File: mysql-bin.000003
             Slave_IO_Running: Yes
            Slave_SQL_Running: Yes
```

（2）binghe203 服务器上的数据库执行的命令如下所示：

```
mysql> CHANGE MASTER TO MASTER_HOST='192.168.175.201',MASTER_PORT=3306,MASTER_
USER='repl',MASTER_PASSWORD='repl203', MASTER_AUTO_POSITION=1;
Query OK, 0 rows affected, 2 warnings (0.00 sec)
mysql> start slave;
Query OK, 0 rows affected (0.00 sec)
mysql> SHOW slave STATUS \G
*************************** 1. row ***************************
               Slave_IO_State: Waiting for master to send event
                  Master_Host: 192.168.175.201
                  Master_User: repl
                  Master_Port: 3306
                Connect_Retry: 60
              Master_Log_File: mysql-bin.000003
          Read_Master_Log_Pos: 154
               Relay_Log_File: slave-relay-bin.000002
```

```
               Relay_Log_Pos: 367
       Relay_Master_Log_File: mysql-bin.000003
            Slave_IO_Running: Yes
           Slave_SQL_Running: Yes
```

可以看到，两台从数据库上的 Slave_IO_Running 和 Slave_SQL_Running 都为 Yes，说明基于 GTIDs 配置 MySQL 主从同步成功。

20.4.5　验证基于 GTIDs 的主从同步

基于 GTDs 的主从同步验证方式与 20.4.3 小节的验证方式相同，这里不再赘述。

20.5　ActiveMQ 集群环境搭建

ActiveMQ 是一种消息队列中间件，常被用于平缓系统流量高峰和系统之间的异步解耦，能够大幅度提升系统对流量的抗压能力和系统的性能。在基于海量日志数据的分析统计系统的在线实时计算子系统的实现中，使用 ActiveMQ 将 Storm 的实时分析结果发送到结果数据获取模块，由结果数据获取模块进行数据聚合，并将聚合结果推送到 H5 页面进行实时显示。

注意:｜搭建 ActiveMQ 集群之前，需要先搭建 Zookeeper 集群。

20.5.1　集群规划

ActiveMQ 集群环境规划如表 20-3 所示。

表 20-3　ActiveMQ 集群环境规划

主机名	IP	集群端口	消息端口	控制台端口
binghe201	192.168.175.201	62201	51201	8161
binghe202	192.168.175.202	62202	51202	8162
binghe203	192.168.175.203	62203	51203	8163

20.5.2　安装 ActiveMQ

需要在每台服务器上安装 ActiveMQ，安装步骤如下所示。

（1）到 Apache 官网下载 ActiveMQ，下载地址为 http://activemq.apache.org/components/classic/download/，如图 20-6 所示。

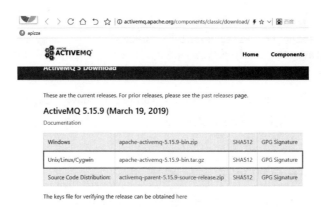

图 20-6　下载 ActiveMQ

这里下载 apache-activemq-5.15.9-bin.tar.gz 安装包。

读者也可以在每台服务器的命令行输入如下命令，下载 ActiveMQ：

```
wget
https://mirrors.tuna.tsinghua.edu.cn/apache//activemq/5.15.9/apache-activemq-
5.15.9-bin.tar.gz
```

（2）在每台服务器上解压 ActiveMQ，并将 ActiveMQ 移动到指定的目录，如下所示：

```
tar -zxvf apache-activemq-5.15.9-bin.tar.gz
mv apache-activemq-5.15.9 activemq-5.15.9
mv activemq-5.15.9/ /usr/local/
```

（3）在每台服务器上配置 ActiveMQ 的系统环境变量，如下所示：

```
sudo vim /etc/profile
```

修改后的 /etc/profile 文件的内容如下所示：

```
JAVA_HOME=/usr/local/jdk1.8.0_212
ZOOKEEPER_HOME=/usr/local/zookeeper-3.5.5
ACTIVEMQ_HOME=/usr/local/activemq-5.15.9
HADOOP_HOME=/usr/local/hadoop-3.2.0
KAFKA_HOME=/usr/local/kafka_2.12-2.3.0
STORM_HOME=/usr/local/storm-2.0.0
MAVEN_HOME=/usr/local/maven-3.6.1
STORM_YARN_HOME=/usr/local/storm-yarn
MYSQL_HOME=/usr/local/mysql3306
CLASS_PATH=.:$JAVA_HOME/lib
PATH=$JAVA_HOME/bin:$ZOOKEEPER_HOME/bin:$ACTIVEMQ_HOME/bin:$MYSQL_HOME/
bin:$HADOOP_HOME/bin:$KAFKA_HOME/bin:$HADOOP_HOME/sbin:$STORM_HOME/
bin:$STORM_YARN_HOME/bin:$MAVEN_HOME/bin:$PATH
export JAVA_HOME ZOOKEEPER_HOME HADOOP_HOME KAFKA_HOME STORM_HOME STORM_YARN_
HOME CLASS_PATH MYSQL_HOME ACTIVEMQ_HOME PATH
export HADOOP_CONF_DIR=$HADOOP_HOME/etc/hadoop
export HADOOP_COMMON_HOME=$HADOOP_HOME
export HADOOP_HDFS_HOME=$HADOOP_HOME
export HADOOP_MAPRED_HOME=$HADOOP_HOME
```

```
export HADOOP_YARN_HOME=$HADOOP_HOME
export HADOOP_OPTS="-Djava.library.path=$HADOOP_HOME/lib/native"
export HADOOP_COMMON_LIB_NATIVE_DIR=$HADOOP_HOME/lib/native
```

保存并退出 Vim 编辑器。接下来输入如下命令，使系统环境变量生效：

```
source /etc/profile
```

20.5.3 配置 ActiveMQ

1. 配置控制台端口

在每台服务器上分别配置 ActiveMQ 的控制台端口，ActiveMQ 的控制台端口在 ACTIVEMQ_HOME/conf 目录下的 jetty.xml 文件中进行配置，每台服务器上修改的配置项分别如下所示。

（1）binghe201 服务器上修改的配置项如下所示：

```
<bean id="jettyPort" class="org.apache.activemq.web.WebConsolePort" init-
method="start">
        <!-- the default port number for the web console -->
    <property name="host" value="0.0.0.0"/>
    <property name="port" value="8161"/>
</bean>
```

（2）binghe202 服务器上修改的配置项如下所示：

```
<bean id="jettyPort" class="org.apache.activemq.web.WebConsolePort" init-
method="start">
        <!-- the default port number for the web console -->
    <property name="host" value="0.0.0.0"/>
    <property name="port" value="8162"/>
</bean>
```

（3）binghe203 服务器上修改的配置项如下所示：

```
<bean id="jettyPort" class="org.apache.activemq.web.WebConsolePort" init-
method="start">
        <!-- the default port number for the web console -->
    <property name="host" value="0.0.0.0"/>
    <property name="port" value="8163"/>
</bean>
```

2. 配置持久化

在每台服务器上的 ACTIVEMQ_HOME/conf 目录下的 activemq.xml 文件中配置持久化适配器，每台服务器上修改的配置项如下所示。

（1）binghe201 服务器上修改的配置项如下所示：

```
<broker xmlns="http://activemq.apache.org/schema/core" brokerName="binghe"
dataDirectory="${activemq.data}">
```

```
    <!-- 其他代码略 -->
    <persistenceAdapter>
        <replicatedLevelDB
        directory="${activemq.data}/leveldb"
        replicas="3"
        bind="tcp://0.0.0.0:62201"
        zkAddress="192.168.175.201:2181,192.168.175.202:2181,192.168.175.203:2181"
        hostname="binghe201"
        zkPath="/activemq/leveldb-stores"
        />
    </persistenceAdapter>
    <!-- 其他代码略 -->
</broker>
```

（2）binghe202 服务器上修改的配置项如下所示：

```
<broker xmlns="http://activemq.apache.org/schema/core" brokerName="binghe"
dataDirectory="${activemq.data}">
    <!-- 其他代码略 -->
  <persistenceAdapter>
        <replicatedLevelDB
        directory="${activemq.data}/leveldb"
        replicas="3"
        bind="tcp://0.0.0.0:62202"
        zkAddress="192.168.175.201:2181,192.168.175.202:2181,192.168.175.203:2181"
        hostname="binghe202"
        zkPath="/activemq/leveldb-stores"
        />
    </persistenceAdapter>
    <!-- 其他代码略 -->
</broker>
```

（3）binghe203 服务器上修改的配置项如下所示：

```
<broker xmlns="http://activemq.apache.org/schema/core" brokerName="binghe"
dataDirectory="${activemq.data}">
    <!-- 其他代码略 -->
    <persistenceAdapter>
        <replicatedLevelDB
            directory="${activemq.data}/leveldb"
            replicas="3"
            bind="tcp://0.0.0.0:62203"
            zkAddress="192.168.175.201:2181,192.168.175.202:2181,192.168.175.203:2181"
            hostname="binghe203"
            zkPath="/activemq/leveldb-stores"
            />
    </persistenceAdapter>
    <!-- 其他代码略 -->
</broker>
```

> 注意： 每台服务器上的 activemq.xml 文件中，broker 节点的 brokerName 属性的值必须相
> 同，否则不能加入集群。例如，这里的配置为 brokerName="binghe"。

3. 配置消息端口

需要修改每台服务器上的 ActiveMQ 的消息端口，以免端口冲突。ActiveMQ 的消息端
口同样需要在 ACTIVEMQ_HOME/conf 目录下的 activemq.xml 文件中进行配置，每台服务
器配置 ActiveMQ 的消息端口修改的配置项如下所示。

（1）binghe201 服务器配置 ActiveMQ 的消息端口修改的配置项如下所示：

```
<transportConnectors>
    <transportConnector name="openwire" uri="tcp://0.0.0.0:51201?maximumConne
ctions=1000&amp;wireFormat.maxFrameSize=104857600"/>
    <!-- 其他代码略 -->
</transportConnectors>
```

（2）binghe202 服务器配置 ActiveMQ 的消息端口修改的配置项如下所示：

```
<transportConnectors>
    <transportConnector name="openwire" uri="tcp://0.0.0.0:51202?maximumConne
ctions=1000&amp;wireFormat.maxFrameSize=104857600"/>
    <!-- 其他代码略 -->
</transportConnectors>
```

（3）binghe203 服务器配置 ActiveMQ 的消息端口修改的配置项如下所示：

```
<transportConnectors>
    <transportConnector name="openwire" uri="tcp://0.0.0.0:51203?maximumConne
ctions=1000&amp;wireFormat.maxFrameSize=104857600"/>
    <!-- 其他代码略 -->
</transportConnectors>
```

至此，ActiveMQ 集群搭建完毕。

> 注意： 搭建完 ActiveMQ 后，客户端连接集群中的 Broker 应该使用 failover 协议，如下所示。
> ```
> failover:(tcp://192.168.175.201:51201,tcp://192.168.175.202:51202,
> tcp://192.168.175.203:51203)?randomize=false
> ```

20.6 整合在线实时计算环境

本节主要介绍如何整合 Flume、Kafka、Storm、Nginx 和 Zookeeper，使数据能够完整
地从 Flume 采集后，通过 Kafka 传输到 Storm，由 Storm 对数据流进行实时分析。

> 注意： 有关各软件环境的搭建，读者可以参见前面章节的相关内容，这里不再赘述。

20.6.1　整合环境规划

整合环境前，需要先对服务器上各软件的分布进行简单的规划，便于后续对环境的整合。整合在线实时计算环境的规划如表 20-4 所示。

表 20-4　整合在线实时计算环境的规划

主机名	IP	Zookeeper	Nginx	Flume	Kafka	Storm
binghe100	192.168.175.100	否	是	是	否	否
binghe201	192.168.175.201	是	否	否	是	是
binghe202	192.168.175.202	是	否	否	是	是
binghe203	192.168.175.203	是	否	否	是	是

20.6.2　各项服务配置

本小节主要对 Flume 的配置进行介绍。对于其他各服务环境的配置，按照前面章节的内容搭建环境即可。

Flume 的配置文件 flume-kafka.conf 中的内容如下所示：

```
# 配置 Agent
myagent.sources = r1
myagent.sinks = k1
myagent.channels = c1
# 配置 Source
myagent.sources.r1.type = exec
myagent.sources.r1.command = tail -F /usr/local/nginx-1.17.2/logs/access.log
# 配置 Sink
#myagent.sinks.k1.type = logger
myagent.sinks.k1.type = org.apache.flume.sink.kafka.KafkaSink
myagent.sinks.k1.topic = nginxLog
myagent.sinks.k1.brokerList = 192.168.175.201:9092,192.168.175.201:9093,192.1
68.175.201:9094,192.168.175.202:9095,192.168.175.202:9096,192.168.175.203:909
7,192.168.175.203:9098
myagent.sinks.k1.requiredAcks = 1
myagent.sinks.k1.batchSize = 20
myagent.channels.c1.type = memory
myagent.channels.c1.capacity = 1000
myagent.channels.c1.transactionCapacity = 100
# 将三者连接
myagent.sources.r1.channels = c1
myagent.sinks.k1.channel = c1
```

20.6.3　启动服务

（1）按照前面章节的内容，分别在 binghe201、binghe202 和 binghe203 服务器上启动 Zookeeper 集群、Storm 集群和 Kafka 集群。启动 Kafka 集群后，执行如下命令，创建名为 nginxLog 的 Topic：

```
/usr/local/kafka_2.12-2.3.0-9092/bin/kafka-topics.sh --create --zookeeper 19
2.168.175.201:2181,192.168.175.202:2181,192.168.175.203:2181 --replication-
factor 7 --partitions 1 --topic nginxLog
```

（2）在 binghe100 服务器上启动 Nginx 和 Flume。

20.6.4　验证整合的环境

服务器上的各服务启动就绪后，就可以编写程序代码验证整合的环境了。

注意：　本小节只给出核心代码类，有关项目的其他细节，在后续有关在线实时计算子系统的实现章节中会详细阐述。

（1）创建常量类 NginxLogConstants，封装项目的各个常量，代码如下所示：

```
/**
 * 在线实时计算子系统常量类
 */
public class NginxLogConstants {
    /**
     * Kafka 节点
     */
    public static final String KAFKA_BROKERS = "192.168.175.201:9092,192.168.1
75.201:9093,192.168.175.201:9094,192.168.175.202:9095,192.168.175.202:9096,19
2.168.175.203:9097,192.168.175.203:9098";
    /**
     * Topic 名称
     */
    public static final String TOPIC_NAME = "nginxLog";
    /**
     * 组 ID
     */
    public static final String GROUP_ID = "nginx-log";
    /**
     * Spout ID
     */
    public static final String SPOUT_ID = "kafkaSpout";
    /**
     * 分割单词的 Bolt ID
     */
    public static final String BOLT_SPLIT_ID = "nginxLogSplit";
}
```

（2）创建项目的启动类 StormTopologyStarter。StormTopologyStarter 类中使用 Kafka 客户端的 KafkaSpout 类接收 Kafka 发送过来的消息，然后 KafkaSpout 类将消息发送到相关的 Bolt 类，如下所示：

```java
public class StormTopologyStarter {
    public static void main(String[] args) throws Exception{
        TopologyBuilder builder = new TopologyBuilder();
        ByTopicRecordTranslator<String,String> byTopicRecordTranslator =
                new ByTopicRecordTranslator<>( (r) -> new Values(r.value(),r.
topic()),new Fields("values","message"));
        KafkaSpoutConfig<String,String> ksc = KafkaSpoutConfig
                .builder(NginxLogConstants.KAFKA_BROKERS, NginxLogConstants.
TOPIC_NAME)
                // 设置 group.id
                .setProp(ConsumerConfig.GROUP_ID_CONFIG, NginxLogConstants.GROUP_ID)
                // 设置开始消费的起止位置
                .setFirstPollOffsetStrategy(FirstPollOffsetStrategy.LATEST)
                // 设置提交消费边界的时长间隔
                .setOffsetCommitPeriodMs(10000)
                //Translator
                .setRecordTranslator(byTopicRecordTranslator)
                .build();
        builder.setSpout(NginxLogConstants.SPOUT_ID, new KafkaSpout<>(ksc), 4);
        builder.setBolt(NginxLogConstants.BOLT_SPLIT_ID, new
NginxLogSplitBolt(), 2).shuffleGrouping(NginxLogConstants.SPOUT_ID);
        Config config = new Config();
        config.setNumWorkers(2);
        config.setNumAckers(0);
        config.setDebug(false);
        if(args != null && args.length > 0){
            StormSubmitter.submitTopology(args[0], config, builder.createTopology());
        }else{
            LocalCluster localCluster = new LocalCluster();
            localCluster.submitTopology(NginxLogConstants.TOPIC_NAME,config,
builder.createTopology());
        }
    }
}
```

（3）创建 NginxLogSplitBolt 类。在实际的项目代码中，NginxLogSplitBolt 类会接收 Kafka 客户端的 KafkaSpout 类发送过来的消息，并将数据用逗号进行分隔，将分隔出的单词和对应的计数发送到下游的 Bolt 类。这里为了验证整合环境的正确性，只是将接收到的数据打印到日志，如下所示：

```java
public class NginxLogSplitBolt extends BaseBasicBolt {
    private static final long serialVersionUID = 7854470085880929761L;
    private Logger logger = LoggerFactory.getLogger(NginxLogSplitBolt.class);
    @Override
    public void execute(Tuple tuple, BasicOutputCollector basicOutputCollector) {
```

```
    String line = tuple.getString(0);
    logger.info(line);
  }
  @Override
  public void declareOutputFields(OutputFieldsDeclarer outputFieldsDeclarer) {
    //outputFieldsDeclarer.declare(new Fields("word","num"));
  }
}
```

（4）将项目打包成 jar 文件，并将 Jar 文件上传到服务器。输入如下命令，启动 jar 文件：

```
java -jar /home/hadoop/storm/mykit-kafka-storm-1.0.0-SNAPSHOT.jar
```

（5）在浏览器地址栏中输入"http://192.168.175.100"进行访问。

（6）查看启动 jar 文件的命令行输出，如下所示：

```
13:11:45.227 [Thread-97-nginxLogSplit-executor[5, 5]] INFO
i.m.k.s.b.NginxLogSplitBolt - 192.168.175.1,-,-,25/Aug/2019:13:11:44
+0800,304,477,180,0,Mozilla/5.0 (Windows NT 10.0; Win64; x64; rv:68.0)
Gecko/20100101 Firefox/68.0,-,GET,0.000,/,HTTP/1.1,-,-
13:11:47.574 [Thread-97-nginxLogSplit-executor[5, 5]] INFO
i.m.k.s.b.NginxLogSplitBolt - 192.168.175.1,-,-,25/Aug/2019:13:11:45
+0800,304,477,180,0,Mozilla/5.0 (Windows NT 10.0; Win64; x64; rv:68.0)
Gecko/20100101 Firefox/68.0,-,GET,0.000,/,HTTP/1.1,-,-
13:11:47.574 [Thread-97-nginxLogSplit-executor[5, 5]] INFO
i.m.k.s.b.NginxLogSplitBolt - 192.168.175.1,-,-,25/Aug/2019:13:11:47
+0800,304,477,180,0,Mozilla/5.0 (Windows NT 10.0; Win64; x64; rv:68.0)
Gecko/20100101 Firefox/68.0,-,GET,0.000,/,HTTP/1.1,-,-
```

可以看到，程序成功接收到 Kafka 发送过来的消息，并打印到日志，说明在线实时计算环境整合成功。

20.7 遇到的问题和解决方案

笔者最初在验证在线实时计算环境时，启动程序报错，关键报错信息如下所示：

```
2019-08-25 12:41:04,802 WARN clients.NetworkClient: [Producer clientId=producer-1]
Error connecting to node binghe201:9092(id: 5 rack: null)
java.io.IOException: Can't resolve address: binghe201:9092
        at org.apache.kafka.common.network.Selector.doConnect(Selector.java:235)
        at org.apache.kafka.common.network.Selector.connect(Selector.java:214)
        at org.apache.kafka.clients.NetworkClient.initiateConnect(NetworkClient.
java:864)
        at org.apache.kafka.clients.NetworkClient.ready(NetworkClient.java:265)
        at org.apache.kafka.clients.producer.internals.Sender.
sendProducerData(Sender.java:266)
        at org.apache.kafka.clients.producer.internals.Sender.run(Sender.java:238)
```

```
        at org.apache.kafka.clients.producer.internals.Sender.run(Sender.java:176)
        at java.lang.Thread.run(Thread.java:748)
Caused by: java.nio.channels.UnresolvedAddressException
        at sun.nio.ch.Net.checkAddress(Net.java:101)
        at sun.nio.ch.SocketChannelImpl.connect(SocketChannelImpl.java:622)
        at org.apache.kafka.common.network.Selector.doConnect(Selector.java:233
```

解决方案为，在每个 Kafka 节点中的 config/server.properties 文件中配置 listeners 参数，如下所示：

```
listeners=PLAINTEXT://your.host.name:9092
```

其中，将 your.host.name 修改为各 Kafka 节点对应的主机名或者 IP 地址即可。

20.8 本章总结

本章首先对系统环境的搭建进行了介绍，主要包括 Nginx 的安装和配置、Nginx 日志备份、Redis 集群环境搭建、MySQL 集群环境搭建和 ActiveMQ 集群环境搭建；接下来对在线实时计算环境进行了整合并验证整合的正确性；最后对遇到的问题和解决方案进行了总结。第 21 章将正式介绍离线批处理计算子系统的实现。

第 21 章
离线批处理计算子系统的实现

离线批处理计算子系统是基于海量日志数据的分析统计系统的重要组成部分，其每天凌晨 2 点将 Nginx 前一天的日志数据导入 Hive 表中，经过 Hive 的统计后，将结果数据导出到 MySQL 数据库。

本章主要涉及的知识点如下。

- 使用 Nginx 实现按日期分割日志文件。
- 项目准备。
- 数据导入 / 导出模块的实现。
- 日志数据清洗模块的实现。
- 数据分析统计模块的实现。
- 其他功能的实现。
- 系统调度模块的实现。
- 测试系统核心数据分析模块。
- 分析结果获取模块的实现。
- H5 数据展示模块的实现。
- 运行分析结果获取模块和 H5 数据展示模块。

注意:	在离线批处理计算子系统的实现中，笔者提供了一种简单的实现方式，即执行各框架环境的命令来实现 Nginx 日志的上传、结果数据的分析和结果数据的导出。因此，实现离线批处理计算子系统之前，需要安装并配置好 Zookeeper 集群环境、Hadoop 集群环境、Hive 环境和 Sqoop 环境，并需要将每种环境添加到系统环境变量。 项目对所有需要运行的命令全部进行了封装，所以运行项目时，需要指定命令的类型（Hadoop 命令、Hive 命令或者 Sqoop 命令）和命令的 key（所有的命令根据 commandType 的不同封装在不同的 Map 中，所以需要使用命令的 key 来指定具体运行的命令），读者可以参见后续提供的 Python 集成脚本，来理解项目的运行方式。 另外，运行项目时，格式如下所示:

```
java -cp xxxx.jar xxxx.xxx commandType commandKey
```

21.1 使用 Nginx 实现按日期分割日志文件

离线批处理计算子系统按照日期统计 Nginx 的日志数据，一种简单的方式就是将 Nginx 日志文件按照日期进行分割，每天生成一个独立的日志文件，文件名称是 "access_yyyy-MM-dd.log" 的形式。系统只需要按照规则统计指定日期的日志文件即可。

注意:	本节涉及的服务器命令是在 root 用户下执行的，除了 Nginx 的安装和配置使用 root 用户外，其他操作都使用 hadoop 用户。

21.1.1 日志分割脚本的实现

考虑到分割 Nginx 的脚本语言不能过于复杂，同时在 Linux 系统上不需要做过多的设置即可使用，而 Shell 脚本语言比较简单，加上 Linux 系统天生支持 Shell 脚本语言的运行，所以分割 Nginx 采用 Shell 脚本语言编写。

（1）在 CentOS 6.8 服务器的命令行创建 nginx_cut_log.sh 文件，如下所示:

```
vim nginx_cut_log.sh
```

脚本的内容如下所示:

```
#!/bin/sh
#Nginx 日志自动分割脚本
# Nginx 日志路径
LOGS_PATH=/usr/local/nginx-1.17.2/logs
TODAY=$(date -d 'today' +%Y-%m-%d)
```

```
# 移动日志并改名
mv ${LOGS_PATH}/error.log ${LOGS_PATH}/error_${TODAY}.log
mv ${LOGS_PATH}/access.log ${LOGS_PATH}/access_${TODAY}.log
# 向 Nginx 主进程发送重新打开日志文件的信号
kill -USR1 $(cat /usr/local/nginx-1.17.2/logs/nginx.pid)
```

保存并退出 Vim 编辑器。

（2）为日志分割脚本 nginx_cut_log.sh 赋予可执行权限，如下所示：

```
chmod a+x nginx_cut_log.sh
```

21.1.2 验证日志分割脚本

首先，查看 Nginx 的 logs 目录下的文件信息，如下所示：

```
[root@binghe100 nginx-1.17.2]# ll /usr/local/nginx-1.17.2/logs/
total 1580
-rw-r--r--. 1 hadoop root     2630775 Aug 26 09:15 access.log
-rw-r--r--. 1 hadoop root     982 Aug 26 09:15 error.log
-rw-r--r--. 1 root    root     5 Aug 26 09:00 nginx.pid
```

接下来，运行日志分割脚本，如下所示：

```
/usr/local/nginx-1.17.2/nginx_cut_log.sh
```

最后，再次查看 Nginx 的 logs 目录下的文件信息，如下所示：

```
[root@binghe100 nginx-1.17.2]# ll /usr/local/nginx-1.17.2/logs/
total 2580
-rw-r--r--. 1 root root 2630775 Aug 25 13:11 access_2019-08-26.log
-rw-r--r--. 1 hadoop root 0 Aug 26 09:29 access.log
-rw-r--r--. 1 root    root     982 Aug 25 13:11 error_2019-08-26.log
-rw-r--r--. 1 hadoop root     0 Aug 26 09:29 error.log
-rw-r--r--. 1 root    root     5 Aug 26 09:28 nginx.pid
```

可以看到，Nginx 的日志分割脚本 nginx_cut_log.sh 成功将 Nginx 的日志文件进行了分割，生成了名称包含当前日期的日志文件。

21.1.3 配置 Nginx 日志分割脚本

为了在每天晚上自动执行 Nginx 的日志分割脚本，这里将 Nginx 的日志分割脚本文件 nginx_cut_log.sh 加入 CentOS 6.8 服务器的计划任务，即 Linux 的 cron 计划。CentOS 6.8 服务器的计划任务需要在 /etc/crontab 文件中进行配置。

使用 Vim 编辑器打开 /etc/crontab 文件，如下所示：

```
vim /etc/crontab
```

接下来，在 /etc/crontab 文件的末尾添加执行 Nginx 日志分割脚本 nginx_cut_log.sh 的代码，如下所示：

```
59 23 * * * root /usr/local/nginx-1.17.2/nginx_cut_log.sh >> /usr/local/
nginx-1.17.2/nginx_cut_log.log 2>&1
```

上述代码的含义表示在每天晚上 23 点 59 分执行 Nginx 日志分割脚本 nginx_cut_log.sh。

最后，在服务器命令行输入如下命令，使 CentOS 6.8 服务器的计划任务生效：

```
/etc/rc.d/init.d/crond restart
```

21.2 项目准备

本节主要为离线批处理计算子系统的项目实现做相关的准备工作，主要包括项目的搭建、配置项目的依赖环境和编写项目通用模块，同时需要在 Hive 上创建数据库和数据表，以及在 MySQL 数据库中创建数据库和数据表。

21.2.1 创建 Maven 项目

（1）创建 Maven 项目 mykit-project-hadoop。

（2）编辑项目的 pom.xml 文件，添加项目的依赖环境，如下所示：

```
<properties>
    <slf4j.version>1.7.2</slf4j.version>
</properties>
<dependencies>
    <dependency>
        <groupId>org.slf4j</groupId>
        <artifactId>slf4j-log4j12</artifactId>
        <version>${slf4j.version}</version>
    </dependency>
</dependencies>
<build>
    <plugins>
        <plugin>
            <groupId>org.apache.maven.plugins</groupId>
            <artifactId>maven-assembly-plugin</artifactId>
            <version>2.3</version>
            <configuration>
                <appendAssemblyId>false</appendAssemblyId>
                <descriptorRefs>
                    <descriptorRef>jar-with-dependencies</descriptorRef>
                </descriptorRefs>
```

```
                <archive>
                    <manifest>
                        <addClasspath>true</addClasspath>
                        <classpathPrefix>lib/</classpathPrefix>
        <mainClass>io.mykit.binghe.main.OfflineBatchProcessor </mainClass>
                    </manifest>
                </archive>
            </configuration>
            <executions>
                <execution>
                    <id>make-assembly</id>
                    <phase>package</phase>
                    <goals>
                        <goal>assembly</goal>
                    </goals>
                </execution>
            </executions>
        </plugin>
        <plugin>
            <groupId>org.apache.maven.plugins</groupId>
            <artifactId>maven-compiler-plugin</artifactId>
            <version>3.6.0</version>
            <configuration>
                <source>1.8</source>
                <target>1.8</target>
            </configuration>
        </plugin>
    </plugins>
</build>
```

21.2.2   编辑日志文件

在项目的 src/main/resources 目录下创建 log4j.properties 文件，文件内容如下所示：

```
log4j.rootCategory=INFO,stdout,file,error
log4j.appender.stdout=org.apache.log4j.ConsoleAppender
log4j.appender.stdout.layout=org.apache.log4j.PatternLayout
log4j.appender.stdout.layout.ConversionPattern=[mykit-project-hadoop]%d %p
[%t] %C{1}.%M(%L) | %m%n
log4j.appender.file=org.apache.log4j.DailyRollingFileAppender
log4j.appender.file.File=/home/logs/mykit-project-hadoop.log
log4j.appender.file.DatePattern='.'yyyy-MM-dd'.log'
log4j.appender.file.layout=org.apache.log4j.PatternLayout
log4j.appender.file.layout.ConversionPattern=%-d{yyyy-MM-dd HH\:mm\:ss}
[%c-%L]-[%t]-[%p] %m%n
log4j.appender.error=org.apache.log4j.DailyRollingFileAppender
```

```
log4j.appender.error.File=/home/logs/mykit-project-hadoop.error.log
log4j.appender.error.DatePattern='.'yyyy-MM-dd'.error.log'
log4j.appender.error.layout=org.apache.log4j.PatternLayout
log4j.appender.error.layout.ConversionPattern=%-d{yyyy-MM-dd HH\:mm\:ss}
[%c-%L]-[%t]-[%p] %m%n
log4j.logger.org.apache.hadoop.util.NativeCodeLoader=ERROR
```

21.2.3　创建执行命令的基础类

创建 Java 包 io.mykit.binghe.utils.base，并在包下创建 CommandLineUtils 类。CommandLineUtils 类主要是通过 Java 类执行 CentOS 6.8 服务器的命令，可以通过其执行 Hadoop 命令、Hive 命令和 Sqoop 命令，以及 CentOS 6.8 服务器自身支持的一些命令等，如下所示：

```
/**
 * 执行命令行的通用工具类，以 Java 代码执行命令行
 */
public class CommandLineUtils {
    private static final Logger LOGGER = LoggerFactory.
getLogger(CommandLineUtils.class);
    public static String exec(String ... cmds){
        String result = "";
        ProcessBuilder processBuilder = null;
        Process process = null;
        InputStream in = null;
        BufferedReader br = null;
        try{
            processBuilder = new ProcessBuilder(cmds);
            process = processBuilder.start();
            in = process.getInputStream();
            br = new BufferedReader(new InputStreamReader(in));
            StringBuilder sb  = new StringBuilder();
            String line = null;
            while ((line = br.readLine()) != null){
                sb.append(line).append("\n");
            }
            result = sb.toString();
            LOGGER.info("执行命令结果如下：\n" + result);
        }catch (Exception e){
            e.printStackTrace();
        }finally {
            try{
                if(br != null){
                    br.close();
                    br = null;
                }
```

```
                    if(in != null){
                        in.close();
                        in = null;
                    }
                    if(process != null){
                        process.destroy();
                        process = null;
                    }
                    if(processBuilder != null){
                        processBuilder.directory();
                        processBuilder = null;
                    }
                }catch (IOException e){
                    e.printStackTrace();
                }
            }
        return result;
        }
}
```

注意： 使用 CommandLineUtils 类执行命令时，需要将命令语句拆分成数组传递给
CommandLineUtils 类的 exec() 方法。

例如，需要执行的完整命令如下所示：

```
hive -S -e "SHOW DATABASES"
```

调用 CommandLineUtils 类的 exec() 方法时，需要传递的参数如下所示：

```
CommandLineUtils.exec(new String[]{"hive", "-S", "-e", "SHOW
DATABASES"});
```

21.2.4 创建 Hive 数据库和数据表

提前在 Hive 中创建 nginx_log 数据库，并在 nginx_log 数据库中创建 nginx_log 数据表。

（1）在 Hive 的命令行输入如下命令，创建 nginx_log 数据库：

```
CREATE DATABASE IF NOT EXISTS nginx_log;
```

（2）在 nginx_log 数据库中创建 nginx_log 数据表，如下所示：

```
CREATE EXTERNAL TABLE IF NOT EXISTS nginx_log.nginx_log(
remote_addr string,
http_ip string,
http_mac string,
time_local string,
status int,
request_length int,
bytes_sent int,
```

```
body_bytes_sent int,
http_user_agent string,
http_referer string,
request_method string,
request_time string,
request_uri string,
server_protocol string,
request_body string,
http_token string
)
PARTITIONED BY (year int, month int, day int)
ROW FORMAT DELIMITED
FIELDS TERMINATED BY ','
STORED AS TEXTFILE;
```

上述 HiveQL 语句创建的 nginx_log 表为外部分区表，分区键为 year、month 和 day。
同时，创建的表的每个字段之间以逗号分隔。

21.2.5　创建 MySQL 数据库和数据表

在 MySQL 数据库中创建 nginx_result 数据库，并在 nginx_result 数据库中创建 nginx_
log_result 数据表，如下所示：

```
CREATE DATABASE IF NOT EXISTS nginx_result;
USE nginx_result;
CREATE TABLE IF NOT EXISTS 'nginx_log_result' (
  'date_time' varchar(20) COLLATE utf8mb4_bin DEFAULT " COMMENT '日期 yyyy-MM-dd',
  'total_count' varchar(20) COLLATE utf8mb4_bin DEFAULT '0' COMMENT '请求总数量',
  'request_length' varchar(20) COLLATE utf8mb4_bin DEFAULT '0' COMMENT '请求总字节数 ',
  'bytes_sent' varchar(20) COLLATE utf8mb4_bin DEFAULT '0' COMMENT '响应总字节数 ',
  'body_bytes_sent' varchar(20) COLLATE utf8mb4_bin DEFAULT '0' COMMENT ' 响应
体总字节数 ',
  UNIQUE KEY 'date_time' ('date_time') USING BTREE
) ENGINE=InnoDB DEFAULT CHARSET=utf8mb4 COLLATE=utf8mb4_bin COMMENT=' 离线批处
理子系统结果存储表 ';
```

21.3　数据导入/导出模块的实现

数据导入 / 导出模块分为数据导入模块和数据导出模块，数据导入模块使用 Hadoop 客
户端将 Nginx 日志数据导入 HDFS，并使用 Hive 将数据加载到 Hive 表；数据导出模块使用
Sqoop 将 Hive 分析出的结果数据导出到 MySQL 数据库。

21.3.1　数据导入模块的实现

数据导入模块包含两部分：Hadoop 将日志文件上传到 HDFS、Hive 加载 HDFS 上的日志文件到 Hive 表指定的分区。

1. Hadoop 上传文件

本模块中使用 Hadoop 的命令将 Nginx 的日志文件从服务器本地目录上传到 HDFS 指定的目录下。使用的 Hadoop 命令如下所示：

```
hadoop fs -put srcPath tarPath
```

（1）srcPath：文件在服务器本地目录的路径。

（2）tarPath：上传的目标路径，即文件需要上传到 HDFS 的哪个目录下。

在 mykit-project-hadoop 项目中创建 Java 包 io.mykit.binghe.utils.hadoop，并在包下创建 Hadoop 的命令执行类 HadoopCommandLineUtils，HadoopCommandLineUtils 类继承 CommandLineUtils 类，并封装了项目涉及的 Hadoop 命令。Hadoop 的执行命令被封装在一个 Map 结构中，每条命令被拆分成一个字符串数组，同时每个命令数组对应唯一的一个 Map key，并对外提供根据命令的 key 获取命令数组的方法，如下所示：

```java
/**
 * Hadoop 命令行工具
 */
public class HadoopCommandLineUtils extends CommandLineUtils {
    private static volatile Map<String, String[]> hadoopCommandLines;
    static{
        hadoopCommandLines = new HashMap<String, String[]>();
        // 查看 HDFS 的根目录信息
        hadoopCommandLines.put(CommandLineConstants.HADOOP_FIND_ALL_COMMAND,
new String[]{"hadoop", "fs", "-ls", "/"});
        Date date = DateUtils.getDate(1, DateType.FRONT);
        // 删除 HDFS 上的目录信息
        hadoopCommandLines.put(CommandLineConstants.HADOOP_DELETE_DIR, new
String[]{"hadoop", "fs", "-rm", "-r",
                CommandLineConstants.getHadoopNginxLogFilePath(date)});
        // 在 HDFS 上创建目录
        hadoopCommandLines.put(CommandLineConstants.HADOOP_MAKE_DIR, new
String[]{"hadoop", "fs", "-mkdir", "-p",
                CommandLineConstants.getHadoopNginxLogFilePath(date)});
        // 上传文件到 HDFS
        hadoopCommandLines.put(CommandLineConstants.HADOOP_UPLOAD_FILE, new
String[]{"hadoop", "fs", "-put",
                CommandLineConstants.getNativeNginxLogFileName(date),
CommandLineConstants.getHadoopNginxLogFileName(date)});
        // 删除指定的结果目录
        hadoopCommandLines.put(CommandLineConstants.HADOOP_DELETE_RESULT_DIR,
new String[]{"hadoop", "fs", "-rm", "-r",
        CommandLineConstants.getHiveResultFilePath(date)});
    }
```

```
    public static String[] getCmds(String key){
        return hadoopCommandLines.get(key);
    }
}
```

2. Hive 加载数据的实现

Hive 将数据文件加载到 Hive 表的指定分区下，使用的命令格式如下所示：

```
ALTER TABLE xxxx ADD IF NOT EXISTS PARTITION (xxx=yyy) LOCATION '/xxx/yyy';
```

在 mykit-project-hadoop 项目中创建 Java 包 io.mykit.binghe.utils.hive，在包下创建 Hive
的命令执行类 HiveCommandLineUtils，HiveCommandLineUtils 类继承 CommandLineUtils
类，并封装了 Hive 加载数据的命令，如下所示：

```
/**
 * Hive 命令行工具类
 */
public class HiveCommandLineUtils extends CommandLineUtils {
    private static volatile Map<String, String[]> hiveCommandLines;
    static{
        hiveCommandLines = new HashMap<String, String[]>();
        Date date = DateUtils.getDate(1, DateType.FRONT);
        // 将数据加载到 Hive 表
        hiveCommandLines.put(CommandLineConstants.HIVE_LOAD_DATA, new String[]
{"hive", "-S", "-e", "ALTER TABLE " +
        CommandLineConstants.HIVE_TABLE_NAME + " ADD IF NOT EXISTS PARTITION( year="
        + DateUtils.parseLongDateToStringDate(date, DateUtils.YEAR_FORMAT) + ", month="
        + DateUtils.parseLongDateToStringDate(date, DateUtils.MONTH_FORMAT) + ", day="
        +DateUtils.parseLongDateToStringDate(date, DateUtils.DATE_FORMAT) + ") LOCATION '"
        + CommandLineConstants.getHadoopNginxLogFilePath(date) + "'"});
    }
    public static String[] getCmds(String key){
        return hiveCommandLines.get(key);
    }
}
```

21.3.2 数据导出模块的实现

数据导出模块的实现方式为：使用 Sqoop 命令将 Hive 的分析结果导出到 MySQL 数据
库，主要使用的 Sqoop 命令格式如下所示：

```
sqoop export --connect jdbc:mysql://xxx.xxx.xxx.xxx:3306/db --table tb
--export-dir /xxx/yyy/result --username xxx --password xxx -m 1 --fields-
terminated-by ','
```

Sqoop 将 HDFS 上指定文件的数据导出到 MySQL 数据库，执行命令时，以逗号为分隔符。

在 mykit-project-hadoop 项目中创建 Java 包 io.mykit.binghe.utils.sqoop，在包下创建 Sqoop

命令的执行类 SqoopCommandLineUtils，SqoopCommandLineUtils 类继承 CommandLineUtils 类，主要功能就是将 Hive 的分析结果导出到 MySQL 数据库，如下所示：

```
/**
 * 运行 Sqoop 命令的工具类
 */
public class SqoopCommandLineUtils extends CommandLineUtils {
    private static volatile Map<String, String[]> sqoopCommandLines;
    static{
        sqoopCommandLines = new HashMap<String, String[]>();
        Date date = DateUtils.getDate(1, DateType.FRONT);
        // 将 Hive 的分析结果导出到 MySQL 数据库
        sqoopCommandLines.put(CommandLineConstants.SQOOP_EXPORT_RESULT, new
String[]{"sqoop", "export", "--connect",
        "jdbc:mysql://192.168.175.201:3306/nginx_result", "--table", "nginx_
log_result", "--export-dir",
        CommandLineConstants.getHiveResultFileName(date), "--username", "root",
"--password", "root",
        "-m", "1", "--fields-terminated-by", ","});
    }
    public static String[] getCmds(String key){
        return sqoopCommandLines.get(key);
    }
}
```

21.4 日志数据清洗模块的实现

由于在准备系统环境时，将 Nginx 的日志格式统一设置为以逗号分隔的形式，Nginx 日志数据比较整齐，因此可直接将数据导入 Hive 的数据表中。如果读者希望 Hive 表中只存储需要统计的列，可使用 Hive 查询，并将查询结果插入另一张 Hive 表中，实现比较简单。例如，查询 Hive 中 person_tmp 表中的数据，并将查询结果插入 person 表中，如下所示：

```
INSERT OVERWRITE TABLE person SELECT * FROM person_tmp;
```

读者可以结合有关 Hive 数据处理章节的内容和本章的内容自行实现，这里不再赘述。

21.5 数据分析统计模块的实现

此模块的实现比较简单，Hive 提供了数据统计并将统计结果导出到 HDFS 目录或者服务器本地目录的命令，如下所示。

Hive 导出数据到 HDFS 目录的命令如下所示:

```
INSERT OVERWRITE DIRECTORY '/user/hive/person' SELECT * FROM person;
```

Hive 导出数据到服务器本地目录的命令如下所示:

```
INSERT OVERWRITE LOCAL DIRECTORY '/home/hadoop/hive/person' SELECT * FROM
person;
```

在 HiveCommandLineUtils 类的静态代码块中,添加 Hive 进行数据统计并将统计结果导出到 HDFS 目录的代码。添加的代码如下所示:

```
// 使用 Hive 分析结果数据并导出
hiveCommandLines.put(CommandLineConstants.HIVE_ANALYSIS_EXPORT, new String[]{"hive",
    "-S", "-e", "INSERT OVERWRITE DIRECTORY '" +
        CommandLineConstants.getHiveResultFilePath(date) + "' row format delimited
fields terminated by ',' select  '" +
        DateUtils.parseLongDateToStringDate(date, DateUtils.DATE_MULTI_FORMAT)
+ "',  count(*),sum(request_length), " +
        " sum(bytes_sent), sum(body_bytes_sent)  from nginx_log.nginx_log where year="
        + DateUtils.parseLongDateToStringDate(date, DateUtils.YEAR_FORMAT) + "  and
month="
        + DateUtils.parseLongDateToStringDate(date, DateUtils.MONTH_FORMAT) + " and
day="
        + DateUtils.parseLongDateToStringDate(date, DateUtils.DATE_FORMAT)});
```

此时,就实现了使用 Hive 进行数据统计,同时将统计结果导出到 HDFS 目录的功能。

21.6 其他功能的实现

本节统一介绍离线批处理计算子系统的附加功能类,如程序的运行入口类、程序涉及的常量类和日期工具类等。

(1)程序的运行入口类 io.mykit.binghe.main.OfflineBatchProcessor 接收命令行参数,将第一个参数作为执行命令的类型,第二个参数作为执行命令的 key,根据不同的类型,调用不同类的 exec() 方法执行命令,如下所示:

```
/**
 * 离线批处理器
 */
public class OfflineBatchProcessor {
    private static final Logger LOGGER = LoggerFactory.getLogger(OfflineBatchProcessor.
class);
    public static void main(String[] args){
        if (args == null || args.length <= 0){
            LOGGER.error(" 参数不能为空 ");
            System.exit(1);
```

```
            }
        if(args.length != 2){
            LOGGER.error(" 参数的长度必须是 2");
            System.exit(1);
        }
        String type = args[0].trim();
        String key = args[1].trim();
        if(type == null || type.isEmpty() || key == null || key.isEmpty()){
            LOGGER.error(" 参数不能为空 ");
            System.exit(1);
        }
        type = type.toLowerCase();
        key = key.toLowerCase();
        switch (type){
            case CommandLineConstants.HADOOP:
                HadoopCommandLineUtils.exec(HadoopCommandLineUtils.getCmds(key));
                break;
            case CommandLineConstants.HIVE:
                HiveCommandLineUtils.exec(HiveCommandLineUtils.getCmds(key));
                break;
            case CommandLineConstants.SQOOP:
                SqoopCommandLineUtils.exec(SqoopCommandLineUtils.getCmds(key));
                break;
            default:
                HadoopCommandLineUtils.exec(HadoopCommandLineUtils.getCmds(key));
                break;
        }
    }
}
```

（2）常量类 io.mykit.binghe.utils.constants.CommandLineConstants 存放系统中的所有常量信息，同时封装了获取系统中使用的 HDFS 目录和服务器本地目录的方法，如下所示：

```
/**
 * 常量类，封装各种常量信息
 */
public class CommandLineConstants {
    /**
     * 标识执行 Hadoop 的命令
     */
    public static final String HADOOP = "hadoop";
    /**
     * 标识执行 Hive 的命令
     */
    public static final String HIVE = "hive";
    /**
     * 标识执行 Hive 的命令
     */
    public static final String SQOOP = "sqoop";
    /**
```

```
     * 查看根目录
     */
    public static final String HADOOP_FIND_ALL_COMMAND = "hadoop_find_all_command";
    /**
     * 创建 HDFS 目录
     */
    public static final String HADOOP_MAKE_DIR = "hadoop_make_dir";
    /**
     * 删除目录
     */
    public static final String HADOOP_DELETE_DIR = "hadoop_delete_dir";
    /**
     * 上传 Nginx 日志文件到 HDFS
     */
    public static final String HADOOP_UPLOAD_FILE = "hadoop_upload_file";
    /**
     * 删除结果目录
     */
    public static final String HADOOP_DELETE_RESULT_DIR = "hadoop_delete_result_dir";
    /**
     * Sqoop 将结果数据导出到 MySQL
     */
    public static final String SQOOP_EXPORT_RESULT = "sqoop_export_result";
    /**
     * Hive 显示所有的数据库
     */
    public static final String HIVE_SHOW_DATABASES = "hive_show_databases";
    /**
     * Hive 加载数据
     */
    public static final String HIVE_LOAD_DATA = "hive_load_data";
    /**
     * Hive 删除表分区
     */
    public static final String HIVE_DELETE_PARTITION = "hive_delete_partition";
    /**
     * Hive 统计并导出数据
     */
    public static final String HIVE_ANALYSIS_EXPORT = "hive_analysis_export";
    /**
     * Hive 表名称
     */
    public static final String HIVE_TABLE_NAME = "nginx_log.nginx_log";
    /**
     * 获取 Nginc 日志文件
     */
    public static String getNginxLogFileName(Date date){
        return "access_"
                .concat(DateUtils.parseLongDateToStringDate(date, DateUtils.
DATE_MULTI_FORMAT))
                .concat(".log");
```

```
    }
    /**
     * 组装 Nginx 日志在服务器本地的绝对路径
     */
    public static String getNativeNginxLogFileName(Date date){
        return "/usr/local/nginx-1.17.2/logs/".concat(getNginxLogFileName(date));
    }
    /**
     * 获取 Nginx 日志文件在 HDFS 上的路径
     */
    public static String getHadoopNginxLogFilePath(Date date){
        return "/data/nginxlog/"
                .concat(DateUtils.parseLongDateToStringDate(date, DateUtils.
YEAR_FORMAT))
                .concat("/").concat(DateUtils.parseLongDateToStringDate(date,
DateUtils.MONTH_FORMAT))
                .concat("/").concat(DateUtils.parseLongDateToStringDate(date,
DateUtils.DATE_FORMAT));
    }
    /**
     * 获取 Hive 分析结果后的导出目录
     */
    public static String getHiveResultFilePath(Date date){
        return "/data/result_".concat(DateUtils.parseLongDateToStringDate(date,
DateUtils.YEAR_MONTH_DATE_NO_FORMAT));
    }
    public static String getHiveResultFileName(Date date){
        return getHiveResultFilePath(date).concat("/").concat("000000_0");
    }
    /**
     * 获取文件在 HDFS 上的完整路径
     */
    public static String getHadoopNginxLogFileName(Date date){
        return getHadoopNginxLogFilePath(date)
                .concat("/").concat(getNginxLogFileName(date));
    }
}
```

（3）日期枚举类 io.mykit.binghe.utils.date.DateType 提供两个枚举值 FRONT 和 BACK，分别表示获取的日期在当前日期之前或之后，如下所示：

```
public enum DateType {
    FRONT, BACK
}
```

（4）日期工具类 io.mykit.binghe.utils.date.DateUtils 封装了系统中使用的日期转化方法，如下所示：

```
/**
 * 日期工具类
 */
```

```java
public class DateUtils {
    public static final String DATE_SIMPLE_FORMAT = "yyyy/M/d";
    public static final String DATE_MULTI_FORMAT = "yyyy-MM-dd";
    public static final String YEAR_FORMAT = "yyyy";
    public static final String MONTH_FORMAT = "M";
    public static final String DATE_FORMAT = "d";
    public static final String YEAR_MONTH_DATE_NO_FORMAT = "yyyyMMdd";
    /**
     * 将日期类型转化为字符串
     */
    public static String parseLongDateToStringDate(Date date, String formatString) {
        SimpleDateFormat format = getDateFormat(formatString);
        return format.format(date);
    }
    /**
     * 获取 SimpleDateFormat
     */
    private static SimpleDateFormat getDateFormat(String formatString) {
        return new SimpleDateFormat(formatString);
    }
    public static Date getDate(int day, DateType dateType){
        Calendar calendar = Calendar.getInstance();
        switch (dateType){
            case FRONT:
                calendar.add(Calendar.DATE, -day);
                break;
            case BACK:
                calendar.add(Calendar.DATE, day);
                break;
            default:
                calendar.add(Calendar.DATE, day);
                break;
        }
        return calendar.getTime();
    }
}
```

21.7 系统调度模块的实现

离线批处理计算子系统采用 Python 将其他分析统计功能模块进行整合，并将 Python 脚本配置到 CentOS 6.8 服务器的计划任务。

1. 编写整合脚本

创建 Python 整合脚本 mykit_project_hadoop.py，将需要执行的 Java 命令按照顺序放到 Python 的有序集合中，然后按顺序执行每一条 Java 命令，代码如下所示：

```python
#!/usr/bin/env python
# -*- coding: utf-8 -*-
# -*- coding: gbk -*-
# Created by 冰河
# Description 集成离线批处理计算子系统的各模块
import os
if __name__ == '__main__':
    cmds = ["java -cp /home/hadoop/project/mykit-project-hadoop-1.0.0-
SNAPSHOT.jar io.mykit.binghe.main.OfflineBatchProcessor hadoop hadoop_delete_dir",
            "java -cp /home/hadoop/project/mykit-project-hadoop-1.0.0-SNAPSHOT.
jar io.mykit.binghe.main.OfflineBatchProcessor hadoop hadoop_make_dir",
            "java -cp /home/hadoop/project/mykit-project-hadoop-1.0.0-SNAPSHOT.
jar io.mykit.binghe.main.OfflineBatchProcessor hadoop hadoop_upload_file",
            "java -cp /home/hadoop/project/mykit-project-hadoop-1.0.0-SNAPSHOT.
jar io.mykit.binghe.main.OfflineBatchProcessor hive hive_delete_partition",
            "java -cp /home/hadoop/project/mykit-project-hadoop-1.0.0-SNAPSHOT.
jar io.mykit.binghe.main.OfflineBatchProcessor hive hive_load_data",
            "java -cp /home/hadoop/project/mykit-project-hadoop-1.0.0-SNAPSHOT.
jar io.mykit.binghe.main.OfflineBatchProcessor hadoop hadoop_delete_result_dir",
            "java -cp /home/hadoop/project/mykit-project-hadoop-1.0.0-SNAPSHOT.
jar io.mykit.binghe.main.OfflineBatchProcessor hive hive_analysis_export",
            "java -cp /home/hadoop/project/mykit-project-hadoop-1.0.0-SNAPSHOT.
jar io.mykit.binghe.main.OfflineBatchProcessor sqoop sqoop_export_result"];
    for cmd in cmds:
        print(" 当前执行的命令为 ===>>>" + cmd)
        os.system(cmd)
```

2. 配置计划任务

使用 hadoop 用户将执行 Python 脚本 mykit_project_hadoop.py 的命令添加到 CentOS 6.8
服务器的计划任务中。

首先输入如下命令，打开计划任务配置文件：

```
-bash-4.1$ crontab -e
```

接下来进入编辑模式，输入如下代码：

```
00 02 * * * /usr/local/bin/python3 /home/hadoop/project/mykit_project_hadoop.
py >> /home/hadoop/project/mykit_project_hadoop.log 2>&1
```

该命令表示每天凌晨 2 点执行 mykit_project_hadoop.py 脚本中的命令。

注意：
> 在配置计划任务时，最好配置执行命令的绝对路径，如 /usr/local/bin/python3。可
> 以通过如下命令查看 python3 命令所在的目录：
> ```
> -bash-4.1$ whereis python3
> python3: /usr/local/bin/python3.7m /usr/local/bin/python3.7m-config /
> usr/local/bin/python3.7-config /usr/local/bin/python3.7 /usr/local/bin/
> python3 /usr/local/lib/python3.7
> ```

至此，实现了离线批处理计算子系统的核心数据分析模块的所有功能。

21.8 测试系统核心数据分析模块

（1）启动服务器的 Zookeeper 集群和 Hadoop 集群。

（2）将 Maven 项目打包成 mykit-project-hadoop-1.0.0-SNAPSHOT.jar 文件，并上传到服务器的 /home/hadoop/project/ 目录下。

（3）将 Python 脚本 mykit_project_hadoop.py 上传到服务器的 /home/hadoop/project/ 目录下。

（4）查看 Hive 数据库 nginx_log 下的 nginx_log 数据表中的数据，如下所示：

```
hive> SELECT * FROM nginx_log.nginx_log;
OK
Time taken: 3.604 seconds
```

可以看到，Hive 数据库 nginx_log 下的 nginx_log 数据表中的数据为空。

（5）查看 MySQL 数据库 nginx_result 下的 nginx_log_result 数据表中的数据，如下所示：

```
mysql> use nginx_result;
Database changed
mysql> select * from nginx_log_result;
Empty set (0.00 sec)
```

可以看到，MySQL 数据库 nginx_result 下的 nginx_log_result 数据表中的数据为空。

（6）在 CentOS 6.8 服务器的 /usr/local/nginx-1.17.2/logs 目录下，将 access.log 文件复制成符合离线批处理计算子系统分析的日志文件，如下所示：

```
cd /usr/local/nginx-1.17.2/logs/
cp access.log access_2019-08-26.log
```

（7）运行 Python 脚本，如下所示：

```
-bash-4.1$ python3 /home/hadoop/project/mykit_project_hadoop.py
```

运行过程中会输出如下信息：

```
当前执行的命令为 ===>>>java -cp /home/hadoop/project/mykit-project-hadoop-1.0.0-
SNAPSHOT.jar
io.mykit.binghe.main.OfflineBatchProcessor hadoop hadoop_delete_dir
当前执行的命令为 ===>>>java -cp /home/hadoop/project/mykit-project-hadoop-1.0.0-
SNAPSHOT.jar
io.mykit.binghe.main.OfflineBatchProcessor hadoop hadoop_make_dir
当前执行的命令为 ===>>>java -cp /home/hadoop/project/mykit-project-hadoop-1.0.0-
SNAPSHOT.jar
io.mykit.binghe.main.OfflineBatchProcessor hadoop hadoop_upload_file
当前执行的命令为 ===>>>java -cp /home/hadoop/project/mykit-project-hadoop-1.0.0-
SNAPSHOT.jar
io.mykit.binghe.main.OfflineBatchProcessor hive hive_delete_partition
当前执行的命令为 ===>>>java -cp /home/hadoop/project/mykit-project-hadoop-1.0.0-
SNAPSHOT.jar
io.mykit.binghe.main.OfflineBatchProcessor hive hive_load_data
当前执行的命令为 ===>>>java -cp /home/hadoop/project/mykit-project-hadoop-1.0.0-
```

```
SNAPSHOT.jar
io.mykit.binghe.main.OfflineBatchProcessor hadoop hadoop_delete_result_dir
当前执行的命令为 ===>>>java -cp /home/hadoop/project/mykit-project-hadoop-1.0.0-
SNAPSHOT.jar
io.mykit.binghe.main.OfflineBatchProcessor hive hive_analysis_export
当前执行的命令为 ===>>>java -cp /home/hadoop/project/mykit-project-hadoop-1.0.0-
SNAPSHOT.jar
io.mykit.binghe.main.OfflineBatchProcessor sqoop sqoop_export_result
```

（8）脚本执行完毕后，再次查看 Hive 数据库 nginx_log 下的 nginx_log 数据表中的数据，如下所示：

```
hive> SELECT * FROM nginx_log.nginx_log;
OK
192.168.175.1  - - 26/Aug/2019:09:51:00 +0800  200  477  180  0 Mozilla/5.0
(Windows NT 10.0; Win64; x64; rv:68.0) Gecko/20100101 Firefox/68.0 - GET 0.000
/ HTTP/1.1 - - 2019 8 26
192.168.175.1  - - 26/Aug/2019:09:51:00 +0800  200  477  180  0 Mozilla/5.0
(Windows NT 10.0; Win64; x64; rv:68.0) Gecko/20100101 Firefox/68.0 - GET 0.000
/ HTTP/1.1 -
```

可以看到，nginx_log 数据表中已经存在 Nginx 的日志数据。

注意：Hive 的 nginx_log 数据表中的数据比较多，这里只展示了部分数据。

（9）再次查看 MySQL 数据库 nginx_result 下的 nginx_log_result 数据表中的数据，如下所示：

```
mysql> use nginx_result;
Database changed
mysql> select * from nginx_log_result;
+------------+-------------+----------------+------------+----------------+
| date_time  | total_count | request_length | bytes_sent | body_bytes_sent |
+------------+-------------+----------------+------------+----------------+
| 2019-08-26 | 33          | 15741          | 5940       | 0              |
+------------+-------------+----------------+------------+----------------+
1 row in set (0.00 sec)
```

可以看到，nginx_log_result 数据表中正确地存放了各个统计数据，证明离线批处理计算子系统的核心数据分析功能模块能够成功执行，并将数据结果正确地导出到 MySQL 数据库中。接下来实现分析结果获取模块和 H5 数据展示模块。

21.9 分析结果获取模块的实现

为了不影响离线批处理计算子系统的核心数据分析功能，分析结果获取模块采用独立的 SpringBoot 项目实现，对外提供 HTTP 接口访问数据分析结果。

21.9.1　项目准备

（1）创建 Maven 项目 mykit-hadoop-web。

（2）编辑项目的 pom.xml 配置文件，引入 SpringBoot 相关的环境。pom.xml 文件的内容如下所示：

```xml
<properties>
    <project.build.sourceEncoding>UTF-8</project.build.sourceEncoding>
    <skip_maven_deploy>false</skip_maven_deploy>
    <jdk.version>1.7</jdk.version>
    <druid.version>1.1.10</druid.version>
    <mybatis.version>3.4.6</mybatis.version>
    <wechat.sdk.version>1.0.0-SNAPSHOT</wechat.sdk.version>
    <pagehelper.version>1.1.2</pagehelper.version>
    <memcached.version>2.6.6</memcached.version>
    <lombok.version>1.16.10</lombok.version>
</properties>
<parent>
    <groupId>org.springframework.boot</groupId>
    <artifactId>spring-boot-starter-parent</artifactId>
    <version>1.5.14.RELEASE</version>
</parent>
<dependencies>
    <dependency>
        <groupId>org.springframework.boot</groupId>
        <artifactId>spring-boot-starter-test</artifactId>
    </dependency>
    <dependency>
        <groupId>org.springframework.boot</groupId>
        <artifactId>spring-boot-starter-web</artifactId>
        <exclusions>
            <exclusion>
                <groupId>org.springframework.boot</groupId>
                <artifactId>spring-boot-starter-tomcat</artifactId>
            </exclusion>
        </exclusions>
    </dependency>
    <dependency>
        <groupId>org.springframework.boot</groupId>
        <artifactId>spring-boot-starter-undertow</artifactId>
    </dependency>
    <dependency>
        <groupId>org.springframework.boot</groupId>
        <artifactId>spring-boot-configuration-processor</artifactId>
        <optional>true</optional>
    </dependency>
    <dependency>
        <groupId>mysql</groupId>
        <artifactId>mysql-connector-java</artifactId>
```

```
            <version>5.1.38</version>
        </dependency>
        <dependency>
            <groupId>org.mybatis</groupId>
            <artifactId>mybatis</artifactId>
            <version>${mybatis.version}</version>
        </dependency>
        <dependency>
            <groupId>com.github.pagehelper</groupId>
            <artifactId>pagehelper-spring-boot-starter</artifactId>
            <version>${pagehelper.version}</version>
        </dependency>
        <!-- alibaba 的 druid 数据库连接池 -->
        <dependency>
            <groupId>com.alibaba</groupId>
            <artifactId>druid</artifactId>
            <version>${druid.version}</version>
        </dependency>
        <dependency>
            <groupId>com.alibaba</groupId>
            <artifactId>druid-spring-boot-starter</artifactId>
            <version>${druid.version}</version>
        </dependency>
        <dependency>
            <groupId>org.projectlombok</groupId>
            <artifactId>lombok</artifactId>
            <version>${lombok.version}</version>
        </dependency>
    </dependencies>
    <build>
        <plugins>
            <plugin>
                <groupId>org.apache.maven.plugins</groupId>
                <artifactId>maven-compiler-plugin</artifactId>
                <version>3.1</version>
                <configuration>
                    <source>${jdk.version}</source>
                    <target>${jdk.version}</target>
                    <encoding>${project.build.sourceEncoding}</encoding>
                </configuration>
            </plugin>
            <plugin>
                <groupId>org.apache.maven.plugins</groupId>
                <artifactId>maven-jar-plugin</artifactId>
                <version>2.4</version>
            </plugin>
            <plugin>
                <groupId>org.apache.maven.plugins</groupId>
                <artifactId>maven-eclipse-plugin</artifactId>
                <configuration>
                    <wtpmanifest>true</wtpmanifest>
```

```xml
                    <wtpapplicationxml>true</wtpapplicationxml>
                    <wtpversion>2.0</wtpversion>
                </configuration>
            </plugin>
            <plugin>
                <groupId>org.apache.maven.plugins</groupId>
                <artifactId>maven-jar-plugin</artifactId>
                <configuration>
                    <classesDirectory>target/classes/</classesDirectory>
                    <archive>
                        <manifest>

<mainClass>io.mykit.binghe.hadoop.MykitHadoopCoreApplication</mainClass>
                            <!-- 打包时 MANIFEST.MF 文件不记录的时间戳版本 -->
                            <useUniqueVersions>false</useUniqueVersions>
                            <addClasspath>true</addClasspath>
                            <classpathPrefix>lib/</classpathPrefix>
                        </manifest>
                        <manifestEntries>
                            <Class-Path>.</Class-Path>
                        </manifestEntries>
                    </archive>
                </configuration>
            </plugin>
            <plugin>
                <groupId>org.apache.maven.plugins</groupId>
                <artifactId>maven-dependency-plugin</artifactId>
                <executions>
                    <execution>
                        <id>copy-dependencies</id>
                        <phase>package</phase>
                        <goals>
                            <goal>copy-dependencies</goal>
                        </goals>
                        <configuration>
                            <type>jar</type>
                            <includeTypes>jar</includeTypes>
                            <outputDirectory>
                                ${project.build.directory}/lib
                            </outputDirectory>
                        </configuration>
                    </execution>
                </executions>
            </plugin>
        </plugins>
        <resources>
            <!-- 指定 "src/main/resources" 下所有文件及文件夹为资源文件 -->
            <resource>
                <directory>src/main/resources</directory>
                <targetPath>${project.build.directory}/classes</targetPath>
                <includes>
```

```
            <include>**/*</include>
        </includes>
        <filtering>true</filtering>
    </resource>
  </resources>
</build>
```

（3）在项目的 src/main/resources 目录下创建 SpringBoot 的核心配置文件 application.
yaml。application.yaml 文件中主要配置了启动 SpringBoot 项目监听的端口号、Mybatis 的
Mapper 文件位置、数据库相关的配置和 HTTP 编码等，如下所示：

```
server:
  port: 9090
  tomcat:
    uri-encoding: UTF-8
mybatis:
  mapper-locations: classpath*:io/mykit/binghe/hadoop/mapper/*.xml
  # 注意：一定要对应 Mapper 映射 XML 文件的所在路径
  type-aliases-package: io.mykit.binghe.hadoop.entity    # 注意：对应实体类的路径
logging:
  level: info
spring:
  datasource:
    url:
    jdbc:mysql://192.168.175.201:3306/nginx_result?useUnicode=true&characterE
ncoding=UTF-8&useOldAliasMetadataBehavior=true&autoReconnect=true&failOverRea
dOnly=false&useSSL=false
    username: root
    password: root
    driver-class-name: com.mysql.jdbc.Driver
    platform: mysql
    type: com.alibaba.druid.pool.DruidDataSource
    # 下面为连接池的补充设置，应用到上面所有的数据源中
    # 初始化大小、最小、最大
    initialSize: 10
    minIdle: 5
    maxActive: 20
    # 配置获取连接等待超时的时间
    maxWait: 60000
    # 配置间隔多久才进行一次检测，检测需要关闭的空闲连接，单位是 ms
    timeBetweenEvictionRunsMillis: 3600000
    # 配置一个连接在池中最小生存的时间，单位是 ms
    minEvictableIdleTimeMillis: 3600000
    validationQuery: select 'x'
    testWhileIdle: true
    testOnBorrow: false
    testOnReturn: false
    # 打开 PSCache，并且指定每个连接上 PSCache 的大小
    poolPreparedStatements: true
    maxPoolPreparedStatementPerConnectionSize: 20
    maxOpenPreparedStatements: 20
```

```
    # 配置监控统计拦截的 filters，去掉后监控界面的 SQL 无法统计，'wall' 用于防火墙
    filters: stat
    # 通过 connectProperties 属性打开 mergeSQL 功能；慢 SQL 记录
    # connectionProperties: druid.stat.mergeSql=true;druid.stat.slowSqlMillis=5000
#设置编码为 UTF-8
http:
  encoding:
    charset: UTF-8
    enabled: true
    force: true
```

（4）在项目的 src/main/resources/io/mykit/binghe/hadoop/config 目录下创建 Mybatis 框架
的核心配置文件 mybatis-config.xml，mybatis-config.xml 文件中主要配置了 Mybatis 框架的
一些常用配置项，如下所示：

```xml
<?xml version="1.0" encoding="UTF-8" ?>
<!DOCTYPE configuration
        PUBLIC "-//mybatis.org//DTD Config 3.0//EN"
        "http://mybatis.org/dtd/mybatis-3-config.dtd">
<configuration>
    <settings>
        <setting name="logImpl" value="LOG4J"/>
        <setting name="cacheEnabled" value="true"/>
        <setting name="mapUnderscoreToCamelCase" value="true"/>
        <setting name="aggressiveLazyLoading" value="false"/>
    </settings>
    <typeAliases>
        <package name="io.mykit.binghe.hadoop.entity"/>
    </typeAliases>
    <typeHandlers>
        <typeHandler handler="org.apache.ibatis.type.InstantTypeHandler"/>
        <typeHandler handler="org.apache.ibatis.type.LocalDateTimeTypeHandler"/>
        <typeHandler handler="org.apache.ibatis.type.LocalDateTypeHandler"/>
        <typeHandler handler="org.apache.ibatis.type.LocalTimeTypeHandler"/>
        <typeHandler handler="org.apache.ibatis.type.OffsetDateTimeTypeHandler"/>
        <typeHandler handler="org.apache.ibatis.type.OffsetTimeTypeHandler"/>
        <typeHandler handler="org.apache.ibatis.type.ZonedDateTimeTypeHandler"/>
        <typeHandler handler="org.apache.ibatis.type.YearTypeHandler"/>
        <typeHandler handler="org.apache.ibatis.type.MonthTypeHandler"/>
    </typeHandlers>
</configuration>
```

21.9.2 项目实现

1. 基础配置类的实现

（1）创建 Java 包 io.mykit.binghe.hadoop.config，在包下创建 DruidConfig 类。DruidConfig
类中主要配置的是 Druid 数据库连接池的信息，如下所示：

```java
/**
 * Druid 数据库连接池的配置类，对应 yaml 上的属性值
 */
@Slf4j
@Data
@Component
@Configuration
@ConfigurationProperties(prefix = "spring.datasource")
public class DruidConfig {
    private String url;
    private String username;
    private String password;
    private String driverClassName;
    private String platform;
    private String type;
    private Integer initialSize;
    private Integer minIdle;
    private Integer maxActive;
    private Integer maxWait;
    private Integer timeBetweenEvictionRunsMillis;
    private Integer minEvictableIdleTimeMillis;
    private String validationQuery;
    private Boolean testWhileIdle;
    private Boolean testOnBorrow;
    private Boolean testOnReturn;
    private Boolean poolPreparedStatements;
    private Integer maxPoolPreparedStatementPerConnectionSize;
    private Integer maxOpenPreparedStatements;
    private String filters;
    @Bean(initMethod = "init", destroyMethod = "close")
    @Primary
    public DruidDataSource dataSource(){
        DruidDataSource dataSource = new DruidDataSource();
        dataSource.setUrl(url);
        dataSource.setUsername(username);
        dataSource.setPassword(password);
        dataSource.setDriverClassName(driverClassName);
        dataSource.setDbType(type);
        dataSource.setInitialSize(initialSize);
        dataSource.setMinIdle(minIdle);
        dataSource.setMaxActive(maxActive);
        dataSource.setMaxWait(maxWait);
        dataSource.setTimeBetweenEvictionRunsMillis(timeBetweenEvictionRunsMillis);
        dataSource.setMinEvictableIdleTimeMillis(minEvictableIdleTimeMillis);
        dataSource.setValidationQuery(validationQuery);
        dataSource.setTestWhileIdle(testWhileIdle);
        dataSource.setTestOnBorrow(testOnBorrow);
        dataSource.setTestOnReturn(testOnReturn);
        dataSource.setPoolPreparedStatements(poolPreparedStatements);

dataSource.setMaxPoolPreparedStatementPerConnectionSize(maxPoolPreparedStatementPerConnectionSize);
```

```
        dataSource.setMaxOpenPreparedStatements(maxOpenPreparedStatements);
        try {
            dataSource.setFilters(filters);
        } catch (SQLException e) {
            e.printStackTrace();
        }
        return dataSource;
    }
}
```

（2）创建事务配置类 TransactionConfig。TransactionConfig 类中主要配置的是 DruidDataSource 数据源的事务信息，如下所示：

```
/**
 * 事务配置类
 */
@Configuration
@EnableTransactionManagement
@AutoConfigureAfter({DruidConfig.class})
@MapperScan(basePackages = {"io.mykit.binghe.hadoop.mapper"})
public class TransactionConfig implements TransactionManagementConfigurer {
    @Resource
    private DruidDataSource dataSource;
    @Override
    public PlatformTransactionManager annotationDrivenTransactionManager() {
        return new DataSourceTransactionManager(dataSource);
    }
}
```

（3）创建 HTTP 访问请求的配置类 WebMvcConfig。WebMvcConfig 类中主要配置了请求与响应的编码信息，如下所示：

```
/**
 * 向 Spring 注册一个自定义的 StringHttpMessageConverter，用于 STRING 转码
 */
@Configuration
public class WebMvcConfig extends WebMvcConfigurationSupport {
    @Bean
    public HttpMessageConverter<String> responseBodyConverter() {
        return new StringHttpMessageConverter(Charset.forName("UTF-8"));
    }
    @Override
    public void configureMessageConverters(List<HttpMessageConverter<?>> converters) {
        converters.add(responseBodyConverter());
        addDefaultHttpMessageConverters(converters);
    }
    @Override
    public void configureContentNegotiation(ContentNegotiationConfigurer configurer) {
        configurer.favorPathExtension(false);
    }
}
```

2. 实体类的实现

在项目中创建 io.mykit.binghe.hadoop.entity 包，在包下创建 NginxLogResult 类。NginxLogResult 类中的字段与 MySQL 数据库 nginx_result 下的 nginx_log_result 数据表中的字段相对应，如下所示：

```
@Data
public class NginxLogResult implements Serializable {
    private static final long serialVersionUID = 6271264044385582419L;
    /**
     * 日期
     */
    private String dateTime;
    /**
     * 当前日期的总访问量
     */
    private String totalCount;
    /**
     * 当前日期的总请求字节数
     */
    private String requestLength;
    /**
     * 当前日期的总响应字节数
     */
    private String bytesSent;
    /**
     * 当前日期的消息体响应字节数
     */
    private String bodyBytesSent;
}
```

3. Mapper 数据访问层的实现

Mybatis 的数据访问层通常需要创建一个 Mapper 数据访问接口，将 Mapper 接口访问数据的实现写到对应的 XML 文件中。

注意： Mybatis 的 Mapper 数据访问层的实现提供了两种方式：XML 文件方式和注解方式。这里使用的是 XML 文件方式，读者可自行实现注解方式。

（1）在项目中创建 io.mykit.binghe.hadoop.mapper 包，在包下创建 NginxLogResultMapper 接口，接口中只提供了一个需要实现的方法，用于获取一段时间内的结果数据列表，如下所示：

```
/**
 * 获取数据的 Mapper 类
 */
public interface NginxLogResultMapper {
    /**
     * 获取一段时间内的数据
     */
    List<NginxLogResult> getNginxLogResult(@Param("beginTime") String beginTime,
```

```
@Param("endTime") String endTime);
}
```

（2）在项目的 src/main/resources/io/mykit/binghe/hadoop/mapper 目录下创建 NginxLog
ResultMapper 接口对应的实现文件 NginxLogResult.xml。在 NginxLogResult.xml 文件中绑
定 NginxLogResultMapper 接口中需要实现的 getNginxLogResult() 方法，并提供具体的 SQL
语句实现，同时将查询结果数据映射到实体类 NginxLogResult 的字段上。运行项目时，
Mybatis 框架会自动将传入的参数映射到 SQL 语句中，如下所示：

```
<?xml version="1.0" encoding="UTF-8" ?>
<!DOCTYPE mapper PUBLIC "-//mybatis.org//DTD Mapper 3.0//EN"
        "http://mybatis.org/dtd/mybatis-3-mapper.dtd" >
<mapper namespace="io.mykit.binghe.hadoop.mapper.NginxLogResultMapper">
    <select id="getNginxLogResult" resultMap="nginxLogResultMap">
        select date_time,
               total_count,
               request_length,
               bytes_sent,
               body_bytes_sent
        from  nginx_log_result where date_time between #{beginTime} and #{endTime}
    </select>
    <resultMap id="nginxLogResultMap" type="NginxLogResult">
        <result property="dateTime" column="date_time"/>
        <result property="totalCount" column="total_count"/>
        <result property="requestLength" column="request_length"/>
        <result property="bytesSent" column="bytes_sent"/>
        <result property="bodyBytesSent" column="body_bytes_sent"/>
    </resultMap>
</mapper>
```

4. 业务逻辑层的实现

（1）在 io.mykit.binghe.hadoop.service 包下创建业务逻辑接口 NginxLogResultService，
并定义获取一段时间内的结果数据的方法，如下所示：

```
/**
 * 获取日志结果的 Service 接口
 */
public interface NginxLogResultService {
    /**
     * 获取一段时间内的结果数据
     */
    List<NginxLogResult> getNginxLogResult(String beginTime, String endTime);
}
```

（2）在 io.mykit.binghe.hadoop.service.impl 包下创建 NginxLogResultService 接口的实现类
NginxLogResultServiceImpl，将 NginxLogResultMapper 接口的实例注入 NginxLogResultServiceImpl
类中，并在实现的 NginxLogResultService 接口的方法中调用 NginxLogResultMapper 接口的
getNginxLogResult() 方法，返回获取的结果数据列表，如下所示：

```
/**
 * 获取日志分析结果的 Service 实现类
 */
@Service
public class NginxLogResultServiceImpl implements NginxLogResultService {
    @Resource
    private NginxLogResultMapper nginxLogResultMapper;
    @Override
    public List<NginxLogResult> getNginxLogResult(String beginTime, String endTime) {
        return nginxLogResultMapper.getNginxLogResult(beginTime, endTime);
    }
}
```

5. 控制层的实现

在 io.mykit.binghe.hadoop.controller 包下创建 NginxLogResultController 类，将 Nginx LogResultService 接口的实例注入 NginxLogResultController 类中，并将 NginxLogResult Controller 类的方法映射到 HTTP 链接地址上，如下所示：

```
/**
 * 获取结果数据的 Controller 类
 */
@Controller
@RequestMapping(value = "/nginx/log/result")
public class NginxLogResultController {
    @Resource
    private NginxLogResultService nginxLogResultService;
    @ResponseBody
    @RequestMapping(value = "/list")
    public List<NginxLogResult> getNginxLogResultList(String beginTime, String
endTime, HttpServletRequest request, HttpServletResponse response) throws Exception{
        List<NginxLogResult> nginxLogResult = nginxLogResultService.
getNginxLogResult(beginTime, endTime);
        System.out.println(nginxLogResult.size());
        return nginxLogResult;
    }
}
```

此时，可以通过链接地址 http://ip:port/nginx/log/result/list? beginTime=xxx&endTime=yyy 访问 NginxLogResultController 类的 getNginxLogResultList() 方法。

6. 项目启动类的实现

SpringBoot 项目需要通过一个实现了 main() 方法的类来启动，这里在 io.mykit.binghe. hadoop 包下创建 MykitHadoopCoreApplication 类作为项目的启动类，如下所示：

```
/**
 * 项目启动类
 */
@SpringBootApplication
@ComponentScan(basePackages = {"io.mykit.binghe.hadoop" })
@MapperScan(value = {"io.mykit.binghe.hadoop.mapper"})
```

```
public class MykitHadoopCoreApplication {
    public static void main(String[] args){
        SpringApplication.run(MykitHadoopCoreApplication.class, args);
    }
}
```

21.9.3 项目的依赖类

本小节介绍实现离线批处理计算子系统时，各 Java 类的实现需要引入的依赖类，如下
所示：

```
import org.slf4j.Logger;
import org.slf4j.LoggerFactory;
import java.io.BufferedReader;
import java.io.IOException;
import java.io.InputStream;
import java.io.InputStreamReader;
import java.util.Date;
import java.util.HashMap;
import java.util.Map;
import java.text.SimpleDateFormat;
import java.util.Calendar;
import com.alibaba.druid.pool.DruidDataSource;
import lombok.Data;
import lombok.extern.slf4j.Slf4j;
import org.springframework.boot.context.properties.ConfigurationProperties;
import org.springframework.context.annotation.Bean;
import org.springframework.context.annotation.Configuration;
import org.springframework.context.annotation.Primary;
import org.springframework.stereotype.Component;
import java.sql.SQLException;
import org.mybatis.spring.annotation.MapperScan;
import org.springframework.boot.autoconfigure.AutoConfigureAfter;
import org.springframework.jdbc.datasource.DataSourceTransactionManager;
import org.springframework.transaction.PlatformTransactionManager;
import org.springframework.transaction.annotation.EnableTransactionManagement;
import org.springframework.transaction.annotation.TransactionManagementConfigurer;
import javax.annotation.Resource;
import org.springframework.http.converter.HttpMessageConverter;
import org.springframework.http.converter.StringHttpMessageConverter;
import org.springframework.web.servlet.config.annotation.ContentNegotiationConfigurer;
import org.springframework.web.servlet.config.annotation.WebMvcConfigurationSupport;
import java.nio.charset.Charset;
import java.util.List;
import java.io.Serializable;
import org.apache.ibatis.annotations.Param;
import org.springframework.stereotype.Service;
import org.springframework.stereotype.Controller;
```

```
import org.springframework.web.bind.annotation.RequestMapping;
import org.springframework.web.bind.annotation.ResponseBody;
import javax.servlet.http.HttpServletRequest;
import javax.servlet.http.HttpServletResponse;
import org.springframework.boot.SpringApplication;
import org.springframework.boot.autoconfigure.SpringBootApplication;
import org.springframework.context.annotation.ComponentScan;
```

21.10 H5 数据展示模块的实现

H5 数据展示模块中，每隔 5min 会访问一次获取结果数据列表的接口，并将最近 7 天的结果数据显示到页面。

H5 数据展示模块主要依赖 JQuery 框架实现，实现步骤如下所示。

1. 访问数据的 JS 文件

新建 hadoop_client.js 文件，在 hadoop_client.js 文件中编写 getAnalysisResultData() 方法，用来每隔 5min 访问一次获取结果数据列表的接口，获取数据并局部刷新页面数据，同时提供获取当前日期的方法和获取指定天数之前的日期的方法，如下所示：

```
window.onload = function () {
    getAnalysisResultData();
}
function getAnalysisResultData() {
    // 设置每隔 5min 访问一次
    setTimeout(getAnalysisResultData, 5 * 60 *1000);
    $.ajax({
        url: 'http://192.168.175.201:9090/nginx/log/result/list?beginTime='+
getBeforeDate(7) +'&endTime='+getCurrentDate(),
        type: 'get',
        dataType: 'json',
        success: function (data) {
            var tr;
            $.each(data,function (index,item) {
                // console.log(strCode)
                tr = '<td>'+item['dateTime']+'</td>'+'<td>'+item['totalCount']
+'</td>'+'<td>'+item['requestLength']+'</td>'
                    +'<td>'+item['bytesSent']+'</td>'+'<td>'+item['bodyBytesSent']
+'</td>';
                $('#result_data').text('<tr>'+tr+'</tr>')
            })
        }
    })
}
function getCurrentDate(){
    var _date=new Date();
```

```
        var year=_date.getFullYear();
        var month=_date.getMonth()+1;
        var day=_date.getDate();
        if (month<10) {
            month='0'+month;
        };
        if (day<10) {
            day='0'+day;
        };
        return year+'-'+month+'-'+day;
}
function getBeforeDate(dayCount){
        var _date = new Date(); // 获取今天的日期
        _date.setDate(_date.getDate() - dayCount);// 日期回到 dayCount 天前
        var year=_date.getFullYear();
        var month=_date.getMonth()+1;
        var day=_date.getDate();
        if (month<10) {
            month='0'+month;
        };
        if (day<10) {
            day='0'+day;
        };
        var dateTemp = year+'-'+month+'-'+day;
        _date.setDate(_date.getDate() + 7);// 日期重置
        return dateTemp;
}
```

2. H5 页面

新建 H5 页面文件 hadoop_client.html。hadoop_client.html 文件的实现比较简单，首先引入 JQuery 框架文件 jquery-1.10.2.min.js 和 hadoop_client.js，并在页面中定义一个表格来显示获取的数据信息，如下所示：

```
<!DOCTYPE html>
<html lang="en">
<head>
    <meta charset="UTF-8">
    <title> 显示分析结果数据 </title>
    <script src="js/jquery-1.10.2.min.js"></script>
    <script src="js/hadoop_client.js"></script>
</head>
<body>
    <table border="1" id="hadoop_data">
        <tr>
            <th> 日期 </th>
            <th> 请求数 </th>
            <th> 请求字节数 </th>
            <th> 响应字节数 </th>
```

```
        <th> 响应体字节数 </th>
      </tr>
      <span id = "result_data"></span>
  </table>
</body>
</html>
```

注意：在 hadoop_client.html 文件中，必须先引入 jquery-1.10.2.min.js 文件，后引入 hadoop_client.js 文件。

这里在实现 H5 数据展示模块时，将获取的数据简单地显示在表格中，读者可将获取的数据按日期生成趋势图显示到页面，也可以生成其他的数据分析图形。另外，读者可以在 hadoop_client.js 文件中修改获取数据的时间范围，通过修改如下代码的 getBeforeDate() 方法中的参数，即可实现修改获取数据的时间范围：

```
url:
'http://192.168.175.201:9090/nginx/log/result/list?beginTime='+getBeforeDate
(7)+'&endTime='+getCurrentDate (),
```

21.11 运行分析结果获取模块和 H5 数据展示模块

（1）将 SpringBoot 的 mykit-hadoop-web 项目打包成 mykit-hadoop-web-1.5.14.RELEASE. jar 文件。

（2）将 mykit-hadoop-web-1.5.14.RELEASE.jar 文件和对应的 lib 目录上传到 CentOS 6.8 服务器的 /home/hadoop/project 目录下，启动分析结果获取模块，如下所示：

```
nohup java -jar /home/hadoop/project/mykit-hadoop-web-1.5.14.RELEASE.jar >> /
dev/null &
```

（3）将 hadoop_client.html、hadoop_client.js 和 jquery-1.10.2.min.js 文件部署到 Tomcat 或者其他 Web 服务器中，通过链接地址 http://ip:port/h5/hadoop_client.html 访问 hadoop_client. html 页面，H5 数据展示模块即可每隔 5min 访问获取结果数据的列表接口，并刷新页面数据。

21.12 本章总结

本章主要对离线批处理计算子系统的实现进行了详细阐述，包括各模块的实现和测试，以及如何运行系统。第 22 章将会对在线实时计算子系统的实现进行介绍。

第 22 章
在线实时计算子系统的实现

在线实时计算子系统承担着基于海量日志数据的分析统计系统的实时计算业务，能够对 Nginx 的实时点击流日志数据进行分析统计，并将分析统计结果实时推送到 H5 页面进行展示。本章将在线实时计算子系统的功能实现分为四大业务模块，分别为基础业务模块、实时数据分析统计模块、结果数据推送模块和 H5 实时结果数据展示模块。

本章主要涉及的知识点如下。

- 基础业务模块的实现。
- 实时数据分析统计模块的实现。
- 结果数据推送模块的实现。
- H5 实时结果数据展示模块的实现。
- 项目依赖类。
- 运行在线实时计算子系统。

22.1 基础业务模块的实现

基础业务模块作为在线实时计算子系统的基础功能业务，为其他模块提供通用的业务方法和基础常量信息，主要包括 ActiveMQ 消息的发送和接收、Redis 缓存的实现、Netty 工具类的实现、日期工具类的实现、数据库工具类的实现和线程调度器的实现。本节就分别介绍基础业务模块各功能业务的实现。

22.1.1 项目准备

（1）创建 Maven 项目 mykit-project-utils。

（2）编辑项目的 pom.xml 文件，添加项目的依赖环境，如下所示：

```xml
<properties>
    <slf4j.version>1.7.2</slf4j.version>
    <netty.version>5.0.0.Alpha1</netty.version>
    <junit.version>4.12</junit.version>
    <fastjson.version>1.2.59</fastjson.version>
    <jedis.version>2.9.0</jedis.version>
    <jdbc.version>5.1.30</jdbc.version>
    <druid.version>1.0.5</druid.version>
    <activemq.version>5.15.9</activemq.version>
</properties>
<dependencies>
    <dependency>
        <groupId>org.slf4j</groupId>
        <artifactId>slf4j-log4j12</artifactId>
        <version>${slf4j.version}</version>
    </dependency>
    <dependency>
        <groupId>junit</groupId>
        <artifactId>junit</artifactId>
        <version>${junit.version}</version>
        <scope>test</scope>
    </dependency>
     <dependency>
        <groupId>com.alibaba</groupId>
        <artifactId>fastjson</artifactId>
        <version>${fastjson.version}</version>
    </dependency>
    <dependency>
        <groupId>redis.clients</groupId>
        <artifactId>jedis</artifactId>
        <version>${jedis.version}</version>
    </dependency>
    <dependency>
        <groupId>mysql</groupId>
```

```
            <artifactId>mysql-connector-java</artifactId>
            <version>${jdbc.version}</version>
        </dependency>
        <dependency>
            <groupId>com.alibaba</groupId>
            <artifactId>druid</artifactId>
            <version>${druid.version}</version>
        </dependency>
        <dependency>
            <groupId>org.apache.activemq</groupId>
            <artifactId>activemq-all</artifactId>
            <version>${activemq.version}</version>
        </dependency>
        <dependency>
            <groupId>io.netty</groupId>
            <artifactId>netty-all</artifactId>
            <version>${netty.version}</version>
        </dependency>
    </dependencies>
    <build>
        <plugins>
            <plugin>
                <groupId>org.apache.maven.plugins</groupId>
                <artifactId>maven-compiler-plugin</artifactId>
                <version>3.6.0</version>
                <configuration>
                    <source>1.8</source>
                    <target>1.8</target>
                </configuration>
            </plugin>
        </plugins>
    </build>
```

（3）在项目的 src/main/resources 目录下创建 fastjson.properties 文件，并在文件中添加如下代码：

```
fastjson.parser.autoTypeAccept=io.mykit.binghe
```

22.1.2　基础常量类的实现

在项目的 io.mykit.binghe.constants 包下创建 NginxLogConstants 类，为在线实时计算子系统的实现提供基础的常量信息，包含 Kafka 集群和 ActiveMQ 集群的连接信息，以及数据在 Storm 中传递的各种标识等，如下所示：

```
/**
 * 在线实时计算子系统常量类
 */
public class NginxLogConstants {
```

```
    /**
     * Kafka 节点
     */
    public static final String KAFKA_BROKERS = "192.168.175.201:9092,192.168.
175.201:9093,192.168.175.201:9094,192.168.175.202:9095,192.168.175.202:9096,
192.168.175.203:9097,192.168.175.203:9098";
    /**
     * Topic 名称
     */
    public static final String TOPIC_NAME = "nginxLog";
    /**
     * 组 ID
     */
    public static final String GROUP_ID = "nginx-log";
    /**
     * Spout ID
     */
    public static final String SPOUT_ID = "kafkaSpout";
    /**
     * 分割单词的 Bolt ID
     */
    public static final String BOLT_SPLIT_ID = "nginxLogSplit";
    /**
     * 分析统计 Nginx 日志的 Bolt ID
     */
    public static final String BOLT_ANALISTS_ID = "nginxLogAnalysis";
    /**
     * 发送数据到 ActiveMQ 的 Bolt
     */
    public static final String BOLT_SEND_ID = "nginxLogSend";
    /**
     * 分隔后的数据在 Bolt 之间传递的标识
     */
    public static final String BOLT_SPLIT_DATA = "bolt_split_data";
    /**
     * 分析结果数据在 Bolt 之间传递的标识
     */
    public static final String BOLT_ANALYSIS_DATA = "bolt_analysis_data";
    /**
     * MySQL 数据库驱动
     */
    public static final String DB_DRIVER = "com.mysql.jdbc.Driver";
    /**
     * 数据库连接
     */
    public static final String DB_URL = "jdbc:mysql://192.168.175.201:3306/nginx_re
sult?useUnicode=true&characterEncoding=UTF-8&useOldAliasMetadataBehavior=true";
    /**
     * 数据库连接账户
     */
```

```java
    public static final String DB_USERNAME = "root";
    /**
     * 数据库连接密码
     */
    public static final String DB_PASSWORD = "root";
    /**
     * 数据库表
     */
    public static final String TABLE_NAME = "nginx_log_real_time_analysis_
result";
    /**
     * ActiveMQ 连接地址
     */
    public static final String ACTIVEMQ_URI = "failover:(tcp://192.168.175.201:
51201,tcp://192.168.175.202:51202,tcp://192.168.175.203:51203)?randomize=false";
    /**
     * ActiveMQ 默认连接用户名
     */
    public static final String ACTIVEMQ_USERNAME = ActiveMQConnection.DEFAULT_USER;
    /**
     * ActiveMQ 默认连接密码
     */
    public static final String ACTIVEMQ_PASSWORD = ActiveMQConnection.DEFAULT_PASSWORD;
    /**
     * ActiveMQ 中的 Queue 名称
     */
    public static final String ACTIVEMQ_QUEUE_NAME = "nginx_log_analysis_result";
    /**
     * 标识 Kafka 发送过来的消息
     */
    public static final String VALUES = "values";
    /**
     * 标识 Kafka 发送过来的消息
     */
    public static final String MESSAGE = "message";
    /**
     * 调度时间间隔
     */
    public static final long PERIOD = 5L;
    /**
     * 调度开始时间
     */
    public static final long START = 0L;
}
```

22.1.3　ActiveMQ 消息的发送和接收

在线实时计算子系统的实时数据分析统计模块对 Nginx 的实时点击流日志数据进行分

析统计后，会将分析统计的结果数据通过 ActiveMQ 发送到结果数据推送模块，由结果数据推送模块将结果数据主动推送到 H5 结果数据展示模块。

而基础业务模块将 ActiveMQ 消息的发送和接收进行统一的封装，供其他模块调用，这就实现了各模块内部业务的高内聚、模块与模块之间业务的低耦合。

1. 创建连接工厂类

在项目的 io.mykit.binghe.activemq 包下创建 ActiveMQ 的工厂类 ActiveMQFactory，此类中以单例的形式创建连接的工厂类 ConnectionFactory 的实例。整个在线实时计算子系统中只有一个连接工厂类实例，主要用来在 ActiveMQ 的生产者和消费者中生成 ActiveMQ 的连接实例，如下所示：

```
/**
 * ActiveMQ 的工厂类
 */
public class ActiveMQFactory {
    private static volatile ConnectionFactory connectionFactory = null;
    static{
        connectionFactory = new ActiveMQConnectionFactory(NginxLogConstants.
ACTIVEMQ_USERNAME,
                NginxLogConstants.ACTIVEMQ_PASSWORD,
                NginxLogConstants.ACTIVEMQ_URI);
    }
    public static ConnectionFactory getConnectionFactory(){
        return connectionFactory;
    }
}
```

2. 创建生产者类

在项目的 io.mykit.binghe.activemq 包下创建 ActiveMQ 的生产者类 ActiveMQProducer，ActiveMQProducer 类中统一对外封装了 ActiveMQ 消息的发送方法 sendActiveMQMessage()，并对外屏蔽了创建 ActiveMQ 连接的细节信息和消息发送的细节信息，只需要传入队列名称和待发送的消息字符串，即可实现向 ActiveMQ 指定的队列发送消息，如下所示：

```
/**
 * ActiveMQ 生产者工具类
 */
public class ActiveMQProducer {
    private final Logger logger = LoggerFactory.getLogger(ActiveMQProducer.class);
    /**
     * 发送 ActiveMQ 消息
     */
    public void sendActiveMQMessage(String queueName, String message){
        // 连接
        Connection connection = null;
        // 会话，接收或者发送消息的线程
        Session session = null;
        // 消息的目的地
        Destination destination = null;
```

```
    // 消息生产者
    MessageProducer messageProducer = null;
    try{
        // 通过连接工厂获取连接
        connection = ActiveMQFactory.getConnectionFactory().createConnection();
        // 启动连接
        connection.start();
        // 创建会话
        session = connection.createSession(true, Session.AUTO_ACKNOWLEDGE);
        // 创建消息队列
        destination = session.createQueue(queueName);
        // 创建消息生产者
        messageProducer = session.createProducer(destination);
        sendActiveMQMessage(session, messageProducer, message);
        session.commit();
    }catch (Exception e){
        e.printStackTrace();
    }finally {
        try{
            if(connection != null){
                connection.close();
                connection = null;
            }
        }catch (Exception ex){
            ex.printStackTrace();
        }
    }
}
/**
 * 发送 ActiveMQ 消息
 */
private void sendActiveMQMessage(Session session, MessageProducer messageProducer,
String msg) throws Exception{
    TextMessage message = session.createTextMessage(msg);
    logger.info(" 发送的 ActiveMQ 消息为 ===>>>" + msg);
    messageProducer.send(message);
}
}
```

3. 创建消费者类

在项目的 io.mykit.binghe.activemq 包下创建 ActiveMQ 的消费者类 ActiveMQConsumer，在 ActiveMQConsumer 类的构造方法中传入 ActiveMQ 的队列名称，同时在 ActiveMQConsumer 类中定义一个接收数据是否被中断的 isInterrupted 标识，并将其初始化为 false。在程序的运行过程中，将 isInterrupted 标识设置为 true 时，程序的执行会被中断。

在 ActiveMQConsumer 类中定义一个私有内部类 ActiveMQConsumerTask，实现 Runnable 接口，负责具体 ActiveMQ 消费行为的执行。从 ActiveMQ 中接收到消息数据后，会调用系统缓存的 Netty 中的 ChannelGroup 对象的 writeAndFlush() 方法向 H5 数据展示模块推送数据，当 isInterrupted 标识设置为 true 时，会退出程序的执行，如下所示：

```
/**
 * ActiveMQ 的消费者类
 */
public class ActiveMQConsumer {
    private volatile boolean isInterrupted = false;
    private String queueName;
    public ActiveMQConsumer(String queueName){
        this.isInterrupted = false;
        this.queueName = queueName;
    }
    public void setInterrupted(boolean isInterrupted){
        this.isInterrupted = isInterrupted;
    }
    /**
     * 监听数据
     */
    public void listener(){
        ExecutorUtils.executeThread(new ActiveMQConsumerTask());
    }
    private class ActiveMQConsumerTask implements Runnable{
        @Override
        public void run() {
            Connection connection = null;
            Session session = null;
            Destination destination = null;
            MessageConsumer messageConsumer = null;
            try{
                connection = ActiveMQFactory.getConnectionFactory().createConnection();
                connection.start();
                // 创建会话连接
                session = connection.createSession(false, Session.AUTO_ACKNOWLEDGE);
                // 创建消息队列
                destination = session.createQueue(queueName);
                // 创建消息消费者，循环监听数据
                messageConsumer = session.createConsumer(destination);
                // 未被中断时
                while (!isInterrupted){
                    TextMessage textMessage = (TextMessage) messageConsumer.
receive(100000);
                    if(textMessage != null){
                        // 获取数据
                        String data = textMessage.getText();
                        // 回调 Netty() 方法向 H5 推送数据
                        if(!ChannelGroupFactory.getChannelGroup().isEmpty()){
                            TextWebSocketFrame tws = new TextWebSocketFrame(data);
                            ChannelGroupFactory.getChannelGroup().writeAndFlush(tws);
                        }
                    }
                }
            }catch (Exception e){
```

```
                e.printStackTrace();
        }finally {
            try{
                if(connection != null){
                    connection.close();
                    connection = null;
                }
            }catch (Exception ex){
                ex.printStackTrace();
            }
        }
    }
}
}
```

22.1.4　Redis 缓存的实现

在线实时计算子系统将 Storm 实时分析的结果数据写入 Redis 缓存，对结果数据进行存储，同时会将数据定时同步到 MySQL 数据库。本小节简单介绍 Redis 缓存的实现。

1. 创建配置文件

在项目的 src/main/resources 目录下新建 redis.properties 文件，作为实现 Redis 工具类的配置文件。redis.properties 文件中主要以集群模式配置了 Redis 集群的连接信息，如下所示：

```
#Redis 集群模式
redis.cluster.password=
redis.cluster.max.total=100
redis.cluster.max.idle=20
redis.cluster.min.idle=10
redis.cluster.timeout=2000
redis.cluster.maxAttempts=100
redis.cluster.redisDefaultExpiration=3600
redis.cluster.usePrefix=true
redis.cluster.blockWhenExhausted=true
redis.cluster.maxWaitMillis=3000
redis.cluster.testOnBorrow=false
redis.cluster.testOnReturn=false
redis.cluster.testWhileIdle=true
redis.cluster.minEvictableIdleTimeMillis=60000
redis.cluster.timeBetweenEvictionRunsMillis=30000
redis.cluster.numTestsPerEvictionRun=-1
redis.cluster.defaultExpirationKey=defaultExpirationKey
redis.cluster.expirationSecondTime=300
redis.cluster.preloadSecondTime=280
redis.cluster.node.one=192.168.175.201
redis.cluster.node.one.port=7011
redis.cluster.node.two=192.168.175.201
redis.cluster.node.two.port=7012
```

```
redis.cluster.node.three=192.168.175.202
redis.cluster.node.three.port=7013
redis.cluster.node.four=192.168.175.202
redis.cluster.node.four.port=7014
redis.cluster.node.five=192.168.175.203
redis.cluster.node.five.port=7015
redis.cluster.node.six=192.168.175.203
redis.cluster.node.six.port=7016
redis.cluster.node.seven=192.168.175.201
redis.cluster.node.seven.port=7011
```

2. 读取文件类的实现

（1）在项目的 io.mykit.binghe.cache.redis.config 包下创建 BaseRedisProp 类，BaseRedisProp 类中主要存储关于 Redis 的一些常量信息，与 redis.properties 文件中的 key 相对应，如下所示：

```
/**
 * Redis 基础配置类，存放常量
 */
public class BaseRedisProp {
    public static final String FILE_NAME = "redis.properties";
    public static final String HOST = "redis.host";
    public static final String PORT = "redis.port";
    public static final String MAX_IDLE = "redis.max_idle";
    public static final String MAX_WAIT = "redis.max_wait";
    public static final String MAX_TOTAL = "redis.max_total";
    public static final String TEST_ON_BORROW = "redis.test_on_borrow";
    public static final String TIMEOUT = "redis.timeout";
    //Redis 集群配置
    public static final String CLUSTER_PASSWORD = "redis.cluster.password";
    public static final String CLUSTER_MAX_TOTAL = "redis.cluster.max.total";
    public static final String CLUSTER_MAX_IDLE = "redis.cluster.max.idle";
    public static final String CLUSTER_MIN_IDLE = "redis.cluster.min.idle";
    public static final String CLUSTER_TIMEOUT = "redis.cluster.timeout";
    public static final String CLUSTER_MAXATTEMPTS = "redis.cluster.maxAttempts";
    public static final String CLUSTER_REDISDEFAULTEXPIRATION = "redis.cluster.
redisDefaultExpiration";
    public static final String CLUSTER_USEPREFIX = "redis.cluster.usePrefix";
    public static final String CLUSTER_BLOCKWHENEXHAUSTED = "redis.cluster.
blockWhenExhausted";
    public static final String CLUSTER_MAXWAITMILLIS = "redis.cluster.maxWaitMillis";
    public static final String CLUSTER_TESTONBORROW = "redis.cluster.testOnBorrow";
    public static final String CLUSTER_TESTONRETURN = "redis.cluster.testOnReturn";
    public static final String CLUSTER_TESTWHILEIDLE = "redis.cluster.testWhileIdle";
    public static final String CLUSTER_MINEVICTABLEIDLETIMEMILLIS = "redis.cluster.
minEvictableIdleTimeMillis";
    public static final String CLUSTER_TIMEBETWEENEVICTIONRUNSMILLIS = "redis.cluster.
timeBetweenEvictionRunsMillis";
    public static final String CLUSTER_NUMTESTSPEREVICTIONRUN = "redis.cluster.
numTestsPerEvictionRun";
    public static final String CLUSTER_DEFAULTEXPIRATIONKEY = "redis.cluster.
```

```
defaultExpirationKey";
    public static final String CLUSTER_EXPIRATIONSECONDTIME = "redis.cluster.
expirationSecondTime";
    public static final String CLUSTER_PRELOADSECONDTIME = "redis.cluster.
preloadSecondTime";
    // 集群节点信息
    public static final String CLUSTER_NODE_ONE = "redis.cluster.node.one";
    public static final String CLUSTER_NODE_ONE_PORT = "redis.cluster.node.one.port";
    public static final String CLUSTER_NODE_TWO = "redis.cluster.node.two";
    public static final String CLUSTER_NODE_TWO_PORT = "redis.cluster.node.two.port";
    public static final String CLUSTER_NODE_THREE = "redis.cluster.node.three";
    public static final String CLUSTER_NODE_THREE_PORT = "redis.cluster.node.three.port";
    public static final String CLUSTER_NODE_FOUR = "redis.cluster.node.four";
    public static final String CLUSTER_NODE_FOUR_PORT = "redis.cluster.node.four.port";
    public static final String CLUSTER_NODE_FIVE = "redis.cluster.node.five";
    public static final String CLUSTER_NODE_FIVE_PORT = "redis.cluster.node.five.port";
    public static final String CLUSTER_NODE_SIX = "redis.cluster.node.six";
    public static final String CLUSTER_NODE_SIX_PORT = "redis.cluster.node.six.port";
    public static final String CLUSTER_NODE_SEVEN = "redis.cluster.node.seven";
    public static final String CLUSTER_NODE_SEVEN_PORT = "redis.cluster.node.seven.port";
}
```

（2）在项目的 io.mykit.binghe.cache.redis.config 包下创建 LoadRedisProp 类，继承 BaseRedisProp 类。BaseRedisProp 类中主要封装了读取 redis.properties 文件中数据的方法，如下所示：

```
/**
 * 加载指定的 redis.properties
 */
public class LoadRedisProp extends BaseRedisProp {
    private volatile static Properties instance;
    static {
        InputStream in = LoadRedisProp.class.getClassLoader().
getResourceAsStream(FILE_NAME);
        instance = new Properties();
        try {
            instance.load(in);
        } catch (IOException e) {
            e.printStackTrace();
        }
    }
    public static String getStringValue(String key){
        if(instance == null) return "";
        return instance.getProperty(key, "");
    }
    public static Integer getIntegerValue(String key){
        String v = getStringValue(key);
        return (v == null || v.trim().isEmpty()) ? 0 : Integer.parseInt(v);
    }
    public static Boolean getBooleanValue(String key){
```

```
        String v = getStringValue(key);
        return(v == null || v.trim().isEmpty()) ? false : Boolean.parseBoolean(key);
    }
}
```

3. Redis 集群构建器的实现

在项目的 io.mykit.binghe.cache.redis.builder 包下创建 RedisClusterBuilder 类，RedisCluster-Builder 类中以单例的形式创建 JedisCluster 对象，并对外提供 getInstance() 方法获取 JedisCluster 对象实例，如下所示：

```
/**
 * Redis 集群构建器，以单例的形式创建 JedisCluster 对象
 */
public class RedisClusterBuilder {
    private volatile static JedisCluster instance;
    static {
        instance = new JedisCluster(getHostAndPorts(), getJedisPoolConfig());
    }
    /**
     * 获取 JedisCluster 句柄对象
     * @return JedisCluster 句柄对象
     */
    public static JedisCluster getInstance(){
        return instance;
    }
    /**
     * 构建 Redis 缓存池配置
     * @return JedisPoolConfig 对象
     */
    private static JedisPoolConfig getJedisPoolConfig(){
        JedisPoolConfig jedisPoolConfig = new JedisPoolConfig();

jedisPoolConfig.setMaxTotal(LoadRedisProp.getIntegerValue(LoadRedisProp.
CLUSTER_MAX_TOTAL));

jedisPoolConfig.setMaxIdle(LoadRedisProp.getIntegerValue(LoadRedisProp.
CLUSTER_MAX_IDLE));

jedisPoolConfig.setMinIdle(LoadRedisProp.getIntegerValue(LoadRedisProp.
CLUSTER_MIN_IDLE));

jedisPoolConfig.setBlockWhenExhausted(LoadRedisProp.getBooleanValue(LoadRedisProp.
CLUSTER_BLOCKWHENEXHAUSTED));

jedisPoolConfig.setMaxWaitMillis(LoadRedisProp.getIntegerValue(LoadRedisProp.
CLUSTER_MAXWAITMILLIS));

jedisPoolConfig.setTestOnBorrow(LoadRedisProp.getBooleanValue(LoadRedisProp.
CLUSTER_TESTONBORROW));
```

```
jedisPoolConfig.setTestOnReturn(LoadRedisProp.getBooleanValue(LoadRedisProp.
CLUSTER_TESTONRETURN));

jedisPoolConfig.setTestWhileIdle(LoadRedisProp.getBooleanValue(LoadRedisProp.
CLUSTER_TESTWHILEIDLE));

jedisPoolConfig.setMinEvictableIdleTimeMillis(LoadRedisProp.getIntegerValue
(LoadRedisProp.CLUSTER_MINEVICTABLEIDLETIMEMILLIS));

jedisPoolConfig.setTimeBetweenEvictionRunsMillis(LoadRedisProp.getIntegerValue
(LoadRedisProp.CLUSTER_TIMEBETWEENEVICTIONRUNSMILLIS));

jedisPoolConfig.setNumTestsPerEvictionRun(LoadRedisProp.getIntegerValue
(LoadRedisProp.CLUSTER_NUMTESTSPEREVICTIONRUN));
        return jedisPoolConfig;
    }
    /**
     * 构建 Redis 集群所需要的 IP 和端口列表
     * @return Redis 集群所需要的 IP 和端口列表
     */
    private static Set<HostAndPort> getHostAndPorts(){
        Set<HostAndPort> nodes = new HashSet<HostAndPort>();
        nodes.add(new HostAndPort(LoadRedisProp.getStringValue(LoadRedisProp.
CLUSTER_NODE_ONE), LoadRedisProp.getIntegerValue(LoadRedisProp.CLUSTER_NODE_
ONE_PORT)));
        nodes.add(new HostAndPort(LoadRedisProp.getStringValue(LoadRedisProp.
CLUSTER_NODE_TWO), LoadRedisProp.getIntegerValue(LoadRedisProp.CLUSTER_NODE_
TWO_PORT)));
        nodes.add(new HostAndPort(LoadRedisProp.getStringValue(LoadRedisProp.
CLUSTER_NODE_THREE), LoadRedisProp.getIntegerValue(LoadRedisProp.CLUSTER_NODE_
THREE_PORT)));
        nodes.add(new HostAndPort(LoadRedisProp.getStringValue(LoadRedisProp.
CLUSTER_NODE_FOUR), LoadRedisProp.getIntegerValue(LoadRedisProp.CLUSTER_NODE_
FOUR_PORT)));
        nodes.add(new HostAndPort(LoadRedisProp.getStringValue(LoadRedisProp.
CLUSTER_NODE_FIVE), LoadRedisProp.getIntegerValue(LoadRedisProp.CLUSTER_NODE_
FIVE_PORT)));
        nodes.add(new HostAndPort(LoadRedisProp.getStringValue(LoadRedisProp.
CLUSTER_NODE_SIX), LoadRedisProp.getIntegerValue(LoadRedisProp.CLUSTER_NODE_
SIX_PORT)));
        nodes.add(new HostAndPort(LoadRedisProp.getStringValue(LoadRedisProp.
CLUSTER_NODE_SEVEN), LoadRedisProp.getIntegerValue(LoadRedisProp.CLUSTER_NODE_
SEVEN_PORT)));
        return nodes;
    }
}
```

4. Redis 工具类的实现

在项目的 io.mykit.binghe.cache.redis 包下创建 RedisUtils 类，RedisUtils 类中提供了保存和获取 Redis 缓存数据的方法。在保存和获取 Redis 缓存数据的方法中，主要通过调用

RedisClusterBuilder 类的 getInstance() 方法获取 JedisCluster 对象实例，通过 JedisCluster 对象实例完成具体的保存和获取操作，如下所示：

```
/**
 * 对外提供的 Redis 工具类
 */
public class RedisUtils {
    /**
     * 保存数据到 redis
     * @param key 保存的数据 key
     * @param value 保存的 value
     * @param expireTime 过期时间，单位为 s
     */
    public static void saveValueToRedis(String key, String value, int
expireTime){
        JedisCluster jedisCluster = RedisClusterBuilder.getInstance();
        if(jedisCluster != null){
            String ret = jedisCluster.setex(key, expireTime, value);
        }
    }
    /**
     * 保存数据到 redis
     * @param key 保存的数据 key
     * @param value 保存的 value
     */
    public static void saveValueToRedis(String key, String value){
        JedisCluster jedisCluster = RedisClusterBuilder.getInstance();
        if(jedisCluster != null){
            String ret =  jedisCluster.set(key, value);
        }
    }
    /**
     * 从 Redis 中获取数据
     * @param key 获取数据的 key
     * @return redis 中缓存的 key
     */
    public static String getValueFromRedis(String key){
        JedisCluster jedisCluster = RedisClusterBuilder.getInstance();
        if (jedisCluster == null || !jedisCluster.exists(key)) return "";
        return jedisCluster.get(key);
    }
}
```

22.1.5　Netty 工具类的实现

在线实时计算子系统会通过 Netty 将分析统计的结果数据推送到 H5 展示模块。Netty 的工具类主要包含存储 Netty 的连接管道信息和 ActiveMQ 的消费者对象之间的映射关系的类，以及创建 Netty 的 ChannelGroup 的单例类。

1. 缓存类的实现

在项目的 io.mykit.binghe.netty.cache 包下创建 ChannelConsumerCache 类，Channel-ConsumerCache 类中主要存储的是 Netty 的连接管道 Channel 对象和 ActiveMQ 消费者对象之间的映射关系。

当启动 H5 数据展示模块，以 WebSocket 的形式连接到结果数据推送模块时，结果数据推送模块会通过当前连接的管道信息，从 ChannelConsumerCache 类中根据管道信息和 ActiveMQ 消费者对象的映射关系获取 ActiveMQ 消费者对象，并调用 ActiveMQ 消费者对象的 listener() 方法来监听 ActiveMQ 发送的数据，如下所示：

```
/**
 * 缓存 Netty 连接管道和 ActiveMQ 之间的关系
 */
public class ChannelConsumerCache {
    private static volatile Map<Channel, ActiveMQConsumer> map;
    static {
        map = new HashMap<Channel, ActiveMQConsumer>();
    }
    public static Map<Channel, ActiveMQConsumer> getInstance(){
        return map;
    }
}
```

2. ChannelGroup 工厂类的实现

在项目的 io.mykit.binghe.netty.factory 包下创建 ChannelGroupFactory 类，主要以单例的形式创建 ChannelGroup 对象，并对外提供 getChannelGroup() 方法获取 ChannelGroup 对象，ChannelGroup 对象主要负责存储 Netty 管道 Channel 的对象信息，如下所示：

```
/**
 * 获取 ChannelGroup 的工厂类
 */
public class ChannelGroupFactory {
    private static volatile ChannelGroup channelGroup;
    static {
        channelGroup  = new DefaultChannelGroup(GlobalEventExecutor.INSTANCE);
    }
    public static ChannelGroup getChannelGroup(){
        return channelGroup;
    }
}
```

22.1.6 日期工具类的实现

基础业务模块中提供统一的日期工具类，为其他模块的实现提供统一的日期转化方法。

（1）在项目的 io.mykit.binghe.utils.date 包下创建枚举类 DateType，DateType 枚举类中主要有两个枚举值 FRONT 和 BACK，分别表示获取当前日期之前或之后的某个时间，如下所示：

```
/**
 * 日志枚举
 */
public enum DateType {
    FRONT, BACK
}
```

（2）在项目的 io.mykit.binghe.utils.date 包下创建日期工具类 DateUtils，提供统一的日期转化方法，如下所示：

```
/**
 * 日期工具类
 */
public class DateUtils {
    public static final String DATE_SIMPLE_FORMAT = "yyyy/M/d";
    public static final String DATE_MULTI_FORMAT = "yyyy-MM-dd";
    public static final String YEAR_FORMAT = "yyyy";
    public static final String MONTH_FORMAT = "M";
    public static final String DATE_FORMAT = "d";
    public static final String YEAR_MONTH_DATE_NO_FORMAT = "yyyyMMdd";
    /**
     * 将日期类型转化为字符串
     */
    public static String parseLongDateToStringDate(Date date, String formatString) {
        SimpleDateFormat format = getDateFormat(formatString);
        return format.format(date);
    }
    /**
     * 获取 SimpleDateFormat
     */
    private static SimpleDateFormat getDateFormat(String formatString) {
        return new SimpleDateFormat(formatString);
    }
    public static Date getDate(int day, DateType dateType){
        Calendar calendar = Calendar.getInstance();
        switch (dateType){
            case FRONT:
                calendar.add(Calendar.DATE, -day);
                break;
            case BACK:
                calendar.add(Calendar.DATE, day);
                break;
            default:
                calendar.add(Calendar.DATE, day);
                break;
        }
        return calendar.getTime();
    }
}
```

22.1.7 数据库工具类的实现

在项目的 io.mykit.binghe.utils.db 包下创建数据库工具类 DBProvider，实现 Serializable 接口，提供统一的数据库连接开启和关闭的方法，如下所示：

```java
/**
 * MySQL 数据库连接的封装类
 */
public class DBProvider implements Serializable {
    private static final long serialVersionUID = -48600193968315980055L;
    private static DataSource source ;
    static{
        try {
            Properties p = new Properties();
            p.put("initialSize", "1");
            p.put("minIdle", "1");
            p.put("maxActive", "20");
            p.put("maxWait", "60000");
            p.put("timeBetweenEvictionRunsMillis", "60000");
            p.put("minEvictableIdleTimeMillis", "300000");
            p.put("validationQuery", "SELECT 'x'");
            p.put("testWhileIdle", "true");
            p.put("testOnBorrow", "false");
            p.put("testOnReturn", "false");
            p.put("poolPreparedStatements", "true");
            p.put("maxPoolPreparedStatementPerConnectionSize", "20");
            p.put("filters", "stat");
            p.put("url", NginxLogConstants.DB_URL);
            p.put("username", NginxLogConstants.DB_USERNAME);
            p.put("password", NginxLogConstants.DB_PASSWORD);
            source = DruidDataSourceFactory.createDataSource(p);
        } catch (Exception e) {
            e.printStackTrace();
        }
    }
    /**
     * 获取数据库连接
     * @return 数据库连接
     */
    public Connection getConnection() throws SQLException {
        return source.getConnection();
    }
    // 关闭操作
    public static void closeConnection(Connection con){
        if(con!=null){
            try {
                con.close();
            } catch (SQLException e) {
                e.printStackTrace();
```

```
                }
            }
        }
        public static void closeResultSet(ResultSet rs){
            if(rs!=null){
                try {
                    rs.close();
                } catch (SQLException e) {
                    e.printStackTrace();
                }
            }
        }
        public static void closePreparedStatement(PreparedStatement ps){
            if(ps!=null){
                try {
                    ps.close();
                } catch (SQLException e) {
                    e.printStackTrace();
                }
            }
        }
    }
}
```

22.1.8 线程调度器的实现

线程调度器的实现主要包含两部分：以线程池的方式提交执行任务，以及线程定时执行任务。

（1）在项目的 io.mykit.binghe.utils.scheduler 包下创建 ExecutorUtils 类，ExecutorUtils 类中主要提供以线程池的方式提交执行任务的方法，避免系统运行过程中创建的线程过多，导致系统僵死，如下所示：

```
/**
 * 任务执行工具
 */
public class ExecutorUtils {
    private static volatile ExecutorService instance = null;
    static{
        instance = Executors.newFixedThreadPool(10);
    }
    /**
     * 执行任务
     */
    @SuppressWarnings("hiding")
    public static <T> List<T> executeCollector(Callable<List<T>> task) throws
Exception{
        Future<List<T>> future = instance.submit(task);
        return future.get();
```

```
    }
    @SuppressWarnings("hiding")
    public static <T> T executeObject(Callable<T> task) throws Exception{
        Future<T> future = instance.submit(task);
        return future.get();
    }
    public static void executeThread(Runnable task){
        instance.execute(task);
    }
    public static void runTask(Runnable task){
        instance.execute(task);
    }
    public static void shutdown(){
        if(instance != null){
            instance.shutdown();
            instance = null;
        }
    }
}
```

（2）在项目的 io.mykit.binghe.utils.scheduler 包下创建线程调度器 Scheduler 类，主要功能是每隔一段时间执行提交的任务，如下所示：

```
/**
 * 线程调度器
 */
public class Scheduler {
    private static final Logger LOGGER = LoggerFactory.getLogger(Scheduler.class);
    private static volatile ScheduledExecutorService scheduledService;
    static{
        scheduledService = Executors.newScheduledThreadPool(3);
    }
    /**
     * 调度任务
     */
    public static void schedule(Runnable command, long initialDelay, long period,
TimeUnit unit){
        LOGGER.info("====>>> Scheduler started ");
        scheduledService.scheduleAtFixedRate(command, initialDelay, period, unit);
    }
}
```

至此，在线实时计算子系统的基础业务模块实现完毕。

22.2 实时数据分析统计模块的实现

实时数据分析统计模块是在线实时计算子系统的核心模块，主要负责在线实时计算

Nginx 的实时点击流日志数据，并将分析统计的结果数据通过 ActiveMQ 发送到结果数据推送模块。

实时数据分析统计模块的实现主要包括数据库业务的实现、同步数据业务的实现、实时数据分析统计业务的实现和项目启动类的实现。

22.2.1 项目准备

（1）创建 Maven 项目 mykit-project-storm。

（2）编辑项目的 pom.xml 文件，添加项目的依赖环境和编译环境，如下所示：

```xml
<properties>
    <project.build.sourceEncoding>UTF-8</project.build.sourceEncoding>
    <jdk.version>1.8</jdk.version>
    <storm.version>2.0.0</storm.version>
    <storm.kafka.version>1.2.3</storm.kafka.version>
    <kafka.version>2.3.0</kafka.version>
</properties>
<dependencies>
    <dependency>
        <groupId>org.apache.kafka</groupId>
        <artifactId>kafka_2.12</artifactId>
        <version>${kafka.version}</version>
        <exclusions>
            <exclusion>
                <groupId>org.apache.zookeeper</groupId>
                <artifactId>zookeeper</artifactId>
            </exclusion>
            <exclusion>
                <groupId>org.slf4j</groupId>
                <artifactId>slf4j-log4j12</artifactId>
            </exclusion>
            <exclusion>
                <groupId>log4j</groupId>
                <artifactId>log4j</artifactId>
            </exclusion>
        </exclusions>
    </dependency>
    <dependency>
        <groupId>org.apache.kafka</groupId>
        <artifactId>kafka-clients</artifactId>
        <version>${kafka.version}</version>
    </dependency>
    <dependency>
        <groupId>org.apache.storm</groupId>
        <artifactId>storm-core</artifactId>
        <version>${storm.version}</version>
    </dependency>
```

```xml
            <dependency>
                <groupId>org.apache.storm</groupId>
                <artifactId>storm-client</artifactId>
                <version>${storm.version}</version>
            </dependency>
            <dependency>
                <groupId>org.apache.storm</groupId>
                <artifactId>storm-kafka-client</artifactId>
                <version>${storm.version}</version>
            </dependency>
            <dependency>
                <groupId>io.binghe</groupId>
                <artifactId>mykit-project-utils</artifactId>
                <version>1.0.0-SNAPSHOT</version>
            </dependency>
        </dependencies>
        <build>
            <plugins>
                <plugin>
                    <groupId>org.apache.maven.plugins</groupId>
                    <artifactId>maven-compiler-plugin</artifactId>
                    <version>3.1</version>
                    <configuration>
                        <source>${jdk.version}</source>
                        <target>${jdk.version}</target>
                        <encoding>${project.build.sourceEncoding}</encoding>
                    </configuration>
                </plugin>
                <plugin>
                    <groupId>org.apache.maven.plugins</groupId>
                    <artifactId>maven-jar-plugin</artifactId>
                    <version>2.4</version>
                </plugin>
                <plugin>
                    <groupId>org.apache.maven.plugins</groupId>
                    <artifactId>maven-eclipse-plugin</artifactId>
                    <configuration>
                        <wtpmanifest>true</wtpmanifest>
                        <wtpapplicationxml>true</wtpapplicationxml>
                        <wtpversion>2.0</wtpversion>
                    </configuration>
                </plugin>
                <plugin>
                    <groupId>org.apache.maven.plugins</groupId>
                    <artifactId>maven-jar-plugin</artifactId>
                    <configuration>
                        <classesDirectory>target/classes/</classesDirectory>
                        <archive>
                            <manifest>
```

```
<mainClass>io.mykit.binghe.storm.core.StormTopologyStarter</mainClass>
                        <!-- 打包时 MANIFEST.MF 文件不记录的时间戳版本 -->
                        <useUniqueVersions>false</useUniqueVersions>
                        <addClasspath>true</addClasspath>
                        <classpathPrefix>lib/</classpathPrefix>
                    </manifest>
                    <manifestEntries>
                        <Class-Path>.</Class-Path>
                    </manifestEntries>
                </archive>
            </configuration>
        </plugin>
        <plugin>
            <groupId>org.apache.maven.plugins</groupId>
            <artifactId>maven-dependency-plugin</artifactId>
            <executions>
                <execution>
                    <id>copy-dependencies</id>
                    <phase>package</phase>
                    <goals>
                        <goal>copy-dependencies</goal>
                    </goals>
                    <configuration>
                        <type>jar</type>
                        <includeTypes>jar</includeTypes>
                        <outputDirectory>
                            ${project.build.directory}/lib
                        </outputDirectory>
                    </configuration>
                </execution>
            </executions>
        </plugin>
    </plugins>
    <resources>
        <!-- 指定 src/main/resources 下所有文件及文件夹为资源文件 -->
        <resource>
            <directory>src/main/resources</directory>
            <targetPath>${project.build.directory}/classes</targetPath>
            <includes>
                <include>**/*</include>
            </includes>
            <filtering>true</filtering>
        </resource>
    </resources>
</build>
```

（3）在项目的 src/main/resources 目录下创建 log4j.properties 文件，内容如下所示：

```
log4j.rootCategory=INFO,stdout,file,error
log4j.appender.stdout=org.apache.log4j.ConsoleAppender
log4j.appender.stdout.layout=org.apache.log4j.PatternLayout
```

```
log4j.appender.stdout.layout.ConversionPattern=[mykit-project-storm]%d %p [%t]
%C{1}.%M(%L) | %m%n
log4j.appender.file=org.apache.log4j.DailyRollingFileAppender
log4j.appender.file.File=/home/logs/mykit-project-storm.log
log4j.appender.file.DatePattern='.'yyyy-MM-dd'.log'
log4j.appender.file.layout=org.apache.log4j.PatternLayout
log4j.appender.file.layout.ConversionPattern=%-d{yyyy-MM-dd HH\:mm\:ss}
[%c-%L]-[%t]-[%p] %m%n
log4j.appender.error=org.apache.log4j.DailyRollingFileAppender
log4j.appender.error.File=/home/logs/mykit-project-storm.error.log
log4j.appender.error.DatePattern='.'yyyy-MM-dd'.error.log'
log4j.appender.error.layout=org.apache.log4j.PatternLayout
log4j.appender.error.layout.ConversionPattern=%-d{yyyy-MM-dd HH\:mm\:ss}
[%c-%L]-[%t]-[%p] %m%n
log4j.logger.org.apache.hadoop.util.NativeCodeLoader=ERROR
```

22.2.2 数据库业务的实现

在实时数据分析统计模块中，会通过定时任务将 Redis 中缓存的结果数据同步到 MySQL 数据库中。数据库业务的实现主要是对 MySQL 数据库中数据的保存、更新和查询操作。

1. 数据库和数据表的创建

在 MySQL 中创建 nginx_result 数据库，并在 nginx_result 数据库下创建 nginx_log_real_time_analysis_result 数据表，如下所示：

```
CREATE DATABASE IF NOT EXISTS nginx_result;
USE nginx_result;
CREATE TABLE IF NOT EXISTS 'nginx_log_real_time_analysis_result' (
  'date_time' varchar(20) COLLATE utf8mb4_bin DEFAULT '' COMMENT ' 日期 yyyy-MM-dd',
  'total_count' varchar(20) COLLATE utf8mb4_bin DEFAULT '0' COMMENT ' 请求总数量 ',
  'request_length' varchar(20) COLLATE utf8mb4_bin DEFAULT '0' COMMENT ' 请求总字节数 ',
  'bytes_sent' varchar(20) COLLATE utf8mb4_bin DEFAULT '0' COMMENT ' 响应总字节数 ',
  'body_bytes_sent' varchar(20) COLLATE utf8mb4_bin DEFAULT '0' COMMENT ' 响应体总字节数 ',
  UNIQUE KEY 'date_time' ('date_time') USING BTREE
) ENGINE=InnoDB DEFAULT CHARSET=utf8mb4 COLLATE=utf8mb4_bin COMMENT=' 在线实时计算
子系统结果存储表 ';
```

2. 数据库业务的实现

（1）在项目的 io.mykit.binghe.storm.entity 包下创建实体类 NginxLogResult，NginxLogResult 类的字段与 nginx_log_real_time_analysis_result 数据表中的字段相对应，如下所示：

```
/**
 * 实体类
 */
public class NginxLogResult implements Serializable {
    private static final long serialVersionUID = -4315955027788364527L;
```

```
    /**
     * 日期
     */
    private String dateTime;
    /**
     * 当前日期的总访问量
     */
    private String totalCount;
    /**
     * 当前日期的总请求字节数
     */
    private String requestLength;
    /**
     * 当前日期的总响应字节数
     */
    private String bytesSent;
    /**
     * 当前日期的消息体响应字节数
     */
    private String bodyBytesSent;

    public NginxLogResult() {
    }
    public NginxLogResult(String dateTime, String totalCount, String requestLength,
String bytesSent, String bodyBytesSent) {
        this.dateTime = dateTime;
        this.totalCount = totalCount;
        this.requestLength = requestLength;
        this.bytesSent = bytesSent;
        this.bodyBytesSent = bodyBytesSent;
    }
    // 省略 getter() 和 setter() 方法
}
```

（2）在项目的 io.mykit.binghe.storm.dao 包下创建 NginxLogResultDao 接口，NginxLog
ResultDao 接口中定义了查询、保存和更新数据的方法，如下所示：

```
/**
 * 数据库操作的 Dao 接口
 */
public interface NginxLogResultDao {
    /**
     * 根据日期获取数据
     */
    NginxLogResult getNginxLogResult(String date);
    /**
     * 保存 NginxLogResult 数据
     */
    int saveNginxLogResult(NginxLogResult nginxLogResult);
    /**
```

```
    * 修改 NginxLogResult 数据
    */
    int updateNginxLogResult(NginxLogResult nginxLogResult);
}
```

（3）在项目的 io.mykit.binghe.storm.dao.impl 包下创建数据库业务的实现类 NginxLog
ResultDaoImpl，在 NginxLogResultDaoImpl 类的构造方法中创建 DBProvider 类的实例。在
查询、保存和更新数据的方法中，通过 DBProvider 类的实例创建数据库的连接，并通过
SQL 语句执行具体的数据库操作，如下所示：

```
/**
 * 操作数据库的实现类
 */
public class NginxLogResultDaoImpl implements NginxLogResultDao, Serializable {
    private static final long serialVersionUID = -2269793975880797767L;
    private DBProvider provider;
    public NginxLogResultDaoImpl(){
        this.provider = new DBProvider();
    }
    @Override
    public NginxLogResult getNginxLogResult(String date) {
        Connection conn = null;
        ResultSet rs = null;
        PreparedStatement ps = null;
        NginxLogResult result = null;
        try{
            conn = this.provider.getConnection();
            if(conn != null){
                ps = conn.prepareStatement("select * from nginx_log_real_time_
analysis_result where date_time = ?");
                ps.setString(1, date);
                rs = ps.executeQuery();
                if(rs != null){
                    if(rs.next()){
                        result = new NginxLogResult();
                        result.setDateTime(rs.getString(1));
                        result.setTotalCount(rs.getString(2));
                        result.setRequestLength(rs.getString(3));
                        result.setBytesSent(rs.getString(4));
                        result.setBodyBytesSent(rs.getString(5));
                    }
                }
            }
        }catch (Exception e){
            e.printStackTrace();
        }finally {
            try{
                if(ps != null){
                    ps.close();
                    ps = null;
```

```
        }
        if(rs != null){
            rs.close();
            rs = null;
        }
        if(conn != null){
            conn.close();
            conn = null;
        }
    }catch (Exception ex){
        ex.printStackTrace();
    }
}
return result;
}
@Override
public int saveNginxLogResult(NginxLogResult nginxLogResult) {
    int count = 0;
    Connection conn = null;
    PreparedStatement ps = null;
    try{
        conn = this.provider.getConnection();
        if(conn != null){
            conn.setAutoCommit(false);
            String sql = "insert into nginx_log_real_time_analysis_result
(date_time, total_count, request_length, bytes_sent, body_bytes_sent) values
(?, ?, ?, ?, ?) ";
            ps = conn.prepareStatement(sql);
            ps.setString(1, nginxLogResult.getDateTime());
            ps.setString(2, nginxLogResult.getTotalCount());
            ps.setString(3, nginxLogResult.getRequestLength());
            ps.setString(4, nginxLogResult.getBytesSent());
            ps.setString(5, nginxLogResult.getBodyBytesSent());
            count = ps.executeUpdate();
            conn.commit();
        }
    }catch (Exception e){
        e.printStackTrace();
    }finally {
        try{
            if(ps != null){
                ps.close();
                ps = null;
            }
            if(conn != null){
                conn.close();
                conn = null;
            }
        }catch (Exception ex){
            ex.printStackTrace();
```

```
            }
        }
        return count;
    }
    @Override
    public int updateNginxLogResult(NginxLogResult nginxLogResult) {
        int count = 0;
        Connection conn = null;
        PreparedStatement ps = null;
        try{
            conn = this.provider.getConnection();
            if(conn != null){
                conn.setAutoCommit(false);
                String sql = "update nginx_log_real_time_analysis_result set total_
count = ?, request_length = ?, bytes_sent = ?, body_bytes_sent = ? where date_time = ?";
                ps = conn.prepareStatement(sql);
                ps.setString(1, nginxLogResult.getTotalCount());
                ps.setString(2, nginxLogResult.getRequestLength());
                ps.setString(3, nginxLogResult.getBytesSent());
                ps.setString(4, nginxLogResult.getBodyBytesSent());
                ps.setString(5, nginxLogResult.getDateTime());
                count = ps.executeUpdate();
                conn.commit();
            }
        }catch (Exception e){
            e.printStackTrace();
        }finally {
            try{
                if(ps != null){
                    ps.close();
                    ps = null;
                }
                if(conn != null){
                    conn.close();
                    conn = null;
                }
            }catch (Exception ex){
                ex.printStackTrace();
            }
        }
        return count;
    }
}
```

22.2.3　同步数据业务的实现

　　在实时数据分析统计模块中，为了不影响数据分析统计的性能，会将 Redis 数据同步
到 MySQL 的业务中，放在一个新的线程中执行，并将具体的任务提交到线程池中执行。

在项目的 io.mykit.binghe.storm.task 包下创建数据同步的执行任务类 ScheduleSync
AnalysisResultTask,实现 Runnable 接口。在 ScheduleSyncAnalysisResultTask 类的构造方法
中,创建 NginxLogResultDao 接口的对象实例和当前的日期字符串,并在 run() 方法中执行
将 Redis 数据同步到 MySQL 数据库的业务中,如下所示:

```java
/**
 * 将 Redis 数据同步到 MySQL
 */
public class ScheduleSyncAnalysisResultTask implements Runnable{
    private final Logger logger = LoggerFactory.getLogger(ScheduleSyncAnalysis
ResultTask.class);
    private NginxLogResultDao nginxLogResultDao;
    private String date;
    public ScheduleSyncAnalysisResultTask(){
        this.date = DateUtils.parseLongDateToStringDate(new Date(),
        DateUtils.DATE_MULTI_FORMAT);
        this.nginxLogResultDao = new NginxLogResultDaoImpl();
    }
    @Override
    public void run() {
        logger.info(" 同步 Redis 数据到 MySQL 开始 ...");
        this.syncRedisMySQL();
        logger.info(" 同步 Redis 数据到 MySQL 结束 ...");
    }
    /**
     * 同步 Redis 数据到 MySQL
     */
    private void syncRedisMySQL() {
        try{
            // 查询 Redis 数据
            String redisData = RedisUtils.getValueFromRedis(this.date);
            // 数据不为空
            if(StringUtils.isNotEmpty(redisData)){
                JSONObject jsonObject = JSONObject.parseObject(redisData);
                if(jsonObject != null && !jsonObject.isEmpty()){
                    // 从数据库中获取数据
                    NginxLogResult dbNginxLogResult = this.nginxLogResultDao.
getNginxLogResult(this.date);
                    // 数据库中的数据为空
                    if(dbNginxLogResult == null){
                        dbNginxLogResult = jsonObject.toJavaObject(NginxLogResult.
class);

                        this.nginxLogResultDao.saveNginxLogResult(dbNginxLogResult);
                    }else{
                        NginxLogResult redisNginxLogResult = jsonObject.
toJavaObject(NginxLogResult.class);
                        if(Long.parseLong(redisNginxLogResult.getTotalCount()) >
                        Long.parseLong(dbNginxLogResult.getTotalCount())){
```

```
this.nginxLogResultDao.updateNginxLogResult(redisNginxLogResult);
                        }
                    }
                }
            }
        }catch (Exception e){
            e.printStackTrace();
        }
    }
}
```

22.2.4 实时数据分析统计业务的实现

实时数据分析统计业务主要由大数据实时流计算框架 Storm 实现，通过实现 Storm 的 3 个 Bolt 类，将复杂的数据分析统计业务拆分为数据清洗、数据分析统计和结果数据发送 3 个步骤。

1. 数据清洗的实现

在项目的 io.mykit.binghe.storm.bolt 包下创建 Nginx 日志数据的分割类 NginxLogSplitBolt，继承 Storm 的 BaseBasicBolt 类。在 NginxLogSplitBolt 类中接收 Nginx 日志的行数据，将 Nginx 的行数据用逗号分隔成字符串数组，并获取字符串数组中的流量信息，将其封装成 NginxLogResult 对象的 JSON 字符串，发送到数据分析统计的 Bolt 类进行处理，如下所示：

```
/**
 * 拆分 Nginx 单词，对日志数据进行清洗
 */
public class NginxLogSplitBolt extends BaseBasicBolt {
    private static final long serialVersionUID = 7854470085880929761L;
    @Override
    public void execute(Tuple tuple, BasicOutputCollector basicOutputCollector) {
        try{
            String line = tuple.getString(0);
            if(StringUtils.isNotEmpty(line)){
                // 将每行日志数据按照逗号进行分隔
                String[] lineArr = line.split(",");
                NginxLogResult nginxLogResult = new NginxLogResult(DateUtils.
parseLongDateToStringDate(new Date(),
                    DateUtils.DATE_MULTI_FORMAT),String.valueOf(1), lineArr[5],
lineArr[6], lineArr[7]);
                String splitResult = JSON.toJSONString(nginxLogResult,
SerializerFeature.WriteNullStringAsEmpty);
                // 将数据写入数据分析统计模块的 Bolt
                basicOutputCollector.emit(new Values(splitResult));
            }
        }catch (Exception e){
            e.printStackTrace();
        }
    }
```

```
    }
    @Override
    public void declareOutputFields(OutputFieldsDeclarer outputFieldsDeclarer) {
        outputFieldsDeclarer.declare(new Fields(NginxLogConstants.BOLT_SPLIT_DATA));
    }
}
```

2. 数据分析统计的实现

在项目的 io.mykit.binghe.storm.bolt 包下
创建 NginxLogAnalysisBolt 类，继承 Storm 的
BaseBasicBolt 类，主要负责具体的数据分析
统计业务。

在 NginxLogAnalysisBolt 类的构造方法中
创建 NginxLogResultDao 接口的实例对象。在
execute() 方法中接收 NginxLogSplitBolt 类发送
过来的数据，并将发送过来的数据和存储在
Redis 缓存中的数据或者数据库中的数据进行
累加统计，将统计的结果数据重新写入 Redis
缓存，同时将统计的结果数据发送到负责发
送结果数据的 Bolt 类。

具体的数据分析统计逻辑如图 22-1 所示。

程序代码如下所示：

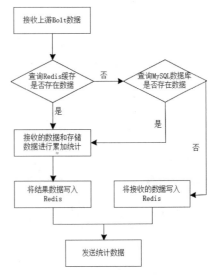

图 22-1 数据分析统计逻辑

```
/**
 * 数据分析统计的 Bolt
 */
public class NginxLogAnalysisBolt extends BaseBasicBolt {
    private static final long serialVersionUID = 6973284938696921283L;
    private NginxLogResultDao nginxLogResultDao;
    public NginxLogAnalysisBolt(){
        nginxLogResultDao = new NginxLogResultDaoImpl();
    }
    @Override
    public void execute(Tuple tuple, BasicOutputCollector basicOutputCollector) {
        try{
            String data = tuple.getStringByField(NginxLogConstants.BOLT_SPLIT_DATA);
            if(StringUtils.isNotEmpty(data)){
                JSONObject jsonObject = JSONObject.parseObject(data);
                NginxLogResult nginxLog = jsonObject.toJavaObject(NginxLogResult.class);
                NginxLogResult allNginxLogResult = this.handlerNginxLogResult(
nginxLog);

                String analysisResult = JSON.toJSONString(allNginxLogResult,
SerializerFeature.WriteNullStringAsEmpty);
                // 将数据写入数据分析统计模块的 Bolt
                basicOutputCollector.emit(new Values(analysisResult));
            }
```

```
        }catch (Exception e){
            e.printStackTrace();
        }
    }
    private NginxLogResult handlerNginxLogResult(NginxLogResult nginxLog) {
        NginxLogResult nginxLogResult = null;
        String allDataValue = RedisUtils.getValueFromRedis(nginxLog.getDateTime());
        //Redis 中的数据为空
        if(StringUtils.isEmpty(allDataValue)){
            // 从数据库中获取
            NginxLogResult dbNginxLogResult = this.nginxLogResultDao.
            getNginxLogResult(nginxLog.getDateTime());
            // 数据库中的数据为空
            if(dbNginxLogResult == null){
                nginxLogResult = nginxLog;
            }else{         // 数据库中的数据不为空
                nginxLogResult = new NginxLogResult(nginxLog.getDateTime(),
                        String.valueOf((Long.parseLong(dbNginxLogResult.
getTotalCount())
                        + Long.parseLong(nginxLog.getTotalCount()))),

String.valueOf((Long.parseLong(dbNginxLogResult.getRequestLength())
                        + Long.parseLong(nginxLog.getRequestLength()))),

String.valueOf((Long.parseLong(dbNginxLogResult.getBytesSent())
                        + Long.parseLong(nginxLog.getBytesSent()))),

String.valueOf((Long.parseLong(dbNginxLogResult.getBodyBytesSent())
                        + Long.parseLong(nginxLog.getBodyBytesSent()))));

            }
        }else{         //Redis 中的数据不为空
            JSONObject jsonObject = JSONObject.parseObject(allDataValue);
            NginxLogResult redisNginxLogResult = jsonObject.
toJavaObject(NginxLogResult.class);
            nginxLogResult = new NginxLogResult(nginxLog.getDateTime(),

String.valueOf((Long.parseLong(redisNginxLogResult.getTotalCount())
                    + Long.parseLong(nginxLog.getTotalCount()))),

String.valueOf((Long.parseLong(redisNginxLogResult.getRequestLength())
                    + Long.parseLong(nginxLog.getRequestLength()))),

String.valueOf((Long.parseLong(redisNginxLogResult.getBytesSent())
                    + Long.parseLong(nginxLog.getBytesSent()))),

String.valueOf((Long.parseLong(redisNginxLogResult.getBodyBytesSent())
                    + Long.parseLong(nginxLog.getBodyBytesSent()))));

        }
```

```
        if(nginxLogResult != null){
            RedisUtils.saveValueToRedis(nginxLogResult.getDateTime(),
            JSONObject.toJSONString(nginxLogResult));
        }
        return nginxLogResult;
    }
    @Override
    public void declareOutputFields(OutputFieldsDeclarer outputFieldsDeclarer)
{
        outputFieldsDeclarer.declare(new Fields(NginxLogConstants.BOLT_ANALYSIS_DATA));
    }
}
```

3. 结果数据发送的实现

在项目的 io.mykit.binghe.storm.bolt 包下创建 NginxLogSendBolt 类，继承 Storm 的
BaseBasicBolt 类。NginxLogSendBolt 类的实现比较简单，主要是在 execute() 方法中接收
NginxLogAnalysisBolt 类发送过来的数据，并将数据发送到 ActiveMQ 消息队列，如下所示：

```
/**
 * 发送数据到 ActiveMQ 的 Bolt
 */
public class NginxLogSendBolt extends BaseBasicBolt {
    @Override
    public void execute(Tuple tuple, BasicOutputCollector basicOutputCollector) {
        try{
            String data = tuple.getStringByField(NginxLogConstants.BOLT_
ANALYSIS_DATA);
            if(StringUtils.isNotEmpty(data)){
                // 发送到 ActiveMQ
                new
ActiveMQProducer().sendActiveMQMessage(NginxLogConstants.ACTIVEMQ_QUEUE_NAME, data);
            }
        }catch (Exception e){
            e.printStackTrace();
        }
    }
    @Override
    public void declareOutputFields(OutputFieldsDeclarer outputFieldsDeclarer)
{

    }
}
```

22.2.5　项目启动类的实现

在项目的 io.mykit.binghe.storm.core 包下创建 StormTopologyStarter 类，StormTopologyStarter
类主要负责项目的启动，使用 KafkaSpout 接收从 Kafka 发送过来的消息数据，并将 Topology

提交到 Storm 执行，如下所示：

```java
/**
 * 启动 Storm 的 Topology
 */
public class StormTopologyStarter {
    public static void main(String[] args) throws Exception{
        scheduler();
        startStormTopology(args);
    }
    /**
     * 同步 Redis 数据到 MySQL
     */
    private static void scheduler(){
        // 每隔 5min 同步一次数据
        Scheduler.schedule(new ScheduleSyncAnalysisResultTask(),
        NginxLogConstants.START,
        NginxLogConstants.PERIOD, TimeUnit.MINUTES);
    }
    /**
     * 启动 Storm 的 Topology
     */
    private static void startStormTopology(String[] args) throws Exception{
        TopologyBuilder builder = new TopologyBuilder();
        ByTopicRecordTranslator<String,String> byTopicRecordTranslator =
                new ByTopicRecordTranslator<>( (r) -> new Values(r.value(),r.topic()),
                new Fields(NginxLogConstants.VALUES, NginxLogConstants.MESSAGE));
        KafkaSpoutConfig<String,String> ksc = KafkaSpoutConfig
                .builder(NginxLogConstants.KAFKA_BROKERS, NginxLogConstants.TOPIC_NAME)
                // 设置 group.id
                .setProp(ConsumerConfig.GROUP_ID_CONFIG, NginxLogConstants.GROUP_ID)
                // 设置开始消费的起止位置
                .setFirstPollOffsetStrategy(FirstPollOffsetStrategy.LATEST)
                // 设置提交消费边界的时长间隔
                .setOffsetCommitPeriodMs(10000)
                //Translator
                .setRecordTranslator(byTopicRecordTranslator)
                .build();
        builder.setSpout(NginxLogConstants.SPOUT_ID,
        new KafkaSpout<>(ksc), 4);
        builder.setBolt(NginxLogConstants.BOLT_SPLIT_ID, new NginxLogSplitBolt(), 2)
        .shuffleGrouping(NginxLogConstants.SPOUT_ID);
        builder.setBolt(NginxLogConstants.BOLT_ANALISTS_ID, new NginxLogAnalysisBolt())
        .shuffleGrouping(NginxLogConstants.BOLT_SPLIT_ID);
        builder.setBolt(NginxLogConstants.BOLT_SEND_ID, new NginxLogSendBolt())
        .shuffleGrouping(NginxLogConstants.BOLT_ANALISTS_ID);
        Config config = new Config();
        config.setNumWorkers(2);
        config.setNumAckers(0);
        config.setDebug(false);
```

```
        if(args != null && args.length > 0){
            StormSubmitter.submitTopology(args[0], config, builder.createTopology());
        }else{
            LocalCluster localCluster = new LocalCluster();
            localCluster.submitTopology(NginxLogConstants.TOPIC_NAME,config,
            builder.createTopology());
        }
    }
}
```

22.3 结果数据推送模块的实现

结果数据推送模块的主要功能是接收 ActiveMQ 发送过来的分析统计的结果数据，并使用 Netty 将分析统计的结果数据实时推送到 H5 数据展示模块进行展示。

22.3.1 项目准备

（1）创建 mykit-project-netty 项目。

（2）编辑项目的 pom.xml 文件，添加项目的依赖环境和编译环境，如下所示：

```
<properties>
    <project.build.sourceEncoding>UTF-8</project.build.sourceEncoding>
    <jdk.version>1.8</jdk.version>
</properties>
<dependencies>
    <dependency>
        <groupId>io.binghe</groupId>
        <artifactId>mykit-project-utils</artifactId>
        <version>1.0.0-SNAPSHOT</version>
    </dependency>
</dependencies>
<build>
    <plugins>
        <plugin>
            <groupId>org.apache.maven.plugins</groupId>
            <artifactId>maven-compiler-plugin</artifactId>
            <version>3.1</version>
            <configuration>
                <source>${jdk.version}</source>
                <target>${jdk.version}</target>
                <encoding>${project.build.sourceEncoding}</encoding>
            </configuration>
        </plugin>
```

```xml
            <plugin>
                <groupId>org.apache.maven.plugins</groupId>
                <artifactId>maven-jar-plugin</artifactId>
                <version>2.4</version>
            </plugin>
            <plugin>
                <groupId>org.apache.maven.plugins</groupId>
                <artifactId>maven-eclipse-plugin</artifactId>
                <configuration>
                    <wtpmanifest>true</wtpmanifest>
                    <wtpapplicationxml>true</wtpapplicationxml>
                    <wtpversion>2.0</wtpversion>
                </configuration>
            </plugin>
            <plugin>
                <groupId>org.apache.maven.plugins</groupId>
                <artifactId>maven-jar-plugin</artifactId>
                <configuration>
                    <classesDirectory>target/classes/</classesDirectory>
                    <archive>
                        <manifest>

<mainClass>io.mykit.binghe.netty.core.NginxLogNettyServerStarter</mainClass>
                            <!-- 打包时 MANIFEST.MF 文件不记录的时间戳版本 -->
                            <useUniqueVersions>false</useUniqueVersions>
                            <addClasspath>true</addClasspath>
                            <classpathPrefix>lib/</classpathPrefix>
                        </manifest>
                        <manifestEntries>
                            <Class-Path>.</Class-Path>
                        </manifestEntries>
                    </archive>
                </configuration>
            </plugin>
            <plugin>
                <groupId>org.apache.maven.plugins</groupId>
                <artifactId>maven-dependency-plugin</artifactId>
                <executions>
                    <execution>
                        <id>copy-dependencies</id>
                        <phase>package</phase>
                        <goals>
                            <goal>copy-dependencies</goal>
                        </goals>
                        <configuration>
                            <type>jar</type>
                            <includeTypes>jar</includeTypes>
                            <outputDirectory>
                                ${project.build.directory}/lib
                            </outputDirectory>
                        </configuration>
```

```
            </execution>
        </executions>
    </plugin>
</plugins>
<resources>
    <!-- 指定 src/main/resources 下所有文件及文件夹为资源文件 -->
    <resource>
        <directory>src/main/resources</directory>
        <targetPath>${project.build.directory}/classes</targetPath>
        <includes>
            <include>**/*</include>
        </includes>
        <filtering>true</filtering>
    </resource>
</resources>
</build>
```

（3）在项目的"src/main/resources"目录下创建 log4j.properties 文件，内容如下所示：

```
log4j.rootCategory=INFO,stdout,file,error
log4j.appender.stdout=org.apache.log4j.ConsoleAppender
log4j.appender.stdout.layout=org.apache.log4j.PatternLayout
log4j.appender.stdout.layout.ConversionPattern=[mykit-project-netty]%d %p [%t]
%C{1}.%M(%L) | %m%n
log4j.appender.file=org.apache.log4j.DailyRollingFileAppender
log4j.appender.file.File=/home/logs/mykit-project-netty.log
log4j.appender.file.DatePattern='.'yyyy-MM-dd'.log'
log4j.appender.file.layout=org.apache.log4j.PatternLayout
log4j.appender.file.layout.ConversionPattern=%-d{yyyy-MM-dd HH\:mm\:ss}
[%c-%L]-[%t]-[%p] %m%n
log4j.appender.error=org.apache.log4j.DailyRollingFileAppender
log4j.appender.error.File=/home/logs/mykit-project-netty.error.log
log4j.appender.error.DatePattern='.'yyyy-MM-dd'.error.log'
log4j.appender.error.layout=org.apache.log4j.PatternLayout
log4j.appender.error.layout.ConversionPattern=%-d{yyyy-MM-dd HH\:mm\:ss}
[%c-%L]-[%t]-[%p] %m%n
log4j.logger.org.apache.hadoop.util.NativeCodeLoader=ERROR
```

22.3.2 项目实现

结果数据推送模块的项目实现主要分为以下 3 部分：推送数据的处理器类的实现、
Netty 初始化类的实现、项目启动类的实现。

1. 推送数据的处理器类的实现

在项目的 io.mykit.binghe.netty.handler 包下创建 NginxLogWebSocketServerHandler 类，
继承 Netty 的 SimpleChannelInboundHandler 类，并实现 SimpleChannelInboundHandler 类的
channelActive() 方法、channelInactive() 方法、messageReceived() 方法、channelReadComplete()
方法和 exceptionCaught() 方法。

（1）当客户端成功连接服务端时，Netty 会回调 channelActive() 方法。此方法的主要逻辑为：缓存当前连接的管道 Channel 的对象信息到 ChannelGroup 中，并存储当前连接管道 Channel 的对象实例和 ActiveMQ 消费者对象的映射关系到 ChannelConsumerCache 类的 Map 结构中。

（2）当客户端与服务端断开连接时，Netty 会回调 channelInactive() 方法。此方法的主要逻辑为：将当前连接管道 Channel 的对象信息从 ChannelGroup 中移除，在 ChannelConsumerCache 的 Map 结构中移除当前管道 Channel 的对象信息和 ActiveMQ 消费者对象的映射关系；同时，向 ActiveMQ 消费者实例传递任务中断的标识，中断 ActiveMQ 消费者实例中正在执行的监听任务。

（3）当服务端接收到客户端发送的请求数据时，Netty 会回调 messageReceived() 方法。此方法的主要逻辑为：接收客户端首次发送过来的 HTTP 请求，与客户端创建 WebSocket 连接，当 WebSocket 连接创建成功后，从 Redis 缓存中获取数据并推送到 H5 数据展示模块；同时，从 ChannelConsumerCache 类的 Map 结构中获取 ActiveMQ 消费者实例，并设置 ActiveMQ 消费者实例的监听任务。此时，如果 ActiveMQ 发送数据过来，会触发 ActiveMQ 消费者实例的监听任务的执行。此外，程序会将 WebSocket 服务端的连接地址发布为 ws://192.168.175.201：10005/websocket。

（4）当读取数据完毕时，Netty 会回调 channelReadComplete() 方法。此方法中的主要逻辑是刷新 ChannelHandlerContext 的缓冲区。

（5）当程序抛出异常时，Netty 会回调 exceptionCaught() 方法。此方法中的主要逻辑为打印异常堆栈，并关闭服务端与客户端的连接。

程序代码如下所示：

```java
/**
 * 推送 Nginx 日志分析结果的处理器类
 */
public class NginxLogWebSocketServerHandler extends SimpleChannelInboundHandler<Object> {
    private final Logger logger = LoggerFactory.getLogger(NginxLogWebSocketServerHandler.class);
    private static final String WS_URI = "ws://192.168.175.201:10005/websocket";
    private WebSocketServerHandshaker webSocketServerHandshaker;
    @Override
    public void channelActive(ChannelHandlerContext ctx) throws Exception {
        logger.info(" 客户端与服务端连接成功 ");
        // 将连接的管道信息放到 ChannelGroup 中
        ChannelGroupFactory.getChannelGroup().add(ctx.channel());
        // 缓存 Channel 和 ActiveMQConsumer 对象的对应关系
        ChannelConsumerCache.getInstance().put(ctx.channel(),
            new ActiveMQConsumer(NginxLogConstants.ACTIVEMQ_QUEUE_NAME));
    }
    @Override
    public void channelInactive(ChannelHandlerContext ctx) throws Exception {
        logger.info(" 客户端与服务端断开连接 ");
        // 将当前连接的管道信息从 ChannelGroup 中移除
```

```
        ChannelGroupFactory.getChannelGroup().remove(ctx.channel());
        // 根据 Channel 从缓存中获取 ActiveMQConsumer 对象实例
        ActiveMQConsumer activeMQConsumer = ChannelConsumerCache.getInstance().
get(ctx.channel());
        if(activeMQConsumer != null){
            // 中断 activeMQConsumer 中监听的执行
            activeMQConsumer.setInterrupted(true);
        }
        // 将 Channel 和 ActiveMQConsumer 对象的对应关系从缓存中移除
        ChannelConsumerCache.getInstance().remove(ctx.channel());
    }
    @Override
    protected void messageReceived(ChannelHandlerContext ctx, Object o) throws
Exception {
        //HTTP 请求
        if (o instanceof FullHttpRequest) {
            responseHttpRequest(ctx, ((FullHttpRequest) o));
            //WebSocket 连接成功，向客户端推送初始数据
            String data = RedisUtils.getValueFromRedis(DateUtils.
parseLongDateToStringDate(new Date(),
            DateUtils.DATE_MULTI_FORMAT));
            if(data != null && !data.trim().isEmpty()){
                TextWebSocketFrame tws = new TextWebSocketFrame(data);
                ChannelGroupFactory.getChannelGroup().writeAndFlush(tws);
            }
            //WebSocket 连接成功，则打开 ActiveMQ 消费者的监听
            ActiveMQConsumer activeMQConsumer = ChannelConsumerCache.getInstance().
get(ctx.channel());
            if (activeMQConsumer != null) {
                // 设置监听
                activeMQConsumer.listener();
            }
        }
    }
    private void responseHttpRequest(ChannelHandlerContext ctx,  FullHttpRequest
req) {
        if (!req.getDecoderResult().isSuccess()
                || (!"websocket".equals(req.headers().get("Upgrade")))) {
            sendHttpResponse(ctx, req, new DefaultFullHttpResponse(
                    HttpVersion.HTTP_1_1, HttpResponseStatus.BAD_REQUEST));
            return;
        }
        WebSocketServerHandshakerFactory wsFactory = new WebSocketServerHands
hakerFactory(
                WS_URI, null, false);
        webSocketServerHandshaker = wsFactory.newHandshaker(req);
        if (webSocketServerHandshaker == null) {

WebSocketServerHandshakerFactory.sendUnsupportedWebSocketVersionResponse(ctx.
channel());
```

```
        } else {
            webSocketServerHandshaker.handshake(ctx.channel(), req);
        }
    }
    private void sendHttpResponse(ChannelHandlerContext ctx,
    FullHttpRequest req, DefaultFullHttpResponse res) {
        // 向客户端响应数据
        if (res.getStatus().code() != 200) {
            ByteBuf buf = Unpooled.copiedBuffer(res.getStatus().toString(),
            CharsetUtil.UTF_8);
            res.content().writeBytes(buf);
            buf.release();
        }
        // 如果是非 Keep-Alive，关闭连接
        ChannelFuture f = ctx.channel().writeAndFlush(res);
        if (!isKeepAlive(req) || res.getStatus().code() != 200) {
            f.addListener(ChannelFutureListener.CLOSE);
        }
    }
    private static boolean isKeepAlive(FullHttpRequest req) {
        return false;
    }
    @Override
    public void channelReadComplete(ChannelHandlerContext ctx) throws Exception {
        ctx.flush();
    }
    @Override
    public void exceptionCaught(ChannelHandlerContext ctx, Throwable cause) throws
Exception {
        cause.printStackTrace();
        ctx.close();
    }
}
```

2. Netty 初始化类的实现

在项目的 io.mykit.binghe.netty.init 包下创建 NginxLogChannelInitializer 类，继承 Netty
的 ChannelInitializer 类。NginxLogChannelInitializer 类主要设置 Netty 的 SocketChannel 对象
的一些信息，包括 HTTP 编码、数据聚合的最大长度、数据的处理器类等，其中数据的处
理器类设置为 NginxLogWebSocketServerHandler 类的对象实例，如下所示：

```
/**
 * Nginx 日志管道信息初始化类
 */
public class NginxLogChannelInitializer extends ChannelInitializer<SocketChannel> {
    @Override
    protected void initChannel(SocketChannel socketChannel) throws Exception {
        socketChannel.pipeline().addLast("http-codec",new HttpServerCodec());
        socketChannel.pipeline().addLast("aggregator",new HttpObjectAggregator(65536));
        socketChannel.pipeline().addLast("http-chunked",new ChunkedWriteHandler());
```

```
        socketChannel.pipeline().addLast("handler",new NginxLogWebSocketServerHandler());
    }
}
```

3. 项目启动类的实现

在项目的 io.mykit.binghe.netty.core 包下创建 NginxLogNettyServerStarter 类，NginxLogNetty ServerStarter 类是结果数据推送模块的项目启动类，在 NginxLogNettyServerStarter 类中启动项目并监听服务器端口，如下所示：

```
/**
 * 程序启动类
 */
public class NginxLogNettyServerStarter {
    private static final Logger LOGGER = LoggerFactory.getLogger(NginxLogNetty
ServerStarter.class);
    public static void main(String[] args) {
        EventLoopGroup bossGroup = new NioEventLoopGroup();
        EventLoopGroup workGroup = new NioEventLoopGroup();
        try {
            ServerBootstrap b = new ServerBootstrap();
            b.group(bossGroup, workGroup);
            b.channel(NioServerSocketChannel.class);
            b.childHandler(new NginxLogChannelInitializer());
            LOGGER.info(" 启动服务，等待连接 ...");
            Channel ch = b.bind(10005).sync().channel();
            ch.closeFuture().sync();
        } catch (Exception e) {
            e.printStackTrace();
        }finally{
            bossGroup.shutdownGracefully();
            workGroup.shutdownGracefully();
        }
    }
}
```

22.4 H5 实时结果数据展示模块的实现

H5 实时结果数据展示模块通过 WebSocket 技术连接 Netty 服务端，连接成功后，实时展示 Netty 服务端推送过来的结果数据。

（1）创建 nginx_log_real_time_result_client.js 文件，并在 nginx_log_real_time_result_client.js 文件中实现 WebSocket 的连接逻辑，将 Netty 服务端推送过来的数据实时显示到一个动态创建的表格中，如下所示：

```
var socket;
if(!window.WebSocket){
    window.WebSocket = window.MozWebSocket;
}
if(window.WebSocket){
    socket = new WebSocket("ws://192.168.175.201:10005/websocket");
    socket.onmessage = function(event){
        var spanTag = document.getElementById('responseText');
        spanTag.innerHTML = "";
        var logResult = event.data;
        logResult = JSON.parse(logResult);
        spanTag.innerHTML = getShowData(logResult)
    };
    socket.onopen = function(event){
        var spanTag = document.getElementById('responseText');
        spanTag.innerHTML = "";
        spanTag.innerHTML = "打开 WebSoket 服务正常，浏览器支持 WebSoket!"+"\r\n";
    };
    socket.onclose = function(event){
        var spanTag = document.getElementById('responseText');
        spanTag.innerHTML = "";
        spanTag.innerHTML = "WebSocket 关闭 "+"\r\n";
    };
}else{
    alert("浏览器不支持 WebSocket 协议！ ");
}
function getShowData(logResult){
    var showData = "<table border=\"1\">";
    showData += "<tr>";
    showData += "<th> 日期 </th>";
    showData += "<th> 请求数 </th>";
    showData += "<th> 请求字节数 </th>";
    showData += "<th> 响应字节数 </th>";
    showData += "<th> 响应体字节数 </th>";
    showData += "</tr>";
    showData += "<tr>";
    showData += "<td>"+logResult.dateTime+"</td>";
    showData += "<td>"+logResult.totalCount+"</td>";
    showData += "<td>"+logResult.requestLength+"</td>";
    showData += "<td>"+logResult.bytesSent+"</td>";
    showData += "<td>"+logResult.bodyBytesSent+"</td>";
    showData += "</tr>";
    showData += "</table>";
    return showData;
}
```

（2）创建 H5 文件 nginx_log_real_time_result_client.html，在 nginx_log_real_time_result_client.html 文件中引用 nginx_log_real_time_result_client.js 文件，并设置需要显示数据的标签，如下所示：

```html
<!DOCTYPE html PUBLIC "-//W3C//DTD XHTML 1.0 Transitional//EN" "http://www.
w3.org/TR/xhtml1/DTD/xhtml1-transitional.dtd">
<html xmlns="http://www.w3.org/1999/xhtml">
<head>
    <meta http-equiv="Content-Type" content="text/html; charset=utf-8" />
    <title> 分析结果实时展示 </title>
    <script type="application/javascript" src="js/nginx_log_real_time_result_
client.js"></script>
</head>
<body>
    <span id="responseText"></span>
</body>
</html>
```

22.5 项目依赖类

本节介绍在线实时计算子系统的实现过程中需要导入的 Java 依赖类，如下所示：

```java
import org.apache.activemq.ActiveMQConnection;
import org.apache.activemq.ActiveMQConnectionFactory;
import javax.jms.ConnectionFactory;
import org.slf4j.Logger;
import org.slf4j.LoggerFactory;
import javax.jms.*;
import io.netty.handler.codec.http.websocketx.TextWebSocketFrame;
import java.io.IOException;
import java.io.InputStream;
import java.util.Properties;
import redis.clients.jedis.HostAndPort;
import redis.clients.jedis.JedisCluster;
import redis.clients.jedis.JedisPoolConfig;
import java.util.HashSet;
import java.util.Set;
import io.netty.channel.Channel;
import java.util.HashMap;
import java.util.Map;
import io.netty.channel.group.ChannelGroup;
import io.netty.channel.group.DefaultChannelGroup;
import io.netty.util.concurrent.GlobalEventExecutor;
import java.text.SimpleDateFormat;
import java.util.Calendar;
import java.util.Date;
import com.alibaba.druid.pool.DruidDataSourceFactory;
import javax.sql.DataSource;
import java.io.Serializable;
import java.sql.Connection;
```

```
import java.sql.PreparedStatement;
import java.sql.ResultSet;
import java.sql.SQLException;
import java.util.List;
import java.util.concurrent.Callable;
import java.util.concurrent.ExecutorService;
import java.util.concurrent.Executors;
import java.util.concurrent.Future;
import java.util.concurrent.ScheduledExecutorService;
import java.util.concurrent.TimeUnit;
import com.alibaba.fastjson.JSONObject;
import org.apache.commons.lang.StringUtils;
import com.alibaba.fastjson.JSON;
import com.alibaba.fastjson.serializer.SerializerFeature;
import org.apache.storm.topology.BasicOutputCollector;
import org.apache.storm.topology.OutputFieldsDeclarer;
import org.apache.storm.topology.base.BaseBasicBolt;
import org.apache.storm.tuple.Fields;
import org.apache.storm.tuple.Tuple;
import org.apache.storm.tuple.Values;
import org.apache.kafka.clients.consumer.ConsumerConfig;
import org.apache.storm.Config;
import org.apache.storm.LocalCluster;
import org.apache.storm.StormSubmitter;
import org.apache.storm.kafka.spout.ByTopicRecordTranslator;
import org.apache.storm.kafka.spout.FirstPollOffsetStrategy;
import org.apache.storm.kafka.spout.KafkaSpout;
import org.apache.storm.kafka.spout.KafkaSpoutConfig;
import org.apache.storm.topology.TopologyBuilder;
import io.netty.buffer.ByteBuf;
import io.netty.buffer.Unpooled;
import io.netty.channel.ChannelFuture;
import io.netty.channel.ChannelFutureListener;
import io.netty.channel.ChannelHandlerContext;
import io.netty.channel.SimpleChannelInboundHandler;
import io.netty.handler.codec.http.DefaultFullHttpResponse;
import io.netty.handler.codec.http.FullHttpRequest;
import io.netty.handler.codec.http.HttpResponseStatus;
import io.netty.handler.codec.http.HttpVersion;
import io.netty.handler.codec.http.websocketx.TextWebSocketFrame;
import io.netty.handler.codec.http.websocketx.WebSocketServerHandshaker;
import io.netty.handler.codec.http.websocketx.WebSocketServerHandshakerFactory;
import io.netty.util.CharsetUtil;
import io.netty.channel.ChannelInitializer;
import io.netty.channel.socket.SocketChannel;
import io.netty.handler.codec.http.HttpObjectAggregator;
import io.netty.handler.codec.http.HttpServerCodec;
import io.netty.handler.stream.ChunkedWriteHandler;
import io.netty.bootstrap.ServerBootstrap;
import io.netty.channel.Channel;
```

```
import io.netty.channel.EventLoopGroup;
import io.netty.channel.nio.NioEventLoopGroup;
import io.netty.channel.socket.nio.NioServerSocketChannel;
```

22.6 运行在线实时计算子系统

（1）按照之前章节的内容，分别在 binghe201、binghe202 和 binghe203 服务器上启动 Zookeeper 集群、Storm 集群和 Kafka 集群。启动 Kafka 集群后，执行如下命令，创建名为 nginxLog 的 Topic：

```
/usr/local/kafka_2.12-2.3.0-9092/bin/kafka-topics.sh --create --zookeeper 19
2.168.175.201:2181,192.168.175.202:2181,192.168.175.203:2181 --replication-
factor 7 --partitions 1 --topic nginxLog
```

（2）在 binghe100 服务器上启动 Nginx 和 Flume。

（3）将实时数据分析统计模块的 mykit-project-storm 项目和结果数据推送模块的 mykit-project-netty 项目分别打包成 jar 文件，将 jar 文件和对应的 lib 目录上传到服务器，并启动 jar 文件。

（4）将 H5 实时结果数据展示模块部署在 Web 服务器中。

（5）在浏览器地址栏中输入"http://ip:port/h5/ nginx_log_real_time_result_client.html"，访问 H5 实时结果数据展示模块。

（6）在浏览器地址栏中输入"http://192.168.175.100"访问 Nginx，即可在 H5 实时结果数据展示模块的页面中看到系统分析统计的实时结果数据。

22.7 本章总结

本章将在线实时计算子系统按照业务划分为基础业务模块、实时数据分析统计模块、结果数据推送模块和 H5 实时结果数据展示模块，并对各模块的实现做了详细阐述，最后对如何运行在线实时计算子系统做了说明。

参考文献

［1］ Edward Capriolo，Dean Wampler，Jason Rutherglen. Hive 编程指南［M］.曹坤 译.北京：人民邮电出版社，2013.

［2］ Fay Chang, Jeffrey Dean 等.Google Bigtable 中文版［M］.1.0 版.alex 译.

［3］ Hari Shreedharan. Flume 构建高可用、可扩展的海量日志采集系统［M］.马延辉，史东杰 译.北京：电子工业出版社，2015.

［4］ Jeffrey Dean, Sanjay Ghemawat. Google MapReduce 中文版［M］.1.0 版.alex 译.

［5］ Sanjay Ghemawat, Howard Gobioff，Shun-Tak Leung. Google File System 中文版［M］.1.0 版.alex 译.

［6］ 陈敏敏，王新春，黄奉线.Storm 技术内幕与大数据实践［M］.北京：人民邮电出版社，2015.

［7］ 董西成.Hadoop 技术内幕：深入解析 YARN 架构设计与实现原理［M］.北京：机械工业出版社，2013.

［8］ 范东来.Hadoop 海量数据处理：技术详解与项目实战［M］.第 2 版.北京：人民邮电出版社，2015.

［9］ 刘军.Hadoop 大数据处理［M］.北京：人民邮电出版社，2013.

［10］刘天斯.Python 自动化运维：技术与最佳实践［M］.北京：机械工业出版社，2014.

［11］赵必厦，程丽明.从零开始学 Storm［M］.第 2 版.北京：清华大学出版社，2016.